# Baubetriebswesen und Bauverfahrenstechnik

**Reihe herausgegeben von**

Peter Jehle, Technische Universität Dresden, Dresden, Deutschland

Jens Otto, Technische Universität Dresden, Dresden, Deutschland

Die Schriftenreihe gibt aktuelle Forschungsarbeiten des Instituts Baubetriebswesen der TU Dresden wieder, liefert einen Beitrag zur Verbreitung praxisrelevanter Entwicklungen und gibt damit wichtige Anstöße auch für daran angrenzende Wissensgebiete.
Die Baubranche ist geprägt von auftragsindividuellen Bauvorhaben und unterscheidet sich von der stationären Industrie insbesondere durch die Herstellung von ausgesprochen individuellen Produkten an permanent wechselnden Orten mit sich ständig ändernden Akteuren wie Auftraggebern, Bauunternehmen, Bauhandwerkern, Behörden oder Lieferanten. Für eine effiziente Projektabwicklung unter Beachtung ökonomischer und ökologischer Kriterien kommt den Fachbereichen des Baubetriebswesens und der Bauverfahrenstechnik eine besonders bedeutende Rolle zu. Dies gilt besonders vor dem Hintergrund der Forderungen nach Wirtschaftlichkeit, der Übereinstimmung mit den normativen und technischen Standards sowie der Verantwortung gegenüber eines wachsenden Umweltbewusstseins und der Nachhaltigkeit von Bauinvestitionen.
In der Reihe werden Ergebnisse aus der eigenen Forschung der Herausgeber, Beiträge zu Marktveränderungen sowie Berichte über aktuelle Branchenentwicklungen veröffentlicht. Darüber hinaus werden auch Werke externer Autoren aufgenommen, sofern diese das Profil der Reihe ergänzen. Der Leser erhält mit der Schriftenreihe den Zugriff auf das aktuelle Wissen und fundierte Lösungsansätze für kommende Herausforderungen im Bauwesen.

Nicolas Christoph Rummel

# Betreibermodelle für die Immobilienbewirtschaftung international tätiger Großunternehmen

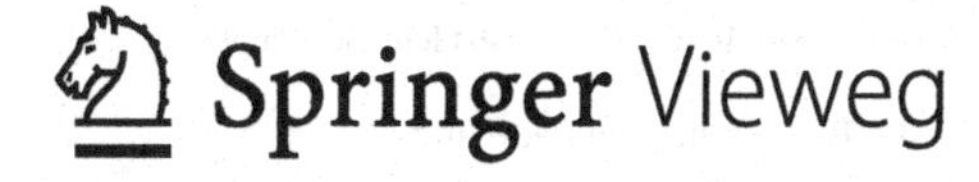

Nicolas Christoph Rummel
Bauingenieurwesen
Technische Universität Dresden
Kraichtal, Deutschland

Das vorliegende Werk der Schriftenreihe des Instituts für Baubetriebswesen wurde durch die Fakultät Bauingenieurwesen der Technischen Universität Dresden als Dissertationsschrift mit dem Titel „Betreibermodelle für die Immobilienbewirtschaftung international tätiger Großunternehmen“ angenommen und am 27.11.2023 in Dresden verteidigt.

ISSN 2662-9003 ISSN 2662-9011 (electronic)
Baubetriebswesen und Bauverfahrenstechnik
ISBN 978-3-658-44945-2 ISBN 978-3-658-44946-9 (eBook)
https://doi.org/10.1007/978-3-658-44946-9

Die Deutsche Nationalbibliothek verzeichnet diese Publikation in der Deutschen Nationalbibliografie; detaillierte bibliografische Daten sind im Internet über https://portal.dnb.de abrufbar.



Planung/Lektorat: Carina Reibold
Springer Vieweg ist ein Imprint der eingetragenen Gesellschaft Springer Fachmedien Wiesbaden GmbH und ist ein Teil von Springer Nature.
Die Anschrift der Gesellschaft ist: Abraham-Lincoln-Str. 46, 65189 Wiesbaden, Germany

*„Das Geheimnis des Erfolgs liegt in der Beständigkeit des Ziels“*

*Benjamin Disraeli (1804–1881)*

# Geleitwort der Herausgeber

In der Buchreihe „Baubetriebswesen und Bauverfahrenstechnik“ werden vor allem interessante wissenschaftliche Arbeiten veröffentlicht, deren Ergebnisse üblicherweise nicht sofort Eingang in die publizierte Literatur finden. Damit sollen aktuelle und neue Erkenntnisse zu spezifischen Themen einem breiteren Publikum zugänglich gemacht werden.

In diesem Zusammenhang freuen sich die Herausgeber, die Promotionsarbeit von Herrn Dr. Nicolas Christoph Rummel veröffentlichen zu dürfen. Herr Dr. Rummel hat sich in dem veröffentlichten Werk mit Betreibermodellen für die Immobilienbewirtschaftung international tätiger Großunternehmen beschäftigt. Diese Arbeit zeichnet sich vor allem durch eine sehr aktuelle und umfängliche Zusammenstellung der wissenschaftlichen und unternehmenspraktischen Grundlagen von Betreibermodellen im Immobilienmanagement aus. Darauf aufbauend eruiert Herr Dr. Rummel auf Basis von qualitativen und quantitativen Datenerhebungen den Status quo der operativen Vorgehensweise bei der Vergabe von Dienstleistungen des CREM großer, international tätiger Industrieunternehmen aus Deutschland. Darauf aufbauend können Erfolgsfaktoren einzelner Betreibermodelle abgeleitet werden. Weiterhin, und das ist der große Mehrwert der Arbeit, wird ein fundierter Ausblick gegeben, in welche Richtung sich die spezifische Nachfrage nach Leistungen der Immobilienbewirtschaftung in den kommenden Jahren entwickeln wird. Da den deutschen Großunternehmen ein sehr hoher Anteil an zu vergebenden Dienstleistungen in diesem Sektor zuzuschreiben ist, können daraus potenzielle Marktentwicklungen und Gestaltungsmöglichkeiten des betrieblichen Immobilienmanagements und von Dienstleistern des Facility Managements abgeleitet werden.

Die Herausgeber wünschen diesem Werk daher eine weite Verbreitung in der Fachwelt und den Lesern maximalen Erkenntnisgewinn. Es bleibt zu hoffen, dass die Inhalte Grundlage und Motivation der zukünftigen Entwicklung sind.

Dresden
März 2024

Prof. Dr.-Ing. Peter Jehle
Institut für Baubetriebswesen der Technischen
Universität Dresden i. R.
Dresden, Deutschland

Prof. Dr.-Ing. Dipl.-Wirt.-Ing. Jens Otto
Direktor des Instituts für Baubetriebswesen der
Technischen Universität Dresden
Dresden, Deutschland

# Geleitwort des betreuenden Hochschullehrers

Unternehmen benötigen für ihre Geschäftstätigkeit eine Vielzahl von Immobilien, beispielsweise Produktionshallen zur Herstellung von Waren, Lagerhallen für die Logistik, Labore für die Forschung oder Bürogebäude für die Verwaltung. Ein großer Teil dieser Immobilien befindet sich im Eigentum der Unternehmen und macht häufig bis zu 30 % der Bilanzsumme der Unternehmen aus.

Der Bau und die Bewirtschaftung von Immobilien spielen daher in allen Unternehmen eine wichtige Rolle. Bis nach dem Zweiten Weltkrieg war es sogar üblich, dass große Unternehmen eigene Bauabteilungen unterhielten, um Neubauten zu errichten oder Umbauten, Renovierungen und Sanierungen durchzuführen. Selbstverständlich wurde auch die Reinigung und Instandhaltung der Gebäude mit eigenem Personal durchgeführt.

Seit den 1950er Jahren hat sich – ausgehend von den USA – die Erkenntnis durchgesetzt, dass durch ein betriebliches Immobilienmanagement (Corporate Real Estate Management – CREM), in dem das Facility Management (FM) eine zentrale Rolle spielt, erhebliche finanzielle Ressourcen freigesetzt werden können. Dabei gewinnt insbesondere das Thema Outsourcing zunehmend an Bedeutung.

Vor dem Hintergrund, dass das betriebliche Immobilienmanagement nicht nur einen großen Einfluss auf das wirtschaftliche Ergebnis eines Unternehmens hat, sondern auch andere unternehmerische Ziele wie Flexibilität, Steuerbarkeit, Nachhaltigkeit oder Unabhängigkeit stark beeinflusst, widmet sich Herr Rummel in seiner Dissertation der Frage, welche Gestaltungsmöglichkeiten das Immobilienmanagement bietet und welche Potenziale sich aus der Anwendung eines Betreibermodells für die Bewirtschaftung des Immobilienbestandes ergeben.

Nach allgemeinen Begriffserklärungen entwickelt Herr Rummel fünf verschiedene Modelle für das Outsourcing von FM-Dienstleistungen und die Ausgestaltung von Auftraggeber-Dienstleister-Beziehungen. Auf Basis empirischer Erhebungen bei Großunternehmen und Dienstleistern werden die Modelle anhand zahlreicher Kriterien bewertet. Durch eine Nutzwertanalyse führt Herr Rummel die Ergebnisse zusammen und kommt so zu einem optimalen, für die praktische Anwendung zu empfehlenden Betreibermodell.

Damit stellt die Arbeit nicht nur für Entscheidungsträger in Unternehmen eine wertvolle Quelle für die strategische Ausrichtung des Immobilienmanagements dar, sondern dient auch Dienstleistungsunternehmen als Leitfaden für ihre zukünftige Positionierung am Markt. Insofern ist dem Buch eine weite Verbreitung zu wünschen.

Dresden
März 2024

Prof. Dr.-Ing. Rainer Schach
Direktor des Instituts für
Baubetriebswesen der Technischen
Universität Dresden i. R.
Dresden, Deutschland

# Vorwort des Verfassers

Der Immobilienbestand stellt für die meisten Unternehmen einen Großteil ihres Vermögens dar, gleichzeitig sind die Aufwendungen, insbesondere der Betrieb und die Instandhaltung dieser Immobilien, einer der größten Kostenfaktoren. Im Rahmen einer professionellen Immobilienstrategie gewinnen das Outsourcing von Facility Management-Dienstleistungen und die Anwendung von Betreibermodellen zur Bewirtschaftung und zum Betrieb des Gebäudebestandes zunehmend an Bedeutung. Vor diesem Hintergrund werden im Rahmen dieser Arbeit verschiedene Betreibermodelle entwickelt und auf Basis einer Nutzwertanalyse hinsichtlich ihrer Erfolgswirkungen untersucht. Ziel ist es, ein nutzenmaximales Betreibermodell für die Immobilienbewirtschaftung zu identifizieren, das aus wissenschaftlicher Sicht für die Anwendung empfohlen werden kann. Darüber hinaus liefert die Arbeit weitere Ansätze für die praktische Anwendung sowohl im betrieblichen Immobilienmanagement als auch bei Dienstleistern im Facility Management.

Die vorliegende Arbeit entstand neben meiner Tätigkeit im Corporate Real Estate Management der BASF SE im Rahmen einer externen Promotion am Institut für Baubetriebswesen, Fakultät Bauingenieurwesen der Technischen Universität Dresden. Mein besonderer Dank gilt meinem Doktorvater, Herrn Prof. Dr.-Ing. Rainer Schach, für die intensive wissenschaftliche Betreuung, auch über die räumliche Distanz hinweg, und das mir entgegengebrachte Vertrauen. Ebenso danke ich Herrn Prof. Dr. rer. pol. Björn-Martin Kurzrock für seine Bereitschaft zur Begutachtung meiner Arbeit und das damit zum Ausdruck gebrachte Interesse. Besonders danke ich Herrn Prof. Dr.-Ing. Thomas Glatte, der als ehemaliger Leiter des Corporate Real Estate Managements der BASF SE den Anstoß zu dieser Arbeit gab, mich in vielen organisatorischen und fachlichen Belangen unterstützte und für die Begutachtung der Arbeit zur Verfügung stand. Ich danke Herrn Prof. Dr.-Ing. habil. Ivo Herle für die Übernahme des Vorsitzes der Promotionskommission sowie Herrn Prof. Dr.-Ing. Dipl.-Wirt.-Ing. Jens Otto als weiterem Mitglied der Promotionskommission und für die Unterstützung bei der Veröffentlichung der Arbeit. Bedanken möchte ich mich auch bei allen Teilnehmerinnen und Teilnehmern der Expertenbefragung für ihre große Bereitschaft, an der Studie mitzuwirken. Ein ganz besonderer Dank gilt meinen Kolleginnen und Kollegen im Corporate Real Estate Management der BASF SE sowie im Arbeitskreis International der gefma. Sie haben während der langen Bearbeitungszeit in zahlreichen Fachgesprächen und Diskussionen mit ihrem Know-how und ihrer langjährigen Erfahrung maßgeblich zum Gelingen der Arbeit beigetragen. Nicht zuletzt danke ich meinen Eltern Jutta und Gerd-Heinz Rummel von ganzem Herzen für ihre unermüdliche Unterstützung und Förderung. Sie haben mir den Weg geebnet und mich stets in meinen Vorhaben bestärkt. Dies war für mich Motivation und Ansporn zugleich, diese Arbeit erfolgreich abzuschließen. Ihnen sei daher die Arbeit gewidmet.

Kraichtal/Dresden Dr.-Ing. Nicolas Christoph Rummel
März 2024

# Inhaltsverzeichnis

# Abkürzungsverzeichnis

| | |
|---|---|
| AHO | Honorarordnung für Projektmanagementleistungen in der Bau- und Immobilienwirtschaft |
| AHP | Analytic Hierarchy Process |
| AIG | Arbeitsgemeinschaft Instandhaltung und Gebäudetechnik |
| AktG | Aktiengesetz |
| B2B | Business-to-Business |
| Bd. | Band |
| BGB | Bürgerliches Gesetzbuch |
| BGF | Bruttogrundfläche |
| BIM | Building Information Modeling |
| BOO | Build-Operate-Own |
| BOOT | Build-Operate-Own-Transfer |
| BOT | Build-Operate-Transfer |
| BPO | Business Process Outsourcing |
| BSC | Balanced Scorecard |
| bspw. | beispielsweise |
| ca. | circa |
| CAFM | Computer-Aided Facility Management |
| CM | Construction Management |
| CRE | Corporate Real Estate |
| CREM | Corporate Real Estate Management |
| DAX | Deutscher Aktienindex |
| d. h. | das heißt |
| DIN | Deutsche Industrie Norm |
| EBIT | Earnings before Interest and Taxes |
| ECI | European Construction Institute |

| | |
|---|---|
| ELECTRE | Elimination et Choix Traduisant la Realité |
| EN | Europäische Norm |
| ESG | Environmental, Social and Governance |
| et al. | und andere |
| etc. | et cetera |
| EuGH | Europäischer Gerichtshof |
| e. V. | eingetragener Verein |
| EVA | Economic Value Added |
| evtl. | eventuell |
| f. | folgend |
| ff. | fortfolgende |
| FLM | Flächenmanagement |
| FM | Facility Management |
| gefma | German Facility Management Association |
| ggf. | gegebenenfalls |
| gif | Gesellschaft für immobilienwirtschaftliche Forschung |
| GM | Gebäudemanagement |
| GMP | Garantierter Maximalpreis |
| HGB | Handelsgesetzbuch |
| HOAI | Honorarordnung für Architekten und Ingenieure |
| Hrsg. | Herausgeber |
| HwO | Handwerksordnung |
| IBM | Industrielle Betreibermodelle |
| IFMA | International Facility Management Association |
| IGM | Infrastrukturelles Gebäudemanagement |
| ipv® | Integrale Prozess Verantwortung |
| ISO | International Organization for Standardization |
| KGM | Kaufmännisches Gebäudemanagement |
| KPI | Key Performance Indicator |
| KVP | Kontinuierlicher Verbesserungsprozess |
| LSA | Local Service Agreement |
| MADM | Multi-Attribute Decision Making |
| MCDA | Multi-Criteria Decision Analysis |
| MEW | Multiplicative Exponential Weighting |
| MODM | Multi-Objective Decision Making |
| Mrd. | Milliarde |
| MSA | Master Service Agreement |
| MW | Mittelwert |
| NIÖ | Neue Institutionenökonomie |

| | |
|---|---|
| NWA | Nutzwertanalyse |
| PM | Property Management |
| PPP | Public Private Partnership |
| PREM | Public Real Estate Management |
| Private REM | Private Real Estate Management |
| PROMETHEE | Preference Ranking Organization Method for Enrichment of Evaluation |
| REAM | Real Estate Asset Management |
| REIM | Real Estate Investment Management |
| REM | Real Estate Management |
| REPM | Real Estate Portfolio Management |
| RICS | Royal Institution of Chartered Surveyors |
| ROI | Return on Investment |
| S. | Seite |
| SAW | Simple Additive Weighting |
| SLA | Service Level Agreement |
| SMART | Simple Multi-Attribute Rating Technique |
| SWOT | Strength, Weaknesses, Opportunities Threats |
| TFM | Total Facility Management |
| TGM | Technisches Gebäudemanagement |
| u. a. | unter anderem |
| usw. | und so weiter |
| VDI | Verein Deutscher Ingenieure |
| VDMA | Verband Deutscher Maschinen- und Anlagenbauer |
| vgl. | vergleiche |
| VOB | Vergabe- und Vertragsordnung für Bauleistungen |
| vs. | versus |
| z. B. | zum Beispiel |
| ZIA | Zentraler Immobilien Ausschuss |

# Abbildungsverzeichnis

# 1 Einführung

## 1.1 Ausgangssituation und Motivation

In der heutigen Zeit weitreichender politischer, gesellschaftlicher und wirtschaftlicher Veränderungen stehen Unternehmen vor großen Herausforderungen. Eine der grundlegenden Bestrebungen eines jeden Unternehmens ist es, seine Existenz am Markt zu sichern.

> *„The most challenging question confronting business leaders and managers in the new millenium is not 'How do we succeed?' It's 'How do we stay successful?'"*[1]

Eine konjunkturell angespannte Wirtschaftslage, steigende Kosten, Veränderungen auf dem Absatzmarkt, kürzere Produktlebenszyklen, neue technologische Herausforderungen und vor allem stetig ansteigende Kundenanforderungen zwingen Unternehmen zum Umdenken und zu stetigen Veränderungs- und Verbesserungsmaßnahmen. Die Globalisierung der Wirtschaft hat in den letzten Jahren viele Unternehmen dazu veranlasst, ihre Geschäftsfelder grenzüberschreitend auszuweiten. Großunternehmen haben mittlerweile Standorte nicht nur in Europa, sondern weltweit. Um auf dem internationalen Markt unter den Bedingungen eines erhöhten Wettbewerbsdrucks bestehen zu können, ist es für diese Unternehmen jedoch unabdingbar, neue Verfahren und Werkzeuge zur Optimierung ihrer Leistungsprozesse anzuwenden. Im Vordergrund steht hierbei die konsequente Konzentration auf die wertbildenden Kernprozesse des Unternehmens.

---

[1] Pande, P./Neuman, R./Cavanagh, R. (2000), S. 3.





N. C. Rummel, *Betreibermodelle für die Immobilienbewirtschaftung international tätiger Großunternehmen*, Baubetriebswesen und Bauverfahrenstechnik,
https://doi.org/10.1007/978-3-658-44946-9_1

Seit den 1990er Jahren beschäftigten sich immer wieder Wirtschaftswissenschaftler mit dem Thema der Kernkompetenzen. *C. K. Prahalad* und *Gary Hamel* haben ihr Konzept in der Veröffentlichung „The Core Competence of the Corporation" vorgestellt. Die Autoren gehen davon aus, dass es für jedes Unternehmen eine bestimmte Zahl von Kernkompetenzen gibt, auf deren Ausbau und Verbesserung das Hauptaugenmerk liegen sollte.[2] *Philip Kotler* und *Friedhelm Bliemel* haben das Konzept von Prahalad/Hamel aufgegriffen, in ihrer Definition jedoch die Bedeutung des mit der Kernkompetenz verbundenen Wettbewerbsvorteil ausdrücklich herausgestellt.[3] *Michael Hammer* und *James Champy* zeigen in ihrer Veröffentlichung „Business Process Reengineering" an zahlreichen Beispielen wie Unternehmen durch eine Neuausrichtung ihrer Kernprozesse radikale Verbesserungen erzielten.[4]

Viele Unternehmen haben zwischenzeitlich die strategische Relevanz einer Konzentration auf die Kernkompetenzen erkannt und bauen diese kontinuierlich aus. Dies führt gleichzeitig zu neuen und höheren Anforderungen an alle unterstützenden Bereiche. Sekundärprozesse müssen so auf die Kernprozesse des Unternehmens ausgerichtet sein, dass eine größtmögliche Produktivität und Wettbewerbsfähigkeit erreicht wird. Zu diesen Sekundärprozessen gehört insbesondere die Verwaltung und Bewirtschaftung unternehmenseigener Immobilien.

Durch die internationale Ausweitung ihrer Geschäftsfelder besitzen viele Großunternehmen Immobilien weltweit. Dieser Immobilienbestand stellt, neben den Produktionsanlagen, bei den meisten Non-Property-Unternehmen den größten Teil ihres Vermögens dar, gleichzeitig ist der Aufwand für diese Immobilien einer der größten Kostenfaktoren neben den Personalkosten. Damit wird deutlich, dass der Immobilienbestand die Wirtschaftlichkeit eines Unternehmens maßgeblich beeinflusst. Diese Erkenntnis führt dazu, dass Immobilien nicht mehr nur als Produktionsfaktor, sondern als strategische Ressource und unter wertschöpfenden Aspekten betrachtet werden.[5]

Vor diesem Hintergrund haben viele Großunternehmen in den letzten Jahren ein professionelles Corporate Real Estate Management (CREM) zur Optimierung ihres Immobilienbestandes eingeführt. Zentrales Ziel des CREM ist es, ausgehend von den strategischen Zielsetzungen des jeweiligen Unternehmens, durch eine strategische und operative Planung, Steuerung und Kontrolle des Immobilienbestandes einen Beitrag zur nachhaltigen Wettbewerbsfähigkeit des Unternehmens

[2] Vgl. Prahalad, C. K./Hamel, G. (1990).

[3] Vgl. Kotler, P./Bliemel, F. (2001).

[4] Vgl. Hammer, M./Champy, J. (1994).

[5] Vgl. Hellerforth, M. (2006), S. 485 ff.

zu leisten.[6] Dabei umfasst das Corporate Real Estate Management im Wesentlichen vier immobilienspezifische Aufgabenbereiche, das Real Estate Portfolio Management (REPM), das Real Estate Asset Management (REAM), das Property Management (PM) und das Facility Management (FM). Während das Corporate Real Estate Management ganzheitlich gesehen das gesamte Immobilienportfolio aus betriebswirtschaftlicher und unternehmensstrategischer Sicht betrachtet, wird das Facility Management als technisch orientiertes Management von Immobilien verstanden, das sämtliche operativen Aufgaben des Gebäudemanagements beinhaltet.

Im Rahmen einer professionellen Immobilienstrategie sollte ein besonderes Augenmerk auf das Facility Management gelegt werden, da insbesondere der Betrieb und die Instandhaltung des Gebäudebestandes wesentliche Kostenfaktoren darstellen. Gerade bei Großunternehmen mit einer Vielzahl unternehmenseigener Immobilien im In- und Ausland ist ein strategisch und operativ transparent und effizient organisiertes Facility Management heute unerlässlich. Erst in der jüngsten Vergangenheit haben Großunternehmen damit begonnen, ihre weltweiten Immobilienbestände zu analysieren und zu dokumentieren. In vielen Fällen existiert noch eine unzureichende Datenlage der weltweit verteilten Standorte. Hinsichtlich ihrer Immobilienbewirtschaftung sind bei vielen Unternehmen die einzelnen Standorte individuell organisiert, die jeweils benötigten FM-Leistungen werden standortintern erbracht oder in Eigenverantwortung des Standorts an externe Dienstleister vergeben. Dadurch fehlt es an der nötigen Transparenz hinsichtlich des Umfangs, der Wirtschaftlichkeit und insbesondere der Kosten der FM-Leistungen innerhalb des gesamten Unternehmens. Durch eine zentrale Koordination und Kontrolle der FM-Leistungen durch das CREM kann ein erhebliches Optimierungspotenzial ausgeschöpft werden. Aufgabe des CREM ist es hierbei, ein einheitliches FM-Konzept für alle Standorte zu entwickeln, in dem sowohl länderspezifische fachliche wie auch kulturelle Unterschiede Berücksichtigung finden. Ziel dieser Strategie ist es, die FM-Leistungen unternehmensweit so zu optimieren und zu standardisieren, dass eine nachhaltige Verbesserung der Wirtschaftlichkeit bei mindestens gleichbleibender Qualität erreicht wird.

Unter dem Gesichtspunkt der Konzentration auf die Kernkompetenzen rückt im Bereich des Facility Managements immer mehr der Begriff des Outsourcings von FM-Dienstleistungen in den Vordergrund. Nach dem Grundgedanken „make or buy“ ist bei der Entwicklung der FM-Strategie zu entscheiden, inwieweit Dienstleistungen innerhalb des Unternehmens selbst erbracht werden oder von einem externen Dienstleister fremdbezogen werden.

---

[6] Vgl. Preuß, N./Schöne, L. B. (2016), S. 13.

Der FM-Markt ist heute geprägt durch die wachsende Bereitschaft großer Unternehmen zum Outsourcing ihrer FM-Leistungen. Die regelmäßig erscheinenden Lünendonk-Studien[7] zeigen auf, dass Unternehmen ihre Outsourcing-Aktivitäten immer mehr verstärken und den Einkauf ihrer Facility Services zentralisieren und professionalisieren. Durch die deutlich gestiegene Nachfrage nach einem einheitlichen Management für Multi-Sites, also die Bewirtschaftung des gesamten Immobilienbestandes durch einen oder mehrere FM-Dienstleister, ist die Anzahl der FM-Dienstleister in den letzten Jahren stetig gewachsen. Auf dem nationalen wie auch auf dem internationalen Markt haben sich professionelle und spezialisierte Dienstleister etabliert, die ein breites Spektrum an unterschiedlichen Leistungen anbieten. Gerade für international agierende Unternehmen mit einem breiten Immobilienportfolio wird die Nachfrage nach einem länderübergreifenden Outsourcing von FM-Dienstleistungen immer bedeutender. Allerdings wirft eine länderübergreifende Outsourcing-Strategie eine Vielzahl strategischer und organisatorischer Fragen auf, sowohl für den Nachfrager als auch für den Anbieter von FM-Dienstleistungen.

Vor diesem Hintergrund gewinnen Betreibermodelle zur Bewirtschaftung und zum Betrieb eines definierten Gebäudebestandes, bei dem sämtliche Gebäude, Anlagen und die damit verbundenen Aktivitäten und Rahmenbedingungen Berücksichtigung finden, bei internationalen Großunternehmen zunehmend an Bedeutung.

## 1.2 Stand der Forschung

Im Bereich der Immobilienwirtschaft existieren seit den 1990er Jahren zahlreiche Abhandlungen sowohl international als auch national. In den letzten beiden Jahrzehnten wurde auch an deutschen Universitäten und Hochschulen vermehrt immobilienwirtschaftliche Forschung betrieben. Dies zeigt die im Jahr 2016 von *Andreas Pfnür* und *Annette Kämpf-Dern* erschienene Studie, die Aufschluss gibt über die bisherigen Inhalte immobilienwirtschaftlicher Forschung in Deutschland im weltweiten Vergleich. Allerdings geht aus der Studie hervor, dass immobilienwirtschaftliche Forschung bisher vor allem aus Sicht der Investoren betrieben wurde, wohingegen Themen der Immobiliennutzung, der Bewirtschaftung und der immobilienbezogenen Dienstleistungen bisher weitaus weniger Gegenstand

[7] Vgl. exemplarisch: Lünendonk-Studie (2016) Fremdvergabequoten im Facility Management.

der deutschen Forschung waren.[8] Im Folgenden soll die vorliegende Arbeit in den Forschungskontext eingeordnet und der Forschungsbedarf hervorgehoben werden.

### 1.2.1 Forschungsstand „Corporate Real Estate Management"

Das Corporate Real Estate Management hat sich in den letzten Jahren zu einem spezifischen Forschungsfeld entwickelt und befasst sich im Wesentlichen mit der Art und Weise, wie Unternehmen ihre Immobilienportfolios strategisch als de facto leistungsfähige Vermögenswerte verwalten können. Bereits Ende der 1980er Jahre beginnt sich, zuerst im angelsächsischen Raum, später auch in Deutschland, die strategische Bedeutung von Corporate Real Estate Management abzuzeichnen. Dies bestätigt eine Umfrage von *Pittman und Parker*[9], die Führungskräfte großer Unternehmen befragt haben zu den Faktoren, die die Leistung von Unternehmensimmobilien beeinflussen. Eine erste umfassende Veröffentlichung zu den Kernelementen und Aufgaben des CREM erfolgte durch *Brown, Lapides und Rondeau.*[10] Die Wissenschaftler *Nourse und Roulac*[11] argumentieren in ihrer Veröffentlichung, dass die Wirksamkeit von CRE-Funktionen von der Übereinstimmung zwischen Unternehmensstrategien und CRE-Strategien abhängig ist. *Roulac*[12] schlägt einen strategischen Rahmen vor, der darauf abzielt, die vielfältigen Entscheidungsprozesse, die sich auf die Hauptsegmente Nutzer, Eigentümer, Investoren, Projektentwickler und Dienstleister beziehen, zu integrieren. Insbesondere erweitert *Roulac*[13] den Rahmen der von Nourse und Roulac entwickelten CRE-Strategien, indem er überlegt, wie diese CRE-Strategien so gestaltet werden können, dass sie zu effektiven Geschäftsprozessen beitragen, um Wettbewerbsvorteile zu erzielen und aufrechtzuerhalten. In ähnlicher Weise haben *Lindholm, Gibler und Leväinen*[14] ein theoretisches Modell dafür entwickelt, wie das Immobilienmanagement den Unternehmen einen Mehrwert bieten kann.

Zahlreiche Studien deutscher Universitäten und Hochschulen sowie Dissertationen, die sich mit einzelnen Themenfeldern des Corporate Real Estate

[8] Vgl. Pfnür, A./Kämpf-Dern, A. (2016).

[9] Vgl. Pittman, R./Parker, J. (1989).

[10] Vgl. Brown, R./Lapides, P./Rondeau, E. (1993).

[11] Vgl. Nourse, H./Roulac, S. (1993).

[12] Vgl. Roulac, S. (1996).

[13] Vgl. Roulac, S. (2001).

[14] Vgl. Lindholm, A.-L./Gibler, K./Leväinen, K. (2006).

Managements beschäftigen, belegen außerdem den hohen Stellenwert immobilienwirtschaftlicher Forschung. Nachfolgend sollen für diese Arbeit relevante wissenschaftliche Arbeiten und Forschungsprojekte zum Corporate Real Estate Management näher vorgestellt werden.

Eine der ersten Arbeiten zum strategischen Management von Unternehmensimmobilien wurde von *Schäfers*[15] verfasst. Forschungsschwerpunkt ist die Erarbeitung einer managementorientierten Gesamtkonzeption zur systematischen Erklärung und Gestaltung der Aktivitäten im Immobilienbereich von Unternehmen. Der Autor hat in seiner Dissertation einen wissenschaftlichen Erklärungsansatz des Immobilienmanagements entwickelt und daraus Gestaltungsempfehlungen im Sinne der praktisch-normativen Betriebswirtschaftslehre abgeleitet. Der entwickelte Ansatz wurde im Rahmen einer empirischen Untersuchung dem Stand des Immobilienmanagements in deutschen Großunternehmen gegenübergestellt. Aus den gewonnenen Erkenntnissen konnte eine umfassende, aus einer strategischen und gesamtsystembezogenen Perspektive abgeleitete Konzeption des Immobilienmanagements erarbeitet werden.

*Hens*[16] konzentriert sich in seiner Dissertation auf das marktwertorientierte Management von Unternehmensimmobilien. Die bisherigen wissenschaftlichen Ansätze zum strategischen Management von Unternehmensimmobilien werden in dieser Arbeit um den Ansatz der Marktwertmaximierung von Immobilien und das Instrument der Wertsteigerungsanalyse erweitert. Davon ausgehend, dass Immobilien eine wertmäßig bedeutende Ressource im Unternehmen darstellen, legt Hens mit der Entwicklung einer immobilienspezifischen Unternehmenswertrechnung die Grundlage für die Bewertung von Wertsteigerungsstrategien. Auf Basis dieser Strategien konzipiert der Autor ein System zur marktwertorientierten Planung, Steuerung und Kontrolle des Einsatzes von Unternehmensimmobilien, das den Funktionsbereich des betrieblichen Immobilienmanagements auf das übergeordnete Unternehmensziel ausrichtet.

*Straßheimer*[17] widmet sich in ihrer Dissertation der strategischen Gestaltung des internationalen Corporate Real Estate Managements und der Frage, wie international tätige Non-Property Companies eine Übereinstimmung zwischen den Anforderungen der Unternehmensführung, des Kerngeschäfts und der Gestaltung des Corporate Real Estate Managements erzielen können. Damit eine strategische Kongruenz zwischen der Philosophie, den Zielen und der Organisation des Unternehmens und dem internationalen CREM erreicht werden

[15] Vgl. Schäfers, W. (1997).

[16] Vgl. Hens, M. (1999).

[17] Vgl. Straßheimer, P. (1999).

kann, müssen die Strategien des Immobilienmanagements im Einklang stehen mit den grundsätzlichen Werten und Einstellungen des Unternehmens. Ausgehend von den internationalen Unternehmensaktivitäten und den allgemeinen Aufgabenfeldern des Immobilienmanagements werden in der Arbeit idealtypische Basisstrategien entwickelt, die als Handlungsempfehlungen für die Ausgestaltung des internationalen Corporate Real Estate Managements dienen sollen.

Schwerpunkt der von *Pierschke*[18] vorgelegten Dissertation ist eine betriebswirtschaftlich orientierte organisationstheoretische Auseinandersetzung mit dem betrieblichen Immobilienmanagement. Dabei werden Gestaltungsinstrumente und -bedingungen des betrieblichen Immobilienmanagements sowie Gestaltungsziele zur Beurteilung alternativer Organisationsstrukturen aufgezeigt und analysiert. Im Hinblick auf die oftmals in Unternehmen vorherrschende Problematik von zersplitterten immobilienbezogenen Zuständigkeiten und Verantwortlichkeiten werden Entscheidungshilfen für eine planvolle und systematische Gestaltung des betrieblichen Immobilienmanagements entwickelt, die Unternehmen als Handlungsempfehlungen bei einer Neustrukturierung ihres Immobilienmanagements dienen sollen.

*Gier*[19] beschäftigt sich in ihrer Dissertation mit der Bereitstellung und Desinvestition von Unternehmensimmobilien. Die Komplexität und die große Hebelwirkung immobilienbezogener Entscheidungen erfordern ein Entscheidungsinstrument, das die Eigenschaft der Unternehmensimmobilie als Betriebsmittel und Kapitalanlage berücksichtigt. Schwerpunkt der Arbeit ist die Erarbeitung eines mehrstufigen Corporate Real Estate Management-Konzeptes, bei dem der gesamte Immobilienbestand eines Unternehmens berücksichtigt wird. Insbesondere auf Grundlage des Portfolio Management-Konzeptes und des Asset Management-Konzeptes können Desinvestitionsstrategien abgeleitet werden, die durch eine Anpassung der Immobilienbereitstellung an den Immobilienbedarf, zum einen durch eine Senkung immobilienbezogener Kosten und Risiken und zum anderen durch die Freisetzung des in Immobilien gebundenen Kapitals, einen positiven Beitrag zum Unternehmenswert leisten können. Das von Gier entwickelte ganzheitliche Konzept für die Steuerung komplexer Immobilienbestände und die Restrukturierung der Immobilienbereitstellung im strategischen und finanzwirtschaftlichen Kontext eines Unternehmens gewährleistet die bestmögliche Angleichung der vorhandenen an die notwendigen Verfügungsrechte an Unternehmensimmobilien und die Wahl einer im Sinne der wertorientierten Unternehmensführung optimalen Desinvestitionsstrategie.

[18] Vgl. Pierschke, B. (2001).

[19] Vgl. Gier, S. (2006).

## 1.2.2 Forschungsstand „Facility Management"

Neben dem Corporate Real Estate Management hat sich auch das Facility Management als Teilgebiet der Immobilienwirtschaft seit den 1980er Jahren entwickelt. Viele Wissenschaftler haben sich seither mit dem Begriff „Facility Management“, seinen verschiedenen Aufgaben und Funktionsbereichen und insbesondere mit dem Zusammenwirken von CREM und FM auseinandergesetzt. *Becker*[20] beschäftigt sich mit der Organisation und der wechselnden Rolle des Facility Managements, insbesondere sieht er ein FM-Konzept vor, das den Arbeitsplatz und die Arbeitsmethoden der Mitarbeiter mit einbezieht. *McLennan und Nutt*[21] schlagen in ihrer Veröffentlichung ein benutzerbasiertes Forschungsmodell vor, um die Funktionsfähigkeit von Gebäuden und deren Nutzung sicherzustellen und geben einen Überblick über die Optionen, die Facility Managern zur Verfügung stehen, um ein solches Modell umzusetzen. Im Rahmen eines Forschungsprojektes hat *Barrett*[22] in seiner Fallstudie die Personalaspekte des Facility Managements als interaktive Funktion veranschaulicht. *Lethonen*[23] analysiert die Erfolgsfaktoren im Facility Management, wobei er unter anderem den Informationsaustausch zwischen Auftraggeber und Dienstleister und die Erreichung klar definierter vereinbarter Ziele hervorhebt. *Pathirage et al.*[24] haben in ihrer Studie vier Entwicklungsstufen des Facility Managements abgeleitet: die Betrachtung von FM als Overhead, die Integration von FM in vorhandene Managementstrukturen, FM als Ressourcenmanagement und FM als strategische Managementdisziplin. *Jensen et al.*[25] haben eine Studie vorgestellt, die auf der Arbeit einer 2009 gegründeten EuroFM-Forschungsgruppe zum Thema „Der Mehrwert von FM“ basiert. Der Schwerpunkt der Studie zielt darauf ab, wie FM sowohl für Unternehmen als auch für die Gesellschaft einen Mehrwert schaffen kann. Hierzu wurden die drei grundlegenden theoretischen Perspektiven von FM, CREM und B2B Marketing skizziert und verschiedene Modelle erarbeitet, wie Facility Management und Immobilien einen Mehrwert generieren können.

Auch die deutsche Wissenschaft hat sich mit dem Themenfeld „Facility Management“ beschäftigt. Dies belegen weitere Studien und Dissertationen.

---

[20] Vgl. Becker, F. (1990).

[21] Vgl. McLennan, P./Nutt, B. (1992).

[22] Vgl. Barrett, P. (1995).

[23] Vgl. Lethonen, T. (2004).

[24] Vgl. Pathirage, C. et al. (2008).

[25] Vgl. Jensen, P. A. et al. (2013).

Nachfolgend sollen für diese Arbeit relevante wissenschaftliche Arbeiten und Forschungsprojekte zum Facility Management näher vorgestellt werden.

Für *Redlein*[26] ist die Integration von Prozessen und die Unterstützung von IT-Tools ein Schlüsselfaktor für ein erfolgreiches Facility Management. In seiner Habilitationsschrift beschreibt er ein Prozessmodell für die Konzeption, Planung sowie den Bau- und Bewirtschaftungsprozess von Gebäuden und Anlagen, das die Integration in den gesamten Lebenszyklus ermöglicht. Die Zielkalkulationsmethode wird als Mittel vorgestellt, um eine ordnungsgemäße Konzeption gemäß den Bedürfnissen des Investors oder Eigentümers, des Benutzers und des Betreibers zu gewährleisten. Basierend auf Standardreferenzmodellen der wichtigsten FM-Prozesse und auf einer Analyse der vorhandenen Funktionalität relevanter IT-Tools wird ein Konzept entwickelt, das eine effiziente Unterstützung der FM-Prozesse während der Nutzungsphase durch die Integration vorhandener IT-Tools gewährleistet. Die dadurch generierte FM-Datenbank ermöglicht eine standardisierte Berechnung von Benchmarks, die die Grundlage für eine statistische Methode zur Berechnung der Nutzungskosten bilden.

Der vorherrschende Verdrängungswettbewerb bei einer kleinen Anzahl marktbeherrschender und einer Vielzahl kleiner und mittelständischer FM-Dienstleistungsunternehmen hat *Blumenthal*[27] dazu veranlasst, sich näher mit den Konzepten und Strategien von FM-Dienstleistern auseinanderzusetzen. Den Hauptgrund für die ungleiche Verteilung auf dem FM-Markt sieht Blumenthal insbesondere in Marketingdefiziten aufgrund vieler Einzelstrategien auf der Anbieterseite. In der Dissertation wird deshalb ein ganzheitliches, kundenorientiertes Marketingkonzept für FM-Anbieter entwickelt, das den Anforderungen der FM-Branche gerecht werden soll. Es werden Optionen erarbeitet, die von der Vorbereitung über die Anbahnung bis zur Realisierung von FM-Projekten reichen. Zentrales Ziel ist es, Informationsasymmetrien abzubauen und ein Vertrauensverhältnis zwischen Kunden und Anbietern aufzubauen. Basierend auf Umfragen bei führenden FM-Komplettanbietern wird ein Best-Practice ermittelt, aus dem unter Zugrundelegung einer theoretischen Fundierung Handlungsempfehlungen für das Marketing bei FM-Dienstleistern abgeleitet werden können.

Durch die steigenden Anforderungen der Immobiliennutzer an die Dienstleistungen des Gebäudemanagements verändern sich zunehmend die Arbeitsprozesse im Facility Management. Vorrangige Aufgabe des Facility Managements bleibt jedoch die Sicherstellung einer nutzerspezifischen, zeitnahen und wirtschaftlich

[26] Vgl. Redlein, A. (2004).

[27] Vgl. Blumenthal, I. (2004).

vertretbaren Leistungserstellung. *Otto*[28] widmet sich deshalb in seiner Dissertation der Verifizierung verschiedener Ansätze des Facility Managements, durch die die Effektivität und Effizienz von Dienstleistungsprozessen in Büroimmobilien unter Berücksichtigung konkreter Nutzeranforderungen gesteigert werden können. Diese Ansätze basieren auf Potenzialen, die durch die integrierte Betrachtung und gezielte Auswertung aller in Gebäuden verfügbaren Datenstrukturen genutzt werden können. Mit dem daraus ableitbaren Wissen wird die Grundlage für eine Neuorientierung der Prozessabläufe des Gebäudemanagements geschaffen, insbesondere im Hinblick auf den erforderlichen Personaleinsatz, den technischen Aufwand sowie die Steigerung der Nutzerzufriedenheit. Die Arbeit zeigt, dass durch die Nutzung der in Gebäudeautomationssystemen vorhandenen Daten bestehende Dienstleistungsprozesse optimiert werden können. Dies führt einerseits zu erheblichen Einsparungen und andererseits wird die Dienstleistungsqualität im Facility Management entscheidend verbessert.

*Hauk*[29] beschäftigt sich in ihrer Dissertation mit Definitionen und wissenschaftlichen Belegen von Potenzialen und Parametern der Wirtschaftlichkeit von Facility Management. Dabei konzentriert sich die Arbeit insbesondere auf Wirtschaftlichkeitsaspekte während der Nutzungsphase von Immobilien. In verschiedenen Forschungsphasen, unterstützt durch empirische Erhebungen, wird der Komplexität einer Wirtschaftlichkeitsanalyse von Facility Management Rechnung getragen. Als Potenziale werden anhand von statistischen Analysen die wesentlichen Kosteneinsparungen, Produktionssteigerungen und Kostentreiber im Facility Management wissenschaftlich definiert. Gleichzeitig werden die Korrelationen zwischen Unternehmensparametern und Kosteneinsparungen, Produktionssteigerungen und Kostentreibern durch Facility Management mittels statistischer Modelle berechnet. Die Ergebnisse der Arbeit belegen die von der Autorin aufgestellte Hypothese, dass das Vorhandensein einer FM-Abteilung signifikant positive Auswirkungen auf die Kosteneinsparung durch Facility Management hat. Im Sinne einer Produktionssteigerung wirkt sich die Anwendung eines CAFM-Programms ebenfalls positiv aus. Allerdings kann der Einsatz von CAFM-Programmen auch zu einer höheren Anzahl von Kostentreibern führen. Die Forschungsarbeit soll Unternehmen als Leitfaden dienen für eine ökonomisch optimale Integration und Umsetzung von Facility Management.

Die fortschreitende Internationalisierung des FM-Geschäfts stellt umfangreiche unternehmerische Anforderungen an Anbieter und Nachfrager und verändert auch deren Beziehungs- und Vertragsgestaltung. In diesem Zusammenhang

[28] Vgl. Otto, J. (2006).

[29] Vgl. Hauk, S. (2007).

gewinnt das Integrierte Facilities Management und die Gestaltung von Wertschöpfungspartnerschaften zunehmend an Bedeutung. *Teichmann*[30] entwickelt in seiner Dissertation ein theoretisches Modell zum Integrierten Facilities Management und unterlegt dieses mit den Ergebnissen einer empirischen Untersuchung und internationalen Marktanalyse sowohl auf Anbieter- wie auch auf Nachfragerseite. Das Modell schafft einen wissenschaftlichen Ordnungsrahmen zu den Managementdisziplinen der Immobilienökonomie, nimmt eine Einordnung des Facilities Management vor und ermöglicht eine systematische Ableitung zentraler Integrationsperspektiven. Darauf aufbauend werden Lösungsansätze und Handlungsoptionen für die betriebliche Praxis zur Gestaltung, Steuerung und strategischen Prüfung erarbeitet. Die Arbeit liefert einen wesentlichen Forschungsbeitrag zum internationalen Facilities Management und zur Gestaltung von Wertschöpfungspartnerschaften und soll sowohl Nachfragern wie auch Anbietern als Leitfaden für eine markt- und kundenkonforme Positionierung dienen.

### 1.2.3 Forschungsstand „Outsourcing"

Im betriebswirtschaftlichen Sinne ist es seit jeher von essentieller Bedeutung, betriebliche und unternehmerische Prozesse über alle Wertschöpfungstiefen hinweg effizient zu organisieren. Wie in allen Wirtschaftszweigen stellt auch im Bereich des Corporate Real Estate Managements und insbesondere im Facility Management das Outsourcing einzelner Aufgaben, Teilbereiche oder ganzer Geschäftsprozesse eine organisatorische Maßnahme zur Erreichung größtmöglicher Effizienz und Flexibilität dar. Vor diesem Hintergrund hat sich in den letzten Jahren die Thematik „Outsourcing" zu einem wichtigen Forschungsfeld entwickelt. Nach *Dibbern et al.*[31] müssen Unternehmen vor einem Outsourcing-Prozess vier Kernfragen klären:

- Warum soll ein Outsourcing stattfinden?
- Welche Funktionen und Leistungen sollen outgesourct werden?
- Was sind die wichtigsten Erfolgsfaktoren beim Outsourcing?
- Wie soll das Outsourcing durchgeführt werden?

---

[30] Vgl. Teichmann, S. A. (2009).

[31] Vgl. Dibbern, J. et al. (2004).

Zu diesen Themenkomplexen wurden in den letzten Jahren zahlreiche Forschungsbeiträge veröffentlicht. *Jennings*[32], *Harland et al.*[33] und *Kremic et al.*[34] betrachten das Outsourcing als strategische Entscheidung in Bezug auf die Kernkompetenzen und untersuchen mögliche Chancen aber auch potenzielle Risiken, die mit einem Outsourcing verbunden sind. Um einen theoretischen Rahmen für die Entscheidungsfindung zu schaffen, welche Funktionen und Leistungen outgesourct werden sollen, beziehen sich *Manning, Rodriguez und Roulac*[35], *McIvor*[36] und *Holcomb/Hitt*[37] insbesondere auf transaktionskostentheoretische und ressourcen-basierte Forschungsansätze. Zur Messung der Erfolgsfaktoren bei einem Outsourcing finden sich insbesondere Beiträge von *Brodnik/Bube*[38], *Freybote/Gibler*[39] und *Lange/Hofmann*[40]. *Greaver*[41] hat mit seinem Buch „Strategic Outsourcing – A Structured Approach to Outsourcing Decisions and Initiatives" eine wegweisende Arbeit verfasst, in der er Schritt für Schritt den Outsourcing-Prozess erläutert. *Brown* und *Wilson*[42] haben einen umfassenden Leitfaden für das sich stetig weiterentwickelnde Outsourcing-Feld herausgegeben mit wertvollen Governance Checklisten und Best Practices.

Nachfolgend sollen weitere für diese Arbeit relevante wissenschaftliche Arbeiten und Forschungsprojekte zum Thema „Outsourcing" näher vorgestellt werden.

*Nagengast*[43] beschäftigt sich in seiner Dissertation mit dem Outsourcing von Dienstleistungen industrieller Unternehmen. Durch theoretische Betrachtungen und praxisorientierte Anwendungen wird eine umfassende Gesamtsicht des Outsourcings von Dienstleistungen dargestellt. Die Arbeit gibt Aufschluss über die verschiedenen Arten von Dienstleistungen, die gestalterischen Alternativen des Outsourcings sowie die Vor- und Nachteile der verschiedenen Outsourcing-Konzepte. Insbesondere werden alle Möglichkeiten aufgezeigt, wie Unternehmen

[32] Vgl. Jennings, D. (2002).
[33] Vgl. Harland, C. et al. (2005).
[34] Vgl. Kremic, T. et al. (2006).
[35] Vgl. Manning, C./Rodriguez, M./Roulac, S. (1997).
[36] Vgl. McIvor, R. (2000).
[37] Vgl. Holcomb, T./Hitt, M. (2007).
[38] Vgl. Brodnik, B./Bube, L. (2009).
[39] Vgl. Freybote, J./Gibler, K. (2011).
[40] Vgl. Lange, F./Hofmann, S. (2017).
[41] Vgl. Greaver, M. (1999).
[42] Vgl. Brown, D./Wilson, S. (2005).
[43] Vgl. Nagengast, J. (1997).

den größtmöglichen Nutzen durch ein Outsourcing ihrer Dienstleistungen erzielen können. Durch die einerseits theoretische Analyse und die ergänzende empirische Untersuchung bei Industrieunternehmen, bei der das unternehmerische Verhalten beim Outsourcing verschiedener Dienstleistungen festgestellt und verglichen wird, ergeben sich neue Ansätze für die Entscheidungsfindung beim Outsourcing von Dienstleistungen.

*Beer*[44] verfolgt mit seiner Dissertation das Ziel, durch ein Aufzeigen der Erfolgsfaktoren beim Outsourcing, Gestaltungsvorschläge für eine Optimierung des gesamten Outsourcing-Prozesses unternehmensinterner Dienstleistungen von der Entscheidungsvorbereitung über die Entscheidungsumsetzung bis hin zur Entscheidungskontrolle zu erarbeiten. Für die Erfassung des komplexen Entscheidungsprozesses beim Outsourcing wird eine vergleichende Betrachtung von verschiedenen Unternehmen vorgenommen, die bereits ein Outsourcing von Dienstleistungen, insbesondere im Bereich Logistik, Informationsmanagement und Facility Management, realisiert haben. Unter Einbeziehung der daraus gewonnenen Erkenntnisse werden die einzelnen Phasen des Outsourcing-Prozesses näher analysiert. Ausgehend von den grundsätzlichen Alternativen Eigenfertigung, Ausgliederung oder Auslagerung werden für die Phase der Entscheidungsvorbereitung situationsspezifische Gestaltungsempfehlungen zur Ermittlung einer optimalen Handlungsalternative abgeleitet. Für die Phasen Entscheidungsumsetzung und Kontrolle werden Problemstellungen der möglichen Alternativen analysiert und Möglichkeiten für die Gestaltung von Dienstleistungspartnerschaften aufgezeigt. Die Forschungsarbeit verdeutlicht, welchen Einfluss eine Optimierung des gesamten Outsourcing-Prozesses letztendlich auf den Outsourcing-Erfolg hat.

*Schätzer*[45] widmet sich in ihrer Dissertation ebenfalls dem Outsourcing unternehmensinterner Dienstleistungen. Ziel der Arbeit ist es, Lösungsansätze für eine effiziente Gestaltung des Outsourcings von Dienstleistungen zu erarbeiten. Gegenüber bisherigen Forschungsansätzen konzentriert sich die Autorin darauf, unternehmerische Outsourcing-Entscheidungen unter Anwendung der Transaktionskostentheorie, die sowohl Transaktionskosten als auch Produktionskosten berücksichtigt, zu analysieren. Aus der Betrachtung der organisatorischen Gestaltung und Systematisierung von unternehmensinternen Dienstleistungen werden zunächst wesentliche Aussagen für die Entwicklung eines transaktionstheoretischen Referenzmodells unternehmerischer Outsourcing-Entscheidungen abgeleitet. Die aus der Transaktionskostentheorie gewonnenen Erkenntnisse in Bezug

[44] Vgl. Beer, M. (1997).

[45] Vgl. Schätzer, S. (1999).

auf Outsourcing-Entscheidungen dienen dazu, Aussagen hinsichtlich der Eignungsfähigkeit der verschiedenen Dienstleistungen zum Outsourcing abzuleiten. Mit der abschließenden Untersuchung verschiedener Vertragsformen werden konkrete Aussagen darüber getroffen, welche Dienstleistungen auf Basis welcher Vertragsform outgesourct werden können. Die Ergebnisse der Forschungsarbeit belegen, dass aus transaktionstheoretischer Sicht diejenigen Organisations- und Vertragsformen des Outsourcing als effizient bezeichnet werden können, die die niedrigsten Produktions- und Transaktionskosten verursachen.

*Hollekamp*[46] entwickelt in seiner Dissertation einen integrativen Konzeptansatz für das strategische Outsourcing von Geschäftsprozessen. Mit Hilfe einer vergleichenden Analyse von Outsourcinglösungen wird ein Vier-Phasen-Modell, bestehend aus den Phasen Strategie, Partnerwahl, Strukturgestaltung und Betrieb, erarbeitet, das die Entscheidungen und Maßnahmen bei Outsourcingprojekten strukturiert. Anhand verschiedener betriebswirtschaftlicher Theorien werden die Phasen des Modells begründet und in eine Kausalstruktur gebracht. Daraus werden Hypothesen zu den Wirkungszusammenhängen und zu den Erfolgswirkungen bei Outsourcingprojekten abgeleitet und anschließend am Beispiel von Großunternehmen in Deutschland empirisch überprüft. Basierend auf dem entwickelten Vier-Phasen-Modell, der theoriegeleiteten Begründung der Kausalstruktur und den empirischen Erkenntnissen wird ein integrativer Konzeptansatz für das strategische Outsourcing von Geschäftsprozessen entwickelt. Das Konzept liefert Kenntnisse darüber, wie das Outsourcing von Geschäftsprozessen optimal geplant und strukturiert sowie die Zusammenarbeit zwischen Unternehmen und Dienstleister gesteuert werden können.

*Bartenschlager*[47] untersucht in seiner Dissertation die Wirkungsweise und die zentralen Einflussfaktoren des Business Process Outsourcing (BPO) auf den Unternehmenserfolg. Anhand praxisrelevanter Merkmale werden die verschiedenen Formen des Outsourcings voneinander abgegrenzt sowie monetäre und nichtmonetäre Indikatoren des Unternehmenserfolgs identifiziert. Mittels einer empirischen Untersuchung bei deutschen Großunternehmen werden deren Erfahrungen mit dem Business Process Outsourcing analysiert und die Merkmale von Outsourcing-Partnerschaften dargestellt. Durch die verknüpfende Betrachtung von wissenschaftlich gewonnenen Erkenntnissen und praxisrelevanten Erfahrungen konzipiert der Autor ein theoretisches Modell, das substantielle Empfehlungen für die Umsetzung kernkompetenzorientierter Prozessverlagerungen liefert. Die Forschungsarbeit dient dem Management von Unternehmen als Orientierung für

[46] Vgl. Hollekamp, M. (2005).

[47] Vgl. Bartenschlager, J. (2008).

relevante Erfolgsfaktoren bei einer Auslagerung von Geschäftsprozessen, die zu einer positiven Beeinflussung des Unternehmenserfolgs führen.

### 1.2.4 Zusammenfassung des Forschungsstandes

Die vorgestellten Forschungsprojekte und wissenschaftlichen Arbeiten zeigen, welchen hohen Stellenwert das betriebliche Immobilienmanagement in der Forschungslandschaft einnimmt. Trotz einer Vielzahl weiterer Forschungsarbeiten[48], die sich mit einzelnen Teilbereichen des Corporate Real Estate Managements, des Facility Managements und des Outsourcings auseinandersetzen, existieren aktuell[49] keine ganzheitlichen Untersuchungen über die Gestaltung des Corporate Real Estate Managements und die Anwendung von Betreibermodellen für die Immobilienbewirtschaftung bei international ausgerichteten Großunternehmen. Mit der vorliegenden Arbeit soll diesem Defizit Rechnung getragen und die Forschungslücke geschlossen werden.

## 1.3 Zielsetzung der Arbeit

Im Fokus dieser Dissertation stehen international tätige Großunternehmen und deren Strategie zur Bewirtschaftung ihres Immobilienbestandes.

Ausgehend von der in Abschnitt 1.1 dargestellten Ausgangssituation bestehen die Grundannahmen der vorliegenden Arbeit darin, dass durch ein professionelles Corporate Real Estate Managements eine Optimierung des Immobilienbestandes erreicht wird und dass durch die Anwendung eines an der Unternehmensstrategie

[48] Vgl. **zum Corporate Real Estate Management:** *Kaufmann, C. A. (2003)*: Strategien für das Management betrieblich genutzter Immobilien; *Heyden, F. (2005)*: Immobilien-Prozessmanagement; *Schweiger, M. (2007)*: Steuerung von Konzernimmobiliengesellschaften; *Trübestein, M. (2010)*: Real Estate Asset Management; *Urschel, O. (2009)*: Risikomanagement in der Immobilienwirtschaft; **zum Facility Management:** *Soboll, M. (2004)*: Beschaffungsmarketing für FM-Dienstleistungen; *Fleischmann, G. F. (2007)*: Referenzprozesse im Facility Management; *Schneider, C. M. (2016)*: Effizienzsteigerungen im Lebenszyklus von Immobilien; **zum Outsourcing:** *Schott, E. (1997)*: Markt- und Geschäftsbeziehungen beim Outsourcing; *Ruoff, M. J. (2001)*: Strategic Outsourcing; *Hanke, M. (2007)*: Controlling von Outsourcing-Projekten; *Lüttringhaus, S. (2014)*: Outsourcing des Property Managements; es sei an dieser Stelle angemerkt, dass es sich hierbei nur um eine exemplarische Aufzählung der Forschungsarbeiten handelt, die keinen Anspruch auf Vollständigkeit erhebt.

[49] Stand: 2022.

ausgerichteten Betreibermodells zur Bewirtschaftung des Immobilienbestandes ein produktivitätssteigerndes Arbeitsumfeld sichergestellt und die Wirtschaftlichkeit eines Unternehmens nachhaltig positiv beeinflusst wird.

Zunehmend mehr Unternehmen nutzen für die Immobilienbewirtschaftung die zwischenzeitlich vielfältigen am Markt angebotenen Outsourcing-Möglichkeiten, die von konventionellen Formen wie der Einzelvergabe oder der Paketvergabe bis hin zu partnerschaftlichen Betreibermodellen reichen. Die Vorzüge einer langfristigen partnerschaftlichen Zusammenarbeit wurden grundsätzlich bereits erkannt, allerdings zeigen bisherige Studien,[50] dass partnerschaftliche Modelle, wie sie beispielsweise im Maschinen- und Anlagenbau, bei der öffentlichen oder bei der privaten Immobilienprojektentwicklung erfolgreich eingesetzt werden, im Bereich der Immobilienbewirtschaftung noch verhältnismäßig wenig genutzt werden. Welche Sourcing-Strategie oder welches Betreibermodell für die Immobilienbewirtschaftung im Einzelfall geeignet ist, hängt stark von den verfolgten Zielen und den speziellen Rahmenbedingungen des jeweiligen Unternehmens ab. Darüber hinaus wird die Sourcing-Entscheidung von den Anforderungen beeinflusst, die Unternehmen an FM-Dienstleistungen stellen und von der Verfügbarkeit kompetenter Dienstleister, die diese Anforderungen erfüllen. Diesbezüglich zeigen die bisherigen Marktstudien auch, dass es nur eine begrenzte Anzahl an Dienstleistern gibt, die länderübergreifende Modelle mit hoher Eigenleistungstiefe anbieten. Dies hat zur Folge, dass Unternehmen oft nicht die Möglichkeit haben, alle FM-Dienstleistungen für ihre internationalen Standorte in die Hände eines Dienstleisters zu geben, sondern nach individuellen Lösungen für die einzelnen Länder suchen müssen. Da das angewandte Betreibermodell weitreichende Auswirkungen auf die Organisation aller Lebenszyklusaktivitäten im Immobilienmanagement hat, beeinflusst die Sourcing-Entscheidung maßgeblich den Erfolg der Immobilienbewirtschaftung.

Vor diesem Hintergrund ist es das übergeordnete Ziel der vorliegenden Dissertation, das Corporate Real Estate Management internationaler Großunternehmen und den Prozess der Sourcing-Entscheidung bei der Wahl eines Betreibermodells für die Immobilienbewirtschaftung theoretisch und empirisch zu untersuchen. Dabei sollen insbesondere die Hintergründe und Einflussfaktoren analysiert werden, die zur Entscheidung für die eine oder andere Sourcing-Form führen. Aus der übergeordneten Zielsetzung ergeben sich vier Teilziele, die den grundsätzlichen Aufbau dieser Arbeit bestimmen.

---

[50] Vgl. Bernhold, T./FH Münster (2016) Studie zum Beschaffungsmanagement im FM; Drees & Sommer (2016) Marktstudie – Europaweite Facility Management-Trends; GlobalFM™ (2016) Global Facilities Management Market Sizing Study.

**1. Teilziel: Definitorische und konzeptionelle Präzisierung des Corporate Real Estate Managements**

Im Rahmen der Untersuchung zur Gestaltung des betrieblichen Immobilienmanagements internationaler Großunternehmen erfolgt zunächst die definitorische und konzeptionelle Präzisierung des Corporate Real Estate Managements. Neben der organisatorischen Gestaltung und den immobilienwirtschaftlichen Aufgaben des CREM liegt der Fokus vor allem auf den Bewirtschaftungsstrategien im Facility Management und dem Prozessablauf bei der Realisierung von Outsourcing-Projekten. Für die theoretische Fundierung des Outsourcing-Prozesses und als Erklärungsansätze für Outsourcing-Entscheidungen werden aus der allgemeinen Managementlehre verschiedene wissenschaftliche Theorien abgeleitet. Diese bilden die Grundlage und den theoretischen Bezugsrahmen für die anschließenden weiteren Untersuchungen.

**2. Teilziel: Entwicklung eines Konzeptes zur Umsetzung und Gestaltung von Betreibermodellen für die Immobilienbewirtschaftung**

Im Rahmen der theoretischen Untersuchung von Betreibermodellen für die Immobilienbewirtschaftung und der Ausgestaltung von Auftraggeber-Dienstleister-Beziehungen soll ein Konzept entwickelt werden, in dessen Mittelpunkt ein modulares Leistungsspektrum steht, das, angepasst an unternehmensspezifische Anforderungen, individuell gestaltbare Lösungen bietet. Das Konzept soll den Entscheidungsprozess bei der Implementierung eines Betreibermodells strukturiert darstellen, maßgebliche Entscheidungskriterien bei der Wahl eines geeigneten Dienstleisters identifizieren und die Gestaltungselemente analysieren, die eine wertschöpfende Beziehung zwischen Auftraggeber und Dienstleister sicherstellen.

Die Konzeptentwicklung orientiert sich dabei an den nachfolgenden Forschungsfragen:

- Welche Sourcing-Formen im Facility Management gibt es und wie lassen sich diese in einem konzeptionellen Rahmen strukturieren, bestimmen und voneinander abgrenzen?
- Welche Dienstleister stehen für das Outsourcing im Facility Management zur Verfügung und nach welchen Kriterien erfolgt die Wahl eines geeigneten Partners?
- Welche Gestaltungselemente kennzeichnen die Delegationsbeziehung zwischen Auftraggeber und Dienstleister?

Die aus der Konzeptentwicklung resultierenden praktisch anwendbaren Empfehlungen sollen zu Verbesserungen im Entscheidungsprozess und der Förderung einer langfristigen Auftraggeber-Dienstleister-Beziehung beitragen. Das Konzept bietet damit die Grundlage einer für beide Seiten wertschöpfenden Gestaltung und erfolgreichen Umsetzung eines Outsourcing-Projektes.

**3. Teilziel: Empirische Erhebungen zur Gestaltung des Corporate Real Estate Management und zur praktischen Anwendung von Betreibermodellen für die Immobilienbewirtschaftung**
Anhand empirischer Erhebungen soll die praktische Anwendung von Betreibermodellen für die Immobilienbewirtschaftung untersucht werden. Dabei werden in einer ersten Studie international tätige Großunternehmen zur Gestaltung ihres Immobilienmanagements und der Bewirtschaftung ihres Immobilienbestandes befragt, insbesondere hinsichtlich ihrer Sourcing-Strategie und der Anwendung verschiedener Outsourcing-Alternativen. Ergänzend hierzu erfolgt eine weitere Erhebung bei führenden Dienstleistern im Facility Management. Die Erhebung soll zum einen Aufschluss geben über das Angebot von FM-Dienstleistungen und Betreibermodellen und zum anderen über die Entwicklungsreife und Leistungsfähigkeit der Dienstleister auf dem internationalen Markt.

**4. Teilziel: Analyse des Entscheidungsprozesses bei der Wahl eines Betreibermodells für die Immobilienbewirtschaftung**
Die durch die empirischen Erhebungen gewonnenen Erkenntnisse dienen zum einen als Ergänzung der theoretischen Untersuchungen im Hinblick auf die praktische Anwendung von Betreibermodellen und die Gestaltung der Auftraggeber-Dienstleister-Beziehung und ermöglichen zum anderen eine Analyse von Sourcing-Entscheidungen bei der Wahl eines Betreibermodells. Da die spezifische Wahl eines Betreibermodells jedoch stark abhängig ist von den individuell verfolgten Zielen und speziellen Rahmenbedingungen des jeweiligen Unternehmens, müssen im Rahmen der Analyse von Sourcing-Entscheidungen diese Ziele und Rahmenbedingungen zunächst identifiziert werden. Daraus ergibt sich die weitere Forschungsfrage:

- Welche Kriterien und Einflussfaktoren beeinflussen die Sourcing-Entscheidung bei der Wahl eines Betreibermodells?

Da Outsourcing-Entscheidungen ein komplexes Entscheidungsproblem darstellen und auf einer Vielzahl von Entscheidungskriterien beruhen, werden Methoden aufgezeigt, die zur Entscheidungsunterstützung bei der Wahl eines Betreibermodells eingesetzt werden können und die unter Berücksichtigung mehrerer

Kriterien und den individuellen Präferenzen der Entscheidungsträger die Identifizierung eines geeigneten Betreibermodells ermöglichen. Mit Hilfe eines standardisierten Bewertungsverfahrens, bei dem die Erfolgswirkungen der verschiedenen Modelle analysiert werden, sollen die Grundlagen für die begründete Bevorzugung der einen oder anderen Entscheidungsalternative gelegt werden.

Insgesamt soll die vorliegende Dissertation neben der Erweiterung des wissenschaftlichen Kenntnisstandes auch Ansätze für die praktische Anwendung liefern. Sie richtet sich zum einen an das Corporate Real Estate Management international ausgerichteter Großunternehmen, die mit der Implementierung eines Betreibermodells die optimale Bewirtschaftung ihres weltweiten Immobilienbestandes anstreben. Zum anderen soll sie FM-Dienstleistern als Hilfestellung für ihre zukünftige Ausrichtung und Positionierung am Markt dienen.

## 1.4 Theoretischer Bezugsrahmen und Forschungsmethodik

Die vorliegende Dissertation lässt sich in die Wissenschaftsdisziplin der Immobilienökonomie einordnen. Die Immobilienökonomie versteht sich als interdisziplinäres Querschnittsfach, dessen Fundament die Betriebswirtschaftslehre bildet und darüber hinaus auf immobilienrelevante Aspekte der Volkswirtschaftslehre, der Rechtswissenschaften, der Architektur und des Ingenieurwesen zurückgreift.[51] Zentrales Thema der Immobilienökonomie ist die Erklärung und Gestaltung realer Entscheidungen von mit Immobilien befassten Wirtschaftssubjekten.[52] Ziel des wissenschaftlichen Bemühens ist es, Entscheidungsprozesse zu unterstützen und durch aufgezeigte Lösungswege zu deren Verbesserung beizutragen.[53] Damit liegt dieser Arbeit neben der Immobilienökonomie auch der entscheidungstheoretische Ansatz[54] der Betriebswirtschaftslehre als übergeordneter Bezugsrahmen zugrunde. Die betriebswirtschaftliche Entscheidungstheorie befasst sich in systematischer Weise mit dem Entscheidungsverhalten von Individuen und Gruppen und soll Ansätze liefern zur Erklärung bereits getroffener Entscheidungen oder

[51] Für eine ausführliche Betrachtung der Wissenschaftsdisziplin „Immobilienökonomie" wird auf die Abhandlung von Schulte, K.-W./Schäfers, W. (2008), S. 47–69 verwiesen.

[52] Vgl. Schulte, K.-W./Schäfers, W. (2008), S. 57.

[53] Vgl. Kirsch, W. (1979), S. 110; Schulte, K.-W./Schäfers, W. (2008), S. 57.

[54] Zur Entscheidungstheorie vgl. grundlegend Laux, H./Gillenkirch, R. M./Schenk-Mathes, H. (2018).

zur Unterstützung zukünftiger Entscheidungen.[55] *Laux et al.* unterscheiden hierbei die deskriptive oder beschreibende Entscheidungstheorie und die präskriptive oder praktisch-normative Entscheidungstheorie. Während sich der deskriptive Ansatz auf das Beschreiben und Erklären unternehmerischer Entscheidungen beschränkt, werden beim präskriptiven Ansatz zusätzlich auch die Gestaltungsmöglichkeiten unternehmerischer Entscheidungen in die Untersuchung miteinbezogen, um daraus Handlungsempfehlungen für zukünftige Entscheidungen abzuleiten.[56] Vor diesem Hintergrund folgt diese Arbeit dem präskriptiven Ansatz der Entscheidungstheorie, indem zum einen mit der Entwicklung eines Konzeptes Umsetzungs- und Gestaltungsmöglichkeiten von Betreibermodellen aufgezeigt und zum anderen durch eine Analyse der Erfolgswirkungen der verschiedenen Modelle die Grundlagen für eine begründete Bevorzugung der ein oder anderen Alternative gelegt werden sollen.

Grundsätzlich wird der Forschungsprozess von wissenschaftlichen Methoden bestimmt, deren strukturierte Verwendung in den einzelnen Forschungsphasen zu einer Erweiterung des wissenschaftlichen Kenntnisstandes führen soll.[57] Die im Rahmen dieser Arbeit anzuwendende Forschungsmethodik orientiert sich an den in Abschnitt 1.3 genannten Zielsetzungen. Die dabei besonders relevante Verknüpfung von Theorie und Praxis begründet eine Forschungsmethodik, die für die Betrachtung komplexer Realphänomene geeignet ist. Aufgrund des Anspruchs einer praktischen Anwendungsorientierung liegt dieser Arbeit eine **empirisch-qualitative Explorationsstrategie** zugrunde.[58]

Ziel empirischer Forschungsstrategien ist eine systematische Erfahrungsgewinnung anhand von empirisch erhobenen Daten. Unter Einsatz wissenschaftlicher Datengewinnungs- und Auswertungsmethoden können Annahmen über Ursache-Wirkungs-Zusammenhänge auf ihren wirklichkeitsbezogenen Wahrheitsgehalt hin überprüft werden und damit zu empirisch abgesicherten Erklärungen führen.[59]

Explorative Untersuchungen dienen der genauen Erkundung und Beschreibung eines Sachverhalts mit dem Ziel, offene Forschungsfragen zu beantworten

---

[55] Vgl. Laux, H./Gillenkirch, R. M./Schenk-Mathes, H. (2018), S. 3.

[56] Vgl. Laux, H./Gillenkirch, R. M./Schenk-Mathes, H. (2018), S. 4.

[57] Vgl. Schweitzer, M. (1996), S. 1646 f.

[58] Bortz/Döring unterscheiden insgesamt vier Explorationsstrategien: die theoriebasierte Exploration, die methodenbasierte Exploration, die empirisch-quantitative Exploration und die empirisch-qualitative Exploration. Vgl. ausführlich Bortz, J./Döring, N. (2006), S. 357 ff.; Döring, N./Bortz, J. (2016), S. 173.

[59] Vgl. Grochla, E. (1978), S. 78 ff.; Thiell, M. (2006), S. 10; Döring, N./Bortz, J. (2016), S. 5

und dabei neue Erkenntnisse zu generieren.[60] Grundsätzlich lassen sich qualitative und quantitative Forschungsmethoden unterscheiden.[61] Im Gegensatz zu quantitativen Forschungsmethoden, bei denen bestehende Theorien und Hypothesen überprüft werden, ist es das Ziel qualitativer Forschungsmethoden durch die Beantwortung offener Forschungsfragen neues Wissen zu generieren, Erklärungsmodelle zu entwickeln und neue Theorien und Hypothesen zu bilden.[62] Die im Rahmen der Zielsetzung formulierten Grundannahmen sind in diesem Sinne als Hypothesenbildung zu interpretieren.

## 1.5 Aufbau der Arbeit

Die Arbeit gliedert sich in insgesamt sieben Kapitel, die aufeinander aufbauen und sich an der Zielsetzung der Arbeit orientieren.

Kapitel 1 dient der Einführung in das Forschungsfeld. Nach der Erörterung der Ausgangssituation und Motivation erfolgt eine Darstellung des Forschungsstandes. Dabei werden für die Arbeit relevante Forschungsprojekte und wissenschaftliche Arbeiten zum Corporate Real Estate Management, zum Facility Management und zum Outsourcing vorgestellt, die Arbeit in den Forschungskontext eingeordnet und der Forschungsbedarf aufgezeigt. Anschließend werden die Zielsetzung, der theoretische Bezugsrahmen und die Forschungsmethodik sowie der Aufbau der Arbeit dargestellt.

Kapitel 2 beinhaltet die für das Verständnis der Arbeit notwendigen definitorischen und theoretischen Grundlagen des Immobilienmanagements. Es erfolgt zunächst eine begriffliche Abgrenzung des Terminus Immobilien, eine Definition des Begriffs Immobilienmanagement sowie die Abgrenzung der Begriffe Property Company und Non-Property Company. Anschließend werden die unterschiedlichen Perspektiven des Immobilienmanagements erläutert. Mit der Differenzierung der verschiedenen Konzepte des Immobilienmanagements erfolgt gleichzeitig eine Eingrenzung des Untersuchungsgegenstands dieser Arbeit.

Kapitel 3 beschäftigt sich mit der Gestaltung des betrieblichen Immobilienmanagements. Ausgehend von der internationalen und nationalen Fachliteratur erfolgt die definitorische und konzeptionelle Präzisierung des Corporate Real

[60] Vgl. Döring, N./Bortz, J. (2016), S. 192.

[61] Für eine ausführliche Diskussion hinsichtlich der Vorzüge qualitativer und quantitativer Forschungsmethoden vgl. Döring, N./Bortz, J. (2016), S. 184 ff.

[62] Vgl. Lamnek, S. (2005), S. 32 f.; Döring, N./Bortz, J. (2016), S. 184.

Estate Management. Hierbei werden sowohl strategische wie auch organisatorische Aspekte erörtert sowie die immobilienwirtschaftlichen Aufgaben innerhalb des CREM näher untersucht. Ein besonderes Augenmerk liegt hier auf den Aufgaben des Facility Managements und der Abgrenzung zu den Teilbereichen des Gebäudemanagements. Im Weiteren werden verschiedene Bewirtschaftungsstrategien im Facility Management diskutiert. Nach der Definition des Outsourcing-Begriffs und der Betrachtung möglicher Erscheinungsbilder des Outsourcings erfolgt eine Analyse der Motive, Chancen und Risiken, die mit dem Outsourcing einhergehen. Das anschließend entwickelte Prozessmodell für das Outsourcing im Facility Management soll den komplexen Prozessablauf von der Planung bis zur Realisierung eines Outsourcing-Projektes abbilden. Für die theoretische Fundierung des Outsourcing-Prozesses und als Erklärungsansätze für Outsourcing-Entscheidungen werden abschließend verschiedene wissenschaftliche Theorien vorgestellt und diskutiert. Diese bilden gleichzeitig den theoretischen Bezugsrahmen für die anschließenden weiteren Untersuchungen.

Kapitel 4 widmet sich der theoretischen Untersuchung von Betreibermodellen für die Immobilienbewirtschaftung und der Ausgestaltung von Auftraggeber-Dienstleister-Beziehungen. Hierzu werden zunächst die verschiedenen Ausprägungsformen von Betreibermodellen definitorisch eingeordnet und die Relevanz von Betreibermodellen für die Immobilienbewirtschaftung aufgezeigt. Der Schwerpunkt dieses Kapitels liegt auf der Entwicklung eines Konzeptes, das die Umsetzungs- und Gestaltungsmöglichkeiten von Betreibermodellen für die Immobilienbewirtschaftung ausführlich darlegt und praktisch anwendbare Lösungen zur Verbesserung des Entscheidungsprozesses und dem Aufbau einer wertschöpfenden Beziehung zwischen Auftraggeber und Dienstleister bietet. Die Entwicklung des Konzeptes orientiert sich an den sich aus der Zielsetzung ergebenden Forschungsfragen und an dem in Kapitel 3 entwickelten Prozessmodell für das Outsourcing im Facility Management. Neben dem übergeordneten Bezugsrahmen der Immobilienökonomie und des entscheidungstheoretischen Ansatzes der Betriebswirtschaftslehre sollen vor allem die in Abschnitt 3.9 vorgestellten wissenschaftlichen Theorien des ressourcenbasierten Ansatzes, der Transaktionskostentheorie, der Prinzipal-Agent-Theorie und des Netzwerkansatzes weitere Erklärungsansätze für die Konzeptentwicklung liefern.

In Kapitel 5 wird die praktische Anwendung von Betreibermodellen für die Immobilienbewirtschaftung anhand von zwei durchgeführten empirischen Studien untersucht. In der ersten Studie werden international tätige Großunternehmen zur Gestaltung ihres Immobilienmanagements und der Bewirtschaftung ihres Immobilienbestandes befragt, insbesondere hinsichtlich ihrer Sourcing-Strategie und der Anwendung verschiedener Outsourcing-Alternativen. Die durchgeführte zweite Studie bei führenden Dienstleistern im Facility Management soll Aufschluss geben über das Angebot von FM-Dienstleistungen und Betreibermodellen sowie der Entwicklungsreife und Leistungsfähigkeit der Dienstleister auf dem internationalen Markt. Nach einer einleitenden Erläuterung des angewandten Designs der Datenerhebung und -auswertung werden die Ergebnisse der Studien in diesem Kapitel umfassend dargestellt und interpretiert.

Kapitel 6 widmet sich der Analyse von Sourcing-Entscheidungen. Da Outsourcing-Entscheidungen und die spezifische Wahl eines Betreibermodells abhängig sind von den individuell verfolgten Zielen und speziellen Rahmenbedingungen des jeweiligen Unternehmens wird zunächst ein Zielsystem entwickelt, das die Zielgrößen und Entscheidungskriterien abbildet, die im Rahmen von Outsourcing-Entscheidungen relevant sind. Aus dem entwickelten Zielsystem und den formulierten Entscheidungskriterien werden anschließend Kriterien abgeleitet, die einen Vergleich der verschiedenen Sourcing-Formen ermöglichen und die für die Bewertung der zur Auswahl stehenden Alternativen hinsichtlich ihrer Erfolgswirkungen herangezogen werden können. Anschließend werden Methoden aufgezeigt, die zur Entscheidungsunterstützung bei der Wahl eines Betreibermodells eingesetzt werden können und die unter Berücksichtigung mehrerer Kriterien und den individuellen Präferenzen der Entscheidungsträger die Identifizierung eines geeigneten Betreibermodells ermöglichen. Auf Grundlage der in der ersten Studie erhobenen Daten bei international tätigen Großunternehmen werden mit Hilfe eines standardisierten Bewertungsverfahrens die Erfolgswirkungen der verschiedenen Betreibermodelle analysiert. Mit der Analyse sollen die Grundlagen für die begründete Bevorzugung der einen oder anderen Entscheidungsalternative gelegt werden. Abschließend erfolgt eine Einordnung der Ergebnisse der Nutzwertanalyse in das praktizierte Entscheidungsverhalten bei der Wahl eines Betreibermodells.

Kapitel 7 fasst die Ergebnisse der Arbeit noch einmal zusammen und gibt einen Ausblick auf zukünftige Entwicklungen und weiteren Forschungsbedarf.

Die Abbildung 1.1 gibt einen Überblick über den Aufbau und die Konzeption der Arbeit.

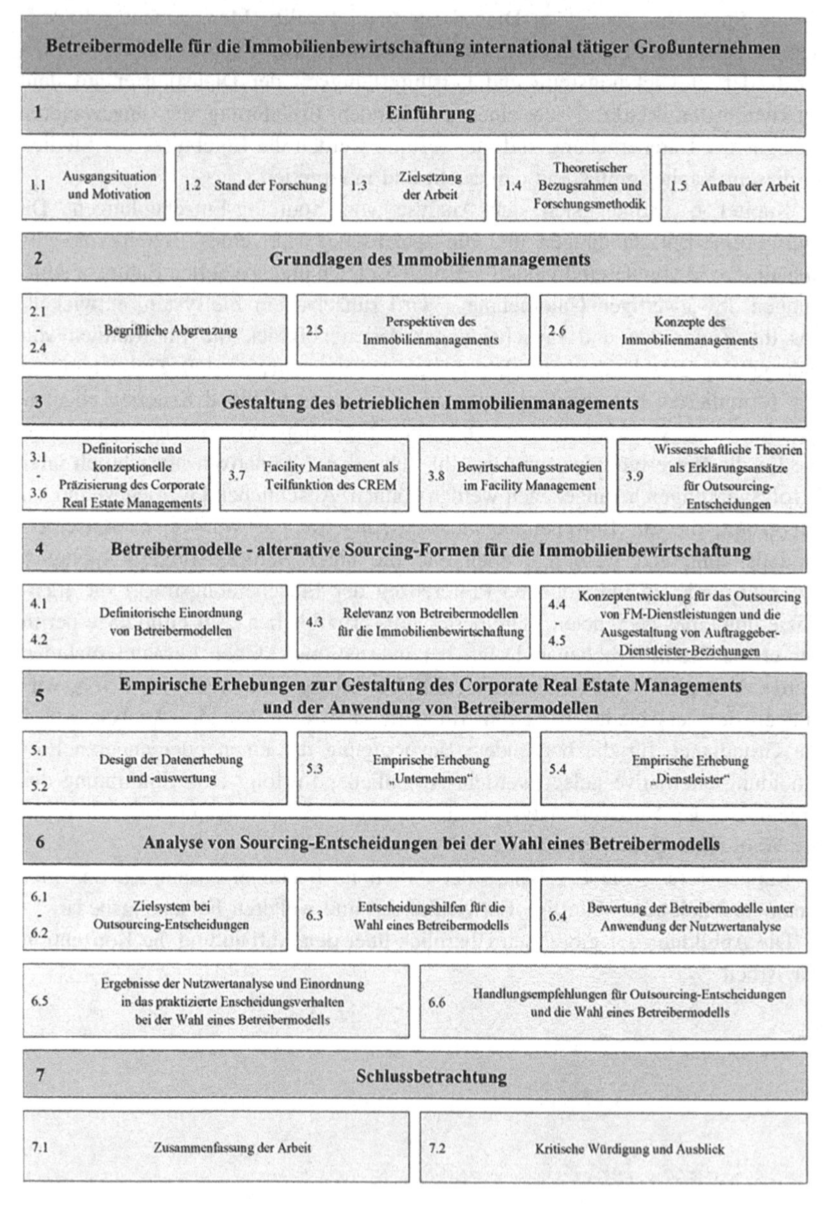


**Abbildung 1.1** Aufbau und Konzeption der Arbeit

# 2 Grundlagen des Immobilienmanagements

## 2.1 Überblick

Dieses Kapitel beinhaltet die für das Verständnis der Arbeit notwendigen definitorischen und theoretischen Grundlagen des Immobilienmanagements. Zunächst erfolgt eine begriffliche Abgrenzung des Terminus Immobilien, eine Definition des Begriffs Immobilienmanagement sowie die Abgrenzung der Begriffe Property Company und Non-Property Company. Anschließend werden die unterschiedlichen Perspektiven des Immobilienmanagements erläutert. Mit der Differenzierung der verschiedenen Konzepte des Immobilienmanagements erfolgt gleichzeitig eine Eingrenzung des Untersuchungsgegenstands dieser Arbeit.

## 2.2 Definitorische Abgrenzung des Begriffs „Immobilien"

Im Mittelpunkt des betrieblichen Immobilienmanagements stehen die Immobilien eines Unternehmens. Für den Begriff „Immobilie" gibt es im allgemeinen Sprachgebrauch keine einheitliche Definition. Nach Übersetzung des lateinischen Wortes „immobilis" wird eine Immobilie als unbewegliches Sachgut bezeichnet. Darüber hinaus gibt es eine Vielzahl von synonym verwendeten Begriffen wie „Grundstück", „grundstücksgleiches Recht", „Gebäude", „Grund und Boden", „Liegenschaft", „Grundbesitz" oder „Grundvermögen".[1] Nach wissenschaftlichem

[1] Vgl. Bone-Winkel, S./Schulte, K.-W./Focke, C. (2008), S. 5.



N. C. Rummel, *Betreibermodelle für die Immobilienbewirtschaftung international tätiger Großunternehmen*, Baubetriebswesen und Bauverfahrenstechnik,
https://doi.org/10.1007/978-3-658-44946-9_2

Verständnis lässt sich der Immobilienbegriff aus physischer, juristischer und ökonomischer Sicht definieren (siehe Abbildung 2.1).

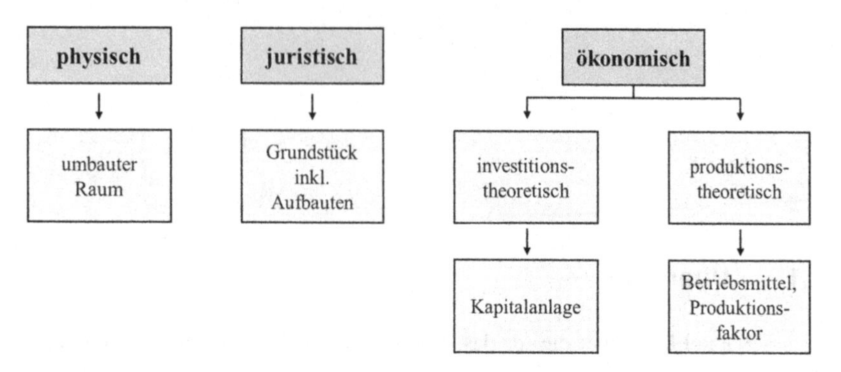


**Abbildung 2.1** Immobiliendefinitionen[2]

## 2.2.1 Physische Definition

Der physische Immobilienbegriff beschränkt sich auf die materiellen Eigenschaften der Immobilie wie Wände, Böden, Decken und Dächer und ist die im allgemeinen Sprachgebrauch am häufigsten verwendete Definition. Allerdings ist diese Definition nicht umfassend genug, da lediglich die Gebäudestrukturen betrachtet werden, nicht aber der Grund und Boden und die Nutzenstiftung der Gebäude.[3]

## 2.2.2 Juristische Definition

In der deutschen Rechtswissenschaft existiert keine gesetzliche Definition des Begriffs „Immobilie". In wichtigen Gesetzestexten definiert sich die Immobilie über das „Grundstück" oder den „Grund und Boden". Nach dem Bürgerlichen Gesetzbuch (BGB) gehören zu den wesentlichen Bestandteilen eines Grundstücks die mit dem Grund und Boden fest verbundenen Sachen, insbesondere Gebäude,

---

[2] Eigene Darstellung, in Anlehnung an Vornholz, G. (2013), S. 5.

[3] Vgl. Bone-Winkel, S./Schulte, K.-W./Focke, C. (2008), S. 7.

sowie die Erzeugnisse des Grundstücks, solange sie mit dem Boden zusammenhängen; außerdem gelten als Bestandteile des Grundstücks alle Rechte, die mit dem Eigentum an einem Grundstück verbunden sind. Nach dieser Definition werden Gebäude lediglich als Bestandteil eines Grundstücks angesehen, nicht als rechtlich eigenständige Sache.[4]

### 2.2.3 Ökonomische Definition

Aus ökonomischer Sicht gibt es zwei Betrachtungsweisen von Immobilien, zum einen den investitionstheoretischen, zum anderen den produktionstheoretischen Ansatz. Bei beiden Ansätzen wird der wirtschaftliche Charakter einer Immobilie nicht durch ihre physische Produktion, sondern durch ihre Nutzung bestimmt. Aus investitionstheoretischer Sicht wird die Immobilie als Kapitalanlage oder Investment bezeichnet. Ziele des Investors sind einerseits die Erzielung laufender Erträge als auch ein mögliches Wertsteigerungspotenzial der Immobilie. Nach dem produktionstheoretischen Ansatz sind Unternehmensimmobilien Betriebsmittel, die in Kombination mit anderen Produktionsfaktoren der betrieblichen Leistungserstellung dienen. Damit ergibt sich ein Nutzungspotenzial der Immobilie, das letztendlich zur Erreichung des Unternehmenszweckes dient.[5]

Die begriffserklärenden Ausführungen lassen sich im Forschungsfeld der Immobilienwirtschaft zu nachfolgender Definition zusammenfassen:

> *„Immobilien sind Wirtschaftsgüter, die aus unbebauten oder bebauten Grundstücken mit dazugehörenden Gebäuden und Außenanlagen bestehen. Sie werden von Menschen im Rahmen physisch-technischer, rechtlicher, wirtschaftlicher und zeitlicher Grenzen für Produktions-, Handels-, Dienstleistungs- und Konsumzwecke genutzt."*[6]

Ausgehend vom produktionstheoretischen Ansatz, wonach Immobilien als Betriebsmittel eines Unternehmens gelten, wird in der Literatur der Begriff Unternehmensimmobilien oder auch Corporate Real Estate (CRE) verwendet. Unternehmensimmobilien sind alle Immobilien, die sich im Besitz von Unternehmen befinden. Dies sind sowohl Immobilien, die sich im Eigentum des Unternehmens befinden, als auch solche, die nur angemietet sind.[7] Der Begriff Unternehmensimmobilie schließt sowohl betriebsnotwendige als auch nicht betriebsnotwendige

[4] Vgl. Bone-Winkel, S./Schulte, K.-W./Focke, C. (2008), S. 8–10; BGB §§ 94 und 96.

[5] Vgl. Bone-Winkel, S./Schulte, K.-W./Focke, C. (2008), S. 10–12; Vornholz, G. (2013), S. 6.

[6] Bone-Winkel, S./Schulte, K.-W./Focke, C. (2008), S. 16.

[7] Vgl. Pfnür, A. (2002), S. 8.

Immobilien ein. Betriebsnotwendige Immobilien sind solche, die im Leistungserstellungsprozess des Unternehmens aktiv genutzt werden und der Erfüllung des Kerngeschäfts dienen. Nicht betriebsnotwendige Immobilien dagegen sind Immobilien, deren betrieblicher Bedarf nicht oder nicht mehr gegeben ist, die aber trotzdem noch einen nutzbaren Vermögenswert für das Unternehmen darstellen.[8] Weiterhin wird zwischen Unternehmensimmobilien im engeren und im weiteren Sinne unterschieden. Unternehmensimmobilien im engeren Sinne beschränken sich auf Produktions- und produktionsnahe sowie gemischt genutzte Immobilien,[9] wohingegen unter Unternehmensimmobilien im weiteren Sinne alle betrieblich genutzten Immobilien zu verstehen sind.[10] Nach dem Verständnis dieser Arbeit zählen zu den Unternehmensimmobilien deshalb die nachfolgenden Immobilientypen: Produktionsimmobilien und Werkstätten, Lager- und Logistikimmobilien, Büroimmobilien, Immobilien der Forschung und Entwicklung, Sozialgebäude, Gesundheitszentren und Rechenzentren. Die Aufzählung kann beliebig erweitert werden, solange die Nutzung der Immobilien dem Unternehmenszweck selbst dient.[11]

## 2.3 Begriffsdefinition „Immobilienmanagement"

Nach der betriebswirtschaftlichen Managementlehre ist das Immobilienmanagement (engl.: Real Estate Management) die branchenspezifische Führungslehre der Immobilienwirtschaft.[12] Das Immobilienmanagement umfasst dabei alle Führungsmaßnahmen, die erforderlich sind, Immobilien zielorientiert zu entwickeln, zu bewirtschaften, zu verwerten und zu vermarkten.[13]

[8] Vgl. Glatte, T. (2014), S. 10.

[9] Vgl. Initiative Unternehmensimmobilien (2014), S. 4.

[10] Vgl. Pfnür, A. (2002), S. 10.

[11] Vgl. Glatte, T. (2014), S. 11 f.

[12] Vgl. Kämpf-Dern, A. (2009), S. 2; eine Abgrenzung des Immobilienmanagements zu anderen immobilienbezogenen Wissenschaftsdisziplinen findet sich in Kämpf-Dern, A./ Pfnür, A. (2009), S. 5–6.

[13] Vgl. Kippes, S. (2005), S. 5.

## 2.4 Property Companies vs. Non-Property Companies

Ausgehend von der Rolle, die Immobilien in Unternehmen einnehmen, erfolgt eine Kategorisierung der Unternehmen in „Immobilienunternehmen" (engl.: Property Company) und „Nicht-Immobilienunternehmen" (engl.: Non-Property Company). Als Property Companies bezeichnet man Unternehmen, bei denen das Immobiliengeschäft den Kernprozess des Unternehmens darstellt und deren Geschäftsgegenstand in der Erbringung von immobilienbezogenen Leistungen wie Projektentwicklung, Vermittlung, Finanzierung oder dem Erwerb und Verkauf von Immobilien besteht.[14] Demgegenüber sind Non-Property Companies Unternehmen, bei denen das Immobiliengeschäft nicht originärer Unternehmenszweck ist, sondern bei denen immobilienspezifische Leistungen intern gerichtete Sekundärleistungen darstellen und deren Bedarf in unmittelbarem Zusammenhang mit der Geschäftstätigkeit des Unternehmens steht.[15]

## 2.5 Perspektiven des Immobilienmanagements

Aus dem umfangreichen Aufgabenspektrum des Immobilienmanagements ergeben sich je nach Zielsetzung und Zweck der in der Immobilienwirtschaft agierenden Institutionen und Personen unterschiedliche Betrachtungsweisen auf das Immobilienmanagement. *Pfnür*[16]definiert in seinem Grundkonzept des Immobilienmanagements drei unterschiedliche Sichtweisen, in denen er jeweils auf den Hauptzweck der jeweiligen Akteure abstellt.

### 2.5.1 Leistungswirtschaftliche Perspektive

Bei der leistungswirtschaftlichen oder auch immobilientechnologischen Perspektive steht das Planen, Bauen, Betreiben und Vermarkten von Immobilien im Vordergrund. Diese vier Bereiche stellen das leistungswirtschaftliche Kerngeschäft und die Basis der erwerbswirtschaftlichen Tätigkeit der Unternehmen dar.

[14] Vgl. Bone-Winkel, S./Schulte, K.-W./Focke, C. (2008), S. 13.

[15] Vgl. Bone-Winkel, S./Schulte, K.-W./Focke, C. (2008), S. 13; eine ausführliche Abgrenzung von Property Companies und Non-Property Companies findet sich in der Dissertation von Hens, M. (1999), S. 78–81.

[16] Vgl. Pfnür, A. (2011), S. 23–27.

Als Hauptakteure sind hier insbesondere Projektentwickler, Architekten, Bauunternehmen, Projektsteuerer, Facility Manager und Makler zu nennen. Die Immobilien werden als Gegenstand der Leistungserbringung gesehen über den gesamten Lebenszyklus der Immobilien hinweg, von der ursprünglichen Projektentwicklung über das Bauen und Betreiben bis hin zum Vermarkten der Immobilien. Diese Unternehmen generieren ihren Umsatz im Wesentlichen aus dem immobilienbezogenen Leistungsspektrum. Vorrangiges Ziel ist eine Maximierung der Wertschöpfung durch die Bereitstellung von Immobilien zu Nutzungs- und Kapitalanlagezwecken.[17]

### 2.5.2 Eigentümerperspektive

Im Fokus der Eigentümerperspektive oder auch finanzwirtschaftlichen Perspektive steht die Investition in Immobilien. Akteure mit dieser Sichtweise sind Unternehmen, bei denen immobilienspezifische Leistungen als Unternehmensleistung erbracht werden, die jedoch nicht das Kerngeschäft des Unternehmens darstellen. Dies sind u. a. institutionelle Investoren wie Immobilienfonds, Pensionskassen, Versicherungen und Investmentbanken, aber auch private Investoren. Die Investitionen werden als Kapitalanlage betrachtet mit dem primären Ziel der Maximierung des in die Immobilien investierten Vermögens. Die Zielsetzung orientiert sich an den grundsätzlichen Zielen der Kapitalanlage: Rentabilität, Wertsicherheit und Liquidität. Die immobilienwirtschaftlichen Erträge werden überwiegend aus der Errichtung, der Vermietung oder Verpachtung und der Veräußerung der Immobilien generiert.[18]

### 2.5.3 Nutzerperspektive

Bei der nutzungsorientierten Perspektive werden die Immobilien als Betriebsmittel für den eigentlichen Leistungserstellungsprozess und als Produktionsfaktor zur Erstellung von Gütern und Dienstleistungen betrachtet und dienen damit der Unterstützung der Kernprozesse im Unternehmen. Im Vordergrund stehen nicht die primären Anlageziele der Immobilieninvestition, sondern die übergeordneten Ziele des Kerngeschäfts. In der Rolle der Nutzer von Immobilien

[17] Vgl. Pfnür, A. (2011), S. 9 und S. 25; Kämpf-Dern, A./Pfnür, A. (2009), S. 16–17.
[18] Vgl. Pfnür, A. (2011), S. 9 und S. 26; Kämpf-Dern, A./Pfnür, A. (2009), S. 18.

finden sich privatwirtschaftliche Unternehmen, öffentliche Institutionen und insbesondere Non-Property Unternehmen, bei denen die Immobilien ein dauerhaftes Ressourcen- und Nutzenpotenzial darstellen. Ziel aus Nutzersicht ist es, den einzelnen Unternehmensbereichen die für den Leistungserstellungsprozess benötigten Flächen zur Verfügung zu stellen, mit dem Blick auf einer Maximierung des Nutzen-Kosten-Verhältnisses der Immobiliennutzung.[19]

Die Abbildung 2.2 verdeutlicht die unterschiedlichen Sichtweisen auf das Immobilienmanagement.

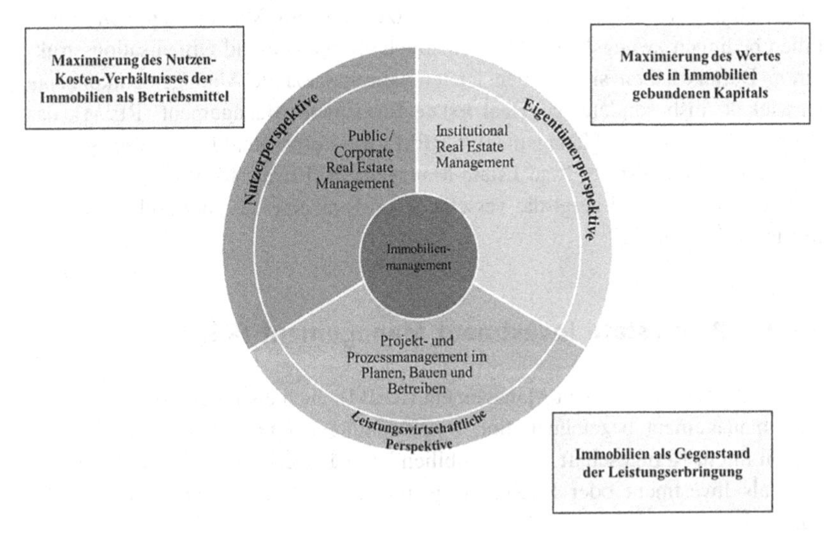


**Abbildung 2.2** Perspektiven des Immobilienmanagements[20]

In Abhängigkeit von der Rolle, die Immobilien im Unternehmen einnehmen, können sich die Ziele und Entscheidungsvoraussetzungen im Immobilienmanagement ändern.[21] In der Praxis hat sich gezeigt, dass sich die dargestellten Sichtweisen oftmals überlagern. Bei bestandshaltenden Unternehmen, die ihre Immobilien in der Regel als Betriebsmittel betrachten und aus Nutzersicht agieren, sind immobilienwirtschaftliche Entscheidungen angesichts des in den Immobilien gebundenen Kapitals oft auch renditeorientiert. Im umgekehrten Fall

[19] Vgl. Pfnür, A. (2011), S. 8 und S. 25–26; Kämpf-Dern, A./Pfnür, A. (2009), S. 17.

[20] Eigene Darstellung, in Anlehnung an Pfnür, A. (2011), S. 24.

[21] Vgl. Lange, B. (2013), S. 547.

agieren institutionelle Investoren oftmals nicht nur aus finanzwirtschaftlicher Sicht, für die Optimierung des Immobilienbestandes sind auch nutzerorientierte Aspekte von Relevanz.[22]

## 2.6 Konzepte des Immobilienmanagements

Die Vorgaben an das Immobilienmanagement eines Unternehmens leiten sich aus dem übergeordneten Zweck der Immobilien und den Zielsetzungen der jeweiligen Unternehmen ab.[23] Unterschiedliche Zielsetzungen beim Management von Immobilien bedingen zwangsläufig unterschiedliche Strategien und Organisationsstrukturen. Daraus haben sich in den letzten Jahren spezielle Managementkonzepte entwickelt, insbesondere das Real Estate Investment Management (REIM), das Corporate Real Estate Management (CREM), das Public Real Estate Management (PREM) und das Private Real Estate Management (Private REM).[24]

Die Abbildung 2.3 zeigt die verschiedenen Konzepte des Immobilienmanagements im Überblick.

### 2.6.1 Real Estate Investment Management (REIM)

Das Real Estate Investment Management (REIM), auch als institutionelles Immobilienmanagement bezeichnet, findet Anwendung bei Property Companies, die sich in ihrem Kerngeschäft mit Immobilien beschäftigen. Hierbei wird die Immobilie als Investment oder Kapitalanlage betrachtet. Nach gif-Definition ist das REIM die

> *„umfassende, an den Vorgaben des Investors ausgerichtete Eigentümervertretung für ein Immobilienvermögen unter Kapitalanlagegesichtspunkten."*[25]

[22] Vgl. Kämpf-Dern, A./Pfnür, A. (2009), S. 20.

[23] Vgl. Homann, K. (2000), S. 710.

[24] Vgl. Schulte, K.-W./Schäfers, W. (2008), S. 63.

[25] Gif (2004), S. 3.

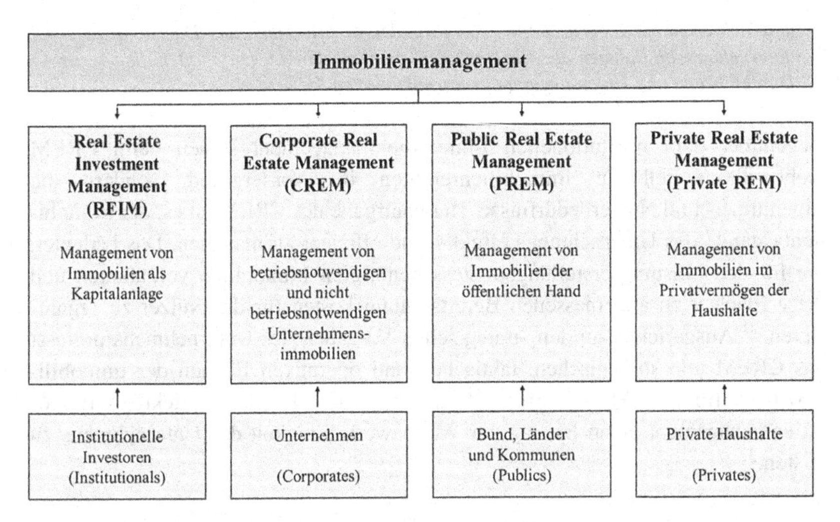


**Abbildung 2.3** Konzepte des Immobilienmanagements[26]

Demnach befasst sich das REIM mit der Beschaffung, der Bewirtschaftung und dem Verkauf von Immobilien zu Investitionszwecken mit dem Ziel der Performanceoptimierung und damit einer größtmöglichen Rendite für den Investor.[27]

## 2.6.2 Corporate Real Estate Management (CREM)

Das Corporate Real Estate Management (CREM), auch als betriebliches Immobilienmanagement bezeichnet, ist eine Führungskonzeption von Non-Property Companies, die über umfangreichen Immobilienbesitz verfügen, deren Kerngeschäft jedoch nicht in der Immobilienwirtschaft, sondern im Industrie-, Handels- oder Dienstleistungsgewerbe liegt.[28] Nach *Pfnür* wird CREM wie folgt definiert:

> *„Unter betrieblichem Immobilienmanagement sollen alle liegenschaftsbezogenen Aktivitäten eines Unternehmens verstanden werden, dessen Kerngeschäft nicht in der Immobilie liegt. CREM befasst sich mit dem wirtschaftlichen Beschaffen, Betreuen*

[26] Eigene Darstellung, in Anlehnung an Navy, J./Schröter, M. (2013), S. 20.

[27] Vgl. Nävy, J./Schröter, M. (2013), S. 19–20; eine ausführliche Darstellung der Aufgaben und Ziele des Real Estate Investment Managements findet sich in gif (2004).

[28] Vgl. Nävy, J./Schröter, M. (2013), S. 21.

*und Verwerten der Liegenschaften von Produktions-, Handels- und Dienstleistungsunternehmen im Rahmen der Unternehmensstrategie. Die Liegenschaften dienen zur Durchführung und Unterstützung der Kernaktivitäten.*“[29]

Gegenüber dem institutionellen Immobilienmanagement stehen beim CREM nicht die erzielbaren Immobilienrenditen im Vordergrund, sondern die Eigentümer- und Nutzerbedürfnisse. Hauptaufgabe des CREM ist es, die Immobilienbestände des Unternehmens effektiv und effizient zu managen. Das bedeutet, die für den Leistungserstellungsprozess benötigten Immobilien vorzuhalten und diese Flächen zu angemessenen Bereitstellungskosten für die Nutzer zu organisieren.[30] Ausgerichtet an den strategischen Vorgaben des Unternehmens umfasst das CREM alle strategischen, taktischen und operativen Ebenen der immobilienwirtschaftlichen Wertschöpfung,[31] mit dem Ziel, durch ein effektives Immobilienmanagement einen Beitrag zur Wettbewerbsfähigkeit des Unternehmens zu leisten.[32]

### 2.6.3 Public Real Estate Management (PREM)

Das Public Real Estate Management (PREM), im Deutschen in der Regel auch als Liegenschaftsmanagement bezeichnet, ist das Immobilienmanagement des öffentlichen Sektors. Grundsätzlich lassen sich die konzeptionellen Ansätze des Corporate Real Estate Managements auch auf das Public Real Estate Management übertragen. Ebenso wie beim CREM gehört auch das PREM nicht zum Kerngeschäft der öffentlichen Verwaltung und der Fokus liegt auch hier auf der Optimierung der Wirtschaftlichkeit des Immobilienbestandes. *Brockhoff/ Zimmermann* definieren das PREM als

„*eine strategische Gesamtkonzeption für den öffentlichen Sektor, die den heterogenen Immobilienbestand auf Bundes-, Landes- und Kommunalebene im Hinblick auf den politisch bestimmten Verwaltungsauftrag optimieren soll.*“[33]

[29] Pfnür, A. (2014), S. 14.

[30] Vgl. Kurzrock, B.-M. (2013), S. 43.

[31] Vgl. Glatte, T. (2014), S. 6.

[32] Vgl. Preuß, N./Schöne, L. B. (2016), S. 13.

[33] Brockhoff, P./Zimmermann, M. (2008), S. 902.

Der wesentliche Unterschied zum CREM besteht darin, dass beim PREM die verfassungsrechtlich festgeschriebenen Aufgaben der öffentlichen Verwaltung erfüllt und politische und verwaltungsorientierte Ziele berücksichtigt werden müssen.[34]

### 2.6.4 Private Real Estate Management (Private REM)

Das Private Real Estate Management (Private REM) ist das ganzheitliche Management von Immobilien, die sich im Privateigentum befinden. Ähnlich wie beim Corporate Real Estate Management oder beim Public Real Estate Management finden auch für das Management privater Immobilienbestände die konzeptionellen Managementansätze Anwendung. *Tilmes/Jakob/Pitschke* definieren das Private Real Estate Management als die

> *„Gesamtheit aller Aktivitäten des Planens, Realisierens, Steuerns und Kontrollierens sämtlicher direkter und indirekter Immobilienanlagen einer Privatperson oder einer Familie, unabhängig von ihren juristischen Eigentumsverhältnissen, die es ihr ermöglichen, heute oder in Zukunft Einkommens- oder sonstige Nutzenerträge zu generieren."*[35]

Allerdings findet sich ein professionelles Immobilienmanagement im Bereich privater Investoren eher selten. Lediglich bei institutionellen Immobilieneigentümern oder Privatpersonen mit umfangreichem Immobilienbesitz wird das Private Real Estate Management in der Praxis angewandt.[36]

Im Fokus dieser Arbeit steht das Corporate Real Estate Management (CREM), weshalb im weiteren Verlauf auf eine nähere Betrachtung und Erörterung des Real Estate Investment Managements, des Public Real Estate Managements und des Private Real Estate Managements verzichtet wird.

---

[34] Vgl. Schulte, K.-W./Schäfers, W. (2008), S. 63; eine umfassende Erörterung zum Thema Public Real Estate Management erfolgte durch Ecke, C. (2003).

[35] Tilmes, R./Jakob, R./Pitschke, C. (2016), S. 892.

[36] Vgl. Tilmes, R./Jakob, R./Pitschke, C. (2016), S. 893; für eine ausführliche Betrachtung des Private Real Estate Managements wird auf die gesamte Abhandlung von Tilmes/Jakob/Pitschke (2016), S. 891–916, verwiesen.

# 3 Gestaltung des betrieblichen Immobilienmanagements

## 3.1 Überblick

Nach den generellen Einführungen in das Immobilienmanagement widmet sich dieses Kapitel der Gestaltung des betrieblichen Immobilienmanagements. Ausgehend von der internationalen und nationalen Fachliteratur erfolgt die definitorische und konzeptionelle Präzisierung des Corporate Real Estate Management. Hierbei werden sowohl strategische wie auch organisatorische Aspekte erörtert sowie die immobilienwirtschaftlichen Aufgaben innerhalb des CREM näher untersucht. Ein besonderes Augenmerk liegt hier auf den Aufgaben des Facility Managements und der Abgrenzung zu den Teilbereichen des Gebäudemanagements. Im Weiteren werden verschiedene Bewirtschaftungsstrategien im Facility Management diskutiert. Nach der Definition des Outsourcing-Begriffs und der Betrachtung möglicher Erscheinungsbilder des Outsourcings erfolgt eine Analyse der Motive, Chancen und Risiken, die mit dem Outsourcing einhergehen. Das anschließend entwickelte Prozessmodell für das Outsourcing im Facility Management soll den komplexen Prozessablauf von der Planung bis zur Realisierung eines Outsourcing-Projektes abbilden. Für die theoretische Fundierung des Outsourcing-Prozesses und als Erklärungsansätze für Outsourcing-Entscheidungen werden abschließend verschiedene wissenschaftliche Theorien vorgestellt und diskutiert. Diese bilden gleichzeitig den theoretischen Bezugsrahmen für die anschließende Untersuchung von Betreibermodellen und der Ausgestaltung von Auftraggeber-Dienstleister-Beziehungen.



N. C. Rummel, *Betreibermodelle für die Immobilienbewirtschaftung international tätiger Großunternehmen*, Baubetriebswesen und Bauverfahrenstechnik,
https://doi.org/10.1007/978-3-658-44946-9_3

## 3.2 Notwendigkeit eines betrieblichen Immobilienmanagements

Ein professionelles Immobilienmanagement hat in den letzten Jahren bei Industrie-, Handels- und Dienstleistungsunternehmen immer mehr an Bedeutung gewonnen. Hintergrund ist das umfangreiche Immobilienportfolio großer Unternehmen und die damit einhergehende finanzwirtschaftliche Bedeutung, die die Immobilien für die Unternehmen darstellen. Nach den Monatsberichten der Deutschen Bundesbank beläuft sich der Immobilienanteil deutscher Unternehmen auf 10 % bis 15 % ihres Bilanzvermögens.[1] Je nach Einzelfall und Branche kann dieser Anteil auch weitaus höher liegen. Eine Untersuchung der DAX 30-Unternehmen aus dem Jahr 2007 ergab einen Immobilienanteil an der Bilanzsumme von bis zu 30 %.[2] Einer neueren Studie aus dem Jahr 2014 zufolge betrug das Immobilienvermögen deutscher Unternehmen ca. 3.000 Mrd. Euro, wobei hiervon ca. 500 Mrd. Euro auf die anteiligen Grundstückswerte entfallen.[3] Dabei beziehen sich diese Angaben lediglich auf die der Abschreibung unterliegenden Buchwerte. Bei Ansatz aktueller Verkehrswerte kann der Immobilienanteil am Gesamtvermögen deutlich größer ausfallen.[4] Angesichts der Vermögenswirksamkeit der Immobilien ergibt sich aber auch ein hohes Kostenpotenzial, das sich insbesondere aus den laufenden Kosten durch Nutzung und Instandhaltung der Immobilien ergibt. Untersuchungen haben ergeben, dass die Immobilienkosten zwischen 10 % und 20 % der jährlichen Gesamtkosten eines Unternehmens betragen. Damit stellen die Immobilienkosten den zweitgrößten Kostenfaktor nach den Personalkosten dar.[5] Mit Blick auf die Vermögens- und Kostendimensionen wird deutlich, welche Auswirkungen Immobilien auf den Unternehmenswert und den wirtschaftlichen Erfolg haben. Dies hat in der Vergangenheit dazu geführt, das sich immer mehr Unternehmen mit dem Potenzialfaktor Immobilie auseinandergesetzt haben. Aus heutiger Sichtweise sind die Immobilien eines Unternehmens nicht mehr nur Betriebsmittel und Produktionsfaktor, sondern eine strategische Ressource, die die Wirtschaftlichkeit des Unternehmens maßgeblich beeinflussen. Nur unter Einbeziehung des Immobilienbestandes in die Strategieentwicklung des Unternehmens können langfristige Erfolgspotenziale generiert werden. Dies setzt

---

[1] Vgl. Schulte, K.-W./Schäfers, W. (1998), S. 41.

[2] Vgl. Bone-Winkel, S./Müller, T./Pfrang, D. C. (2008), S. 32.

[3] Vgl. Pfnür, A. (2014), S. 6.

[4] Vgl. Schulte, K.-W./Schäfers, W. (1998), S. 42.

[5] Vgl. Pfnür, A. (2014), S. 22.

jedoch ein aktives, strategisch orientiertes und an den Zielen des Unternehmens ausgerichtetes Immobilienmanagement voraus.[6]

Allerdings hat das betriebliche Immobilienmanagement lange Zeit ein Schattendasein geführt. Da die Immobilien üblicherweise nicht zum Kerngeschäft eines Unternehmens gehören, beschränkte sich das Immobilienmanagement oftmals auf eine reine Liegenschaftsverwaltung. Die Betrachtung der Immobilien als bedeutender Erfolgs- und Wettbewerbsfaktor eines Unternehmens wurde lange Zeit vernachlässigt.[7] Gleichzeitig wurden immobilienspezifische Problemstellungen und die damit verbundenen Handlungskonsequenzen nicht erkannt. Dies führte dazu, dass die Unternehmen keine Notwendigkeit in einem strategisch orientierten Immobilienmanagement mit grundlegenden Rahmenkonzepten sahen.[8] Organisatorische Defizite und keine klar geregelten Zuständigkeiten für die immobilienwirtschaftlichen Aufgaben verhinderten ein auf die Ausnutzung von Erfolgspotenzialen gerichtetes Gestalten des Immobilienportfolios.[9] Erst in den letzten Jahren hat in Bezug auf das Immobilienmanagement ein Umdenken in den Führungsebenen großer Unternehmen stattgefunden. Mit der Erkenntnis, dass strategische Erfolgspotenziale nur unter Einbeziehung aller Ressourcen generiert werden können, hat sich auch die Sichtweise auf die Unternehmensimmobilien und deren Management geändert.[10] Die Ursachen für den Bedeutungswandel im Immobilienmanagement liegen zum einen in den technologischen, zum anderen in den fortschreitenden Markt- und gesellschaftlichen Entwicklungen. Neue Produktions- und Prozesstechnologien, Informations- und Kommunikationstechnologien sowie veränderte Gebäudetechnologien stellen das Immobilienmanagement immer wieder vor neue Herausforderungen. Aber auch der wirtschaftliche Struktur- und Wertewandel, die globale Ausweitung der Geschäftstätigkeiten sowie die Internationalisierung der Unternehmensaktivitäten haben unmittelbare Auswirkungen auf das betriebliche Immobilienmanagement.[11]

Vor diesem Hintergrund wird deutlich, dass die Immobilien eines Unternehmens, neben den Ressourcen Kapital, Personal, Technologie und Information,

---

[6] Vgl. Schulte, K.-W./Schäfers, W. (1998), S. 44.

[7] Vgl. Joroff, M. et al. (1993a), S. 14.

[8] Vgl. Nourse, H./Roulac, S. (1993), S. 475.

[9] Vgl. Eversmann, M. (1995), S. 51.

[10] Vgl. Schulte, K.-W./Schäfers, W. (1998), S. 33.

[11] Vgl. Schulte, K.-W./Schäfers, W. (1998), S. 34; eine ausführliche Auseinandersetzung mit dem Bedeutungswandel im Immobilienmanagement findet sich in der Dissertation von Schäfers, W. (1997), S. 53 ff.

eine weitere zentrale Ressource darstellen, deren professionelles Management entscheidend zum Unternehmenserfolg beiträgt.[12]

## 3.3 Definitorische Ansätze des Corporate Real Estate Managements

Der Begriff „Corporate Real Estate Management" wurde ursprünglich im anglo-amerikanischen Raum geprägt und bezeichnet die strategisch orientierte Auseinandersetzung mit dem Immobilienvermögen von Non-Property Companies. Dieser Begriff hat sich auch im deutschsprachigen Raum als Bezeichnung für das betriebliche Immobilienmanagement etabliert. In der Literatur existieren sowohl aus anglo-amerikanischer wie auch aus europäischer Sichtweise zahlreiche Definitionen des Begriffs „Corporate Real Estate Management", die im Laufe der Jahre immer wieder modifiziert wurden.

*Bon*[13] definiert das Corporate Real Estate Management als das gesamte Spektrum der Aktivitäten in Bezug auf Portfolios von Gebäuden und Grundstücken, die von einer Organisation gehalten werden. Dazu gehören das Investitionsmanagement, das Finanzmanagement, das Baumanagement sowie das Anlagenmanagement.

*Krumm*[14] erweitert in seiner Dissertation diese Definition und bezeichnet das CREM als das Immobilienmanagement eines Unternehmens, bei dem das Portfolio und die Dienstleistungen an den Bedürfnissen des Kerngeschäfts ausgerichtet sind. Dabei umfasst das CREM alle Aktivitäten im Zusammenhang mit der Planung, dem Erwerb, der Verwaltung und der Veräußerung von Unternehmensimmobilien. Dabei soll das Management des Immobilienportfolios an den Unternehmensstrategien ausgerichtet sein und einen Mehrwert für das Unternehmen generieren.

Eine ähnliche Sichtweise haben *De Vries/De Jong/Van der Voort.*[15] Nach ihrem Verständnis bezeichnet CREM alle Aktivitäten zur Ausrichtung des Immobilienportfolios auf die Bedürfnisse des Kerngeschäfts, um einen maximalen Mehrwert für das Unternehmen zu erzielen und einen optimalen Beitrag zum Gesamtergebnis des Unternehmens zu leisten.

---

[12] Vgl. Joroff, M. et al. (1993b), S. 53.

[13] Vgl. Bon, R. (1994), S. 17.

[14] Vgl. Krumm, P. (1999), S. 46.

[15] Vgl. De Vries, J./De Jong, H./Van der Voort, T. (2008), S. 209.

*Eversmann*[16] hat bereits 1995 das CREM wie folgt definiert:

*„CREM ist das ganzheitliche, sowohl auf die Anforderungen des operativen Geschäfts als auch auf die Kapitalseite ausgerichtete, professionelle Management der betrieblichen Immobilien."*

Eine ähnliche Definition erfolgte 1998 durch *Schulte/Schäfers*[17].

*„Corporate Real Estate Management ist das aktive, ergebnisorientierte, strategische wie operative Management betriebsnotwendiger und nicht betriebsnotwendiger Immobilien. Als Führungskonzeption richtet es sich an Non-Property Companies, die im Rahmen ihrer Unternehmensstrategie über umfangreichen Grundbesitz verfügen."*

*Pfnür*[18] modifiziert die Definition wie folgt:

*„Das Corporate Real Estate Management umfasst alle liegenschaftsbezogenen Aktivitäten eines Unternehmens, dessen Kerngeschäft nicht in der Immobilie liegt. CREM befasst sich mit dem wirtschaftlichen Beschaffen, Betreuen und Verwerten der Liegenschaften von Produktions-, Handels- und Dienstleistungsunternehmen im Rahmen der Unternehmensstrategie. Die Liegenschaften dienen zur Durchführung und Unterstützung der Kernaktivitäten."*

Damit leiten sich sowohl bei Schulte/Schäfers als auch bei Pfnür die Aktivitäten des Corporate Real Estate Managements aus der Unternehmensstrategie ab und verfolgen das Ziel, einen positiven Beitrag zum Unternehmenserfolg zu leisten. Um dies zu erreichen, ist eine enge Abstimmung zwischen Unternehmensstrategie und Immobilienstrategie erforderlich.[19]

---

[16] Eversmann, M. (1995), S. 50.

[17] Schulte, K.-W./Schäfers, W. (1998), S. 45.

[18] Pfnür, A. (2014), S. 14.

[19] Vgl. Acoba, F./Foster, S. (2003), S. 145.

## 3.4 Strategische Aspekte des Corporate Real Estate Managements

### 3.4.1 Immobilienstrategie als Teil der Unternehmensstrategie

Um Erfolgspotenziale zu erzielen, folgen Unternehmen häufig einem strategischen Managementprozess, der von der Festlegung der Ziele und Vorgaben durch das Unternehmen ausgeht und Richtlinien und Pläne zur Erreichung dieser Ziele entwickelt. Die erfolgreiche Umsetzung von Kerngeschäftsstrategien erfordert die Übereinstimmung verschiedener interner Elemente und Strategien. Zu den Ressourcen, die einen Mehrwert schaffen, gehört insbesondere auch das Immobilienportfolio eines Unternehmens. Unternehmensimmobilien und die damit verbundenen Strategien gehören deshalb zu den Elementen, die mit den Zielen und Vorgaben des Unternehmens in Einklang gebracht werden müssen, um sicherzustellen, dass die Ressourcen effizient genutzt werden, um einen nachhaltigen Wettbewerbsvorteil zu erzielen und letztendlich einen Beitrag zum Unternehmenserfolg zu leisten.[20] Immobilienstrategien müssen deshalb immer im Kontext der Unternehmensstrategien betrachtet werden.[21]

Die Abbildung 3.1 verdeutlicht den Zusammenhang zwischen der Unternehmensstrategie und der Immobilienstrategie.

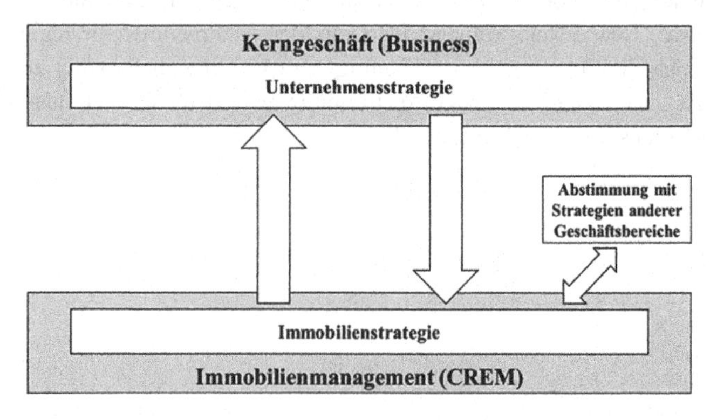


**Abbildung 3.1** Immobilienstrategie als integrativer Bestandteil der Unternehmensstrategie[22]

[20] Vgl. Gibler, K./Lindholm, A.-L. (2012), S. 26.

[21] Vgl. Schäfers, W. (1998a), S. 224.

[22] Eigene Darstellung, in Anlehnung an Glatte, T. (2014), S. 13.

Aufgabe des Corporate Real Estate Managements ist es, eine Immobilienstrategie zu entwickeln, die die Unternehmensstrategie unterstützt und zur Erreichung der übergeordneten Unternehmensziele beiträgt. Gleichzeitig soll die entwickelte Immobilienstrategie dazu beitragen, Nutzenpotenziale, die sich aus dem Immobilienportfolio selbst ergeben, aufzuzeigen und somit den Anstoß für die Entwicklung neuer Unternehmensstrategien geben. Dies bedingt eine enge strategische Abstimmung zwischen dem CREM und der Unternehmensleitung. Nur wenn die Immobilienstrategie integrativer Bestandteil der Unternehmensstrategie ist, kann die Ressource „Immobilie" zum langfristigen Unternehmenserfolg beitragen.[23] Gleichwohl sollte eine Abstimmung mit den Strategien anderer Geschäftsbereiche erfolgen, da diese Geschäftsbereiche durch direkte oder indirekte Anforderungen an die betrieblichen Immobilien eng mit dem CREM verknüpft sind.

### 3.4.2 Immobilienwirtschaftliche Zielstellung

Als Teil der Unternehmensstrategie dient die Immobilienstrategie der Sicherung immobilienorientierter Erfolgspotenziale und zur Erreichung immobilienorientierter Unternehmensziele.[24] Die Immobilienstrategie besteht dabei aus einer Vielzahl von Entscheidungen im Zusammenhang mit dem Erwerb und der Verwaltung von Immobilien und den damit verbundenen Dienstleistungen zur Unterstützung der gesamten Wettbewerbsstrategie des Unternehmens.

Grundlage der Strategieentwicklung im Corporate Real Estate Management ist die immobilienwirtschaftliche Zielstellung. Abgeleitet aus dem unternehmerischen Zielsystem lassen sich die immobilienwirtschaftlichen Ziele einteilen in:

- leistungswirtschaftliche Ziele,
- finanzwirtschaftliche Ziele,
- soziale Ziele.

Leistungswirtschaftliche Ziele beziehen sich auf die betriebliche Leistungserstellung im Immobilienmanagement, finanzwirtschaftliche Ziele dagegen haben einen

[23] Vgl. Hellerforth, M. (2006), S. 480.

[24] Vgl. Schäfers, W. (1998a), S. 223.

rein monetären Charakter während soziale Ziele die Verantwortung innerhalb und außerhalb des Unternehmens wiederspiegeln.[25]

Das immobilienwirtschaftliche Zielsystem ist in Abbildung 3.2 dargestellt.

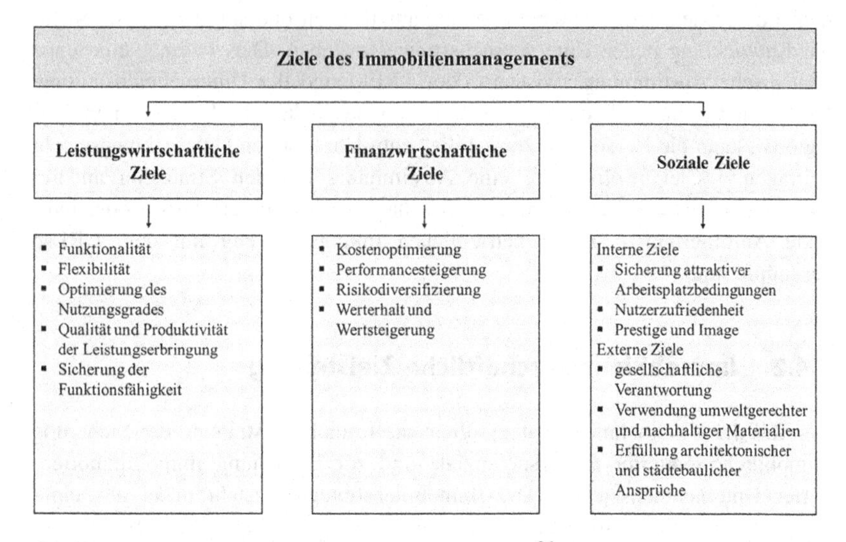


**Abbildung 3.2** Zielsystem des Immobilienmanagements[26]

### 3.4.3 Basisstrategien im Corporate Real Estate Management

Ausgehend von den immobilienwirtschaftlichen Zielen und unter Berücksichtigung einer lebenszyklusorientierten Betrachtung von Unternehmensimmobilien lassen sich drei Basisstrategien[27] im Corporate Real Estate Management strukturieren:

---

[25] Vgl. Schäfers, W. (1998a), S. 220–221; eine ausführliche Darstellung der immobilienwirtschaftlichen Zielstellung findet sich in der Dissertation von Schäfers, W. (1997), S. 141 ff.

[26] Eigene Darstellung, in Anlehnung an Reisbeck, T./Schöne, L. B. (2006), S. 18.

[27] Vgl. Schäfers, W. (1998a), S. 223; eine ausführliche Darstellung der Basisstrategien findet sich in Schäfers, W./Gier, S. (2008), S. 869–888.

- die Bereitstellungsstrategie,
- die Bewirtschaftungsstrategie,
- die Verwertungsstrategie.

Die Basisstrategien im Corporate Real Estate Management sind in Abbildung 3.3 dargestellt.

| Bereitstellungsstrategie | Bewirtschaftungsstrategie | Verwertungsstrategie |
| --- | --- | --- |
| ▪ Projektentwicklung<br>▪ Kauf<br>▪ Leasing<br>▪ Miete | ▪ Autonomiestrategie (Insourcing)<br>– Eigenleistung<br>▪ Beauftragungsstrategie (Outtasking)<br>– Fremdvergabe einzelner projektbezogener Leistungen<br>– kurz- und mittelfristige Vertragsbedingungen<br>▪ Kooperationsstrategie (Outsourcing)<br>– Fremdvergabe von Einzelleistungen, Leistungsbündeln oder Komplettvergabe<br>– langfristige Vertragsbindungen | Verwertung nicht betriebsnotwendiger Immobilien<br>▪ Passive Verwertungsstrategie<br>– „Leasing as is"<br>– „Selling as is"<br>▪ Aktive Verwertungsstrategie<br>– Vermietung<br>– Verkauf<br>Verwertung betriebsnotwendiger Immobilien<br>▪ Sale-and-Lease-Back-Transaktionen<br>▪ Ausgliederung in eine Tochtergesellschaft<br>▪ Veräußerung an einen offenen Immobilienfonds |

**Abbildung 3.3** Basisstrategien im Corporate Real Estate Management[28]

### 3.4.3.1 Immobilienbereitstellung[29]

Eine der Kernaufgaben des Corporate Real Estate Managements ist die Bereitstellung der Unternehmensimmobilien. Die Bereitstellungsstrategie richtet sich nach dem Bedarf an Immobilien und den Anforderungen, die das Unternehmen an die Immobilien stellt. Eine Form der Immobilienbereitstellung stellt die aktive Beschaffung im Rahmen der Projektentwicklung dar. Bei einer direkten Projektentwicklung durch das Unternehmen wird unter Einsatz eigener finanzieller, materieller und personeller Ressourcen das Bauprojekt realisiert. Diese

[28] Eigene Darstellung, in Anlehnung an Schäfers, W./Gier, S. (2008), S. 868–888.

[29] Für eine vertiefende Betrachtung der Immobilienbereitstellung wird auf die Dissertation von Gier, S. (2006) verwiesen.

Immobilien verbleiben in der Regel langfristig im Eigentum des Unternehmens. Nach allgemeinem Verständnis werden bei der Projektentwicklung die Faktoren Standort, Projektidee und Kapital so miteinander kombiniert, dass einzelwirtschaftlich wettbewerbsfähige, arbeitsplatzschaffende und -sichernde sowie gesamtwirtschaftlich sozialverträgliche und ökologisch nachhaltige Immobilienobjekte geschaffen und dauerhaft rentabel genutzt werden können.[30] Neben der Projektentwicklung gibt es weitere Bereitstellungsformen wie der Kauf, das Leasing oder die Anmietung der Immobilien. Im Gegensatz zu der im Rahmen der Projektentwicklung eigen erstellten Immobilie wird beim Kauf eine bereits fertiggestellte Immobilie erworben.[31] Ähnlich wie bei der Projektentwicklung gewährt auch der Kauf das wirtschaftlich und rechtliche Eigentum und die zeitlich unbefristeten Verfügungs- und Nutzungsrechte an der Immobilie.[32] Beim Immobilienleasing handelt es sich um eine besondere Form der langfristigen Anmietung von Grundstücken, Gebäuden oder Betriebsanlagen. Im Gegensatz zum Kauf besitzt das Unternehmen beim Leasing kein rechtliches Eigentum an der Immobilie. Der Leasinggeber / Vermieter verpflichtet sich, die Immobilie dem Leasingnehmer / Mieter gegen Zahlung der im Rahmen eines Leasingvertrages vereinbarten periodischen Leasingraten für die Dauer der vereinbarten Mietzeit zur Nutzung zu überlassen. Allerdings hat der Mieter nach Ablauf der Mietzeit die Möglichkeit, die evtl. schon bei Vertragsabschluss vereinbarten Optionsrechte in Anspruch zu nehmen. Diese können aus einer Verlängerung der Mietzeit oder dem Erwerb der Immobilie zu den vorher festgelegten Konditionen bestehen.[33] Analog zum Immobilien-Leasing wird auch mit der Anmietung von Immobilien ein zeitlich begrenztes Nutzungsrecht gegen Zahlung eines vereinbarten Mietpreises begründet. Allerdings wird hier ein späterer Erwerb der Immobilie von vornherein ausgeschlossen.[34]

Die Entscheidung für oder gegen eine Bereitstellungsform ist stark abhängig von der Art der Immobilie und der Bedeutung der Immobilie für das Kerngeschäft. Die Entscheidungsfindung basiert deshalb auf verschiedenen Beurteilungskriterien, abgeleitet von den strategischen Zielen des Unternehmens. Von Bedeutung sind hier insbesondere quantitative Aspekte, d. h. monetäre Faktoren wie Kosten, Liquidität und Vermögenswirksamkeit. Zu berücksichtigen sind aber

[30] Vgl. Diederichs, C. J. (2006), S. 5.

[31] Vgl. Ropeter, S.-E./Vaaßen, N. (1998), S. 160.

[32] Vgl. BGB, §§ 433 ff.

[33] Vgl. Iblher, F. et al. (2008), S. 599.

[34] Vgl. Ropeter, S.-E./Vaaßen, N. (1998), S. 164.

auch qualitative, rechnerisch nicht messbare Aspekte wie die Lage am Immobilienmarkt, die Unternehmens- und Vertriebspolitik, Flexibilitätsanforderungen, Risikobetrachtungen, Managementerfahrung oder bilanz- und steuerrechtliche Rahmenbedingungen.[35]

#### 3.4.3.2 Immobilienbewirtschaftung[36]

Eine weitere wesentliche Aufgabe des Corporate Real Estate Managements ist die Bewirtschaftung der Unternehmensimmobilien. Die Immobilienbewirtschaftung besteht aus einem breiten Spektrum von Maßnahmen, die unter Berücksichtigung von sich ständig wechselnden Anforderungen dem dauerhaften Betreiben und der Erhaltung der Funktionsfähigkeit von Gebäuden und den darin befindlichen Anlagen dienen.[37] Die Bewirtschaftungsstrategie richtet sich nach der Art und Weise, wie die einzelnen Aufgaben der Immobilienbewirtschaftung erbracht werden sollen. Für die Entscheidung Eigenerstellung oder Fremdbezug der immobilienwirtschaftlichen Leistungen stehen drei verschiedene strategische Optionen zur Verfügung, die Autonomiestrategie, die Beauftragungsstrategie und die Kooperationsstrategie. Bei der Autonomiestrategie, auch als Insourcing bezeichnet, erfolgt eine vollständige Eigenerstellung durch das Unternehmen selbst. Die gesamte Bewirtschaftung der Immobilien wird mit eigenen finanziellen, materiellen und personellen Ressourcen durchgeführt.[38] Bei der Beauftragungsstrategie, auch als Outtasking bezeichnet, erfolgt eine objektbezogene Fremdvergabe einzelner Aufgaben an externe Dienstleister. Hierbei handelt es ich zumeist um kurz- oder mittelfristige vertragliche Bindungen oder um eine spontane, kosteneffiziente Vergabe der Dienstleistungen.[39] Demgegenüber werden bei der Kooperationsstrategie, auch als Outsourcing bezeichnet, immobilienwirtschaftliche Einzelleistungen, Leistungsbündel oder die kompletten Aufgaben der Immobilienbewirtschaftung dauerhaft an externe Dienstleister vergeben. Dies begründet zumeist eine langfristige Vertragsbindung und eine zielgerichtete Zusammenarbeit zwischen Unternehmen und Dienstleister.[40] Bei der Entscheidung über die Art der Immobilienbewirtschaftung stehen maßgeblich

---

[35] Vgl. Ropeter, S.-E./Vaaßen, N. (1998), S. 165 ff.

[36] Das Thema „Immobilienbewirtschaftung“ ist von essentieller Bedeutung für diese Arbeit und wird im weiteren Verlauf ausführlich behandelt.

[37] Vgl. Schäfers, W. (1998a), S. 236.

[38] Vgl. Schäfers, W./Gier, S. (2008), S. 877.

[39] Vgl. Schäfers, W./Gier, S. (2008), S. 878.

[40] Vgl. Schäfers, W./Gier, S. (2008), S. 878.

die Kostenoptimierung bei der Bewirtschaftung und der Werterhalt der Immobilien durch ein professionelles Instandhaltungsmanagement im Vordergrund. Unter diesen Gesichtspunkten ist es Aufgabe des CREM eine für den gesamten Immobilienbestand eines Unternehmens optimale Bewirtschaftungsstrategie zu formulieren.

#### 3.4.3.3 Immobilienverwertung[41]

Als drittes Entscheidungsfeld im Corporate Real Estate Management ist die Immobilienverwertung von wesentlicher Bedeutung. Eine optimale wirtschaftliche Verwertung sowohl von betriebsnotwendigen als auch von nicht betriebsnotwendigen Immobilien bedingt weitere strategische Überlegungen im Corporate Real Estate Management. Bei der Verwertung von nicht betriebsnotwendigen Immobilien wird zwischen passiven und aktiven Strategien unterschieden. Die passiven Verwertungsstrategien sind dadurch gekennzeichnet, dass marktfähige Immobilien in ihrer derzeitigen Konzeption ohne Veränderungen in Form von Modernisierung, Umnutzung oder Weiterentwicklung unmittelbar vermietet („Leasing as is“) oder verkauft („Selling as is“) werden.[42] Aktive Verwertungsstrategien zielen darauf ab, Immobilien, die aufgrund ihres Standortes, ihrer Gebäude- und Flächenstruktur oder ihrer Bausubstanz nicht den marktlichen Anforderungen entsprechen, vor einer Vermietung oder einem Verkauf anhand aktueller Nutzer- und Marktbedingungen zu optimieren.[43] Diese Optimierungsmaßnahmen können dabei das ganze Spektrum möglicher Aktionen, von einer einfachen Umnutzung einzelner Flächen bis hin zu einem vollständigen Re-Development der Immobilien, umfassen.[44] Neben der Verwertung von nicht betriebsnotwendigen Immobilien rückt immer mehr die Verwertung und Monetarisierung betriebsnotwendiger Immobilien ins Blickfeld des CREM. Im Vordergrund dieser Verwertungsstrategie stehen insbesondere finanzwirtschaftliche Interessen des Unternehmens. Dabei ist in der Regel die Veräußerung der Immobilien gleichzeitig an eine Rückmietung gekoppelt. Die am häufigsten auftretende Verwertungsform sind sogenannte Sale-and Lease-Back-Transaktionen, bei denen die Immobilien an einen Investor veräußert werden bei gleichzeitigem Abschluss von Miet- oder Leasingverträgen.[45] Weitere Möglichkeiten sind

[41] Für eine vertiefende Betrachtung der Immobilienverwertung wird auf die Dissertation von Gier, S. (2006), verwiesen.

[42] Vgl. Schäfers, W./Gier, S. (2008), S. 885.

[43] Vgl. Schäfers, W./Gier, S. (2008), S. 886.

[44] Vgl. Preuß, N./Schöne, L. B. (2016), S. 475.

[45] Vgl. Asson, T. (2002), S. 327 ff.

zum einen die Ausgliederung des Immobilienbereichs in eine Tochtergesellschaft mit anschließendem Börsengang[46] oder die Veräußerung an einen eigens dafür gegründeten offenen Immobilienfonds.[47] Für die Erarbeitung einer Verwertungsstrategie ist die strategische, finanzwirtschaftliche und transaktionsbezogene Zielsetzung des Unternehmens maßgebend. Insbesondere muss die Verwertungsstrategie auf eine optimale Unterstützung des Kerngeschäfts ausgerichtet sein.[48]

## 3.5 Integration des Corporate Real Estate Managements in vorhandene Unternehmensstrukturen

Voraussetzung für die Umsetzung eines professionellen Corporate Real Estate Managements und die erfolgreiche Bewältigung aller immobilienwirtschaftlichen Aufgaben ist die Schaffung eines Organisationssystems, das sich in die vorhandenen Unternehmensstrukturen einfügt und gleichzeitig eine Abstimmung sowohl mit der unternehmerischen Zielsetzung als auch mit der Zielsetzung anderer Unternehmensbereiche gewährleistet. Die Organisation umfasst dabei alle Möglichkeiten einer strategiegerechten Aufbau- und Ablauforganisation[49] innerhalb des Unternehmens oder innerhalb der Teileinheiten. Während sich die Aufbauorganisation mit der Gliederung des Unternehmens in aufgabenteilige und funktionsfähige Stellen und Abteilungen befasst, beschreibt die Ablauforganisation den Ablauf des betrieblichen Geschehens und regelt die einzelnen Arbeitsabläufe und Prozesse.[50] Die Hauptaufgaben der Organisationsplanung bestehen insbesondere darin, die Handlungskompetenzen und Zuständigkeitsbereiche der verschiedenen Organisationseinheiten abzugrenzen und die Handlungsbeziehungen, in denen die Organisationseinheiten zueinander stehen, zu regeln.[51] Dabei ist die Entscheidung über die organisatorische Gestaltung des Corporate Real Estate Managements von zahlreichen internen und externen Einflussfaktoren und

[46] Vgl. Schäfers, W./Haub, C./Stock, A. (2002), S. 311 ff.

[47] Vgl. Schäfers, W./Gier, S. (2008), S. 884.

[48] Vgl. Schäfers, W./Gier, S. (2008), S. 882.

[49] Zur ausführlichen Unterscheidung der Begriffe Aufbau- und Ablauforganisation vgl. Wöhe, G./Döring, U. (2008), S. 115 ff. und Schulte-Zurhausen (2014), S. 14.

[50] Vgl. Hellerforth, M. (2012), S. 11+16; Fiedler, R. (2014), S. 5–6.

[51] Vgl. Von Werder, A. (2015), S. 51 ff.

Rahmenbedingungen abhängig.[52] Von großer Relevanz sind hier insbesondere die Branchenzugehörigkeit, die Unternehmenspolitik und -strategie, die Struktur und Größe des Unternehmens, die Management- und Führungsphilosophie, die Größe und geographische Streuung des Immobilienbestandes sowie der Internationalisierungsgrad.[53]

### 3.5.1 Organisatorische Gestaltungsmöglichkeiten des Corporate Real Estate Managements

Die organisatorische Verankerung des CREM ist Ausdruck des Stellenwertes, der dem Immobilienbereich innerhalb des Unternehmens beigemessen wird.[54] Dabei wird dieser Prozess geprägt von der Erkenntnis, dass die Durchsetzung eines strategisch orientierten Immobilienmanagement von der Schaffung geeigneter organisatorischer Voraussetzungen abhängig ist.[55] Entscheidend für die hierarchische Eingliederung des CREM in die Unternehmensorganisation sind dabei zwei Parameter, die vertikale und die horizontale Eingliederung. Die vertikale Eingliederung legt fest, auf welcher Hierarchieebene das CREM angesiedelt ist. Hierbei ist zu beachten, dass eine zu hohe Eingliederung die Gefahr birgt, dass das Immobilienmanagement neben den vielen anderen Aufgaben vernachlässigt wird; eine zu tiefe Eingliederung hingegen ist mit mangelnder Durchsetzungsmacht verbunden. Die horizontale Eingliederung bezieht sich auf die Konzentration der immobilienwirtschaftlichen Aufgaben und legt fest, welchem Geschäftsbereich das CREM zuzuordnen ist. Hierbei wird ein nutzerorientiertes CREM in der Regel dem Geschäftsbereich zugeordnet, der das Kerngeschäft betreibt, während ein eigentümerorientiertes CREM eher dem finanzwirtschaftlichen Bereich zugeordnet wird.[56] Unabhängig von der hierarchischen Eingliederung des Immobilienmanagements ist bei der Organisationsgestaltung zu berücksichtigen, wie die Entscheidungs- und Durchführungsbefugnisse verteilt werden und in welchem Umfang die Verantwortung delegiert wird. Je nach Autonomiegrad der Geschäftsbereiche lassen sich zwei Organisationslösungen unterscheiden, die

---

[52] Eine ausführliche Beschreibung und Analyse der Einflussfaktoren auf die Organisationsgestaltung findet sich in Thom, N./Wenger, A. (2010), S. 85–105.

[53] Vgl. Schäfers, W. (1998b), S. 262.

[54] Vgl. METIS Management Consulting (2008), S. 4.

[55] Vgl. Schäfers, W. (1998b), S. 255.

[56] Vgl. Pfnür, A. (2011), S. 282.

dezentrale Organisation und die zentrale Organisation. Die verschiedenen Ausprägungsformen der Dezentralisation und der Zentralisation unterscheiden sich graduell durch das Ausmaß an Entscheidungsbefugnissen, das auf nachgeordnete Führungsebenen verteilt wird.[57]

#### 3.5.1.1 Dezentrale Organisation des CREM

Eine dezentrale Eingliederung des CREM bietet sich vor allem für Unternehmen an, deren einzelne Geschäftsbereiche einen hohen Autonomiegrad hinsichtlich der Beschaffung, der Bewirtschaftung und der Verwertung von Unternehmensimmobilien aufweisen.[58]In Abhängigkeit von der Größe der Geschäftsbereiche lassen sich zwei dezentrale Organisationsformen unterscheiden (siehe Abbildung 3.4). Die erste Form wird vor allem bei kleineren Geschäftsbereichen angewandt. Dabei bildet die CREM-Funktion keine eigenständige Einheit, die immobilienwirtschaftlichen Aufgaben werden von der jeweiligen Geschäftseinheit neben ihrer Hauptaufgabe wahrgenommen. Die zweite dezentrale Organisationsform eignet sich vor allem für größere Geschäftsbereiche. Dabei werden die immobilienwirtschaftlichen Aufgaben direkt durch eine eigenständige Einheit innerhalb des Geschäftsbereichs ausgeübt.[59]

Bei einer dezentralen Organisation kann das Immobilienmanagement genau auf die speziellen Anforderungen der Geschäftsbereiche ausgerichtet werden. Durch die hohen autonomen Entscheidungs- und Durchführungsbefugnisse der Geschäftsbereiche können immobilienspezifische Lösungen schnell und flexibel bereitgestellt und umgesetzt werden. Es wird eine unkomplizierte Kommunikation und Koordination zwischen dem Immobilienmanagement und den tatsächlichen Immobiliennutzern ermöglicht. Durch die Verantwortungsübertragung für die Immobilien als Vermögens- und Erfolgsfaktor auf die Geschäftsbereiche wird letztendlich der Grundsatz der Kosten- und Ergebnisautonomie der Geschäftsbereiche gestärkt.[60] Die Nachteile einer dezentralen Organisation liegen insbesondere in der mangelnden geschäftsübergreifenden Koordination und Kontrolle der immobilienwirtschaftlichen Aufgaben. Dies führt dazu, dass Synergie- und Kosteneinsparungseffekte bei der Beschaffung durch Bündelung des Bedarfs nicht genutzt werden können. Weiterhin bedeutet eine dezentrale Organisation automatisch höhere Personalkosten, da gleiche Funktionen innerhalb des Unternehmens mehrfach besetzt werden müssen. Mit der Verteilung gleicher

[57] Vgl. Hungenberg, H./Wulf, T. (2015), S. 190–191.

[58] Vgl. Pfnür, A. (2011), S. 283.

[59] Vgl. Schäfers, W. (1998b), S. 256.

[60] Vgl. Schäfers, W. (1998b), S. 257; Hellerforth, M. (2004), S. 13; Pfnür, A. (2011), S. 283.

Aufgaben auf verschiedene Personen kann auch das immobilienwirtschaftliche Know-how nicht professionell genutzt werden, wertvolle Erfahrungseffekte gehen dadurch verloren. Eine dezentrale Organisation kann unter Umständen dazu führen, dass der Aufbau einer einheitlichen Immobilienstrategie, die auf die gesamte Unternehmensstrategie abgestimmt ist, erschwert wird.[61]

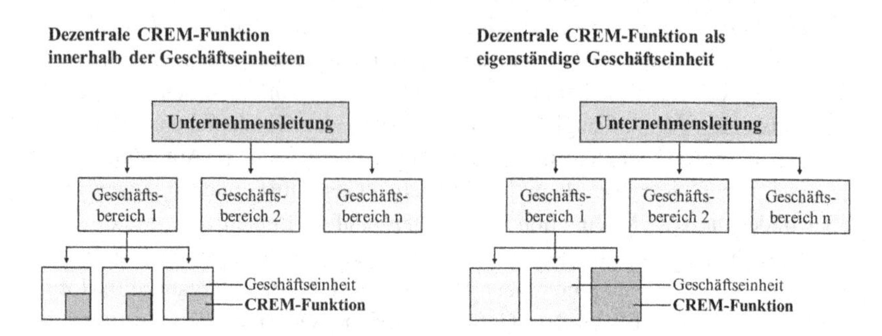


**Abbildung 3.4** Dezentrale Organisationsformen[62]

### 3.5.1.2 Zentrale Organisation des CREM

Bei der zentralen Eingliederung des CREM in die Unternehmensstruktur werden die immobilienwirtschaftlichen Aufgaben vollständig aus den Geschäftsbereichen ausgegliedert und einer gesonderten Einheit übertragen (siehe Abbildung 3.5). In der Regel ist das Corporate Real Estate Management als Stabsstelle innerhalb des Unternehmens organisiert. Die einzelnen Geschäftsbereiche wenden sich bezüglich der benötigten immobilienwirtschaftlichen Leistungen direkt an die zentrale Immobilieneinheit, die dann über Art und Umfang der Aufgabenerfüllung entscheidet.[63] Da die Geschäftsbereiche keine Kompetenzen und Ressourcen zur eigenständigen Durchführung ihrer immobilienwirtschaftlichen Aufgaben haben, wird dem CREM bei dieser zentralen Organisationsform eine starke Stellung innerhalb des Unternehmens eingeräumt.[64]

Durch die zentrale Koordination aller Immobilienaktivitäten werden Steuerungs- und Kontrollaufgaben erleichtert, gleichzeitig können durch Abgleich

---

[61] Vgl. Schäfers, W. (1998b), S. 257–258; Hellerforth, M. (2004), S. 13; Pfnür, A. (2011), S. 284.

[62] Eigene Darstellung, in Anlehnung an Pfnür, A. (2011), S. 284.

[63] Vgl. Pfnür, A. (2011), S. 285.

[64] Vgl. Schäfers, W. (1997), S. 209.

unterschiedlicher Flächenbedarfe der einzelnen Geschäftsbereiche Rationalisierungspotenziale rechtzeitig erkannt werden. Ein zentrales CREM ermöglicht die Ausnutzung von Synergieeffekten bei der Beschaffung durch die Bündelung des Bedarfs. Dies führt oftmals zu nicht unerheblichen Kosteneinsparungen. Durch die Konzentration aller immobilienwirtschaftlichen Aufgaben bei einer zentralen Stelle wird das Know-how der Mitarbeiter gebündelt und kann somit professionell genutzt werden. Eine zentrale Organisation des Immobilienmanagements ermöglicht darüber hinaus die Etablierung einer einheitlichen Immobilienstrategie und einheitlicher Standards.[65] Nachteilig bei einer zentralen Organisation wirkt sich allerdings die starke Abkoppelung des Immobilienmanagements von den operativen Geschäftseinheiten aus, wodurch unter Umständen eine mangelnde Marktfähigkeit des CREM gefördert wird. Die hierarchische Trennung des CREM von den operativen Geschäftseinheiten erschwert zudem die Kommunikations- und Entscheidungswege zwischen den Einheiten. Außerdem kann sich die überwiegend monopolistische Stellung des CREM negativ auf die Kosten- und Ergebnisverantwortung der Geschäftsbereiche auswirken.[66]

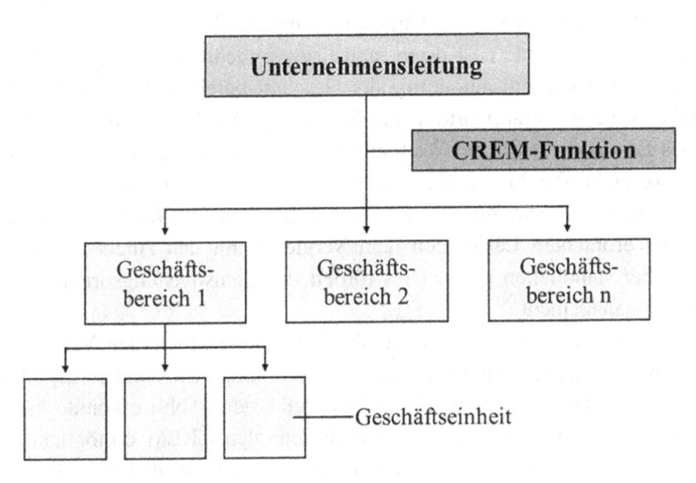


**Abbildung 3.5** Zentrale Organisationsform[67]

[65] Vgl. Schäfers, W. (1998b), S. 259; Hellerforth, M. (2004), S. 14; Pfnür, A. (2011), S. 286.

[66] Vgl. Schäfers, W. (1998b), S. 259–260; Pfnür, A. (2011), S. 286.

[67] Eigene Darstellung, in Anlehnung an Pfnür, A. (2011), S. 285.

#### 3.5.1.3 Marktorientierte Organisation des CREM

Um die Nachteile einer zentralen Organisation zu umgehen, hat sich in den letzten Jahren eine weitere Organisationslösung etabliert. Grundsätzlich orientiert sich diese Organisationsform an der zentralen Zusammenfassung der Immobilienaktivitäten, allerdings steht das CREM durch die Vereinbarung von Miet- und Dienstleistungsverträgen in einer marktwirtschaftlichen Beziehung zu den einzelnen Geschäftsbereichen (siehe Abbildung 3.6). Unter Ansatz von Miet- und Verrechnungspreisen für die Nutzung der Immobilienressourcen entsteht eine Wettbewerbsposition, die es den Geschäftsbereichen ermöglicht, neben dem CREM auch externe Dienstleister für ihre immobilienbezogenen Leistungen zu beauftragen.[68] Hierzu ist es in der Regel erforderlich, dass jeder Geschäftsbereich zusätzlich eine eigene CREM-Funktion vorhält, um immobilienbezogene Entscheidungen zu fällen und die Auftragserfüllung zu überwachen. Diese Organisationsform geht oft mit einer rechtlichen Verselbständigung des Immobilienbereichs, z. B. in Form eines eigenständigen Immobilienunternehmens, einher.[69]

Bei dieser Organisationsform werden Art und Umfang der immobilienbezogenen Leistungen nicht durch das zentrale CREM festgelegt, sondern durch die Geschäftsbereiche mitbestimmt und verhandelt. Dies ermöglicht eine rechnerische Kostentrennung der Geschäftsbereiche hinsichtlich ihrer immobilienbezogenen Leistungen. Eine interne Kosten- und Erlösverrechnung stärkt die eigenständige Kosten- und Ergebnisautonomie der Geschäftsbereiche. Gleichzeitig fördert die direkte Ergebnisverantwortung die Motivation der Entscheidungsträger und stärkt das Bewusstsein für die Werthaltigkeit der Leistungen. Dadurch, dass die Geschäftsbereiche die Möglichkeit haben, auch externe Dienstleister zu beauftragen, befindet sich die zentrale CREM-Einheit in einer Wettbewerbsposition, bei der die erbrachten Leistungen dem Vergleich mit den Angeboten externer Wettbewerber standhalten muss. Dies fördert die Dienstleistungsorientierung im Immobilienmanagement.[70]

Die Eigenständigkeit der Geschäftsbereiche hinsichtlich der Vergabe ihrer Leistungen an externe Anbieter kann jedoch unter Umständen die Auslastung der unternehmenseigenen Kapazitäten gefährden. Abhilfe könnte hier eine „Last-Call-Regelung" schaffen, die es dem zentralen CREM ermöglicht, durch ein letztes Angebot in die Konditionen des externen Anbieters einzusteigen.

---

[68] Vgl. Pfnür, A. (2011), S. 287.

[69] Vgl. Schäfers, W. (1998b), S. 261; Hellerforth, M. (2004), S. 17.

[70] Vgl. Schäfers, W. (1998b), S. 261; Hellerforth, M. (2004), S. 17; Pfnür, A. (2011), S. 287.

Gleichzeitig erfordert diese Organisationslösung die Schaffung eines immobilienbezogenen Verrechnungspreissystems für die mit der Nutzung der Immobilien bezogenen Kosten. Dies könnte umfangreiche Änderungen im Rechnungs- und Vertragswesen des Unternehmens zur Folge haben.[71]

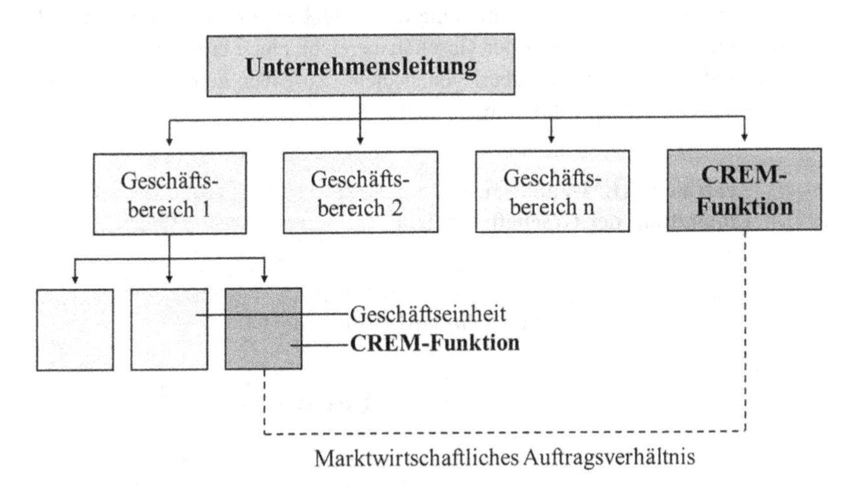


**Abbildung 3.6** Marktorientierte Organisationsform[72]

### 3.5.1.4 Organisatorische Mischform des CREM

Bei der organisatorischen Ausrichtung des CREM ist auch eine Mischform zwischen zentraler und dezentraler Organisation möglich (siehe Abbildung 3.7). Um den Geschäftsbereichen zumindest ein Teilmitspracherecht bei immobilienwirtschaftlichen Entscheidungen einzuräumen, gibt es die Möglichkeit einer teilumfänglichen Zentralisation des CREM. Je nach Art der Immobilienaktivitäten ist das zentrale CREM dabei entweder allein oder gemeinsam mit den Geschäftsbereichen entscheidungsbefugt oder hat nur eine beratende Funktion.[73] In der Regel erfolgt hier eine Trennung zwischen funktionaler und disziplinarischer

[71] Vgl. Schäfers, W. (1998b), S. 261–262; Pfnür, A. (2011), S. 287.

[72] Eigene Darstellung, in Anlehnung an Pfnür, A. (2011), S. 287.

[73] Vgl. Schäfers, W. (1998b), S. 259; Hellerforth, M. (2004), S. 15.

Weisungsrechte. Im Bereich des Controlling wird dies als „Dotted-Line-Prinzip" bezeichnet.[74] Mit dieser organisatorischen Mischform können die Nachteile, die ein rein zentral oder ein rein dezentral organisatorisches CREM mit sich bringen, weitestgehend beseitigt werden. Insbesondere kann durch diese Organisationsform die fehlende Kundennähe einer zentralen Organisation ausgeglichen werden, da eine direkte Rückkopplung zwischen dem Zentralbereich CREM und den Immobilienabteilungen der einzelnen Geschäftsbereiche erfolgen kann.[75] Allerdings verursacht eine teilweise Aufteilung der Aufgaben auf das zentrale CREM und die Immobilienabteilungen der Geschäftsbereiche einen erhöhten Koordinationsaufwand. Es ist daher zu überlegen, welche Aufgaben zentral und welche Aufgaben dezentral ausgeführt werden sollen.[76]

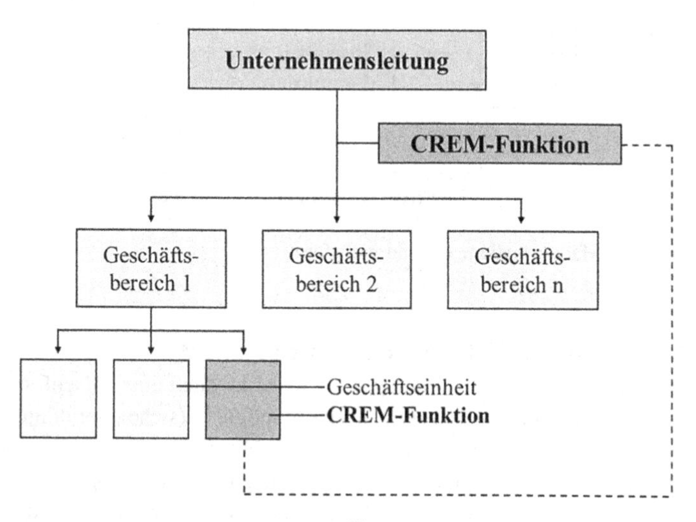


**Abbildung 3.7** Organisatorische Mischform[77]

[74] Vgl. Horváth, P. (2011), S. 782; Jung, H. (2014), S. 34.
[75] Vgl. Hellerforth, M. (2004), S. 15.
[76] Vgl. Pfnür, A. (2011), S. 288.
[77] Eigene Darstellung, in Anlehnung an Pfnür, A. (2011), S. 285.

#### 3.5.1.5 Aufgabenverteilung innerhalb des CREM

Oftmals ergibt sich die Notwendigkeit einer Arbeitsteilung, da die Vielzahl und Komplexität der immobilienwirtschaftlichen Aufgaben unter Umständen nicht durch einen Aufgabenträger ausgeführt werden kann. Hierzu ist es erforderlich, inhaltliche Kriterien zu generieren, nach denen die Teilaufgaben auf die organisatorischen Einheiten verteilt werden können.[78] Durch die gewählten Gliederungskriterien wird letztendlich die Organisationsform des CREM bestimmt. Es kann grundsätzlich zwischen einer funktionalen, einer regionalen oder einer objektorientierten Aufgabenteilung unterschieden werden. [79] Bei einer funktionalen Gliederung werden alle Aufgaben des betrieblichen Immobilienmanagements von der Bereitstellung über die Bewirtschaftung bis hin zur Verwertung der Immobilien bei einem Funktionsbereich zusammengefasst. Diese Aufgabenverteilung bedingt zwangsweise eine zentrale Organisation des CREM.[80] Bei einer regionalen Gliederung bilden geographisch abgrenzbare Regionen das Kriterium für die Verteilung der immobilienwirtschaftlichen Aufgaben. Die geographische Abgrenzung kann dabei international, national, regional oder lokal erfolgen. Bei einer objektorientierten Gliederung erfolgt die Aufgabenteilung in Abgrenzung zu den verschiedenen Immobilientypen (z. B. Büroimmobilien, Produktionsimmobilien). Sowohl mit der regionalen als auch mit der objektorientierten Aufgabenverteilung geht in der Regel eine dezentrale Organisationsform des CREM einher.[81]

#### 3.5.1.6 Beurteilung der organisatorischen Gestaltungsmöglichkeiten des CREM

Das Unternehmensumfeld, in dem die mit der Verwaltung eines Immobilienportfolios zuständigen Geschäftsbereiche positioniert sind, hat sich seit der internationalen Ausweitung der Unternehmen radikal verändert. Durch die tiefgreifenden Umstrukturierungsprozesse, die sich in den letzten Jahren in vielen Großunternehmen vollzogen haben, die hohe Produktvielfalt und die stetige geographische Ausweitung der Geschäftsaktivitäten hat sich nicht nur die Unternehmensstruktur verändert, sondern auch die Rolle und die organisatorische Gestaltung des Immobilienmanagements im Unternehmen. Je größer die Produktvielfalt und je mehr Märkte bedient werden, desto wahrscheinlicher ist auch

[78] Vgl. Picot, A. (2005), S. 66.

[79] Vgl. Pfnür, A. (2011), S. 288; eine ausführliche Darstellung der Aufgabenverteilung findet sich in Blödorn, N. (1998), S. 281–284.

[80] Vgl. Pfnür, A. (2011), S. 288.

[81] Vgl. Pfnür, A. (2011), S. 289.

eine dezentrale organisatorische Ausrichtung des CREM. Allerdings verhindert eine zu starke Dezentralisierung die Ausnutzung von Ressourcen- und Professionalisierungsvorteilen. Der potenzielle Interessenkonflikt zwischen Synergie und Autonomie sowie zwischen Kontrolle und Initiative bestimmt die Beziehung zwischen der Unternehmensleitung und dem Corporate Real Estate Management. Um diesem Konflikt zu begegnen müssen Unternehmen deshalb eine speziell auf ihre Anforderungen ausgerichtete Organisationsform finden. Dabei kann sich oftmals eine organisatorische Mischform als geeignete Organisationsalternative herausstellen.

### 3.5.2 Konzepte der Erfolgsverantwortung im CREM

Aufgrund zunehmender Erfolgsorientierung im Corporate Real Estate Management gehen Unternehmen immer mehr dazu über, den sachlichen Aufgaben- und Entscheidungsumfang des CREM durch die konzeptionelle Ausgestaltung der Erfolgsverantwortung zu ergänzen.[82] Die Erfolgsverantwortung kennzeichnet dabei die wirtschaftliche Abhängigkeit des Immobilienmanagements von der Unternehmensleitung.[83] Je nach Umfang der übertragenen Aufgaben und Kompetenzen lassen sich vier verschiedene Erfolgskonzepte unterscheiden: das Cost-Center, das Profit-Center, das Investment-Center und die Gestaltung als rechtlich eigenständiges Unternehmen.

#### 3.5.2.1 CREM als Cost-Center

In der Form eines Cost-Centers obliegt der CREM-Einheit eine reine Kostenverantwortung. Zielvorgabe ist die Einhaltung des vorgegebenen Kostenbudgets für die zu erbringenden Leistungen und die kostenmäßige Effizienz der Leistungserstellung. Damit erstreckt sich die Entscheidungskompetenz und der Verantwortungsbereich des CREM auf die Steuerung des Ressourcenverbrauchs und den Leistungserstellungsprozess.[84]

Für die Institutionalisierung des CREM als Cost-Center sprechen insbesondere die kostenorientierte Steuerung der Immobilien und der immobilienbezogenen

[82] Vgl. Schäfers, W. (1998b), S. 263.

[83] Vgl. Pfnür, A. (2011), S. 298.

[84] Vgl. Scherm, E./Pietsch, G. (2007), S. 178; Schulte-Zurhausen, M. (2014), S. 272; Frese, E. et al. (2019), S. 392.

Leistungen, die Überprüfung und Messung der Kosteneffizienz und Wirtschaftlichkeit der Immobilien der einzelnen Geschäftsbereiche und der vergleichsweise geringe Managementaufwand dieses Konzeptes.[85]

Allerdings fördert dieses Konzept keinen marktähnlichen Wettbewerbsdruck bei den Geschäftsbereichen, da die verrechneten Kosten lediglich auf den ursprünglichen Herstellungs- oder Anschaffungskosten der Immobilien beruhen. Eine Devolvierung der Kosten schafft zudem keine Anreize zur Steigerung der Leistungseffizienz. Dies kann letztendlich auch die Qualität der Bereitstellung negativ beeinflussen. Da dem CREM bei diesem Konzept außer der Kostenverantwortung keine weiteren Kompetenzen übertragen werden, mangelt es außerdem an der Einflussnahme auf Art und Inhalt der immobilienbezogenen Entscheidungen.[86]

#### 3.5.2.2 CREM als Profit-Center

Gegenüber dem Cost-Center wird bei einem Profit-Center der Entscheidungs- und Handlungsspielraum des Immobilienmanagements wesentlich erweitert. Bei diesem Konzept beschränkt sich die Verantwortung des CREM nicht nur auf die Einhaltung des Kostenbudgets, vielmehr hat das Immobilienmanagement eine eigene Kosten- und Ergebnisverantwortung. Erfolgsgrößen sind an die Gewinn- und Verlustrechnung angelehnte Kennzahlen wie z. B. EBIT, Rendite, Cash-Flow, Deckungsbeiträge.[87] Voraussetzung für die Implementierung eines Profit-Centers ist ein direkter Zugang zu internen und externen Absatz- und Beschaffungsmärkten, die Unabhängigkeit in der operationalen Leistungserstellung und die Zurechenbarkeit aller Gewinnkomponenten.[88]

Bei einer Institutionalisierung des CREM als Profit-Center wird die Eigenständigkeit und Verantwortlichkeit der Immobilieneinheit gestärkt. Es bietet eine gute Möglichkeit, die Effizienz im Immobilienmanagement zu steigern. Die Dokumentation eines eigenen Geschäftsergebnisses fördert sowohl die Motivation als auch die Leistungssteigerung der Mitarbeiter.[89] Allerdings könnte die

[85] Vgl. Schäfers, W. (1998b), S. 263–264.

[86] Vgl. Schäfers, W. (1998b), S. 264; Pfnür, A. (2011), S. 298; Gondring, H./Wagner, T. (2018), S. 333–334.

[87] Vgl. Schäfers, W. (1998b), S. 265; Gondring, H./Wagner, T. (2018), S. 333–334.

[88] Vgl. Pfnür, A. (2011), S. 299; Frese, E. et al. (2019), S. 393.

[89] Vgl. Gondring, H./Wagner, T. (2018), S. 334.

eigene Ergebnisverantwortung unter Umständen zu einer kurzfristigen Gewinnorientierung führen. Dies könnte sich letztendlich nachteilig auf die strategischen Erfolgspotenziale und die langfristigen Unternehmensziele auswirken.[90]

Ungeachtet dessen fördert ein Profit-Center die nutzerorientierte Ausrichtung des Immobilienmanagements, insbesondere dadurch, dass bei diesem Konzept den Immobiliennutzern die Möglichkeit eingeräumt wird, ihren Bedarf an Dienstleistungen auch von externen Anbietern zu beziehen.[91] Allerdings könnte sich aufgrund der sich bietenden Marktalternativen, ähnlich wie bei der marktorientierten Organisationsform, auch bei einem Profit-Center eine mangelnde unternehmensinterne Ressourcenauslastung einstellen.[92]

Durch den Ansatz von marktorientierten Miet- und Verrechnungspreisen beim Profit-Center-Konzept werden die Nutzer der Immobilien angehalten, nur die Flächenressourcen in Anspruch zu nehmen, die wirtschaftlich vertretbar sind. Dies sorgt für eine effiziente Nutzung der Immobilien, unnötiger Leerstand wird vermieden.[93] Allerdings ergibt sich hier die Problematik, dass in vielen Fällen für Spezialimmobilien keine marktorientierten Verrechnungspreise ermittelt werden können, da oftmals kein Markt für diese Immobilien existiert.[94]

Eine besondere Form des Profit-Centers ist die Konzeption eines Shared-Service-Centers. Hierbei werden bisher durch verschiedene Geschäftsbereiche intern erbrachte Dienstleistungen in einer wirtschaftlich eigenständigen Einheit zusammengeführt. Besondere Merkmale eines Shared-Service-Centers sind die wirtschaftlich selbstständige Dienstleistungseinheit, die Bündelung von administrativen Prozessen und Dienstleistungen und die Zurverfügungstellung dieser Dienstleistungen an andere Geschäftsbereiche. Hieraus ergibt sich eine starke Prozess-, Kunden- und Dienstleistungsorientierung.[95] Neben der Unabhängigkeit von externen Anbietern bietet ein Shared-Service-Center eine klare Trennung von Verantwortlichkeiten, eine effektive Unterstützung der Geschäftsbereiche durch die Anwendung standardisierter Prozesse, festgelegte Leistungserbringung und Leistungskontrolle durch die Vereinbarung von Service Level Agreements und eine unternehmensübergreifende Ausnutzung von vorhandenem Wissen. Darüber hinaus lassen sich durch die Bündelung des Transaktionsvolumens wesentliche Kostensenkungen und Leistungssteigerungen erzielen. Gleichwohl könnte

[90] Vgl. Pfnür, A. (2011), S. 299.

[91] Vgl. Schäfers, W. (1998b), S. 265.

[92] Vgl. Punkt 3.5.1.3 Marktorientierte Organisation des CREM.

[93] Vgl. Schäfers, W. (1998b), S. 265; Hellerforth, M. (2004), S. 27.

[94] Vgl. Schäfers, W. (1998b), S. 265.

[95] Vgl. Hermes, H.-J./Schwarz, G. (2005), S. 27; Kagelmann, U. (2006), S. 49.

dieses Konzept aus Nutzersicht mit Nachteilen behaftet sein. Durch die Notwendigkeit zur Standardisierung der Prozesse werden die vormals speziell auf die Geschäftsbereiche zugeschnittenen und jetzt durch das Shared-Service-Center erbrachten Dienstleistungen oftmals als qualitativ schlechter empfunden. Ein durch unzureichende Definition von Schnittstellen erhöhter Koordinations- und Kommunikationsaufwand kann zu einer tatsächlich geringeren Dienstleistungsqualität führen und beeinflusst gleichzeitig die Flexibilität der Geschäftsbereiche. Eine Auslagerung von Personal und Kompetenzen an das Shared-Service-Center hat darüber hinaus eine höhere Abhängigkeit der Geschäftsbereiche zur Folge.[96]

#### 3.5.2.3 CREM als Investment-Center

Um den Entscheidungs- und Handlungsspielraum des Immobilienmanagements über die Kosten- und Ergebnisverantwortung hinaus auch auf Investitions- und Desinvestitionsentscheidungen zu erweitern, bietet sich die Möglichkeit, den Immobilienbereich als Investment-Center zu institutionalisieren. Gerade im Hinblick auf die langfristige Bedeutung der vielfältigen Immobilienentscheidungen liegt es nahe, die Autonomie des CREM auch auf den Investmentbereich auszudehnen.[97] Bei dieser Konzeption verfügt das Immobilienmanagement über weitreichende Entscheidungskompetenzen und verantwortet über den periodenbezogenen Bereichserfolg hinaus auch die zur Erfolgserwirtschaftung getätigten Investitionen.[98] Als Erfolgsmaßstab und zur Leistungsmessung dienen bei einem Investment-Center neben den an die Gewinn- und Verlustrechnung angelegten Kennzahlen auch Rentabilitätsgrößen wie der Return on Investment (ROI) oder wertorientierte Ergebnisgrößen wie der Economic Value Added (EVA).[99] Im Gegensatz zum Profit-Center kann das Immobilienmanagement bei einem Investment-Center über die Verwendung des erwirtschafteten Gewinns entscheiden. Aus Koordinationsgründen wird sich hier allerdings die Unternehmensleitung ein Mitspracherecht vorbehalten.[100]

[96] Vgl. Becker, W. et al. (2008), S. 21–24; Altmeier, C. (2017), S. 16–18; für eine nähere Betrachtung von Shared-Service-Center-Konzepten wird auf die ausführlichen Abhandlungen von Krüger, W./Von Werder, A./Grundei, J. (2007) und von Becker, W. et al. (2008) verwiesen.

[97] Vgl. Pfnür, A. (2011), S. 300.

[98] Vgl. Frese, E. et al. (2019), S. 393.

[99] Vgl. Gladen, W. (2014), S. 195.

[100] Vgl. Schulte-Zurhausen, M. (2014), S. 272.

#### 3.5.2.4 CREM als rechtlich eigenständiges Unternehmen

Den größtmöglichen Entscheidungs- und Handlungsspielraum erhält das CREM durch die Einbindung als rechtlich eigenständiges Unternehmen in den Konzern.[101] Bei einer rechtlichen Verselbständigung wird das betriebliche Immobilienmanagement aus dem Gesamtunternehmen ausgegliedert und anschließend in Form einer rechtlich selbständigen Tochtergesellschaft geführt. Als Einlage bringt die Muttergesellschaft bei der Gründung Vermögenswerte in Form von Immobilien und Barvermögen in die Tochtergesellschaft ein. Nach dem Handelsgesetzbuch (HGB) ist für eine Tochtergesellschaft, unabhängig von der Rechtsform, eine eigene Bilanz sowie eine Gewinn- und Verlustrechnung aufzustellen.[102] Durch die dadurch entstehende Transparenz des Betriebsergebnisses wird die tatsächliche Leistungsfähigkeit des betrieblichen Immobilienmanagements verdeutlicht. Die eigene Ergebnisverantwortung stärkt das Kostenbewusstsein und fördert gleichzeitig die Motivation und Kreativität der Mitarbeiter. Die Tochtergesellschaft agiert wie auch schon die vorgestellten Center-Konzepte im Sinne des Unternehmens, kann aber durch die rechtliche Selbstständigkeit ihre Flexibilität, Innovationskraft und ihre Positionierung als Anbieter von immobilienbezogenen Dienstleistungen am Markt unter Beweis stellen.[103] Darüber hinaus eröffnet sich bei einer Tochtergesellschaft die Möglichkeit, Kooperationen und strategische Allianzen einzugehen z. B. in Form einer Beteiligungsgesellschaft mit einem externen Dienstleister. Diese Variante unterstreicht die Positionierung am Markt und bietet den Vorteil, dass vom Know-how des externen Partners profitiert werden kann. Gleichzeitig können alle Leistungs- und Kostenpotenziale eines Outsourcings von immobilienbezogenen Leistungen ausgeschöpft werden, ohne dabei in eine vollständige Abhängigkeit von einem externen Dienstleister zu geraten.[104]

#### 3.5.2.5 Beurteilung der Erfolgskonzepte im CREM

Bei allen vorgestellten Erfolgskonzepten wird dem Immobilienmanagement ein hoher Entscheidungs- und Handlungsspielraum eingeräumt. Dies bietet sowohl für das Unternehmen selbst als auch für das CREM eine Reihe an möglichen Vorteilen. Die Unternehmensleitung erfährt eine weitestgehende Entlastung durch die Übertragung aller operativen Aufgaben an das CREM und kann sich dadurch verstärkt um strategische Belange kümmern. Die eindeutige

[101] Vgl. AktG § 18.

[102] Vgl. HGB §§ 242 ff. und §§ 264 ff.

[103] Vgl. Gondring, H./Wagner, T. (2018), S. 336.

[104] Vgl. Bühner, R. (2009), S. 144; Gondring, H./Wagner, T. (2018), S. 337.

Verantwortungs- und Leistungszuordnung an das Immobilienmanagement erleichtert die interne Koordination, ermöglicht schnellere Entscheidungen und erhöht die strategische Flexibilität des CREM. Die Eigenständigkeit des Immobilienbereichs stärkt die Motivation und das Verantwortungsbewusstsein der Mitarbeiter. Durch die Erfolgsverantwortung wird zudem eine Orientierung an den Gewinnzielen des Unternehmens erreicht.[105]

Das Hauptproblem bei diesen Organisationsformen liegt allerdings darin, die richtige Balance zu finden zwischen der Autonomie des CREM und den Kompetenzen der Unternehmensleitung. Werden dem CREM zu viele Kompetenzen übertragen, besteht die Gefahr der Suboptimierung und einer kurzfristigen Gewinnorientierung. Dies könnte sich nachteilig auf die Unternehmensstrategie und die Unternehmensziele auswirken. Beschränkt man allerdings die Kompetenzen und den Handlungsspielraum des CREM, könnten unter Umständen die mit den Konzepten verbundenen Vorteile gefährdet werden.[106] Die vorangegangenen Ausführungen haben gezeigt, dass alle dargestellten Organisationslösungen mit Vor- und Nachteilen verbunden sind, die im jeweiligen Einzelfall gegeneinander abzuwägen sind. Da das betriebliche Immobilienmanagement einen maßgeblichen Einfluss auf den Unternehmenserfolg hat, sollte die Entscheidung über die organisatorische Gestaltung des CREM unter Berücksichtigung aller internen und externen Einflussfaktoren auf die primäre Zielsetzung des Unternehmens ausgerichtet sein.[107]

## 3.6 Funktionen des Corporate Real Estate Managements

Ausgehend von der Unternehmensstrategie und der daraus abgeleiteten Immobilienstrategie bildet das Corporate Real Estate Management ein nach Funktionen hierarchisch gegliedertes, übergreifendes Gesamtkonzept (siehe Abbildung 3.8). Dabei geben die übergeordneten Funktionen die Rahmenbedingungen für die nachfolgenden Funktionen vor.[108] Aus der Immobilienstrategie ergeben sich die grundsätzlichen Ziele und Aufgaben für die Funktionen Real Estate Portfolio Management (REPM), Real Estate Asset Management (REAM), Property Management (PM) und Facility Management (FM).

[105] Vgl. Scherm, E./Pietsch, G. (2007), S. 178; Bühner, R. (2009), S. 149.

[106] Vgl. Schulte-Zurhausen, M. (2014), S. 276.

[107] Vgl. Abschnitt 3.5 Integration des Corporate Real Estate Managements in vorhandene Unternehmensstrukturen.

[108] Vgl. Gier, S. (2006), S. 27; Teichmann, S. A. (2007), S. 12.

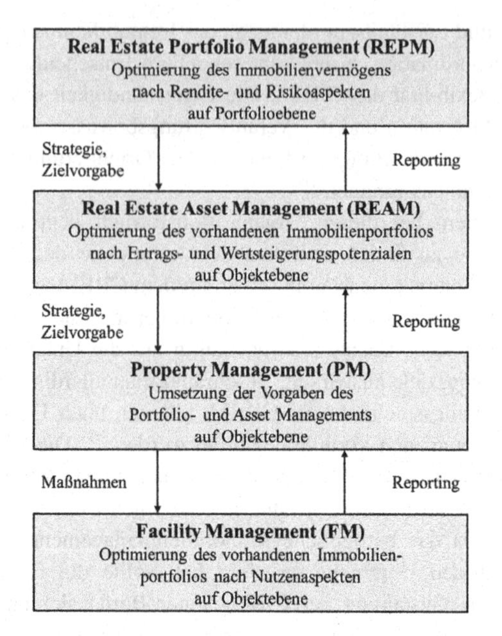


**Abbildung 3.8** Hierarchische Darstellung der Funktionen des CREM[109]

## 3.6.1 Real Estate Portfolio Management

Im Allgemeinen versteht man unter Portfolio Management die Beurteilung und aktive Steuerung eines komplexen Vermögensbestandes, der neben Immobilien[110] auch noch andere Anlageformen beinhalten kann. Bezogen auf das Immobilienportfolio eines Unternehmens, spricht man von Real Estate Portfolio Management. Das Real Estate Portfolio Management (REPM) ist das aus dem Real Estate Investment Management (REIM) abgeleitete strategische Management von Immobilienportfolien eines Unternehmens.[111] Im Fokus steht die Formulierung

[109] Eigene Darstellung, in Anlehnung an Gier, S. (2006); S. 27; Teichmann, S. A. (2007), S. 12.

[110] Für eine genaue Einordnung des Begriffs „Immobilien" vgl. Abschnitt 2.2 Definitorische Abgrenzung des Begriffs „Immobilien"; im Rahmen dieser Arbeit wird der Begriff „Immobilie" sowohl für unbebaute wie auch bebaute Grundstücke mit den dazu gehörenden Gebäuden und Außenanlagen verwendet.

[111] Vgl. Pfnür, A. (2011), S. 39; zur Definition REIM vgl. Abschnitt 2.6 Konzepte des Immobilienmanagements.

und Aktualisierung der Portfoliostrategie für das Immobilienportfolio, die im Einklang stehen muss mit der allgemeinen Unternehmensstrategie.[112]

**Definition:**
*Bone-Winkel* definiert das Real Estate Portfolio Management als die

> *„systematische Planung, Steuerung und Kontrolle eines Bestandes von Grundstücken und Gebäuden mit dem Ziel, ein optimales Immobilienportfolio herzustellen und Erfolgspotenziale aufzubauen.“*[113]

*Wellner* modifiziert diese Definition wie folgt:

> *„Das Real Estate Portfolio Management ist ein komplexer, kontinuierlicher und systematischer Prozess der Analyse, Planung, Steuerung und Kontrolle von Immobilienbeständen, der die Transparenz für den Immobilieneigentümer oder -investor erhöhen soll, um eine Balance zwischen Erträgen und den damit verbundenen Risiken von Immobilienanlage- und Managemententscheidungen für das gesamte Immobilienportfolio herzustellen.“*[114]

**Zielstellung:**
Ziel des Real Estate Portfolio Managements ist die Entwicklung und Implementierung langfristiger Strategien für das Immobilienbestandsmanagement und der Erhalt von Erfolgspotenzialen durch eine systematische Portfolio-Strukturierung. Im Mittelpunkt des betrieblichen Immobilienmanagements steht dabei die effektive Bereitstellung von Unternehmensimmobilien unter Berücksichtigung von Rendite- und Risikoaspekten.[115] Dabei steht nicht die Betrachtung der einzelnen Objekte im Vordergrund, sondern das gesamte Immobilienportfolio eines Unternehmens. Durch die Gesamtsicht des Immobilienbestandes werden Handlungsmöglichkeiten identifiziert, deren Umsetzung die langfristige strategische und operative Performance verbessert.[116]

---

[112] Vgl. Bone-Winkel, S. et al. (2008), S. 783.

[113] Bone-Winkel, S (2000), S. 767.

[114] Wellner, K. (2005), S. 443.

[115] Vgl. Teichmann, S. A. (2007), S. 17.

[116] Vgl. Bomba, T. (2000), S. 106; Lange, B. (2013), S. 551.

**Aufgaben:**
Nach dem Leistungskatalog der Gesellschaft für immobilienwirtschaftlichen Forschung (gif) umfasst das Real Estate Portfolio Management als Teil des Real Estate Investment Managements auf Portfolioebene die nachstehenden Aufgaben:[117]

**Portfolioplanung**

- Bestandsaufnahme und Analyse des Immobilienbestandes
- Entwicklung der Portfolio-Strategie in enger Abstimmung mit der Unternehmensleitung, insbesondere Definition der Zielstruktur für das Portfolio und Portfolio-Planung einschließlich Immobilienfinanzierung und -investition
- Sammlung von relevanten Informationen, insbesondere zu internationalen, nationalen und regionalen Immobilienmärkten
- Entscheidungen über Transaktionen, insbesondere An- und Verkäufe von Immobilien, Projektentwicklungen und bauliche Maßnahmen im Bestand
- Festlegung der Modalitäten der Immobilienbewertung

**Portfoliorealisation**

- Wertorientierte Planung, Steuerung und Kontrolle des Immobilienportfolios
- Laufende Analyse und Bewertung des Portfoliobestandes, Identifikation und Initiierung von Investment- und Desinvestmententscheidungen
- Auswahl und Führung des Real Estate Asset Managements und weiterer Dienstleister auf Portfolioebene (z. B. Projektentwickler, Rechtsanwälte, Steuerexperten)
- Beratung der Unternehmensleitung in finanziellen, rechtlichen und prozessbezogenen Portfolioentscheidungen
- Organisation des Rechnungswesens und des Liquiditätsmanagements auf Portfolioebene

[117] Vgl. gif (2004), S. 16–21; Auflistungen der Aufgaben des Real Estate Portfolio Managements finden sich u. a. in Teichmann, S. A. (2007), S. 17; Kämpf-Dern, A. (2009), S. 8–9; Ziola, J. (2010), S. 8; Pfnür, A. (2011), S. 40–41; Preuß, N./Schöne, L. B. (2016), S. 62–63.

**Controlling, Reporting und Risikomanagement**

- Monitoring und Sicherstellung der geplanten Portfolioperformance
- Analyse und Bewertung der Objektbeiträge zur Gesamtzielerreichung und Initialisieren von notwendigen Anpassungsmaßnahmen
- Analyse und Bewertung der Ergebnisse des Asset Managements und anderer Dienstleister und Initialisieren von Anpassungsmaßnahmen
- Rendite- und Risikobetrachtung
- Betreiben der Immobiliendatenbank
- Reporting an die Unternehmensleitung

### 3.6.2 Real Estate Asset Management

Der Begriff des Asset Managements bezieht sich ursprünglich auf die Verwaltung und das Wertschöpfungsmanagement von in- und ausländischem Vermögen durch einen Vermögensverwalter (Asset Manager) im Interesse des Vermögenseigentümers. Zentrale Aufgabe des Asset Managements ist die Steuerung eines Anlageportfolios nach Vermögensgesichtspunkten. Übertragen auf das Immobilienmanagement bedeutet dies das wertorientierte Management von Immobilien im Sinne des Eigentümers.[118] Das Real Estate Asset Management (REAM) ist die dem Real Estate Portfolio Management (REPM) hierarchisch nachgeordnete Funktion innerhalb des Corporate Real Estate Managements. Während das Real Estate Portfolio Management die strategischen Aspekte des gesamten Immobilienportfolios eines Unternehmens abdeckt, konzentriert sich das Real Estate Asset Management auf strategische Managementaufgaben auf der Objektebene.[119]

**Definition:**
*Teichmann* definiert das Real Estate Asset Management wie folgt:

> *„Real Estate Asset Management ist das wertorientierte, strategische und operative Vermögens- und Wertschöpfungsmanagement von Immobilien auf Objektebene nach den Zielen und Vorgaben des Investors oder Eigentümers. Das Real Estate Asset Management bezeichnet das Zusammenwirken aller erforderlichen Tätigkeiten und unterstützt dabei die treuhänderische Wahrnehmung der Eigentümerfunktion.“*[120]

[118] Vgl. Lange, B. (2013), S. 560.

[119] Vgl. Hoerr, P. (2017), S. 638.

[120] Teichmann, S. A. (2007), S. 18.

*Kämpf-Dern* folgend ist das Real Estate Asset Management das

> *„strategische Objektmanagement eines Immobilienbestandes im Interesse des Investors oder des Nutzers während der Bewirtschaftungsphase und an den Schnittstellen zur Konzeptions-, Beschaffungs- und Verwertungsphase.“*[121]

**Zielstellung:**
Ziel des Real Estate Asset Managements ist das Erreichen der vom Portfolio Management vorgegebenen Ziele für ein oder mehrere Objekte, sowie die Identifikation von diesbezüglichen Wert- oder Nutzungssteigerungspotenzialen.[122] Primäre Zielsetzung ist die Maximierung der laufenden Rendite eines Objektes z. B. durch eine Erhöhung der laufenden Mieterträge und eine Senkung der laufenden Kosten bei gleichzeitiger Erhaltung oder Steigerung des Objektwertes.[123] Darüber hinaus sollte unter dem Gesichtspunkt der Nachhaltigkeit ein besonderes Augenmerk auf dem Erhalt und der Verbesserung der Gebäudesubstanz liegen. Das Real Estate Asset Management umfasst damit alle Tätigkeiten, die der Wertsteigerung und der Werterhaltung der Immobilien dienen. Durch die Umsetzung dieser primär eigentümerorientierten Ziele durch das Real Estate Asset Management können die Unternehmensimmobilien einen wesentlichen Beitrag zum Unternehmenserfolg leisten.[124]

**Aufgaben:**
Nach dem Leistungskatalog der Gesellschaft für immobilienwirtschaftlichen Forschung (gif) umfasst das Real Estate Asset Management als Teil des Real Estate Investment Managements auf Objektebene die nachstehenden Aufgaben:[125]

---

[121] Kämpf-Dern, A. (2009), S. 9.

[122] Vgl. Kämpf-Dern, A. (2009), S. 9; Pfnür, A. (2011), S. 41.

[123] Vgl. Trübestein, M. (2010), S. 56.

[124] Vgl. Gier, S. (2006), S. 35.

[125] Vgl. gif (2004), S. 22–24; Auflistungen der Aufgaben des Real Estate Asset Managements finden sich u. a. in Teichmann. S. A. (2007), S. 18–19; Kämpf-Dern, A. (2009), S. 10–11; Ziola, J. (2010), S. 9–10; Pfnür, A. (2011), S. 41–42; Preuß, N./Schöne, L. B. (2016), S. 64–65.

**Planung**

- Treuhänderische Eigentümervertretung
- Bestandsaufnahme, Analyse und Überwachung der betreuten Objekte hinsichtlich der Erreichung der vom Portfolio Management vorgegebenen Objektziele und Identifikation vorhandener Entwicklungspotenziale
- Markt- und Standortanalyse
- Entwicklung der Objektstrategie, wie z. B. Vermietungs- und Marketingkonzepte, Instandhaltungs- und Modernisierungsmaßnahmen, unter Berücksichtigung der Zielvorgaben des Portfolio Managements
- Machbarkeitsanalysen, Operationalisierung von wert-, nutzensteigernder oder kostensenkender Maßnahmen

**Asset-Steuerung**

- Wertorientierte Planung, Steuerung und Kontrolle der Immobilien auf Objektebene
- Umsetzung von Transaktionen in Zusammenarbeit mit dem Portfolio Management, insbesondere An- und Verkäufe von Immobilien, Projektentwicklungen und bauliche Maßnahmen im Bestand
- Auswahl und Führung des Property Managements und des Facility Managements und weiterer Dienstleister auf Objektebene (z. B. Maklerunternehmen, Projektentwickler, Architekten, Bauunternehmen, Rechtsanwälte)
- Beratung des Portfolio Managements in finanziellen, rechtlichen und prozessbezogen Fragen
- Organisation von Rechnungswesen und Liquiditätsmanagement auf Objektebene

**Controlling, Reporting, Risikomanagement**

- Monitoring und Sicherstellung der geplanten Objektperformance
- Controlling von Objektbudgets
- Analyse und Bewertung der Ergebnisse des Property Managements und Facility Managements und anderer Dienstleister und Initialisieren von Anpassungsmaßnahmen
- Risikomanagement auf Objekt- und Prozessebene
- Sicherstellen der Dokumentation auf Objektebene und Reporting an das Portfolio Management

### 3.6.3 Property Management

Das aus dem Englischen stammende Wort „Property“ bedeutet übersetzt Vermögen, Eigentum, Grundstück oder Immobilie, womit der Begriff „Property Management“ mit Vermögens-, Grundstücks- oder Immobilienverwaltung gleichgesetzt werden kann.[126] Während sich das Real Estate Asset Management (REAM) auf strategische Managementaufgaben auf Objektebene konzentriert, steuert und kontrolliert das Property Management (PM) die zur Zielerreichung der vorgegebenen Objektstrategien notwendigen Maßnahmen und deren operative Umsetzung durch die ausführenden Mitarbeiter oder Dienstleister. Dies betrifft schwerpunktmäßig kaufmännische, technische und infrastrukturelle Aufgaben, teilweise ergänzt um renditeorientierte Aufgaben wie das Immobilienmarketing oder das Vermietungsmanagement oder um nutzerorientierte Aufgaben wie das Flächenmanagement oder die Umzugsplanung.[127]

**Definition:**
*Teichmann* definiert das Property Management wie folgt:

> *„Property Management ist ein ganzheitlicher Ansatz der aktiven, ergebnisorientierten, strategischen und operativen Bewirtschaftung sowie ferner Bereitstellung und Verwertung von einzelnen Immobilien und Immobilienportfolios unter Einhaltung der Zielvorgaben des Investors / Eigentümers.“*[128]

*Nach Kämpf-Dern* ist das Property Management das

> *„anlageorientierte, operative Management von Immobilienobjekten im Interesse des Investors während der Bewirtschaftungsphase und an den Schnittstellen zur Konzeptions-, Beschaffungs- und Verwertungsphase.“*[129]

*Bogenstätter* orientiert sich an der Definition des Facility Managements nach DIN EN 15221–1:2007–01 und definiert das Property Management wie folgt:

[126] Vgl. Pelzeter, A./Trübestein, M. (2016), S. 317.
[127] Vgl. Kämpf-Dern, A. (2009), S. 12.
[128] Teichmann, S. A. (2007), S. 19.
[129] Kämpf-Dern, A. (2009), S. 12.

*„Property Management ist die Integration von Prozessen innerhalb einer Organisation zur Erbringung von professionellen Managementleistungen für Immobilien, die sich nachhaltig im Bestand befinden oder befinden werden."*[130]

**Zielstellung:**
Ziel des Property Managements ist die effiziente Umsetzung der vorgegebenen Objektstrategie mit dem Schwerpunkt der renditeorientierten Bewirtschaftung der Immobilie im Interesse des Eigentümers oder Investors.[131] Damit trägt das Property Management die Verantwortung für eine bestmögliche Mittelverwendung der genehmigten Budgets und die dazugehörende Kontrolle der Kosten und Leistungen.[132]

**Aufgaben:**
Nach dem Leistungskatalog der Gesellschaft für immobilienwirtschaftlichen Forschung (gif) umfasst das Property Management als Teil des Real Estate Investment Managements auf Objektebene die nachstehenden Aufgaben:[133]

**Planung**

- Eigentümervertretung in Zusammenarbeit mit dem Real Estate Asset Management
- Bestandsaufnahme, Analyse und Überwachung der betreuten Immobilien hinsichtlich der Erreichung der vom Real Estate Asset Management vorgegebenen Objektziele (z. B. Objektzustand, Bewirtschaftungseffizienz, Instandhaltungsaufwand, Budgeteinhaltung)
- Sammlung und Verarbeitung objektrelevanter Daten zur Erstellung von Handlungsempfehlungen auf Objektebene
- Entwicklung und Umsetzungsplanung operativer Optimierungsmaßnahmen und Abstimmung mit dem Real Estate Asset Management
- Budgetplanung auf Objektebene

[130] Bogenstätter, U. (2018), S. 11; DIN EN 15221-1:2007-01, S. 5 (ersetzt durch DIN EN ISO 41011:2017-04).

[131] Vgl. Kämpf-Dern, A. (2009), S. 12.

[132] Vgl. Kämpf-Dern, A. (2009), S. 12.

[133] Vgl. gif (2004), S. 22–24; Auflistungen der Aufgaben des Property Managements finden sich u. a. in Teichmann, S. A. (2007), S. 20; Kämpf-Dern, A. (2009), S. 12–13; Ziola, J. (2010), S. 10–11; Pfnür, A. (2011), S. 43–44; Preuß, N./Schöne, L. B. (2016), S. 75–76.

**Steuerung**

- Umsetzung der Maßnahmen der wertorientierten Planung, Steuerung und Kontrolle auf Objektebene
- Unterstützung bei der Umsetzung von Transaktionen
- Steuerung der operativ ausgerichteten Immobilienbewirtschaftung (kaufmännisches, technisches und infrastrukturelles Gebäudemanagement)
- Auswahl, Steuerung und Kontrolle der internen und externen operativen Dienstleister sowie Vergabe, Steuerung und Kontrolle von Wartungs-, Instandhaltungs- und Modernisierungsmaßnahmen
- Beratung des Real Estate Asset Managements zu operativen Fragen auf Objektebene
- Zusammenstellung von Kosten und Erträgen für die operative Bewirtschaftung
- Koordination und Überwachung des Zahlungsverkehrs

**Controlling, Reporting, Risikomanagement**

- Monitoring der internen und externen operativen Dienstleister zu vereinbarten Vertragsleistungen und Kosten
- Controlling und Sicherstellung der Budgeteinhaltung
- Risikoüberwachung und operatives Risikomanagement auf Objektebene
- Erstellen von Dokumentationen und Reporting an das Real Estate Asset Management

### 3.6.4 Facility Management

Während beim Real Estate Asset Management (REAM) alle immobilienbezogenen Tätigkeiten auf die Ertrags- und Wertsteigerung der Immobilien im Sinne des Eigentümers oder Investors ausgerichtet sind, steht beim Facility Management (FM) die Optimierung der Immobilien nach Nutzenaspekten im Mittelpunkt.[134] Dies beinhaltet sowohl strategische, taktische als auch operative Aufgaben. Facility Management unterstützt hierbei das Kerngeschäft durch die Bereitstellung der erforderlichen Arbeitsumgebung und der unterstützenden Dienstleistungen.

[134] Vgl. Lange, B. (2013), S. 563.

**Definition:**
Die Gesellschaft für immobilienwirtschaftliche Forschung (gif) definiert Facility Management wie folgt:

> *„Facility Management ist das lebenszyklusbezogene, nutzungsorientierte, operative Management immobilienbezogener Prozesse im Interesse des Nutzers und zur zielgemäßen Sicherstellung der Nutzung."*[135]

*Teichmann* orientiert sich an der DIN EN 15221–1:2007–01 und erweitert die Definition wie folgt:

> *„Unter Facility Management versteht man zunehmend das Management von Sekundärprozessen und -ressourcen mit dem Ziel der optimalen Unterstützung und Verbesserung der Geschäfts- und Primärprozesse (Kerngeschäft) eines Unternehmens im Sinne einer Wertschöpfungspartnerschaft. Dabei umfasst das Facility Management alle mit dem Kunden vereinbarten immobilienbezogenen strategischen, taktischen und operativen Managementleistungen sowie die Umsetzung der operativen Leistungen (Facility Services)."*[136]

**Zielstellung:**
Ziel des Facility Managements ist die effiziente Umsetzung der vorgegebenen Immobilienstrategie hinsichtlich der Verteilung der verfügbaren Ressourcen und der optimalen Bewirtschaftung von Grundstücken, Infrastrukturen, Gebäuden und deren Einrichtungen und Anlagen.[137] Der Fokus liegt hierbei auf der Wirtschaftlichkeit, insbesondere aber auf den Qualitäts-, Termin- und Kostenanforderungen der Nutzer.[138]

**Aufgaben:**
In Anlehnung an die DIN EN 15221–1:2007–01 umfasst das Facility Management die folgenden Aufgaben:[139]

---

[135] Gif (2004).

[136] Teichmann, S. A. (2007), S. 22; DIN EN 15221–1:2007–01, S. 5 (ersetzt durch DIN EN ISO 41011:2017–04).

[137] Vgl. Preuß, N./Schöne, L. B. (2016), S. 77.

[138] Vgl. Kämpf-Dern, A. (2009), S. 14.

[139] Vgl. DIN EN 15221–1:2007–01, S. 9–10 (ersetzt durch DIN EN ISO 41011:2017–04); Auflistungen der Aufgaben des Facility Managements finden sich u. a. in Teichmann, S. A. (2007), S. 24; Kämpf-Dern, A. (2009), S. 14–15; Ziola, J. (2010), S. 11–12.

**Strategisches Facility Management**

- Überwachung der Umsetzung der allgemeinen FM-Strategie
- Überwachung der Einhaltung von Gesetzen, Vorschriften und Bestimmungen
- Management von Projekten, Prozessen und Vereinbarungen
- Standortübergreifende Analysen, Konzepte und Entscheidungen
- Wert- und nutzungsorientierte Steuerung von Facilities
- Planung des Outsourcings erforderlicher FM-Dienstleistungen
- Festlegung von Service Level Agreements (SLA) und Key Performance Indicators (KPI)
- Monitoring und Analyse der Nutzerbedürfnisse
- Reporting an das Real Estate Asset Management und Property Management

**Taktisches Facility Management**

- Koordination und Leitung der FM-Teams
- Ausschreibung und Vergabe von FM-Dienstleistungen
- Vertrags- und Änderungsmanagement
- Steuerung und Kontrolle von internen und externen Leistungserbringern
- Überprüfung der Einhaltung von SLA und KPI
- Durchführung von Audits

**Operatives Facility Management**

- Operative Umsetzung der Aufgaben (Facility Services) des Gebäudemanagements. Dies umfasst sowohl das infrastrukturelle, das technische wie auch das kaufmännische Gebäudemanagement sowie das Flächenmanagement.
- Ausführung der erforderlichen Facility Services durch interne oder externe Leistungserbringer

**Übergreifende Aufgaben auf allen Ebenen**

- Planung, Steuerung und Kontrolle des Ressourceneinsatzes
- Monitoring und Sicherstellung der Budgeteinhaltung
- Controlling, Risiko- und Qualitätsmanagement
- Kommunikation und Beziehungsmanagement mit allen Prozessbeteiligten

## 3.7 Facility Management als Teilfunktion des CREM

Nachdem bisher die definitorische und konzeptionelle Gestaltung des Corporate Real Estate Management im Ganzen Gegenstand der Betrachtung war, soll nun das Facility Management als wesentliche Teilfunktion des CREM näher betrachtet werden. Die zielgerichtete Auseinandersetzung mit einer nachhaltigen Bewirtschaftungsstrategie für den Immobilienbestand eines Unternehmens setzt zunächst ein detailliertes Verständnis von Wesen und Charakter des Facility Managements voraus. Vor diesem Hintergrund ist die ausführliche Untersuchung konzeptioneller Grundlagen des Facility Managements von wesentlicher Bedeutung.

### 3.7.1 Entwicklung und definitorische Ansätze des Facility Managements

Ähnlich dem Begriff „Corporate Real Estate Management" begann auch die wissenschaftliche Auseinandersetzung mit dem Begriff „Facility Management" ursprünglich in den USA. In der Literatur existieren sowohl aus anglo-amerikanischer wie auch aus europäischer Sichtweise zahlreiche Definitionen des Begriffs „Facility Management", die in Abhängigkeit des Betrachtungswinkels variieren.[140]

Die International Facility Management Association (IFMA)[141] definiert FM wie folgt:

> *„Facility Management is a profession that encompasses multiple disciplines to ensure functionality of the built environment by integrating people, places, process and technology."*[142]

Damit wird das Facility Management als integrativer Managementprozess definiert, der Mitarbeiter („people"), Arbeitsumfeld („place") und Arbeitsmethoden („process") in einem organisatorischen Kontext sieht.[143] Facility Management integriert dabei die Grundlagen der Betriebswirtschaft, der Architektur sowie der Verhaltens- und Ingenieurswissenschaften.[144] Dieser definitorische Ansatz wurde

---

[140] Vgl. Lennerts, K. (2007), Sp.431 ff.

[141] IFMA-Verbandshomepage: https://www.ifma.org.

[142] Teichmann, S. A. (2009), S. 17, nach der Definition der IFMA (1983).

[143] Vgl. Kahlen, H. (1999), S. 158.

[144] Vgl. Nävy, J. (2018), S. 2.

in den Folgejahren auch im europäischen Raum, zuerst in den Niederlanden, in Großbritannien und dann auch in Deutschland übernommen. Allerdings liegt hier der Schwerpunkt der Betrachtung überwiegend auf der Immobilie selbst. Dies zeigen die unterschiedlichen Definitionen und Begriffserklärungen von Facility Management in den einzelnen Ländern.

Eine erste niederländische Definition erfolgte durch *Regterschot*. Er definiert Facility Management als das ganzheitliche Managen, Planen und Überwachen von Gebäuden und gebäudegebundenen Installationen, Dienstleistungen und Einrichtungen.[145]

Nach der durch die EuroFM[146] festgelegten Definition wird Facility Management als ganzheitlicher strategischer Rahmen für koordinierte Programme betrachtet, um Gebäude, ihre Systeme und Inhalte kontinuierlich bereitzustellen, funktionsfähig zu halten und an die wechselnden organisatorischen Bedürfnisse anzupassen.[147]

In Deutschland wurde 1989 die German Facility Management Association (gefma)[148] gegründet, die sich ebenso wie der Verband Deutscher Maschinen- und Anlagenbauer (VDMA)[149] und der Verband Deutscher Ingenieure (VDI)[150] intensiv mit dem Thema Facility Management auseinandergesetzt hat.

Die gefma definiert das Facility Management wie folgt:

> *„Facility Management (FM) ist eine Managementdisziplin, die durch ergebnisorientierte Handhabung von Facilities und Services im Rahmen geplanter, gesteuerter und beherrschter Facility Prozesse eine Befriedigung der Grundbedürfnisse von Menschen am Arbeitsplatz, Unterstützung der Unternehmens-Kernprozesse und Erhöhung der Kapitalrentabilität bewirkt. Hierzu dient die permanente Analyse und Optimierung der kostenrelevanten Vorgänge rund um bauliche und technische Anlagen, Einrichtungen und im Unternehmen zu erbringende Dienstleistungen, die nicht zum Kerngeschäft gehören."*[151]

Eine ähnliche Definition erfolgte durch die Arbeitsgemeinschaft Instandhaltung und Gebäudetechnik (AIG) im Verband Deutscher Maschinen- und Anlagenbauer (VDMA):

---

[145] Vgl. Kahlen, H. (1999), S. 171, nach der Definition von Regterschot, J. (1989).

[146] EuroFM-Verbandshomepage: https://www.eurofm.org.

[147] Vgl. Nävy, J. (2018), S. 2, nach der Definition der EuroFM (1990).

[148] gefma-Verbandshomepage: https://www.gefma.de.

[149] VDMA-Verbandshomepage: https://www.vdma.org.

[150] VDI-Verbandshomepage: https://www.vdi.de.

[151] GEFMA 100–1:2004–07, S. 3.

*„Facility Management ist die Gesamtheit aller Leistungen zur optimalen Nutzung der betrieblichen Infrastruktur auf der Grundlage einer ganzheitlichen Strategie. Betrachtet wird der gesamte Lebenszyklus, von der Planung und Erstellung bis zum Abriss. Ziel ist die Erhöhung der Wirtschaftlichkeit, die Werterhaltung, die Optimierung der Gebäudenutzung und die Minimierung des Ressourceneinsatzes zum Schutz der Umwelt. Facility Management umfasst gebäudeabhängige und gebäudeunabhängige Leistungen.“*[152]

Eine europaweite Definition liefert die DIN EN 15221–1:2007–01:

*„Facility Management ist die Integration von Prozessen innerhalb einer Organisation zur Erbringung und Entwicklung der vereinbarten Leistungen, welche zur Unterstützung und Verbesserung der Effektivität der Hauptaktivitäten der Organisation dienen.“ Dabei besteht das Grundprinzip des Facility Managements im ganzheitlichen Management auf strategischer, taktischer und operativer Ebene, um die Erbringung der vereinbarten Unterstützungsleistungen (Facility Services) zu koordinieren.*[153]

In Anlehnung an die DIN EN 15221–1:2007–01 wurden mit der DIN EN ISO 41001:2017–06 und der DIN EN ISO 41011:2017–04 nicht nur der Begriff „Facility Management“ definiert, sondern weltweit gültige Standards für die Anwendung des Facility Management festgelegt.[154]

Die vielen unterschiedlichen Definitionen verdeutlichen die Komplexität des Begriffs Facility Management und die vielseitigen Aufgaben und Funktionsbereiche. Die übereinstimmende Aussage aller Definitionen ist jedoch die Betrachtung der Immobilien über den gesamten Lebenszyklus und die Forderung nach Erfüllung einer effektiven und effizienten Bewirtschaftung von Gebäuden und Anlagen zur Unterstützung der Kern- und Wertschöpfungsprozesse des Nutzers.[155]

### 3.7.2 Strukturrahmen des Facility Managements

Im Kontext der vorangegangenen Definitionen sind vor allem zwei Aspekte wesentlich für das Verständnis von Facility Management. Zum einen ist dies das Zusammenwirken der unterschiedlichen Managementebenen und zum anderen die Beziehung zwischen Nachfragern und Anbietern von Facility Services. Dies

---

[152] VDMA-Einheitsblatt 24196:1996–08, S. 2; die gleiche Definition verwendet der Verband Deutscher Ingenieure (VDI) in der Richtlinie VDI 6009–1:2002–10, S. 5.

[153] DIN EN 15221–1:2007–01, S. 5 ff. (ersetzt durch DIN EN ISO 41011:2017–04).

[154] Vgl. DIN EN ISO 41001:2017–06; DIN EN ISO 41011:2017–04.

[155] Vgl. Lange, B. (2013), S. 564.

verdeutlicht das Facility Management-Modell nach DIN EN 15221–1:2007–01 (siehe Abbildung 3.9).

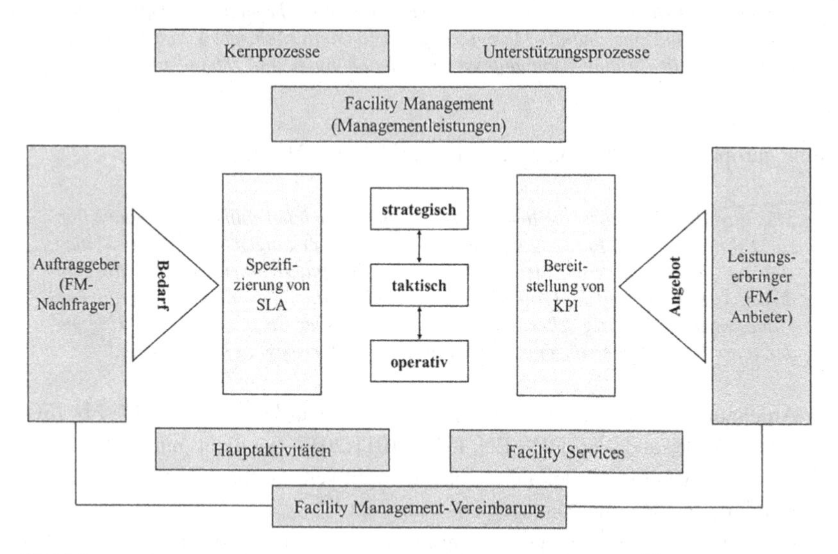


**Abbildung 3.9** Facility Management-Modell nach DIN EN 15221–1[156]

Das Modell bildet den konzeptionellen Rahmen, der das Zusammenwirken zwischen dem Kerngeschäft oder den Primärprozessen eines Unternehmens und dem Facility Management als Unterstützungs- oder Sekundärprozess darstellt. Gleichzeitig bestimmt das Modell den Bedarf von FM-Dienstleistungen und legt die interne oder externe Leistungserbringung fest.[157]

Im Mittelpunkt des Modells stehen die drei Managementebenen, auf denen das Facility Management agiert: die strategische Ebene, die taktische Ebene und die operative Ebene. Die DIN EN 15221–5:2011–12 definiert hierzu die notwendigen FM-Prozesse mit den jeweiligen Teilaufgaben,[158] die für eine effiziente Nutzung von Ressourcen und zur Erreichung eines Nutzens für alle Beteiligten erforderlich sind.

[156] Eigene Darstellung, in Anlehnung an DIN EN 15221-1:2007–01, S. 8 (ersetzt durch DIN EN ISO 41011:2017–04); Teichmann, S. A. (2007), S. 22; Wolf, S. et al. (2013), S. 65.

[157] Vgl. Teichmann, S. A. (2007), S. 21; DIN EN 15221–5:2011–12, S. 11.

[158] Eine Auflistung der Teilaufgaben des strategischen, taktischen und operativen Facility Managements findet sich unter Punkt 3.6.4 Facility Management.

Das strategische Facility Management orientiert sich am gesamten Lebenszyklus der Immobilien und ist an den Unternehmenszielen und den Zielen des Corporate Real Estate Managements ausgerichtet. Der Ausrichtungsprozess umfasst die Analyse der Organisationsstrategie sowie das Ableiten und die Entwicklung der FM-Strategie. Auf der Grundlage der FM-Strategie werden unternehmensinterne FM-Standards entwickelt, um die Verantwortlichkeiten und den Leistungsrahmen festzulegen. Nach Analyse der vorhandenen Ressourcen an Flächen und Infrastruktur erfolgt eine strategische Flächenplanung ausgerichtet am Flächenbedarf des Unternehmens. Damit einhergehend ist die Festlegung notwendiger Investitionen. Durch ständige Veränderungen besteht fortlaufend die Notwendigkeit, den künftigen Bedarf an Facility Services zu identifizieren und zu planen. Dies erfordert gleichzeitig ein effizientes Änderungsmanagement und die stetige Kommunikation mit den nachfolgenden Ebenen und den internen und externen Leistungserbringern. Alle mit der Bereitstellung von Facility Services verbundenen Risiken sollten permanent analysiert und hinsichtlich ihrer Wirkung auf den Gesamtprozess beurteilt werden. Mit einer regelmäßigen Berichterstattung an das Real Estate Asset Management und die Unternehmensleitung kann die Effizienz und Effektivität der FM-Organisation aufgezeigt werden. Damit alle Anforderungen des Facility Managements bei den Unternehmensentscheidungen berücksichtigt werden, ist ein ständiger Austausch zwischen der Unternehmensleitung und dem strategischen Facility Management erforderlich. Zusammenfassend betrachtet besteht die Hauptaufgabe des strategischen Facility Managements in der Führung und Steuerung der gesamten FM-Organisation.[159]

Das taktische Facility Management verantwortet die mittelfristige Umsetzung der strategischen Vorgaben und stellt damit das Bindeglied zwischen der strategischen und der operativen Ebene dar. Die Aufgaben auf taktischer Ebene bestehen in der Planung, Implementierung und Überwachung von Leistungen und Standards, die auf der strategischen Ebene festgelegt wurden. Zur Sicherstellung, dass die vorgegebenen Ziele erreicht werden, ist eine regelmäßige Bewertung der Facilities und eine Leistungsbeurteilung der internen und externen Dienstleister erforderlich. Die Beurteilung erfolgt anhand des Leistungsniveaus und auf Basis von Leistungskennzahlen und der vereinbarten Ziele. Zu den weiteren Aufgaben auf taktischer Ebene gehören die Ausschreibung und Vergabe der FM-Dienstleistungen sowie das dazugehörende Vertrags- und Änderungsmanagement. Durch regelmäßige Audits sowohl mit der strategischen Ebene als auch mit den ausführenden Dienstleistern soll sichergestellt werden, dass die gesetzlichen

[159] Vgl. DIN EN 15221-5:2011-12, S. 17-23.

Anforderungen hinsichtlich Gesundheit, Arbeitsschutz, Sicherheit und Umweltschutz beachtet und eingehalten werden. Durch die Koordination und Leitung der FM-Teams sowie die Steuerung der Dienstleister soll eine optimale Umsetzung der vorgegebenen Strategie und eine effiziente Leistungserbringung gewährleistet werden.[160]

Das operative Facility Management verantwortet die operative Umsetzung aller Aufgaben, die für die Bewirtschaftung von Gebäuden und Liegenschaften erforderlich sind. In organisatorischer Hinsicht bestehen die Aufgaben aus der Überwachung und Leistungsbeurteilung der Facility Services, der Koordinierung der Leistungen, dem Berichtswesen und der Datenverwaltung.[161] Die Hauptaufgabe des operativen Facility Managements besteht jedoch in der Ausführung der benötigten Facility Services durch interne oder externe Leistungserbringer. Damit beschäftigt sich die operative Ebene nicht mit Managementaufgaben im herkömmlichen Sinne, sondern überwiegend mit Ausführungshandlungen. Das operative Facility Management beinhaltet damit alle direkt mit dem eigentlichen Gebäudebetrieb zusammenhängenden Tätigkeiten, die unter dem Begriff „Gebäudemanagement" zusammengefasst werden.[162]

Neben den unterschiedlichen Managementebenen verdeutlicht das Modell die Beziehung zwischen Nachfragern und Anbietern von Facility Services. Ziel des Facility Managements ist es, einen Ausgleich zu schaffen zwischen Bedarf und Lieferung von Facility Services, um ein optimales Verhältnis zwischen Anforderungen oder Leistungsniveaus und Fähigkeiten oder Kosten herzustellen. Das Unternehmen als FM-Nachfrager bestimmt den Bedarf an Facility Services. Die Lieferung und Leistungserbringung erfolgt durch interne oder externe Dienstleister als FM-Anbieter. Für die Optimierung der Leistungen und einer Kostenkontrolle ist es entscheidend, den Bedarf und die Lieferung nach ökonomischen, organisatorischen und strategischen Zielen auszurichten. Hierzu werden die benötigten Dienstleistungen in Leistungsvereinbarungen, sogenannten Service Level Agreements (SLA) spezifiziert und geregelt. SLA legen das Leistungsniveau fest und können immer wieder geändert oder neu geregelt werden. Zur Leistungsmessung werden Leistungskennzahlen, sogenannte Key Performance Indicators (KPI) eingeführt. KPI dienen der Fortschrittsüberwachung in Bezug auf die SLA und zum Vergleich der von verschiedenen Dienstleistern erbrachten Leistungen. Damit kann die beste Leistungserbringung identifiziert werden.

[160] Vgl. DIN EN 15221–5:2011–12, S. 23–29.

[161] Vgl. DIN EN 15221–5:2011–12, S. 30–32.

[162] Vgl. Preuß, N./Schöne, L. B. (2016), S. 81.

Die Beziehungsgestaltung zwischen FM-Nachfragern und FM-Anbietern wird letztendlich in einer Facility Management-Vereinbarung festgehalten.[163]

Nach dem Begriffsverständnis der DIN EN 15221–1:2007–01 lassen sich folgende Erkenntnisse ableiten:[164]

- Facility Management verantwortet die permanente Anpassung der Unterstützungsprozesse an die Veränderung der Kernprozesse des Unternehmens.
- Facility Management findet auf der strategischen, taktischen und operativen Ebene statt.
- Facility Management stellt die durchgängige Kommunikation auf allen Ebenen sicher.
- Facility Management verantwortet den effizienten und effektiven Einsatz der Ressourcen.
- Facility Management entwickelt und fördert die Beziehung zwischen FM-Nachfragern und FM-Dienstleistern.
- Facility Management unterstützt die Verbindung von gegenwärtigen Aufgaben und zukünftigen Anforderungen.

### 3.7.3 Facility Management im Lebenszyklus von Immobilien

Das Facility Management betrachtet den gesamten Lebenszyklus der Immobilien. Als Immobilien-Lebenszyklus wird die zeitliche Abfolge der Prozesse von der Konzeption und Entstehung eines Gebäudes über mehrere Nutzungsphasen hinweg bis hin zum Abriss bezeichnet. Dabei können die Nutzungsphasen durch Umbau und Sanierung oder durch Leerstände unterbrochen sein.[165] Die phasenorientierten Aspekte des Facility Managements orientieren sich an den Basisstrategien des Corporate Real Estate Managements: Bereitstellung, Bewirtschaftung und Verwertung von Immobilien.[166] Die gefma unterteilt das Lebenszyklus-Modell in neun Phasen:[167]

[163] Vgl. DIN EN 15221–1:2007–01, S. 9 (ersetzt durch DIN EN ISO 41011:2017–04).

[164] Vgl. Nävy, J./Schröter, M. (2013), S. 11; DIN EN 15221–1:2007–01, S. 10 (ersetzt durch DIN EN ISO 41011:2017–04).

[165] Vgl. Kurzrock, B.-M. (2017), S. 423.

[166] Eine Betrachtung der Basisstrategien des CREM findet sich unter Punkt 3.4.3.

[167] Vgl. GEFMA 100–1:2004–07, S. 5 ff.

1. Konzeption,
2. Planung,
3. Errichtung,
4. Beschaffung,
5. Vermarktung,
6. Betrieb und Nutzung,
7. Umbau und Sanierung,
8. Leerstand,
9. Verwertung.

Dabei entfallen die Phasen 1 bis 5 auf den Prozess der Bereitstellung, die Phasen 6 bis 8 auf den Prozess der Bewirtschaftung und die Phase 9 auf den Prozess der Verwertung (siehe Abbildung 3.10).

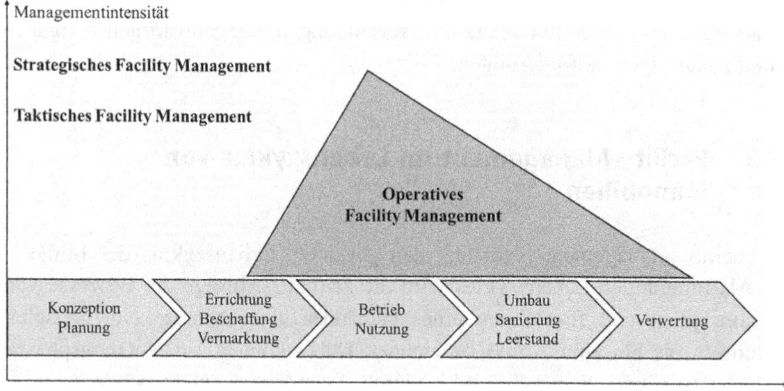


**Abbildung 3.10** Lebenszyklus-Modell im Facility Management[168]

Das theoretische Konzept des Lebenszyklus von Immobilien legt die Grundlage für eine systematische Vorgehensweise, die Leistungsmerkmale der einzelnen Phasen zu erfassen, ihre wechselseitigen Wirkungen in den Schnittstellen und ihre Abhängigkeiten voneinander zu erkennen und im Rahmen der ihnen übergeordneten Ganzheit zu betrachten.[169]

---

[168] Eigene Darstellung, in Anlehnung an GEFMA 100–1:2004–07, S. 12; Wolf, S. et al. (2013), S. 56; Preuß, N./Schöne, L. B. (2016), S. 81.

[169] Vgl. Schöne, L. B. (2017), S. 557.

Primäre Anforderung an das Facility Managements ist es, die Wirtschaftlichkeit des Immobilienbestandes sicherzustellen. Um eine Maximierung des Nutzens und eine Minimierung der Kosten zu erreichen, ist eine Planung, Steuerung und Kontrolle über alle Lebenszyklusphasen hinweg erforderlich.[170]

Die Bereitstellungsphase umfasst die Aufgaben Konzeption und Planung, Errichtung oder Beschaffung und Vermarktung der Immobilien. Obwohl die Bereitstellungsphase im Lebenszyklus der Immobilien nur eine kurze Zeitspanne einnimmt, ist sie von entscheidender Relevanz. Hier werden grundlegende Nutzen- und Kostenentscheidungen getroffen, die sich auf die gesamte Lebensdauer der Immobilien auswirken. Man spricht hier auch von der strategischen Dimension des Facility Managements.[171]

Die Bewirtschaftungsphase nimmt den größten zeitlichen und finanziellen Anteil im Lebenszyklus der Immobilien ein[172] und beinhaltet Nutzung, Betrieb, Umbau und Sanierung der Immobilien. In dieser Phase müssen die Funktionen der Immobilien aufrechterhalten und an die wandelnden Nutzungsanforderungen des Unternehmens angepasst werden.[173] Diese zumeist operativen Aufgaben werden definitorisch als Gebäudemanagement bezeichnet und sind demzufolge dem operativen Facility Management zuzuordnen.

Der Lebenszyklus der Immobilien endet mit der Verwertungsphase. Diese Phase ist überwiegend der strategischen Ebene zuzuordnen, da hier Entscheidungen darüber getroffen werden, welche Maßnahmen erforderlich sind, um auch zukünftig den größten Nutzen aus dem Immobilienbestand zu ziehen.[174] Die Verwertungsphase besteht in der Regel aus dem Abbruch und der Entsorgung der Immobilien. Vor dem Hintergrund knapper Ressourcen und steigender Entsorgungskosten ist es notwendig, auch andere Optionen der Verwertung in Betracht zu ziehen. Weitere Möglichkeiten der Verwertung sind zum einen der Verkauf oder die Vermietung, zum anderen ein Redevelopment der Immobilien.[175] Um eine Aufwertung des vorhandenen Bestandes und eine neue wirtschaftliche Verwertung der Immobilien zu erreichen, können mit einem Redevelopment die Immobilien für neue Nutzungen baulich umgestaltet werden. Damit erfolgt gleichzeitig eine Überführung der Immobilien in einen neuen Nutzenzyklus.[176]

---

[170] Vgl. Kurzrock, B.-M. (2017), S. 422.

[171] Vgl. Pierschke, B. (1998), S. 282.

[172] Vgl. Preuß, N./Schöne, L. B. (2016), S. 12.

[173] Vgl. Pierschke, B. (1998), S. 286.

[174] Vgl. Braun, H.-P. (2013), S. 76.

[175] Vgl. Nävy, J./Schröter, M. (2013), S. 57.

[176] Vgl. VDI/gif-Richtlinie 6209:2019–10, S. 6 und S. 10.

Sollte die Möglichkeit eines Redevelopments nicht gegeben sein, wird die Immobilie in der Regel abgerissen. Häufig ist der Abriss bereits Teil einer neuen Projektentwicklung und markiert damit den Beginn eines neuen Lebenszyklus.[177]

### 3.7.4 Gebäudemanagement in Abgrenzung zum Facility Management

In Abgrenzung zum Facility Management, das alle Phasen des Immobilienlebenszyklus abdeckt, konzentriert sich das Gebäudemanagement ausschließlich auf den Betrieb und die Nutzung der Immobilien.[178] Der Begriff „Gebäudemanagement" umschreibt die gesamten Koordinierungsaufgaben, die notwendig sind, um ein effektives Nutzen von Immobilien zu gewährleisten. Dabei stehen die operativen Leistungen im Vordergrund. Diese Aufgaben des Gebäudemanagements werden auch als FM-Dienstleistungen oder Facility Services bezeichnet.[179]

Nach der DIN 32736:2000–08 wird Gebäudemanagement wie folgt definiert:

> *„Gebäudemanagement (GM) ist die Gesamtheit aller Leistungen zum Betreiben und Bewirtschaften von Gebäuden einschließlich der baulichen und technischen Anlagen auf der Grundlage ganzheitlicher Strategien. Dazu gehören auch die infrastrukturellen und kaufmännischen Leistungen. Das Gebäudemanagement zielt auf die strategische Konzeption, Organisation und Kontrolle, hin zu einer integralen Ausrichtung der traditionell additiv erbrachten einzelnen Leistungen."*[180]

Die Definition der DIN basiert auf dem bereits 1996 erschienenen VDMA-Einheitsblatt 24196:1996–08 und unterscheidet drei Leistungsbereiche: das Technische Gebäudemanagement (TGM)[181], das Infrastrukturelle Gebäudemanagement (IGM)[182] und das Kaufmännische Gebäudemanagement (KGM)[183]. Da in allen drei Leistungsbereichen flächenbezogene Leistungen enthalten sein

---

[177] Vgl. Kurzrock, B.-M. (2017), S. 430.
[178] Vgl. Preuß, N./Schöne, L. B. (2016), S. 81.
[179] Vgl. Nävy, J. (2018), S. 11–12.
[180] DIN 32736:2000–08, S. 1.
[181] Zum TGM vgl. Punkt 3.7.6.1.
[182] Zum IGM vgl. Punkt 3.7.6.2.
[183] Zum KGM vgl. Punkt 3.7.6.3.

können, wird das Flächenmanagement (FLM)[184] als Querschnittsfunktion für die genannten Leistungsbereiche interpretiert.[185]

Die Leistungsbereiche des Gebäudemanagements sind in Abbildung 3.11 zusammenfassend dargestellt.

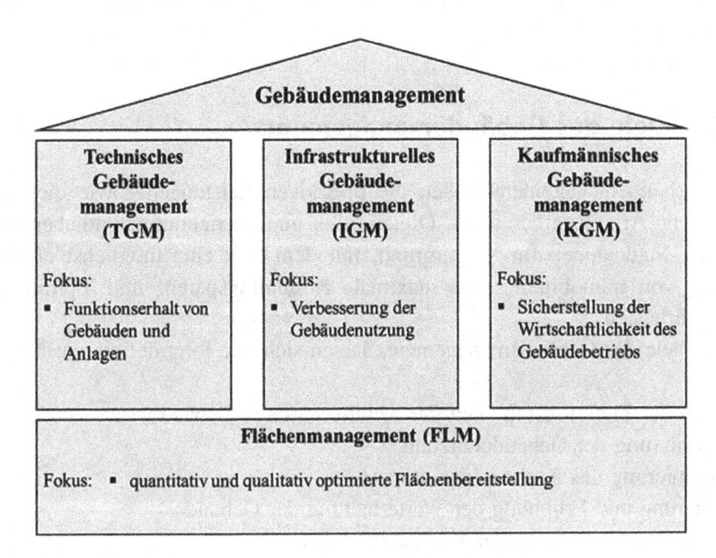


**Abbildung 3.11** Leistungsbereiche des Gebäudemanagements[186]

Die wichtigsten Unterscheidungsmerkmale zur Abgrenzung zwischen Facility Management und Gebäudemanagement lassen sich wie folgt zusammenfassen:[187]

- Das Facility Management ist phasenübergreifend und beinhaltet alle Phasen im Lebenszyklus von Immobilien von der Beschaffung über die Bewirtschaftung bis hin zur Verwertung. Das Gebäudemanagement beschränkt sich nur auf die Nutzungs- und Bewirtschaftungsphase.
- Das Facility Management ist objekt- und standortübergreifend und versteht sich als unternehmensweiter Ansatz. Im Gegensatz dazu ist das Gebäudemanagement objektbezogen. Damit kann in jedem einzelnen Objekt ein

[184] Zum FLM vgl. Punkt 3.7.6.4.

[185] Vgl. Gondring, H./Wagner, T. (2018), S. 19.

[186] Eigene Darstellung, in Anlehnung an DIN 32736:2000–08, S. 2.

[187] Vgl. GEFMA 100–1:2004–07, S. 5; Ulbricht, T. (2005), S. 518.

unterschiedliches Gebäudemanagement mit eigenen Prozessen und Strukturen implementiert werden.
- Das Facility Management umfasst auch die strategische und taktische Führung. Das Gebäudemanagement beinhaltet dagegen nur die auf die Dienstleistungserbringung ausgerichtete operative Führung sowie die jeweilige Leistungserbringung.

### 3.7.5 Ziele des Gebäudemanagements

Beim Gebäudemanagement stehen die operativen Leistungen sowie die damit verbundene Arbeitsvorbereitung, Organisation und Verrichtung sämtlicher erforderlicher Maßnahmen im Vordergrund, mit dem Ziel eine möglichst effektive Nutzung von Immobilien sowie maximale Kostentransparenz und -optimierung zu gewährleisten.[188]

Die Ziele des Gebäudemanagements lassen sich wie folgt definieren:[189]

- Erhalt der Funktionsfähigkeit der bewirtschafteten Gebäude,
- Optimierung der Gebäudenutzung,
- Minimierung des Ressourceneinsatzes,
- Sicherung und Erhöhung der Werterhaltung der Gebäude,
- Nachhaltige Sicherung der Wirtschaftlichkeit.

### 3.7.6 Leistungsbereiche des Gebäudemanagements

Die DIN 32736:2000–08 unterteilt das Gebäudemanagement in die Leistungsbereiche Technisches Gebäudemanagement, Infrastrukturelles Gebäudemanagement, Kaufmännisches Gebäudemanagement und Flächenmanagement. Die gefma verwendet eine ähnliche Einteilung in ihrer Richtlinie GEFMA 100–2:2004–07.[190] Nachfolgend werden die einzelnen Leistungsbereiche näher erläutert.

---

[188] Vgl. Hirschner, J.; Hahr, H.; Kleinschrot, K. (2018), S. 10.

[189] Vgl. DIN 32736:2000–08, S. 1.

[190] Vgl. DIN 32736:2000–08, S. 2 ff.; GEFMA 100–2:2004–07, S. 3–4; ergänzend ist hier anzumerken, dass die Europäische Norm für FM eine andere Einteilung des Gebäudemanagements vornimmt; dort werden die Facility Services zum einen in den Bereich „Fläche und Infrastruktur" und zum anderen in den Bereich „Mensch und Organisation" eingeteilt.

#### 3.7.6.1 Technisches Gebäudemanagement

Nach der Definition der DIN 32736:2000–08 umfasst das Technische Gebäudemanagement (TGM)

> *„alle Leistungen, die zum Betreiben der baulichen und technischen Anlagen eines Gebäudes notwendig sind."*[191]

Gemäß der DIN 32736:2000–08 in Anlehnung an die DIN 31051:2003–06 und DIN 32541:1977–05 fallen darunter das Betreiben und Bedienen der Gebäudetechnik, die Überwachung, Wartung und Instandhaltung von technischen Anlagen, der Umbau, die Sanierung und die Modernisierung der Gebäude, das Energiemanagement sowie die Abnahme und Gewährleistungsverfolgung.[192]

Zu den baulichen und technischen Anlagen[193] zählen insbesondere:

- Bautechnik (Dach und Fach),[194]
- Wasser- und Abwasseranlagen,
- Wärmeversorgungsanlagen,
- Kälte-, Klima- und Lüftungsanlagen,
- Elektrotechnik,
- Fernmeldetechnik,
- Aufzugstechnik,
- Feuerlöschanlagen,
- Nutzerspezifische Anlagen (z. B. Labore, Küchen),
- Gebäudeautomation,
- Anlagen und Einbauten im Außenbereich.

Die Aufgaben des Technischen Gebäudemanagements stellen den wesentlichen Teilbereich innerhalb des Gebäudemanagements dar, da durch sie die technische

---

Vgl. DIN EN 15221–1:2007–01, S. 7 und S. 12–14 (ersetzt durch DIN EN ISO 41011:2017–04). Für eine ausführliche Betrachtung des Gebäudemanagements nach der Einteilung gem. DIN EN 15221–1:2007–01 vgl. Nävy, J./Schröter, M. (2013), S. 7–11.

[191] DIN 32736:2000–08, S. 1.

[192] Vgl. DIN 32736:2000–08, S. 2–4; DIN 31051:2003–06; DIN 32541:1977–05.

[193] Vgl. GEFMA 520:2014–07, S. 55–56; das Standardleistungsverzeichnis der gefma orientiert sich an der DIN 276–1:2008–12, Kosten im Bauwesen, Kostengruppe 300 (Bauwerk – Baukonstruktionen), Kostengruppe 400 (Bauwerk – Technische Anlagen), Kostengruppe 500 (Außenanlagen).

[194] Der Begriff „Dach und Fach" umfasst das Dach sowie die tragenden Gebäudeteile einschließlich der Außenfassade.

Funktion und Verfügbarkeit der Gebäude dauerhaft und nachhaltig sichergestellt wird. Gleichzeitig werden durch das TGM innerhalb des Lebenszyklus der Gebäude die größten Kosten verursacht. Aufgrund der fortschreitenden Technisierung, der Forderung nach technischen Anlagen mit hoher Energieeffizienz und dem Bestreben nach effizienten Betriebsabläufen kommt dem TGM eine immer größer werdende Signifikanz zu.[195]

#### 3.7.6.2 Infrastrukturelles Gebäudemanagement

Die DIN 32736:2000–08 definiert das Infrastrukturelle Gebäudemanagement (IGM) wie folgt:

> *„Infrastrukturelles Gebäudemanagement umfasst die geschäftsunterstützenden Dienstleistungen, welche die Nutzung von Gebäuden verbessern.“*[196]

Damit gehören zum IGM alle geschäfts- und wertschöpfenden Dienstleistungen, die zur Nutzung der Gebäude erforderlich sind und die organisatorische Verwaltung und Betreuung der Gebäude sicherstellen. Im Vordergrund stehen hier die Interessen und Anforderungen der Nutzer und der Kunden. Grundsätzlich lassen sich die Dienstleistungen des IGM in drei Teilbereiche einteilen: die umfangreichen zentralen Dienste, die für einen reibungslosen Ablauf der Geschäftsprozesse sorgen; die Gebäude- und Servicedienste, die zum Betreiben der Gebäude unerlässlich sind; die Bürodienste, die die Arbeit der Mitarbeiter unterstützen und erleichtern sollen.[197] Nachfolgend sind die einzelnen Leistungsfelder des Infrastrukturellen Gebäudemanagements aufgeführt:[198]

- Reinigung,
- Wäschereiservice,
- Außenanlagenpflege,
- Garten- und Pflanzenpflege,
- Hausmeister, Empfang, Telefon- und Postdienste,
- Sicherheitsdienste,
- Catering und Veranstaltungsmanagement,
- Fuhrpark und Fahrdienste,
- Entsorgung und Abfallmanagement.

[195] Vgl. Hirschner, J.; Hahr, H.; Kleinschrot, K. (2018), S. 11.

[196] DIN 32736:2000–08, S. 1.

[197] Vgl. Gondring, H./Wagner, T. (2018), S. 173.

[198] Vgl. DIN 32736:2000–08, S. 4–6; GEFMA 520:2014–07, S. 72–164.

Da die Tätigkeiten in Abhängigkeit der Interessen und Anforderungen der Nutzer und Kunden projekt- und kundenspezifisch entwickelt und umgesetzt werden sollen, tritt der Dienstleistungscharakter im IGM besonders hervor.[199] Aufgrund der vielfältigen Aufgaben zeichnet sich das IGM außerdem durch eine hohe Personalintensität in der Leistungserbringung aus, weshalb viele Unternehmen diesen Aufgabenbereich an professionelle Dienstleister, die einen kompletten Service an infrastrukturellen Dienstleistungen anbieten und ein sicheres und gepflegtes Arbeitsumfeld gewährleisten, abgeben.[200]

#### 3.7.6.3 Kaufmännisches Gebäudemanagement

Nach der Definition der DIN 32736:2000–08 umfasst das Kaufmännische Gebäudemanagement (KGM)

> *„alle kaufmännischen Leistungen aus den Bereichen Technisches Gebäudemanagement und Infrastrukturelles Gebäudemanagement unter Beachtung der Immobilienökonomie."*[201]

Hauptaufgabe des Kaufmännischen Gebäudemanagements ist die Sicherstellung der Wirtschaftlichkeit des Gebäudebetriebs. Das Ziel der Wirtschaftlichkeit besteht darin, den durch die Immobilien generierten Nutzen zu maximieren und gleichzeitig die durch die Immobilien verursachten Kosten zu minimieren. Damit dient das KGM vorrangig der transparenten Darstellung aller durch das Immobilienportfolio verursachten Kostenströme und der verursachungsgerechten Zuordnung von Kosten und Erlösen zu den einzelnen Immobilien.[202] Zum Leistungsspektrum des Kaufmännischen Gebäudemanagements zählen insbesondere:[203]

- Objektmanagement und Objektbuchhaltung,
- Kostenplanung und Controlling,
- Mietermanagement,
- Vertragsmanagement.

---

[199] Vgl. Hirschner, J.; Hahr, H.; Kleinschrot, K. (2018), S. 48.

[200] Vgl. Gondring, H./Wagner, T. (2018), S. 173.

[201] DIN 32736:2000–08, S. 1.

[202] Vgl. Hirschner, J; Hahr, H.; Kleinschrot, K. (2018), S. 36.

[203] Vgl. DIN 32736:2000–08, S. 7; GEFMA 520:2014–07, S. 165–185.

Aus Sicht des Verfassers kann das Flächenmanagement als weiteres Leistungsfeld dem kaufmännischen Gebäudemanagement zugerechnet werden, da hier ein direkter Bezug zum Objekt- und Mietermanagement besteht. In der Regel wird das Flächenmanagement jedoch dem Infrastrukturellen Gebäudemanagement zugeordnet.[204] Allerdings gibt es bisher in der Literatur Uneinigkeit darüber, welchem Teilbereich des Gebäudemanagements das Flächenmanagement grundsätzlich zuzuordnen ist, da in allen Teilbereichen flächenbezogene Leistungen enthalten sein können. Nachfolgend wird deshalb die nach der DIN 32736:2000–08 vorgenommene Einordnung des Flächenmanagements als Querschnittsfunktion und damit als vierten Leistungsbereich des Gebäudemanagements übernommen.

#### 3.7.6.4 Flächenmanagement

Das Flächenmanagement (FLM) umfasst nach DIN 32736:2000–08

> *„das Management der verfügbaren Flächen im Hinblick auf ihre Nutzung und Verwertung."*[205]

Die gefma erweitert diese Definition in ihrer Richtlinie GEFMA 130–1:2016–07 wie folgt:

> *„Das Flächenmanagement umfasst die quantitativ und qualitativ optimierte Ausnutzung aller Flächen einer Immobilie. Das Ziel ist eine höhere Flächeneffizienz und die damit einhergehende höhere Wertschöpfung."*[206]

Das Leistungsspektrum gliedert sich nach DIN 32736:2000–08 wie folgt:[207]

- Nutzerorientiertes Flächenmanagement,
- Anlagenorientiertes Flächenmanagement,
- Immobilienwirtschaftlich orientiertes Flächenmanagement,
- Serviceorientiertes Flächenmanagement,
- Dokumentation und Einsatz informationstechnischer Systeme im Flächenmanagement.

Damit umfasst das Flächenmanagement die Leistungsbereiche Flächenbelegung, Flächennutzung und Flächenverwaltung. Hinzu kommt der Bereich des

[204] Vgl. Gondring, H./Wagner, T. (2018), S. 209.
[205] DIN 32736:2000–08, S. 7.
[206] GEFMA 130–1:2016–07, S. 1.
[207] Vgl. DIN 32736:2000–08, S. 7–8.

Flächencontrollings.[208] Grundlage des Flächenmanagements bildet die Bestandsaufnahme der vorhandenen Grundstücks- und Gebäudeflächen in Bezug auf ihre Struktur, Zusammensetzung und Belegung. Dadurch kann eine optimale Flächenbereitstellung ermittelt und sichergestellt werden. Gleichzeitig können Maßnahmen zur Optimierung der Flächenproduktivität, z. B. durch Umzugsplanungen, eingeleitet werden. Der Einsatz von CAFM-Systemen,[209] ermöglicht durch Visualisierung der Flächenstrukturen und der Flächenbelegung eine besonders effiziente Flächenplanung.[210]

### 3.7.7 Anlagenmanagement in Abgrenzung zum Gebäudemanagement

Das Anlagenmanagement steht in engem Zusammenhang mit dem Facility Management[211] und dem Gebäudemanagement. In Abgrenzung zum Gebäudemanagement, das alle Leistungen zum Betreiben und Bewirtschaften von Gebäuden einschließlich der dazugehörenden baulichen und technischen Anlagen abdeckt, konzentriert sich das Anlagenmanagement auf den Betrieb und die Nutzung aller Maschinen und Anlagen[212], die zur Ausübung des Kerngeschäfts erforderlich sind. Durch die zunehmende Technisierung, Automatisierung, Digitalisierung und steigende Anlagenintensität wird, insbesondere bei Industrieunternehmen, ein umfassendes Anlagenmanagement immer bedeutender.[213]

Das Anlagenmanagement umfasst die Planung, Steuerung, Dokumentation und Kontrolle von Anlagenbedarf und Anlagenbeschaffung, Anlagennutzung, Anlageninstandhaltung sowie Veräußerung und Verwertung der Anlagen unter Berücksichtigung wirtschaftlicher, technischer und sozialer Aspekte.[214] Hierbei

---

[208] Vgl. Gondring, H./Wagner, T. (2018), S. 210.

[209] Unter einem CAFM-System versteht man eine individualisierte, auf die spezifischen Bedürfnisse eines Unternehmens angepasste Informationstechnik zur Unterstützung der Prozesse des Facility Management auf Basis eines Computerprogramms (CAFM-Software). Vgl. Marchionini, M.; Hohmann, J.; May, M. (2018), S. 7.

[210] Vgl. Preuß, N./Schöne, L. B. (2016), S. 609.

[211] Im Gegensatz zum Immobilienmanagement wird beim Anlagenmanagement im industriellen Umfeld der Begriff „Industrielles Facility Management" verwendet.

[212] Es wird angemerkt, dass sich das im Rahmen des Corporate Real Estate Management definierte Asset Management nicht nur auf Immobilien, sondern auch auf Maschinen und Anlagen beziehen kann. Vgl. DIN ISO 55000:2017–05.

[213] Vgl. Männel, W. (1988), S. 2.

[214] Vgl. Geldermann, J. (2014), S. 1.

orientiert sich das Anlagenmanagement an der Lebenszyklusbetrachtung mit der Bereitstellung, der Bewirtschaftung und der Verwertung von Anlagen.[215]

Das Anlagenmanagement dient der in Bezug auf die Zielstellungen des Unternehmens optimalen Durchführung und Sicherung der Produktion. Im Sinne der industriellen Produktionswirtschaft betrifft das Anlagenmanagement alle, auch als Betriebsmittel[216] bezeichneten, Produktionssysteme, Maschinen oder technische Anlagen, die während ihrer produktiven Verwendung die Durchführung von Produktionsprozessen ermöglichen.[217] Ziel des Anlagenmanagements ist es, dafür Sorge zu tragen, dass das Unternehmen stets über die Anlagen verfügt, die es zur Erreichung seiner Ziele und zur Erfüllung seiner Aufgaben benötigt.[218]

## 3.8 Bewirtschaftungsstrategien im Facility Management

Eine besondere Herausforderung im Facility Management ist es, für die Vielzahl der benötigten FM-Services die jeweils beste Beschaffungs- und Bewirtschaftungsmöglichkeit zu finden. Da die Optimierung für jeden einzelnen Beschaffungsprozess nicht gesondert bestimmt werden kann, werden langfristig angelegte Strategien und Handlungsweisen definiert, um die vorgegebenen Ziele zu erreichen. Diese Sourcing-Strategien werden auch als Beschaffungs- oder Bewirtschaftungskonzept bezeichnet. Sie bilden den Rahmen für die Bewirtschaftung des Immobilienbestandes.[219] Das Spektrum reicht von der vollständigen Eigenleistung über die teilweise Fremdvergabe bis hin zur vollständigen Fremdvergabe der FM-Leistungen (siehe Abbildung 3.12). Aus strategischer Sicht ist es notwendig, die optimale Leistungstiefe für die Immobilienbewirtschaftung zu bestimmen. Dabei lassen sich zwischen der Eigenerstellung (Make) und dem Fremdbezug (Buy) verschiedene Alternativen bestimmen. Diese orientieren sich an den grundsätzlichen Strategien der Immobilienbewirtschaftung: Autonomiestrategie, Beauftragungsstrategie, Kooperationsstrategie.[220]

[215] Vgl. Wirth, S./Müller, E. (2014), S. 114.

[216] Vgl. Wöhe, G./Döring, U. (2008), S. 36.

[217] Vgl. Geldermann, J. (2014), S. 1.

[218] Vgl. Nebl, T./Prüß, H. (2006), S. 35.

[219] Vgl. Helmold, M./Terry, B. (2016), S. 47.

[220] Vgl. Punkt 3.4.3 Basisstrategien im Corporate Real Estate Management.

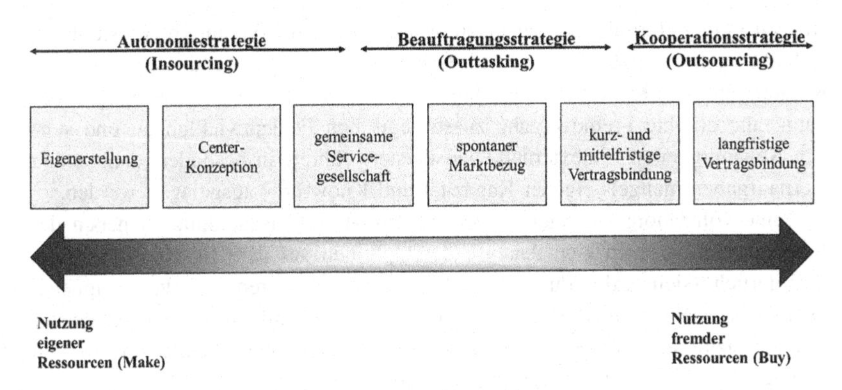


**Abbildung 3.12** Spektrum der Immobilienbewirtschaftung[221]

## 3.8.1 Die Make-or-Buy-Entscheidung

Grundsätzlich kommen für alle von Unternehmen benötigten Güter und Dienstleistungen zwei Bereitstellungsformen in Frage: Die Erstellung von Leistungen innerhalb des eigenen Unternehmens, auch als „Make" bezeichnet oder der externe Bezug von Leistungen auf dem Markt, auch als „Buy" bezeichnet. Make-or-Buy-Entscheidungen sind generell für alle Leistungsarten zu treffen, die sowohl vom eigenen Unternehmen als auch von externen Anbietern erbracht werden können.[222] Während sich die Eigenerstellung an der Wertschöpfungs- und Leistungstiefe des Unternehmens orientiert und an den Kernkompetenzen ausgerichtet sein sollte, umfasst der externe Bezug sämtliche Outsourcing-Entscheidungen des Unternehmens.[223]

Die Dimensionierung der eigenen Leistungstiefe beeinflusst in erheblichem Maße den Erfolg und die Entwicklungsmöglichkeiten eines Unternehmens und ist daher von hoher strategischer Bedeutung.[224] Die Leistungstiefenentscheidung hat unmittelbaren Einfluss auf die Höhe und Struktur der Kosten, die Qualität und Flexibilität der Leistungen, das Ausmaß der Kapitalbindung im Unternehmen, aber auch auf den Umfang des benötigten Personals und den damit gebundenen Kompetenzen und Qualifikationen. Diese Einflussfaktoren verdeutlichen die

---

[221] Eigene Darstellung, in Anlehnung an Picot, A./Maier, M. (1992), S. 16; Schäfers, W. (1997), S. 167; Zahn, E./Ströder, K./Unsöld, C. (2007), S. 7.

[222] Vgl. Mikus, B. (1998), S. 16.

[223] Vgl. Swoboda, B./Weiber, R. (2013), S. 221.

[224] Vgl. Präuer, A. (2017), S. 71.

Relevanz einer Optimierung der Leistungstiefe. Eine zu hohe interne Leistungserstellung kann zu einer über das erforderliche Maß hinausgehenden Bindung von Kapital, internem Know-how und Managementkapazitäten führen. Demgegenüber kann eine erhöhte Fremdvergabe zu strategischen Fehlentwicklungen und starken Abhängigkeiten von externen Dienstleistern führen, insbesondere dann, wenn Kernaufgaben mangels eigener Kapazität und Know-how ausgelagert werden.[225] Für eine vollständige Fundierung der Make-or-Buy-Entscheidung ist neben der Innenperspektive auch eine Analyse der Optionen auf dem Beschaffungsmarkt erforderlich (siehe Abbildung 3.13). Dabei ist zu klären, welche geeigneten Dienstleister auf dem Markt zur Verfügung stehen und ob diese Dienstleister das Potenzial und die Kapazitäten haben, die benötigten Leistungen zu den vorgegebenen Bedingungen erbringen zu können.[226]

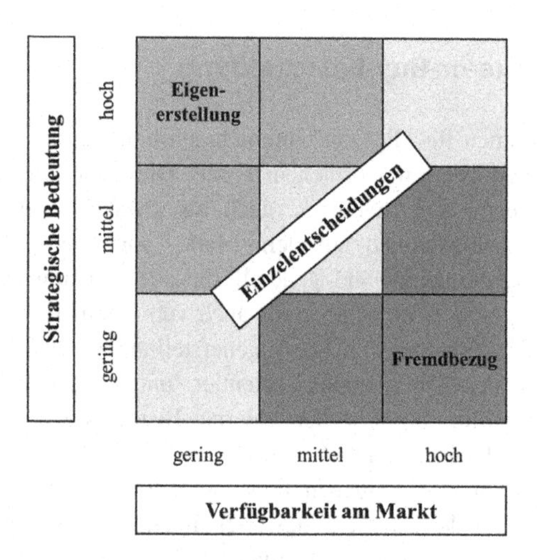


**Abbildung 3.13** Make-or-Buy-Portfolio[227]

Die Make-or-Buy-Entscheidung ist deshalb einerseits abhängig von der strategischen Bedeutung der Leistungserstellung und andererseits von der Marktverfügbarkeit kompetenter Dienstleister. Dabei relativiert sich die Vorteilhaftigkeit

[225] Vgl. Picot, A./Maier, M. (1992), S. 15.

[226] Vgl. Präuer, A. (2017), S. 72.

[227] Eigene Darstellung, in Anlehnung an Arnold, D. et al. (2004), S. 180.

einer Eigenerstellung mit abnehmender strategischer Bedeutung und steigendem Angebot kompetenter Dienstleister. Analog steigt die Vorteilhaftigkeit einer Fremdvergabe mit zunehmendem Angebot kompetenter Dienstleister und abnehmender strategischer Bedeutung. Zwischen den Extremen Eigenerstellung und Fremdvergabe existiert noch ein breites Feld von Einzelentscheidungen, die ein sorgfältiges Abwägen aller Outsourcing-Kriterien erforderlich machen.[228]

### 3.8.2 Definition und Begriffsverständnis des Outsourcings

Ähnlich den Begriffen „Corporate Real Estate Management“ und „Facility Management“ stammt auch der Begriff „Outsourcing“ aus dem angloamerikanischen Raum und hat seinen Ursprung in den 1990er Jahren. Der Begriff selbst ist eine Zusammensetzung der englischen Wörter: „**Out**side“, „Re**source**“ und „Us**ing**“ und bedeutet frei übersetzt „Nutzung externer Ressourcen“. Im betriebswirtschaftlichen Sinne bedeutet dies die Übertragung von bisher im Unternehmen intern erbrachten Leistungen auf externe Dritte.[229] In der gängigen Praxis, vor allem unter Berücksichtigung der verschiedenen Outsourcing-Varianten ist eine vorausgegangene interne Erbringung der Leistungen nicht mehr notwendiges Kriterium, vielmehr wird hier das Outsourcing als dauerhafte Übertragung der Leistungserstellung an einen Dritten, auch ohne vorherige Selbsterstellung, definiert.[230] Damit bei einer externen Leistungsvergabe von Outsourcing gesprochen werden kann, müssen im Wesentlichen drei Kriterien erfüllt sein:[231]

- Die Übertragung einer Komplett- oder Einzelleistung muss für einen längeren Zeitraum oder dauerhaft erfolgen.
- Es muss eine spezifische, individuelle Form der Zusammenarbeit zwischen Auftraggeber und Dienstleister erkennbar sein.

---

[228] Vgl. Swoboda, B./Weiber, R. (2013), S. 222; vgl. hierzu auch Punkt 3.8.4 Outsourcing als strategische Management-Entscheidung.

[229] In der Outsourcing-Forschung wird dieser Definitionsansatz häufig vertreten; vgl. hierzu die Arbeiten von Nagengast, J. (1997), S. 53; Barth, T. (2003), S. 9; Bartenschlager, J. (2008), S. 31.

[230] Vgl. Zahn, E./Ströder, K./Unsöld, C. (2007), S. 4.

[231] Vgl. Zahn, E./Ströder, K./Unsöld, C. (2007), S. 6; Gondring, H./Wagner, T. (2018), S. 331.

- Die Übertragung der Leistungen muss marktbezogen sein, d. h. es muss mindestens ein rechtlich und wirtschaftlich eigenständiges externes Unternehmen beteiligt sein, das gleichzeitig Kundenbeziehungen zu weiteren Marktteilnehmern unterhält.

Sowohl in der betriebswirtschaftlichen wie auch in der wissenschaftlich geprägten Literatur gibt es allerdings bis dato keine einheitliche Definition. Dies führt dazu, dass die Auslegung je nach Kontext und Autor sehr unterschiedlich erfolgt. Trotz des uneinheitlichen Begriffsverständnisses besteht in der Outsourcing-Forschung Einigkeit über bestimmte zentrale Kernelemente des Outsourcing-Begriffes.[232]

Eine Definition, die diese zentralen Kernelemente beinhaltet, bietet das Gabler Wirtschaftslexikon.[233]

> *„Outsourcing ist die Verlagerung von Wertschöpfungsaktivitäten des Unternehmens auf Zulieferer. Outsourcing stellt eine Verkürzung der Wertschöpfungskette und der Leistungstiefe des Unternehmens dar. Durch die Inanspruchnahme qualifizierter, spezialisierter Vorlieferanten für Komponenten und Dienstleistungen werden die Produktions-, Entwicklungs-, aber auch Dienstleistungsgemeinkosten des Unternehmens häufig reduziert. Durch Konzentration auf die Kernaktivitäten werden Kostenvorteile realisiert und die eigene operative und strategische Marktposition verbessert. Strategisch wichtig ist, dass im Rahmen des Outsourcings Schlüsseltechnologien und -kompetenzen nicht aufgegeben werden, weil auf diese Weise eine unerwünschte Abhängigkeit vom Vorlieferanten entstehen könnte."*

Diese allgemein für das Outsourcing geltende Begriffsdefinition soll im Rahmen dieser Arbeit auch auf das Outsourcing von Facility Management-Dienstleistungen angewandt werden.

### 3.8.3 Einordnung und Abgrenzung der Outsourcing-Begriffe

Aufgrund der Tatsache, dass der komplexe Begriff des Outsourcings nicht nur eine Grundsatzentscheidung zwischen „Make" or „Buy" impliziert, sondern verschiedene Zwischenformen und organisatorische Gestaltungsmöglichkeiten umfasst, weist auch die Literatur eine Vielzahl von Outsourcing-Begriffen auf, die sich mit der Darstellung und Benennung der unterschiedlichen Erscheinungsbilder des Outsourcings befassen.

---

[232] Vgl. Calisan, B. (2009), S. 66.

[233] Gabler Wirtschaftslexikon (2019).

Die Abbildung 3.14 zeigt die im Rahmen der Outsourcing-Diskussion verwendeten Begriffe, strukturiert nach sechs Faktoren, die den begrifflichen Schwerpunkt festlegen.[234]

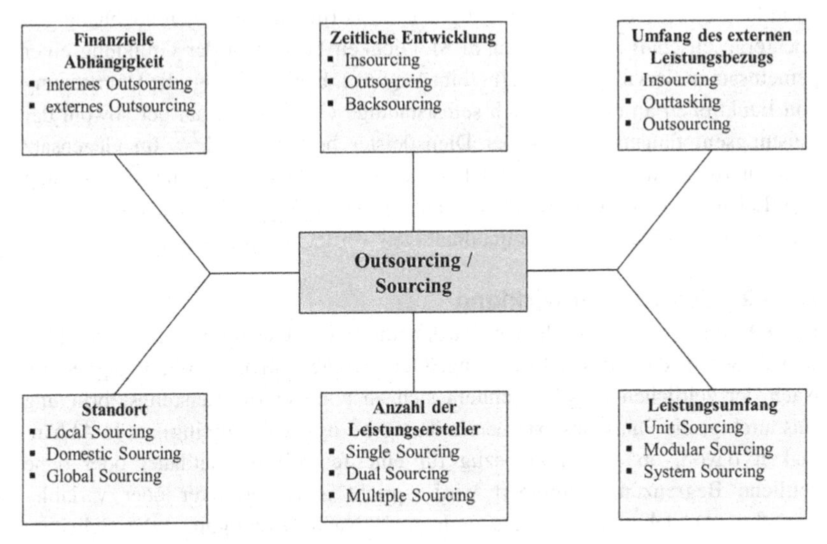


**Abbildung 3.14** Erscheinungsbilder des Outsourcings[235]

Die Tatsache, dass die Erfolgswirkungen des Outsourcings maßgeblich von der Gestaltungsform abhängen, macht eine nähere Betrachtung der möglichen Erscheinungsbilder notwendig. Nachfolgend sollen deshalb die verschiedenen Formen des Outsourcings von Dienstleistungen charakterisiert und ihre Merkmale analysiert werden.

#### 3.8.3.1 Finanzielle Abhängigkeit

Die finanzielle Abhängigkeit beschreibt den Umfang der rechtlichen und wirtschaftlichen Selbstständigkeit eines Dienstleisters gegenüber dem auslagernden Unternehmen. Je nach Ausprägung der finanziellen Verflechtung zwischen Dienstleister und auslagerndem Unternehmen unterscheidet man zwischen internem Outsourcing (Ausgliederung) und externem Outsourcing (Auslagerung). Beim internen Outsourcing ist der Leistungsempfänger in der Regel mit dem

234 Vgl. Jouanne-Diedrich, H. (2004), S. 125 ff.

235 Eigene Darstellung, in Anlehnung an Jouanne-Diedrich, H. (2004), S. 127.

Dienstleister durch eine finanzielle Beteiligung verbunden. Mögliche in der Praxis auftretende Ausgliederungsvarianten sind zum einen die Verlagerung der Funktion auf eine andere Einheit im Unternehmen z. B. in Form von wirtschaftlich und rechtlich abhängigen Centerkonzeptionen und zum anderen die Gründung einer neuen Unternehmung z. B. in Form einer rechtlich unabhängigen Tochtergesellschaft.[236] Eine weitere Möglichkeit besteht in der Gründung einer gemeinsamen Servicegesellschaft (Joint Venture). Hierbei erfolgt die Übertragung von Funktionen an eine rechtlich selbstständige Gesellschaft, an der sowohl der Leistungsempfänger als auch der Dienstleister beteiligt sind.[237] Im Gegensatz zum internen Outsourcing erfolgt beim externen Outsourcing die Übertragung von Leistungen auf ein externes, rechtlich und wirtschaftlich selbstständiges Unternehmen mit dem keine kapitalmäßigen Verflechtungen bestehen.[238]

#### 3.8.3.2 Zeitliche Entwicklung

Unter Betrachtung der zeitlichen Ausdehnung eines Outsourcing-Projektes lässt sich dieses in die Phasen Insourcing, Outsourcing und Backsourcing gliedern. Nach der zeitlichen Abfolge schließt sich an eine interne Leistungserbringung (Insourcing) die Phase des externen Leistungsbezugs (Outsourcing) an. In Abhängigkeit davon, ob der Fremdbezug für eine festgelegte Zeitdauer oder ohne zeitliche Begrenzung vereinbart wird, spricht man von fixer oder variabler zeitlicher Ausdehnung des Outsourcings.[239] Nach Beendigung oder Scheitern des Projektes schließt sich die Rückverlagerung der fremdvergebenen Leistung auf das outsourcende Unternehmen (Backsourcing) an. Da eine solche Rückverlagerung, insbesondere nach langfristigen Vertragslaufzeiten mit dem Dienstleister, mit hohen Investitionskosten verbunden ist, wird ein Backsourcing in der Praxis nur selten durchgeführt. Stattdessen erfolgt nach Beendigung des Outsourcing-Vertrages in der Regel eine Neuausschreibung der Leistung am Markt.[240]

---

[236] Vgl. Bruch, H. (1998), S. 57 ff.; Jouanne-Diedrich, H. (2004), S. 128; Hollekamp, M. (2005), S. 27; Bartenschlager, J. (2008), S. 38; vgl. hierzu auch Punkt 3.5.2 Konzepte der Erfolgsverantwortung im CREM.

[237] Vgl. Ilten, P. (2014), S. 20.

[238] Vgl. Bartenschlager, J. (2008), S. 38.

[239] Vgl. Nagengast, J. (1997), S. 82; Bartenschlager, J. (2008), S. 35.

[240] Vgl. Horchler, H. (1996), S. 168; Bartenschlager, J. (2008), S. 36.

#### 3.8.3.3 Umfang des externen Leistungsbezugs

Eine mögliche Klassifizierung des Outsourcings ist die Differenzierung nach quantitativen Kriterien. Hierbei wird unterschieden nach interner Leistungserstellung (Insourcing), teilweiser Fremdvergabe (Outtasking) oder vollständiger Fremdvergabe (Outsourcing).[241] Beim Insourcing werden die Leistungen mit eigenen Ressourcen im Unternehmen erbracht. Beim Outtasking werden nur einzelne projektbezogene Leistungen fremdvergeben, die übrigen Leistungen werden weiterhin innerhalb des Unternehmens erbracht. Im Gegensatz dazu werden beim Outsourcing nahezu alle Leistungen durch externe Dienstleister erbracht. Als Bezugsgröße für die Ermittlung des Umfangs des externen Leistungsbezugs dient in der Praxis das Gesamtbudget der jeweiligen Unternehmensfunktion. Für die Abgrenzung der drei Ausprägungsformen des Outsourcings bedient sich die Literatur verschiedener Schwellenwerte. Betragen die Ausgaben für die Leistungserstellung weniger als 20 % des Gesamtbudgets spricht man von Insourcing. Bei einem Anteil zwischen 20 % und 80 % des für den Fremdbezug verwendeten Budgets spricht man von Outtasking. Liegt der Anteil jedoch bei mindestens 80 % liegt vollständiges Outsourcing vor.[242]

#### 3.8.3.4 Standort

Eine weitere Klassifizierung des Outsourcings ist die Betrachtung des Standorts. Ausgehend vom Standort des übertragenden Unternehmens unterscheidet man in die Bereiche Local Sourcing, Domestic Sourcing und Global Sourcing. Local Sourcing, auch als regionales Sourcing bezeichnet, beschreibt den Bezug der Beschaffungsobjekte von Dienstleistern, die sich in räumlicher Nähe zum Abnehmer befinden. Hauptziel des übertragenden Unternehmens ist die Versorgungssicherheit, die in der Regel durch die räumliche Nähe des Dienstleisters gewährleistet wird. Nachteilig beim Local Sourcing könnte unter Umständen ein reduzierter lokaler Angebotswettbewerb sein, der sich in hohen Preisen niederschlägt.[243] Im Gegensatz hierzu werden beim Domestic Sourcing die Beschaffungsobjekte von national oder europaweit tätigen Dienstleistern bezogen.[244] Mit Global Sourcing bezeichnet man ein international geprägtes Outsourcing,

---

241 Vgl. Punkt 3.4.3 Basisstrategien im Corporate Real Estate Management / Bewirtschaftungsstrategie.

242 Vgl. Beer, M. (1997), S. 131; Frese, E./Lehmann, P. (2000), S. 205; Hollekamp, M. (2005), S. 27; Bartenschlager, J. (2008), S. 37.

243 Vgl. Hofbauer, G./Hellwig, C. (2012), S. 379.

244 Vgl. Eichler, B. (2003), S. 64.

bei dem die Beschaffungsobjekte von weltweit agierenden Dienstleistern bezogen werden. Das Global Sourcing zeichnet sich dadurch aus, dass durch die weltmarktorientierte Beschaffung der Zugang zu neuen Technologien und Innovationen ermöglicht wird und durch die hohe globale Markttransparenz gleichzeitig Wettbewerbsvorteile generiert werden können.[245]

#### 3.8.3.5 Anzahl der Leistungsersteller

Grundsätzlich kann eine Leistung an einen oder mehrere Leistungsersteller übertragen werden. Beim Single Sourcing erfolgt der Leistungsbezug nur von einem Dienstleister. Durch nur einen Vertragspartner besteht eine intensive Beziehung zwischen Abnehmer und Dienstleister und fordert aufgrund der hohen gegenseitigen Abhängigkeit ein hohes Maß an Vertrauen zwischen den Vertragspartnern.[246] Beim Dual Sourcing werden die Leistungen von zwei Dienstleistern bezogen. Man spricht in diesem Fall auch von Parallel-Sourcing. Die zu erbringenden Leistungen werden dabei vertraglich auf die beiden beauftragten Unternehmen aufgeteilt. Mit dem Dual Sourcing versucht man einen gewissen Wettbewerb zu erhalten und ein eventuelles Risiko durch Ausfälle zu reduzieren.[247] Im Gegensatz zum Single Sourcing und zum Dual Sourcing beruht das Multiple Sourcing auf der Zusammenarbeit mit einer Vielzahl von Dienstleistern. Die Strategie des Multiple Sourcing zielt darauf ab, den Wettbewerb zwischen den Dienstleistern zu nutzen, um günstige Preise und eine hohe Leistungsfähigkeit zu erreichen.[248] Durch die geringere Abhängigkeit von einzelnen Dienstleistern ist im Falle einer schlechten Leistungserstellung auch ein kurzfristiger Dienstleisterwechsel möglich. Durch die große Anzahl an beauftragten Dienstleistern verringert sich auch das Lieferrisiko, so dass die Leistungserstellung in jedem Fall abgesichert ist.[249]

---

[245] Vgl. Eichler, B. (2003), S. 62; Hofbauer, G./Hellwig, C. (2012), S. 378; Krampf, P. (2014), S. 55.

[246] Vgl. Arnold, U. (1997), S. 96; Hofbauer, G./Hellwig, C. (2012), S. 377.

[247] Vgl. Krampf, P. (2014), S. 22.

[248] Vgl. Arnold, U. (1997), S. 95; Hofbauer, G./Hellwig, C. (2012), S. 377.

[249] Vgl. Hofbauer, G./Hellwig, C. (2012), S. 377; Krampf, P. (2014), S. 38.

#### 3.8.3.6 Leistungsumfang

Die Klassifizierung des Outsourcings nach dem Leistungsumfang betrifft die Komplexität der Beschaffungsobjekte und die Abgrenzung der Wertschöpfung zwischen Abnehmer und Dienstleister.[250] Man unterscheidet hier zwischen Unit Sourcing, Modular Sourcing und System Sourcing. Der klassische Bezug einzelner Leistungen von verschiedenen Dienstleistern wird als Unit Sourcing bezeichnet.[251] Der Bezug einzelner Leistungen beruht in der Regel auf der Basis kurzfristiger Verträge und bezieht sich zumeist auf Leistungen, die aufgrund ihres Charakters von spezialisierten Dienstleistern, die über das nötige Know-how verfügen, kostengünstiger bezogen werden können. Im Gegensatz zum Unit Sourcing werden beim Modular Sourcing[252] einzelne Leistungen zu Paketen oder Leistungsbündeln zusammengefasst und paketweise an verschiedene Dienstleister vergeben. Durch die Bündelung von Leistungspaketen verringert sich die Anzahl der beauftragten Dienstleister. Dadurch wird der Koordinationsaufwand für das auslagernde Unternehmen erheblich vermindert. Gleichzeitig ergeben sich durch die Leistungsbündelung Skaleneffekte, die zu Kostenreduzierungen führen können. Eine Weiterentwicklung des Modular Sourcing ist das System Sourcing.[253] Hierbei werden sämtliche benötigten Leistungen von einem Systemdienstleister bezogen. Dies erfordert ein hohes Maß an Fachkompetenz des übernehmenden Dienstleisters. Dadurch, dass alle Leistungen an nur einen Dienstleister übertragen werden, entfällt der Koordinationsaufwand beim auslagernden Unternehmen. Allerdings besteht durch die zumeist langfristig angelegten Verträge eine hohe Abhängigkeit zwischen Abnehmer und Dienstleister.

### 3.8.4 Outsourcing als strategische Management-Entscheidung

Neben den organisatorischen Gestaltungsformen hat das Outsourcing auch eine strategische Dimension. Outsourcing kann nur dann sinnvoll eingesetzt werden, wenn es mit den strategischen Unternehmenszielen in Einklang gebracht wird. Outsourcing orientiert sich deshalb sowohl an den strategischen Zielen

---

[250] Vgl. Arnold, U. (1997), S. 100.

[251] Vgl. Eichler, B. (2003), S. 66.

[252] Vgl. Hofbauer, G./Hellwig, C. (2012), S. 380.

[253] Vgl. Krampf, P. (2014), S. 23.

des Gesamtunternehmens wie auch an den strategischen Zielen des Immobilienmanagements.[254] Vorrangige Ziele jedes Unternehmens sind die Steigerung des Unternehmenswertes, die Optimierung der Wertschöpfung und die Erzielung langfristiger Wettbewerbsvorteile. Aus dieser Zielstellung lassen sich für das Outsourcing sowohl strategische wie auch operative Ziele ableiten. Strategische Ziele dienen dem Erhalt und der Steigerung von Wettbewerbsvorteilen. Operative Ziele hingegen dienen der Steigerung der funktionalen Wirtschaftlichkeit.[255] Die Entscheidung zum Outsourcing ist deshalb immer abhängig von den Effizienz- und Effektivitätsauswirkungen auf die übergeordneten Unternehmensziele.[256] Vor einer Outsourcing-Entscheidung bedarf es deshalb eines weitsichtigen und systematischen Vorgehens, bei dem alle potenziellen Chancen und Risiken die mit einem Outsourcing einhergehen, sorgfältig abgewogen werden.[257] Aufgrund von individuellen Unternehmenszielen können auch die Motive für ein Outsourcing in der betrieblichen Praxis sehr unterschiedlich sein. Die Outsourcing-Motive und die Chancen und Risiken die mit einem Outsourcing verbunden sind wurden bereits in vielen Studien umfassend diskutiert.[258] Trotz unterschiedlicher Zielstellung der Studien kann festgestellt werden, dass die Motive des Outsourcings in allen Studien weitestgehend übereinstimmen, so dass eine Übertragung auf das Outsourcing im Facility Management sinnvoll erscheint. Für eine möglichst aussagekräftige Gliederung der Motive werden die wesentlichen Erkenntnisse aus den bisherigen Studien zu den vier Kategorien „Strategische Motive", „Leistungsbezogene Motive", „Kostenbezogene Motive" und „Personalbezogene Motive" zusammengefasst (siehe Abbildung 3.15).

[254] Vgl. Punkt 3.4.2 Immobilienwirtschaftliche Zielstellung.

[255] Vgl. Hollekamp, M. (2005), S. 41; Calisan, B. (2009), S. 76.

[256] Vgl. Bartenschlager, J. (2008), S. 55; nähere Erläuterungen zu den Begriffen Effizienz und Effektivität finden sich u. a. in Dicke, K. (1994), S. 305 ff.; Plinke, W. (1998), S. 179–199; Staats, S. (2009), S. 29–31.

[257] Vgl. Barth, T. (2003), S. 13.

[258] Vgl. u. a. Horchler, H. (1996); Nagengast, J. (1997); Beer, M. (1997); Bruch, H. (1998); Schätzer, S. (1999); Ruoff, M. J. (2001); Barth, T. (2003); Hollekamp, M. (2005); Bartenschlager, J. (2008); Calisan, B. (2009).

| Motive | Chancen | Risiken |
|---|---|---|
| Strategische Motive | ▪ Konzentration auf die Kernkompetenzen<br>▪ Erhöhung der Flexibilität<br>▪ Straffung der Organisationsstruktur<br>▪ Reduzierung des Risikos | ▪ Entstehung von Abhängigkeiten<br>▪ Unrevidierbarkeit des Outsourcings<br>▪ Mangelnde Geheimhaltung von Unternehmensdaten<br>▪ Imageverlust |
| Leistungs-bezogene Motive | ▪ Zugang zu externem Know-how<br>▪ Qualitätssteigerung<br>▪ Steigerung der Innovationsfähigkeit<br>▪ Neueste Innovationen und Technologien<br>▪ Verbesserung der Nutzerzufriedenheit<br>▪ Verfügbarkeit von Kapazitäten | ▪ Verlust von Kompetenzen und Know-how<br>▪ Standardisierung der Dienstleistungen<br>▪ Qualitätsverlust<br>▪ Kontrollverlust |
| Kostenbezogene Motive | ▪ Reduzierung der Kosten<br>▪ Nutzung von Skalen- und Verbundeffekten<br>▪ Senkung der Personalkosten<br>▪ Umwandlung von Fixkosten in variable Kosten<br>▪ Kostentransparenz<br>▪ Verbesserung der Liquidität | ▪ Erhöhung der Gesamtkosten durch<br>– Transaktionskosten<br>– Switching Costs<br>– Falsche Einschätzung des Kostensenkungspotentials<br>– Höhere Preisforderungen des Dienstleisters |
| Personal-bezogene Motive | ▪ Entbindung von den Aufgaben der Personalbeschaffung und des Personalmanagements<br>▪ Größere Unabhängigkeit vom Personalmarkt<br>▪ Zugang zu den benötigten Ressourcen<br>▪ Verfügbarkeit von Spezialisten<br>▪ Motivationssteigerung bei internen Mitarbeitern | ▪ Widerstände gegen das Outsourcing<br>▪ Hohe Anforderungen an das Schnittstellenmanagement<br>▪ Zusätzliche Managementbelastungen |

**Abbildung 3.15** Motive, Chancen und Risiken des Outsourcings[259]

## 3.8.5 Chancen des Outsourcings im Facility Management

### 3.8.5.1 Strategische Chancen

Eines der in der Literatur meistgenannten Motive für ein Outsourcing ist die Möglichkeit einer stärkeren *Konzentration auf die Kernkompetenzen* des Unternehmens. Kernkompetenzen tragen maßgeblich zum Erhalt und zur Steigerung von Wettbewerbsvorteilen bei. Basierend auf dem Kernkompetenzansatz[260] soll durch eine Reallokation von freiwerdenden Ressourcen eine stärkere Konzentration auf

259 Eigene Darstellung, in Anlehnung an Schätzer, S. (1999), S. 57.

260 Vgl. Punkt 3.9.1 Ressourcenbasierter Ansatz.

das eigentliche Kerngeschäft des Unternehmens erreicht werden.[261] Hierzu ist es erforderlich, alle Sekundärprozesse, die nicht das Kerngeschäft des Unternehmens betreffen, auszulagern. Dieses gezielte Outsourcing ermöglicht eine Entlastung von Randaktivitäten und sorgt durch die Freisetzung von Ressourcen für den Aufbau einer besseren Ressourcenausstattung von strategisch relevanten Kompetenzbereichen, bei denen langfristig verfügbare Wettbewerbspotenziale bestehen.[262]

Die Konzentration auf das Kerngeschäft ist eng mit einer *Erhöhung der Flexibilität* im Unternehmen verbunden, die es ermöglicht, schneller auf Marktveränderungen zu reagieren. Diese Anpassungsfähigkeit kann sich in einem rechtzeitigen Ausstieg aus nicht mehr erfolgversprechenden Märkten oder in einer frühzeitigen Orientierung an aussichtsreichen Zukunftsmärkten zeigen. Daneben bietet eine gesteigerte Flexibilität auch die Möglichkeit, schneller auf Kundenwünsche zu reagieren. Damit wird gleichzeitig die Kundenzufriedenheit gesteigert und das Image des Unternehmens positiv beeinflusst.[263]

Das Outsourcing kann außerdem einen erheblichen Beitrag zur *Straffung der Organisationsstruktur* im Unternehmen leisten. Durch die Reduktion der internen Leistungserstellung können innerbetriebliche Strukturen vereinfacht werden. Dies schlägt sich in einer höheren Flexibilität und Handlungsfähigkeit des Unternehmens nieder.[264]

Ein wesentliches Motiv für das Outsourcing ist die *Reduzierung des Risikos.* Bei einer Auslagerung von Dienstleistungen wird ein Teil des unternehmerischen Risikos auf den externen Dienstleister übertragen. Diese Risikoübernahme betrifft u. a. die Verantwortung des Dienstleisters für unvorhergesehene Terminüberschreitungen, unerwartete Kostensteigerungen oder Qualitätsprobleme bei der Leistungserstellung. Außerdem übernimmt der Dienstleister die Verantwortung für alle Risiken, die sich aus einer ordnungsgemäßen Leistungserstellung ergeben. Dies betrifft u. a. die Beschaffung von qualifiziertem Personal, die Beschaffung von benötigten Materialien oder Investitionskosten für die Umsetzung neuester technologischer Notwendigkeiten.[265] Eine Reduzierung des Risikos

[261] Vgl. Prahalad., C. K./Hamel, G. (1990).

[262] Vgl. Nagengast, J. (1997), S. 102 ff.; Ruoff, M. J. (2001), S. 59 ff.; Barth, T. (2003), S. 14; Hollekamp, M. (2005), S. 45; Bartenschlager, J. (2008), S. 59.

[263] Vgl. Nagengast, J. (1997), S. 104.

[264] Vgl. Nagengast, J. (1997), S. 105; Bartenschlager. J. (2008), S. 60.

[265] Vgl. Nagengast, J. (1997), S. 106; Barth, T. (2003), S. 14; Bartenschlager, J. (2008), S. 60; Calisan, B. (2009), S. 113.

für das Unternehmen ergibt sich außerdem aus der vertraglich festgelegten Übertragung von Haftungsrisiken, die sich aus der Nichterfüllung von gesetzlichen Betreiberpflichten ergeben.[266]

#### 3.8.5.2 Leistungsbezogene Chancen

In dem Bemühen einer besseren Positionierung am Markt und der Steigerung der Wettbewerbsfähigkeit spielen leistungsbezogene Motive ebenfalls eine große Rolle. Leistungsverbesserungen können vor allem über den *Zugang zu externem Know-how* erreicht werden. Hyperwettbewerb und ein dynamischer Wandel erfordern zunehmend mehr Spezialwissen, das in vielen Unternehmen nicht mehr verfügbar ist.[267] Durch ein gezieltes Outsourcing von Leistungen an externe Dienstleister können sich Unternehmen leistungsspezifisches Wissen und Know-how verschaffen. Professionelle Leistungsanbieter verfügen in der Regel über eine spezialisierte Wissensbasis und können damit ihre Ressourcen rationeller einsetzen. Dies schlägt sich in einer erheblichen *Qualitätssteigerung* bei der Leistungserstellung und einer *Steigerung der Innovationsfähigkeit* nieder. Durch eine fortlaufende Verkürzung der Innovationszyklen im Facility Management ist es vielen Unternehmen nicht mehr möglich, mit den aktuell gültigen Standards und Anforderungen Schritt zu halten. Da spezialisierte Dienstleister in der Regel über *neueste Innovationen und Technologien* verfügen, können auslagernde Unternehmen direkt von diesen Modernisierungstrends partizipieren, ohne dass hierfür eigene Investitionen getätigt werden müssen.[268] Die mit dem Outsourcing verbundene starke Qualitäts- und Serviceorientierung führt außerdem zu einer *Verbesserung der Nutzerzufriedenheit.* Ein weiterer Effekt des Outsourcings ist die *rasche Verfügbarkeit von Kapazitäten.* In Abhängigkeit der Spezialisierung und der Kapazitätsreserven sind externe Dienstleister schneller in der Lage auf Nachfrageschwankungen zu reagieren, als dies für die Unternehmen bei einer Eigenerstellung möglich wäre.[269]

#### 3.8.5.3 Kostenbezogene Chancen

Zentrales Ziel bei einem Outsourcing-Projekt ist die *Reduzierung der Kosten.* Dies bestätigt sowohl die Praxisliteratur als auch die bisherige wissenschaftliche

---

[266] Für eine ausführliche Erläuterung der Betreiberpflichten vgl. GEFMA 190:2004–01.

[267] Vgl. Picot, A./Maier, M. (1992), S. 18.

[268] Vgl. Bruch, H. (1998), S. 33 ff.; Barth, T. (2003), S. 15; Bartenschlager, J. (2008), S. 61; Calisan, B. (2009), S. 115.

[269] Vgl. Nagengast, J. (1997), S. 101; Bartenschlager, J. (2008), S. 61.

Outsourcing-Forschung.[270] Bereits *Hollekamp* hat durch eine empirische Erhebung bei deutschen Großunternehmen nachgewiesen, dass Kosteneinsparungsgründe die Hauptmotive für eine Outsourcing-Entscheidung sind.[271] Dadurch dass externe Dienstleister üblicherweise in der Lage sind, eine Leistung mit niedrigeren Kosten zu erbringen als das auslagernde Unternehmen, können die Kosten für die Leistungserstellung erheblich reduziert werden. Gründe für diese Kostenreduzierungen sind kostenwirksame Strukturfaktoren, insbesondere die *Nutzung von Skaleneffekten* (Economies of Scale) und *Verbundeffekten* (Economies of Scope).[272] Weitere Kostenvorteile sind in der Regel die günstigeren Personalkosten des Dienstleisters. Diese ergeben sich zumeist durch einen rationelleren Personaleinsatz, durch eine gleichmäßigere Beschäftigungsauslastung und insbesondere durch günstigere Personal- und Vergütungsstrukturen.[273] Zu einer Reduzierung der Kosten kommt es immer dann, wenn der Dienstleister diese Einsparungen an das auslagernde Unternehmen weitergibt und der berechnete Preis niedriger ist als die Kosten der Eigenerstellung.

Ein weiteres Kosteneinsparungspotenzial liegt in der *Senkung der Personalkosten*. Durch ein gezieltes Outsourcing kann eigenes Personal abgebaut werden. Da aus betriebswirtschaftlicher Sicht die Personalkosten einen erheblichen Anteil an den Gesamtkosten eines Unternehmens ausmachen, sind mit einer Reduzierung des Personals oft deutliche und langfristige Kosteneinsparungen zu erreichen. In diesem Zusammenhang ergeben sich weitere Kosteinsparungseffekte durch die *Umwandlung von Fixkosten in variable Kosten*. Bei einer internen Leistungserstellung sind die anfallenden Kosten für Personal und benötigte Betriebsmittel als fixe Kosten anzusehen, die auch bei Auftragsschwankungen oder Leerständen vorgehalten werden müssen. Dagegen entstehen bei einem Outsourcing nur variable Kosten in Höhe des Entgelts, das in Abhängigkeit von der tatsächlichen Leistungsinanspruchnahme fällig wird. Insbesondere bei Unternehmen, die starken Kapazitätsschwankungen unterworfen sind, wirkt sich die Variabilisierung von Fixkosten erheblich aus.[274] In vielen empirischen Studien kommt der

[270] Vgl. u. a. Nagengast, J. (1997), S. 89 ff.; Beer, M. (1997), S. 123; Ruoff, M. J. (2001), S. 180; Barth, T. (2003), S. 16 ff.; Hollekamp, M. (2005), S. 42 ff.

[271] Vgl. Hollekamp, M. (2005), S. 234.

[272] Eine ausführliche Erläuterung der Begriffe Economies of Scale und Economies of Scope findet sich in Bohr, K. (1996), S. 375–387.

[273] Vgl. Zahn, E./Ströder, K./Unsöld, C. (2007), S. 11.

[274] Vgl. Nagengast, J. (1997), S. 92; Barth, T. (2003), S. 16 f.; Calisan, B. (2009), S. 111.

Umwandlung von fixen in variable Kosten eine hohe Bedeutung zu. In der Untersuchung von *Nagengast* wird dieses Potenzial als zweitwichtigster Grund für ein Outsourcing genannt.[275]

Der vorangegangene Aspekt bietet auch eine gute Grundlage für eine bessere Planbarkeit und *Kostentransparenz*. Dadurch, dass bei einem Outsourcing der externe Dienstleister die Kosten der Dienstleistung in Rechnung stellt und diese Kosten in der Regel konstant sind und vorher vertraglich festgelegt werden, wird für das outsourcende Unternehmen eine klare Zuordnung der Beschaffungskosten auf die einzelnen Leistungsbereiche ermöglicht. Dies ist besonders deshalb von Vorteil, da bei einer internen Leistungserstellung oftmals eine genaue Ermittlung von Dienstleistungskosten und eine exakte Zuordnung aufgrund von Abgrenzungsproblemen nicht möglich ist.[276]

Ein Outsourcing von Dienstleistungen bewirkt in der Regel auch eine *Verbesserung der Liquidität* des Unternehmens. Bei einer Veräußerung von Vermögensgegenständen, die bisher für die interne Leistungserstellung benötigt wurden, wird Kapital freigesetzt, das für Investitionen in strategisch wichtigen Bereichen eingesetzt werden kann. Die Verlagerung des Kapitals in die Kernkompetenzen kann zu einem höheren Return on Investment (ROI) und damit zu einer höheren Profitabilität führen. Eine weitere Liquiditätsverbesserung ergibt sich dadurch, dass Investitionen für Neu- und Ersatzbeschaffungen entfallen. Daraus resultiert ein niedrigerer Finanzbedarf und geringere Kapitalkosten.[277]

#### 3.8.5.4 Personalbezogene Chancen

Die Tätigkeit im Facility Management erfordert ein hohes Maß an Spezialwissen und eine spezifische Qualifikation ausgerichtet an der jeweiligen Dienstleistung. Die Beschaffung von geeignetem Personal auf dem Arbeitsmarkt erweist sich mitunter als schwierig, da oft nur ein geringes Angebot an qualifizierten Arbeitskräften zur Verfügung steht. Mit einem Outsourcing werden die Aufgaben im Zusammenhang mit der Beschaffung von Personal, insbesondere auch sämtliche Fort- und Weiterbildungsmaßnahmen, die zur Aufrechterhaltung des benötigten Know-hows erforderlich sind, an den Dienstleister übertragen. Damit einher geht automatisch die *Entbindung von den Aufgaben der Personalbeschaffung und des Personalmanagements* für das auslagernde Unternehmen. Gleichzeitig bietet das Outsourcing eine *größere Unabhängigkeit vom Personalmarkt*, da Personal weder in quantitativer noch in qualitativer Hinsicht bereitgestellt werden muss.

[275] Vgl. Nagengast, J. (1997), S. 238.

[276] Vgl. Nagengast, J. (1997), S. 94; Barth, T. (2003), S. 17; Calisan, B (2009), S. 110.

[277] Vgl. Nagengast, J. (1997), S. 95; Bartenschlager, J. (2008), S. 63.

Da externe Dienstleister in der Regel über qualifizierte und leistungsbereite Fachkräfte verfügen, erhält das auslagernde Unternehmen *Zugang zu den benötigten Ressourcen* und die *Verfügbarkeit von Spezialisten* ist gewährleistet. Letztendlich kann ein Outsourcing auch eine *Motivationssteigerung bei internen Mitarbeitern* bewirken. Das Bewusstsein, dass durch ein Outsourcing die eigenen Arbeitsplätze eventuell in Gefahr sind, kann beim eigenen Personal zusätzliche Reserven mobilisieren und zur Leistungssteigerung beitragen.[278]

### 3.8.6 Risiken des Outsourcings im Facility Management

#### 3.8.6.1 Strategische Risiken

Als strategisches Risikopotenzial ist zunächst einmal die *Entstehung von Abhängigkeiten* zu nennen, die aus der weitgehenden eigenverantwortlichen Leistungserstellung durch den Dienstleister resultieren. Die Abhängigkeit entsteht insbesondere durch die exklusive Lieferantenstellung des Dienstleisters, durch die das auslagernde Unternehmen im Allgemeinen nur wenig Möglichkeiten zur Einflussnahme auf die Auswahl des beschäftigten Personals und die Erbringung der Dienstleistung hat.[279] Verstärkt wird die Abhängigkeit noch dadurch, dass das auslagernde Unternehmen das Risiko möglicher finanzieller oder leistungsbezogener Instabilitäten des Dienstleisters mittragen muss. Durch ein plötzliches Ausbleiben der vereinbarten Leistung kann sich ein Versorgungsrisiko ergeben, da in der Regel ein zeitnaher Ersatz nicht gewährleistet werden kann.[280]

Ein Risikofaktor ist die in vielen Fällen vorliegende *Unrevidierbarkeit des Outsourcings.* Eine einmal getroffene Outsourcing-Entscheidung kann nur mit erheblichem Aufwand wieder rückgängig gemacht werden. Aufgrund der in der Regel ausgehandelten Verträge ist ein kurzfristiger Wechsel zu einem anderen Dienstleister nur schwer möglich.[281] Auch ein Backsourcing ist mit großem Aufwand verbunden, da die nötigen Ressourcen und das benötigte Know-how innerhalb des Unternehmens größtenteils nicht mehr vorhanden sind und erst wieder neu aufgebaut werden müssen.[282]

---

[278] Vgl. Nagengast, J. (1997), S. 97 ff.

[279] Vgl. Nagengast, J. (1997), S. 124; Barth, T. (2003), S. 21.

[280] Vgl. Nagengast, J. (1997), S. 124; Bruch, H. (1998), S. 35; Calisan, B. (2009), S. 117.

[281] Vgl. Horchler, H. (1996), S. 168; Nagengast, J. (1997), S. 126; Bartenschlager, J. (2008), S. 71.

[282] Vgl. Barth, T. (2003), S. 22.

Ein weiteres Risiko liegt in der *mangelnden Geheimhaltung von Unternehmensdaten.* Für eine ordnungsgemäße Leistungserstellung muss der Dienstleister Zugang zu vertraulichen Informationen erhalten. Eine Zweckentfremdung dieser Daten oder Weitergabe an Dritte stellt für das auslagernde Unternehmen ein erhebliches Sicherheitsrisiko dar, das unter Umständen zum Verlust von strategischen Wettbewerbsvorteilen gegenüber direkten Konkurrenten führen kann.[283]

Des Weiteren kann ein Outsourcing möglicherweise zu einem *Imageverlust* des Unternehmens beitragen. Einerseits kann der Eindruck entstehen, dass ein Outsourcing nur deshalb in Betracht gezogen wird, weil eine effiziente und ordnungsgemäße interne Leistungserstellung nicht mehr gewährleistet werden kann. Andererseits birgt Outsourcing die Gefahr einer Verunsicherung bei Kunden und Nutzern, die eventuell eine durch fremdes Personal erbrachte Dienstleistung schlechter bewerten als eine innerhalb des Unternehmens erbrachte Leistung. Eine schlechte Reputation des beauftragten Dienstleisters kann diesen Konflikt außerdem noch erhöhen.[284]

#### 3.8.6.2 Leistungsbezogene Risiken

Ein weiteres Risiko, das bei einem Outsourcing besteht, ist der *Verlust von Kompetenzen und Know-how.* Derartige Risiken entstehen dann, wenn Kernkompetenzen unbeabsichtigt mitausgelagert werden oder bei einer durch das Outsourcing hervorgerufenen Abwanderung qualifizierter Mitarbeiter. Ein solch unkontrollierter Wissensabfluss kann nur schwer kompensiert werden und erschwert außerdem die Erschließung neuer Anwendungsbereiche und Innovationen.[285]

Weitere leistungsbezogene Defizite können in Bezug auf die ausgelagerte Leistung entstehen. In dem Bestreben Mengenvorteile zu erzielen, neigen Dienstleister in der Regel zu einer *Standardisierung der Dienstleistungen.* Durch die Standardisierung erhält der Auftraggeber keine auf seine Bedürfnisse zugeschnittenen Exklusivleistungen und hat darüber hinaus nur eine begrenzte Einflussnahme auf die Leistungserstellung. Dies kann unweigerlich zu Leistungseinbußen führen.[286]

Neben den Leistungseinbußen durch eine Standardisierung können auch direkte *Qualitätsverluste* entstehen. Diese resultieren zumeist aus Kommunikations- und Abstimmungsproblemen zwischen auslagerndem Unternehmen und Dienstleister. In der Regel werden mit dem Dienstleister vertragliche

---

[283] Vgl. Barth, T. (2003), S. 22; Bartenschlager, J. (2008), S. 72; Calisan, B. (2009), S. 119.

[284] Vgl. Nagengast, J. (1997), S. 127.

[285] Vgl. Horchler, H. (1996), S. 169; Beer, M. (1997), S. 126; Bruch, H. (1998), S. 35; Barth, T. (2003), S. 20; Calisan, B. (2009), S. 118.

[286] Vgl. Nagengast, J. (1997), S. 122 f.; Bruch, H. (1998), S. 36; Barth, T. (2003), S. 20.

Vereinbarungen hinsichtlich der zu erbringenden Qualität getroffen, allerdings wird bei einem Outsourcing die Leistungsqualität in der Regel schlechter sein, als dies bei einer Eigenerstellung möglich wäre.[287] Darüber hinaus besteht grundsätzlich die Gefahr, dass die Qualität der Leistungserstellung vom vertraglich vereinbarten Niveau abweicht. Deshalb sollte eine permanente Leistungskontrolle durch das auslagernde Unternehmen erfolgen. Allerdings wird hierzu qualifiziertes Fachpersonal benötigt, das unter Umständen im Unternehmen nicht vorhanden ist oder nur schwer beschafft werden kann. Daraus ergibt sich ein gewisser *Kontrollverlust*, der bei einem Outsourcing immer in Kauf genommen werden muss.[288]

#### 3.8.6.3 Kostenbezogene Risiken

Trotz des enormen Kostensenkungspotenzial, das ein Outsourcing bietet, kann die Fremdvergabe eine *Erhöhung der Gesamtkosten* zur Folge haben. Ursache hierfür ist zumeist eine Verkennung oder Außerachtlassung der mit einem Outsourcing verbundenen spezifischen direkten oder indirekten Kosten.[289]

Indirekte Kosten sind alle Kosten, die nicht direkt mit dem Leistungserstellungsprozess in Zusammenhang stehen, sondern durch die Koordination und das Management des Outsourcing-Prozesses anfallen. Diese *Transaktionskosten*[290] umfassen Anbahnungs-, Vereinbarungs-, Kontroll- und Anpassungskosten. Anbahnungskosten entstehen bei der Suche nach potenziellen Dienstleistern und der damit zusammenhängenden Marktanalyse und -bewertung. Vereinbarungskosten umfassen alle vertragsbezogenen Kosten, von der Vertragsverhandlung bis zum Vertragsabschluss. Kontrollkosten entstehen durch die Überwachung der im Vertrag vereinbarten Leistungen hinsichtlich Qualität, Menge, Preis und Termineinhaltung. Anpassungskosten entstehen immer dann, wenn vertragliche Nachverhandlungen oder die Neuausschreibung des Leistungsspektrums nötig sind.[291] Neben den Transaktionskosten können bei einem Outsourcing einmalige Umstellungskosten, sogenannte *Switching Costs* anfallen. Hierunter fallen alle Kosten für organisatorische und technische Veränderungen im Zusammenhang mit der Umstellung von der Eigenerstellung zum Fremdbezug.[292]

---

[287] Vgl. Bruch, H. (1998), S. 36; Barth, T. (2003), S. 20; Calisan, B. (2009), S. 119.

[288] Vgl. Nagengast, J. (1997), S. 123.

[289] Vgl. Barth, T. (2003), S. 18; Bartenschlager, J. (2008), S. 66.

[290] Vgl. Punkt 3.9.2 Transaktionskostentheorie.

[291] Vgl. Picot, A./Maier, M. (1992), S. 20; Barth, T. (2003), S. 18; Bartenschlager, J. (2008), S. 68.

[292] Vgl. Nagengast, J. (1997), S. 113; Barth, T. (2003), S. 18.

Neben den indirekten Kosten können auch direkte, unmittelbar mit der Leistungserstellung verbundene, Kosten zu einer Erhöhung der Gesamtkosten führen. Ein Grund hierfür liegt in der oftmals *falschen Einschätzung des Kostensenkungspotenzials* bei einem Vergleich zwischen Eigenerstellung und Fremdbezug. Dies ist insbesondere auf den hohen Gemeinkostenanteil bei Dienstleistungen zurückzuführen. Eine unzureichende Datenbasis und mangelnde Kostentransparenz führen dazu, dass viele Unternehmen auf eine genaue Kostenkalkulation verzichten. Häufig werden mit Unterstützung von Vollkostenverrechnungssystemen Gemeinkosten mit pauschalierten Zuschlagssätzen oder geschätzten Werten auf die einzelnen Dienstleistungen verrechnet, wodurch entweder zu hohe oder zu niedrige Gemeinkosten veranschlagt werden.[293]

Ein weiterer Risikoaspekt können *höhere Preisforderungen des Dienstleisters* im Rahmen von Nachverhandlungen oder Vertragsverlängerungen sein. Gründe hierfür können zum einen reale Kostensteigerungen beim Dienstleister sein, die er an das auslagernde Unternehmen weitergibt. Zum anderen besteht die Möglichkeit, dass der Dienstleister abweichend von den aktuellen Marktpreisen seine Entgelte erhöht. Bei einer starken Abhängigkeit vom Dienstleister ist das Unternehmen gezwungen, diese höheren Preisforderungen zu akzeptieren.[294] Um eine Kostenexplosion zu beschränken, sollte das auslagernde Unternehmen auf eine flexible Vertragsgestaltung hinsichtlich der Preise achten. Zusätzlich vertraglich festgelegte Benchmark-Klauseln bieten darüber hinaus die Möglichkeit, die Preise des Dienstleisters auf ihre Marktvergleichbarkeit zu überprüfen.[295]

#### 3.8.6.4 Personalbezogene Risiken

Ein negativer Aspekt bei einem Outsourcing sind die personalpolitischen Konsequenzen für die Mitarbeiter der betroffenen Bereiche. Schon die Ankündigung eines Outsourcings kann Unsicherheit beim Personal verursachen. Befürchtungen wie der Verlust des Arbeitsplatzes, die Angst vor einem Standortwechsel oder die Gefahr vor finanziellen Einbußen können zu *Widerständen gegen das Outsourcing* bei den Mitarbeitern führen.[296] Obwohl trotz eines Outsourcings viele Mitarbeiter in der Regel im gleichen Bereich weiterbeschäftigt werden, ist dieser Verbleib oft mit einem Statusverlust verbunden. Mitarbeiter, die aufgrund des Outsourcings in anderen Unternehmensbereichen eingesetzt werden, müssen sich erst mit ihrem neuen Aufgabengebiet vertraut machen. Bei beiden Varianten besteht die

[293] Vgl. Nagengast, J. (1997), S. 114; Barth, T. (2003), S. 19; Calisan, B. (2009), S. 115.

[294] Vgl. Barth, T. (2003), S. 19.

[295] Vgl. Nagengast, J. (1997), S. 116; Bartenschlager, J. (2008), S. 68.

[296] Vgl. Gondring, H./Wagner, T. (2018), S. 350.

Gefahr von sinkender Arbeitsmoral und Motivation sowie einer Verschlechterung des Betriebsklimas.[297]

Die bei einem Outsourcing neu entstehenden Schnittstellen zwischen auslagerndem Unternehmen und Dienstleister stellen hohe Anforderungen an das *Schnittstellenmanagement.* Zur Steuerung der Dienstleisterbeziehung und einer permanenten Leistungskontrolle wird qualifiziertes Personal benötigt, das zum einen über ein großes Detailwissen und zum anderen über ein hohes Maß an Kommunikations- und Koordinationsfähigkeiten verfügt.[298] Unterschiedliche Unternehmenskulturen können an den Schnittstellen zu Spannungen zwischen Unternehmen und Dienstleister führen. Dadurch werden die *Managementbelastungen* zusätzlich erhöht.[299]

### 3.8.7 Zusammenfassung der Motive, Chancen und Risiken des Outsourcings

Die zuvor dargestellten Motive, Chancen und Risiken des Outsourcings unterliegen keiner primären Reihenfolge. Sie müssen jeweils vor dem Hintergrund der konkreten Unternehmenssituation beurteilt werden. Bei einer Gesamtbetrachtung der Chancen und Risiken aus rein ökonomischer Sicht lässt sich allerdings feststellen, dass die mit dem Outsourcing verbunden Risiken höher sind als dies bei einer Eigenerstellung der Fall wäre.[300] Trotzdem sollte das Chancenpotenzial, das sich durch ein Outsourcing bietet, nicht außer Acht gelassen werden. Bei einer Chancenanalyse ist allerdings zu beachten, dass zwischen den einzelnen Faktoren okkasionelle Zusammenhänge bestehen können. So ist beispielsweise zu bedenken, dass eine Kostenreduktion durch die Personalfreisetzung bei einem Outsourcing gleichzeitig die Gefahr eines ungewollten Know-how-Verlustes birgt. Des Weiteren lassen sich durch ein rein leistungsgetriebenes Outsourcing weniger Kostenvorteile realisieren als dies bei einem kostengetriebenen Outsourcing der Fall ist.[301] Zusammenfassend lässt sich festhalten, dass die teilweise gegenseitige Abhängigkeit der unterschiedlichen Faktoren eine detaillierte Situationsanalyse innerhalb des Unternehmens erforderlich macht. Auf

[297] Vgl. Nagengast, J. (1997), S. 120; Barth, T. (2003), S. 22 f.

[298] Vgl. Bruch, H. (1998), S. 37.

[299] Vgl. Barth, T. (2003), S. 23.

[300] Vgl. Bruch, H. (1998), S. 36.

[301] Vgl. Barth, T. (2003), S. 25.

dieser Basis kann ein Entscheidungskonzept erarbeitet werden, das die Chancen und Risiken des Outsourcings für den jeweiligen Einzelfall umfassend und ausgewogen darstellt.

### 3.8.8 Prozessmodell für das Outsourcing im Facility Management

Die vorangegangenen Ausführungen haben gezeigt, dass im Vorfeld eines Outsourcing-Projektes eine Vielzahl von Entscheidungen und Maßnahmen getroffen werden müssen. Dabei ist das Outsourcing selbst ein komplexer Entscheidungsprozess, der sich in mehrere Phasen gliedern lässt. In der wissenschaftlichen Literatur finden sich bereits eine Reihe unterschiedlich gegliederter Prozessmodelle. So entwickelt *Barth* ein sechsstufiges Konfigurationsmodell, das sich in folgende Phasen gliedert: Outsourcing-Check-up, Outsourcing-Entscheidung, Outsourcing-Anbahnung, Leistungskonfiguration, Outsourcing-Vertrag, Outsourcing-Implementierung.[302] *Hollekamp* gliedert sein Modell in vier Phasen: Strategiephase, Partnerphase, Strukturphase, Betriebsphase.[303]

Auch *Calisan* entwickelt ein Vier-Phasen-Modell, gegliedert in: Initiierungsphase, Konfigurationsphase, Implementierungsphase, Interaktionsphase.[304] *Lüttringhaus* unterteilt ihr Prozessmodell in zwei große Hauptphasen: zum einen in die Phase vor Vertragsabschluss mit den Teilphasen Strategie-, Partner- und Strukturphase und zum anderen in die Phase nach Vertragsabschluss mit den Teilphasen Betriebsphase und Vertragsende.[305]

Die entwickelten Prozessmodelle unterscheiden sich zwar in ihrer Gliederung und ihrem Wortlaut, inhaltlich und in der Ausrichtung sind die Modelle jedoch kongruent. Grundsätzlich kann festgehalten werden, dass ein erfolgreiches Outsourcing auf vier grundlegenden Faktoren beruht: detaillierte und fundierte Situationsanalyse, Wahl des geeigneten Outsourcing-Partners, eine für beide Partner wertschöpfende Vertragsgestaltung sowie eine partnerschaftliche Steuerung und Kontrolle des Leistungsaustausches.

---

[302] Vgl. Barth, T. (2003), S. 169 ff.

[303] Vgl. Hollekamp, M. (2005), S. 47 ff.

[304] Vgl. Calisan, B. (2009), S. 275 ff.

[305] Vgl. Lüttringhaus, S. (2014), S. 42 ff.

Für die Anwendung auf das Outsourcing im Facility Management sollen im Rahmen dieser Arbeit diese grundlegenden Faktoren in die übergeordneten Phasen „Planung und Entscheidung“ mit den Teilphasen „Strategie“ und „Partner“ (siehe Punkt 3.8.8.1) sowie „Realisierung“ mit den Teilphasen „Struktur“ und „Betrieb“ (siehe Punkt 3.8.8.2) unterteilt werden.

#### 3.8.8.1 Planung und Entscheidung

Die erste übergeordnete Phase des Outsourcing-Prozesses „Planung und Entscheidung“ gliedert sich in die „Strategiephase“ und in die „Partnerphase“.

**Strategiephase**

Auf Grundlage der Unternehmens- und Immobilienstrategie und abhängig von den Zielen, die mit einem Outsourcing verfolgt werden, ist in dieser Phase die Sourcing-Strategie zu definieren. Zentrales Thema bei der Definition der Sourcing-Strategie ist die Entscheidung, welche Dienstleistungen ausgelagert und welche weiterhin im Unternehmen selbst erbracht werden sollen.[306] Die Strategiephase beginnt mit einer Bestandsanalyse der eigenen Kompetenzen und Ressourcen im Facility Management. Mit Hilfe dieser Analyse sollen alle innerbetrieblich erstellten Leistungen abgebildet und mögliche Outsourcing-Potenziale ermittelt werden. Die Unterschiedlichkeit der einzelnen Dienstleistungen im Facility Management erfordert jedoch eine differenzierte Sichtweise auf ein mögliches Outsourcing. Für eine bessere Transparenz und zur Beurteilung, welche Dienstleistungen sich grundsätzlich für ein Outsourcing eignen, sollten deshalb im Vorfeld die Dienstleistungen zu Gruppen geclustert und strukturiert dargestellt werden.[307] Von zentraler Bedeutung für die Beurteilung möglicher Outsourcing-Leistungen ist die Festlegung von geeigneten Kriterien, auf deren Grundlage die Entscheidung für oder gegen ein Outsourcing erfolgen kann. Dabei spielen neben kosten- und leistungsbezogenen Aspekten vor allem strategische Faktoren eine wesentliche Rolle.[308] Mit Blick auf die Kernkompetenzen eines Unternehmens muss vor allem geprüft werden, welche strategische Bedeutung die Dienstleistungen haben und welche bedeutsame Interdependenz sie zu anderen betrieblichen Funktionen besitzen. Je nach strategischer Bedeutung der Dienstleistungen kann es sich als sinnvoll erweisen, diese weiterhin im Unternehmen

[306] Vgl. Bruch, H. (1998), S. 123.

[307] Vgl. Barth, T. (2003), S. 129.

[308] Vgl. Punkte 3.8.5 und 3.8.6 Chancen und Risiken des Outsourcings im Facility Management.

zu erbringen.[309] Mit der grundsätzlichen Entscheidung Make-or-Buy wird letztendlich die Outsourcing-Form und der Grad des Outsourcings festgelegt. Dabei können alle Möglichkeiten von einer kompletten Eigenerstellung über eine teilweise Auslagerung bis hin zu einem kompletten Outsourcing in Betracht gezogen werden.[310] Mit der Festlegung des Outsourcing-Grades wird, bezogen auf das Gesamtbudget im Facility Management, die Höhe des prozentualen Anteils des Outsourcings bestimmt.[311]

**Partnerphase**

Nach der grundsätzlichen Entscheidung für ein Outsourcing ist in der Partnerphase die Wahl eines geeigneten Dienstleisters zur Übernahme der Leistungserstellung zu treffen. Hierfür ist es zunächst erforderlich einen detaillierten Produktkatalog aufzustellen, der alle wichtigen technischen, wirtschaftlichen und rechtlichen Details der Dienstleistungen enthält, die künftig fremdbezogen werden sollen.[312] In diesem Zusammenhang muss auch die Zahl der Leistungsersteller und der Leistungsumfang festgelegt werden.[313] Da die Wahl eines qualifizierten Partners wesentlich vom Erfolg eines Outsourcing-Projektes abhängt, kommt der Partnerphase eine besondere Bedeutung zu. Grundlegende Voraussetzung für eine erfolgreiche Zusammenarbeit zwischen auslagerndem Unternehmen und Dienstleister ist eine strategische, strukturelle und kulturelle Übereinstimmung zwischen den Partnerunternehmen.[314] In der Literatur werden diese Übereinstimmungskriterien als „Fit" bezeichnet, die erstens für die Kompatibilität der strategischen Zielsetzung (strategischer Fit), zweitens für die Ergänzung komplementärer Ressourcen (fundamentaler Fit) und drittens für das Vorhandensein gemeinsamer Werte, Führungsstile und Kulturen (kultureller Fit) stehen.[315] Zu Beginn der Partnerphase ist deshalb ein Anforderungsprofil an den Dienstleister zu erstellen, bei dem diese wesentlichen Kriterien analysiert und die Mindestanforderungen festgelegt werden.[316] Anhand des erstellten Anforderungsprofils und des zuvor aufgestellten Produktkatalogs erfolgt im nächsten Schritt

[309] Vgl. Barth, T. (2003), S. 185.

[310] Vgl. Punkt 3.8.3.3 Umfang des externen Leistungsbezugs.

[311] Vgl. Hollekamp, M. (2005), S. 53.

[312] Vgl. Barth, T. (2003), S. 202.

[313] Vgl. Punkt 3.8.3.5 Anzahl der Leistungsersteller und Punkt 3.8.3.6 Leistungsumfang.

[314] Vgl. Hollekamp, M. (2005), S. 58.

[315] Vgl. Zentes, J./Swoboda, B./Morschett, D. (2003), S. 829; Piontek, J. (2005), S. 73.

[316] Vgl. Bruch, H. (1998), S. 148.

die Suche nach adäquaten Dienstleistern mit Hilfe eines Ausschreibungsverfahrens. Hierzu gibt es zwei Möglichkeiten. Eine öffentliche Ausschreibung, bei der potenzielle Dienstleister aufgefordert werden, ein schriftliches Angebot für die ausgeschriebenen Leistungen abzugeben, ist theoretisch möglich, wird jedoch von privaten Unternehmen selten in Erwägung gezogen. Statt dessen werden in der Regel mit Hilfe einer Marktanalyse in Frage kommende Dienstleistungsunternehmen eruiert und diese dann im Rahmen einer direkten Kontaktaufnahme zur Abgabe eines Angebotes aufgefordert werden.[317] Nach Erhalt der Angebote sind diese einem genauen Abgleich zu unterziehen. Die Angebote sind dabei sorgfältig zu vergleichen und kritisch zu bewerten. Die relevanten Bewertungskriterien ergeben sich aus den Leistungsanforderungen des outsourcenden Unternehmens insbesondere hinsichtlich der Faktoren, die für eine zukünftige Geschäftsbeziehung als erfolgsbestimmend angesehen werden.[318] Auf Basis dieses Abgleichs und des daraus resultierenden Ergebnisses kann dann eine endgültige Vergabeentscheidung getroffen werden. Mit der Entscheidung für einen oder mehrere Dienstleister endet die Partnerphase.

#### 3.8.8.2 Realisierung

Die zweite übergeordnete Phase des Outsourcing-Prozesses „Realisierung" gliedert sich in die „Strukturphase" und in die „Betriebsphase".

**Strukturphase**

Nachdem die Entscheidung für einen oder mehrere Dienstleister getroffen ist, beginnt die eigentliche Realisierung des Outsourcing-Projektes. Zentrales Thema in der jetzt einsetzenden Strukturphase ist die Gestaltung der Wertschöpfungspartnerschaft zwischen auslagerndem Unternehmen und Dienstleister. Dabei stehen die ökonomischen Interessen und Ziele der zukünftigen Vertragspartner im Vordergrund. Für eine erfolgreiche partnerschaftliche Zusammenarbeit müssen deshalb im Rahmen der Zielharmonisierung die Ziele des auslagernden Unternehmens und der zukünftigen Partnerunternehmen aufeinander abgestimmt und zu einer inhaltlich stringenten Vereinbarungsgrundlage zusammengefasst werden.[319] Da in der Regel das vom Dienstleister ausgearbeitete Angebot nicht in allen Punkten mit den Vorstellungen des auslagernden Unternehmens übereinstimmt,

[317] Zum konkreten Aufbau und Ablauf einer Ausschreibung vgl. Zahn, E./Ströder, K./Unsöld, C. (2007), S. 69 ff.; Gondring, H./Wagner, T. (2018), S. 353–380; GEFMA 964:2018–09.

[318] Vgl. Zahn, E./Ströder, K./Unsöld, C. (2007), S. 74 f.

[319] Vgl. Calisan, B. (2009), S. 287.

müssen in dieser Phase auf Basis des Produktkataloges die einzelnen Aufgaben und Leistungen noch einmal klar definiert und festgelegt werden.[320]

Dabei ist insbesondere darauf zu achten, dass die Leistungspakete so flexibel gestaltet werden, dass eine zukünftige Ausweitung und Weiterentwicklung möglich ist.[321] Um eine ordnungsgemäße Leistungserstellung zu gewährleisten, müssen in diesem Zusammenhang auch die von den jeweiligen Partnern einzubringenden Ressourcen festgelegt werden. Im Vordergrund stehen hier zum einen Sachkapital in Form von Betriebsausstattung, Sachanlagen und Infrastruktur und zum anderen Wissenskapital in Form von Technologien und Know-how der Mitarbeiter.[322] Eine besondere Form der Ressourcenplanung ist ein eventueller Personalübergang vom auslagernden Unternehmen an den Dienstleister. Die besonders bei einem Personalübergang oftmals auftretenden arbeitsrechtlichen Probleme erfordern eine genaue Festlegung der Modalitäten.[323] Nach der Zielharmonisierung, der konkreten Festlegung der Aufgaben und Leistungen und der Ressourcenplanung erfolgt die Ausarbeitung des Outsourcing-Vertrages. Für die organisatorische Gestaltung und Koordination der Outsourcing-Partnerschaft bildet der Outsourcing-Vertrag den strukturellen Handlungsrahmen, der die Rechte und Pflichten aller Beteiligten festlegt. Durch die komplexen Leistungsbeziehungen im Outsourcing stellt die inhaltliche Formulierung und Ausgestaltung des Outsourcing-Vertrages, besonders auch im juristischen Sinne, eine große Herausforderung für die Vertragsbeteiligten dar. Outsourcing-Verträge entsprechen keinem gesetzlich geregelten Vertragstyp, orientieren sich jedoch am Dienst- und Werkvertragsrecht und können auch Elemente des Kauf- und Mietvertragsrechts enthalten.[324] Aufgrund der fehlenden eindeutigen gesetzlichen Regelungen und der damit einhergehenden Rechtsunsicherheit, erweist es sich als notwendig, dass die Vertragspartner ihre jeweiligen Vorstellungen detailliert in einem Vertragswerk festlegen.[325] Damit kommt dem Outsourcing-Vertrag quasi die Funktion eines Handbuchs zu, in dem eindeutig geregelt ist, wie bei auftretenden Problemen oder eventuellen Leistungsänderungen zu verfahren ist.[326] Bei

---

[320] Vgl. Barth, T. (2003), S. 212.

[321] Vgl. Calisan, B. (2009), S. 290.

[322] Vgl. Hollekamp, M. (2005), S. 65; Calisan, B. (2009), S. 290.

[323] Zur rechtlichen Gestaltung des Personalübergangs vgl. BGB § 613 a und Blohmeyer, W. (1997), S. 315 f.

[324] Zu den einzelnen Vertragstypen vgl. BGB §§ 611 ff.; §§ 631 ff.; §§ 433 ff.; §§ 535 ff.

[325] Vgl. Barth, T. (2003), S. 233; Calisan, B. (2009), S. 294.

[326] Vgl. Sommerlad, K. (1998), S. 252.

einem Outsourcing-Vertrag handelt es ich um ein komplexes Vertragswerk, bestehend aus einer Rahmenvereinbarung und einem oder mehreren Einzelverträgen, die die Leistungsbeschreibungen enthalten. In der Rahmenvereinbarung werden alle Inhalte geregelt, die für die gesamte Dauer der Zusammenarbeit der Vertragspartner Geltung besitzen und die sich nicht auf eine einzelne Leistung beziehen. Dies sind insbesondere Haftungsregelungen, Gewährleistungspflichten sowie Sorgfalts- und Geheimhaltungspflichten. In den Leistungsbeschreibungen hingegen werden in detaillierter Form die einzelnen Leistungsmerkmale geregelt. Dazu gehören einerseits die genaue Spezifikation der Leistungsinhalte durch die Definition verschiedener eindeutig beschriebener Leistungspakete. Zum anderen beinhalten die Leistungsbeschreibungen alle Regelungen hinsichtlich der Leistungsdurchführung. Dies betrifft insbesondere die Bestimmung der Service Levels für die einzelnen Leistungspakete, die Definition von Qualitätskriterien sowie Regelungen bei Leistungsänderungen oder Leistungsstörungen. Schlusspunkt der Vertragsverhandlungen bildet die Unterzeichnung des Outsourcing-Vertrages durch die Vertragspartner.[327] Die Vertragsschließung kennzeichnet gleichzeitig den Abschluss der Strukturphase.

**Betriebsphase**

Mit der Rechtswirksamkeit des Outsourcing-Vertrages beginnt die Implementierung des Outsourcing-Projektes. Die funktionale Umsetzung der Outsourcing-Maßnahmen kennzeichnet gleichzeitig die organisatorische Konfiguration der Outsourcing-Partnerschaft zwischen auslagerndem Unternehmen und Dienstleister.[328] In Erfüllung des Kooperationsziels einer gemeinsamen unternehmensübergreifenden Wertschöpfungspartnerschaft besteht die Hauptaufgabe der Implementierung darin, das entwickelte Outsourcing-Konzept möglichst vollständig und reibungslos in die Wertschöpfungskette des Dienstleisters zu integrieren.[329] Hierzu sind umfangreiche Organisationsmaßnahmen erforderlich. Während im Rahmen der Projektorganisation die Migration der vereinbarten technischen und administrativen Prozesse erfolgt, werden durch die Betriebsorganisation die ausgelagerten Prozesse gesteuert und weiterentwickelt. Die Projekt- und Betriebsorganisation wird durch zwischenbetriebliche Managementsysteme geregelt, um den Aktionsradius der Partner festzulegen und die Aktivitäten sowohl auf strategischer wie

[327] Zu den wesentlichen Elementen des Outsourcing-Vertrages vgl. Sommerlad, K. (1998), S. 261 ff.; Barth, T. (2003), S. 230 ff.; Zahn, E./Ströder, K./Unsöld, C. (2007), S. 98 ff.; Calisan, B. (2009), S. 292 ff.

[328] Vgl. Calisan, B. (2009), S. 303.

[329] Vgl. Barth, T. (2003), S. 242; Zahn, E./Ströder, K./Unsöld, C. (2007), S. 110.

auch auf operativer Ebene abzustimmen.[330] Gerade die operativen Abstimmungsaktivitäten an den gemeinsamen Schnittstellen haben einen wesentlichen Einfluss auf die Transparenz der interorganisatorischen Zusammenarbeit und den Erfolg des Outsourcing-Vorhabens, weshalb dem Schnittstellenmanagement eine zentrale Bedeutung zukommt.[331]

Nach der Integration der outgesourcten Prozesse und Aufgabenbereiche in das Organisationsgefüge des Dienstleisters beginnt mit der Durchführung der übertragenen Leistungen die wertschöpfende Phase der Outsourcing-Partnerschaft. Entscheidend für einen nachhaltigen Erfolg des Outsourcing-Projektes ist das Ausmaß der Steuerung und Kontrolle des Leistungsaustausches.[332] Zweckmäßig ist deshalb der Aufbau eines Controlling-Systems zur Überwachung der vertragsgemäßen Leistungserstellung und zur Sicherstellung und Erhaltung der Koordinations-, Reaktions- und Anpassungsfähigkeit der partnerschaftlichen Zusammenarbeit.[333] Da eine Outsourcing-Partnerschaft vor allem auf Vertrauen basiert, müssen die Kontrollprozesse bilateral, d. h. sowohl im auslagernden Unternehmen als auch beim Dienstleister, aufgebaut werden.[334] Grundsätzlich dient das Controlling als Instrument der permanenten Überprüfung der gemeinsamen Zielvereinbarung auf strategischer und operativer Ebene. Die Aufgaben des strategischen und operativen Controllings sind während des gesamten Outsourcing-Projektes sehr vielschichtig und können je nach Konstellation der Outsourcing-Partnerschaft variieren.[335]

So fokussiert sich das strategische Controlling auf die Überwachung und Bewertung der gesamten Outsourcing-Maßnahme über den kompletten Zeitverlauf, um möglichst schnell auf Veränderungen und Abweichungen von der vorgegebenen Zielsetzung reagieren zu können.

---

330 Vgl. Hollekamp, M. (2005), S. 68 f.

331 Vgl. Bruch, H. (1998), S. 173 ff.; Ruoff, M. J. (2001), S. 230 f.; Calisan, B. (2009), S. 299 ff.

332 Vgl. Hollekamp, M. (2005), S. 69.

333 Vgl. Zahn, E./Ströder, K./Unsöld, C. (2007), S. 118; für eine detaillierte Betrachtung der Aufgaben des Controllings vgl. Horváth, P. (2011), S. 127 ff.

334 Vgl. Bruch, H. (1998), S. 180.

335 Vgl. Zirkler, B. et al. (2019), S. 28.

Demgegenüber konzentriert sich das operative Controlling auf die Durchführungskontrolle der Outsourcing-Maßnahme anhand formaler Messgrößen. Unverzichtbar für die Kontrolle der Leistungserstellung sind die Messgrößen Zeit, Kosten und Qualität.[336] Mit Hilfe eines regelmäßigen Soll-Ist-Vergleichs kann die Outsourcing-Maßnahme dahingehend überprüft werden, ob die erzielten Resultate mit den vertraglich vereinbarten Vorgaben übereinstimmen. Das Zeitcontrolling bezieht sich insbesondere auf die Termineinhaltung, die Dauer der Arbeitsabläufe, die Anpassung der Reaktionszeiten bei möglichen Volumenänderungen sowie die Flexibilität und das Innovationsverhalten. Für die Einhaltung des vereinbarten Kostenrahmens ist eine kontinuierliche Kostenermittlung über die gesamte Dauer der Outsourcing-Maßnahme erforderlich. Aufgabe des Kostencontrollings ist neben dem Soll-Ist-Vergleich die permanente Analyse möglicher Abweichungen von Soll- und Ist-Kosten. Mit Hilfe der Abweichungsanalyse können die für die Abweichung verantwortlichen Einflussgrößen analysiert und offengelegt werden. Bei negativer Abweichung oder Zielunterschreitung bildet die Abweichungsanalyse die Grundlage für Gegensteuerungsmaßnahmen.[337] Durch das Qualitätscontrolling erfolgt die Analyse und Kontrolle aller qualitätsbezogenen Aktivitäten der Outsourcing-Maßnahme. Dies betrifft insbesondere die Servicequalität und die Qualität der Arbeitsergebnisse. Besonders im Hinblick auf die Nutzerzufriedenheit ist eine qualitätsmäßige Kontrolle der Leistungserstellung und ein Abgleich mit den vereinbarten Service Levels notwendig.[338]

Ausschlaggebend für eine partnerschaftliche und professionelle Zusammenarbeit zwischen outsourcendem Unternehmen und Dienstleister ist jedoch ein von beiden Partnern erarbeitetes Steuerungs- und Controlling-Konzept. Die beiderseitige Kontrolle der Leistungserstellung bewirkt zum einen ein besseres Verständnis für die Anforderungen des jeweils anderen Partners und schafft zum anderen die Basis für ein weiteres kooperatives Vorgehen.[339] Der Ablauf der Vertragslaufzeit beendet die Betriebsphase und markiert gleichzeitig den Projektabschluss.

Die Abbildung 3.16 zeigt die Prozessphasen im Überblick.

Nach Ablauf der Vertragslaufzeit ist eine abschließende Projektanalyse durchzuführen. Diese soll Aufschluss geben über den Erfolg oder Misserfolg des Outsourcing-Projektes. Mit der Projektnachbewertung sollen insbesondere Schwachstellen im Ablauf, bei der Terminierung oder bei der Kostenplanung

[336] Vgl. Homann, K./Schäfers, W. (1998), S. 194.

[337] Vgl Horváth, P. (2011), S. 423.

[338] Vgl. Bruhn, M. (2013), S. 427 f.

[339] Vgl. Hodel, M./Berger, A./Risi, P. (2006), S. 207 f.; Wildemann, H. (2007), S. 146.

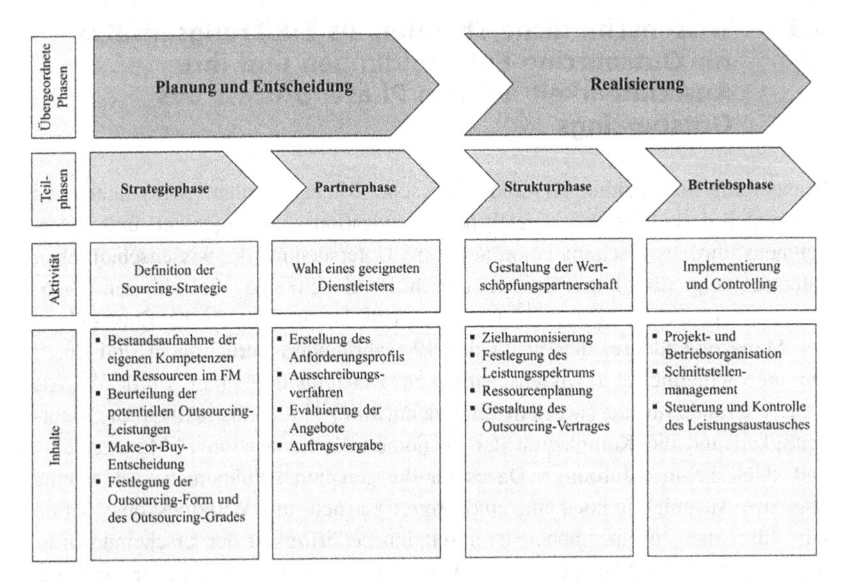


**Abbildung 3.16** Prozessmodell für das Outsourcing im Facility Management[340]

aufgezeigt werden. Die gewonnenen Erkenntnisse bilden anschließend die Grundlage für das weitere Outsourcing-Verhalten und zukünftige Projekte.[341] Hierbei stehen dem Unternehmen mehrere Optionen zur Verfügung. Bei einem Erfolg des Outsourcing-Projektes kann die Zusammenarbeit mit den jeweiligen Dienstleistern fortgesetzt werden. Dies geschieht entweder durch eine Verlängerung des ursprünglichen Vertrages oder durch eine Neugestaltung des Vertrages im Falle einer wertmäßigen und inhaltlichen Erweiterung oder Reduzierung. Ist das Outsourcing-Projekt gescheitert oder wurden die definierten Outsourcingziele nicht erreicht, erfolgt entweder ein Backsourcing, d. h. eine Rückintegration der Prozesse in das Unternehme oder es erfolgt eine Neuausschreibung der Leistungen am Markt.[342] Mit der Definition der zukünftigen Strategie beginnt dann ein neuer Outsourcing-Prozess.

340 Eigene Darstellung, in Anlehnung an Lüttringhaus, S. (2014), S. 43.

341 Vgl. Noé, M. (2013), S. 130 ff.; Zirkler, B. et al. (2019), S. 20.

342 Vgl. Punkt 3.8.3.2 Zeitliche Entwicklung.

## 3.9 Wissenschaftliche Theorien als Erklärungsansätze für Outsourcing-Entscheidungen und ihre Anwendbarkeit auf den Phasenprozess des Outsourcings

Outsourcing-Entscheidungen sind klassische Managemententscheidungen und lassen sich deshalb in den Bereich der Organisations-, Management- und Unternehmensführungsforschung einordnen. Eine Untersuchung der wissenschaftlichen Literatur zeigt allerdings, dass in diesen Bereichen eine Vielzahl von Theorien und Ansätzen existiert.[343] Grund hierfür ist die historische Entwicklung der Managementlehre, die bis in das 19. Jahrhundert zurückreicht und durch die unterschiedlichsten wissenschaftlichen Disziplinen geprägt wurde.[344] Als weitere Gründe für die Theorienvielfalt nennt *Wolf*[345] die Abstraktheit, die Mehrdeutigkeit und die Komplexität der Phänomene „Organisation", „Management" und „Unternehmensführung". Da es für die genannten Phänomene weder eine objektive Ausprägung noch eine eindeutige Ursachen- und Wirkungskonstellation gibt, führt dies zu einer hohen Interpretationsbedürftigkeit der Erscheinungsformen. Organisation, Management und Unternehmensführung sind außerdem keine monolithischen Gestaltungsbereiche, sondern setzen sich aus einer Vielzahl verschiedener Betrachtungsebenen zusammen, die inhaltlich unterschiedlich gelagert sind und deshalb eine individuell ausgerichtete Theorienbildung erfordern. Damit lässt sich auch begründen, warum es keine geschlossene Managementtheorie gibt, die sämtliche Organisations-, Management- und Unternehmensführungsfragen abdeckt und hinreichend erklären kann.[346]

Eine ausführliche Darstellung aller bisher publizierten Organisations-, Management- und Unternehmensführungstheorien sowie eine präzise Zuordnung zu den jeweiligen Gestaltungsbereichen würde über den Rahmen dieser Arbeit hinausgehen, weshalb an dieser Stelle darauf verzichtet wird.

Für die theoretische Fundierung des Outsourcing-Verhaltens sollen in dieser Arbeit nur die Theorien vorgestellt und berücksichtigt werden, die einen direkten Bezug zum Outsourcing aufweisen und geeignete Erklärungsansätze für

[343] Vgl. Wolf, J. (2011), S. 50.

[344] Vgl. Steinmann, H./Schreyögg, G. (2005), S. 38.

[345] Vgl. Wolf, J. (2011), S. 50 f.

[346] Vgl. Steinmann, H./Schreyögg, G. (2005), S. 39; Simon, W. (2009), S. 20; Wolf, J. (2011), S. 51.

Outsourcing-Entscheidungen liefern. Dazu gehören insbesondere strategieorientierte Theorien der Management- und Organisationsforschung sowie Theorien der Neuen Institutionenökonomik (NIÖ).

Die strategische Management- und Organisationsforschung orientiert sich an den vorrangigen Zielen eines Unternehmens: Steigerung des Unternehmenswerts, Optimierung der Wertschöpfung und Erzielung langfristiger Wettbewerbsvorteile.[347] In diesem Sinne betrachtet sie sowohl unternehmensinterne Ressourcen und Kompetenzen als auch die Ressourcenpotenziale interorganisationaler Beziehungen und deren Einfluss auf den langfristigen Unternehmenserfolg. Von besonderer Relevanz zur Erklärung des Phänomens „Outsourcing" sind in diesem Zusammenhang der ressourcenbasierte Ansatz, auch als Kernkompetenzansatz[348] bezeichnet, sowie der Netzwerkansatz.[349]

Die Neue Institutionenökonomik (NIÖ) geht auf die frühen Arbeiten von *Commons*[350] und *Coase*[351] zurück, die sich mit der bis dahin in der Volkswirtschaft vorherrschenden neoklassischen Theorie kritisch auseinandergesetzt und Verbesserungsvorschläge zur inhaltlichen Ausgestaltung dieser Theorie erarbeitet haben.[352]

Erst ab den 1970er Jahren wurden die konzeptionellen Ansätze von anderen Wissenschaftlern aufgegriffen, schrittweise verfeinert und in der Neuen Institutionenökonomik verankert.[353] Im Gegensatz zur Neoklassik unterstellt die NIÖ, dass die Fähigkeiten und das Wissen der Marktakteure asymmetrisch verteilt sind, womit durch eine Spezialisierung eine Erhöhung des wirtschaftlichen Leistungsniveaus erreicht werden kann. Diese Theorie wird allerdings durch die begrenzte Rationalität und den Opportunismus der Akteure beeinträchtigt.[354] Die Rationalitätsbegrenzung beschreibt das Bestreben der Akteure, in Entscheidungssituationen rational zu handeln. Aufgrund ihrer beschränkten kognitiven Fähigkeiten in Bezug auf Informationen und Wissen gelingt ihnen dies jedoch

---

[347] Vgl. Punkt 3.8.4 Outsourcing als strategische Management-Entscheidung.

[348] Grundlegend für den ressourcenorientierten Ansatz sind u. a. die Arbeiten von Penrose, E. T. (1959), Wernerfelt, B. (1984), Prahalad, C. K./Hamel, G. (1990), Barney, J. (1991), Grant, R. M. (1991).

[349] Grundlegend für den Netzwerkansatz sind u. a. die Arbeiten von Håkansson, H. (1989), Sydow, J. (1992), Morath, F. A. (1996).

[350] Vgl. Commons, J. R. (1931).

[351] Vgl. Coase, R. H. (1937).

[352] Vgl. Wolf, J. (2011), S. 334.

[353] Vgl. Wolf, J. (2011), S. 334.

[354] Vgl. Williamson, O. E. (1985), S. 44 ff.

nur unzureichend.[355] Opportunismus beschreibt das Ziel der Akteure, den eigenen Nutzen zu maximieren, womit eine Benachteiligung der anderen Akteure bewusst oder unbewusst in Kauf genommen wird.[356] Die begrenzte Rationalität und das opportunistische Handeln beinträchtigen damit den Leistungsaustausch zwischen den Akteuren. Durch die Beschreibung von Institutionen,[357] in deren Rahmen der Leistungsaustausch vollzogen wird, versucht die Neue Institutionenökonomik diesen Beeinträchtigungen entgegenzuwirken. Ziel ist es, zu analysieren, welche Institutionen bei welchen Arten ökonomischer Aktivitäten die relativ niedrigsten Kosten bei vergleichsweiser größter Effizienz aufweisen und wie eine optimale Gestaltung dieser Institutionen erreicht werden kann.[358] Für die Erklärung des Phänomens „Outsourcing" sollen zwei wesentliche Ansätze der NIÖ herangezogen werden: die Transaktionskostentheorie[359] und die Prinzipal-Agent-Theorie (Agenturtheorie).[360]

### 3.9.1 Ressourcenbasierter Ansatz

Der Ursprung des ressourcenbasierten Ansatzes (Resource-based View) geht auf die Arbeit von *Penrose* zurück, die sich in ihrer Buchpublikation mit dem Einfluss von Unternehmensressourcen auf die Generierung von Wettbewerbsvorteilen auseinandersetzt.[361] In der Folgezeit haben sich zahlreiche Wissenschaftler mit der Thematik beschäftigt. Spätestens mit der Veröffentlichung des Artikels von *Wernerfelt* „A Resource-based View of the firm" ist der ressourcenbasierte Ansatz in den Mittelpunkt der wissenschaftlichen Diskussion gerückt und zählt seither zu den bedeutendsten Ansätzen der strategischen Managementforschung.[362]

Der ressourcenbasierte Ansatz unterstellt, dass jedes Unternehmen mit unterschiedlichen einzigartigen und nicht imitierbaren Ressourcen ausgestattet ist, die

[355] Vgl. Simon, H. A. (1981), S. 116 ff.; Williamson, O. E. (1985), S. 47 ff.

[356] Vgl. Williamson, O. E. (1985), S. 47 ff.

[357] Nach Schotter, A. (1986), S. 117 f. und Erlei, M. et al. (2007), S. 22 versteht man unter Institutionen nicht nur Unternehmen und Organisationen, sondern auch Vertragswerke, Gesetze, Regelwerke, durch die das Verhalten der Akteure geleitet wird.

[358] Vgl. Ebers, M./Gotsch, W. (1993), S. 193; Wolf, J. (2011), S. 335.

[359] Grundlegend für die Transaktionskostentheorie sind u. a. die Arbeiten von Coase, R. H. (1937), Picot, A. (1982), Teece, D. J. (1984), Williamson, O. E. (1985).

[360] Grundlegend für die Prinzipal-Agent-Theorie sind u. a. die Arbeiten von Jensen, M. C./ Meckling, W. H. (1976), Fama, E. F. (1980), Eisenhardt, K. M. (1989), Spremann, K. (1989).

[361] Vgl. Knack, R. (2006), S. 18.

[362] Vgl. Freiling, J. (2008), S. 35.

Grundlage zur Erreichung von Wettbewerbsvorteilen gegenüber konkurrierenden Unternehmen sind.[363] Diese Ressourcenausstattung und die Art wie diese Ressourcen genutzt werden ist entscheidend für den Unternehmenserfolg.

Für das Verständnis des ressourcenbasierten Ansatzes ist die Definition des Begriffs „Ressource" von zentraler Bedeutung. Dabei definieren die Vertreter des Ansatzes den Begriff sehr unterschiedlich.

*Wernerfelt* versteht unter Ressourcen alle materiellen und immateriellen Vermögenswerte, die zeitweilig an ein Unternehmen gebunden sind. Als Beispiele nennt er Maschinen und technische Anlagen, Kapital, eingeführte Markennamen, internes technologisches Wissen, qualifiziertes Personal, Handelskontakte und effiziente Prozesse. [364]

*Barney* ordnet Ressourcen in drei Kategorien ein: physische, menschliche und organisatorische Ressourcen. Zu den physischen Ressourcen zählen alle Anlagen und Technologien, die geographische Lage des Unternehmens sowie die Zugangsmöglichkeiten zu Rohstoffen. Als menschliche Ressourcen gelten die Qualifizierung, die Erfahrung, Fähigkeiten und Kompetenzen sowie die unternehmensspezifischen Kenntnisse der Mitarbeiter. Zu den organisatorischen Ressourcen zählen die Führungsstruktur, das Planungs-, Kontroll- und Organisationssystem sowie alle informellen Beziehungen innerhalb und außerhalb des Unternehmens.[365]

*Grant* nimmt in seiner Definition noch eine zusätzliche Abgrenzung der Ressourcen von den Fähigkeiten und Kompetenzen des Unternehmens vor. Er bringt damit zum Ausdruck, dass allein das Vorhandensein von Ressourcen in einem Unternehmen nicht zwangsweise zu Wettbewerbsvorteilen führt, sondern dass es auf die Fähigkeiten und Kompetenzen des Unternehmens ankommt, die vorhandenen Ressourcen effektiv zu nutzen.[366] Aus dieser Einsicht heraus wurde der ressourcenbasierte Ansatz zu einem kompetenzbasierten Ansatz weiterentwickelt.[367] Dieser Ansatz geht zurück auf *Prahalad und Hamel,* die sich mit der Frage auseinandergesetzt haben, welche Kompetenzen und in welcher Weise diese anhaltende Wettbewerbsvorteile gegenüber Konkurrenten generieren können. Sie sprechen in diesem Zusammenhang auch von den Kernkompetenzen

---

[363] Vgl. Barney, J. (1991), S. 99 ff.; Dibbern, J./Güttler, W./Heinzl, A. (1999), S. 13; Freiling, J. (2008), S. 42.

[364] Vgl. Wernerfelt, B. (1984), S. 172.

[365] Vgl. Barney, J. (1991), S. 101; Dibbern, J./Güttler, W./Heinzl, A. (1999), S. 13.

[366] Vgl. Grant, R. M. (1991), S. 115 ff.; Dibbern, J./Güttler, W./Heinzl, A. (1999), S. 13.

[367] Vgl. Reuter, U. (2011), S. 18.

eines Unternehmens. Um Kernkompetenzen handelt es sich immer dann, wenn diese

- das Potenzial haben, den Zugang zu neuen Märkten zu erschließen,
- einen wesentlichen Beitrag zum wahrgenommenen Kundennutzen leisten,
- von Wettbewerbern schwierig zu imitieren ist,
- die langfristige Unternehmensentwicklung durch Schaffung dauerhafter Erfolgspositionen sichern.[368]

Aus diesem Verständnis heraus ist es Aufgabe des strategischen Managements die unternehmenseigenen Ressourcen und Kompetenzen, insbesondere die Kernkompetenzen, zu identifizieren, hinsichtlich ihrer Möglichkeiten zur Generierung von Wettbewerbsvorteilen zu bewerten und anschließend eine Strategie für deren Nutzung abzuleiten. Von besonderer Bedeutung ist in diesem Zusammenhang die Identifikation von Ressourcenlücken und in welcher Form diese Defizite ausgeglichen werden können[369] (siehe Abbildung 3.17).

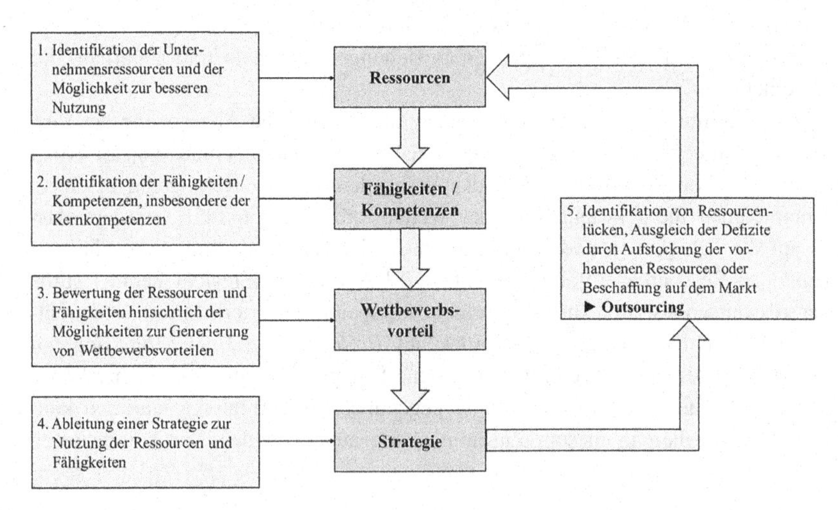


**Abbildung 3.17** Strategieanalyse nach dem ressourcenbasierten Ansatz[370]

[368] Vgl. Prahalad, C. K./Hamel, G. (1990), S. 79 ff.; Kotler, P./Bliemel, F. (2001), S. 102.

[369] Vgl. Grant, R. M. (1991), S. 115.

[370] Eigene Darstellung, in Anlehnung an Grant, R. M. (1991), S. 115.

Werden in einem Unternehmen auf Basis der strategischen Ausrichtung Ressourcenlücken identifiziert und ist das Unternehmen nicht in der Lage, diese Defizite mit Hilfe interner Ressourcen und Kompetenzen auszugleichen, so kann der Markt zum Ausgleich dieser Defizite beitragen.[371] Die Option des Outsourcings bietet in diesem Fall die Möglichkeit, intern begrenzte Ressourcen und Kompetenzen zu kompensieren. Die durch das Outsourcing gewonnenen Ressourcen können zur Erlangung neuer Fähigkeiten im Unternehmen führen und damit langfristig zum Aufbau von Wettbewerbsvorteilen gegenüber Konkurrenten beitragen. [372] Allerdings sollte das Outsourcing von Kernkompetenzen vermieden werden, da diese von strategischer Bedeutung für das Unternehmen sind und eine Auslagerung zu strategischen Fehlentwicklungen und Abhängigkeiten führen kann.[373]

Der ressourcenbasierte Ansatz liefert damit einen Erklärungsansatz für Outsourcing-Entscheidungen und ist insbesondere für die Anwendung in der Strategiephase des Outsourcing-Prozesses geeignet.[374]

### 3.9.2 Transaktionskostentheorie

Die Arbeit von *Coase*, der sich in seinem Aufsatz „The Nature of the Firm" mit dem Leistungsaustausch und der Koordination von Leistungsbeziehungen zwischen wirtschaftlichen Akteuren auseinandergesetzt hat, gilt als Ursprung der Transaktionskostentheorie. Er begründet die Existenz von Unternehmen damit, dass jeder Leistungsaustausch, d. h. jede Transaktion, sei es innerhalb von Unternehmen als auch extern über den Markt, mit spezifischen Kosten, sogenannten Transaktionskosten verbunden ist.[375] Diese Transaktionskosten dienen als Bewertungskriterium bei der Entscheidung über die effizienteste Transaktionsform, wobei die Lösung als am effizientesten gilt, welche die niedrigsten Transaktionskosten verursacht.[376]

Eine allgemeine Definition der Transaktionskosten liefert *Williamson*, indem er alle im Rahmen der Anbahnung und Abwicklung von Transaktionen innerhalb eines Wirtschaftssystems entstehenden Kosten als *„costs of running the economic*

[371] Vgl. Grant, R. M. (1991), S. 131 ff.; Insinga, R. C./Werle, J. (2000), S. 58.

[372] Vgl. Dibbern, J./Güttler, W./Heinzl, A. (1999), S. 15.

[373] Vgl. Punkt 3.8.1 Die Make-or-Buy-Entscheidung.

[374] Vgl. Punkt 3.8.8.1 Planung und Entscheidung / Strategiephase.

[375] Vgl. Coase, R. H. (1937), S. 390 f.; Dibbern, J./Güttler, W./Heinzl, A. (1999), S. 8.

[376] Vgl. Ilten, P. (2014), S. 57.

*system*" beschreibt.[377] Eine engere Abgrenzung der Transaktionskosten nimmt *Picot* vor, indem er die Transaktionskosten den Phasen des Transaktionsprozesses zuordnet:[378]

- ex-ante Transaktionskosten, die im Vorfeld einer vertraglichen Vereinbarung bis zum Abschluss des Vertrags entstehen wie z. B. Anbahnungs- und Verhandlungskosten,
- ex-post Transaktionskosten, die nach Vertragsschluss anfallen wie z. B. Kontroll- und Anpassungskosten.

Die Transaktionskostentheorie geht von verschiedenen Faktoren aus, welche die Existenz der Transaktionskosten begründen und die ihre Höhe bestimmen. Diese lassen sich in drei Dimensionen einteilen: die Verhaltensannahmen der Akteure, die transaktionsspezifischen Eigenschaften und die Transaktionskostenatmosphäre. In Abhängigkeit dieser Faktoren kann die Transaktionsform bestimmt werden, die durch die Minimierung der Transaktionskosten eine maximale Effizienz sicherstellt.[379]

Nach den Überlegungen von *Williamson* werden die Transaktionskosten von zwei Verhaltensannahmen geprägt: der begrenzten Rationalität und dem opportunistischem Verhalten der Akteure.[380] Die Annahme der begrenzten Rationalität besagt, dass die beteiligten Akteure zwar rational handeln wollen, sie aber aufgrund begrenzter Informationsaufnahme- und Verarbeitungsfähigkeiten nicht alle Alternativen und die jeweiligen Konsequenzen abschätzen können.[381] Die Schlussfolgerung daraus ist, dass Verträge zwangsläufig unvollständig sind, da die Akteure nicht in der Lage sind, im Vorfeld des Vertragsabschlusses alle Bedingungen festzulegen. Dies kann zu nachvertraglichen Unsicherheiten führen.[382] Die Annahme des Opportunismus unterstellt den Akteuren die Verfolgung von Eigeninteressen, z. B. durch eine unvollständige oder verfälschte Weitergabe von Informationen, auch wenn dies zu Lasten des Vertragspartners geht.[383]

Die Interaktion zwischen begrenzter Rationalität und opportunistischem Verhalten begründet damit die Existenz von Transaktionskosten.

---

[377] Vgl. Williamson, O. E. (1985), S. 2.

[378] Vgl. Picot, A. (1982), S. 270; Wolf, J. (2011), S. 350.

[379] Vgl. Williamson, O. E. (1989), S. 136.

[380] Vgl. Williamson, O. E. (1985), S. 44 ff.

[381] Vgl. Simon, H. A. (1981), S. 116 ff.; Williamson (1985), S. 45 f.; Wolf (2011), S. 239.

[382] Vgl. Picot, A./Dietl, H. (1990), S. 179.

[383] Vgl. Williamson. O. E. (1985), S. 47 ff.

Die Höhe der Transaktionskosten wird maßgeblich von drei Einflussfaktoren bestimmt: der Spezifität der Leistung, der Unsicherheit einer Transaktion und der Häufigkeit von Transaktionen.[384]

Die Spezifität einer Leistung wird gemessen am Wert ihrer Verwendung und ihrer strategischen Bedeutung für das Unternehmen. Dabei weisen einzigartige und nur für das Unternehmen nutzbare Leistungen, die alternativ am Markt nicht zu verwerten sind, eine hohe Spezifizität auf.[385] Mit zunehmender Spezifität einer Leistung wird die Vereinbarung eines Leistungsaustausches dadurch erschwert, dass unter Umständen der Auftraggeber einziger Abnehmer der Leistung ist und der Auftragnehmer als einziger über die Qualifikation verfügt, die Leistung zu erbringen. Durch die dadurch entstehende starke Bindung und gegenseitige Abhängigkeit besteht die Gefahr, dass die Vertragspartner die Abhängigkeit des jeweils anderen opportunistisch ausnutzen.[386] Als Konsequenz ergeben sich höhere Transaktionskosten, insbesondere in der Anbahnungsphase bei der Wahl des geeigneten Transaktionspartners oder für die Absicherung der Transaktion. Zusätzlich entstehen nach Vertragsabschluss erhebliche Überwachungs- und Kontrollkosten.[387] Für Leistungen mit hoher Spezifität und unternehmensstrategischer Bedeutung ist deshalb die Eigenerstellung der Leistung einem Bezug über den Markt vorzuziehen.[388] Im Gegensatz dazu sind die Transaktionskosten für Leistungen mit niedriger Spezifität eher gering, da diese Standardleistungen auf dem Markt gut zu beziehen und leicht austauschbar sind. Außerdem können die Anbieter von Standardleistungen Skaleneffekte nutzen, die einen zusätzlichen Kostenvorteil bringen.[389]

Der Faktor der Unsicherheit bezieht sich auf die Anzahl und Vorhersehbarkeit von Veränderungen und Anpassungen der Transaktionsbedingungen.[390] Aufgrund der begrenzten Rationalität der Akteure herrschen zum Zeitpunkt der Vertragsgestaltung Informationsdefizite hinsichtlich zukünftiger Anforderungen an den Vertragsgegenstand wie beispielsweise inhaltliche Anforderungen (Qualitätsmerkmale, Termine, Mengen, Preise) oder technologische Entwicklungen. Des Weiteren kann das Verhalten des Vertragspartners während der Geschäftsbeziehung im Vorfeld nicht eingeschätzt werden. Dies hat zur Folge, dass Verträge

[384] Vgl. Williamson, O. E. (1985), S. 47 ff.; Picot, A./Maier, M. (1992), S. 21 ff.

[385] Vgl. Williamson, O. E. (1989), S. 142; Picot, A./Maier, M. (1992), S. 21.

[386] Vgl. Picot, A. (1991), S. 345.

[387] Vgl. Picot, A./Maier, M. (1992), S. 21.

[388] Vgl. Picot, A. (1991), S. 346.

[389] Vgl. Picot, A. (1991), S. 346; Picot, A./Maier, M. (1992), S. 21.

[390] Vgl. Picot, A./Maier, M. (1992), S. 21.

in der Regel nur unvollständig abgefasst sind und im späteren Verlauf je nach eintretender Situation angepasst werden müssen.[391] Solche nachträglichen Vertragsanpassungen beeinflussen maßgeblich die Höhe der Transaktionskosten. Diese sind umso höher, je spezifischer der Vertragsgegenstand ist. Für Leistungen mit hoher Spezifität und hoher Unsicherheit empfiehlt sich deshalb eine interne Leistungsabwicklung, da dies mit geringeren Transaktionskosten verbunden ist. Standardleistungen können trotz hoher Unsicherheit über den Markt bezogen werden, da hier die Transaktionskosten weniger ins Gewicht fallen.[392]

Der Faktor der Häufigkeit beschreibt die Anzahl identischer Transaktionen zwischen den Vertragspartnern oder wie oft sich eine bestimmte Art des Leistungstransfers innerhalb der Transaktionsbeziehung wiederholt.[393] Mit zunehmender Häufigkeit einer Transaktion sinken die Transaktionskosten, da insbesondere Kontroll- und Koordinationskosten wegfallen. Außerdem ergeben sich Skalen- und Synergieeffekte, die ebenfalls zu einer Senkung der Transaktionskosten beitragen.[394]

Alle anderen Einflussfaktoren werden durch die Transaktionsatmosphäre bestimmt. Sie umfasst alle für eine Transaktion relevanten sozialen, rechtlichen und technologischen Rahmenbedingungen, die Einfluss auf die Möglichkeiten der Transaktionsgestaltung haben und damit auch die Höhe der Transaktionskosten mitbestimmen.[395]

Die Abbildung 3.18 zeigt die Einflussfaktoren auf die Transaktionskosten.

Die Transaktionskostentheorie liefert Erklärungsansätze dafür, welche Transaktionsform in dem Kontinuum zwischen Eigenerstellung und Marktbezug unter Kostengesichtspunkten am effizientesten ist. Sie eignet sich insbesondere für die Anwendung in der Strategie- und Strukturphase des Outsourcing-Prozesses.[396]

---

[391] Vgl. Picot, A. (1991), S. 347; Picot, A./Maier, M. (1992), S. 21; Dibbern, J./Güttler, W./Heinzl, A. (1999), S. 12.

[392] Vgl. Picot, A. (1991), S. 347; Picot, A./Maier, M. (1992), S. 21; Dibbern, J./Güttler, W./Heinzl, A. (1999), S. 12.

[393] Vgl. Wolf, J. (2011), S. 351.

[394] Vgl. Picot, A. (1982), S. 272; Halin, A. (1995), S. 80.

[395] Vgl. Picot, A./Dietl, H./Franck, E. (2012), S. 76 f.

[396] Vgl. Punkt 3.8.8.1 Planung und Entscheidung / Strategiephase und Punkt 3.8.8.2 Realisierung / Strukturphase.

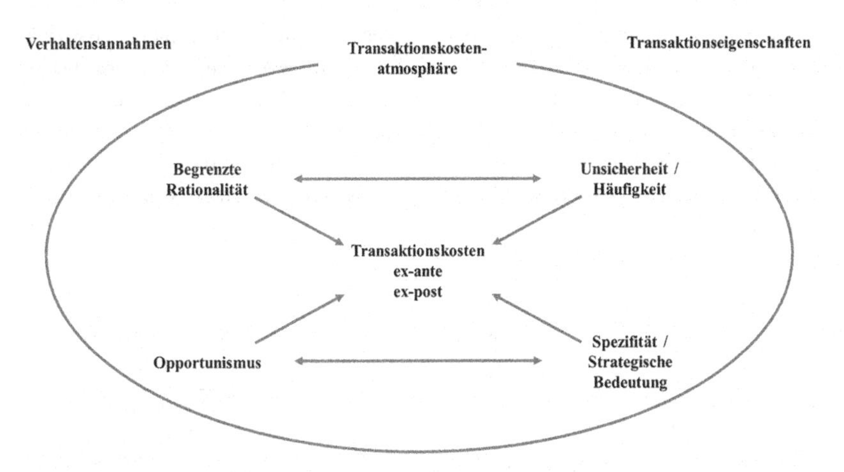


**Abbildung 3.18** Einflussfaktoren auf die Transaktionskosten[397]

### 3.9.3 Prinzipal-Agent-Theorie

Die Prinzipal-Agent-Theorie, auch als Agenturtheorie bezeichnet, geht auf die Ansätze von *Jensen/Meckling, Fama, Eisenhardt* oder auch *Spremann* zurück.[398] Im Mittelpunkt steht die Untersuchung von Leistungs- und Vertragsbeziehungen zwischen einem Auftraggeber (Prinzipal) und einem Auftragnehmer (Agent).

*Jensen und Meckling* definieren eine Prinzipal-Agent-Beziehung *„as a contract under which one or more persons (the principal (s)) engage another person (the agent) to perform some service in their behalf which involves delegating some decision making authority to the agent.*“[399]

Die Prinzipal-Agent-Theorie geht von zwei zentralen Annahmen aus,[400] welche die Beziehung zwischen Prinzipal und Agent kennzeichnen ( siehe Abbildung 3.19). Zum einen wird unterstellt, dass die handelnden Akteure eine individuelle Nutzenmaximierung anstreben, wodurch sich Interessenskonflikte,

---

[397] Eigene Darstellung, in Anlehnung an Picot, A./Dietl, H./Franck, E. (2012), S. 72.

[398] Vgl. Jensen, M. C./Meckling, W. H. (1976), S. 305 ff.; Fama, E. F. (1980), S. 288 ff.; Eisenhardt, K. M. (1989), S. 57 ff.; Spremann, K. (1989), S. 3 ff.

[399] Jensen, M. C./Meckling, W. H. (1976), S. 308.

[400] Vgl. Eisenhardt, K. M. (1989), S. 63; Elschen, R. (1991), S. 1004; Göbel, E. (2002), S. 100; Bühner, R. (2009), S. 114; Wolf, J. (2011), S. 364.

sogenannte Zielasymmetrien, ergeben.[401] Ferner wird angenommen, dass zwischen den Akteuren eine asymmetrische Informationsverteilung vorliegt. Dabei hat der Agent einen Informationsvorsprung hinsichtlich seiner Absichten und Fähigkeiten, während der Prinzipal die Aktivitäten des Agenten nicht genau abschätzen kann. Dies kann unter Umständen dazu führen, dass der Agent das Informationsdefizit des Prinzipals opportunistisch zur eigenen Nutzenmaximierung ausnutzt.[402]

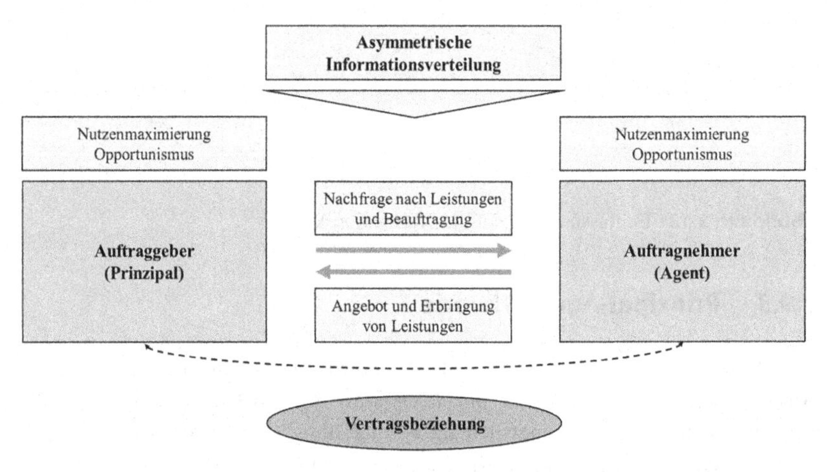


**Abbildung 3.19** Beziehungsmodell zwischen Prinzipal und Agent[403]

Die sich aus der asymmetrischen Informationsverteilung ergebenden Agency-Probleme haben maßgeblichen Einfluss auf die Vertragsbeziehung zwischen den Akteuren und lassen sich nach ihrem zeitlichen Auftreten, entweder vor Vertragsabschluss (ex ante) oder nach Vertragsabschluss (ex post) unterscheiden. Vorvertragliche Agency-Probleme werden als „hidden characteristics" bezeichnet, nachvertraglich auftretende Probleme werden mit den Begriffen „hidden information", „hidden action" und „hidden intention" umschrieben.[404]

---

[401] Vgl. Thiell, M. (2006), S. 176; Bühner, R. (2009), S. 114.

[402] Vgl. Göbel, E. (2002), S. 100.

[403] Eigene Darstellung, in Anlehnung an Teichmann, S. A. (2009), S. 125; Lüttringhaus, S. (2014), S. 53.

[404] Vgl. Spremann, K. (1989), S. 3 ff.; Göbel, E. (2002), S. 100 ff.; Picot, A./Dietl, H./Franck, E. (2012), S. 89 ff.; Meffert, H./Bruhn, M./Hadwich, K. (2019), S. 58 ff.

- Mit „hidden characteristics“ (verdeckte Eigenschaften) bezeichnet man das Informationsdefizit des Prinzipals, das bereits vor Vertragsabschluss besteht. Der Prinzipal hat keine Kenntnis über wesentliche Eigenschaften des Agenten und der von ihm angebotenen Leistung. Insbesondere bestehen Unsicherheiten hinsichtlich der Qualifikation des Agenten und über die Qualität der Leistungserbringung.[405] Die sich daraus für den Prinzipal ergebende Gefahr besteht in der Auswahl ungeeigneter oder schlechter Vertragspartner. Dies wird auch als „adverse selection“ (nachteilige Auswahl) bezeichnet.[406]
- „Hidden action“ (verdecktes Handeln) und „hidden information“ (verdeckte Informationen) sind Informationsdefizite, die erst ex post auftreten. Mit „hidden action“ wird der Umstand beschrieben, dass der Prinzipal im Verlauf der Vertragsbeziehung zwar das Ergebnis der Leistung feststellen kann, aber über die tatsächlichen Aktivitäten des Agenten in Unkenntnis bleibt. Insbesondere kann er nicht beurteilen, ob ein schlechtes Ergebnis auf eine mangelhafte Leistung des Agenten oder aber auf exogene Einflüsse zurückzuführen ist.[407] „Hidden information“ beschreibt den Nachteil des Prinzipals, dass er mangels eigenem Know-how, die Leistung des Agenten nicht bewerten kann.[408] In beiden Fällen, sowohl bei verdecktem Handeln als auch bei verdeckter Information, besteht die Gefahr, dass der Agent seine Handlungsspielräume opportunistisch ausnutzt und entgegen der Interessen des Prinzipals handelt. Dies wird auch als „moral hazard“ (moralisches Risiko) bezeichnet.[409]
- Mit „hidden intention“ (verdeckte Absicht) wird ebenfalls ein Informationsdefizit des Prinzipals beschrieben, das nach Vertragsabschluss auftritt. Hierbei geht es um das Defizit des Prinzipals, dass er die Absichten des Agenten, insbesondere hinsichtlich Kulanz, Fairness und Ehrlichkeit, ex ante nicht einschätzen kann. Das daraus resultierende Risiko, auch als „hold up“ bezeichnet, besteht darin, dass Verhaltensweisen des Agenten erst im Laufe der Vertragsbeziehung für den Prinzipal erkennbar sind und der Agent das durch den Vertrag bestehende Abhängigkeitsverhältnis zu seinen Gunsten ausnutzt.[410]

---

[405] Vgl. Jost, P.-J. (2001), S. 27; Göbel, E. (2002), S. 101.

[406] Vgl. Jost, P.-J. (2001), S. 28; Göbel, E. (2002), S. 101; Picot, A./Dietl, H./Franck, E. (2012), S. 92.

[407] Vgl. Arrow, K. J. (1985), S. 38; Göbel, E. (2002), S. 102; Picot, A./Dietl, H./Franck, E. (2012), S. 93.

[408] Vgl. Arrow, K. J. (1985), S. 38; Göbel, E. (2002), S. 103; Picot, A./Dietl, H./Franck, E. (2012), S. 93.

[409] Vgl. Arrow, K. J. (1985), S. 38; Jost, P.-J. (2001), S. 26.

[410] Vgl. Göbel, E. (2002), S. 104; Picot, A./Dietl, H./Franck, E. (2012), S. 93.

Angesichts der beschriebenen Agency-Probleme bietet die Agenturtheorie konkrete Handlungsmaßnahmen, wie die asymmetrische Informationsverteilung begrenzt werden und das Ungleichgewicht zwischen den Vertragspartnern ausgeglichen werden kann.

Zur Vermeidung der „adverse selection" bieten sich die Mechanismen „Screening", „Signaling" und „Self Selection" an.[411] Mit Hilfe des „Screening" hat der Prinzipal die Möglichkeit, sich ex ante zusätzliche Informationen über die Qualifikation und das Leistungsverhalten des Agenten zu beschaffen, beispielsweise durch den Erfahrungsaustausch mit anderen Auftraggebern des Agenten. Beim „Signaling" geht die Initiative vom Agenten aus. Durch die Vorlage von Qualitätsnachweisen, Zertifikaten und Gütesiegeln kann der Agent gegenüber dem Prinzipal glaubhaft signalisieren, dass er über die geforderten Leistungseigenschaften verfügt. Beim „Self Selection" hat der Prinzipal die Möglichkeit, dem Agenten verschiedene Vertragsvarianten vorzuschlagen. Aus der Reaktion des Agenten und seiner Wahl für eine Variante kann der Prinzipal Rückschlüsse auf dessen Eigenschaften und sein Verhalten ziehen.[412]

Die Begrenzung des „moral hazard" kann durch verschiedene Maßnahmen erfolgen. Durch ein verbessertes Monitoring und Berichtswesen können diskretionäre Verhaltensspielräume des Agenten eingeschränkt und mehr Transparenz über die Aktivitäten des Agenten geschaffen werden.[413] Eine Überwachung und Kontrolle der Leistungen des Agenten wird dadurch erleichtert. Die Implementierung von Anreiz- und Sanktionsmechanismen, beispielsweise in Form von leistungs- und erfolgsabhängiger Vergütung, kann ebenfalls dazu beitragen, das Verhalten des Agenten zu beeinflussen und eine Interessenangleichung zwischen Prinzipal und Agent herbeizuführen.[414]

Zur Bewältigung des „hold-up" bieten sich verschiedene Möglichkeiten der Selbstbindung der Vertragspartner an. Dies kann einerseits in Form von Bonding-Maßnahmen wie beispielsweise Abnahmegarantien, Bürgschaften oder Kautionen erfolgen,[415] aber auch durch den Abschluss langfristiger, auf eine Wertschöpfungspartnerschaft ausgerichtete, Verträge.[416] Diese Selbstbindungsmaßnahmen der Akteure können dazu beitragen, opportunistisches Verhalten einzugrenzen.

---

[411] Vgl. Picot, A./Dietl, H./Franck, E. (2012), S. 96.

[412] Vgl. Picot, A./Dietl, H./Franck, E. (2012), S. 96 f.

[413] Vgl. Hochhold, S./Rudolph, B. (2011), S. 139; Picot, A./Dietl, H./Franck, E. (2012), S. 98.

[414] Vgl. Picot, A./Dietl, H./Franck, E. (2012), S. 97.

[415] Vgl. Göbel, E. (2002), S. 117.

[416] Vgl. Picot, A./Dietl, H./Franck, E. (2012), S. 99.

Mit den beschriebenen Maßnahmen ist es möglich, zumindest teilweise eine Interessenangleichung zwischen den Vertragspartnern herzustellen. Allerdings lassen sich für den Prinzipal, auch bei Anwendung aller Informations- und Kontrollmechanismen und einer optimalen Absicherung, nachteilige Aktivitäten des Agenten nicht gänzlich ausschließen. An dieser Stelle muss noch darauf hingewiesen werden, dass alle für die Minimierung der Agency-Probleme angewandten Maßnahmen mit sogenannten Agency-Kosten verbunden sind. Diese umfassen die Kontrollkosten des Prinzipals, die Signalisierungskosten des Agenten sowie den Wohlfahrtsverlust, der immer dann entsteht, wenn trotz aller ergriffenen Maßnahmen des Prinzipals eine Nutzenmaximierung nicht erreicht werden kann.[417]

Im Zusammenhang mit der Gestaltung von Leistungs- und Vertragsbeziehungen liefert die Prinzipal-Agent-Theorie Erklärungen und Lösungsansätze sowohl für die Zeit vor als auch nach Vertragsabschluss. Sie eignet sich deshalb besonders für die Anwendung in der Partner-, Struktur- und Betriebsphase des Outsourcing-Prozesses.[418]

### 3.9.4 Netzwerkansatz

Der Netzwerkansatz hat seinen Ursprung in der Sozialforschung, die den Begriff des „sozialen Netzwerks" geprägt hat. Danach kann ein Netzwerk als ein Gefüge sozialer Beziehungen zwischen mehreren Beteiligten verstanden werden.

*Mitchell* versteht unter einem sozialen Netzwerk *„a specific set of linkage among a defined set of persons, with the additional property that the characteristics of these linkages as a whole are used to interpret the social behaviour of the persons involved"*.[419]

Ausgehend von diesem Ansatz werden Netzwerke in der strategischen Management- und Organisationsforschung als ein Beziehungsgeflecht zwischen autonom handelnden Organisationen oder Unternehmen verstanden. Insbesondere *Sydow* hat sich in seinen Arbeiten mit interorganisationalen Unternehmensnetzwerken auseinandergesetzt. Aus seiner Sicht bezeichnet man Unternehmensnetzwerke als eine

---

[417] Vgl. Jensen, M. C./Meckling, W. H. (1976), S. 308; Picot, A./Dietl, H./Franck, E. (2012), S. 90 f.

[418] Vgl. Punkt 3.8.8.1 Planung und Entscheidung / Partnerphase und Punkt 3.8.8.2 Realisierung / Struktur- und Betriebsphase.

[419] Mitchell, J. C. (1969), S. 2.

*„auf die Realisierung von Wettbewerbsvorteilen zielende Organisationsform ökonomischer Aktivitäten, die sich durch komplex-reziproke, eher kooperative denn kompetitive und relativ stabile Beziehungen zwischen rechtlich selbständigen, wirtschaftlich jedoch mehr oder weniger abhängigen Unternehmungen auszeichnet".*[420]

Entscheidend für die Existenz eines Unternehmensnetzwerks ist, dass bisher autonom agierende Unternehmen ein gemeinsames Ziel verfolgen und ihre individuellen Ziele zumindest in Teilen dem Kollektivziel des Netzwerks unterordnen.[421] Netzwerkbeziehungen sind deshalb weniger geprägt durch opportunistisches Verhalten der Akteure, sondern vielmehr durch gemeinsam motiviertes Handeln und eine partnerschaftliche Zusammenarbeit.[422] Durch den gegenseitigen Austausch von Wissen und Informationen tragen partnerschaftliche Netzwerke wesentlich zur Effizienzsteigerung und zur Förderung des Innovationspotenzials der beteiligten Unternehmen bei.[423] Die Interaktion zwischen den Akteuren ist dabei das zentrale Element des Netzwerkansatzes und Grundlage für eine langfristige und stabile Leistungsbeziehung.[424]

Im Rahmen von Outsourcing-Entscheidungen stellen Unternehmensnetzwerke, neben den Möglichkeiten Eigenerstellung und Fremdbezug, eine alternative organisatorische Kooperationsform dar. Im Gegensatz zu den traditionellen Kooperationsformen sind Netzwerke dadurch gekennzeichnet, dass der Leistungsaustausch innerhalb eines sozial strukturierten Rahmens erfolgt, d. h. er wird beeinflusst durch die Beziehungen und die gegenseitigen Interessen der Akteure. Netzwerke basieren dadurch vor allem auf sozialen Aspekten wie gegenseitigem Vertrauen und der Zielkongruenz zwischen den Akteuren.[425]

Neben gemeinsam verfolgten Zielen stellt vor allem gegenseitiges Vertrauen ein zentrales Merkmal für das Funktionieren von Netzwerkbeziehungen dar. Die Bedeutung von Vertrauen in zwischenmenschlichen Beziehungen wurde bereits aus unterschiedlichen disziplinären Perspektiven wissenschaftlich untersucht.[426] Trotz unterschiedlicher Forschungsansätze zum Thema Vertrauen besteht Einigkeit darüber, dass Vertrauen immer eine Vermutung hinsichtlich des Handelns

[420] Sydow, J. (1992), S. 79.

[421] Vgl. Siebert, H. (2003), S. 9.

[422] Vgl. Morath, F. A. (1996), S. 29.

[423] Vgl. Johanson, J./Mattsson, L.-G. (1991), S. 257 f.; Morath, F. A. (1996), S. 30.

[424] Vgl. Sydow, J. (1992), S. 216.

[425] Vgl. Meyer, K. (2016), S. 11.

[426] Vgl. Preisendörfer, P. (1995); Ripperger, T. (1998); Luhmann, N. (2000); Hartmann, M./ Offe, C. (2001).

anderer ist, die auf einer Abschätzung ihres zukünftigen Verhaltens beruht.[427] Dabei lässt sich der Wert des in eine Beziehung investierten Vertrauens erst rückblickend beurteilen. Grundsätzlich kann jedoch davon ausgegangen werden, dass der Aufbau vertrauensvoller Beziehungen auf der Motivation der Beteiligten beruht, die netzwerkinduzierten Chancen zu nutzen und positive Effekte daraus zu erzielen.[428] Die Intensität des Vertrauens variiert dabei sowohl in Abhängigkeit der Dauer der Zusammenarbeit als auch von den Zielen der Beteiligten.[429] Neben den Aspekten, dass Vertrauen eine kooperationsfördernde Wirkung hat und wesentlich zur Stabilisierung einer Netzwerkbeziehung beiträgt, erfüllt Vertrauen darüber hinaus weitere Funktionen innerhalb des Interaktionsprozesses. Insbesondere sorgt Vertrauen für eine Vergrößerung des Handlungsspielraums der Akteure über die vertraglichen Festlegungen und Vereinbarungen hinaus.[430] Vorhandene Informationsasymmetrien, die wesentlichen Einfluss auf die Vertragsbeziehung haben, können durch gegenseitiges Vertrauen überbrückt oder abgebaut werden. Hieraus ergibt sich auch ein Bezug zur Prinzipal-Agent-Theorie, die im vorangegangenen Abschnitt bereits vorgestellt wurde.[431]

In vertrauensvollen Beziehungen wird opportunistisches Verhalten dadurch begrenzt, dass sich sowohl der Prinzipal als auch der Agent verpflichtet fühlen, das in sie gesetzte Vertrauen nicht zu enttäuschen und die Erwartungen des jeweils anderen zu erfüllen.[432] Durch Vertrauen wird beim Prinzipal einerseits die Informationsbeschaffung und die Leistungsbewertung des Agenten vor Vertragsabschluss vereinfacht, andererseits können aufwändige Kontroll- und Überwachungsmechanismen während der Leistungsbeziehung verringert werden. Beides hat letztendlich eine Reduzierung der Agency-Kosten zur Folge.[433] Die Reduzierung von Überwachung und Kontrolle durch den Prinzipal führt beim Agenten wiederum dazu, dass er in seiner Autonomie und Handlungsfreiheit weniger eingeschränkt wird. Er kann durch das in ihn gesetzte Vertrauen wesentlich eigenständiger agieren, wodurch Kreativität und Innovationen gefördert werden.[434] Vertrauen erhöht darüber hinaus die Motivation des Agenten zur Steigerung seiner Leistungsqualität und zur Umsetzung langfristiger Investitionen.

---

[427] Vgl. Offe, C. (2001), S. 249.

[428] Vgl. Offe, C. (2001), S. 257.

[429] Vgl. Sydow, J. (1995), S. 196 f.

[430] Vgl. Luhmann, N. (2000), S. 28; Offe, C. (2001), S. 257.

[431] Vgl. Punkt 3.9.3 Prinzipal-Agent-Theorie.

[432] Vgl. Preisendörfer, P. (1995), S. 269; Offe, C. (2001), S. 275.

[433] Vgl. Preisendörfer, P. (1995), S. 264.

[434] Vgl. Offe, C. (2001), S. 258.

Mit einem Outsourcing geht für das auslagernde Unternehmen immer die Gefahr der Abhängigkeit einher, weshalb bei Outsourcing-Entscheidungen Vertrauen in den jeweiligen Partner eine große Rolle spielt. Vertrauen und eine partnerschaftliche Beziehungskultur sind deshalb wesentliche Merkmale für eine langfristig erfolgreiche Outsourcing-Partnerschaft.

Der Netzwerkansatz und die damit einhergehende Vertrauenstheorie bieten deshalb einen guten Erklärungs- und Lösungsansatz für die Organisation und Gestaltung von Outsourcing-Beziehungen. Sie sind besonders geeignet für die Anwendung in der Partner- und Betriebsphase des Outsourcing-Prozesses.[435]

[435] Vgl. Punkt 3.8.8.1 Planung und Entscheidung / Partnerphase und Punkt 3.8.8.2 Realisierung / Betriebsphase.

# Betreibermodelle – alternative Konzepte für die Immobilienbewirtschaftung

4

## 4.1 Überblick

Dieses Kapitel widmet sich der theoretischen Untersuchung von Betreibermodellen für die Immobilienbewirtschaftung und der Ausgestaltung von Auftraggeber-Dienstleister-Beziehungen. Hierzu werden zunächst die verschiedenen Ausprägungsformen von Betreibermodellen definitorisch eingeordnet und die Relevanz von Betreibermodellen für die Immobilienbewirtschaftung aufgezeigt. Der Schwerpunkt dieses Kapitels liegt auf der Entwicklung eines Konzeptes, das die Umsetzungs- und Gestaltungsmöglichkeiten von Betreibermodellen für die Immobilienbewirtschaftung ausführlich darlegt und praktisch anwendbare Lösungen zur Verbesserung des Entscheidungsprozesses und dem Aufbau einer wertschöpfenden Beziehung zwischen Auftraggeber und Dienstleister bietet.

## 4.2 Definitionen und Ausprägungsformen von Betreibermodellen

Der Begriff „Betreibermodell" wird in der Literatur sehr unterschiedlich definiert und es existiert kein einheitliches Verständnis darüber, welche Komponenten ein Betreibermodell umfasst. Die Verschiedenartigkeit der verfügbaren Definitionen führt dazu, dass für den Begriff „Betreibermodell" häufig auch die Begriffe „Geschäftsmodell", „Geschäftsstrategie", „Ertragsmodell" oder „Wirtschaftsmodell"



N. C. Rummel, *Betreibermodelle für die Immobilienbewirtschaftung international tätiger Großunternehmen*, Baubetriebswesen und Bauverfahrenstechnik,
https://doi.org/10.1007/978-3-658-44946-9_4

synonym verwendet werden.[1] Diese Heterogenität lässt sich damit begründen, dass Betreibermodelle in den verschiedensten Bereichen und Disziplinen Anwendung finden.[2]

Im Allgemeinen versteht man unter Betreibermodellen partnerschaftliche Kooperationsformen bei der Realisierung von Immobilienprojekten, entweder zwischen Akteuren der öffentlichen Hand und der Privatwirtschaft oder zwischen Akteuren der Privatwirtschaft, bei denen der Auftraggeber die gesamte Abwicklung eines Immobilienprojektes, d. h. die Planung, den Bau, die Finanzierung und den Betrieb des Gebäudes einschließlich der dazugehörenden Anlagen, an den Auftragnehmer überträgt. Besondere Kennzeichen dieser Modelle sind der Lebenszyklusansatz[3] und eine langfristige, wertschöpfende Kooperation zwischen Auftraggeber und Auftragnehmer.

In Anlehnung an diesen Definitionsansatz finden Betreibermodelle vor allem im Bereich der öffentlichen Immobilienprojektentwicklung unter dem Begriff **„Public Private Partnership“**, im Bereich der privaten Immobilienprojektentwicklung unter dem Begriff **„Lebenszyklusübergreifende Wertschöpfungspartnerschaft“** und in jüngster Zeit auch im Maschinen- und Anlagenbau als sogenannte **„Industrielle Betreibermodelle“** Anwendung.

Bevor in Abschnitt 4.3 eine eigene Definition des Begriffs „Betreibermodell“ speziell für die Bewirtschaftung des Immobilienbestandes erfolgt,[4] werden im Folgenden zunächst die verschiedenen Ausprägungsformen von Betreibermodellen in den zuvor genannten Bereichen vorgestellt. In diesem Zusammenhang werden insbesondere die Unterschiede zwischen Betreibermodellen und konventionellen Projektabwicklungsformen näher erläutert.

### 4.2.1 Betreibermodelle im Maschinen- und Anlagenbau

Betreibermodelle finden in den letzten Jahren vermehrt im Maschinen- und Anlagenbau als sogenannte **Industrielle Betreibermodelle (IBM)** Anwendung.[5]

---

[1] Vgl. Morris, M./Schindehutte, M./Allen, J. (2005), S. 726.

[2] Vgl. Boßlau, M. et al. (2017), S. 301.

[3] Beim Lebenszyklusansatz werden die Errichtungsphase und die Nutzungsphase einer Immobilie im Gesamten betrachtet, um den Ressourceneinsatz über den gesamten Lebenszyklus zu optimieren.

[4] Vgl. Abschnitt 4.3 Relevanz von Betreibermodellen für die Immobilienbewirtschaftung.

[5] Für eine ausführliche Betrachtung von Industriellen Betreibermodellen wird auf die Arbeiten von Kleikamp, C. (2002), Siemer, F. (2004), Gretzinger, S. (2008) und Ruffer, S. (2018) verwiesen.

Klassisches Merkmal industrieller Betreibermodelle ist die Neugestaltung der Aufgabenverteilung zwischen Anbietern und Abnehmern von Investitionsgütern. Während bei der herkömmlichen Aufgabenverteilung der Kunde die vom Hersteller entwickelten Maschinen und Produktionsanlagen erwirbt und selbst betreibt, sehen industrielle Betreibermodelle eine weitreichende Delegation der Betreiberaufgaben vom Abnehmer zum Anbieter vor. Im weitestgehenden Fall übernimmt der Anbieter neben der Finanzierung des Wirtschaftsguts insbesondere den Betrieb der Maschinen und Anlagen.[6] Je nach Ausgestaltung des IBM und dem Ausmaß der Aufgaben- und Leistungsübertragung werden in der Literatur verschiedene Definitionsansätze für industrielle Betreibermodelle verwendet.

Nach der Definition von *Werding* werden IBM als Geschäftsmodelle verstanden, die

> *„eine Neukonfiguration der Wertschöpfungsarchitektur fokussieren, in dem das Betreiben von Produktionsmaschinen und -anlagen auf einen Anbieter übertragen wird“.*[7]

Diese Definition hebt ausschließlich auf die Tätigkeit des Betreibens der Maschinen- und Anlagen ab. *Werding* bezeichnet diese Modelle auch als „Produktions-Betreibermodelle“. Mit dem Betreiben übernimmt der Hersteller die gesamte Prozessverantwortung für die Produktionsanlage. Dies hat zur Folge, dass durch die direkte Einbindung des Herstellers in die Prozessabläufe des Abnehmers eine intensive Geschäftsbeziehung zwischen den Beteiligten entsteht.[8]

Eine andere Definition betont weniger die Leistungsübertragung auf den Anbieter während der Betriebsphase der Maschinen und Anlagen, sondern fokussiert die Eigentums- und Finanzierungsfrage.[9] Nach der Definition von *Freiling* sind IBM Geschäftsmodelle, in deren Rahmen durch den Anbieter

> *„Einzelmaschinen oder maschinelle Anlagen nicht verkauft werden, sondern dem Nachfrager für eine fixierte Vertragslaufzeit zu vorab vereinbarten Konditionen bereitgestellt und in dessen Auftrag auf Basis genauer Spezifikationen betrieben werden“.*[10]

---

[6] Vgl. Von Garrel, J./Dengler, T./Seeger, J. (2009), S. 268 f.

[7] Werding, A. (2005), S. 20.

[8] Vgl. Lay, G. et al. (2007), S. 2.

[9] Vgl. Lay, G. et al. (2007), S. 2.

[10] Freiling, J. (2003), S. 32 f.

*Freiling* stellt mit seiner Definition die finanzielle Eigentümerschaft der Maschinen und Anlagen in den Vordergrund. Das Eigentum verbleibt beim Anbieter, nach dem Prinzip „pay for performance“ zahlt der Kunde nur für die Nutzung und die tatsächlich in Anspruch genommenen Leistungen. Bei einer Nichtauslastung der Kapazitäten trägt der Anbieter / Betreiber das Risiko.[11] Mit dieser Definition wird der Begriff „Betreibermodell“ synonym zum Performance Contracting verwendet. Hierbei bezieht der Kunde nicht mehr nur ein Produkt oder eine Einzelleistung vom Anbieter / Hersteller, sondern eine Komplettleistung, die neben der Finanzierung, dem Betrieb der Maschinen und Anlagen, der Ersatzteilversorgung, der Wartung und Instandhaltung eine Verfügbarkeitsgarantie des Anbieters beinhaltet.[12] Durch die Zusammenfassung von Produkt und Serviceleistungen zu einem kompletten Leistungsbündel tritt der Anbieter nicht mehr nur als reiner Produkthersteller in Erscheinung, sondern als integrierter Systemdienstleister.

Die Ausgestaltung des Performance Contracting orientiert sich in erster Linie an den speziellen Bedürfnissen des Kunden und am Ausmaß des an den Anbieter übertragenden Leistungsumfangs, als auch an den Erwartungen und der Leistungsfähigkeit des Anbieters.

Die Literatur bezeichnet die Aufgabenverteilung zwischen Anbietern und Abnehmern von Investitionsgütern als Stufenkonzepte[13] entlang des gesamten Produktlebenszyklus. Ausgehend vom klassischen Verkauf der Maschine oder Anlage über den Verkauf von zusätzlichen produktbegleitenden Dienstleistungen bis hin zum vollständigen Betrieb nimmt die Kunden- und Dienstleistungsorientierung mit jeder Stufe kontinuierlich zu. Ab der vierten Stufe wird der Anbieter direkt in die Prozessabläufe des Kunden eingebunden, der reine Produktverkauf geht über in ein Betreibermodell (siehe Abbildung 4.1).[14]

[11] Vgl. Freiling, J. (2003), S. 33.

[12] Vgl. Kleikamp, C. (2002), S. 21.

[13] Vgl. Lay, G. et al. (2007), S. 2.

[14] Vgl. Meier, H. (2004), S. 8.

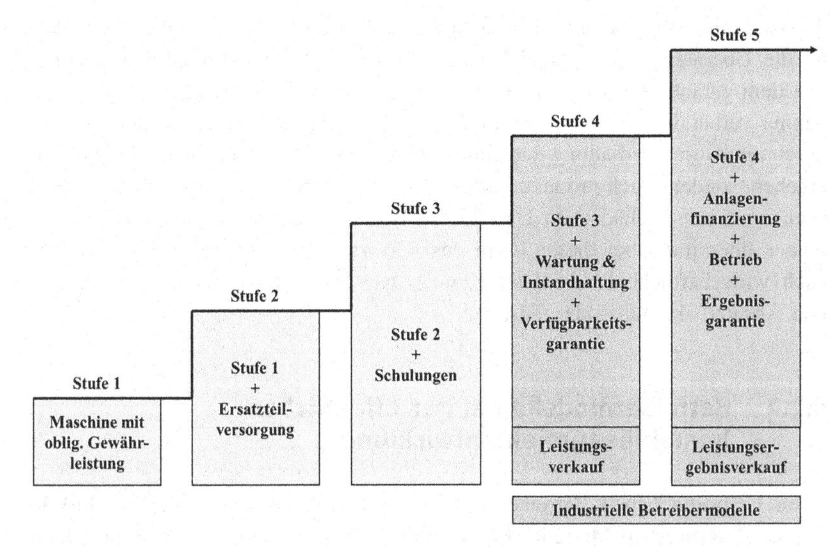


**Abbildung 4.1** Stufenmodell vom Produkthersteller zum Betreiber[15]

Die Modellstufen vier und fünf bilden die Grundformen des Performance Contracting, wobei Stufe vier als Leistungsverkauf und Stufe fünf als Leistungsergebnisverkauf bezeichnet wird.

Beim Leistungsverkauf[16] stellt der Anbieter dem Kunden die Maschine oder Anlage zur Verfügung und ist verantwortlich für die Aufrechterhaltung der Funktionsfähigkeit des Produkts über die gesamte Vertragsdauer. Dies beinhaltet die Ersatzteilversorgung sowie die Instandhaltung und Wartung. Damit übernimmt der Anbieter eine Verfügbarkeitsgarantie. Mit dieser Verfügbarkeitsgarantie sichert der Anbieter dem Kunden vertraglich eine bestimmte Laufzeit der Maschine oder Anlage und damit auch eine gewisse Outputleistung zu. Damit gehen sowohl technische wie auch Kosten- und Qualitätsrisiken, die im Zusammenhang mit eventuellen Ausfallzeiten stehen, auf den Betreiber über.

Beim Leistungsergebnisverkauf[17] übernimmt der Anbieter zusätzlich zum Leistungsverkauf auch die Finanzierungsfunktion sowie den vollständigen Betrieb

[15] Eigene Darstellung, in Anlehnung an Baader, A./Montanus, S./Sfat, R. (2006), S. 6; Meier, H. (2004), S. 7.

[16] Vgl. Kleikamp, C. (2002), S 22 f.

[17] Vgl. Kleikamp, C. (2002), S. 24 ff.

der Maschine oder Anlage. Damit einher geht neben der Verfügbarkeitsgarantie die Übernahme einer Ergebnisgarantie für die gesamte Produktionsleistung. Mit dem garantierten Leistungsergebnis ist gleichzeitig eine weitere Risikoübernahme verbunden. So trägt der Betreiber nicht nur die Kostenrisiken, die sich durch die Aufrechterhaltung der Betriebsbereitschaft der Maschinen und Anlagen ergeben, sondern auch produktionsbedingte Risiken in Form von unsachgemäßer Bedienung oder Schäden im Umfeld des Betriebs und der Produktion. Darüber hinaus übernimmt bei dieser Form des Performance Contracting der Betreiber auch wirtschaftliche Risiken des Kunden wie beispielsweise das Auslastungs- und Absatzrisiko ganz oder teilweise.

### 4.2.2 Betreibermodelle bei der öffentlichen Immobilienprojektentwicklung

Ihren Ursprung haben Betreibermodelle im Bauwesen als sogenannte **Public Private Partnership-Modelle (PPP)**[18] bei der Realisierung von Großprojekten der öffentlichen Hand im Bereich des Hochbaus und der Infrastrukturbereitstellung. Eine Legaldefinition des Begriffs Public Private Partnership ist in deutschen Gesetzen nicht verankert. Ein Definitionsansatz, der sich in Wissenschaft und Praxis jedoch etabliert hat, beschreibt PPP als

> *„eine Vielzahl von Modellen der langfristigen, vertraglich geregelten Zusammenarbeit zwischen autonomen Akteuren der öffentlichen Hand und der Privatwirtschaft zur kooperativen Erfüllung öffentlicher Aufgaben, die den gesamten Lebenszyklus umfasst und bei der die Projektrisiken auf die Vertragspartner verteilt werden".*[19]

Bei PPP-Modellen überträgt der Staat im Rahmen einer öffentlich privaten Partnerschaft die Erbringung öffentlicher Leistungen über den gesamten Lebenszyklus an ein privatwirtschaftliches Unternehmen. Der private Auftragnehmer verpflichtet sich gegenüber der öffentlichen Hand zur Planung, zum Bau, zur Finanzierung und zum Betreiben eines Gebäudes oder einer infrastrukturellen Einrichtung.[20] Damit erbringt der private Auftragnehmer neben Planungs- und

[18] Für eine ausführliche Betrachtung von Public Private Partnership wird auf die Arbeiten von Höftmann, B. (2001), Kühlmann, S. (2006), Boll, P. (2007), Fischer, K. (2008), Bischoff, T. (2009) und Daube, D. (2010) verwiesen.

[19] Höftmann, B. (2001), S. 29; Budäus, D. (2004), S. 12; Boll, P. (2007), S. 24; Bischoff, T. (2009), S. 30; Daube, D. (2010), S. 11.

[20] Vgl. Werner, M. J./Fiedler, A. (2006), S. 92.

Bauleistungen umfangreiche Leistungen im Bereich des Facility Managements und ist verantwortlich für die Gestaltung und Optimierung eines Gebäudes oder einer Anlage über den gesamten Lebenszyklus hinweg.[21]

Besondere Merkmale von PPP-Modellen sind neben einer langfristig[22] angelegten und vertraglich geregelten Kooperation, der Lebenszyklusansatz und die Risikoallokation zwischen den Partnern.[23] Die ganzheitliche Betrachtung aller Projektphasen von der Planung bis zum Betreiben des Projektes trägt wesentlich zur Optimierung und Transparenz der Kosten bei.[24] Entscheidende Einflussfaktoren für die Ausnutzung von Kostensenkungspotenzialen sind neben einer optimierten Ressourcenausstattung und niedrigeren Projektlebenszykluskosten insbesondere die Risikoverteilung zwischen den beteiligten Partnern.[25] Mit der Verteilung der Projektrisiken auf die Projektpartner[26] werden klare Verantwortlichkeiten zur Minimierung und Absicherung von Risiken festgelegt. Damit sorgen sowohl der Lebenszyklusansatz wie auch die Risikoallokation für eine Senkung der Lebenszykluskosten und ermöglichen nachhaltig die Generierung von Effizienzgewinnen.[27]

Nach diesem Begriffsverständnis stellen PPP-Modelle im Vergleich zu konventionellen Projektabwicklungsformen, bei denen nur einzelne Aufgaben innerhalb des Lebenszyklus an einen privaten Partner übertragen werden, wertschöpfungsstufenübergreifende Abwicklungsvarianten dar[28] und werden daher im Sinne des allgemeinen Definitionsansatzes als Betreibermodelle bezeichnet.

Grundsätzlich reichen die Optionen bei der Realisierung öffentlicher Hochbauten und Infrastrukturen von der direkten Bereitstellung durch die öffentliche Hand bis zur vollständigen Übertragung aller Aufgaben an den Privatsektor. Innerhalb dieses Spektrums können die Organisations- und Vertragsformen anhand des Ausmaßes der Beteiligung des öffentlichen und privaten Sektors und des Grads der Risikoallokation kategorisiert werden. Im internationalen Sprachgebrauch sind die Vertragsformen gekennzeichnet durch die Kombination der Anfangsbuchstaben

[21] Vgl. Höftmann, B. (2001), S. 38.

[22] In der Literatur wird mit „langfristig" ein Zeitraum zwischen 20 und 30 Jahren bezeichnet, dies entspricht auch in etwa dem Lebenszyklus von Immobilien. Vgl. Kühlmann, S. (2006), S. 13.

[23] Vgl. Budäus, D. (2004), S. 9–22; Weber, B./Alfen, H. W. (2009), S. 73 ff.

[24] Vgl. Boll, P. (2007), S. 23.

[25] Vgl. Zhang, X. (2006), S. 107–114.

[26] Vgl. Kühlmann, S. (2006), S. 4.

[27] Vgl. Boll, P. (2007), S. 22 f.

[28] Vgl. Beckers, T./Gehrt, J./Klatt, J. P. (2009), S. 6.

der Lebenszyklusphasen (Design, Build, Finance, Operate, Own und Transfer) und beschreiben den Umfang der übertragenen Aufgaben.[29] Die Vertragsformen stellen eine modellhafte Orientierung zur projektspezifischen Ausgestaltung vertraglicher Strukturen bei der Realisierung öffentlicher Immobilien dar.[30]

Nachfolgend werden die verschiedenen Vertragsformen näher erläutert.[31]

#### 4.2.2.1 Einzelgewerkevergabe bei öffentlichen Auftraggebern

Für die Vergabe von Bauleistungen bei Projekten der öffentlichen Hand gelten grundsätzlich die Vorschriften der Vergabe- und Vertragsordnung für Bauleistungen / Teil A (VOB/A).[32]

Bei der Realisierung von Bauvorhaben der öffentlichen Hand stellt die Einzelgewerkevergabe auf der Grundlage von Leistungsverzeichnissen die konventionellste Abwicklungsform dar. Hierbei werden alle Bauausführungsleistungen nach Gewerken oder Fachgebieten separat vergeben. Man spricht deshalb auch von **der Einzelvergabe oder der losweisen Vergabe**.[33] Nach § 5 Absatz 2 VOB/A sind öffentliche Auftraggeber gehalten, die Bauleistungen getrennt nach Fachlosen zu vergeben. Anhand einer detaillierten Ausschreibung werden für jede Einzelleistung separate Verträge mit den jeweiligen Auftragnehmern abgeschlossen. Die Vergütung und Abrechnung der Bauleistungen erfolgt in der Regel nach Einheitspreisen. Dabei wird für jede Position des Leistungsverzeichnisses ein Preis je Mengeneinheit vereinbart. Die Vergütung errechnet sich aus der Multiplikation von Einheitspreis und ausgeführter Menge.[34]

---

[29] Vgl. Boll, P. (2007), S. 32 f.

[30] Vgl. Daube, D. (2010), S. 16.

[31] Eine ausführliche Beschreibung der Organisations- und Vertragsmodelle, unterschieden nach dem Ausmaß der übertragenen Leistungen und Risiken sowie der Art der Vergütung findet sich bei Weber, B./Alfen, H. W./Maser. S. (2006), S. 65 ff.

[32] Die VOB ist ein dreiteiliges Vertragswerk, in dem die Vergabe und die Vertragsbedingungen bei Bauaufträgen geregelt sind. Die VOB/A enthält die Bestimmungen für die Vergabe von Bauleistungen durch öffentliche Auftraggeber, die VOB/B enthält die allgemeinen Vertragsbedingungen für die Ausführung von Bauleistungen, die VOB/C enthält allgemeine technische Vertragsbedingungen für Bauleistungen. Die Anwendung der VOB ist für Bauaufträge der öffentlichen Hand verpflichtend, sie wird aber häufig auch bei Bauaufträgen privater Auftraggeber angewandt.

[33] Nach den Grundprinzipien der Vergabe- und Vertragsordnung für Bauleistungen (VOB), der Honorarordnung für Architekten und Ingenieure (HOAI) und der Handwerksordnung (HwO) erfolgt bei der Fachlosvergabe eine strikte Trennung zwischen Bauausführungsleistungen und Planungsleistungen. Vgl. Bischoff, T./Fischer, C. (2016), S. 274.

[34] Vgl. ausführlich Punkt 4.4.5.3 Preismodelle / Einheitspreis.

Durch die vielen unterschiedlichen Vertragsbeziehungen entsteht eine Vielzahl von Schnittstellen, die für den Auftraggeber einen hohen Koordinationsaufwand mit sich bringen, zumal das Management des Projektes einschließlich der umfangreichen Aktivitäten der Termin-, Kosten- und Qualitätssteuerung über die gesamte Abwicklungszeit dem Auftraggeber obliegt. Da die ausführenden Unternehmen keine Gesamtverantwortung für das Projekt in Bezug auf Funktionalität und Vollständigkeit haben und jeweils nur für ihren Teilauftrag verantwortlich sind, ergeben sich für den Auftraggeber komplexe Haftungs- und Gewährleistungsverhältnisse.[35] Darüber hinaus hat der Auftraggeber bei der Einzelgewerkevergabe ein erhöhtes Kosten- und Terminrisiko. Sofern mit den Auftragnehmern keine Kostenobergrenze und kein Fertigstellungstermin für ihren jeweiligen Auftrag vertraglich vereinbart sind, trägt der Auftraggeber das finanzielle und terminliche Risiko selbst.[36] Neben den dargestellten Nachteilen in Bezug auf Managementaufwand, Schnittstellenproblematik und Risiken ergeben sich für den Auftraggeber bei dieser konventionellen Abwicklungsform durchaus auch Vorteile. Die Einzelvergabe bietet dem Auftraggeber die Möglichkeit, den jeweils geeignetsten Anbieter hinsichtlich Preis, Qualität und Leistungsfähigkeit zu beauftragen.[37] Das Projektmanagement über die gesamte Abwicklungszeit ermöglicht dem Auftraggeber außerdem die größtmögliche Einflussnahme auf den Projektverlauf. Dies betrifft insbesondere schnelle Zugriffsmöglichkeiten bei eventuellen Bedarfsänderungen.[38] Darüber hinaus bietet die Einzelgewerkevergabe den Vorteil der größten Flexibilität hinsichtlich der Ausschreibungs- und Vergabezeitpunkte und damit der optimalen Wettbewerbsausschöpfung.[39,40]

Neben der Vergabe der Bauleistungen können für Planungsleistungen, die von der öffentlichen Hand nicht selbst ausgeführt werden,[41] private Auftragnehmer beauftragt werden. Üblicherweise werden die Planungsleistungen an fachspezifische Einzelplaner vergeben. Eine Trennung der einzelnen Planungsleistungen nach den Grundprinzipien der Honorarordnung für Architekten und Ingenieure

---

[35] Vgl. Girmscheid, G. (2016), S. 435; Berner, F./Kochendörfer, B./Schach, R. (2020), S. 92.

[36] Vgl. Girmscheid, G. (2016), S. 438.

[37] Vgl. Meyer, K. (2016), S. 20.

[38] Vgl. Girmscheid, G. (2016), S. 438.

[39] Vgl. Kochendörfer, B./Liebchen, J. H./Viering, M. G. (2018), S. 112.

[40] Eine Übersicht der Vor- und Nachteile der Einzelgewerkevergabe aus Sicht des Auftraggebers findet sich bei Kochendörfer, B./Liebchen, J. H./Viering, M. G. (2018), S. 119 und Berner, F./Kochendörfer, B./Schach, R. (2020), S. 92.

[41] Bei der Realisierung öffentlicher Bauvorhaben verbleiben die Entwurfs- und Genehmigungsplanung in der Regel bei der öffentlichen Hand.

(HOAI) und dem Standesrecht der freiberuflichen Planer ist dadurch gekennzeichnet, dass der Auftraggeber für die einzelnen Planungsleistungen jeweils eigenständige Verträge mit den Fachplanern abschließt.[42]

Die Gesamtplanungsleistung beinhaltet die Objektplanung und zahlreiche Fachplanungen. Nach der HOAI[43] werden die unterschiedlichen Planungsleistungen wie folgt systematisiert:

- Objektplanung für[44]
  - Gebäude und Innenräume
  - Freianlagen
  - Ingenieurbauwerke
  - Verkehrsanlagen
- Fachplanung mit[45]
  - Tragwerksplanung
  - Technische Ausrüstung
- Beratungsleistungen mit[46]
  - Umweltverträglichkeitsstudie
  - Bauphysik
  - Geotechnik
  - Ingenieurvermessung

Eine zentrale Rolle nimmt der Objektplaner, in der Regel ein beauftragtes Architekturbüro, ein. Die HOAI definiert neun Leistungsphasen des Objektplaners.[47] Der Objektplaner wird bereits frühzeitig in den Planungsprozess mit einbezogen. Er übernimmt die Grundlagenermittlung, die Vorplanung und die Entwurfsplanung (Leistungsphasen 1 bis 3), die Genehmigungsplanung und die Ausführungsplanung (Leistungsphasen 4 und 5). Darüber hinaus unterstützt er den Auftraggeber bei der Vergabe und überwacht den gesamten Ausführungsprozess (Leistungsphasen 6 bis 9). Als übergeordnete Aufgabe übernimmt der Objektplaner die fachliche Koordination der Fachplaner und die Integration in den Gesamtprozess. Da der Auftraggeber mit jedem Fachplaner einen eigenständigen Vertrag abschließt, übernimmt der Objektplaner zwar die Koordination der

[42] Vgl. Gralla, M. (2008), S. 26.
[43] Vgl. HOAI (2021).
[44] Vgl. HOAI (2021), Teil 3, Abschnitte 1 bis 4.
[45] Vgl. HOAI (2021), Teil 4, Abschnitte 1 und 2.
[46] Vgl. HOAI (2021), Anlage 1.
[47] Vgl. HOAI (2021), § 34.

einzelnen Fachplanungen, nicht aber die vertraglichen Rechte und Pflichten der Fachplaner gegenüber dem Auftraggeber.[48]

Für die Vergütung von Architekten- und Ingenieurleistungen definierte die bis Ende 2020 gültige Honorarordnung Honorarzonen mit verbindlich geltenden Mindest- und Höchst-sätzen für die einzelnen Planungsleistungen. Der Europäische Gerichtshof (EuGH) sah jedoch in der Verbindlichkeit der Mindest- und Höchstsätze einen Verstoß gegen die Dienstleistungsrichtlinie. Aufgrund der EuGH-Entscheidung gibt es kein verpflichtendes Preisrecht mehr, an das sich Auftraggeber und Architekten halten müssen. Dies wurde in der Neufassung der HOAI zum 01.01.2021 berücksichtigt.

Das Honorar ist nun zwischen Auftraggeber und Architekt frei verhandelbar und richtet sich grundsätzlich nach der Vereinbarung, welche die Vertragsparteien treffen.[49] Gleichwohl gibt die HOAI auch weiterhin Honorartafeln für die einzelnen Planungsleistungen vor, die als Grundlage und Orientierungshilfe bei der Festlegung der Vergütung dienen können.

Alternativ zur Vergabe einzelner Planungsleistungen können die kompletten Planungsleistungen einschließlich aller Fachplanungen an einen Generalplaner vergeben werden, der seinerseits die spezifischen Fachplanungen an „Sub-Planer" vergibt. Die Fachplaner und der Auftraggeber haben keine vertragliche Beziehung. Alleiniger Vertragspartner des Auftraggebers ist der Generalplaner. Gegenüber der Vergabe einzelner Planungsleistungen weist das Generalplaner-Modell deutliche Vorteile auf. Mit einem gut organisierten Planungsteam des Generalplaners können die einzelnen Planungsphasen verkürzt werden, wodurch sich der gesamte Planungsprozess wirtschaftlicher und schneller durchführen lässt.[50] Da die Gesamtkoordination des gesamten Planungsprozesses ausschließlich beim Generalplaner liegt, ergibt sich nur noch eine Schnittstelle zwischen Planer und Auftraggeber, wodurch der Managementaufwand für den Auftraggeber deutlich verringert wird. Als Nachteil für den Auftraggeber erweist sich die Abhängigkeit gegenüber dem Generalplaner und die geringe Einflussnahme auf die Fachplaner.

Bei der Projektabwicklung mittels Einzelgewerkevergabe verbleiben die Finanzierung des Projektes sowie der Betrieb und das lebenszyklusübergreifende Management bei der öffentlichen Hand.

---

[48] Vgl. Fischer, C./Bischoff, T. (2008), S. 318.

[49] Vgl. HOAI (2021), § 7 Abs. 1 Satz 1.

[50] Vgl. Girmscheid, G. (2016), S. 442 ff.

#### 4.2.2.2 Generalunternehmermodell / Totalunternehmermodell bei öffentlichen Auftraggebern (Design-Build / DB)

Nach § 5 Absatz 2 der VOB/A kann die öffentliche Hand aus wirtschaftlichen oder technischen Gründen mehrere Fachlose gebündelt oder sämtliche Bauausführungsleistungen als Gesamtpaket vergeben. Beim Generalunternehmermodell überträgt die öffentliche Hand die Bauausführungsleistungen nicht fach- oder gewerkespezifisch an verschiedene Unternehmen, sondern sämtliche Bauausführungsleistungen werden an einen Generalunternehmer (GU)[51] vergeben. Dieser erbringt die Leistungen entweder komplett selbst oder er führt nur einen Teil der Leistungen selbst aus und beauftragt Nachunternehmen für die übrigen Bauleistungen. Der Generalunternehmer ist der einzige Vertragspartner des Auftraggebers für die zu erbringenden Bauleistungen und ist damit verantwortlich für den gesamten Bauausführungsprozess. Da die Ausschreibung beim Generalunternehmer-Modell (GU-Modell) in der Regel funktional erfolgt, gibt es keine Abrechnungspositionen, so dass die Vergütung als Pauschalpreis für die vereinbarte Gesamtleistung festgelegt wird.[52]

Entscheidend beim GU-Modell ist, dass der Generalunternehmer, einhergehend mit seiner Gesamtverantwortung für den Bauausführungsprozess, das Kosten-, Termin-, Qualitäts- und Gewährleistungsrisiko für die ausgeschriebene Gesamtleistung trägt.[53] Darüber hinaus ist er verantwortlich für die Gesamtkoordination der Bauausführung und das Schnittstellenmanagement zwischen den einzelnen Gewerken. Damit hat der Generalunternehmer die Alleinverantwortung für die schlüsselfertige Errichtung des Bauwerks.[54] Das GU-Modell bietet darüber hinaus den Vorteil, dass sich durch die gesamte Verantwortung des Generalunternehmers für die Bauausführung der Management- und Koordinationsaufwand für den Auftraggeber deutlich verringert. Die vollständige Verantwortungsübertragung an den Generalunternehmer während der Bauausführung bewirkt jedoch, dass der Auftraggeber in seiner Einflussnahme auf den Projektverlauf beschränkt ist und weniger flexibel auf Bedarfsänderungen reagieren kann.[55] Darüber hinaus

[51] Vgl. Kochendörfer, B./Liebchen, J. H./Viering, M. G. (2018), S. 114; Berner, F./Kochendörfer, B./Schach, R. (2020), S. 91.

[52] Vgl. ausführlich Punkt 4.4.5.3 Preismodelle / Pauschalpreis sowie Schach, R./Sperling, W. (2001), S. 104.

[53] Vgl. Boll, P. (2007), S. 29 f.

[54] Vgl. Girmscheid, G. (2016), S. 444.

[55] Vgl. Dörr, A. S. (2020), S. 43 f.

ist der für den Auftraggeber verminderte Aufwand bei der GU-Vergabe im Regelfall mit höheren Gesamtkosten als bei der Einzelgewerkevergabe verbunden, da der Generalunternehmer zur Deckung seines Aufwands und der Haftungsrisiken einen Zuschlag auf Nachunternehmerleistungen kalkulieren muss.[56,57]

Übernimmt der Generalunternehmer darüber hinaus weitere Leistungen, die über die eigentliche Bauausführung hinausgehen – insbesondere Planungsleistungen –, spricht man im Allgemeinen von einem Totalunternehmer (TU).[58] Der Totalunternehmer vereinigt die Funktion des Generalplaners und des Generalunternehmers.[59] Wie der Generalunternehmer erbringt der Totalunternehmer die Leistungen entweder selbst oder er beauftragt für Teile der Planungs- und Bauleistungen Nachunternehmer. Alleiniger Vertrags- und Ansprechpartner des Auftraggebers während des gesamten Projektverlaufs bleibt jedoch der Totalunternehmer. Mit der Übertragung der Gesamtverantwortung auf den Totalunternehmer wird für den Auftraggeber eine maximale Optimierung der Schnittstellen erreicht. Darüber hinaus hat der Auftraggeber bei dieser Abwicklungsform den geringsten Koordinations- und Managementaufwand. In Bezug auf die Risikoübertragung bietet diese Variante den Vorteil, dass der Totalunternehmer neben der Risikoübernahme für die Bauausführung auch alle Risiken hinsichtlich der ihm übertragenen Planungsleistungen trägt.[60] Als Nachteil für den Auftraggeber beim Totalunternehmer-Modell (TU-Modell) erweist sich der Umstand, dass die Vergabe der Gesamtleistung bereits im ersten Stadium der Projektentwicklung erfolgt und bereits zu diesem Zeitpunkt die konkrete Projektdefinition vorliegen muss. Spätere Planungsänderungen oder nachträgliche Änderungen bei der Bauausführung können sich gravierend auf die Kostenstruktur des Projektes auswirken. Der Auftraggeber sollte deshalb bereits im Vorfeld darauf achten, dass für solche Eventualitäten spezifische vertragliche Regelungen getroffen werden.[61] Da wie beim Generalunternehmer-Modell auch beim Totalunternehmer-Modell eine funktionale Ausschreibung erfolgt und es keine Abrechnungspositionen gibt, wird die

[56] Vgl. Kochendörfer, B./Liebchen, J. H./Viering, M. G. (2018), S. 115 f.

[57] Eine Übersicht der Vor- und Nachteile der GU-Vergabe aus Sicht des Auftraggebers findet sich bei Kochendörfer, B./Liebchen, J. H./Viering, M. G. (2018), S. 119 und Berner, F./Kochendörfer, B./Schach, R. (2020), S. 92.

[58] Vgl. Kochendörfer, B./Liebchen, J. H./Viering, M. G. (2018), S. 117; Berner, F./Kochendörfer, B./Schach, R. (2020), S. 91.

[59] Vgl. Girmscheid, G. (2016), S. 454.

[60] Vgl. Girmscheid, G. (2016), S. 459.

[61] Eine Übersicht der Vor- und Nachteile der TU-Vergabe aus Sicht des Auftraggebers findet sich bei Kochendörfer, B./Liebchen, J. H./Viering, M. G. (2018), S. 119 und Berner, F./Kochendörfer, B./Schach, R. (2020), S. 92.

Vergütung pauschaliert. Falls der Auftraggeber einzelne Ausführungsdetails noch nicht festgelegt hat, können diese von der Pauschalierung ausgenommen werden. Für diese Positionen werden dann Einheitspreise vereinbart.[62]

Es wird allerdings darauf hingewiesen, dass, im Gegensatz zu privaten Auftraggebern, das Totalunternehmer-Modell bei öffentlichen Auftraggebern eher theoretisch ist und in der Praxis in der Regel keine Anwendung findet.

Sowohl beim GU-Modell wie auch beim TU-Modell verbleiben die Finanzierung des Projekts und der Betrieb bei der öffentlichen Hand.

Unabhängig von der Vergabeform kann der Auftraggeber für die vielfältigen im Laufe der Projektabwicklung anfallenden Managementaufgaben zusätzlich einen Projektsteuerer beauftragen. Unter Projektsteuerung versteht man die neutrale, unabhängige Wahrnehmung delegierbarer Funktionen des Auftraggebers in technischer, wirtschaftlicher und rechtlicher Hinsicht.[63] Der Projektsteuerer fungiert als Bindeglied zwischen dem Auftraggeber und den am Projekt beteiligten Planern und bauausführenden Unternehmen. Neben Beratungs-, Informations- und Koordinierungsleistungen besteht die Hauptaufgabe des Projektsteuerers in der Überwachung der Aufgabenerfüllung hinsichtlich Kosten, Zeit und Qualität nach den Vorgaben des Auftraggebers.[64] Da zwischen dem Projektsteuerer und den anderen Projektbeteiligten keine Vertragsbeziehungen bestehen, trägt der Projektsteuerer auch keine technischen, wirtschaftlichen und rechtlichen Risiken. Diese verbleiben vollständig beim Auftraggeber.

Das Honorar für Projektsteuerungsleistungen kann zwischen Auftraggeber und Projektsteuerer frei verhandelt werden und richtet sich grundsätzlich nach den Vereinbarungen, welche die Vertragsparteien treffen. Als Empfehlung und als Orientierungshilfe für die Festlegung des Honorars hat die AHO-Kommission „Projektsteuerung / Projektmanagement" in der AHO-Schrift Nr. 9 die Honorarsätze für Leistungen zur Projektsteuerung für Hochbauten, Ingenieurbauwerke und Anlagenbauten auf der Grundlage anrechenbarer Kosten anhand von Honorartafeln abgebildet.[65]

---

[62] Vgl. Schach, R./Sperling, W. (2001), S. 104.

[63] Vgl. Pfnür, A. (2011), S. 347.

[64] Eine ausführliche Beschreibung des Leistungsbildes und der Aufgaben der Projektsteuerung hat der Ausschuss der Verbände und Kammern der Ingenieure und Architekten für die Honorarordnung e. V. (AHO) in der AHO-Schrift Nr. 9 „Projektmanagement in der Bau- und Immobilienwirtschaft" (2020) herausgegeben.

[65] Vgl. AHO-Schrift Nr. 9 (2020).

#### 4.2.2.3 Vorfinanzierungsmodelle (Design-Build-Finance / DBF)

Bei den Vorfinanzierungsmodellen überträgt die öffentliche Hand neben einzelnen Planungsleistungen[66] und den gesamten Bauausführungsleistungen zusätzlich die Finanzierung des Projekts auf den privaten Auftragnehmer. Für die Vorfinanzierung öffentlicher Baumaßnahmen wurden in den letzten Jahren verschiedene Modelle entwickelt. Typische Vorfinanzierungsmodelle sind bspw. Miet-, Mietkauf- oder Leasing-Modelle.[67] Der öffentliche Auftraggeber zahlt ein bei Vertragsabschluss festgelegtes monatliches Entgelt in Form von Miete oder Leasingraten, mit denen die Kosten des privaten Partners für die Planungsleistungen, die Errichtung und die Finanzierung des Projekts abgedeckt werden.

Bei den Vorfinanzierungsmodellen bleibt der Betrieb der Immobilie bei der öffentlichen Hand.

#### 4.2.2.4 PPP-Modelle (Build-Operate-Transfer / BOT, Build-Own-Operate-Transfer / BOOT, Build-Own-Operate / BOO)

Im Gegensatz zu den zuvor vorgestellten Vertragsformen überträgt die öffentliche Hand im Rahmen von den hier betrachteten PPP-Modellen die Aufgaben des gesamten Lebenszyklus (Planen, Bauen, Finanzieren, Betreiben) auf den Privatsektor. Mit den ganzheitlichen Betreibermodellen erfolgt die größtmögliche Risikoübernahme durch den privaten Sektor. Anwendung finden vor allem die PPP-Modelle „Build-Operate-Transfer (BOT)", „Build-Own-Operate-Transfer (BOOT)" und „Build-Operate-Own (BOO)", die sich im Wesentlichen nach dem Verbleib des Eigentums bei Ablauf des Vertragszeitraums unterscheiden.[68]

Beim BOT-Modell wird der private Partner mit der Planung, dem Bau, der Finanzierung und dem Betrieb beauftragt. Die baulichen Anlagen werden durch den privaten Partner auf einem Grundstück des öffentlichen Auftraggebers errichtet und betrieben. Der öffentliche Auftraggeber wird bereits bei der Errichtung zivilrechtlicher und wirtschaftlicher Eigentümer der Gebäude. Man bezeichnet

[66] Ausgenommen sind in der Regel die Entwurfs- und Genehmigungsplanung, die durch die öffentliche Hand selbst erbracht werden.

[67] Für eine ausführliche Betrachtung der verschiedenen Modellvarianten, die für die Vorfinanzierung von öffentlichen Immobilienprojekten entwickelt wurden, wird auf die Arbeiten von Boll, P. (2007), S. 30 f. und Bischoff, T. (2009), S. 87 ff. verwiesen.

[68] Vgl. Schede, C./Pohlmann, M. (2005), S. 152 ff.; Weber, B./Alfen, H. W./Maser, S. (2006), S. 76–81.

deshalb das BOT-Modell auch als PPP-Inhabermodell.[69] Der öffentliche Auftraggeber zahlt regelmäßig eine bei Vertragsabschluss vereinbarte Vergütung für Investitions- und Betriebskosten, Risikozuschlag und Gewinn an den privaten Partner. Eine weitere Zahlung für den Eigentumserwerb fällt nicht an.[70]

Beim BOOT-Modell wird der private Partner mit der Planung, dem Bau, der Finanzierung und dem Betrieb beauftragt. Der Unterschied zum BOT-Modell besteht darin, dass die baulichen Anlagen auf einem Grundstück des privaten Partners errichtet werden. Nach Errichtung werden die Gebäude, die während der Vertragslaufzeit im Eigentum des privaten Partners stehen, dem öffentlichen Auftraggeber zur Nutzung überlassen.[71] Der öffentliche Auftraggeber zahlt regelmäßig ein bei Vertragsabschluss vereinbartes Entgelt an den privaten Partner, das die Leistungserbringung für Planung, Bau, Finanzierung und Betrieb abdeckt. Bereits bei Vertragsabschluss wird vereinbart, dass am Ende der Vertragslaufzeit das Eigentum am Grundstück und den baulichen Anlagen an den öffentlichen Auftraggeber übergeht.[72] Man bezeichnet deshalb das BOOT-Modell auch als PPP-Erwerbermodell.[73]

Das BOO-Modell entspricht grundsätzlich dem BOOT-Modell. Auch hier stehen Grundstück und Gebäude im Eigentum des privaten Partners, der diese als Vermieter dem öffentlichen Auftraggeber über die Vertragslaufzeit zur Nutzung überlässt. Man bezeichnet deshalb das BOO-Modell auch als PPP-Vermietungs- oder Leasing-Modell.[74] Der wesentliche Unterschied besteht darin, dass beim BOOT-Modell das Objekt nach Ablauf der Vertragslaufzeit in das Eigentum des öffentlichen Auftraggebers übergeht, während beim BOO-Modell das Objekt im Eigentum des privaten Auftragnehmers verbleibt. Allerdings kann bei Vertragsabschluss eine Option zugunsten des öffentlichen Auftraggebers vereinbart werden, das Eigentum an der Immobilie zu erwerben.[75]

Die Abbildung 4.2 veranschaulicht das Spektrum der verschiedenen Abwicklungsformen bei der öffentlichen Immobilienprojektentwicklung.

---

[69] Vgl. Kühlmann, S. (2006), S. 21 f.; Alfen, H. W./Daube, D./Miksch, J. (2007), S. 11 f.; Daube, D. (2010), S. 18.

[70] Vgl. Kühlmann, S. (2010), S. 22.

[71] Vgl. Daube, D. (2010), S. 19.

[72] Vgl. Alfen, H. W./Daube, D./Miksch, J. (2007), S. 11.

[73] Vgl. Kühlmann, S. (2006), S. 19; Alfen, H. W./Daube, D./Miksch, J. (2004), S. 11; Daube, D. (2010), S. 19.

[74] Vgl. Daube, D. (2010), S. 19.

[75] Vgl. Daube, D. (2010), S. 19.

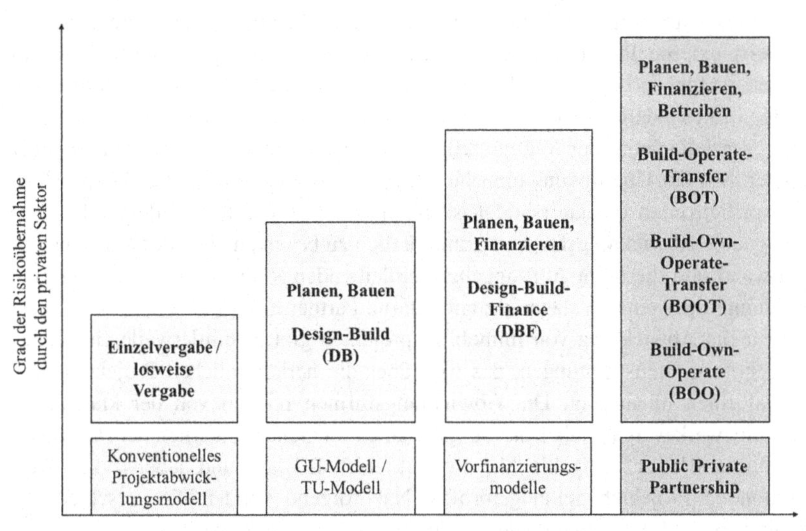


**Abbildung 4.2** Abwicklungsformen bei der öffentlichen Immobilienprojektentwicklung[76]

### 4.2.3 Betreibermodelle bei der betrieblichen Immobilienprojektentwicklung

Betreibermodelle, vergleichbar mit Public Private Partnership-Modellen[77] im öffentlichen Sektor, finden im Rahmen von privatwirtschaftlichen Immobilienprojektentwicklungen[78] unter dem Begriff **„Lebenszyklusübergreifende Wertschöpfungspartnerschaft“** in den letzten Jahren vermehrt Beachtung. Im Vorfeld einer Immobilienprojektentwicklung muss grundsätzlich darüber entschieden werden, wie die Bereiche Finanzierung, Planung, Errichtung und Bewirtschaftung gemanagt und abgewickelt werden sollen, d. h. welche Projektabwicklungsform im speziellen Einzelfall geeignet ist. Da Non-Property-Unternehmen in der Regel nicht über die erforderlichen Kapazitäten und Kompetenzen verfügen,

[76] Eigene Darstellung, in Anlehnung an Roehrich, J. K./Lewis, M. A./George, G. (2014), S. 111; Boll, P. (2007), S. 28.

[77] Vgl. Punkt 4.2.2.4 PPP-Modelle.

[78] Für eine ausführliche Betrachtung von privatwirtschaftlichen Immobilienprojektentwicklungen wird auf die Arbeiten von Hofmann, P. (2007), Meyer, K. (2016), Giebelhausen, J.-A. (2019) und Dörr, A. S. (2020) verwiesen.

um Immobilienprojekte eigenständig zu entwickeln und zu realisieren, werden zumeist externe Projektsteuerer, Planer, Bauunternehmer und Dienstleister mit diesen Aufgaben betraut.[79] Mit der steigenden Komplexität der Immobilienprojekte, insbesondere durch eine lebenszyklusorientierte Betrachtungsweise, geht eine Vervielfachung der Verantwortlichkeiten und Risiken für den Auftraggeber einher. Mit der Übertragung einzelner Aufgaben auf externe Partner können Verantwortlichkeiten delegiert und Risiken minimiert werden. Bei der Wahl einer geeigneten Abwicklungsform ist grundsätzlich zu beachten, dass der Managementaufwand und die beim Auftraggeber verbleibenden Risiken umso mehr steigen, je kleinteiliger eine Auslagerung auf externe Partner erfolgt.[80]

Für die Abwicklung von Immobilienprojekten gibt es mittlerweile ein breites Angebot an Dienstleistungen, das weit über die herkömmlichen Projektabwicklungsformen hinausgeht. Die Abwicklungsformen reichen von der klassischen Einzelgewerkevergabe über die Vergabe an einen Generalunternehmer (GU) oder Totalunternehmer (TU) bis hin zu partnerschaftlichen und lebenszyklusübergreifenden Projektabwicklungsformen. Nachfolgend werden die verschiedenen Projektabwicklungsformen näher erläutert.

#### 4.2.3.1 Einzelgewerkevergabe bei privaten Auftraggebern

Wie bei der öffentlichen Immobilienprojektentwicklung stellt die Einzel- oder losweise Vergabe auch bei der betrieblichen Immobilienprojektentwicklung die konventionellste Abwicklungsform dar. Hierbei werden zum einen für Planungsleistungen fachspezifische Einzelplaner beauftragt, zum anderen werden die Bauleistungen gewerkespezifisch an die jeweiligen Fachunternehmen vergeben.

Eine ausführliche Beschreibung dieser Abwicklungsform, insbesondere hinsichtlich der Verantwortlichkeiten und der Risikoübertragung, ist dem Punkt 4.2.2.1 „Einzelgewerkevergabe bei öffentlichen Auftraggebern" zu entnehmen, weshalb an dieser Stelle auf eine nochmalige Erläuterung verzichtet wird.

Tendenziell wird sich ein privater Auftraggeber für eine Einzelgewerkevergabe entscheiden, wenn zum Zeitpunkt der Vergabe die konkrete Projektdefinition und spezifische Ausführungsdetails noch nicht feststehen oder wenn er den größtmöglichen Einfluss auf die Planung und Ausführung des Projektes beibehalten möchte.[81] Aus Gründen der eigenen Risikominimierung wird er jedoch, sofern

[79] Vgl. Meyer, K. (2016), S. 9.

[80] Vgl. IG Lebenszyklus Bau (2017), S. 17.

[81] Vgl. Bischoff, T./Fischer, C. (2016), S. 275.

möglich, eher eine Generalunternehmer- oder eine Totalunternehmervergabe wählen.

#### 4.2.3.2 Generalunternehmer (GU)- / Generalübernehmer (GÜ)-Vergabe bei privaten Auftraggebern

Die Generalunternehmer-Vergabe, bei der die kompletten Bauausführungsleistungen gebündelt an einen Generalunternehmer (GU) übertragen werden, entspricht im Wesentlichen dem Generalunternehmer-Modell (GU-Modell) bei der öffentlichen Immobilienprojektentwicklung. Eine ausführliche Beschreibung des GU-Modells ist dem Punkt 4.2.2.2 „Generalunternehmermodell bei öffentlichen Auftraggebern“ zu entnehmen.

Anders als die öffentliche Hand kann der private Auftraggeber die Bauausführungsleistungen auch an einen Generalübernehmer (GÜ)[82] vergeben. Im Gegensatz zum Generalunternehmer, der alle Bauleistungen oder Teile davon selbst ausführt, vergibt der Generalübernehmer sämtliche Bauleistungen an Subunternehmer und fungiert selbst nur als Koordinator für den gesamten Bauausführungsprozess.[83]

Die Generalunternehmer- / Generalübernehmer-Vergabe bietet sich vor allem bei komplexen Bauvorhaben an, bei denen eine Einzelgewerkevergabe eine hohe Anzahl von Ausschreibungen erforderlich macht und der Auftraggeber nicht über ausreichend qualifizierte Mitarbeiter für die Ausschreibung und Koordination verfügt. Bei Bauprojekten, die einen hohen Standardisierungsgrad aufweisen eignet sich dieses Modell ebenfalls, da der Generalunternehmer den Bauablauf effizient an seine individuelle Vorgehensweise anpassen kann und sich dadurch Kosten- und Terminvorteile für den Auftraggeber ergeben.[84]

#### 4.2.3.3 Totalunternehmer (TU)- / Totalübernehmer (TÜ)-Vergabe bei privaten Auftraggebern

Die Totalunternehmer-Vergabe, bei der sowohl die gesamten Planungsleistungen wie auch sämtliche Bauausführungsleistungen an einen Totalunternehmer übertragen werden, entspricht im Wesentlichen dem Totalunternehmer-Modell (TU-Modell) bei der öffentlichen Immobilienprojektentwicklung. An dieser Stelle wird auf weitere Erläuterungen verzichtet, da das TU-Modell bereits

---

[82] Der Generalübernehmer ist bei Ausschreibungen der öffentlichen Hand nicht zugelassen. Vgl. Berner, F./Kochendörfer, B./Schach, R. (2020), S. 91.

[83] Vgl. Pfnür, A. (2011), S. 339; Berner, F./Kochendörfer, B./Schach, R. (2020), S. 91.

[84] Vgl. Messerschmidt, B./Voit, W. (2022), Teil D, Rn. 324, S. 141.

im Punkt 4.2.2.2 „Totalunternehmer-Modell bei öffentlichen Auftraggebern" ausführlich beschrieben wurde.

Anstelle eines Totalunternehmers kann der private Auftraggeber, anders als die öffentliche Hand, einen Totalübernehmer (TÜ)[85] beauftragen. Im Gegensatz zum Totalunternehmer, der alle Planungs- und Bauleistungen oder Teile davon selbst ausführt, vergibt der Totalübernehmer sämtliche Leistungen an Subunternehmer und fungiert selbst nur als Koordinator für die gesamte Projektabwicklung.[86]

Die Totalunternehmer- / Totalübernehmer-Vergabe eignet sich wie die Generalunternehmer- / Generalübernehmer-Vergabe für große Bauprojekte, besonders bei Auftraggebern, die über geringe eigene Projektmanagementkapazitäten verfügen und die eine schnelle und störungsfreie Projektabwicklung bei fest vereinbarten Kosten und Terminen bevorzugen.[87]

Wie der öffentliche Auftraggeber kann auch der private Auftraggeber, unabhängig von der Vergabeform, für die im Laufe der Projektentwicklung anfallenden umfangreichen Managementleistungen einen Projektsteuerer beauftragen. Eine Erläuterung der Aufgaben und des Leistungsbildes des Projektsteuerers ist dem Punkt 4.2.2.2 „Totalunternehmer-Modell bei öffentlichen Auftraggebern" zu entnehmen, weshalb an dieser Stelle auf weitere Ausführungen verzichtet wird.

Mit der Fertigstellung des Gebäudes ist die Projektentwicklung im engeren Sinne abgeschlossen. Die Projektentwicklung im weiteren Sinne umfasst jedoch den gesamten Lebenszyklus des Gebäudes.[88] Sowohl beim Generalunternehmer-Modell wie auch beim Totalunternehmer-Modell erfolgt grundsätzlich keine Einbeziehung von Leistungen im Zusammenhang mit dem Betrieb und der Nutzung des Gebäudes. Für die im Rahmen der Immobilienbewirtschaftung anfallenden Serviceleistungen bietet sich für den Auftraggeber neben der Vergabe einzelner Services an verschiedene Dienstleister die Möglichkeit einer Paketvergabe von gebündelten Serviceleistungen an mehrere Dienstleister oder einer Vergabe aller benötigten Services an einen Komplettdienstleister.[89]

---

[85] Wie der Generalübernehmer ist auch der Totalübernehmer bei Ausschreibungen der öffentlichen Hand nicht zugelassen.

[86] Vgl. Berner, F./Kochendörfer, B./Schach, R. (2020), S. 91.

[87] Vgl. Messerschmidt, B./Voit, W. (2022), Teil D, Rn. 327, S. 142.

[88] Vgl. Pfnür, A. (2011), S. 340.

[89] Die Untersuchung von Betreibermodellen für die Immobilienbewirtschaftung ist Gegenstand dieser Arbeit; es wird deshalb auf die weiteren Kapitel verwiesen.

#### 4.2.3.4 Partnerschaftliche Projektabwicklung

Wissenschaftliche Untersuchungen belegen, dass es bei der Abwicklung von Immobilienprojekten mit den konventionellen Abwicklungsformen Einzelgewerkevergabe, Generalunternehmer- und Totalunternehmervergabe immer wieder zu massiven Termin- und Kostenüberschreitungen und erheblichen Qualitätsmängeln kommt.[90] Als potentielle Faktoren für diese Ineffizienzen wurden vor allem eine mangelhafte Kommunikation und eine fehlende Kooperationsbereitschaft der beteiligten Projektakteure identifiziert.[91] Dies macht deutlich, dass konventionelle Abwicklungsformen den Anforderungen an eine effiziente Realisierung von Immobilienprojekten nicht mehr gerecht werden.[92] Aus dieser Erkenntnis heraus werden in den letzten Jahren bei der Immobilienprojektentwicklung vermehrt partnerschaftliche Projektabwicklungsmodelle angewandt. Diese neuen Abwicklungsformen sollen zu einer effizienteren Nutzung von Ressourcen, einer erhöhten Kapazität bei der Planung und Ausführung des Projektes und damit insgesamt zu einer Reduzierung von Ineffizienzen während des gesamten Leistungserstellungsprozesses beitragen.[93]

Das Konzept der partnerschaftlichen Projektabwicklung basiert auf dem bereits in den 1980er-Jahren in den USA entwickelten Managementansatz des „Partnering", bei dem Auftraggeber und Auftragnehmer in einem partnerschaftlichen Verhältnis eine ganzheitliche Optimierung der Immobilie über den Lebenszyklus anstreben.[94]

Für den Begriff des „Partnering" existiert bislang in der Betriebswirtschaftslehre keine einheitliche Definition, weshalb für die Immobilienwirtschaft die Definition des European Construction Institute (ECI) zugrunde gelegt wird.

> *„Partnering ist ein Managementansatz, der von zwei oder mehr Organisationen verwendet wird, um durch Maximierung der Effektivität der jeweiligen Ressourcen spezifische Geschäftsziele zu erreichen. Der Ansatz basiert auf gemeinsamen Zielen, einer gemeinsamen Methode zur Problemlösung und einem aktiven Streben nach kontinuierlicher Verbesserung."*[95]

---

[90] Vgl. Meyer, K./Pfnür, A. (2015), S. 61; Meyer, K. (2016), S. 1; Laibach, B. (2017), S. 109.

[91] Vgl. Pinto, J. K./Mantel, S. J. (1990), S. 274; Meyer, K./Pfnür, A. (2015), S. 61.

[92] Vgl. Laibach, B. (2017), S. 109.

[93] Vgl. Meyer, K./Pfnür, A. (2015), S. 59; Meyer, K. (2016), S. 10; Laibach, B. (2017), S. 107.

[94] Vgl. Paar, L. (2018), S. 73; Dörr, A. S. (2020), S. 47.

[95] Racky, P.(2008a), S. 1.

Kernelemente von Partnering-Modellen sind neben einem partnerschaftlichen Verhalten der Akteure, eine frühe Einbindung der bauausführenden Unternehmen in die Planungsphase, eine transparente Darstellung der Kosten nach dem Open-Book-Ansatz,[96] ein gemeinsames Projektcontrolling und die Integration von Konfliktlösungsmechanismen in die Verträge.[97] Auf Basis des Partnering-Ansatzes haben sich für die Immobilienprojektabwicklung unterschiedliche Vergabe- und Vertragsmodelle etabliert, die nachfolgend näher erläutert werden.

Eine Vertragsvariante, die auf den Ansätzen des Partnering basiert, ist der **Garantierte Maximalpreis-Vertrag (GMP)**[98] Der GMP ist eine Vertragsform, die eine spezielle Art der Vergütung vorsieht. Grundgedanke dieses Vergütungsmodells ist es, das partnerschaftliche Verhalten zwischen Auftraggeber und Auftragnehmer im Vertrag zu verankern und das Risiko einer Kostenüberschreitung zu verringern. Beim GMP-Vertrag legen die Vertragsparteien auf Basis eines Pauschalpreises zunächst einen Maximalpreis für die zu erbringenden Leistungen fest. Der Maximalpreis bemisst sich an den tatsächlichen Leistungserstellungskosten zuzüglich dem Honorar für die Gemeinkosten, den Managementkosten und dem Zuschlag für Wagnis und Gewinn. Durch festgelegte vergütungsbasierte Anreizmechanismen soll der Auftragnehmer motiviert werden, durch eine optimierte Leistungserbringung den garantierten Maximalpreis zu unterschreiten. Im Falle einer Unterschreitung des GMP werden die eingesparten Kosten nach einem festgelegten Verteilungsschlüssel zwischen Auftraggeber und Auftragnehmer aufgeteilt. Da bei einem unveränderten Leistungssoll die Verantwortung für jede Überschreitung des GMP beim Auftragnehmer liegt, hat der Auftraggeber bereits bei Vertragsabschluss Sicherheit über die Höhe seiner maximalen Kosten. Klassische Vertragspartner bei einem GMP-Vertrag sind Unternehmen, die die Koordinierung und Steuerung der Planungsphase sowie die gesamte Bauausführung übernehmen, jedoch die ganzen Bauleistungen oder einen wesentlichen Teil davon an Nachunternehmer vergeben (CM „at risk“, Generalunternehmer / Generalübernehmer). Grundsätzlich ist der GMP-Vertrag auch bei einer Totalunternehmer- / Totalübernehmer-Vergabe anwendbar.

Ein weltweit anerkanntes und angewandtes Modell der partnerschaftlichen Projektabwicklung ist das **Construction Management (CM)**. Kerngedanke von Construction Management-Modellen ist ein umfassender Beratungsansatz, der die

---

[96] Vgl. ausführlich Punkt 4.4.5.2 Gestaltung der Vergütung / Open-Book-Ansatz.

[97] Vgl. Giebelhausen, J.-A. (2019), S. 161.

[98] Vgl. Girmscheid, G. (2016), S. 487 ff.; Kochendörfer, B./Liebchen, J. H./Viering, M. G. (2018), S. 123 f.; Berner, F./Kochendörfer, B./Schach, R. (2020), S. 98 f. und Punkt 4.4.5.3 Preismodelle / Garantierter Maximalpreis.

Einbeziehung von ausführungsbasiertem Know-how zur optimierten Abstimmung der Planungs- und Bauabläufe vorsieht.[99] Eine zentrale Rolle in der Projektorganisation spielt der Construction Manager, der die umfassende Koordination des Bauvorhabens übernimmt. Grundsätzlich kann beim Construction Management zwischen zwei Abwicklungsformen unterschieden werden:

- Beim **CM „at agency“** (CM mit Ingenieurvertrag)[100] besteht zwischen dem Auftraggeber und dem Construction Manager ein Vertragsverhältnis von der Planung des Projektes bis zur Fertigstellung des Gebäudes. Während der Planungsphase übernimmt der Construction Manager die Koordinierung und Steuerung der jeweiligen Fachplaner. Darüber hinaus übernimmt er in der Ausführungsphase die Überwachung der ausführenden Unternehmen. Die Vergütung des Construction Managers erfolgt in der Regel in Form einer fixen Vergütung auf Grundlage der veranschlagten Baukosten. Der Auftraggeber bleibt bei dieser Abwicklungsform alleiniger Vertragspartner der Planer und der bauausführenden Unternehmen, die mittels Einzelgewerkevergabe oder als Generalunternehmer / Generalübernehmer beauftragt werden können. Da zwischen dem Construction Manager und den Leistungsanbietern keine direkten Vertragsverhältnisse bestehen, übernimmt der Construction Manager kein vertragliches Risiko hinsichtlich etwaiger Termin- und Baukostenüberschreitungen und der Umsetzung von Qualitätsvorgaben. Diese Risiken verbleiben in vollem Umfang beim Auftraggeber.
- Beim **CM „at risk“** (CM mit Bauvertrag)[101] wird der Leistungsumfang des Construction Managers um die Bauausführung erweitert. Während der Planungsphase übernimmt der Construction Manager die Koordinierung und Steuerung der jeweiligen Fachplaner. Darüber hinaus übernimmt er die gesamte Bauausführung, die er meistens an Nachunternehmer vergibt, sofern er nicht selbst über eigene Bauleistungskapazitäten verfügt. Damit trägt der Construction Manager das gesamte Ausführungsrisiko, d. h. alle Risiken hinsichtlich der vertraglich vereinbarten Termine, Kosten und Qualitäten. Die Vergütung des Construction Managers ist in der Regel zweigeteilt. Für seine Leistungen in der Planungsphase erhält der Construction Manager ein Honorar auf ingenieurvertraglicher Basis. Für die Bauausführung kann entweder ein

[99] Vgl. Gralla, M. (2008), S. 29.

[100] Vgl. Girmscheid, G. (2016), S. 476 f.; Kochendörfer, B./Liebchen, J. H./Viering, M. G. (2018), S. 121 f.; Berner, F./Kochendörfer, B./Schach, R. (2020), S. 96 f.

[101] Vgl. Girmscheid, G. (2016), S. 477 ff.; Kochendörfer, B./Liebchen, J. H./Viering, M. G. (2018), S. 121 f.; Berner, F./Kochendörfer, B./Schach, R. (2020), S. 96 f.

Pauschalpreis wie beim Generalunternehmer-Modell vereinbart werden oder es kann ein GMP-Vertrag abgeschlossen werden, der beim CM „at risk" als die zweckmäßigste Vertrags- und Vergütungsform angesehen wird.[102]

Auch beim **Allianz-Vertrag**[103] bildet der Partnering-Gedanke die Grundlage der Zusammenarbeit zwischen einem Auftraggeber und mindestens einem, in der Regel mehreren Auftragnehmern. Allianz-Verträge kommen vor allem bei großen, komplexen Bauvorhaben mit hohem Risikopotenzial zur Anwendung. Im Mittelpunkt steht die Schaffung einer Allianz zwischen den Projektbeteiligten in Form einer Projektgesellschaft, mit dem Ziel, alle Entscheidungen auf den Gesamterfolg des Projekts auszurichten, übergeordnet den Einzelinteressen der Vertragspartner.[104] Im Sinne des partnerschaftlichen Gedankens sind Allianzen geprägt von Offenheit und Ehrlichkeit, Kommunikation, Vertrauen und Respekt.[105]

Die Philosophie von Allianzen spiegelt sich in den vertraglich vereinbarten Prinzipien und Kernmechanismen wieder.[106]

- Alle Beteiligten sind gleichrangig und haben ein gleichwertiges Stimmrecht bei Entscheidungen. Alle Entscheidungen werden einstimmig getroffen.
- Die Projektrisiken werden gemeinsam von allen Vertragspartnern getragen (risk sharing). Damit unterscheidet sich der Allianzvertrag wesentlich von anderen partnerschaftlichen Vertragsformen, bei denen die Risiken einem der Partner zugeordnet werden.[107]
- Die Vertragspartner verpflichten sich zum Verzicht auf die gerichtliche Geltendmachung von Ansprüchen gegenüber den anderen Vertragspartnern (no dispute).
- Es wird ein genereller Haftungsausschluss der Vertragspartner untereinander vereinbart (no blame).
- Die Bezahlung der Vertragspartner erfolgt nach einem dreistufigen Vergütungsmodell. Die Vergütungsstufe 1 deckt alle direkten Projektkosten sowie die projektspezifischen Gemeinkosten ab. In der Vergütungsstufe 2 werden

---

[102] Vgl. Laibach, B. (2017), S. 110.

[103] Vgl. Girmscheid, G. (2016), S. 467 ff.; Kochendörfer, B./Liebchen, J. H./Viering, M. G. (2018), S. 132 f.; Berner, F./Kochendörfer, B./Schach, R. (2020), S. 99 f.

[104] Vgl. Schlabach, C./Fiedler, M. (2018), S. 255; Giebelhausen, J.-A. (2019), S. 164.

[105] Vgl. Dörr, A. S. (2020), S. 50.

[106] Vgl. Weinberger, F. (2010), S. 5; Schlabach, C. (2013), S. 11.

[107] Vgl. Dörr, A. S. (2020), S. 50.

bei Erreichen der Projektziele die unternehmensspezifischen Gemeinkosten sowie der vereinbarte Gewinn abgegolten. Die Vergütungsstufe 3 sieht eine gemeinsame Gewinn- und Verlustverteilung zwischen den Vertragspartnern vor. Über- oder Unterschreitungen der definierten Zielkosten werden anhand eines festgelegten Verteilungsschlüssel unter den Vertragspartnern aufgeteilt.

#### 4.2.3.5 Lebenszyklusübergreifende Wertschöpfungspartnerschaft

Eine besondere Form der Immobilienprojektabwicklung, die auf den Grundzügen des Partnering basiert, ist die lebenszyklusübergreifende Wertschöpfungspartnerschaft. Im Fokus steht hierbei die Optimierung der Immobilie und aller immobilienwirtschaftlichen Aufgaben über den gesamten Lebenszyklus hinweg. Nach dem Verständnis von *Pfnür*[108] sind immobilienwirtschaftliche Aufgaben nur dann effektiv und effizient zu erfüllen, wenn es gelingt, die Kosten- und Nutzenwirkungen im gesamten Lebenszyklus zu planen und bei Entscheidungen zu berücksichtigen.

Während bei den herkömmlichen Projektabwicklungsformen in der Regel nur die Planung und die Bauausführung berücksichtigt werden und das Optimierungs- und Innovationspotenzial der Nutzungsphase nicht mit einbezogen wird, kann bei einer lebenszyklusübergreifenden Wertschöpfungspartnerschaft durch ein Life-Cycle-Contracting auf Basis des Systemanbieter-Ansatzes die Betriebsphase bereits zu Beginn der Projektentwicklung integriert werden, Dadurch kann eine optimale Rendite und Werterhaltung der Immobilie erreicht werden.[109]

Bei der lebenszyklusorientierten Wertschöpfungspartnerschaft schließt der Auftraggeber einen Vertrag mit einem Systemanbieter, der als fokales Unternehmen[110] die Leistungserstellung über den gesamten Lebenszyklus koordiniert und verantwortet. In der Regel handelt es sich dabei um den Zusammenschluss eines Totalübernehmers, zuständig für die Planung und Bauausführung und eines Betreiberunternehmens, das alle Betreiberleistungen abdeckt. Durch die Beauftragung eines Systemanbieters erhält der Auftraggeber alle Planungs-, Ausführungs-

---

[108] Vgl. Pfnür, A. (2011), S. 435.

[109] Vgl. Girmscheid, G. (2014a), S. 426.

[110] Unter einem fokalen Unternehmen versteht man ein zentrales, steuerndes Unternehmen, bei dem sich verschiedene spezialisierte Unternehmen zu einem strategischen Netzwerk zusammenschließen. Eine partnerschaftliche Interaktion zwischen den Akteuren bildet die Grundlage für eine langfristige und stabile Leistungsbeziehung. Vgl. Sydow, J. (1992), S. 216 und Punkt 3.9.4 Netzwerkansatz.

und Betreiberleistungen aus einer Hand und hat damit idealerweise nur eine Vertragsbeziehung.[111]

Ein Systemanbieter zeichnet sich dadurch aus, dass er kundenorientierte Gesamtlösungen anbietet, die vollständig auf die Bedürfnisse des Auftraggebers zugeschnitten sind und auf einem sowohl funktional wie auch gestalterisch und technisch optimierten, lebenszyklusorientierten Systemkonzept basieren.[112]

Die Grundlage einer erfolgreichen Wertschöpfungspartnerschaft zwischen Auftraggeber und Systemanbieter, basierend auf dem Partnering-Ansatz, ist die Abstimmung gemeinsamer Ziele, gemeinsam festgelegte Methoden zur Konfliktlösung und das aktive Streben aller Projektbeteiligten nach kontinuierlicher Verbesserung. Die formalen Kernelemente einer Wertschöpfungspartnerschaft lassen sich wie folgt zusammenfassen:

- Die vom Auftraggeber nachgefragte Gesamtleistung wird mit einer funktional ergebnisorientierten Leistungsbeschreibung definiert. Dies ermöglicht allen Projektbeteiligten, ihr Know-how zur Entwicklung kreativer Lösungen einzubringen und damit ein effizientes Projektergebnis herbeizuführen.[113]
- Die Vergütung der Projektbeteiligten erfolgt leistungsorientiert anhand der erbrachten Leistungen. Die vertraglichen Regelungen sehen üblicherweise Kriterien zur Qualitätsbeurteilung der erbrachten Leistungen vor, die sich in Bonus-Malus-Zahlungen niederschlagen.[114]
- Die Zuständigkeiten und Verantwortlichkeiten der Projektbeteiligten sind klar definiert. Dies betrifft zum einen die Risikoverantwortung, zum anderen aber auch die Übertragung von Verfügungsrechten. Die Projektrisiken trägt der jeweilige Projektbeteiligte nur in dem Umfang, wie es seine Kompetenzen und wirtschaftlichen Möglichkeiten zulassen.[115] Die Einräumung von Handlungsspielräumen schafft für die Projektbeteiligten verstärkt Anreize zur Entwicklung optimaler Lösungen in Bezug auf Qualitätsoptimierung und Kostensenkung.[116]
- Mit einem gemeinsamen Projektcontrolling soll den Projektbeteiligten die Möglichkeit gegeben werden, die Einhaltung der gemeinsam definierten Ziele

[111] Vgl. Meyer, K. (2016), S. 25.

[112] Vgl. Girmscheid, G. (2014a), S. 427.

[113] Vgl. Pfnür, A. (2011), S. 439.

[114] Vgl. ausführlich Punkt 4.4.5.2 Gestaltung der Vergütung / Bonus-Malus-Regelungen und Pfnür, A. (2011), S. 439.

[115] Vgl. Kühlmann, S. (2006), S. 15; Pfnür, A. (2011), S. 439.

[116] Vgl. Pfnür, A. (2011), S. 439.

hinsichtlich Termineinhaltung, Qualität und Kosten kontinuierlich zu überprüfen. Gleichzeitig können im Rahmen eines permanenten Projektcontrollings die Erfolgsaussichten der beteiligten Partner transparent gemacht werden, um auf projektgefährdende Risiken rechtzeitig reagieren zu können.[117]

- Durch eine offene und vertrauensvolle Kommunikation, insbesondere durch einen regelmäßigen Austausch der Projektbeteiligten und eine lückenlose Dokumentation des Projektverlaufs, können Projektstörungen rechtzeitig identifiziert werden und Konfliktpotenziale reduziert werden.[118]

Die Vorteile und Potenziale, die sich durch eine lebenszyklusübergreifende Wertschöpfungspartnerschaft ergeben, werden durch zahlreiche, insbesondere im Ausland, realisierte Projekte belegt.[119] Obwohl auch eine Untersuchung von zwei Pilotprojekten in Deutschland gezeigt hat, dass diese Abwicklungsform die Effizienz der Projektentwicklung erheblich steigern kann,[120] wird diese in der deutschen Privatwirtschaft bisher nur sehr zögerlich angewandt. Allerdings wird auch hier in der Zukunft ein Umdenken bei der Wahl der Projektabwicklungsform stattfinden müssen, insbesondere im Hinblick auf die Herausforderungen, die sich aus dem fortschreitenden Strukturwandel für die Immobilienwirtschaft ergeben.

Die Abbildung 4.3 veranschaulicht das Spektrum der verschiedenen Abwicklungsformen bei der betrieblichen Immobilienprojektentwicklung.

[117] Vgl. Pfnür, A./Glock, C. (2007), S. 5.

[118] Vgl. Racky, P. (2008b), S. 50.

[119] Vgl. Yee, L. S. et al. (2017), S. 1; De Marco, A./Karzouna, A. (2018), S. 827.

[120] Vgl. Meyer, K./Pfnür, A. (2015), S. 59.

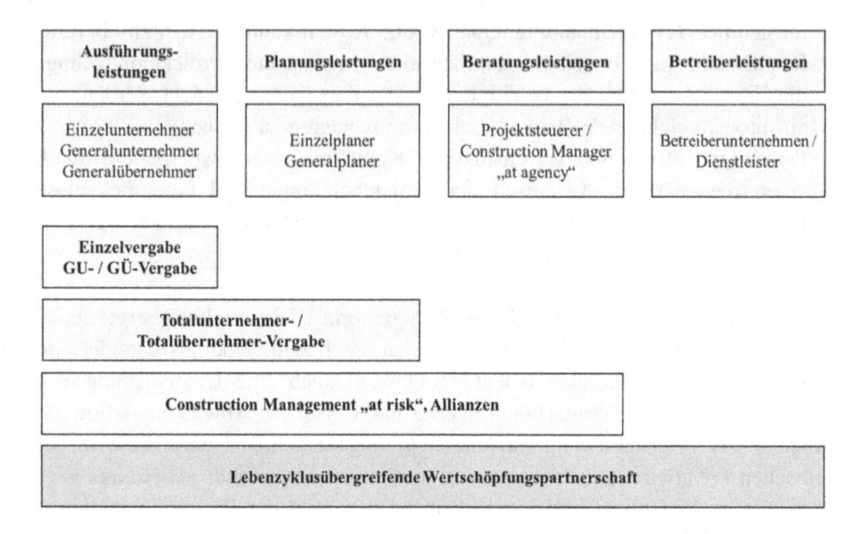


**Abbildung 4.3** Abwicklungsformen bei der betrieblichen Immobilienprojektentwicklung[121]

## 4.3 Relevanz von Betreibermodellen für die Immobilienbewirtschaftung

Die in den vorherigen Abschnitten vorgestellten Definitionen des Begriffs „Betreibermodell" und die verschiedenen Ausprägungsformen in den Bereichen „Maschinen- und Anlagenbau", „Öffentliche Immobilienprojektentwicklung" und „Betriebliche Immobilienprojektentwicklung" machen deutlich, dass der Begriff „Betreibermodell" durch eine hohe Divergenz und Inhomogenität in seiner Anwendung gekennzeichnet ist.[122]

Dies macht es erforderlich, eine eigene Definition des Begriffs „Betreibermodell" für die Bewirtschaftung des Immobilienbestandes zu entwickeln. Abgeleitet aus dem allgemeinen Definitionsansatz,[123] werden Betreibermodelle für die Immobilienbewirtschaftung definiert als

[121] Eigene Darstellung, in Anlehnung an Gralla, M. (2008), S. 20.

[122] Vgl. Boßlau, M. et al. (2017), S. 303.

[123] Vgl. Abschnitt 4.2 Definitionen und Ausprägungsformen von Betreibermodellen.

*„ganzheitliche, partnerschaftliche Kooperationsformen zwischen Auftraggeber und FM-Dienstleistern zur Bewirtschaftung und zum Betrieb eines definierten Gebäudebestandes einschließlich der dazugehörenden Anlagen. Besonderes Kennzeichen dieser Modelle ist eine langfristige und wertschöpfende Kooperation zwischen Auftraggeber und Dienstleister".*

Im Rahmen dieser Arbeit wird der Anwendungsbereich des Begriffs „Betreibermodell" erweitert und im übergeordneten Sinne für alle Formen des Outsourcings von FM-Services, unabhängig von der konkreten Organisationsform und der Konstellation der verschiedenen Akteure, verwendet.

Für die Bewirtschaftung des Immobilienbestandes stellen Betreibermodelle einen neuartigen Ansatz für ein innovatives Wertschöpfungsdesign dar. Die Wertschöpfung beim Outsourcing von FM-Services vollzieht sich durch die Interaktion zwischen auslagerndem Unternehmen und Dienstleister. Die wissenschaftliche Literatur beschreibt dies auch als „Co-Creation of Value".[124] Die Vielzahl der für die Bewirtschaftung von Immobilien benötigten FM-Services und die kundenspezifischen Bedürfnisse bestimmen entscheidend die Kunden-Dienstleister-Beziehung. Die individuelle Ausgestaltung der Zusammenarbeit erfordert neue Ansätze und Strukturen, insbesondere im Hinblick auf eine gemeinsam angestrebte Wertschöpfungspartnerschaft.

Die Hauptmotive bei der Realisierung von Betreibermodellen aus Sicht des Auftraggebers sind neben der Konzentration auf die Kernkompetenzen und der Schonung eigener Ressourcen insbesondere die Einsparung von Kosten, die Erzielung von Synergie- und Skaleneffekten sowie die Risikoverlagerung.[125] Aus Anbietersicht gewinnen Betreibermodelle ebenfalls immer mehr an strategischer Bedeutung. Mit der Bereitstellung von breiten Dienstleistungsangeboten können Dienstleister neue Umsatz- und Renditepotenziale erschließen und ihre Marktposition langfristig sichern. Durch Komplettangebote wird gleichzeitig eine erhöhte Kundenbindung erreicht, da durch die Erbringung aller FM-Services aus einer Hand der Kunde nicht mehr auf andere Dienstleister zurückgreifen muss. Der Aspekt der Kundenbindung durch das Angebot kundenspezifischer Leistungspakete ist ein wesentlicher Faktor für eine langfristige

---

[124] Unter Co-Creation of Value versteht man die interaktive Zusammenarbeit verschiedener Stakeholder, mit dem Ziel einer gemeinsamen Wertschöpfung. Vgl. Prahalad, C. K./Ramaswamy, V. (2004), S. 4–9; Vargo, S./Maglio, P./Akaba, M. (2008), S. 145–152; Cova, B./Salle, R. (2008), S. 270–277.

[125] Vgl. Schenk, M./Wirth, S./Müller, E. (2014), S. 473.

Kunden-Dienstleister-Beziehung und trägt damit maßgeblich zum Erfolg des Dienstleistungsunternehmens bei.[126]

Betreibermodelle für die Immobilienbewirtschaftung sind jedoch sehr spezifische, auf den jeweiligen Einzelfall angepasste Gebilde, die abhängig sind von den individuell verfolgten Zielen und den Erwartungen und Bedürfnissen der Beteiligten. Da Betreibermodelle weitreichende Auswirkungen auf die Organisation aller Aktivitäten im Immobilienmanagement haben, beeinflusst die Sourcing-Entscheidung maßgeblich den Erfolg der Immobilienbewirtschaftung und der Auftraggeber-Dienstleister-Beziehung.

Mit Bezug auf den unter Punkt 3.8.8 entwickelten Phasenprozess für das Outsourcing im Facility Management[127] wird nachfolgend zunächst ein Konzept entwickelt, in dessen Mittelpunkt ein modulares Leistungsspektrum steht, das, angepasst an unternehmensspezifische Anforderungen, individuell gestaltbare Lösungen bietet. Das Konzept soll den Entscheidungsprozess bei der Implementierung eines Betreibermodells für die Immobilienbewirtschaftung strukturiert darstellen, maßgebliche Entscheidungskriterien bei der Wahl eines geeigneten Dienstleisters identifizieren und die Gestaltungselemente analysieren, die eine wertschöpfende Beziehung zwischen Auftraggeber und Dienstleister sicherstellen.

Die Konzeptentwicklung orientiert sich dabei an den eingangs formulierten Forschungsfragen:

- Welche Sourcing-Formen im Facility Management gibt es und wie lassen sich diese in einem konzeptionellen Rahmen strukturieren, bestimmen und voneinander abgrenzen?
- Welche Dienstleister stehen für das Outsourcing im Facility Management zur Verfügung und nach welchen Kriterien erfolgt die Wahl eines geeigneten Partners?
- Welche Gestaltungselemente kennzeichnen die Delegationsbeziehung zwischen Auftraggeber und Dienstleister?

Für die Konzeptentwicklung sollen neben dem übergeordneten Bezugsrahmen der Immobilienökonomie und des entscheidungstheoretischen Ansatzes der Betriebswirtschaftslehre[128] vor allem die in Abschnitt 3.9 vorgestellten wissenschaftlichen Theorien des ressourcenbasierten Ansatzes, der Transaktionskostentheorie, der

[126] Vgl. Kleikamp, C. (2002), S. 40 f.

[127] Vgl. Punkt 3.8.8 Prozessmodell für das Outsourcing im Facility Management.

[128] Vgl. Abschnitt 1.4 Theoretischer Bezugsrahmen.

Prinzipal-Agent-Theorie und des Netzwerkansatzes weitere Erklärungsansätze liefern.[129]

## 4.4 Konzeptentwicklung für das Outsourcing von FM-Dienstleistungen und die Ausgestaltung von Auftraggeber-Dienstleister-Beziehungen

### 4.4.1 Klassifizierung von Sourcing-Formen im Facility Management

Grundsätzlich können alle Aufgaben im Facility Management innerhalb des Unternehmens mit eigenen Ressourcen erbracht werden.[130] Neben den verschiedenen Möglichkeiten des Insourcings[131] haben sich für die Vergabe von Facility Management-Dienstleistungen in den letzten Jahren verschiedene Outsourcing-Formen etabliert. Diese reichen von der konventionellen Einzelvergabe über die Paketvergabe bis hin zu unterschiedlichen Formen der Systemvergabe.[132]

#### 4.4.1.1 Einzelvergabe-Modell (Modell 1)

Die Vergabe einzelner Facility Services (siehe Abbildung 4.4) stellt die konventionellste Outsourcing-Form im Facility Management dar. Hierbei werden einzelne Facility Services separat an verschiedene Dienstleister vergeben.[133] Anhand einer detaillierten Ausschreibung werden für jede Einzelleistung separate Verträge zwischen dem Auftraggeber und den verschiedenen Dienstleistern abgeschlossen. Die Laufzeit der Verträge ist in der Regel eher kurzfristig auf 1 bis 2 Jahre angelegt. Die Vergütung für die jeweiligen Serviceleistungen erfolgt in der gängigen Praxis überwiegend nach Einheitspreisen.[134]

Die beauftragten Dienstleister sind verantwortlich für die ordnungsgemäße und vertragskonforme Leistungserstellung ihrer jeweiligen Dienstleistung und

[129] Vgl. Abschnitt 3.9 Wissenschaftliche Theorien als Erklärungsansätze für Outsourcing-Entscheidungen und ihre Anwendbarkeit auf den Phasenprozess des Outsourcings.

[130] Vgl. Punkt 3.9.1 Ressourcenbasierter Ansatz.

[131] Vgl. Abschnitt 3.8 Bewirtschaftungsstrategien im Facility Management.

[132] Vgl. GEFMA 700:2006–12, S. 5; GEFMA 720:2016–09, S. 3; GEFMA 730:2016–09, S. 2.

[133] Vgl. Punkt 3.8.3.6 Leistungsumfang / Unit Sourcing.

[134] Vgl. Punkt 4.4.5.3 Preismodelle / Einheitspreis.

die Erfüllung der ihnen im Rahmen der Verträge übertragenen Betreiberpflichten.[135] Allerdings kann die Betreiberverantwortung nur für die jeweils beauftragte Einzelleistung auf den Dienstleister übertragen werden.

Beim Einzelvergabe-Modell agieren die Dienstleister nur auf der operativen Ebene, d. h. sie verantworten nur die operative Erbringung der Leistung. Die Aufgaben des taktischen und strategischen Facility Managements verbleiben beim Auftraggeber.

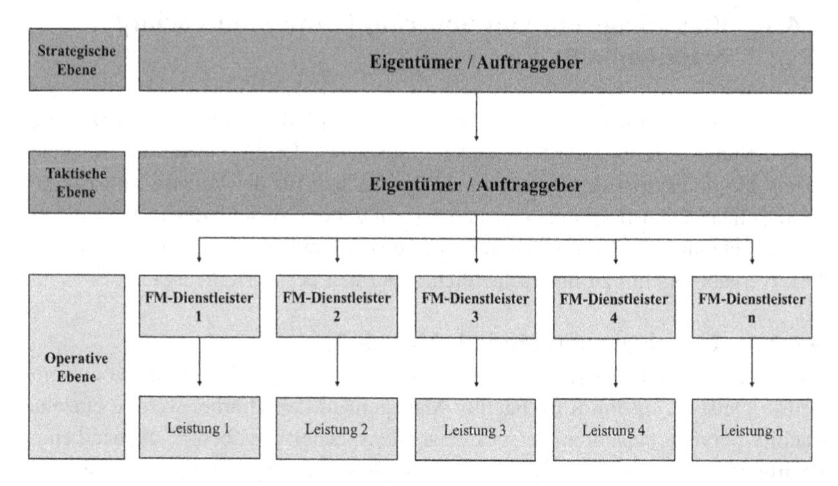


**Abbildung 4.4** Einzelvergabe-Modell[136]

Die Einzelvergabe gibt dem Auftraggeber zum einen die Möglichkeit, für jede Einzelleistung den jeweils geeignetsten Anbieter hinsichtlich Preis, Qualität und Leistungsfähigkeit auszuwählen und zum anderen, für individuelle Leistungen Spezialunternehmen mit spezifischem Know-how zu beauftragen. Darüber hinaus bietet die Einzelvergabe die größtmögliche Flexibilität im Falle von Mehr- oder Minderanforderungen. Da sich das Auftragsvolumen jeweils nur auf eine spezifische Einzelleistung bezieht, können kurzzeitige Kapazitätserhöhungen oder eine Reduzierung der Kapazitäten besser und schneller umgesetzt werden als bei anderen Sourcing-Formen.[137] Ein wesentlicher Vorteil der Einzelvergabe ist die geringe Abhängigkeit gegenüber den beauftragten Dienstleistern. Aufgrund der

[135] Vgl. Punkt 4.4.5.1 Gestaltung des Outsourcing-Vertrages „Betreiberverantwortung".

[136] Eigene Darstellung, in Anlehnung an Häusser, T. (2017), S. 74.

[137] Vgl. Bernhold, T. (2017), S. 232.

meist kurzen Laufzeit der Verträge können Dienstleister im Falle einer schlechten Leistungserstellung schneller ausgetauscht werden.[138] Bei der Einzelvergabe kann auch der Ausfall eines Dienstleisters besser kompensiert werden als bei anderen Sourcing-Formen.

Die in der Regel kurze Laufzeit der Verträge und das auf eine Einzelleistung beschränkte Auftragsvolumen führen jedoch unter Umständen dazu, dass auf Seiten der Dienstleister eine geringere Motivation zur vollständigen Befriedigung der Kundenbedürfnisse besteht. Außerdem besteht für die Dienstleister ein geringerer Anreiz zur Durchführung spezifischer Investitionen, insbesondere im Hinblick auf Innovationen und den Einsatz neuester Technologien.[139] Ein weiterer Nachteil der Einzelvergabe ist der hohe Steuerungs- und Kontrollaufwand, der sich durch die vielen unterschiedlichen Vertragsbeziehungen und die daraus resultierenden Schnittstellen ergibt.[140] Aus der Vielzahl der verschiedenen Dienstleister ergeben sich für den Auftraggeber komplexe Haftungs- und Gewährleistungsverhältnisse. Die kurzen Vertragslaufzeiten führen darüber hinaus zu vermehrten Ausschreibungsverfahren, die mit einem hohen administrativen Aufwand verbunden sind und eine Erhöhung der Transaktionskosten zur Folge haben.[141] Weitere preisliche Nachteile ergeben sich dadurch, dass der Dienstleister bei dieser Vergabeform keine Bündelungseffekte nutzen kann. Dies kann letztendlich zu höheren Gesamtkosten führen.

#### 4.4.1.2 Paketvergabe-Modell (Modell 2)

Im Gegensatz zur Einzelvergabe werden bei der Paketvergabe (siehe Abbildung 4.5) einzelne Facility Services zu Leistungspaketen gebündelt.[142] Die Bündelung und Vergabeerfolgt üblicherweise fachspezifisch, d. h. strukturiert nach technischen, infrastrukturellen und kaufmännischen Facility Services. Dadurch bietet sich für den Auftraggeber die Möglichkeit, Dienstleister mit je nach Leistungsschwerpunkt ausgewiesener Expertise auszuwählen.[143]

Der Auftraggeber schließt jeweils einen Vertrag mit den verschiedenen Paketdienstleistern. Die Laufzeit der Verträge ist in der Regel etwas längerfristig auf 3 bis 5 Jahre angelegt. Die Vergütung der Serviceleistungen wird in der Praxis

[138] Vgl. Häusser, T. (2017), S. 75.
[139] Vgl. Bernhold, T. (2017), S. 232.
[140] Vgl. Häusser, T. (2017), S. 75.
[141] Vgl. Punkt 3.9.2 Transaktionskostentheorie; Bernhold, T. (2017), S. 232.
[142] Vgl. Punkt 3.8.3.6 Leistungsumfang / Modular Sourcing.
[143] Vgl. Häusser, T. (2017), S. 75.

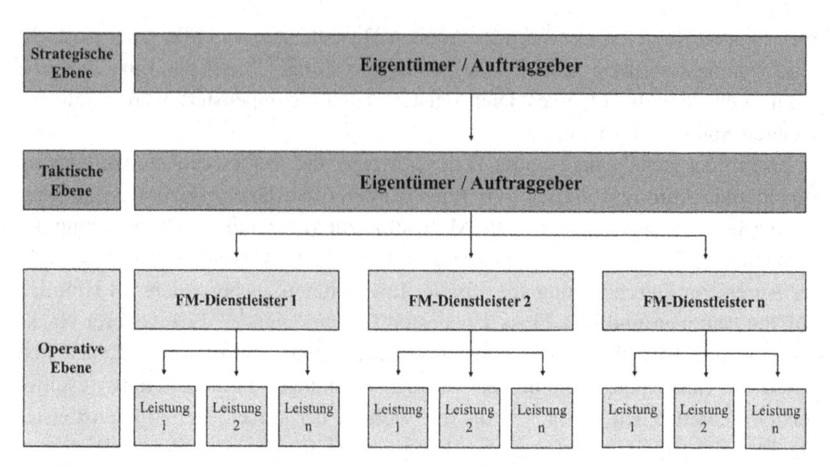


**Abbildung 4.5** Paketvergabe-Modell[144]

überwiegend als Pauschalpreis für die Paketleistung festgelegt, alternativ werden oftmals auch Einheitspreise vereinbart.[145]

Die Leistungserbringung erfolgt entweder durch die beauftragten Dienstleister selbst oder durch von diesen wiederum beauftragten Subunternehmern. Die Delegation einzelner Aufgaben an Subunternehmer gibt den beauftragten Dienstleistern die Möglichkeit, Kapazitätsengpässe auszugleichen oder einzelne Leistungen durch Spezialunternehmen mit ausreichendem Know-how erbringen zu lassen. Die Entscheidung über den Einsatz und die Anzahl von Subunternehmern liegt im Verantwortungsbereich der beauftragten Dienstleister, weshalb der Auftraggeber keine, oder nur geringe Einflussmöglichkeiten auf die Auswahl der jeweiligen Subunternehmen hat.[146] Der Auftraggeber sollte sich deshalb vertraglich ein Einspruchsrecht bei der Wahl der Subunternehmer sichern. Da lediglich ein Vertragsverhältnis zwischen dem Auftraggeber und den beauftragten Hauptdienstleistern besteht, obliegt diesen die Koordination und Steuerung der Subunternehmer sowie die Gesamtverantwortung einer ordnungsgemäßen und vertragskonformen Leistungserstellung und der Erfüllung der übertragenen

[144] Eigene Darstellung, in Anlehnung an Häusser, T. (2017), S. 73.

[145] Vgl. Punkt 4.4.5.3 Preismodelle / Pauschalpreis, Einheitspreis.

[146] Vgl. Bernhold, T. (2017), S. 231.

Betreiberpflichten.[147] Die Betreiberverantwortung wird den Dienstleistern für den Umfang des jeweils beauftragten Leistungspakets übertragen.

Wie bei der Einzelvergabe agieren die beauftragten Dienstleister bei der Paketvergabe nur auf der operativen Ebene, d. h. sie verantworten nur die operative Erbringung der Leistung. Die Aufgaben des taktischen und strategischen Facility Managements verbleiben beim Auftraggeber.

Durch die Bündelung von Leistungen verringert sich die Anzahl der beauftragten Dienstleister und damit auch die Anzahl der Schnittstellen und der Steuerungs- und Kontrollaufwand für das auslagernde Unternehmen.

Eine gebündelte Vergabe ermöglicht dem Dienstleister die Nutzung von Skaleneffekten. Dies kann zu einer wesentlichen Kostenreduzierung beitragen.[148] Aufgrund des größeren Auftragsvolumens und der in der Regel längeren Vertragslaufzeiten besteht auf Seiten der Dienstleister eine höhere Motivation zur Befriedigung der Kundenbedürfnisse. Die Dienstleister sind hier eher bereit, in den Einsatz neuer Technologien zu investieren. Dies wirkt sich letztendlich auch auf die Leistungsqualität aus.[149] Die in der Regel längeren Vertragslaufzeiten reduzieren außerdem die Ausschreibungsverfahren und damit den hohen administrativen Aufwand.

Die Paketvergabe erhöht jedoch die Abhängigkeit gegenüber den beauftragten Dienstleistern und reduziert die Flexibilität des Auftraggebers. Durch die längeren Vertragslaufzeiten und die gebündelten Servicepakete können Dienstleister im Falle einer schlechten Leistungserbringung nicht so schnell ausgetauscht werden.[150] Auch eine Änderung der gebündelten Leistungspakete während der Vertragslaufzeit ist nur schwer umsetzbar. Ein Herauslösen einzelner Leistungen aus einem Paket oder eine Erweiterung des Leistungspakets durch das Hinzufügen einzelner Leistungen könnte zu Lasten der Gesamteffizienz gehen.[151]

#### 4.4.1.3 Dienstleistungsmodell (Modell 3)

Beim Dienstleistungsmodell (siehe Abbildung 4.6) werden die gesamten Leistungen, d. h. alle benötigten infrastrukturellen, technischen und kaufmännischen Facility Services, an einen Dienstleister vergeben.[152] Dieser Dienstleister ist der einzige Vertragspartner des Auftraggebers.

---

[147] Vgl. Punkt 4.4.5.1 Gestaltung des Outsourcing-Vertrages „Betreiberverantwortung".

[148] Vgl. Bernhold, T. (2017), S. 233.

[149] Vgl. Bernhold, T. (2017), S. 231.

[150] Vgl. Bernhold, T. (2017), S. 231.

[151] Vgl. GEFMA 700:2006–12, S. 5.

[152] Vgl. Punkt 3.8.3.6 Leistungsumfang / System Sourcing.

Die in der Praxis übliche Vertragslaufzeit liegt bei diesem Modell zwischen 3 und 5 Jahren. Da die Ausschreibung beim Dienstleistungsmodell in der Regel funktional / ergebnisorientiert erfolgt, wird die Vergütung üblicherweise als Pauschalpreis für die vereinbarte Gesamtleistung festgelegt.[153]

Die Leistungserbringung erfolgt entweder durch den Dienstleister selbst oder durch von diesem wiederum beauftragten Subunternehmern. Aufgrund des umfangreichen Gesamtvolumens und der Vielfältigkeit der Services wird der beauftragte Dienstleister für einzelne Teilleistungen in der Regel Subunternehmer einsetzen. Dabei wird der Dienstleister die Subunternehmer nach ihrem jeweiligen Leistungsschwerpunkt auswählen und die Leistungen strukturiert vergeben. Grundsätzlich liegt die Entscheidung über den Einsatz und die Anzahl von Subunternehmern im Verantwortungsbereich des beauftragten Dienstleisters. Der Auftraggeber sollte sich allerdings auch hier vertraglich ein Einspruchsrecht bei der Auswahl der Subunternehmer sichern. Auch bei diesem Modell besteht das Vertragsverhältnis lediglich zwischen dem Auftraggeber und dem Hauptdienstleister. Diesem obliegt die Koordination und Steuerung aller eingesetzten Subunternehmer sowie die Gesamtverantwortung einer ordnungsgemäßen und vertragskonformen Leistungserstellung und der Erfüllung der übertragenen Betreiberpflichten.[154] Die Betreiberverantwortung wird dem Dienstleister für den Umfang der beauftragten Gesamtleistung übertragen.

Wie bei der Einzelvergabe und der Paketvergabe agiert der Dienstleister nur auf der operativen Ebene, d. h. er verantwortet nur die operative Erbringung der Leistung. Die Aufgaben des taktischen und strategischen Facility Managements verbleiben beim Auftraggeber.

Durch die Vergabe aller Leistungen an einen Dienstleister hat der Auftraggeber nur einen Ansprechpartner während der gesamten Vertragslaufzeit. Damit wird im Vergleich zur Einzelvergabe und Paketvergabe eine deutliche Reduzierung der Schnittstellen erreicht. Gleichzeitig verringert sich der Steuerungs- und Kontrollaufwand für den Auftraggeber. Das umfangreiche Auftragsvolumen und der in der Regel längerfristige Vertrag erhöhen einerseits die Planungssicherheit sowohl beim Auftraggeber als auch beim Dienstleister und schaffen damit die Möglichkeit zur Umsetzung langfristiger Investitionen[155] und bewirken eine höhere Motivation des Dienstleisters zur Steigerung der Servicequalität. Mit der Beauftragung eines Dienstleisters für alle Leistungen können Größenvorteile erzielt werden, die zu einer Kostenreduzierung führen. Aufgrund des Komplettvertrages

[153] Vgl. Punkt 4.4.5.3 Preismodelle / Pauschalpreis.

[154] Vgl. Punkt 4.4.5.1 Gestaltung des Outsourcing-Vertrages „Betreiberverantwortung".

[155] Vgl. Bernhold, T. (2017), S. 231.

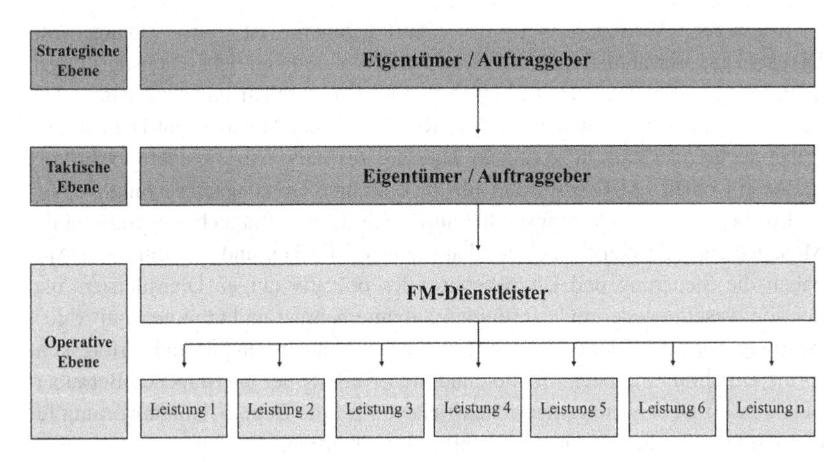


**Abbildung 4.6** Dienstleistungsmodell[156]

mit nur einem Dienstleister bietet diese Sourcing-Variante gegenüber der Einzel- oder Paketvergabe den Vorteil einer höheren Kostentransparenz.[157]

Mit der Beauftragung von nur einem Dienstleister für alle Leistungen ist bei diesem Modell die Abhängigkeit vom Dienstleister um ein vielfaches höher als bei der Paketvergabe. Die Flexibilität des Auftraggebers ist zunehmend eingeschränkt, insbesondere was die Reaktion auf Leistungsstörungen betrifft. Aufgrund der langfristigen Vertragsbindung und der Vielzahl der verschiedenen Serviceleistungen ist eine kurzfristige Substitution des Dienstleisters nur schwer umzusetzen.[158] Das Dienstleistungsmodell erfordert deshalb ein hohes Maß an Vertrauen zwischen Auftraggeber und Dienstleister, weshalb bei der Selektion möglicher Dienstleister sehr sorgfältig vorgegangen werden muss.

#### 4.4.1.4 Management-Modell (Modell 4)

Das Management-Modell (siehe Abbildung 4.7) entspricht grundsätzlich dem zuvor beschriebenen Dienstleistungsmodell. Auch hier werden alle benötigten Facility Services im Gesamten an einen Dienstleister vergeben. Das wesentliche Unterscheidungsmerkmal der beiden Varianten besteht in der zusätzlichen Vergabe des taktischen Facility Managements.

---

[156] Eigene Darstellung, in Anlehnung an Häusser, T. (2017), S. 71.

[157] Vgl. Häusser, T. (2017), S. 76.

[158] Vgl. Bernhold, T. (2017), S. 231.

Alleiniger Vertragspartner des Auftraggebers ist ein Management-Dienstleister, der ähnlich wie ein Systemanbieter umfangreiche Dienstleistungen aller Leistungsbereiche des technischen, infrastrukturellen und kaufmännischen Facility Managements anbietet. In der Regel wird der Management-Dienstleister selbst nicht oder nur in geringem Umfang operativ tätig, sondern beauftragt seinerseits einen FM-Dienstleister für die operative Leistungserbringung.

Im Rahmen seines Vertragsverhältnisses mit dem Auftraggeber übernimmt der Management-Dienstleister neben allen organisatorischen und koordinativen Aufgaben die Steuerung und Überwachung des operativ tätigen Dienstleisters und der von diesem wiederum beauftragten Subunternehmer und trägt gegenüber dem Auftraggeber die Gesamtverantwortung für die ordnungsgemäße und vertragskonforme Durchführung aller Arbeiten und die Erfüllung der übertragenen Betreiberpflichten.[159] Dem Management-Dienstleister wird die Betreiberverantwortung für den Umfang der beauftragten Gesamtleistung übertragen.

Die in der Praxis übliche Vertragslaufzeit liegt beim Management-Modell zwischen 3 und 5 Jahren, in vielen Fällen auch längerfristig über 5 Jahre. Die Vergütung erfolgt in der Regel in Form einer Cost-Plus-Fee-Vergütung. Hierbei gibt der Management-Dienstleister die anfallenden Kosten für die operative Leistungserstellung 1:1 an den Auftraggeber weiter und berechnet zusätzlich ein Fee für seinen Managementaufwand.[160] Alternativ bietet sich die Vereinbarung eines Garantierten Maximalpreises an.[161]

Wie bei den zuvor vorgestellten Modellen Einzelvergabe-Modell, Paketvergabe-Modell und Dienstleistungsmodell verbleiben auch beim Management-Modell die Aufgaben des strategischen Facility Managements grundsätzlich beim Auftraggeber.

Durch die Vergabe aller Leistungen an einen Dienstleister wird, wie beim Dienstleistungsmodell, eine deutliche Reduzierung der Schnittstellen erreicht. Durch die zusätzliche Vergabe des taktischen Facility Managements[162] entfällt beim Auftraggeber ein großer Teil der Managementaufgaben. Dadurch wird der Steuerungs- und Kontrollaufwand für das auslagernde Unternehmen erheblich reduziert.

Außerdem kann der Auftraggeber externes Management-Know-how nutzen, insbesondere dann, wenn ihm selbst die Kompetenz und Erfahrung fehlt, ein

---

[159] Vgl. Punkt 4.4.5.1 Gestaltung des Outsourcing-Vertrages „Betreiberverantwortung“.

[160] Vgl. Punkt 4.4.5.3 Preismodelle / Cost-Plus-Fee-Vergütung.

[161] Vgl. Punkt 4.4.5.3 Preismodelle / Garantierter Maximalpreis.

[162] Vgl. Punkt 3.6.4 Facility Management / Aufgaben des taktischen Facility Managements.

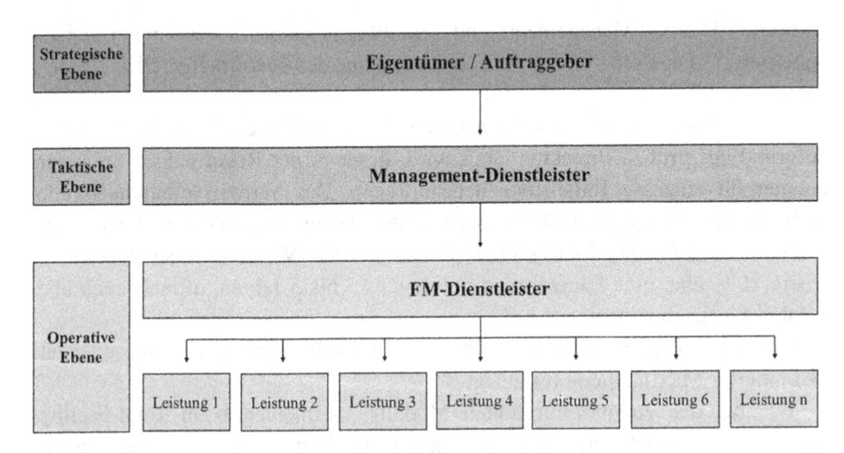


**Abbildung 4.7** Management-Modell[163]

effizientes Management umzusetzen.[164] Dieses Modell bietet darüber hinaus den Vorteil einer Kostenreduzierung, insbesondere bei den Personalkosten des Auftraggebers, da er weniger Personal für die Managementaufgaben bereitstellen muss.

Als Nachteil erweist sich, wie beim Dienstleistungsmodell, die hohe Abhängigkeit gegenüber dem beauftragen Dienstleister und die eingeschränkte Flexibilität des Auftraggebers. Darüber hinaus geht mit der vollständigen Auslagerung aller taktischen Aufgaben ein erheblicher Kontrollverlust auf Seiten des Auftraggebers einher.

#### 4.4.1.5 Total-Facility-Management-Modell (Modell 5)

Das Total-Facility-Management-Modell (siehe Abbildung 4.8) stellt die weitgehendste Form des Outsourcings im Facility Management dar. Im Grundsatz entspricht das Total- Facility-Management-Modell (TFM) dem Dienstleistungsmodell. Alle nachgefragten Facility Services werden in einem Vertragswerk gebündelt und an einen Dienstleister vergeben. Zusätzlich zu der operativen Leistungserbringung übernimmt dieser Dienstleister auch alle Aufgaben des

[163] Eigene Darstellung, in Anlehnung an Häusser, T. (2017), S. 72.

[164] Vgl. Häusser, T. (2017), S. 76.

taktischen Facility Managements und verantwortet damit den gesamten Gebäudebetrieb.[165] Dies setzt eine hohe Fachkompetenz des beauftragten Dienstleisters voraus.

Die Leistungserbringung erfolgt durch den beauftragten Dienstleister selbst, aufgrund des großen Projektumfangs wird dieser in der Regel jedoch Subunternehmer für einzelne Teilleistungen beauftragen. Das Vertragsverhältnis besteht lediglich zwischen dem Auftraggeber und dem beauftragten Gesamtdienstleister

Beim Total-Facility-Management-Modell sind die Verträge in der Regel langfristig, d. h. über eine Laufzeit von mindestens 3 bis 5 Jahren, oftmals auch über 5 Jahre hinaus, angelegt.

Die Vergütung wird in der Regel als Cost-Plus-Fee-Vergütung oder als Garantierter Maximalpreis festgelegt.[166]

Wie bei den zuvor vorgestellten Modellen verbleiben beim Total-Facility-Management-Modell die Aufgaben des strategischen Facility Managements grundsätzlich beim Auftraggeber.

Dieses Modell bietet jedoch die Möglichkeit, den Dienstleister in den strategischen Planungsprozess mit einzubeziehen. Dadurch erlangt der Dienstleister frühzeitig Kenntnis von geplanten Änderungen, insbesondere hinsichtlich des zukünftigen Bedarfs an Facility Services. Dies gibt ihm die Möglichkeit, rechtzeitig auf Volumenveränderungen zu reagieren und seine Ressourcen zielgerecht einzusetzen. Eine intensive Kommunikation der Beteiligten trägt dabei wesentlich zu einer Optimierung des gesamten Prozessablaufs bei.

Beim Total-Facility-Management-Modell erfolgt die größtmögliche Delegation von Leistungen und Verantwortlichkeiten an den Dienstleister mit allen technischen, wirtschaftlichen und rechtlichen Aspekten.[167] Damit einher geht eine weitestgehende Übertragung der Betreiberverantwortung[168] auf den Dienstleister. Die Risiken für den Auftraggeber können so erheblich minimiert werden.

Für den Auftraggeber bedeutet dies gleichzeitig eine maximale Optimierung der Schnittstellen und ein minimaler Steuerungs- und Kontrollaufwand. Das umfangreiche Auftragsvolumen und die in der Regel langfristige Vertragsbindung erhöhen die Planungssicherheit und sorgen für mehr Stabilität auf Auftraggeber- und auf Dienstleisterseite.[169]

---

[165] Vgl. Häusser, T. (2017), S. 70.

[166] Vgl. Punkt 4.4.5.3 Preismodelle / Cost-Plus-Fee-Vergütung, Garantierter Maximalpreis.

[167] Vgl. GEFMA 700:2006–12, S. 5; Häusser, T. (2017), S. 75.

[168] Vgl. Punkt 4.4.5.1 Gestaltung des Outsourcing-Vertrages „Betreiberverantwortung".

[169] Vgl. Bernhold, T. (2017), S. 231.

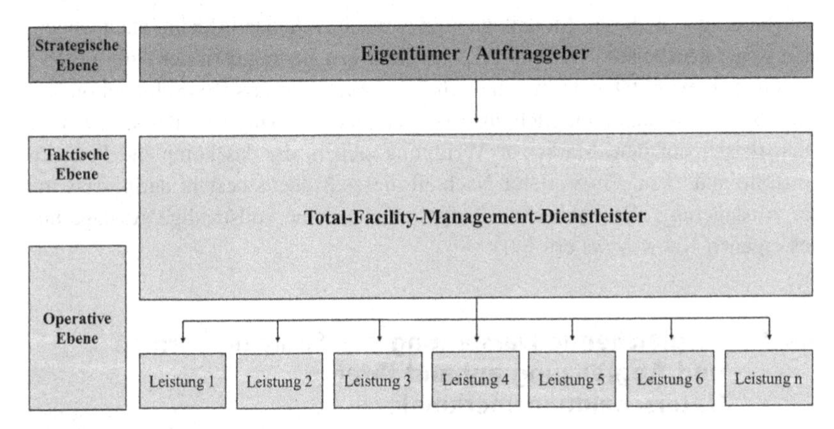


**Abbildung 4.8** Total-Facility-Management-Modell[170]

Die Zusammenarbeit zwischen den Vertragspartnern ist auf die langfristige Erreichung von Zielen ausgelegt, weshalb man bei diesem Modell auch von einer „strategischen Partnerschaft" spricht. Dies setzt ein hohes Maß an Vertrauen zwischen Auftraggeber und Dienstleister voraus. Durch die enge vertragliche Beziehung können Innovationen und neue Technologien schneller und besser umgesetzt werden. Dies kann zu erheblichen Qualitätsverbesserungen führen. Die konsequente Ausrichtung der vertraglichen Zusammenarbeit auf die Lieferung messbarer technischer, prozessualer und wirtschaftlicher Ergebnisse durch den Dienstleister stellt eine hohe Kundenzufriedenheit sicher.[171]

Darüber hinaus weist dieses Modell ein erhebliches Kosteneinsparungspotenzial auf. Mit der Beauftragung eines Dienstleisters für alle Leistungen können Größenvorteile erzielt werden, die zu einer Kostenreduzierung führen. Durch die Vergabe des taktischen Facility Managements können Personalkosten eingespart werden, da der Auftraggeber weniger Personal für die Managementaufgaben bereitstellen muss. Die die in der Regel langen Vertragslaufzeiten führen zu einer Reduzierung der mit einem hohen administrativen Aufwand verbundenen Ausschreibungsverfahren, wodurch vor allem Transaktionskosten eingespart werden können.

[170] Eigene Darstellung, in Anlehnung an Häusser, T. (2017), S. 70.

[171] Vgl. GEFMA 700:2006–12, S. 5.

Allerdings ist dieses Modell geprägt von einer hohen Abhängigkeit gegenüber dem Dienstleister. Aufgrund des langfristigen Vertrages ist der Auftraggeber in seiner Flexibilität extrem eingeschränkt. Eine kurzfristige Substitution des Dienstleisters ist kaum möglich, insbesondere auch deshalb, weil nur sehr wenige Dienstleister auf dem Markt zur Verfügung stehen, die das komplette Produktportfolio abdecken. Ein weiterer Nachteil dieses Modells besteht darin, dass mit der Auslagerung aller taktischen Aufgaben auch eine vollständige Auslagerung des eigenen Know-hows erfolgt.[172]

### 4.4.2 Vergleichende Darstellung der Sourcing-Formen und Abgrenzung anhand ihrer Unterscheidungsmerkmale

Die Beschreibung der verschiedenen Sourcing-Formen zeigt, dass sich diese hinsichtlich verschiedener Merkmale erheblich unterscheiden.

Als wesentliche Unterscheidungsmerkmale wurden das Kosteneinsparungspotenzial, die Flexibilität, die Risikoverlagerung, der Steuerungs- und Kontrollaufwand, die Anzahl der Schnittstellen sowie die Abhängigkeit des Auftraggebers identifiziert.

Grundsätzlich lassen sich die Sourcing-Formen vor allem hinsichtlich des Outsourcinggrades unterscheiden. Dabei ist das Einzelvergabe-Modell durch einen minimalen und das Paketvergabe-Modell durch einen mittleren Outsourcinggrad gekennzeichnet. Im Gegensatz dazu zeigt das Dienstleistungsmodell einen hohen und das Management-Modell einen sehr hohen Outsourcinggrad. Einen maximalen Outsourcinggrad weist das Total-Facility-Management-Modell auf.

In der Abbildung 4.9 werden die Merkmalausprägungen in einer Übersicht zusammenfassend dargestellt.

---

[172] Vgl. Häusser, T. (2017), S. 75.

| Merkmal | Einzelvergabe-Modell | Paketvergabe-Modell | Dienstleistungs-modell | Management-Modell | Total-Facility-Management-Modell |
|---|---|---|---|---|---|
| Kosteneinsparungs-potenzial | ⊖ | ⊕ | ⊕ | ⊕ | ⊕ |
| Flexibilität | ⊕ | ⊕ | ⊖ | ⊖ | ⊖ |
| Risikoverlagerung | ⊖ | ⊖ | ⊕ | ⊕ | ⊕ |
| Steuerungs- und Kontrollaufwand | ⊖ | ⊖ | ⊕ | ⊕ | ⊕ |
| Anzahl der Schnittstellen | ⊖ | ⊖ | ⊕ | ⊕ | ⊕ |
| Abhängigkeit des Auftraggebers | ⊕ | ⊕ | ⊖ | ⊖ | ⊖ |
| **Outsourcinggrad** | **minimal** | **mittel** | **hoch** | **sehr hoch** | **maximal** |

**Abbildung 4.9** Abgrenzung der Sourcing-Formen anhand ihrer Unterscheidungsmerkmale[173]

### 4.4.3 Einordnung der Sourcing-Formen in den Planungs- und Entscheidungsprozess zur Bestimmung der Bewirtschaftungsstrategie

Auf Basis der aus den vorangegangenen Kapiteln gewonnenen Erkenntnisse wurde ein Modell entwickelt, das den gesamten Planungs- und Entscheidungsprozess für die Bestimmung der Bewirtschaftungsstrategie im Facility Management abbildet.[174] Mit Hilfe des in Abbildung 4.10 dargestellten Modells lassen sich verschiedene Lösungsmöglichkeiten erarbeiten, aus denen dann, jeweils angepasst an die individuellen Anforderungen des Unternehmens, ein spezifisches Betreibermodell abgeleitet werden kann.

Im Folgenden werden die bestimmenden Grundelemente des Prozessmodells näher beschrieben.

**Sourcing-Strategie:** Grundsätzlich ist zuerst die Sourcing-Strategie zu definieren. Hierbei ist festzulegen, ob die benötigten Dienstleistungen im Facility Management innerhalb des Unternehmens mit eigenen Ressourcen erbracht, oder ob die Aufgaben an externe Dienstleister vergeben werden sollen.

[173] Eigene Darstellung.

[174] Vgl. Punkt 3.8.8.1 Planung und Entscheidung / Strategiephase.

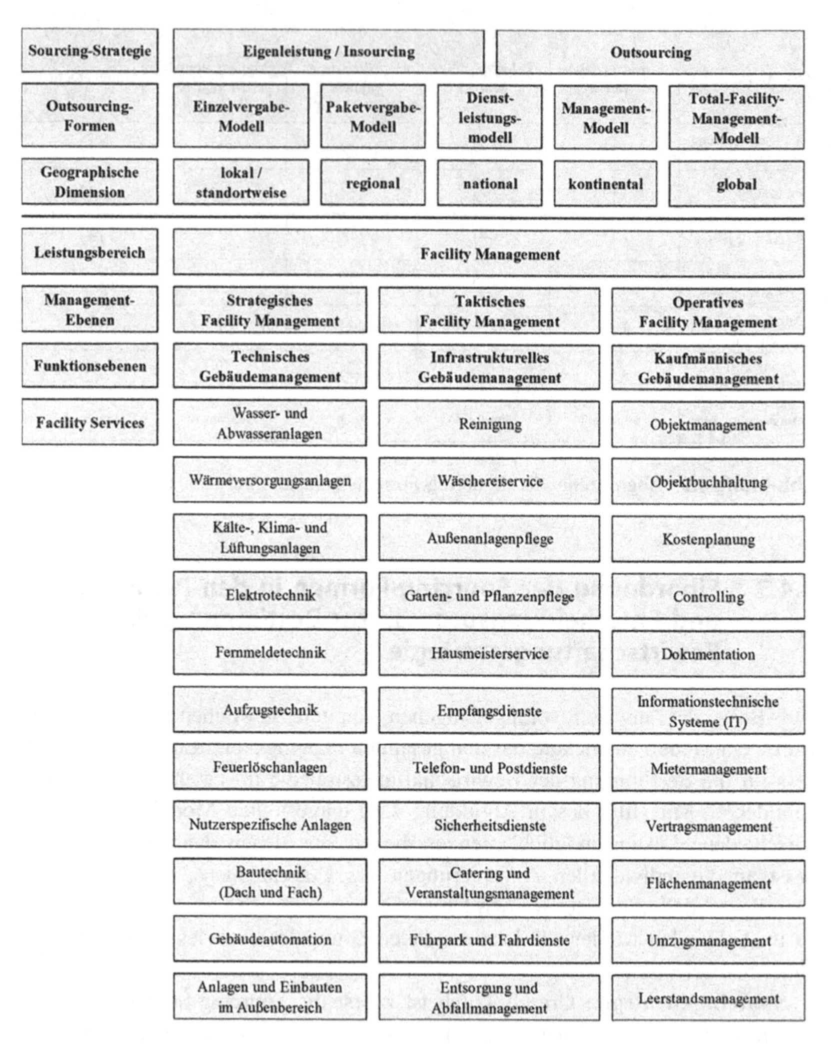


**Abbildung 4.10** Prozessmodell zur Bestimmung der Bewirtschaftungsstrategie[175]

[175] Eigene Darstellung.

**Outsourcing-Formen:** Bei einer Entscheidung für ein Outsourcing ist die Outsourcing-Form zu bestimmen. Wahlweise stehen hier das Einzelvergabe-Modell, das Paketvergabe-Modell, das Dienstleistungsmodell, das Management-Modell oder das Total-Facility-Management-Modell zur Verfügung. Je nach unternehmensspezifischer Anforderung ist auch eine Kombination der verschiedenen Modelle möglich.

**Geographische Dimension:** Bei der Entscheidung über den geographischen Umfang der Outsourcing-Maßnahme muss festgelegt werden, ob eine Vergabe nur lokal oder standortweise, regional oder national erfolgen soll, oder ob ein länderübergreifendes Outsourcing, d. h. eine kontinentale oder im weitestgehenden Fall eine globale Vergabe angestrebt wird.

Die in dem Prozessmodell strukturierte Darstellung der verschiedenen Ebenen des Leistungsbereichs Facility Management bietet die Möglichkeit, die Dimension des Outsourcings, d. h. den Outsourcing-Grad detailliert festzulegen.

**Management-Ebenen**: Das Facility Managements agiert auf drei Ebenen, der strategischen, der taktischen und der operativen Ebene.[176] Eine erste Entscheidung hinsichtlich der Dimension des Outsourcings ist dahingehend zu treffen, auf welcher der drei Ebenen ein Outsourcing erfolgen soll.

**Funktionsebenen:** Die operative Bewirtschaftung des Immobilienbestandes gliedert sich in die drei Funktionsbereiche technisches Gebäudemanagement, infrastrukturelles Gebäudemanagement und kaufmännisches Gebäudemanagement.[177] Grundsätzlich ist hier zu entscheiden, für welche Funktionsbereiche ein Outsourcing erfolgen soll.

**Facility Services:** Die Facility Services umfassen alle Leistungen der Funktionsbereiche technisches, infrastrukturelles und kaufmännisches Gebäudemanagements.[178] Je nach Bedarf sind hier die einzelnen Facility Services zu bestimmen, für die ein Outsourcing erfolgen soll.

---

[176] Vgl. Punkt 3.7.2 Strukturrahmen des Facility Managements.

[177] Vgl. Punkt 3.7.4 Gebäudemanagement in Abgrenzung zum Facility Management.

[178] Vgl. Punkt 3.7.6 Leistungsbereiche des Gebäudemanagements.

### 4.4.4 Anbietermarkt und Dienstleisterstrukturen im Facility Management

Nach der grundsätzlichen Entscheidung für ein Outsourcing von FM-Dienstleistungen, der Bestimmung des geographischen Umfangs der Outsourcing-Maßnahme und der Aufstellung eines detaillierten Produktkatalogs, der alle Leistungen enthält, die fremdbezogen werden sollen, ist im Rahmen des Planungs- und Entscheidungsprozesses die Wahl des Outsourcing-Partners zu treffen.[179] Auf der Suche nach einem geeigneten Dienstleister ist es zunächst angebracht, den Anbietermarkt und die Dienstleisterstrukturen im Facility Management näher zu betrachten.

#### 4.4.4.1 Entwicklung des Anbietermarktes für FM-Dienstleistungen

In den letzten 25 Jahren hat sich das Facility Management zu einer der größten Business-to-Business-Dienstleistungsbranchen in Deutschland entwickelt.[180] Der FM-Service-Markt wächst seit Jahren trotz auftretender konjunktureller Schwankungen kontinuierlich an. So ist das Marktvolumen seit dem Jahre 2010 von etwa 45 Mrd. Euro auf 54,2 Mrd. Euro im Jahre 2018 angestiegen. Dies entspricht einer durchschnittlichen Zuwachsrate von 2,7 Prozent.[181] Dabei enthält der für das Jahr 2018 ermittelte Wert weder die kaptiven Umsätze überwiegend extern agierender FM-Dienstleister noch die in den Nutzerunternehmen intern durch eigenes Personal erbrachten Leistungen.[182] Nach Einschätzung der gefma beträgt die gesamte Bruttowertschöpfung der Facility Services 2016 in Deutschland rund 134 Mrd. Euro.[183]

Der Grund für das stabile Wachstum der FM-Branche und die Vielzahl der auf dem Markt agierenden FM-Dienstleister liegt in der wachsenden Bereitschaft großer Unternehmen zum Outsourcing ihrer FM-Leistungen. Die regelmäßig erscheinenden Lünendonk-Studien[184] zeigen auf, dass Unternehmen ihre

---

[179] Vgl. Punkt 3.8.8.1 Planung und Entscheidung / Partnerphase.

[180] Vgl. Streicher, H. (2019), S. 12.

[181] Vgl. Streicher, H. (2019), S. 13.

[182] Vgl. Streicher, H. (2019), S. 12.

[183] Vgl. Thomzik, M. (2018), S. 6; Streicher, H. (2019), S. 12.

[184] Das Marktforschungs- und Beratungsunternehmen Lünendonk & Hossenfelder GmbH beschäftigt sich seit 2002 mit dem FM-Markt und den einzelnen Facility Services und publiziert seit dieser Zeit jährliche, auf Dienstleister-Befragungen basierende, FM-Anbieter-Studien (z. B. Lünendonk-Anbieter-Studie 2018: „Facility-Service-Unternehmen in Deutschland – Eine Analyse des Facility-Management-Marktes für infrastrukturelles

Outsourcing-Aktivitäten immer mehr verstärken und den Einkauf ihrer Facility Services zentralisieren und professionalisieren. Infolgedessen hat sich auch auf dem deutschen Anbietermarkt ein Wandel vollzogen. Viele Dienstleister, die sich bisher nur auf einzelne Facility Services konzentrierten, haben ihr Produktportfolio zunehmend ausgebaut. Sie bieten ihren Kunden damit die Möglichkeit, bedarfsgerechte individuelle Dienstleistungspakete, bestehend aus verschiedenen Facility Services, zusammenzustellen.[185] Außerdem hat die in den letzten Jahren deutlich gestiegene Nachfrage nach einem einheitlichen Management für Multi-Sites, also der Bewirtschaftung des gesamten Immobilienbestandes durch einen Gesamtdienstleister dazu geführt, dass einzelne FM-Unternehmen begannen, durch die Übernahme kleinerer Dienstleister oder durch Fusionen oder Partnerschaften, ihre Kompetenzen und Fachkenntnisse zu erweitern, um umfassende Dienstleistungen anbieten zu können.[186] Dies hat zur Folge, dass einerseits kleinere Dienstleistungsunternehmen ganz vom Markt verschwinden, andererseits kommt es zu einer verstärkten Konzentration, wodurch sich große „Big Player" entwickelt haben, die über ein breiteres Leistungsspektrum und eine höhere Flächendeckung verfügen.[187] Diese Marktkonsolidierung wird sich zukünftig weiter fortsetzen.[188] Der innerhalb des deutschen Marktes für FM-Dienstleistungen anhaltende Trend zu Komplettangeboten aus einer Hand hat Einfluss auf die Branchenstruktur und wird dazu führen, dass sich die Konzentrationstendenzen weiter verstärken werden.[189]

Neben der Nachfrage nach Komplettangeboten aus einer Hand ist in den letzten Jahren auch eine starke Nachfrage nach länderübergreifenden Dienstleistungsangeboten zu verzeichnen. Aus diesem Grund konzentrieren sich insbesondere die großen FM-Dienstleister nicht mehr nur auf den deutschen Markt, sondern weiten ihre Aktivitäten auch auf den internationalen Markt aus.[190] Gleichzeitig ist zunehmend der Eintritt ausländischer FM-Anbieter in den deutschen Markt

---

und technisches Gebäudemanagement"). Seit 2007 wurden diese Studien ergänzt durch FM-Nachfrager-Studien, die auf regelmäßigen Nachfrager- und Nutzerbefragungen basieren (z. B. Lünendonk-Auftraggeber-Studie 2018: „Facility Management in Deutschland – Eine Analyse des Facility-Management-Marktes aus Nutzersicht").

[185] Vgl. Burr, W. (2014), S. 52 f.

[186] Vgl. Hossenfelder, J. (2009), S. 224.

[187] Vgl. Gondring, H./Wagner, T. (2018), S. 391 f.

[188] Vgl. Hossenfelder, J. (2009), S. 225.

[189] Vgl. Burr, W. (2014), S. 58.

[190] Vgl. Burr, W. (2014), S. 55.

festzustellen. Der Markteintritt erfolgt zumeist durch die Gründung eigener Niederlassungen, durch den Erwerb von etablierten deutschen FM-Anbietern oder durch Kooperationen mit denselben.[191]

Trotz allem bleibt der deutsche Markt für FM-Dienstleistungen dreigeteilt. Neben den großen „Big Playern", die ein Komplettpaket an Dienstleistungen anbieten und international agieren, wird es weiterhin mittelgroße FM-Unternehmen geben, die zwar eine breite Palette von Facility Services anbieten, aber eher auf nationaler Ebene tätig sind. Darüber hinaus gibt es kleinere FM-Dienstleister, die sich auf Spezialprodukte konzentrieren und eher auf regionaler oder lokaler Ebene arbeiten.

#### 4.4.4.2 Dienstleisterstrukturen im Facility Management

Je nach Produktangebot und Umfang des Dienstleistungsportfolios[192] lassen sich FM-Dienstleister in die Anbietertypen Einzelanbieter, Paketanbieter und Systemanbieter sowie Management-Dienstleister, sogenannte Broker oder Trader, klassifizieren.[193]

Unter **Einzelanbietern** versteht man Dienstleister, die sich auf eine bestimmte Dienstleistung spezialisiert haben und einzelne infrastrukturelle, technische oder kaufmännische Leistungen im Facility Management erbringen. Einzelanbieter verantworten nur die Umsetzung der operativen Leistung, wobei die Erbringung der Leistung üblicherweise durch den Dienstleister selbst erfolgt.

**Paket- oder Modulanbieter** sind Dienstleister, die umfangreiche Dienstleistungen in einem oder auch mehreren Leistungsbereichen des infrastrukturellen, technischen oder kaufmännischen Facility Managements erbringen. Paketanbieter agieren in der Regel nur auf der operativen Ebene. Die Leistungserbringung erfolgt durch den Dienstleister selbst oder durch von diesem beauftragte Nachunternehmer.

**Systemanbieter**, auch als Anbieter von integrierten Dienstleistungen oder Komplettanbieter bezeichnet, erbringen umfangreiche Dienstleistungen in allen Leistungsbereichen des infrastrukturellen, technischen und kaufmännischen Facility Managements. Neben der operativen Umsetzung der Leistung erbringen Systemanbieter auch alle Managementaufgaben auf taktischer Ebene. Aufgrund des komplexen Leistungsumfangs und der Vielfältigkeit der Dienstleistungen

---

[191] Vgl. Burr, W. (2014), S. 56 f.

[192] Die Klassifizierung der FM-Anbieter orientiert sich an der Produkteinteilung Einzel-, Paket- und Systemdienstleistungen; vgl. hierzu GEFMA 700:2006–12, S. 5; GEFMA 730:2016–09, S. 2.

[193] Vgl. Zentes, J./Swoboda, B./Morschett, D. (2004), S. 338; Teichmann, S. A. (2009), S. 149; Bernhold, T. (2017), S. 242; Häusser, T. (2017), S. 66.

erfolgt die operative Leistungserbringung in der Regel nicht allein durch den Systemanbieter. Dieser wird je nach fachlicher Qualifikation Nachunternehmer für die operative Leistungserbringung beauftragen.

Neben den klassischen Anbietertypen Einzel-, Paket- und Systemanbieter agieren auf dem FM-Markt außerdem noch **Management-Dienstleister**, sogenannte Broker oder Trader.[194] Diese erbringen ähnlich wie Systemanbieter umfangreiche Dienstleistungen aller Leistungsbereiche des infrastrukturellen, technischen und kaufmännischen Facility Managements. Allerdings erfolgt die operative Leistungserbringung nicht oder nur in minimaler Eigenleistung, sondern nur durch die Beauftragung von Subunternehmern. In der Regel konzentrieren sich Broker auf die Vermittlung, Beschaffung und Steuerung von FM-Dienstleistungen. Hauptaufgaben hierbei sind die Erstellung von Ausschreibungsunterlagen und Leistungsverzeichnissen, die Begleitung des Ausschreibungsprozesses, Vertragsmanagement, Steuerung der eingesetzten FM-Dienstleister sowie Überwachung der operativen Leistungserbringung über die gesamte Vertragslaufzeit.

#### 4.4.4.3 Beurteilungskriterien für die Wahl eines geeigneten Dienstleisters

Für die Wahl eines geeigneten Dienstleisters ist es erforderlich, die auf dem Markt agierenden Dienstleister einer genauen Analyse zu unterziehen. Eine auskunftsfähige und entscheidungsunterstützende Dienstleisteranalyse ist von zentraler Bedeutung, um die Fähigkeiten und Potenziale der Anbieter einzuschätzen und zu beurteilen.[195] Mit der Dienstleisteranalyse sollen vor allem die sich aus der Prinzipal-Agent-Theorie ergebenden Agency-Probleme gelöst werden. Zur Vermeidung der „adverse selection" (nachteilige Auswahl) bieten sich Signaling- und Screening-Mechanismen an, um potenzielle zukünftige Dienstleister zu beurteilen.[196] Mit den aus der Analyse gewonnenen Daten und Erkenntnissen können zum einen durch eine Vorselektion die am geeignetsten erscheinenden Anbieter ermittelt werden, die dann zur Abgabe eines konkreten Angebots aufgefordert werden.[197] Zum anderen dienen die Analysedaten der späteren Bewertung der anbietenden Dienstleister und der Beurteilung der abgegebenen Angebote vor der eigentlichen Auftragsvergabe.[198]

---

[194] Als Broker oder Trader werden im Facility Management Vermittler oder Zwischenhändler von FM-Dienstleistungen bezeichnet; vgl. hierzu auch Huber, S. (2003), S. 10.

[195] Vgl. Falzmann, J. (2007), S. 45.

[196] Vgl. Punkt 3.9.3 Prinzipal-Agent-Theorie.

[197] Vgl. Zahn, E./Ströder, K./Unsöld, C. (2007), S. 62.

[198] Vgl. Büsch, M. (2013), S. 63.

Wie bei allen Entscheidungsprozessen, bei denen man die Wahl zwischen mehreren Alternativen hat, ist es auch für die Dienstleisterwahl zweckmäßig, konkrete Kriterien festzulegen, um eine einheitliche Bewertungsbasis zu schaffen, anhand derer eine Vergleichbarkeit der Anbieter möglich ist. Bei der Festlegung der Kriterien sollte darauf geachtet werden, dass diese eine objektive Dienstleisterbewertung gewährleisten.[199]

Für eine genaue Definition der Beurteilungskriterien muss beim auslagernden Unternehmen zunächst Klarheit über die eigenen Bedürfnisse und Ziele bestehen.[200] Die relevanten Beurteilungskriterien ergeben sich aus den Anforderungen des Auftraggebers hinsichtlich der Faktoren, die für eine zukünftige Geschäftsbeziehung als erfolgsbestimmend angesehen werden.[201] Als wichtigste Kriterien gelten hierbei diejenigen, anhand derer die Dienstleisterbeziehung und -leistung eindeutig beurteilt werden kann.

Auf Basis der wissenschaftlichen Literatur, in der sich umfangreiche Kriterienkataloge finden,[202] wurden maßgebliche Kriterien identifiziert und teilweise ergänzt. Zur besseren Übersichtlichkeit wurden die Beurteilungskriterien in Hauptkriterien eingeteilt, die durch Teilkriterien genauer beschrieben werden können (siehe Abbildung 4.11). Grundsätzlich lassen sich die Beurteilungskriterien in strategische und operative Kriterien differenzieren.[203] Zu den strategischen Kriterien zählen Unternehmens- und Beziehungsmerkmale, operative Kriterien sind Kompetenz- und Leistungsmerkmale.

---

[199] Vgl. Sibbel, R./Hartmann, F./Siekaup, T. (2006), S. 620; Hofbauer, G. et al. (2016), S. 57 f.

[200] Vgl. Büsch, M. (2013), S. 64.

[201] Vgl. Zahn, E./Ströder, K./Unsöld, C. (2007), S. 74.

[202] Kriterienkataloge finden sich u. a. bei: Beer, M. (1997), S. 234 f.; Bruch, H. (1998), S. 169; Schneider, H. (1998), S. 78; Greaver, M. (1999), S. 173 ff.; Barth, T. (2003), S. 211; Georgius, A./Heinzl, A. (2004), S. 5; Zahn, E./Ströder, K./Unsöld, C. (2007), S. 78; Büsch, M. (2013), S. 67; Schuh, G. et al. (2014), S. 205.

[203] Vgl. Sibbel, R./Hartmann, F./Siekaup, T. (2006), S. 620.

| Beurteilungs- und Bewertungskriterien | | |
|---|---|---|
| strategische Kriterien | **Unternehmensmerkmale** | **Beziehungsmerkmale** |
| | ▪ Unternehmensgröße<br>▪ Finanzkraft<br>▪ Geographische Präsenz<br>▪ Erfahrung / Branchenbezug<br>▪ Reputation / Referenzen | ▪ Partner Fit<br>▪ Interaktionsqualität<br>– Kommunikationsfähigkeit<br>– Kooperationsbereitschaft<br>▪ Engagement / Motivation |
| operative Kriterien | **Kompetenzmerkmale** | **Leistungsmerkmale** |
| | ▪ Eigenleistungstiefe<br>▪ Mitarbeiterqualifikation<br>▪ Fachwissen / Know-how<br>▪ Innovationsfähigkeit<br>▪ Flexibilität | ▪ Lieferfähigkeit<br>▪ Qualität der Leistung<br>▪ Preis-Leistungsverhältnis |

**Abbildung 4.11** Kriterienkatalog zur Dienstleister- und Angebotsbewertung[204]

**Unternehmensmerkmale** können zur Beurteilung der grundsätzlichen Leistungsfähigkeit des Dienstleisters herangezogen werden.

- **Unternehmensgröße:** Diese gibt einen ersten Hinweis auf die Leistungsfähigkeit des Dienstleisters. Ob ein Dienstleister in der Lage ist, die benötigten Dienstleistungen zu erbringen, hängt in erster Linie vom Umfang der personellen und technischen Ausstattung des Dienstleistungsunternehmens ab. Vor allem sollte die Unternehmensgröße des Dienstleisters in einem angemessenen Verhältnis zur Größe und Komplexität des Outsourcing-Projektes stehen.
- **Finanzkraft:** Damit die Leistungserbringung dauerhaft gewährleistet ist, sollte der Dienstleister über eine finanzielle Stabilität verfügen, insbesondere um die erforderlichen Ressourcen und Investitionen sicherzustellen und

[204] Eigene Darstellung, in Anlehnung an Barth, T. (2003), S. 211; Zahn, E./Ströder, K./Unsöld, C. (2007), S. 78.

finanzielle Risiken, die während der Zusammenarbeit auftreten, langfristig abzudecken.[205]

- **Geographische Präsenz:** Der Dienstleister sollte möglichst an den Orten der Leistungserstellung mit einer Niederlassung präsent sein, oder im Rahmen der Zusammenarbeit bereit sein, seine Präsenz auszuweiten. Darüber hinaus sollten an den jeweiligen lokalen Standorten kompetente Ansprechpartner zur Verfügung stehen, die eine professionelle Betreuung und anforderungsgerechte Leistungserbringung gewährleisten.[206]
- **Erfahrung / Branchenbezug:** Es sollte sichergestellt sein, dass der Dienstleister die nötige Erfahrung für die Leistungserbringung mitbringt. Spezielle Dienstleistungen weisen oft einen starken Branchenbezug auf, so sind vergleichsweise die Anforderungen eines Industrieunternehmens andere als die von Handels- und Dienstleistungsunternehmen. Die Wahl eines in der Branche unerfahrenen Dienstleisters ist oftmals mit einem erheblichen Mehraufwand und größeren Unsicherheiten verbunden.[207]
- **Reputation / Referenzen:** Ein zentrales Merkmal für die Leistungsfähigkeit des Dienstleisters ist die Zufriedenheit anderer Kunden. Referenzen, welche die Erfahrungswerte anderer Kunden wiedergeben und die Aufschluss über die Reputation des Dienstleisters geben, sind deshalb ein hilfreiches Beurteilungsinstrument.[208]

**Beziehungsmerkmale** spiegeln das Verhalten des Dienstleisters wieder und sollten für den Aufbau einer langfristigen und partnerschaftlichen Beziehung zur Beurteilung herangezogen werden.

- **Partner Fit:** Ein entscheidendes Kriterium für eine langfristige und erfolgreiche Zusammenarbeit ist eine Übereinstimmung der Partner auf strategischer, fundamentaler und kultureller Ebene. Ein Missfit in den Handlungsweisen und Wertevorstellungen könnte sich negativ auf die Zusammenarbeit auswirken und die Umsetzung des Outsourcing-Projektes beeinträchtigen. Eine Auswahl

[205] Vgl. Baun, H.-J./Grüter, A. (1998), S. 113; Wullenkord, A./Kiefer, A./Sure, M. (2005), S. 125.

[206] Vgl. Baun, H.-J./Grüter, A. (1998), S. 112; Wullenkord, A./Kiefer, A./Sure, M. (2005), S. 124 f.

[207] Vgl. Barth, T. (2003), S. 209 f.

[208] Vgl. Barth, T. (2003), S. 208 f.; Wullenkord, A./Kiefer, A./Sure, M. (2005), S. 122 f.

potenzieller Dienstleister sollte deshalb immer unter Berücksichtigung des Partner Fits erfolgen.[209]

- **Interaktionsqualität:** Dieses Kriterium beschreibt die wechselseitige Beziehung zwischen dem Dienstleistungsanbieter und dem Auftraggeber.[210] Im Vordergrund steht hierbei einerseits die **Kommunikationsfähigkeit** und zum anderen die **Kooperationsbereitschaft** des Dienstleisters. Die Entwicklung einer guten und dauerhaften Zusammenarbeit setzt voraus, dass die Akteure von-, mit- und übereinander lernen.[211] Dieser Lernprozess erfordert den regelmäßigen und gegenseitigen Austausch von Informationen und Wissen.[212] Nur durch eine offene und transparente Kommunikation können die Bedürfnisse und Erwartungen des jeweils anderen Partners erkannt und aufkommende Konfliktsituationen bewältigt werden. Gleichzeitig gewinnt die Fähigkeit und Bereitschaft des Dienstleisters zur Kooperation immer mehr an Gewicht.[213] Für eine vertrauensvolle Geschäftsbeziehung sollte der Dienstleister bereit sein, durch ein kooperatives Verhalten, insbesondere beim Auftreten von Mängeln und Reklamationen, konstruktiv und ausdauernd zur Behebung der Probleme beizutragen.[214]
- **Engagement / Motivation:** In diesen Merkmalen zeigt sich zum einen die Bereitschaft des Dienstleisters, die an ihn gestellten Anforderungen durch das Setzen von anspruchsvollen Maßstäben an die Leistungserbringung bestmöglich zu erfüllen. Zum anderen zeigt sich inwieweit der Dienstleister bereit ist, proaktiv an einer konstanten Verbesserung seiner Leistungen und Prozesse zu arbeiten und damit eine langfristige Beziehung zum Auftraggeber zu fördern.[215]

**Kompetenzmerkmale** können zur Beurteilung von Qualifikation, technologischer Fähigkeiten und Entwicklungspotenzial herangezogen werden.

- **Eigenleistungstiefe:** Die Kernkompetenzen eines Dienstleisters sind ein erstes Merkmal für die Beurteilung ob ein Dienstleister in der Lage ist, die

[209] Vgl. Zentes, J./Swoboda, B./Morschett, D. (2003), S. 829; Piontek, J. (2005), S. 73 f.
[210] Vgl. Hofmann, E./Hänsel, M./Vollrath, C. (2018), S. 82.
[211] Vgl. Walter, A. (1999), S. 268.
[212] Vgl. Walter, A. (1999), S. 268; Barth, T. (2003), S. 210.
[213] Vgl. Piontek, J. (2016), S. 83.
[214] Vgl. Walter, A. (1999), S. 271.
[215] Vgl. Büsch, M. (2013), S. 71.

benötigten Dienstleistungen anforderungsgerecht zu erbringen.[216] Daraus lässt sich die Eigenleistungstiefe des Dienstleisters ableiten, d. h. inwieweit verfügt der Dienstleister über die Kompetenzen und Ressourcen, um die Leistung eigenständig zu erbringen oder in welchem Maße muss er hierzu qualifizierte Nachunternehmer beauftragen.

- **Mitarbeiterqualifikation:** Die Kompetenz des Dienstleisters zur fachgerechten Erbringung der benötigten Leistungen lässt sich anhand der Qualifikation der von ihm eingesetzten Mitarbeiter beurteilen. Insbesondere für Aufgaben im Bereich des technischen Gebäudemanagements, bei dem die Sicherung der Funktionsfähigkeit der Gebäude oberste Priorität hat, spielt die Personalqualifikation eine zentrale Rolle.[217]
- **Fachwissen / Know-how:** Ein weiteres Merkmal zur Beurteilung der Kompetenz des Dienstleisters, das einen direkten Bezug zur Qualifikation der Mitarbeiter aufweist, ist das Fachwissen und Know-how, über das der Dienstleister und seine Mitarbeiter verfügen. Diese Kenntnisse spielen eine umso wichtigere Rolle, je spezieller und technisierter die benötigten Dienstleistungen sind.[218]
- **Innovationsfähigkeit:** Dieses Merkmal gibt Aufschluss darüber, inwieweit der Dienstleister bereit ist, in neue zukunftsfähige Innovationen zu investieren, um die Entwicklung von kundenspezifischen Lösungen voranzutreiben. Mit zunehmendem Innovationspotenzial des Dienstleisters erhöht sich für den Auftraggeber die Attraktivität, mit einem solchen Partner eine langfristige Geschäftsbeziehung einzugehen.[219]
- **Flexibilität:** Dieses Merkmal gibt vor allem Aufschluss darüber, wie flexibel der Dienstleister auf kurzfristige Kapazitätserhöhungen oder -minderungen reagieren kann. Zum anderen zeigt sich, wie flexibel sich der Dienstleister im Rahmen der Verhandlungen über Liefer- und Leistungsbedingungen gegenüber dem Auftraggeber zeigt, insbesondere ob er bereit ist, im Einzelfall Verträge anzupassen oder neu zu verhandeln.[220]

**Leistungsmerkmale** dienen der Beurteilung der tatsächlichen Leistungserbringung, vor allem im Hinblick auf Qualität, Zeit und Kosten.

---

[216] Vgl. Barth, T. (2003), S. 209.

[217] Vgl. Dippel-Hens, G. (1998), S. 24 f.

[218] Vgl. Wullenkord, A./Kiefer, A./Sure, M. (2005), S. 124.

[219] Vgl. Baun, H.-J./Grüter, A. (1998), S. 113.

[220] Vgl. Wullenkord, A./Kiefer, A./Sure, M. (2005), S. 123.

- **Lieferfähigkeit:** Ein wichtiges Kriterium ist die Lieferfähigkeit des Dienstleisters. Es muss gewährleistet sein, dass die benötigte Dienstleistung zur richtigen Zeit, in der erforderlichen Menge und der vereinbarten Qualität erbracht wird. Gerade bei kleineren Dienstleistungsunternehmen, die unter Umständen nicht über die nötigen Personalressourcen verfügen, besteht die Gefahr, dass es bei der Leistungserbringung zu Engpässen kommt und die vorgegebenen Anforderungen nicht erfüllt werden können.[221]
- **Qualität der Leistung:** Die Qualität der Leistung hängt unmittelbar von der Qualifikation des eingesetzten Personals ab. Der Dienstleister sollte deshalb zum einen danach beurteilt werden, ob ihm ausreichend qualifiziertes Personal zur Verfügung steht. Zum anderen sollte eine Beurteilung dahingehend erfolgen, ob bei der Leistungserbringung internationale Qualitätsstandards[222] eingehalten werden und ob beim Dienstleister eine grundsätzliche Bereitschaft zur Qualitätssicherung besteht.[223]
- **Preis-Leistungsverhältnis:** Ein weiteres wichtiges Beurteilungskriterium ist das Preisniveau des Dienstleisters. Bei einem kostenorientierten Outsourcing ist der Preis der ausschlaggebende Faktor. Die Auftraggeber neigen dazu, sich für den günstigsten Anbieter zu entscheiden. Allerdings ist das günstigste Angebot nicht immer das nutzbringendste. Unter Umständen beinhaltet das Angebot nur die Preise für Basisleistungen, Nicht-Grundleistungen werden später separat berechnet.[224] Aus diesem Grund sollten besonders günstige Angebote sorgfältig geprüft werden. Insbesondere sollte eine Beurteilung des Dienstleisters nicht rein nach Kostenaspekten erfolgen, sondern auch unter Einbeziehung von Qualitätskriterien.[225]

Die definierten Kriterien bilden die Grundlage für die Dienstleisteranalyse, anhand derer sowohl im Vorfeld der Ausschreibung geeignete Partner identifiziert als auch nach der Ausschreibung die anbietenden Dienstleister beurteilt und die jeweiligen Angebote bewertet werden können. Die Entscheidung für einen oder mehrere Dienstleister erfolgt letztendlich in einer mehrdimensionalen Betrachtung auf Basis der Dienstleisteranalyse.

[221] Vgl. Barth, T. (2003), S. 210.
[222] Vgl. DIN EN ISO 9000:2015–11; DIN EN ISO 9001:2015–11.
[223] Vgl. Piontek, J. (2016), S. 82.
[224] Vgl. Barth, T. (2003), S. 207; Wullenkord, A./Kiefer, A./Sure, M. (2005), S. 122.
[225] Vgl. Piontek, J. (2016), S. 82.

### 4.4.5 Gestaltungselemente der Delegationsbeziehung zwischen Auftraggeber und Dienstleister

Nach der Entscheidung für einen oder mehrere Dienstleister beginnt der Realisierungsprozess der Outsourcing-Maßnahme, bei dem im Rahmen der Strukturphase zuerst die Vergabe- und Preisverhandlungen geführt werden. Hierbei müssen die Ziele des auslagernden Unternehmens und der zukünftigen Dienstleister aufeinander abgestimmt, die zu erbringenden Leistungen noch einmal konkret definiert und die von den jeweiligen Partnern einzubringenden Ressourcen festgelegt werden. Die Vergabeverhandlungen enden mit dem Abschluss eines Outsourcing-Vertrages, in dem die ausgehandelten und von beiden Vertragsparteien akzeptierten Konditionen festgelegt und schriftlich fixiert werden.[226]

Die sich daran anschließende Betriebsphase beginnt mit der funktionalen und organisatorischen Umsetzung des Outsourcing-Projektes. Voraussetzung für eine erfolgreiche Zusammenarbeit ist eine funktionierende Projekt- und Betriebsorganisation, bei der alle Aktivitäten sowohl auf strategischer wie auch auf operativer Ebene abgestimmt und gesteuert werden, sowie ein Schnittstellenmanagement, das alle Aktivitäten an den gemeinsamen Schnittstellen koordiniert. Mit der Leistungserbringung des Dienstleisters beginnt die wertschöpfende Phase der Outsourcing-Partnerschaft. Dabei ist die Steuerung und Kontrolle des Leistungsaustausches entscheidend für den nachhaltigen Erfolg des Outsourcing-Projektes. Die Implementierung eines strategischen und operativen Steuerungs- und Controlling-Systems dient hierbei der regelmäßigen Überprüfung der gemeinsamen Zielvereinbarung, der Überwachung der vertragsgemäßen Leistungserstellung und der Sicherstellung und Erhaltung einer partnerschaftlichen Zusammenarbeit.[227]

Zentrales Thema sowohl der Struktur- als auch der Betriebsphase ist die Gestaltung der Zusammenarbeit zwischen den Vertragspartnern, weshalb nachfolgend die verschiedenen Gestaltungselemente der Delegationsbeziehung zwischen Auftraggeber und Dienstleister näher betrachtet werden sollen.

#### 4.4.5.1 Gestaltung des Outsourcing-Vertrages

Eines der wichtigsten Elemente in der Strukturphase ist die Ausarbeitung des Outsourcing-Vertrages.[228] Der Vertrag ist ein formaler Governance-Mechanismus, der den strukturellen Handlungsrahmen für die Zusammenarbeit

[226] Vgl. Punkt 3.8.8.2 Realisierung / Strukturphase.

[227] Vgl. Punkt 3.8.8.2 Realisierung / Betriebsphase.

[228] Für eine Einführung in das Vertragsmanagement vgl. Schneider, H. (2004), S. 390–442.

zwischen den beteiligten Unternehmen vorgibt, die Bedingungen für die Bereitstellung der Facility Services festlegt und die Rechte und Pflichten der Vertragspartner definiert.[229] Damit erfüllt der Outsourcing-Vertrag zwei Funktionen. Er bildet zum einen das Instrument zur Formulierung der juristischen Rahmenbedingungen und der Beschreibung des Leistungsumfangs. Zum anderen dient der Vertrag, als Institution im Sinne der NIÖ, einer Reduzierung der sich aus der Prinzipal-Agent-Theorie ergebenden Informationsasymmetrien sowie des Interessenausgleichs zwischen Prinzipal und Agent und trägt damit entscheidend dazu bei, die Risiken und Gefahren „Moral Hazard" und „Hold-up" zu senken.[230]

Da Outsourcing-Verträge keinem der in deutschem Recht geregelten Vertragstypen[231] zuzuordnen sind und darüber hinaus außer den im BGB geregelten allgemeinen Anforderungen an die Vertragsgestaltung keine gesetzlichen Bestimmungen für den Aufbau und den Inhalt von Outsourcing-Verträgen existieren, sind die Vertragspartner in der Ausgestaltung des Vertrages weitestgehend frei.[232] Die Komplexität der zu regelnden Sachverhalte, die Verschiedenartigkeit der auszulagernden Leistungen und die spezifischen Anforderungen an die Leistungserbringung machen es jedoch erforderlich, den Outsourcing-Vertrag als umfassendes Vertragswerk zu gestalten.[233] Hinzu kommt, dass Outsourcing-Verträge in der Regel langfristig, d. h. über mehrere Jahre, abgeschlossen werden und die Vertragsbeziehungen über einen einfachen Leistungsaustausch weit hinausgehen. Im Vertrag sollten daher auch Regelungen für zukünftige Entwicklungen und eventuell eintretende Veränderungen getroffen werden. Um die hierfür benötigte Flexibilität des Vertragswerks zu gewährleisten empfiehlt sich ein modularer Vertragsaufbau, bestehend aus einer Rahmenvereinbarung und einem oder mehreren Einzelverträgen, die detaillierte Leistungsbeschreibungen enthalten.[234] Der Vorteil eines solchen Vertragsaufbaus besteht zum einen in der Übersichtlichkeit und Klarheit des Vertrags, zum anderen wird eine problemlose Änderung einzelner Vertragselemente ermöglicht, ohne dass eine Neufassung des

---

[229] Vgl. DIN EN 15221–1:2007–01, S. 5 (ersetzt durch DIN EN ISO 41011:2017–04); David, U. (2017), S. 54.

[230] Vgl. Punkt 3.9.3 Prinzipal-Agent-Theorie; Hofmann, P. (2007), S. 199; Teichmann, S. A. (2009), S. 303.

[231] Das BGB regelt unterschiedliche Vertragstypen wie z. B. Dienstvertrag §§ 611 ff., Werkvertrag §§ 631 ff., Kaufvertrag §§ 433 ff., Mietvertrag §§ 535 ff., Geschäftsbesorgungsvertrag §§ 675 ff.

[232] Vgl. Sommerlad, K. (1998), S. 253; Barth, T. (2003), S. 233; Hofmann, P. (2007), S. 201; Teichmann, S. A. (2009), S. 305; David, U. (2017), S. 59.

[233] Vgl. Zahn, E./Ströder, K./Unsöld, C. (2007), S. 99.

[234] Vgl. Becker, J./Zwissler, T. (2005), S. 69.

gesamten Vertragswerks erforderlich ist.[235] Bei einem länderübergreifenden Outsourcing sollte bei der Vertragsgestaltung außerdem darauf geachtet werden, dass länderspezifische Besonderheiten und die jeweilige Rechtsprechung sowie spezielle länder- und standortbezogene Nutzeranforderungen im Vertrag berücksichtigt werden. Hierzu empfiehlt sich ein Rahmenvertrag, das sogenannte Master Service Agreement (MSA) und jeweilige lokale Unterverträge, sogenannte Local Service Agreements (LSA).[236]

Die Abbildung 4.12 fasst die wesentlichen Bestandteile eines Outsourcing-Vertrages zusammen.

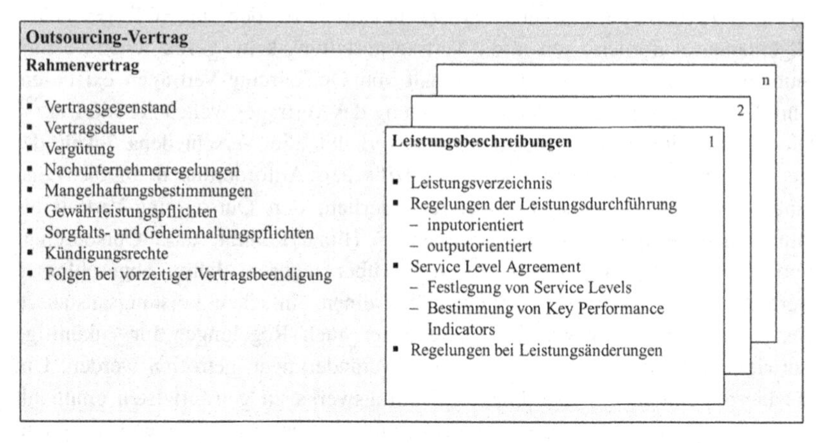


**Abbildung 4.12** Bestandteile eines Outsourcing-Vertrages[237]

Die **Rahmenvereinbarung** beinhaltet alle grundsätzlichen Sachverhalte, die sich nicht auf einzelne Leistungen beziehen und die über die gesamte Dauer der Zusammenarbeit Gültigkeit haben. Dazu gehören insbesondere der Vertragsgegenstand und die Vertragsdauer, Vergütungsregelungen,[238] Nachunternehmerregelungen, Mangelhaftungsbestimmungen und Gewährleistungspflichten, Sorgfalts-

[235] Vgl. Barth, T. (2003), S. 234.

[236] Eine Handlungsempfehlung für die Gestaltung eines internationalen Outsourcing-Vertrages liefert das White Paper GEFMA 965:2020–04 „International Service Agreement".

[237] Eigene Darstellung, in Anlehnung an Barth, T. (2003), S. 234; Hirschner, J./Hahr, H./ Kleinschrot, K. (2018), S. 72.

[238] Vgl. Punkt 4.4.5.2 Gestaltung der Vergütung.

und Geheimhaltungspflichten, Kündigungsrechte und Folgen einer vorzeitigen Beendigung des Vertrages. Darüber hinaus sollte der Rahmenvertrag eindeutige Regelungen zur Übertragung der Betreiberverantwortung enthalten. Eine Legaldefinition des Begriffs „Betreiberverantwortung“ ist in deutschen Gesetzen nicht verankert. In der immobilienwirtschaftlichen Praxis wird der Begriff wie folgt definiert:

> *„Betreiberverantwortung ist die Verpflichtung des Gebäudeeigentümers oder anderer mit der Betreiberfunktion beauftragten Personen zur Erfüllung von gesetzlichen Pflichten und zum verantwortlichen Handeln zum Zweck der rechtssicheren Organisation und Führung des Betriebs von Gebäuden und Anlagen.“*[239]

Aus dem Betrieb von Gebäuden oder Anlagen können sich Gefahren oder Nachteile für Leben, Gesundheit oder sonstige Rechte von Personen oder für die Umwelt ergeben. Jedem Unternehmen, das im Rahmen seiner Geschäftstätigkeit Gebäude betreibt, wird deshalb vom Gesetzgeber auferlegt, alle erforderlichen und zumutbaren Maßnahmen zu ergreifen, um diese Gefahren oder Nachteile zu vermeiden oder zu verringern.[240] Aus der Nichterfüllung der Betreiberpflichten können sich Rechtsfolgen ergeben, z. B. Schadenersatz, Regressansprüche, die ein hohes Kosten- und Haftungsrisiko für den Gebäudeeigentümer darstellen. Zur Begrenzung dieser Risiken ist es im Bereich des Facility Managements üblich, die Betreiberverantwortung auf die externen Dienstleister zu übertragen. Genaue Regelungen müssen im Outsourcing-Vertrag festgeschrieben werden. Allerdings verbleibt beim Gebäudeeigentümer stets die Generalverantwortung für die Einhaltung der Betreiberpflichten.[241]

Die **Leistungsbeschreibungen** beinhalten zum einen ein Leistungsverzeichnis, in dem die zu erbringenden Services genau festgelegt sind, zum anderen eine detaillierte Beschreibung in welcher Art und Weise die einzelnen Leistungen zu erbringen sind.[242] Die Beschreibung der Leistungserbringung kann entweder verrichtungsorientiert (inputorientiert) oder ergebnisorientiert (outputorientiert) erfolgen.[243]

---

[239] VDI 3810:2014–09; GEFMA 190:2004–01.

[240] Vgl. GEFMA 190:2004–01, S. 3.

[241] Zum Umfang der Betreiberverantwortung und den damit einhergehenden Betreiberpflichten vgl. GEFMA 190:2004–01.

[242] Vgl. Zahn, E./Ströder, K./Unsöld, C. (2007), S. 103.

[243] Ein ausführlicher Vergleich der input- und outputorientierten Vergabe und Leistungsbeschreibung mit Beispielen aus der betrieblichen Praxis ist dem White Paper GEFMA 968:2022–10 „Specifications“ zu entnehmen.

Bei einer verrichtungsorientierten Beschreibung wird für jeden einzelnen Service festgelegt, für welchen Bereich, in welcher Menge und in welcher Häufigkeit die Tätigkeit durchgeführt werden muss, außerdem welche Materialien und welche Ausrüstung zu verwenden sind.[244] Bei großen Outsourcing-Projekten ist eine verrichtungsorientierte Leistungsbeschreibung sehr aufwändig und zeitintensiv, außerdem ist der Aufwand für die Überwachung des Leistungserstellungsprozesses sehr hoch, da in regelmäßigen Intervallen kontrolliert werden muss, ob und wie die Vorgaben umgesetzt werden. Durch die engen Vorgaben des Auftraggebers ist der Dienstleister in seiner Flexibilität bei der Servicebereitstellung sehr eingeschränkt und hat kaum Möglichkeiten für das Einbringen von eigenem Know-how und Erfahrungen.[245]

Bei einer ergebnisorientierten Leistungsbeschreibung werden keine konkreten Tätigkeiten und die jeweiligen Häufigkeiten und Intensitäten vorgegeben, stattdessen wird ein zu erreichendes Ergebnis in Bezug auf Funktion und Qualität festgelegt. Damit erfolgt einerseits eine Ausrichtung der Häufigkeit der Leistungserbringung an der tatsächlichen Nutzung und Frequentierung des Objektes, andererseits wird der Qualitätsaspekt in den Vordergrund gestellt.[246] Kernelement einer ergebnisorientierten Leistungsbeschreibung ist die Definition sogenannter „Service Levels“, die den Anspruchsklassen nach DIN EN ISO 9000:2015–11 entsprechen und anhand derer das zu erreichende Qualitätsniveau für die definierten Leistungen festgelegt wird.[247] Die Messung der Ergebniserreichung erfolgt mit Hilfe festgelegter Kennzahlen oder Messgrößen, sogenannter „Key Performance Indicators“ (KPI). Diese dienen als Maßstab, um den Erfüllungsgrad der festgelegten Service Levels darzustellen und diese messbar zu machen.[248] Die definierten Service Levels und die für die Erfolgsmessung festgelegten KPI werden als Vertragsvereinbarung zwischen Auftraggeber und Dienstleister in den Service Level Agreements (SLA) festgehalten.[249] Im Vergleich zur verrichtungsorientierten Vergabe verringert sich bei einer ergebnisorientierten Vergabe der Kontrollaufwand für den Auftraggeber erheblich, da aufgrund der vorgegebenen Leistungsqualität die Ergebnisverantwortung vollumfänglich beim

---

[244] Vgl. Krimmling, J. (2008), S. 147.

[245] Vgl. Fischer, K. (2008), S. 100 f.

[246] Vgl. Krimmling, J. (2008), S. 147.

[247] Vgl. GEFMA 700:2006–12, S. 4; DIN EN ISO 9000:2015–11; DIN EN ISO 9001:2015–11.

[248] Vgl. Hirschner, J./Hahr, H./Kleinschrot, K. (2018), S. 100 ff.; eine ausführliche Betrachtung relevanter Key Performance Indicators mit Beispielen aus der betrieblichen Praxis ist dem White Paper GEFMA 967:2022–10 „Performance Measurement“ zu entnehmen.

[249] Vgl. Sommerlad, K. (1998), S. 264 f.; Krimmling, J. (2008), S. 147.

Dienstleister liegt. Der Dienstleister wiederum verfügt über flexiblere und innovationsfördernde Handlungsspielräume und kann dadurch sein Know-how und seine Erfahrungen besser einbringen.[250]

Ein weiterer wesentlicher Bestandteil der Leistungsbeschreibungen sind Regelungen, wie im Falle von notwendigen Leistungsänderungen verfahren werden soll. Bei Leistungsänderungen kann es sich entweder um Leistungsreduzierungen oder um erforderliche Zusatzleistungen handeln, die aufgrund von geänderten Kapazitätsanforderungen entstehen. Insbesondere langfristige Verträge sollten über Anpassungsmechanismen verfügen, die es den Vertragspartnern ermöglichen, sich auf neue Anforderungen einzustellen.[251]

Als Orientierungshilfe für die betriebliche Praxis wurde von den beiden deutschen FM-Verbänden gefma und RealFM ein Mustervertrag entwickelt, der sich an der DIN EN 15221–2:2007–01 orientiert und einen Überblick über die Inhalte und den Aufbau eines FM- und Outsourcing-Vertrages liefert.[252]

#### 4.4.5.2 Gestaltung der Vergütung

Eine der wichtigsten, aber zugleich auch schwierigsten Entscheidungen in einer Outsourcing-Beziehung ist die Festlegung der Vergütung. Auf Seiten des Auftraggebers wird die Wahl des Vergütungsmodells grundsätzlich von der Outsourcing-Strategie beeinflusst und ist in hohem Maße abhängig von der gewählten Sourcing-Form oder dem gewählten Betreibermodell.[253] Für den Dienstleister bildet der monetäre Erfolg in Form der Vergütung die grundlegende Zielsetzung der Leistungserbringung.[254] Dadurch hat die Form der Vergütung einen wesentlichen Einfluss auf die Performance des Dienstleisters und die Qualität der Leistungserbringung. Ziel des Vergütungsmodells ist es, den Dienstleister so zu beeinflussen und zu motivieren, dass er seine Aktivitäten an den Zielvorgaben des Auftraggebers ausrichtet und die vorgegebenen Leistungsstandards hinsichtlich Qualität, Kosten und Termineinhaltung erfüllt.[255] Es empfiehlt sich deshalb, die Vergütung an die Erreichung der gewünschten Ergebnisse

[250] Vgl. Fischer, K. (2008), S. 100 f.; Teichmann, S. A. (2009), S. 304.

[251] Für eine ausführliche Betrachtung von anpassungsfähigen Verträgen wird auf die Arbeit von David, U. (2017) verwiesen.

[252] Vgl. GEFMA/RealFM 510:2014–07; GEFMA/RealFM 520:2014–07; GEFMA/RealFM 530:2014–07; DIN EN 15221–2:2007–01 (ersetzt durch DIN EN ISO 41012:2017–04).

[253] Vgl. Wullenkord, A./Kiefer, A./Sure, M. (2005), S. 127 f.

[254] Vgl. Hofmann, P. (2007), S. 209; Teichmann, S. A. (2009), S. 309.

[255] Vgl. Giebelhausen, J.-A., (2019), S. 155.

zu koppeln. Im Sinne der Prinzipal-Agent-Theorie[256] bieten sich hier monetäre Anreiz- und Sanktionssysteme in Form von **Bonus-Malus-Regelungen** an. Bonusregelungen zielen darauf ab, den Dienstleister zu einer optimierten Leistungserstellung zu motivieren, die über den vereinbarten Standard hinausgeht. Im Gegensatz hierzu dienen Malusregelungen als Sanktionsmaßnahmen, z. B. in Form von vereinbarten Vertragsstrafen, wenn der Dienstleister die vertraglich vorgegebenen Anforderungen nicht erfüllt.[257] Unter diesen Gesichtspunkten sollte das Vergütungsmodell aus einer fixen Basisvergütung zuzüglich einer variablen, erfolgsabhängigen Vergütung bestehen.[258] Darüber hinaus können durch die Vereinbarung einer flexiblen Vergütung notwendige Anpassungen wie Leistungsreduzierungen oder erforderliche Zusatzleistungen, die sich während der Vertragslaufzeit ergeben, berücksichtigt werden.

Im Sinne einer partnerschaftlichen und vertrauensvollen Zusammenarbeit[259] sollte das Vergütungsmodell sowohl die Interessen des Auftraggebers als auch die des Dienstleisters berücksichtigen und dazu beitragen, Konflikte zwischen den Vertragsparteien zu reduzieren und auf beiden Seiten eine „Win-Win-Situation" schaffen, die gleichermaßen dem Projekterfolg dient.[260] Wesentliche Voraussetzungen, um den Partnerschaftsgedanken und das Vertrauen zwischen den Vertragspartnern zu fördern sind Transparenz und Offenheit. Hierzu ist der **Open Book-Ansatz** ein geeignetes Instrument zur Schaffung dieser Voraussetzungen. Für die Preisgestaltung wird deshalb häufig eine Open Book Policy zwischen Auftraggeber und Dienstleister vereinbart. Hierbei verpflichtet sich der Dienstleister zur vollständigen Offenlegung seiner Projektkalkulationen, mit dem Ziel, eine umfassende Kostentransparenz hinsichtlich der kalkulierten und der tatsächlichen Kosten zu schaffen und dadurch gemeinsame Kostenpotenziale auszunutzen. Für den Auftraggeber ist eine Open Book Vereinbarung insbesondere dann wichtig, wenn der Dienstleister für die Leistungserstellung Nachunternehmer beauftragt, da er dadurch einen genauen Einblick in die Vereinbarungen zwischen Dienstleister und Nachunternehmer gewinnt.[261]

---

[256] Vgl. Punkt 3.9.3 Prinzipal-Agent-Theorie; Picot, A./Dietl, H./Frank, E. (2012), S. 97.

[257] Vgl. Bücker, M. (2005), S. 75; Schoofs, O. (2015), S. 128 f.; Hirschner, J./Hahr, H./Kleinschrot, K. (2018), S. 103.

[258] Vgl. Teichmann, S. A. (2009), S. 320; Van Weele, A./Eßig, M. (2017), S. 160.

[259] Vgl. Punkt 3.9.4 Netzwerkansatz.

[260] Vgl. Gralla, M. (2001), S. 29.

[261] Vgl. Wullenkord, A./Kiefer, A./Sure, M. (2005), S. 131; Teichmann, S. A. (2009), S. 318; Gondring, H./Wagner, T. (2018), S. 379; Giebelhausen, J.-A. (2019), S. 156 f.

Grundsätzlich bieten sich für die Gestaltung der Vergütung bei Outsourcing-Verträgen im Facility Management verschiedene, im Folgenden detailliert beschriebene, Preismodelle an. Die Modelle sind optional kombinierbar, wobei die Wahl eines oder mehrerer Preismodelle an der gewählten Sourcing-Form ausgerichtet sein sollte und abhängig ist von den jeweiligen Vertragsverhandlungen mit dem Dienstleister.[262]

#### 4.4.5.3 Preismodelle

**Einheitspreis**

Bei der Vereinbarung eines Einheitspreises wird für die einzelnen Teilleistungen ein Preis je Mengeneinheit festgelegt. Dieser Preis enthält sowohl die tatsächlichen Kosten der Leistungserstellung als auch die Gemeinkosten und den vom Dienstleister kalkulierten Gewinn. Die vom Auftraggeber geschuldete Vergütung ergibt sich aus der Summe der Preise für die einzelnen erbrachten Teilleistungen des Dienstleisters. Die Zahlung erfolgt nach Leistungserbringung innerhalb eines festgelegten Abrechnungszeitraums unter Nachweis der tatsächlich erbrachten Leistung durch den Dienstleister.[263] Die Vereinbarung eines Einheitspreises setzt jedoch voraus, dass im Vorfeld Klarheit über die zu erbringenden Teilleistungen besteht. Die Teilleistungen sollten deshalb in einem Leistungsverzeichnis genau definiert und mit einer konkreten Mengen- und Dimensionsangabe versehen werden. Die vorgegebene Menge beeinflusst maßgeblich die Kalkulation des Dienstleisters. In der Regel wird der Preis je Einheit bei einer großen Menge einer bestimmten Teilleistung niedriger ausfallen, da der Dienstleister Größenvorteile nutzen kann und seine anfallenden Gemeinkosten und seinen kalkulierten Gewinn auf eine größere Menge verteilen kann. Werden hingegen im Leistungsverzeichnis die Mengen niedriger angesetzt als sie letztendlich ausgeführt werden müssen, ist davon auszugehen, dass der Preis je Einheit vom Dienstleister höher kalkuliert ist und damit die Abrechnungssumme für den Auftraggeber höher ausfallen wird.[264] Für den Fall einer Abweichung zwischen den vertraglich vereinbarten und den tatsächlich erbrachten Mengen sollten bei einem Einheitspreisvertrag Preisanpassungsregelungen vereinbart werden. Diese begrenzen auf Seiten des Auftraggebers das Risiko einer Überzahlung des Dienstleisters bei Mehrmengen und auf Dienstleisterseite das

[262] Eine ausführliche Beschreibung der verschiedenen Vergütungsmodelle und ihre Anwendungsfähigkeit ist dem White Paper GEFMA 966:2020–04 „Facility Management Business Models“ zu entnehmen. In diesem Zusammenhang wird auch auf das White Paper GEFMA 966–1:2022–02 „Die zentrale Bedeutung von Integrated Facility Management und internationalen Vergabemodellen für den deutschen Markt 2022 + “ verwiesen.

[263] Vgl. Bücker, M. (2005), S. 29 f.; Najork, E. N. (2009), S. 84; Ogg, G. (2018), S. 15.

[264] Vgl. Schoofs, O. (2015), S. 127 f.

Risiko einer Unterbezahlung bei Mindermengen.[265] Ein Einheitspreisvertrag mit Preisanpassungsregelungen bietet das beste Preis-Leistungsverhältnis wenn die zu erbringenden Teilleistungen feststehen, die konkrete Menge bei Vertragsabschluss aber nur ungenau bestimmt werden kann.[266]

**Pauschalpreis**

Im Gegensatz zur Vergütung nach Einheitspreisen wird bei einem Pauschalpreis ein Festbetrag für eine konkret definierte Gesamtleistung festgelegt. Im Pauschalpreis enthalten sind die Kosten für die Leistungserstellung, die Gemeinkosten und der kalkulierte Gewinn des Dienstleisters. Grundlage bildet ein Leistungsverzeichnis, in dem die zu erbringenden Leistungen präzise definiert sind. Für den Dienstleister entfällt bei einem Pauschalvertrag der Nachweis über die Menge der erbrachten Leistungen, da durch den vereinbarten Festpreis der Auftraggeber zur vollständigen Bezahlung der definierten Gesamtleistung verpflichtet ist.[267] Allerdings kann der Dienstleister bei der Vereinbarung eines Pauschalpreises keine zusätzlichen Forderungen gegenüber dem Auftraggeber geltend machen, ein unvorhergesehener Mehraufwand geht zu Lasten des Dienstleisters. Im Gegenzug kann der Dienstleister einen wirtschaftlichen Vorteil erzielen, wenn sich entgegen der ursprünglichen Vereinbarung Mindermengen ergeben und sein Aufwand dadurch geringer wird.[268] Für den Auftraggeber bietet sich der Vorteil, dass er bereits bei Vertragsabschluss die genauen Kosten kennt, die ihm für die vertraglich vereinbarte Gesamtleistung entstehen und er damit seine finanziellen Belastungen präzise kalkulieren kann.[269] Sollten sich allerdings nach Vertragsabschluss auf Seiten des Auftraggebers Änderungen ergeben, die nicht Gegenstand der Vereinbarung waren, müssen diese Leistungen gesondert vergütet werden.[270] In der Regel sind jedoch die Kosten für nachträglich beauftragte Leistungen höher, als für Leistungen die bereits im ursprünglichen Auftrag enthalten waren. Dies liegt unter anderem daran, dass mit dem Dienstleister Nachtragsverhandlungen geführt werden müssen, die mit einer Erhöhung der Transaktionskosten einhergehen.[271] Unter diesem Gesichtspunkt bieten Pauschalpreisverträge nur dann einen Vorteil für den Auftraggeber, wenn die zu erbringende

[265] Vgl. Bücker, M. (2005), S. 30; Nagel, U. (2007), S. 189 f.

[266] Vgl. Bücker, M. (2005), S. 30; Ogg, G. (2018), S. 15.

[267] Vgl. Najork, E. N. (2009), S. 84; Schoofs, O. (2015), S. 124.

[268] Vgl. Gondring, H./Wagner, T. (2018), S. 379.

[269] Vgl. Ogg, G. (2018), S. 9; Tate, D. (2018), S. 15.

[270] Vgl. Bücker, M. (2005), S. 65; Najork, E. N. (2009), S. 84 f.

[271] Vgl. Punkt 3.9.2 Transaktionskostentheorie.

Leistung bei Vertragsabschluss feststeht und sich während der Vertragslaufzeit keine Änderungen ergeben.

**Cost-Plus-Fee-Vergütung**

Diese Vergütungsform wird in der deutschsprachigen Literatur bisher wenig behandelt, obwohl sie eigentlich einem klassischen Aufwandsvertrag entspricht. Vergütet werden dem Dienstleister die tatsächlichen Kosten, die anfallen, um die Leistung im angegebenen Umfang und nach den vorgegebenen Standards zu erfüllen. Zusätzlich erhält er ein Honorar (Fee) zur Deckung seiner Gemeinkosten, der Managementkosten und seines kalkulierten Gewinns.[272] Bei dieser Vertragsform minimiert sich das Kostenrisiko für den Dienstleister, da er alle Kosten, die direkt mit der Ausführung der Leistung zusammenhängen in voller Höhe vergütet bekommt. Er trägt lediglich das Kostenrisiko insoweit, dass das Honorar die anteiligen Gemeinkosten nicht deckt.[273] Der Auftraggeber hingegen hat bei dieser Vergütungsform ein höheres Kostenrisiko, da er bei Vertragsabschluss die genauen Gesamtkosten nicht kennt. Um das Kostenrisiko für den Auftraggeber einzugrenzen, sollte dieses Vergütungsmodell mit einer Open Book Policy gekoppelt sein, aus der ersichtlich ist, welche Kosten für die tatsächliche Leistungserbringung anfallen und welche Kosten durch das Honorar abgegolten werden. Damit soll verhindert werden, dass der Dienstleister Kosten in Rechnung stellt, die für die Erbringung der Leistung nicht angefallen sind.[274] Das Honorar kann zum einen als fixe prozentuale Pauschale, bemessen an den voraussichtlich entstehenden Leistungskosten, vereinbart werden. Dadurch minimiert sich das Kostenrisiko des Auftraggebers, da sich das Honorar bei einer Erhöhung des Leistungsumfangs nicht verändert. Zum anderen kann das Honorar als prozentuale Pauschale festgelegt werden, die sich an den tatsächlichen Leistungskosten bemisst. Bei dieser Regelung ändert sich das Honorar proportional zur Änderung der Leistungskosten, d. h. im Falle von Mehr- oder Minderleistungen wird das Honorar entsprechend angepasst. Die zusätzliche Vereinbarung eines Pass Through bietet eine weitere Kostensicherheit für den Auftraggeber. Hierbei werden die Kosten für Nachunternehmerleistungen 1:1 an den Auftraggeber weitergegeben.[275]

---

[272] Vgl. Ogg, G. (2018), S. 19; Tate, D. (2018), S. 15.

[273] Vgl. Bücker, M. (2005), S. 32.

[274] Vgl. Bücker, M. (2005), S. 32; Ogg, G. (2018), S. 19; Tate, D. (2018), S. 15.

[275] Vgl. Tate, D. (2018), S. 15.

**Garantierter Maximalpreis (GMP)**

Das Konzept des garantierten Maximalpreises, üblicherweise als GMP abgekürzt, wurde bereits in den 1980er Jahren im angelsächsischen Raum entwickelt und findet in letzter Zeit zunehmend auch in Deutschland Anwendung. Der Grundgedanke dieses Vergütungsmodells ist es, das partnerschaftliche Verhalten zwischen Auftraggeber und Dienstleister im Vertrag zu verankern und das Risiko einer Kostenüberschreitung zu verringern.[276] Der GMP-Vertrag ist eine besondere Form eines Target Contract. Target- oder Zielverträge sind dadurch gekennzeichnet, dass konkrete Kosten-, Leistungs- oder Zeitziele vorgegeben werden und der Dienstleister durch vergütungsbasierte Anreizmechanismen, z. B. durch einen zusätzlichen Bonus, motiviert wird, die gesetzten Zielvorgaben zu erreichen und durch Optimierungen zu verbessern und zu unterschreiten.[277] Der GMP-Vertrag ist eine Kombination aus einem preisbasierten Vertrag (Pauschalpreis-Vergütung) und einem kostenbasierten Vertrag (Cost-Plus-Fee-Vergütung).[278] Die Vergütung bemisst sich an den tatsächlichen Leistungserstellungskosten zuzüglich dem Honorar für die Gemeinkosten, den Managementkosten und dem kalkulierten Gewinn. Anders als beim Cost-Plus- Fee-Vertrag wird die Vergütung mit einer Obergrenze, dem garantierten Maximalpreis (GMP), festgelegt.[279] Da die Verantwortung für jede Überschreitung des GMP beim Dienstleister liegt, hat der Auftraggeber bereits bei Vertragsabschluss Sicherheit über die maximale Höhe seiner Kosten. Grundsätzlich sind Nachtragsforderungen bei einem GMP-Vertrag aber nicht ausgeschlossen, da sich die Preisgarantie auf die vertraglich vereinbarten Leistungen beschränkt. Bei Leistungsänderungen während der Vertragslaufzeit, die nicht Bestandteil der ursprünglichen Vereinbarung waren, kann der garantierte Maximalpreis geändert oder angepasst werden.[280] Im Falle einer Unterschreitung des GMP werden die eingesparten Kosten nach einem vorher festgelegten Verteilungsschlüssel zwischen Auftraggeber und Dienstleister aufgeteilt. Allerdings erhält der Dienstleister nur dann einen Anteil, wenn er an der Kosteneinsparung aktiv beteiligt war. Bei Kosteneinsparungen, die auf Betreiben des Auftraggebers zurückzuführen sind, ist der volle Betrag dem Auftraggeber zuzuschreiben.[281] Um die vom Dienstleister kalkulierten Kosten transparent und nachvollziehbar zu machen, sollte wie bei der

---

[276] Vgl. Gondring, H./Wagner, T. (2018), S. 379.

[277] Vgl. Gralla, M. (2001), S. 98 f.

[278] Vgl. Haghsheno, S. (2004), S. 29.

[279] Vgl. Haghsheno, S. (2004), S. 37 f.

[280] Vgl. Heilfort. T./Strich, A. (2004), S. 25 f.; Bücker, M. (2005), S. 70.

[281] Vgl. Gralla, M. (2001), S. 105; Heilfort, T./Strich, A. (2004), S. 26; Gondring, H./Wagner, T. (2018), S. 379.

Cost-Plus-Fee-Vergütung der GMP-Vertrag mit einer Open Book Policy kombiniert werden.

#### 4.4.5.4 Eignung der Preismodelle für die Sourcing-Formen

Die Identifikation eines optimalen Vergütungs- oder Preismodells für die jeweiligen Sourcing-Formen ist aufgrund der Heterogenität der Serviceleistungen und der teilweise unterschiedlichen Beurteilungskriterien nicht eindeutig möglich. Allerdings kann auf Basis der variantenspezifischen Charakteristika und Zielsetzungen der einzelnen Sourcing-Formen eine Empfehlung zur Anwendung geeigneter Preismodelle erfolgen. Es wird jedoch darauf hingewiesen, dass es sich hierbei um idealisierte Empfehlungen des Verfassers handelt, deren Erfolg sich letztendlich bei der praktischen Anwendung beweisen muss.

Die Abbildung 4.13 zeigt die Empfehlungen zur Anwendung der Preismodelle bei den verschiedenen Sourcing-Formen.

| Preismodelle / Sourcing-Formen | Einheitspreis | Pauschalpreis | Cost-Plus-Fee-Vergütung | Garantierter Maximalpreis (GMP) |
|---|---|---|---|---|
| **Einzelvergabe-Modell (Modell 1)** | + Preisanpassungs-regelungen | + Preisanpassungs-regelungen | | |
| **Paketvergabe-Modell (Modell 2)** | + Preisanpassungs-regelungen | + Preisanpassungs-regelungen | | |
| **Dienstleistungsmodell (Modell 3)** | | + Preisanpassungs-regelungen | + Open Book<br>+ Pass Through | |
| **Management-Modell (Modell 4)** | | | + Open Book<br>+ Pass Through | + Open Book |
| **Total-Facility-Management-Modell (Modell 5)** | | | + Open Book<br>+ Pass Through | + Open Book |

**Abbildung 4.13** Empfehlungen zur Anwendung von Preismodellen[282]

Grundsätzlich eignet sich die Vereinbarung eines Einheitspreises oder eines Pauschalpreises bei der Einzelvergabe oder der Paketvergabe, da es sich hierbei entweder um die Vergabe spezifischer Einzelleistungen oder um klar abgegrenzte einzelne Module handelt, bei denen in der Regel die konkreten Mengen der zu erbringenden Leistungen im Vorfeld klar definiert sind. Für den Fall von

282 Eigene Darstellung.

späteren Mengenabweichungen wird hier allerdings angeraten, die Verträge mit zusätzlichen Preisanpassungsregelungen auszustatten.

Ein Pauschalpreis kann auch beim Dienstleistungsmodell vereinbart werden, allerdings sollten hier aufgrund des großen Gesamtumfangs der vergebenen Leistungen und die sich oftmals während der Vertragslaufzeit ergebenden Änderungen des Leistungsumfangs ebenfalls Preisanpassungsregelungen mit in den Vertrag aufgenommen werden. Alternativ eignet sich hier aber auch die Vereinbarung einer Cost-Plus-Fee-Vergütung. Zur Eingrenzung des Kostenrisikos beim Auftraggeber sollte der Vertrag zusätzlich mit einer Open Book Policy unterlegt sein. Aufgrund der unter Umständen zahlreichen eingesetzten Nachunternehmer wird zusätzlich eine Pass-Through-Vereinbarung empfohlen.

Aufgrund ihrer Struktur eignen sich sowohl für das Management-Modell als auch für das Total-Facility-Management-Modell grundsätzlich die Vergütungsmodelle Cost-Plus-Fee oder Garantierter Maximalpreis (GMP). In beiden Fällen wird eine Kombination mit einem Open Book empfohlen, die Anwendung der Cost-Plus-Fee-Vergütung sollte zusätzlich noch mit einer Pass-Through-Vereinbarung kombiniert werden.

#### 4.4.5.5 Gestaltung der Interaktion

Entscheidend für den Aufbau und die Sicherstellung einer erfolgreichen Zusammenarbeit ist die Interaktion zwischen Auftraggeber und Dienstleister. Im Sinne des Netzwerkansatzes bildet die Interaktion die Basis für eine langfristige und stabile Leistungsbeziehung.[283] Für einen nachhaltigen Erfolg des Outsourcing-Projektes sollten deshalb beide Vertragspartner während der Vertragslaufzeit kontinuierlich mit gezielten Maßnahmen ihre Erwartungen und Zielsetzungen in Einklang bringen.[284] Einen wichtigen Beitrag hierzu leistet ein bilaterales Steuerungs- und Kontrollsystem, das auf der einen Seite den vertragsgemäßen Leistungsaustausch sicherstellt und andererseits die Basis schafft für eine vertrauensvolle kooperative Zusammenarbeit. Innerhalb dieses Steuerungs- und Kontrollsystems können verschiedene Instrumente zum Einsatz kommen:

- Instrumente des strategischen und operativen Controllings,
- Instrumente zur Qualitätssicherung und -verbesserung,
- Instrumente des Beziehungsmanagements.

Die Abbildung 4.14 zeigt die verschiedenen Instrumente im Überblick.

---

[283] Vgl. Punkt 3.9.4 Netzwerkansatz.

[284] Vgl. Brodnik, B./Bube, L. (2009), S. 2.

| Steuerungs- und Kontrollsystem | | |
|---|---|---|
| **Instrumente des strategischen und operativen Controllings** | **Instrumente zur Qualitätssicherung und -verbesserung** | **Instrumente des Beziehungsmanagements** |
| ▪ Prozessanalyse<br>▪ Soll-Ist-Vergleiche und Abweichungsanalyse<br>▪ Kennzahlensysteme<br>▪ Reporting / Berichtswesen | ▪ Kunden- und Mitarbeiterzufriedenheitsanalyse<br>▪ Beschwerdemanagement | ▪ Workshops<br>▪ Dienstleister-Cockpit<br>▪ Strukturierte Eskalationsverfahren<br>▪ Alternative Konfliktregelungen |

**Abbildung 4.14** Steuerungs- und Kontrollsystem[285]

#### 4.4.5.6 Instrumente des strategischen und operativen Controllings

Instrumente des strategischen und operativen Controllings[286] dienen zum einen der Überwachung und Bewertung der Outsourcing-Maßnahme über den gesamten Zeitverlauf, um Veränderungen und Abweichungen von der vorgegebenen Zielsetzung zu analysieren und rechtzeitig gegensteuern zu können. Auf der anderen Seite dienen sie einer permanenten Kontrolle der Leistungserstellung, insbesondere hinsichtlich der Faktoren Zeit, Kosten und Qualität.

- **Prozessanalyse:** Die Prozessanalyse als Bestandteil des Prozessmanagements[287] soll ein klares Bild über den gesamten Prozessablauf liefern. Durch eine ständige Überwachung des Gesamtprozesses soll sichergestellt werden, dass die Outsourcing-Maßnahme nach den vorgegebenen Zielen umgesetzt wird.
- **Soll-Ist-Vergleiche und Abweichungsanalyse:** Soll-Ist-Vergleiche dienen der Ermittlung und Überprüfung, ob die erzielten Resultate mit den vertraglich vereinbarten Vorgaben übereinstimmen und beziehen sich auf die Faktoren Zeit (Termineinhaltung, Dauer der Arbeitsabläufe, Reaktionszeiten und Flexibilität bei Volumenänderungen), Kosten (Einhaltung des vereinbarten Kostenrahmens) und Qualität (Servicequalität, Qualität der Arbeitsergebnisse).[288] Dem Soll-Ist-Vergleich wird in der Regel eine Abweichungsanalyse

---

[285] Eigene Darstellung.

[286] Vgl. grundlegend Horváth, P. (2011), S. 221–227.

[287] Vgl. Horváth, P. (2011), S. 494.

[288] Vgl. Homann, K./Schäfers, W. (1998), S. 194; Horváth, P. (2011), S. 421 ff.

angeschlossen. Dadurch können abweichungsverursachende Einflussgrößen offengelegt und notwendige Korrekturmaßnahmen eingeleitet werden.[289]

- **Kennzahlensysteme:** Kennzahlen sollen relevante Zusammenhänge in quantitativ messbarer Form wiedergeben.[290] Die Messung der Ergebniserreichung kann durch festgelegte Kennzahlen oder Messgrößen, sogenannter Key Performance Indicators (KPI) erfolgen.[291] Die Festlegung der Kennzahlen kann mit Hilfe einer Balanced Scorecard (BSC) erfolgen. Entgegen herkömmlicher Kennzahlensysteme, die sich überwiegend nur auf finanzielle Kennzahlen konzentrieren, führt die von *Kaplan/Norton*[292] entwickelte Balanced Scorecard finanzielle sowie nicht finanzielle Kennzahlen zusammen und bietet damit ein ausgewogenes Konzept zur vollumfänglichen Messung der Ergebniserreichung.[293]
- **Reporting / Berichtswesen:** Mit der Einrichtung eines Reporting- und Kommunikationssystems soll eine regelmäßige Informationsübermittlung zwischen Auftraggeber und Dienstleister sichergestellt werden. Gleichzeitig können im Sinne der Prinzipal-Agent-Theorie diskretionäre Verhaltensspielräume des Dienstleisters eingeschränkt und mehr Transparenz über seine Aktivitäten geschaffen werden.[294] Zentrales Element des Reporting ist ein formales Berichtswesen,[295] um entscheidungsrelevante Informationen zeitnah zur Verfügung stellen zu können. Dies bezieht sich insbesondere auf die regelmäßigen Kontrollen zur Überprüfung der vorgegebenen Leistungsstandards und des Leistungsstandes. Die zeitliche Frequenz, der Umfang und die Detailgenauigkeit des Berichtswesens hängen von der Bedeutung der zu erbringenden Leistung und des Aufwands der Leistungskontrolle ab. So kann je nach Kontrollintervall ein jährlicher, quartalsmäßiger oder monatlicher Ergebnisbericht vereinbart werden. Unabhängig hiervon sind bei auftretenden Problemen oder besonderen Anlässen Sofortberichte zu erstatten.[296]

---

[289] Vgl. Horváth, P. (2011), S. 423.

[290] Vgl. Horváth, P. (2011), S. 499.

[291] Vgl. Hirschner, J./Hahr, H./Kleinschrot, K. (2018), S. 100 ff.

[292] Vgl. ausführlich Kaplan, R. S./Norton, D. P. (1997), S. 7–17.

[293] Vgl. Horváth, P. (2011), S. 233; Tröndle, R. (2013), S. 102 f.

[294] Vgl. Punkt 3.9.3 Prinzipal-Agent-Theorie.

[295] Vgl. ausführlich Horváth, P. (2011), S. 534 ff.; Noe, M. (2013), S. 126 ff.

[296] Vgl. Hofmann, P. (2007), S. 206 ff.; Fischer, K. (2008), S. 119 f.; Teichmann, S. A. (2009), S. 321.

#### 4.4.5.7 Instrumente zur Qualitätssicherung und -verbesserung

Diese Instrumente dienen zum einen der Erfüllung der vorgegebenen Qualitätsanforderungen und zielen zum anderen darauf ab, eine kontinuierliche Qualitätsverbesserung herbeizuführen.[297]

Zur Messung der Dienstleistungsqualität können kunden- oder unternehmensorientierte Messverfahren angewandt werden.[298]

- **Kunden- und Mitarbeiterzufriedenheitsanalyse:** Die Kundenzufriedenheit drückt die Wahrnehmung des Kunden aus, inwieweit seine Anforderungen bei der Inanspruchnahme von Dienstleistungen erfüllt worden sind. Dabei spielt nicht nur die objektive Qualität, sondern auch die vom Kunden subjektiv wahrgenommene Qualität der Dienstleistung eine Rolle. Mit Hilfe einer Kundenzufriedenheitsanalyse lässt sich der Grad der Kundenzufriedenheit bestimmen. Im Gegensatz zur Kundenzufriedenheitsanalyse fokussiert die Mitarbeiterzufriedenheitsanalyse die interne Unternehmenssicht, entweder die Sicht des Managements oder der Mitarbeiter.[299] Beide Analysen lassen Rückschlüsse auf die Qualität der Leistungserbringung zu und tragen dazu bei, Qualitätsdefizite zu identifizieren und im Sinne eines kontinuierlichen Verbesserungsprozesses (KVP)[300] die Qualität der Leistungserbringung zu steigern.
- **Beschwerdemanagement:** Beschwerden von Kunden oder Mitarbeitern können Hinweise auf mögliche Qualitätsdefizite bei der Dienstleistungserstellung liefern und Verbesserungspotenziale aufzeigen.[301] Zur systematischen Erfassung von Kunden- oder Mitarbeiterbeschwerden eignet sich ein Kunden- und Mitarbeiterbeschwerdecenter, z. B. in Form eines Call Centers oder Chat-Anwendungen auf der Firmenwebsite.[302] Durch die Nutzung der aus den Beschwerden hervorgehenden Informationen kann eine Verbesserung der Dienstleistungsqualität erreicht werden.

[297] Zum Konzept des Qualitätscontrollings vgl. Bruhn, M. (2013), S. 427 ff.

[298] Vgl. Bruhn, M. (2013), S. 115.

[299] Vgl. Bruhn, M. (2013), S. 115.

[300] Für eine ausführliche Betrachtung der Prinzipien und Methoden des kontinuierlichen Verbesserungsprozesses vgl. Kostka, C./Kostka, S. (2017).

[301] Vgl. Bruhn, M. (2013), S. 321.

[302] Vgl. Bruhn, M. (2013), S. 327.

#### 4.4.5.8 Instrumente des Beziehungsmanagements

Für den Aufbau und den Erhalt einer vertrauensvollen und partnerschaftlichen Zusammenarbeit ist eine kontinuierliche Pflege der Beziehung zwischen Auftraggeber und Dienstleister erforderlich. Durch die Anwendung von Instrumenten des Customer / Supplier Relationship Management,[303] insbesondere mithilfe von Informations- und Kommunikationssystemen, kann dies erreicht werden.

- **Workshops:** Eine Möglichkeit der Kommunikation sind kleine Arbeitskreise, bei denen sich Vertreter von Auftraggeber und Dienstleister austauschen und anstehende Fragen zum Projektstand und der Performance klären. Ziel solcher Workshops ist es, vor allem bei Defiziten in der Leistungserstellung, Lösungsmöglichkeiten zu erarbeiten und deren Umsetzung zu initiieren. Die Umsetzung reaktiver und insbesondere präventiver Maßnahmen soll die Performance langfristig verbessern.[304]
- **Dienstleister-Cockpit:** Hierbei handelt es sich um eine Plattform, die dazu dient, sowohl dem Dienstleister wie auch dem Auftraggeber relevante und aktuelle Informationen zur Performance der beauftragten Dienstleistungen zur Verfügung zu stellen. In der Praxis wird häufig ein internetbasiertes Onlineportal mit Ampelschaltung genutzt. Mit Hilfe des Ampelsystems kann immer aktuell der Stand der Performance abgelesen werden (z. B. Farbe Rot: Projektziel ist nicht erreicht – sofortiger Handlungsbedarf; Farbe Gelb: Projektziel noch nicht erreicht – ggf. Handlungsbedarf; Farbe Grün: Projektziel erreicht – kein weiterer Handlungsbedarf).[305]
- **Strukturierte Eskalationsverfahren:** Eskalationsmechanismen lassen sich in der Regel gut mit dem zuvor erläuterten Ampelsystem kombinieren. Es wird festgelegt, welche Hierarchieebene bei welchem Ampelstatus über den jeweiligen Handlungsbedarf informiert werden muss. Dies stellt sicher, dass sowohl das Management des Auftraggebers als auch das des Dienstleisters über den aktuellen Projektstand informiert ist und bei auftretenden Problemen rechtzeitig reagieren kann.[306]
- **Alternative Konfliktregelungen:** Alternative oder außergerichtliche Konfliktregelungen tragen im Gegensatz zur konventionellen gerichtlichen Konfliktregelung wesentlich zur Erhaltung einer guten und partnerschaftlichen

303 Vgl. grundlegend Koch, S./Strahinger, S. (2008).

304 Vgl. Helmold, M. (2021), S. 106 f.

305 Vgl. Teichmann, S. A. (2009), S. 328; Noe, M. (2013), S. 129.

306 Vgl. Brodnik, B./Bube, L. (2009), S. 2; Noe, M. (2013), S. 129; Helmold, M. (2021), S. 109 f.

Geschäftsbeziehung bei. Neben einer gemeinsamen Erarbeitung einer interessengerechten Konfliktlösung können neutrale Instanzen zur außergerichtlichen Konfliktregelung eingesetzt werden. Bewährt haben sich in der Praxis Mediationsverfahren[307], Schlichtungsverfahren[308] oder Schiedsverfahren.[309] Bei einem Mediationsverfahren wird im Streitfall ein unabhängiger Mediator als Vermittler eingesetzt, der jedoch über keine Entscheidungsbefugnis verfügt. Die Mediation strebt eine verbindliche Vereinbarung zwischen den Parteien an. Beim Schlichtungsverfahren wird ein unabhängiger Schlichter eingesetzt, der keine abschließende Entscheidungsbefugnis hat, jedoch einen unverbindlichen Entscheidungsvorschlag unterbreiten kann. Bei einem Schiedsverfahren wird ein privates, unabhängiges Gericht zur Konfliktregelung eingeschaltet. Der Schiedsspruch dieses Gerichts ist, abhängig von der vertraglichen Vereinbarung, mit dem Urteil eines staatlichen Gerichts gleichzusetzen.

## 4.5 Gesamtkonzept für Outsourcing-Maßnahmen im Facility Management

Für eine erfolgreiche Umsetzung von Outsourcing-Projekten ist es Aufgabe des Corporate Real Estate Managements, eine an der Unternehmensstrategie ausgerichtete Sourcing-Strategie zu definieren. Von besonderer Relevanz ist hierbei die Festlegung einer geeigneten Sourcing-Form, die Wahl eines geeigneten Dienstleisters sowie die Definition von Gestaltungselementen, die zur Förderung der Auftraggeber-Dienstleister-Beziehung beitragen.

Zur Bewältigung dieser Aufgaben wurde in den vorangegangenen Kapiteln ein Konzept entwickelt, das es dem Corporate Real Estate Management ermöglichen soll, jeweils an die unternehmensspezifischen Anforderungen angepasste Lösungsansätze für Outsourcing-Projekte abzuleiten.

Das Konzept beruht auf der Struktur des unter Punkt 3.8.8 definierten Phasenprozesses für das Outsourcing im Facility Management[310] und wurde unter Berücksichtigung der wissenschaftlichen Theorien des ressourcenbasierten Ansatzes, der Transaktionskostentheorie, der Prinzipal-Agent-Theorie und des

[307] Vgl. Ponschab, R. (2007), S. 889, Rz. 54; Franke, H./Viering, M. G. (2007), S. 422 ff.; Weh, S.-M./Enaux, C. (2008), S. 183 ff.; Schwarz, G. (2014), S. 333 ff.

[308] Vgl. Ponschab, R. (2007), S. 889, Rz. 55; Franke, H./Viering, M. G. (2007), S. 405 ff.

[309] Vgl. Ponschab, R. (2007), S. 890, Rz. 57; Franke, H./Viering, M. G. (2007), S. 411 ff.

[310] Vgl. Punkt 3.8.8 Prozessmodell für das Outsourcing im Facility Management.

Netzwerkansatzes[311] und unter Einbeziehung der aus den empirischen Erhebungen gewonnenen Erkenntnissen entwickelt. Das Konzept zeigt die Umsetzungs- und Gestaltungsmöglichkeiten bei der Implementierung eines Betreibermodells auf und gibt Anwendungsempfehlungen für die Wahl einer geeigneten Sourcing-Form, die Beurteilung und Auswahl möglicher Dienstleister, die Gestaltung des Outsourcing-Vertrages, die Anwendung verschiedener Preis- und Vergütungsmodelle sowie die Anwendung von Steuerungs- und Kontrollinstrumenten.

Das Konzept und die praktisch anwendbaren Empfehlungen sollen zu Verbesserungen im Entscheidungsprozess, zu einer für beide Seiten wertschöpfenden Gestaltung der Auftraggeber-Dienstleister-Beziehung und damit letztendlich zu einer erfolgreichen Umsetzung von Outsourcing-Projekten beitragen.

[311] Vgl. Abschnitt 3.9 Wissenschaftliche Theorien als Erklärungsansätze für Outsourcing-Entscheidungen und ihre Anwendbarkeit auf den Phasenprozess des Outsourcings.

# 5 Empirische Erhebungen zur Gestaltung des Corporate Real Estate Managements und der Anwendung von Betreibermodellen

## 5.1 Gegenstand und Umfang der empirischen Erhebungen

Anhand empirischer Erhebungen soll die praktische Anwendung von Betreibermodellen untersucht werden. Dabei wurden in einer ersten Studie international tätige Großunternehmen zur Gestaltung ihres Immobilienmanagements und der Bewirtschaftung ihres Immobilienbestandes befragt, insbesondere hinsichtlich ihrer Sourcing-Strategie und der Anwendung verschiedener Outsourcing-Alternativen. Ergänzend hierzu erfolgte eine weitere Erhebung bei führenden Dienstleistern im Facility Management. Die Erhebung soll zum einen über das Angebot von FM-Dienstleistungen und Betreibermodellen und zum anderen über die Entwicklungsreife und Leistungsfähigkeit der Dienstleister auf dem internationalen Markt Aufschluss geben.

Einleitend wird in diesem Kapitel das angewandte Design der Datenerhebung und -auswertung vorgestellt und erläutert. Danach werden die Ergebnisse der Erhebungen umfassend dargestellt und interpretiert. Die Ergebnisse der Studien fließen in die theoretischen Untersuchungen der vorangegangenen Kapitel im Hinblick auf die Umsetzungs- und Gestaltungsmöglichkeiten von Betreibermodellen für die Immobilienbewirtschaftung mit ein, sie dienen jedoch im Besonderen als Grundlage für die sich in Kapitel 6 anschließende Analyse der Erfolgswirkungen der verschiedenen Modelle.



N. C. Rummel, *Betreibermodelle für die Immobilienbewirtschaftung international tätiger Großunternehmen*, Baubetriebswesen und Bauverfahrenstechnik,
https://doi.org/10.1007/978-3-658-44946-9_5

## 5.2 Design der Datenerhebung und der Datenauswertung

### 5.2.1 Erhebungsmethodik

Grundsätzlich kann zwischen quantitativen und qualitativen Erhebungsmethoden unterschieden werden. Quantitative Erhebungen basieren auf standardisierten Erhebungsinstrumenten bei denen die Formulierung von Fragen und Antworten und deren Reihenfolge im Vorfeld genau festgelegt werden und anhand derer statistisch auswertbare und allgemeingültige Aussagen getroffen werden können.[1] Im Gegensatz hierzu distanziert sich die qualitative Erhebung von den strengen theoriegeleiteten Vorgaben. Trotz einer eher offenen Vorgehensweise ist bei der Anwendung qualitativer Erhebungsmethoden die Formulierung von Fragestellungen und Konzepten erforderlich.[2]

Als wichtigste Methode der Informationsgewinnung sowohl bei der quantitativen als auch bei der qualitativen Erhebung gilt die Befragung.[3] Je nach ihrer Ausgestaltung können Befragungen unterschieden werden nach:[4]

- der Zielgruppe,
- der Kommunikationsweise,
- dem Strukturierungsgrad.

Zielgruppenspezifisch lassen sich Befragungen dahingehend unterscheiden, ob Einzelpersonen, Gruppen, Haushalte, Unternehmen oder Experten[5] befragt werden.[6]

Hinsichtlich der Kommunikationsweise kann eine Befragung in schriftlicher oder mündlicher Form erfolgen. Schriftliche Befragungen, in der Regel postalisch oder als Online-Befragung durchgeführt, sind eher der quantitativen Erhebung

---

[1] Vgl. Kaiser, R. (2014), S. 1; Misoch, S. (2019), S. 1.

[2] Vgl. Mayer, H. O. (2013), S. 28 f.

[3] Vgl. Koch, J./Gebhardt, P./Riedmüller, F. (2016), S. 46.

[4] Vgl. Koch, J./Gebhardt, P./Riedmüller, F. (2016), S. 46 f.

[5] Als Experten bezeichnet man Personen, die auf einem begrenzten Gebiet über ein klares und abrufbares Wissen verfügen und in der Lage sind, dieses Wissen in besonderer Weise praxiswirksam und damit orientierungs- und handlungsleitend für andere Akteure zur Verfügung zu stellen. Vgl. Mayer, H. O. (2013), S. 41; Bogner, A./Littig, B./Menz, W. (2014), S. 14.

[6] Vgl. Koch, J./Gebhardt, P./Riedmüller, F. (2016), S. 46.

zuzuordnen, während sich mündliche Befragungen, entweder telefonisch oder persönlich (Face-to-Face) durchgeführt, für eine qualitative Erhebung eignen.[7]

Mündliche Befragungen werden in der Regel in Form von Interviews durchgeführt und lassen sich nach ihrem Strukturierungsgrad einteilen in standardisierte Interviews, semi-strukturierte Interviews und offene Interviews.[8] Standardisierte Interviews sind dadurch gekennzeichnet, dass ihnen ein schriftlich vorformulierter Fragebogen zugrunde liegt, bei dem sowohl Fragen als auch Antwortoptionen in einer genau festgelegten Reihenfolge vorgegeben sind. Der Interviewer ist in diesem Fall an Inhalt und Ablauf des Fragebogens gebunden. Dies lässt der zu interviewenden Zielperson wenig Freiraum für genauere und ausführliche Erklärungen.[9] Demgegenüber orientieren sich semi-strukturierte Interviews an einem Leitfaden, der zwar relevante Themenkomplexe und Fragen vorgibt, jedoch keine Beschränkungen in Bezug auf die Reihenfolge der abzuarbeitenden Themen bestimmt. Die Gesprächsführung gestaltet sich eher offen. Damit wird der zu befragenden Person ein größerer Antwortspielraum überlassen.[10] Bei offenen Interviews wird vollständig auf Fragebögen mit vorgegebenen Antwortmöglichkeiten oder auf Leitfäden verzichtet. Der Interviewer gibt hier lediglich einen Anfangsstimulus in Bezug auf das Thema vor. Dadurch wird dem Befragten ein maximaler Freiraum für seine Antworten überlassen.[11]

Für die vorliegende Arbeit wurde eine qualitative Erhebungsmethode gewählt. Grundlage für jede Erhebung bildet ein semi-strukturierter Interviewleitfaden zu verschiedenen Themenkomplexen. Diese enthalten zum einen geschlossene Fragen mit konkret abgefragten Zahlen und Prozentwerten oder mit vorgegebenen Antwortmöglichkeiten. Zum anderen wird jeder Themenkomplex durch offene Fragen ergänzt, die frei beantwortet werden können. Diese offen formulierten Fragen geben den Befragten die Möglichkeit, Sachverhalte genauer zu erklären und persönliche Einschätzungen abzugeben und erhöhen dadurch die Qualität der Datenbasis. Die Komplexität des Forschungsgegenstandes erfordert allerdings von den Befragten ein hohes Maß an Wissen und Sachverstand. Dieser Notwendigkeit einer umfassenden Kenntnis der Materie wurde Rechnung getragen, indem ausgewählte Experten für die Befragungen herangezogen wurden. Aufgrund der

[7] Vgl. Koch, J./Gebhardt, P./Riedmüller, F. (2016), S. 47; Jacob, R./Heinz, A./Décieux, J. P. (2019), S. 106.

[8] Vgl. Koch, J./Gebhardt, P./Riedmüller, F. (2016), S. 47; Misoch, S. (2019), S. 13.

[9] Vgl. Häder, M. (2010), S. 192; Koch, J./Gebhardt, P./Riedmüller, F. (2016), S. 51; Misoch, S. (2019), S. 13.

[10] Vgl. Bogner, A./Littig, B./Menz, W. (2014), S. 27 f.; Lang, S. (2017), S. 6; Misoch, S. (2019), S. 13.

[11] Vgl. Häder, M. (2010), S. 192; Lang, S. (2017), S. 6; Misoch, S. (2019), S. 13 f.

Komplexität der abgefragten Inhalte wurden die Erhebungen ausschließlich in Form von persönlichen Interviews (Face-to-Face) durchgeführt und mit einem Audiogerät aufgezeichnet.[12] Um einen offenen Gesprächsverlauf sicherzustellen und realitätsnahe Informationen zu erhalten, wurde den Interviewpartnern Vertraulichkeit in Bezug auf die zur Verfügung gestellten Daten zugesichert. Bei der Auswertung der Untersuchungsergebnisse werden deshalb keine Aussagen zitiert und es wird nicht explizit auf die jeweiligen Unternehmen verwiesen.[13] Die anonymisierten Untersuchungsergebnisse werden nur im Rahmen der Dissertation veröffentlicht und dienen ausschließlich wissenschaftlichen Zwecken.

### 5.2.2 Auswahl der Befragungsteilnehmer

Grundsätzlich dienen empirische Erhebungen dazu, Informationen über eine bestimmte Gesamtheit von Merkmalsträgern, der sogenannten Grundgesamtheit, zu ermitteln. Im Vorfeld der Untersuchung ist es deshalb erforderlich, die Grundgesamtheit zu bestimmen und angemessen zu definieren.[14] Die Angemessenheit der Definition ergibt sich aus der Zielsetzung des jeweiligen Forschungsvorhabens. Für die Untersuchung besteht zum einen die Option, im Rahmen einer Vollerhebung alle Elemente der definierten Grundgesamtheit zu untersuchen oder anhand einer Teilerhebung (Stichprobe) nur einen Teil der Elemente in die Untersuchung einzubeziehen.[15] Aus forschungsökonomischen Gründen ist es in der Regel sinnvoll, sich auf Stichprobenerhebungen zu beschränken, da diese einen wesentlich geringeren Zeit- und Kostenaufwand erfordern als Vollerhebungen.[16] Das Ziel von Stichprobenerhebungen sollte allerdings sein, dass die untersuchte Stichprobe der Grundgesamtheit so weit wie möglich entspricht, um eine Repräsentativität der Datenerhebung sicherzustellen. Dies ist dann erreicht, wenn die Stichprobe ein verkleinertes aber wirklichkeitsgetreues Abbild der Grundgesamtheit darstellt. Damit soll garantiert werden, dass sich die Ergebnisse

[12] Vgl. Mayer, H. O. (2013), S. 47; Kaiser, R. (2014), S. 83 f.

[13] Vgl. Mayer, H. O. (2013), S. 46; Kaiser, R. (2014), S. 85 f.

[14] Vgl. Kuß, A./Wildner, R./Kreis, H. (2014), S. 67; Koch, J./Gebhard, P./Riedmüller, F. (2016), S. 20.

[15] Vgl. Klandt, H./Heidenreich, S. (2017), S. 107.

[16] Vgl. Kuß, A./Wildner, R./Kreis, H. (2014), S. 69; Koch, J./Gebhardt, P./Riedmüller, F. (2016), S. 20.

der Stichprobe auf die Grundgesamtheit übertragen lassen und einen Repräsentationsschluss zulassen.[17] Allerdings spielt bei einer qualitativen Erhebung das Kriterium der statistischen Repräsentativität eine eher untergeordnete Rolle. Im Vordergrund steht hier eher die inhaltliche Repräsentation, d. h. die Relevanz der Befragten für das Forschungsthema. Dies soll über eine angemessene Zusammenstellung und Auswahl der Stichprobe erfüllt werden.[18]

Für die vorliegende Arbeit bietet sich zur Auswahl der Stichproben die Methode des selektiven Samplings mit Hilfe eines qualitativen Stichprobenplans an.[19] Das Prinzip des Stichprobenplans besteht in einer bewusst heterogenen Auswahl der Merkmalsträger auf der Grundlage hypothetisch relevanter Merkmale.[20] Ausgehend von der definierten Grundgesamtheit wird für jede Erhebung ein separater Stichprobenplan erstellt. Die Grundgesamt für die erste Erhebung setzt sich aus international tätigen Großunternehmen zusammen, die über ein umfangreiches Immobilienportfolio verfügen und hierfür zahlreiche Facility Services benötigen. Die Grundgesamtheit für die zweite Erhebung besteht aus Dienstleistern im Facility Management, die umfangreiche FM-Services anbieten. Für die Erstellung der Stichprobenpläne und die Identifikation der geeigneten Interviewpartner oder Experten wurde ein Auswahlgremium, bestehend aus drei Mitgliedern der Bereiche Forschung und Wirtschaft, herangezogen. Die konkrete Festlegung der Stichproben für die Erhebungen sind den jeweiligen Abschnitten 5.3 und 5.4 zu entnehmen.

### 5.2.3 Entwicklung eines semi-strukturierten Interviewleitfadens

Die Erstellung von semi-strukturierten Interviewleitfäden orientiert sich an den verschiedenen Phasen eines Interviews:[21]

- Informationsphase,
- Einstiegsphase,

---

[17] Vgl. Koch, J./Gebhardt, P./Riedmüller, F. (2016), S. 20.

[18] Vgl. Mayer, H. O. (2013), S. 39; Lamnek, S./Krell, C. (2016), S. 185.

[19] Vgl. Lamnek, S./Krell, C. (2016), S. 184; als weitere Methoden zur Auswahl einer geeigneten Stichprobe existieren das „Theoretical Sampling", das „Trial-and-Error-Prinzip" und die „Analytische Induktion" vgl. Lamnek, S./Krell, C. (2016), S. 183 ff.

[20] Vgl. Lamnek, S./Krell, C. (2016), S. 185.

[21] Vgl. Misoch, S. (2019), S. 68; Jacob, R./Heinz, A./Décieux, J. P. (2019), S. 200 ff.

- Hauptphase,
- Abschlussphase.

In der Informationsphase wird der Interviewpartner in die Thematik des Forschungsvorhabens eingeführt. Dabei werden ihm die Zielsetzung und der Umfang der Untersuchung erläutert und die vertrauliche Behandlung seiner Daten zugesichert. In diesem Zusammenhang wird eine vorbereitete Einverständniserklärung zur Durchführung des Interviews unterzeichnet. Ziel der Einstiegsphase ist es, dem Interviewpartner den Einstieg in das Forschungsthema und die Interviewsituation zu erleichtern und die oftmals mit der ungewohnten Kommunikationssituation einhergehenden Hemmungen zu überwinden. In der Hauptphase werden die für die Untersuchung eigentlich relevanten Themen mit dem Interviewpartner ausführlich erörtert. Die Abschlussphase soll dem Interviewpartner die Möglichkeit geben, im Laufe des Interviews unerwähnte jedoch aus seiner Sicht für die Untersuchung relevanten Fakten und Informationen hinzuzufügen und damit das Interview abzurunden.

Die Entwicklung und Formulierung der Fragen orientiert sich an der Zielsetzung des jeweiligen Forschungsvorhabens. Bei der Fragenformulierung sollten die grundsätzlichen Prinzipien der Einfachheit, der Eindeutigkeit und der Neutralität berücksichtigt werden.[22] Die inhaltliche Form der Fragen hängt vom Untersuchungszweck ab und kann danach unterschieden werden, ob die Fragemethode oder die Befragungssteuerung im Vordergrund steht. Bei einer Ausrichtung an der Fragemethode lassen sich offene und geschlossene, direkte und indirekte sowie projektive und assoziative Fragen unterscheiden. Steht die Befragungssteuerung im Vordergrund kann nach Einleitungs-, Sach-, Übergangs-, Puffer-, Motivations-, Kontroll- und Filterfragen unterschieden werden.[23] Da der Informationsgehalt von Daten wesentlich von ihrem Messniveau abhängt,[24] ist bei der Konzeptionierung der Fragen neben der inhaltlichen Form auch das Messniveau des mit der jeweiligen Frage zu messenden Merkmals zu berücksichtigen. Zur Erfassung und Messbarmachung der Merkmalausprägungen dienen sogenannte Rating-Skalen. Diese können in nummerischer, verbaler oder graphischer Form dargestellt werden.[25] Grundsätzlich lassen sich Rating-Skalen unterscheiden in

---

[22] Vgl. Koch, J./Gebhard, P./Riedmüller, F. (2016), S. 63; Jacob, R./Heinz, A./Décieux, J. P. (2019), S. 133 ff.

[23] Für eine ausführliche Beschreibung der unterschiedlichen Frageformen vgl. Koch, J./Gebhardt, P./Riedmüller, F. (2016), S. 58 ff.; Jacob, R./Heinz, A./Décieux, J. P. (2019), S. 148 ff.

[24] Vgl. Mayer, H. O. (2013), S. 71.

[25] Vgl. Koch, J./Gebhardt, P./Riedmüller, F. (2016), S. 60.

nominale, ordinale, Intervall- und Ratio-Skalen.[26] Dabei bieten Nominalskalen lediglich die Möglichkeit, Daten auf ihre Gleichheit oder Ungleichheit zu unterscheiden. Ordinalskalen geben Auskunft über die Rangordnung von Erhebungselementen hinsichtlich des jeweils betrachteten Merkmals. Mit Hilfe von Intervallskalen können Aussagen über die Abstände (Intervalle) zwischen den einzelnen Messwerten getroffen werden. Ratioskalen sind dadurch charakterisiert, dass nicht nur die Unterschiede, die Rangordnung und die Intervalle zwischen den Messwerten interpretierbar sind, sondern dass darüber hinaus ein eindeutig definierter Nullpunkt existiert, wobei der Messwert Null der tatsächlichen Abwesenheit eines Merkmals entspricht.

Bei der Konzeption des Interviewleitfadens ist darauf zu achten, dass dieser nicht zu ausführlich ist und keine zu große Zahl von Fragen aufweist, um die Interviewdauer auf ein gewisses Maß zu beschränken.[27] Da der Umfang des Leitfadens und die Anzahl der Fragen jedoch stark vom Forschungsgegenstand abhängig sind, können für eine angemessene Länge des Leitfadens und damit für die Dauer der Befragung keine generellen Richtwerte genannt werden. Die wissenschaftliche Erfahrung hat allerdings gezeigt, dass Interviews mit einer Dauer von 90 bis 120 Minuten in der Regel die besten Ergebnisse erzielen, da sie eine gewisse Durchdringung des Forschungsproblems erlauben.[28]

Nach der Erstellung des Interviewleitfadens ist dieser mit Hilfe von Pretests[29] einer Tauglichkeitsprüfung zu unterziehen. Hierbei sollen insbesondere die Fragen und Antwortvorgaben auf Verständlichkeit, Eindeutigkeit und Vollständigkeit überprüft und die theoretische Aussagekraft des Fragebogens getestet werden. Darüber hinaus soll die tatsächliche Interviewdauer ermittelt werden.[30] Anhand der sich aus den Pretests ergebenden Erkenntnissen kann der Leitfaden vor Durchführung der tatsächlichen Befragung noch einmal überarbeitet werden.

---

[26] Für eine ausführliche Beschreibung der verschiedenen Rating-Skalen vgl. Häder, M. (2010), S. 97 ff.; Mayer, H. O. (2013), S. 71 ff.; Brosius, H.-B./Haas, A./Koschel, F. (2016), S. 36 ff.; Kuß, A./Wildner, R./Kreis, H. (2014), S. 208 ff.; Jacob, R./Heinz, A./Décieux, J. P. (2019), S. 33 ff.

[27] Vgl. Häder, M. (2010), S. 230; Mayer, H. O. (2013), S. 44; Kaiser, R. (2014), S. 52.

[28] Vgl. Kaiser, R. (2014), S. 52.

[29] Unter einem Pretest versteht man die Erprobung eines Fragebogens an einer bestimmten Anzahl von Zielpersonen unter Bedingungen, die möglichst weitgehend der Untersuchungssituation entsprechen; vgl. Kuß, A./Wildner, R./Kreis, H. (2014), S. 119.

[30] Vgl. Häder, M. (2010), S. 387; Mayer, H. O. (2013), S. 99; Kaiser, R. (2014), S. 69; Kuß, A./Wildner, R./Kreis, H. (2014), S. 120.

Im Rahmen der vorliegenden Arbeit wurden zwei Erhebungen durchgeführt. Für jede Erhebung wurde ein separater semi-strukturierter Interviewleitfaden entwickelt. Die Struktur der Leitfäden orientiert sich an den zuvor beschriebenen grundsätzlichen Phasen eines Interviews. Der spezifische Aufbau der Leitfäden ist den Abschnitten 5.3 und 5.4 zu entnehmen. Die Befragungsdauer wurde auf 120 Minuten festgelegt. Zur Überprüfung der Fragen und Antwortvorgaben und der tatsächlichen Interviewdauer wurden insgesamt fünf Pretests durchgeführt. Dabei wurde der Leitfaden für die Erhebung auf Unternehmensseite drei Pretests und der Leitfaden für die Erhebung auf Dienstleisterseite zwei Pretests unterzogen. Die aus den Pretests gewonnenen Erkenntnisse wurden in die Leitfäden eingearbeitet. Eine Kürzung der Leitfäden musste nicht vorgenommen werden, da die festgelegte Interviewdauer von 120 Minuten bei allen Pretests nicht überschritten wurde.

### 5.2.4 Durchführung der Befragung

Vor Beginn einer Befragung müssen die ausgewählten Experten, entweder telefonisch oder schriftlich kontaktiert werden. Im Rahmen der Kontaktaufnahme ist auf die Bedeutung der Untersuchung hinzuweisen und die Wichtigkeit der Teilnahme des Experten herauszustellen.[31] Nachdem die Experten ihr Einverständnis zur Teilnahme an der Befragung signalisiert haben, ist ein Termin zu vereinbaren. In der Regel wird die Befragung am Arbeitsplatz des Experten durchgeführt, wobei darauf zu achten ist, dass der zeitlich vorgegebene Rahmen für die Befragung nicht überschritten wird.[32] Wesentlich für den Erfolg der Befragung ist es, mit dem Interviewpartner auf gleicher Augenhöhe als fachlich kompetent zu kommunizieren und darüber hinaus den eigenen Informationsbedarf an dem spezifischen Fachwissen des Experten herauszustellen.[33]

Im Rahmen der vorliegenden Arbeit wurden die Experten der zuvor erstellten Stichprobenpläne[34] schriftlich über die geplante Befragung informiert. Die hierfür verwendeten Anschreiben sind den Anlagen 1.2 und 2.2 zu entnehmen. Im Anschluss daran wurden die Experten per E-Mail oder telefonisch kontaktiert, um deren Zustimmung zur Teilnahme an der Befragung einzuholen. Nachdem die Experten ihr Einverständnis erklärt haben, wurde ein Termin zur Durchführung

[31] Vgl. Mayer, H. O. (2013), S. 102; Kaiser, R. (2014), S. 77 f.

[32] Vgl. Przyborski, A./Wohlrab-Sahr, M. (2014), S. 122.

[33] Vgl. Przyborski, A./Wohlrab-Sahr, M. (2014), S. 125.

[34] Vgl. Punkt 5.2.2 Auswahl der Befragungsteilnehmer.

des Interviews vereinbart. Zur Vorbereitung auf das Gespräch wurde den Teilnehmern der Interviewleitfaden vorab per E-Mail zugesandt. Alle Interviews wurden persönlich am Arbeitsplatz des jeweiligen Teilnehmers im Zeitraum von März 2018 bis Juli 2019 durchgeführt. Der Ablauf der Befragungen orientierte sich an den Interviewleitfäden. Diese sind den Anlagen 1.4 und 2.4 zu entnehmen.

### 5.2.5 Methodik der Datenauswertung

Mit dem Abschluss der Expertenbefragung beginnt der Prozess der Auswertung und Interpretation der gewonnenen Daten.[35] Das im Rahmen der Befragungen generierte Datenmaterial besteht zum einen aus den Audioaufzeichnungen der geführten Interviews und zum anderen aus den geführten Interviewprotokollen, deren Inhalt sich aus der Auswahl der gezielt vorgeschlagenen Antwortalternativen, der konkret abgefragten Zahlen- und Prozentwerte sowie den Freitexten zusammensetzt. Im ersten Schritt der Datenauswertung sind die Audioaufzeichnungen zu transkribieren. Bei Experteninterviews kann auf eine wörtliche Transkription verzichtet werden, da das Transkript lediglich den Inhalt des Interviews wiedergeben soll.[36] Für die vorliegende Arbeit dienen die Transkripte der Audioaufzeichnungen lediglich als zusätzliche Gedächtnisprotokolle der während der Befragungen ausgefüllten Interviewleitfäden.[37] Im nächsten Schritt wird das Datenmaterial analysiert und ausgewertet. Die Auswertung der Freitexte erfolgt durch eine qualitative Inhaltsanalyse. Hierbei werden die Texte systematisch analysiert, indem das Material schrittweise durchgegangen und interpretiert wird. Mit einer zusammenfassenden Analyse wird das vorhandene Datenmaterial reduziert und abstrahiert, wobei wesentliche Inhalte erhalten bleiben und ein überschaubares Abbild erstellt wird.[38] Die Datenanalyse der geschlossenen Fragen erfolgt mittels deskriptiver statistischer Methoden.[39] Hierbei werden in der Regel Häufigkeitsverteilungen erstellt. Die Antworten der Befragten werden dabei mit Hilfe von Mittelwerten, oder bei Ordinalskalen (Ausprägungen von 1 bis 5, hoch bis

[35] Vgl. Kaiser, R. (2014), S. 89.

[36] Vgl. Mayer, H. O. (2013), S. 47 f.; zu den verschiedenen Transkriptionstechniken vgl. Mayring, P. (2002), S. 89 ff.; Döring, N./Bortz, J. (2016), S. 583 f.

[37] Vgl. Kaiser, R. (2014), S. 89.

[38] Vgl. Mayring, P. (2002), S. 114 ff.

[39] Zu den Methoden deskriptiver statistischer Analyseverfahren vgl. ausführlich Natrop, J. (2015).

niedrig oder sehr zufrieden bis nicht zufrieden) mit „Top-2-Boxes“ und „Bottom-2-Boxes“ analysiert. Dabei werden die Ausprägungen 1 und 2 zum sogenannten Top-2-Wert und die Ausprägungen 4 und 5 zum Bottom-2-Wert zusammengefasst. Diese Werte werden als Indikator für eindeutig positive oder negative Antworten der Teilnehmer auf die jeweilige Fragestellung interpretiert.[40] Die Darstellung der ermittelten Werte erfolgt entweder durch Häufigkeitstabellen oder graphisch, beispielsweise durch Balken- oder Kreisdiagramme. Die Auswertung der durchgeführten Befragungen erfolgte mit Hilfe des Computerprogramms Microsoft Excel Version 2016. Es ist noch darauf hinzuweisen, dass bei fehlenden oder nicht eindeutigen Angaben die Antwort aus der Grundgesamtheit ausgeklammert und nicht in die Auswertung einbezogen wurde.

## 5.3 Empirische Erhebung „Unternehmen"

Im Rahmen der Erhebung wurden international tätige Großunternehmen zur Gestaltung ihres Immobilienmanagements und der Bewirtschaftung ihres Immobilienbestandes befragt, insbesondere hinsichtlich ihrer Sourcing-Strategie und der Anwendung verschiedener Outsourcing-Alternativen.

### 5.3.1 Aufbau des Interviewleitfadens

Für die Befragungen wurde ein semi-strukturierter Interviewleitfaden entwickelt, dessen Aufbau sich an den verschiedenen Phasen eines Interviews orientiert.[41] Der vollständige Interviewleitfaden ist der Anlage 1.4 zu entnehmen.

In Abbildung 5.1 wird der Aufbau des Interviewleitfadens „Unternehmen“ dargestellt.

[40] Vgl. Morgan, N. A./Rego, L. L. (2006), S. 426–439.

[41] Vgl. Punkt 5.2.3 Entwicklung eines semi-strukturierten Interviewleitfadens.

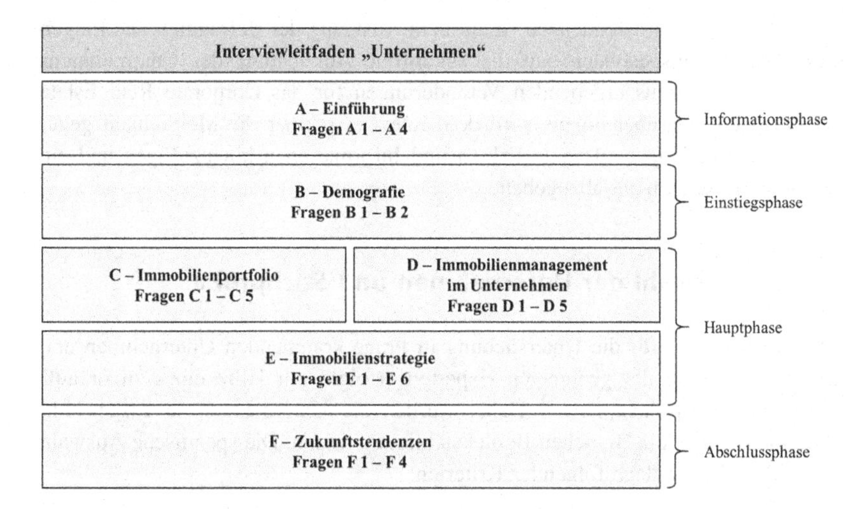


**Abbildung 5.1** Struktur des semi-strukturierten Interviewleitfadens „Unternehmen“

Der Interviewleitfaden ist in die Teile A bis F gegliedert.

Teil A – „Einführung“ dient der Information des Interviewpartners. Hierbei wird er in die Thematik des Forschungsvorhabens eingeführt sowie über die Ziele der Untersuchung, den Untersuchungsumfang und die vertrauliche Behandlung seiner Daten in Kenntnis gesetzt.

Teil B – „Demografie“ dient als Einstiegsphase. Hierbei werden Daten zum Unternehmen und Informationen zum Interviewpartner selbst erfasst.

In Teil C werden Daten zum „Immobilienportfolio“ erhoben. Dies betrifft insbesondere den Umfang des Immobilienbestandes, die Nutzungsarten und die flächenmäßige Verteilung sowie die Eigentumsverhältnisse.

Teil D – „Immobilienmanagement im Unternehmen“ beschäftigt sich mit dem Corporate Real Estate Management. Dabei werden Daten zur Organisationsstruktur, der Kompetenzverteilung sowie den Zuständigkeitsbereichen innerhalb der einzelnen Aufgabenfelder des CREM erhoben.

Teil E – „Immobilienstrategie“ konzentriert sich auf die Bewirtschaftung des Immobilienbestandes. Kernfragen sind hier das Outsourcing-Verhalten, der Bedarf an FM-Dienstleistungen und die Anwendung spezifischer Outsourcing-Formen. Darüber hinaus werden Daten erhoben zum Ausschreibungs- und Vergabeprozess, zur Vertragsgestaltung sowie zur Anwendung verschiedener Steuerungs- und Kontrollinstrumente.

Teil F – „Zukunftstendenzen“ dient dem Ausklang der Befragung. Die Fragen beziehen sich insbesondere auf die zukünftige Ausrichtung des Unternehmens und die sich daraus ergebenden Veränderungen für das Corporate Real Estate Management. Darüber hinaus wird dem Interviewpartner die Möglichkeit gegeben, aus seiner Sicht relevante Fakten und Informationen hinzuzufügen und ein persönliches Statement abzugeben.

### 5.3.2 Auswahl der Unternehmen und Stichprobe

Die Auswahl der für die Untersuchung in Frage kommenden Unternehmen und die Identifikation der geeigneten Experten erfolgte mit Hilfe eines zuvor aufgestellten Stichprobenplans.[42] Dabei wurden die Unternehmen so ausgewählt, dass möglichst viele Branchen Berücksichtigung finden. Die spezifische Auswahl erfolgte auf Grundlage folgender Kriterien:

- international tätiges Unternehmen,
- vergleichbare Umsatzzahlen,
- vergleichbare Mitarbeiterzahl,
- weltweites, vergleichsweise heterogenes Immobilienportfolio.

Die realisierte Stichprobe umfasst insgesamt 30 Unternehmen, bei denen eine Befragung durchgeführt wurde. Es wird darauf hingewiesen, dass bei sieben Unternehmen jeweils zwei Experten anwesend waren. Bei einem Unternehmen haben drei Experten an der Befragung teilgenommen. Demnach wurden insgesamt 39 Experten befragt. Um eine Verzerrung der Ergebnisse zu vermeiden, wurden die Daten unternehmensbezogen ausgewertet. Lediglich die Informationen aus Teil B (Angaben zum Interviewpartner) beziehen sich auf die Personenanzahl der an der Befragung teilnehmenden Experten.

Die Abbildung 5.2 zeigt die Anzahl der befragten Unternehmen der jeweiligen Branchen (n = 30).[43]

[42] Vgl. Punkt 5.2.2 Auswahl der Befragungsteilnehmer.

[43] Eine Auflistung der befragten Unternehmen ist der Anlage 1.1 zu entnehmen.

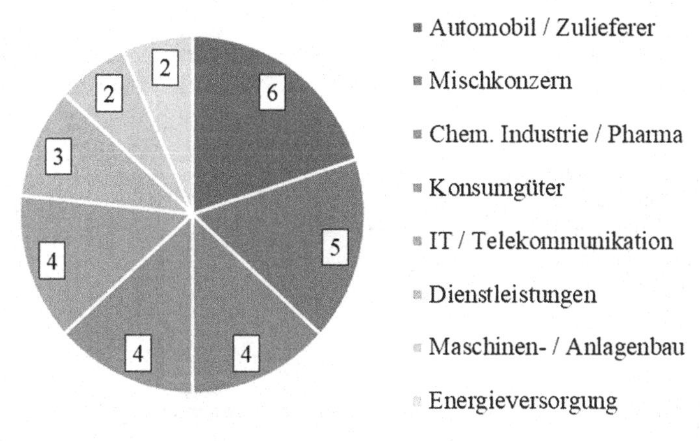


**Abbildung 5.2** Branchenverteilung der befragten Unternehmen

Die Abbildung 5.3 zeigt die Unternehmensstandorte, an denen die Befragungen durchgeführt wurden.

In den folgenden Abschnitten werden die Ergebnisse der Befragungen vorgestellt.

### 5.3.3 Ergebnisse Teil B „Demografie"

Die befragten 30 Unternehmen lassen sich neben der Branchenzugehörigkeit anhand der erhobenen Klassifikationskriterien „Umsatzhöhe" und „Mitarbeiterzahl" beschreiben. Die Daten beziehen sich auf das vor Beginn der Befragung liegende Geschäftsjahr 2017. Der Jahresumsatz international reicht von weniger als 10 Milliarden Euro bis zu einem Jahresumsatz von mehr als 100 Milliarden Euro. Die Zahl der Beschäftigten international reicht von weniger als 10.000 Mitarbeitern bis hin zu mehr als 250.000 Mitarbeitern. Eine Auswertung der Umsatzhöhe und Mitarbeiterzahl bezogen nur auf Deutschland konnte nicht erfolgen, da hierzu die Daten bei den Unternehmen teilweise nur unvollständig vorlagen.

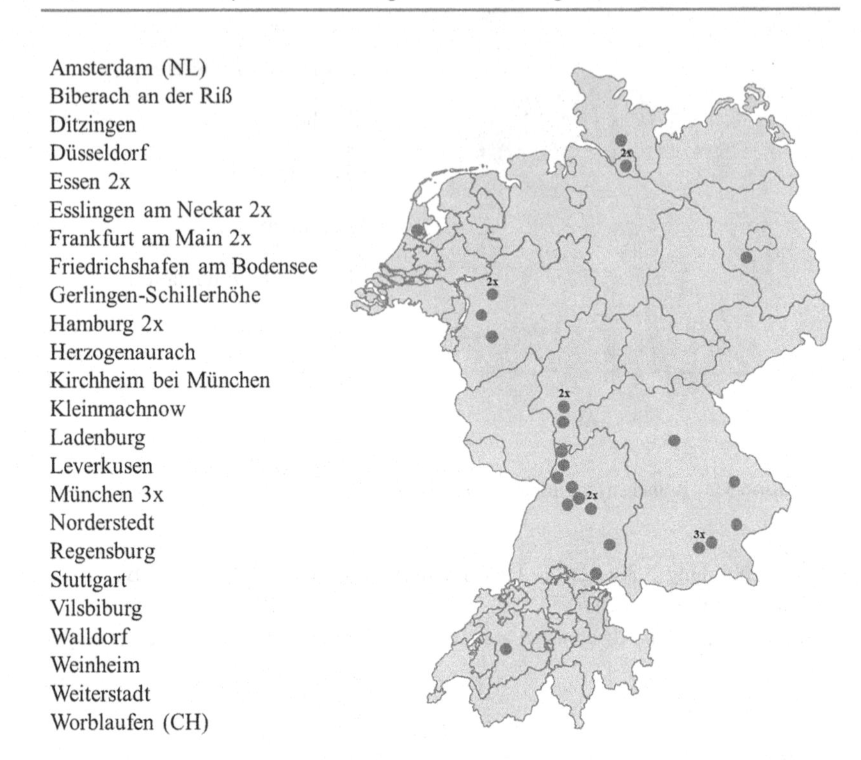


**Abbildung 5.3** Unternehmensstandorte der durchgeführten Befragungen

### 5.3.3.1 Umsatzhöhe

Von den 30 befragten Unternehmen konnte bei 29 Unternehmen die Umsatzhöhe erhoben werden. 1 Teilnehmer konnte hierzu keine konkreten Angaben machen.

Die Auswertung der Umsatzhöhe (siehe Abbildung 5.4) zeigt ein heterogenes Bild der befragten Unternehmen. Zwar ergibt die Analyse ein geringfügig stärkeres Auftreten von Unternehmen mit einem Umsatz von weniger als 10 Mrd. €, jedoch sind die übrigen Umsatzkategorien, mit Ausnahme der Größenklasse über 100 Mrd. €, mit ausgeprägten Häufigkeitsanteilen vertreten.

| Umsatz international 2017 in Mrd. € | Anzahl der Unternehmen | Anteil in % |
|---|---|---|
| > 100 Mrd. € | 1 | 3 % |
| 50 Mrd. € bis 100 Mrd. € | 4 | 14 % |
| 20 Mrd. € bis 49,9 Mrd. € | 8 | 28 % |
| 10 Mrd. € bis 19,9 Mrd. € | 7 | 24 % |
| < 10 Mrd. € | 9 | 31 % |
| Gesamt | 29 | 100 % |

**Abbildung 5.4** Verteilung des Umsatzes 2017

### 5.3.3.2 Anzahl der Beschäftigten

Zur Anzahl der Beschäftigten konnten bei allen 30 befragten Unternehmen Daten erhoben werden.

Die Auswertung der Mitarbeiterzahl (siehe Abbildung 5.5) zeigt ein ähnlich heterogenes Bild der befragten Unternehmen wie die Auswertung der Umsatzverteilung, obwohl ein Schwerpunkt bei der Größenklasse von 10.000 bis 49.000 Mitarbeitern liegt. Mit Ausnahme der Größenklasse unter 10.000 Mitarbeiter sind alle übrigen Kategorien mit deutlichen Häufigkeitsanteilen vertreten.

| Beschäftigte international 2017 | Anzahl der Unternehmen | Anteil in % |
|---|---|---|
| > 250.000 | 4 | 13 % |
| 100.000 bis 250.000 | 6 | 20 % |
| 50.000 bis 99.999 | 7 | 23 % |
| 10.000 bis 49.999 | 11 | 37 % |
| < 10.000 | 2 | 7 % |
| Gesamt | 30 | 100 % |

**Abbildung 5.5** Verteilung der Beschäftigten 2017

### 5.3.3.3 Tätigkeitsfeld und Funktion der befragten Experten

Voraussetzung für die Wahl der Befragungsteilnehmer in den jeweiligen Unternehmen war eine umfassende Kenntnis der Materie und eine langjährige Berufserfahrung. Es wurden deshalb Experten ausgewählt, die im Corporate Real

Estate Management oder Facility Management tätig sind und dort mit strategischen und / oder operativen Aufgaben betraut sind.[44] Die Wahl der Experten erfolgte anhand ihrer Position und Funktionsbeschreibung, wobei vorrangig die Geschäftsführungsebene, mindestens aber die Abteilungsleiterebene angestrebt wurde. Mögliche Positionen hierfür sind: CEO, Vice President, Director, Head of, Senior Manager, Prokurist oder Abteilungsleiter. Darüber hinaus war die Auswahl der Befragungsteilnehmer abhängig von der Erreichbarkeit und Verfügbarkeit der jeweiligen Personen.

Alle an der Befragung teilnehmenden 39 Experten verfügen über mehrjährige Berufserfahrung in ihren jeweiligen Tätigkeitsfeldern und können ein hohes Maß an Wissen und Sachverstand, auch aus der Zeit vor ihrer Tätigkeit beim derzeitigen Unternehmen, vorweisen. Die befragten Experten bekleiden mindestens eine der vorgestellten Positionen, die sich wie folgt verteilen:

- CEO (1 Experte),
- Vice President (4 Experten),
- Director (3 Experten),
- Head of (13 Experten),
- Senior Manager (5 Experten),
- Prokurist (1 Experte),
- Abteilungsleiter (12 Experten).

### 5.3.4 Ergebnisse Teil C „Immobilienportfolio"

Der Fragenkomplex widmet sich dem Immobilienportfolio der jeweiligen Unternehmen. Es wurden insbesondere Daten zum Wert und Umfang des Immobilienbestandes, der Nutzungsarten, der flächenmäßigen Verteilung sowie der Eigentumsverhältnisse erhoben.

#### 5.3.4.1 Bilanzwert des Immobilienportfolios

Von den 30 befragten Unternehmen konnte bei 21 Unternehmen der Bilanzwert ihres internationalen Immobilienportfolios erhoben werden. 9 Teilnehmer konnten entweder keine Angaben machen oder der angegebene Wert bezieht sich nur auf das Deutschland-Portfolio. In die Auswertung sind deshalb nur die Daten von 21 Teilnehmern eingeflossen. Die Daten beziehen sich auf die jeweilige Bilanz des Jahres 2017.

---

[44] Vgl. Punkt 5.2.1 Erhebungsmethodik und Definition des Begriffs „Experten".

Die Auswertung ergibt einen durchschnittlichen Bilanzwert des internationalen Immobilienportfolios von 3,2 Milliarden €. Bezogen auf die jeweilige Gesamtbilanz der Unternehmen lässt sich feststellen, dass der Immobilienbestand einen wesentlichen Teil des Unternehmensvermögens darstellt. Dies deckt sich mit früheren Studien und zeigt erneut die finanzwirtschaftliche Bedeutung der Immobilien für die Unternehmen und die sich daraus ergebende Notwendigkeit eines professionellen Immobilienmanagements.[45]

#### 5.3.4.2 Bruttogrundfläche des Immobilienbestandes

Konkrete Angaben zur Bruttogrundfläche (BGF)[46] ihres Gesamtportfolios konnten 25 von den befragten 30 Unternehmen machen. Bei 5 Teilnehmern lagen hierzu keine ausreichenden Daten vor.

Unter Berücksichtigung von 25 Angaben ergibt sich eine durchschnittliche Bruttogrundfläche des Gesamtportfolios von 5,5 Millionen $m^2$. Dieser hohe Flächenbestand macht deutlich, dass das Immobilienportfolio eine zentrale Ressource für jedes Unternehmen darstellt, die einen wesentlichen Einfluss auf den Unternehmenswert und den wirtschaftlichen Erfolg eines Unternehmens hat.

#### 5.3.4.3 Geographische Verteilung des Immobilienbestandes

Befragt nach der geographischen Verteilung des Gesamtportfolios konnten 25 Teilnehmer Angaben machen, die in der Summe der Angaben zu der in Abbildung 5.6 dargestellten Verteilung führen:

[45] Vgl. Abschnitt 3.2 Notwendigkeit eines betrieblichen Immobilienmanagements.

[46] Bruttogrundfläche nach DIN 277–1:2005–02.

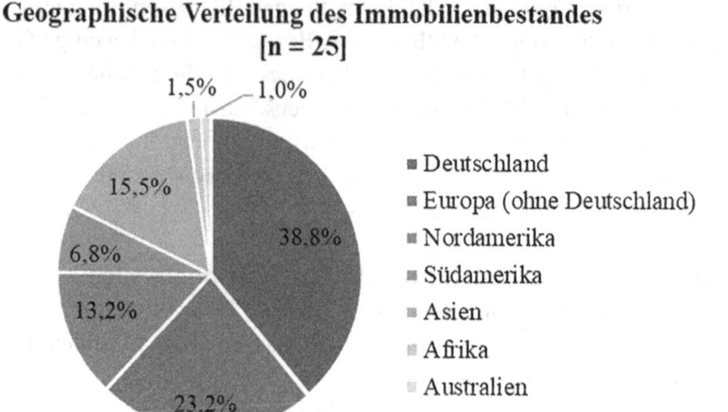


**Abbildung 5.6** Geographische Verteilung des Immobilienbestandes

38,8 % des Portfolios befindet sich in Deutschland, 23,2 % im restlichen Europa. Damit befindet sich mehr als die Hälfte des Immobilienportfolios im europäischen Raum. Der restliche Immobilienbestand verteilt sich auf Nordamerika mit 13,2 %, auf Südamerika mit 6,8 %, auf die asiatischen Länder mit 15,5 % sowie auf Afrika mit 1,5 % und auf Australien mit 1 %.

#### 5.3.4.4 Immobilienbestand nach Nutzungsarten

Die Verteilung des Immobilienbestandes nach den verschiedenen Nutzungsarten ist der Abbildung 5.7 zu entnehmen und stellt sich, ebenfalls unter Berücksichtigung von 25 Angaben, wie folgt dar:

Der größte Teil des Immobilienbestandes entfällt mit 41,2 % auf Produktionsimmobilien, danach folgen Büroimmobilien mit 33,1 %. Der weitere Bestand verteilt sich auf die Bereiche Lager / Logistik mit 17,5 %, Forschung und Entwicklung mit 5,7 % sowie mit kleineren Anteilen auf Rechenzentren mit 1,3 % und Sozialgebäude mit 1,2 %.

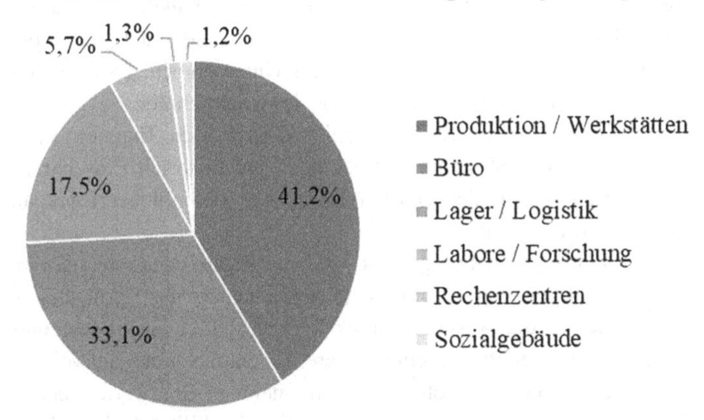


**Abbildung 5.7** Immobilienbestand nach Nutzungsarten

### 5.3.4.5 Eigentumsverhältnisse des Immobilienbestandes

Eine zentrale Frage in Teil C bezieht sich auf die Eigentumsverhältnisse an den genutzten Immobilien. Die Eigentumsquote lässt erste Rückschlüsse darauf zu, welchen Stellenwert Immobilien in den jeweiligen Unternehmen einnehmen.

**Abbildung 5.8** Eigentumsverhältnisse an den genutzten Immobilien

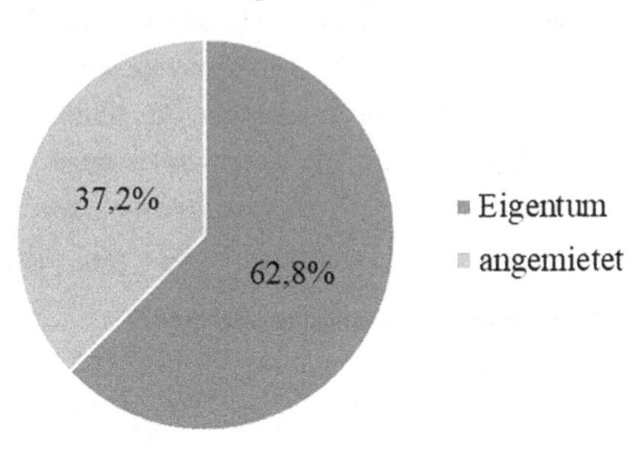

Die in Abbildung 5.8 dargestellte Auswertung zeigt, ebenfalls unter Berücksichtigung von 25 Angaben, eine Eigentumsquote der genutzten Immobilien von durchschnittlich 62,8 %, 37,2 % der Immobilien sind angemietet. Damit befinden sich fast 2/3 der Immobilien im Eigentum der Unternehmen. Dies unterstreicht die strategische Relevanz der Immobilien für die Unternehmen.

Ein Vergleich mit früheren Studien[47] zeigt, dass sich die Eigentumsquoten in den letzten 10 Jahren nicht signifikant verändert haben. Nach Einschätzung der befragten Experten ist für die nächsten Jahre kein wesentlicher Rückgang der Eigentumsquote zu erwarten.

Bisherige Erfahrungen haben gezeigt, dass die Eigentumsquote stark von der Branche des jeweiligen Unternehmens abhängig ist. So ist anzunehmen, dass Unternehmen, die für die Ausübung ihres Kerngeschäftes spezifische und individuelle Immobilien benötigen, eine höhere Eigentumsquote aufweisen. Eine weitaus niedrigere Eigentumsquote ist bei Unternehmen zu erwarten, deren branchenbedingte Ansprüche an die Immobilien von Flexibilität und Funktionalität geprägt sind und die daher eher auf angemietete Flächen zurückgreifen.

Für eine genauere Analyse der Eigentumsverhältnisse und inwieweit sich die Eigentumsquoten zwischen den Branchen unterscheiden, wurden die erhobenen Daten noch einmal in Bezug auf die jeweiligen Branchen ausgewertet.

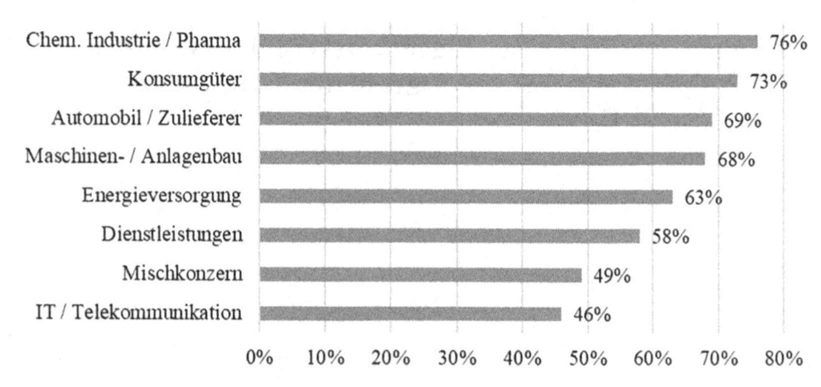


**Abbildung 5.9** Eigentumsquoten nach Branchen

[47] Vgl. Pfnür, A./Weiland, S. (2010), S. 4; Pfnür, A. (2019), S. 21.

Die in Abbildung 5.9 dargestellte Auswertung zeigt, dass sich die Eigentumsquoten zwischen den Branchen nicht signifikant unterscheiden. Allerdings lässt sich erkennen, dass die Eigentumsquoten in den Branchen der produzierenden Industrie, d. h. Chemie und Pharma, Konsumgüter, Automobil / Zulieferer, Maschinen- und Anlagenbau, wesentlich über der durchschnittlichen Eigentumsquote von 62,8 % liegen, wobei die chemisch-pharmazeutische Industrie mit 76 % und die Konsumgüterindustrie mit 73 % die höchsten Eigentumsquoten aufweisen. Demgegenüber liegen die Eigentumsquoten der Dienstleistungsbranche, bei den Mischkonzernen und in der IT- und Telekommunikationsbranche wesentlich unter der durchschnittlichen Eigentumsquote, wobei der niedrigste Wert mit 46 % auf den Bereich IT / Telekommunikation entfällt.

### 5.3.5 Ergebnisse Teil D „Immobilienmanagement im Unternehmen"

Im Hinblick auf die strategische Bedeutsamkeit des Immobilienportfolios für die Unternehmen kommt dem betrieblichen Immobilienmanagement ein hoher Stellenwert zu. Ein wesentlicher Untersuchungsbereich der Erhebung ist deshalb die Gestaltung des Corporate Real Estate Managements in der Praxis der befragten Unternehmen. Erhoben wurden insbesondere Daten zur Organisationsstruktur, der Kompetenzverteilung und den Zuständigkeitsbereichen innerhalb der einzelnen Aufgabenfelder des CREM. Darüber hinaus wurden die Teilnehmer nach den Themenschwerpunkten und Zielen ihres Immobilienmanagements befragt. Zu diesem Fragenkomplex konnten alle 30 befragten Unternehmen konkrete Angaben machen, die anschließend in die Auswertung einflossen. Grundsätzlich lässt sich festhalten, dass alle befragten Unternehmen über ein professionelles Immobilienmanagement verfügen, das in die Gesamtstruktur des Unternehmens integriert ist.

#### 5.3.5.1 Rechtliche und organisatorische Struktur des CREM

Die ersten beiden Fragen widmen sich der rechtlichen und organisatorischen Struktur des CREM-Bereichs in den jeweiligen Unternehmen. Sie sollen zum einen Aufschluss geben über die rechtliche Einordnung des Immobilienbereichs in die Gesamtstruktur des Unternehmens und zum anderen in welcher Form das Immobilienmanagement hinsichtlich der Ergebnisverantwortung geführt wird.

Die Ergebnisse sind in den Abbildungen 5.10 und 5.11 dargestellt.

| Rechtliche Struktur des CREM | Anzahl der Unternehmen | Anteil in % |
|---|---|---|
| Teil der operativen Gesellschaft | 23 | 76,7 % |
| Personalführendes eigenständiges Unternehmen | 4 | 13,3 % |
| Hybride Struktur | 3 | 10,0 % |
| Gesamt | 30 | 100,0 % |

**Abbildung 5.10** Rechtliche Struktur des CREM

Die Auswertung zeigt, dass mit fast 80 % die Immobilienbereiche überwiegend Teil der operativen Gesellschaft sind, bei etwa 13 % der Unternehmen wird der gesamte Immobilienbereich als eigenständiges personalführendes Unternehmen geführt. Bei 10 % der Unternehmen ist eine hybride Struktur dahingehend vorzufinden, dass der Immobilienbereich für die strategischen Aufgaben Teil der operativen Gesellschaft ist, während die operativen Aufgaben in ein rechtlich eigenständiges Unternehmen überführt wurden.

| Organisatorische Struktur des CREM | Anzahl der Unternehmen | Anteil in % |
|---|---|---|
| Zentralfunktion innerhalb des Unternehmens (Cost-Center) | 18 | 60,0 % |
| Eigener Bereich / Business-Unit (Profit-Center) | 5 | 16,7 % |
| Shared-Service-Center | 3 | 10,0 % |
| Hybride Struktur | 4 | 13,3 % |
| Gesamt | 30 | 100,0 % |

**Abbildung 5.11** Organisatorische Struktur des CREM

Organisatorisch und hinsichtlich ihrer Ergebnisverantwortung werden 60 % der Immobilienbereiche als Cost-Center geführt, d. h. ihnen obliegt eine reine Kostenverantwortung mit der Maßgabe der Einhaltung eines vorgegebenen Kostenbudgets für die zu erbringenden Leistungen. Lediglich knapp 17 % der Unternehmen führen ihre Immobilienbereiche als Profit-Center, d. h. die Verantwortung beschränkt sich nicht nur auf die Einhaltung des Kostenbudgets, vielmehr hat das Immobilienmanagement eine eigene Kosten- und Ergebnisverantwortung. 10 % der Unternehmen nutzen die Konzeption eines Shared-Service-Centers, bei dem der Immobilienbereich eine wirtschaftlich eigenständige Einheit darstellt. Etwa 13 % der Unternehmen nutzen für ihre Immobilienbereiche Mischformen der Ergebnisverantwortung.

#### 5.3.5.2 Immobilienverantwortung und Einflussbereich des CREM

Die weiteren Fragen widmen sich dem Umfang der Immobilienverantwortung sowie dem Einflussbereich des Corporate Real Estate Managements

Die Frage nach der Immobilienverantwortung bezieht sich zunächst einmal auf den regionalen Umfang. Die Auswertung ergibt, dass 80 % der CREM-Bereiche eine globale Immobilienverantwortung haben, bei etwa 13 % der CREM-Bereiche liegt die Immobilienverantwortung auf kontinentaler Ebene, bei 7 % auf nationaler Ebene.

Eine weitere Frage hinsichtlich der Immobilienverantwortung bezieht sich auf den Anteil des Gesamtportfolios, der in der Verantwortung des Corporate Real Estate Managements liegt. Die diesbezügliche Auswertung ergibt, dass 87 % der CREM-Bereiche die Verantwortung für das gesamte Immobilienportfolio des jeweiligen Unternehmens haben.

Darüber hinaus wurden die Teilnehmer zur Zusammenarbeit zwischen dem Corporate Real Estate Management und der Unternehmensleitung befragt, insbesondere hinsichtlich des Einflusses des CREM auf die strategische Ausrichtung des Unternehmens und bei der Festlegung der Immobilienziele.

Die Ergebnisse sind in Abbildung 5.12 dargestellt.

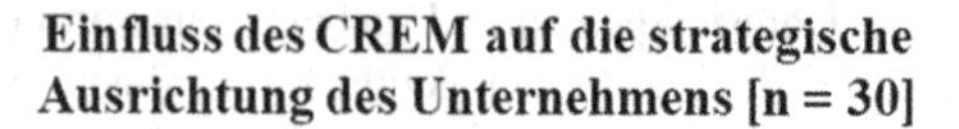


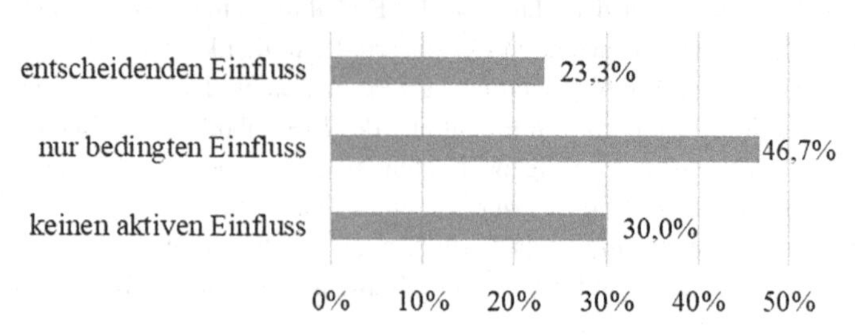


**Abbildung 5.12** Einflussbereich des CREM

Die Auswertung zeigt, dass etwa 23 % der CREM-Bereiche einen entscheidenden Einfluss auf die strategische Ausrichtung des Unternehmens und bei der Festlegung der Immobilienziele haben, etwa 47 % der CREM-Bereiche haben zumindest noch einen bedingten Einfluss oder sind dabei, ihren Einfluss zu vergrößern. 30 % der CREM-Bereiche haben keinen direkten aktiven Einfluss, sondern lediglich eine Reporting-Funktion. Bei diesen Unternehmen werden die strategische Ausrichtung und die Immobilienziele von der Unternehmensführung vorgegeben. Insgesamt wird aber deutlich, dass mehr als 2/3 der CREM-Bereiche zumindest teilweise ein Mitspracherecht bei der Festlegung der Immobilienziele haben.

### 5.3.5.3 Aufgabenbereiche des CREM

Bei allen befragten Unternehmen bildet das Corporate Real Estate Management ein nach Funktionen hierarchisch gegliedertes, übergreifendes Gesamtkonzept, das sich an der aus der Unternehmensstrategie abgeleiteten Immobilienstrategie orientiert und die Funktionen Real Estate Portfolio Management, Real Estate Asset Management, Property Management und Facility Management umfasst. Die Aufgabenfelder der einzelnen Funktionen decken sich bei allen Teilnehmern mit den Leistungskatalogen der Gesellschaft für immobilienwirtschaftliche Forschung (gif), der DIN EN 15221–1:2007–01 (ersetzt durch DIN EN ISO 41011:2017–04) und der DIN EN ISO 41001:2017–06.[48] Ihre Ausgestaltung richtet sich nach den Erfordernissen der jeweiligen Unternehmen.

[48] Die Aufgaben der einzelnen Funktionen sind in Abschnitt 3.6 dieser Arbeit explizit beschrieben, weshalb an dieser Stelle auf eine nochmalige Auflistung verzichtet wird.

In diesem Zusammenhang wurden die Teilnehmer nach der inneren Struktur ihres Immobilienmanagements befragt, insbesondere dahingehend, wie die Aufgabenerfüllung der einzelnen Funktionen des CREM organisiert ist. Die Auswertung in Abbildung 5.13 zeigt, dass das Corporate Real Estate Management hinsichtlich der einzelnen Aufgaben entweder vollständig oder teilweise zentral organisiert ist. Bei keinem der befragten Unternehmen erfolgt eine vollständig dezentrale Aufgabenerfüllung.

| Bündelung der Immobilienaufgaben | Anzahl der Unternehmen | Anteil in % |
|---|---|---|
| zentrale Bündelung | 16 | 53,3 % |
| hybride Bündelung | 14 | 46,7 % |
| Gesamt | 30 | 100,0 % |

**Abbildung 5.13** Bündelung der Immobilienaufgaben

Bei etwa 53 % der CREM-Bereiche werden alle Immobilienaufgaben zentral gebündelt, d. h. alle Immobilienaktivitäten werden vom zentralen Corporate Real Estate Management koordiniert und gesteuert. Etwa 47 % der CREM-Bereiche weisen eine hybride Aufgabenverteilung auf, d. h. einzelne Immobilienaufgaben werden durch das zentrale Corporate Real Estate Management wahrgenommen, andere Tätigkeitsbereiche sind dezentral organisiert. Hierzu gaben die befragten Experten an, dass insbesondere die strategisch orientierten Aufgaben des Portfolio- und Asset Managements von zentraler Stelle wahrgenommen werden. Darüber hinaus hat das zentrale Corporate Real Estate Management noch eine beratende Funktion. Tätigkeitsbereiche, die überwiegend die Bewirtschaftung und Nutzung des Immobilienportfolios betreffen, also die Aufgaben des Property- und Facility Managements sind bei diesen Unternehmen weitestgehend dezentral organisiert.

#### 5.3.5.4 Schwerpunkte und Ziele des Immobilienmanagements

Um einen Eindruck über die Aktivitäten des Corporate Real Estate Management der jeweiligen Unternehmen zu erhalten, wurden die Experten nach den Schwerpunkten und den Zielen ihres Immobilienmanagements befragt. Den Teilnehmern wurde hierzu eine vordefinierte Anzahl möglicher Antwortkategorien zur Auswahl gestellt. Für die Antworten wurde eine Ordinalskala mit Merkmalausprägungen von 1 (hohe Ausprägung) bis 5 (niedrige Ausprägung) benutzt.

Für die Analyse der Daten wurden die Ausprägungen 1 und 2 zum sogenannten Top-2-Wert, die Ausprägungen 4 und 5 zum Bottom-2-Wert zusammengefasst.

Die Ergebnisse sind in Abbildung 5.14 dargestellt.

Neben der grundsätzlichen Unterstützung des Kerngeschäfts zur Erreichung der vorgegebenen Unternehmensziele sehen 93,3 % der Befragten den größten Schwerpunkt ihres Immobilienmanagements in der Erfüllung der Dienstleistungsfunktion gegenüber den Nutzern an. Die Befragten sehen es als vorrangiges Ziel, durch eine hohe Nutzerzufriedenheit eine Steigerung der Effizienz der Mitarbeiter zu erreichen. Als weitere Schwerpunkte werden mit 83,4 % die Senkung der Immobilienkosten, mit jeweils 80 % der Werterhalt des Immobilienbestandes und die Minimierung des immobilienwirtschaftlichen Risikos sowie mit 76,6 % die Flexibilität des Immobilienbestandes angegeben. Mit 59,9 % sehen etwas mehr als die Hälfte der Befragten einen Schwerpunkt in der Standortsicherung. Danach folgt mit 49,9 % die Verwertung oder Umnutzung nicht benötigter Immobilien. Von geringerer Relevanz werden mit 23,3 % die Wertsteigerung des Immobilienportfolios und mit 16,7 % die Optimierung der Immobilienerträge angesehen. Dies belegen auch die hohen Bottom-2-Werte mit 40 % und 63,3 %.

Vergleicht man die einzelnen Schwerpunkte, so zeigt sich, dass neben den nutzerspezifischen Zielen, die höchste Priorität haben, alle operativen monetären Ziele dominieren. Darüber hinaus ist zu erkennen, dass Ziele, die direkt auf eine Erhöhung des Shareholder-Value gerichtet sind, für das Immobilienmanagement eher von geringer Bedeutung sind und nicht als vorrangige Aufgabe angesehen werden.

### 5.3.6 Ergebnisse Teil E „Immobilienstrategie"

Eine der Hauptaufgaben des Corporate Real Estate Managements ist die Bewirtschaftung des Immobilienbestandes, weshalb diesem Untersuchungsbereich, auch im Hinblick auf das Thema der vorliegenden Arbeit, eine hohe Bedeutung zukommt. Dieser Fragenkomplex konzentriert sich deshalb auf das angewandte Bewirtschaftungskonzept der jeweiligen Unternehmen. Kernfragen sind das Outsourcing-Verhalten, der Bedarf an FM-Dienstleistungen und die Anwendung spezifischer Outsourcing-Formen. Darüber hinaus (Bitte hier keinen Absatz) wurden Daten erhoben zum Ausschreibungs- und Vergabeprozess, zur Vertragsgestaltung sowie zur Anwendung verschiedener Steuerungs- und Kontrollinstrumente. Alle 30 befragten Unternehmen konnten hierzu detaillierte Angaben machen, die in die Auswertung einflossen.

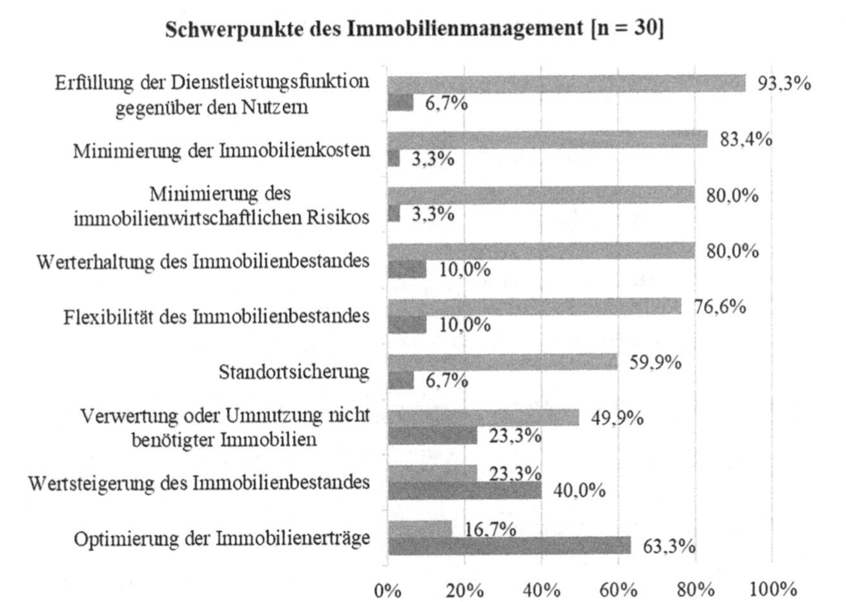


**Abbildung 5.14** Schwerpunkte des Immobilienmanagements

## 5.3.6.1 Outsourcingbereitschaft

Im Hinblick auf die in den letzten Jahren zunehmende Bedeutung des Outsourcings als Gestaltungselement bei der Organisation immobilienwirtschaftlicher Aufgaben wurden die Teilnehmer befragt, welche Aufgaben ihres Immobilienmanagements derzeit bereits outgesourct werden und ob in den jeweiligen Bereichen zukünftig eine Erhöhung des Outsourcings vorgesehen ist.

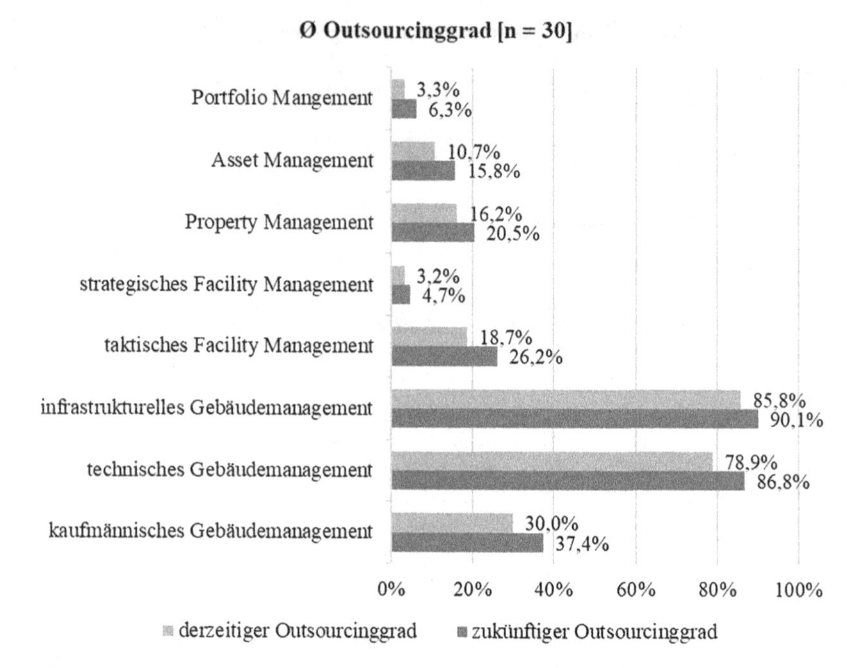


**Abbildung 5.15** Outsourcinggrad immobilienwirtschaftlicher Aufgaben

Die Auswertung in Abbildung 5.15 zeigt deutlich, dass insbesondere bei den Aufgaben des Portfolio-, Asset- und strategischen Facility Managements die geringste Bereitschaft zum Outsourcing sowohl derzeitig als auch zukünftig besteht. Alle befragten Teilnehmer gaben an, dass diese Aufgaben hochspezifisch und von strategischer Bedeutung für das Unternehmen sind und deshalb, mit Ausnahme eventuell benötigter Beratungs- und Planungsleistungen, keine Übertragung an externe Dienstleister erfolgt. Auch beim Property Management und beim taktischen Facility Management ist die Outsourcingbereitschaft eher gering. Hier gaben die Teilnehmer an, dass diese Aufgaben überwiegend in Eigenleistung erbracht werden. Die höchste Bereitschaft zum Outsourcing besteht bei den Aufgaben des operativen Facility Managements. Den höchsten Outsourcinggrad weist hierbei das infrastrukturelle Gebäudemanagement, gefolgt vom technischen Gebäudemanagement, auf. Die befragten Teilnehmer gaben an, dass sie in diesen Bereichen noch Steigerungspotenzial zum Outsourcing sehen. Die geringste

Bereitschaft zum Outsourcing sowohl derzeit als auch zukünftig besteht bei den spezifischen Aufgaben des kaufmännischen Gebäudemanagements.

#### 5.3.6.2 Gründe für und gegen das Outsourcing

Im Zusammenhang mit der Outsourcingbereitschaft wurden die Teilnehmer nach den Gründen befragt, die für oder gegen ein Outsourcing immobilienwirtschaftlicher Aufgaben sprechen. Dazu wurden den Teilnehmern 11 mögliche Vorteile und 8 mögliche Nachteile eines Outsourcings zur Bewertung vorgegeben. Die 5-stufige ordinale Antwortskala reicht von 1 (hohe Bedeutung) bis 5 (niedrige Bedeutung). Für die Analyse der Daten wurden die jeweiligen Ausprägungen 1 und 2 zum Top-2-Wert zusammengefasst.

Die Ergebnisse sind in den Abbildungen 5.16 und 5.17 dargestellt.

Einen wesentlichen Vorteil des Outsourcings sehen die befragten Teilnehmer in der Nutzung neuester Technologien mit 46,7 %. Danach folgen mit jeweils 36,6 % die Straffung der Organisationsstruktur und die Risikoverlagerung, mit jeweils 30 % der Zugang zu immobilienwirtschaftlichem Know-how und die Personalsteuerung sowie mit 26,6 % die Konzentration auf das Kerngeschäft. Auffallend ist, dass in Bezug auf die Kosten und die Qualität von den Teilnehmern eher keine Vorteile eines Outsourcings gesehen werden. So werden die Verbesserung der Kostentransparenz und die Qualitätssteigerung bei der Leistungserbringung nur mit jeweils 20 % als Vorteil angesehen, eine Reduzierung der Kosten sogar nur mit 16,7 %. Den geringsten Vorteil mit nur 13,3 % sehen die Befragten in der Verbesserung der Nutzerzufriedenheit. Diese Werte werden größtenteils bestätigt durch die Angaben zu den Nachteilen, die mit einem Outsourcing immobilienwirtschaftlicher Aufgaben einhergehen.

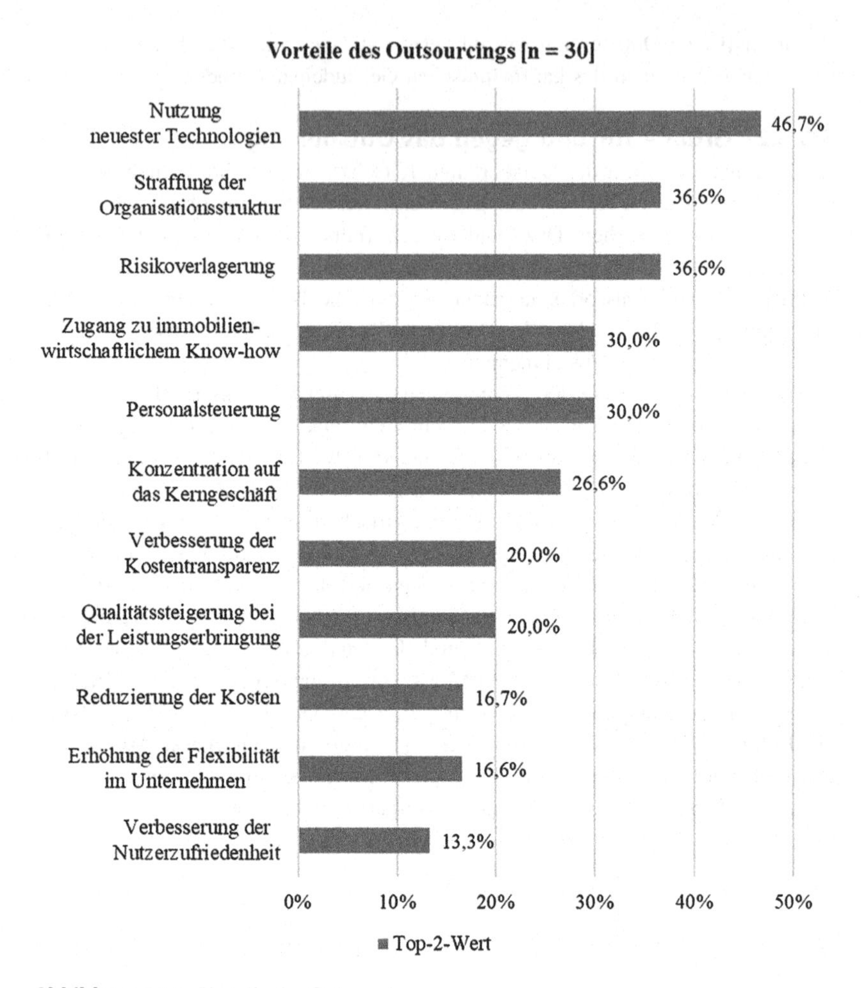


**Abbildung 5.16** Vorteile des Outsourcings

Mit 96,6 % sehen die Befragten den größten Nachteil eines Outsourcings in der Entstehung von Abhängigkeiten. Als weitere erhebliche Nachteile werden mit 76,7 % der Verlust von immobilienwirtschaftlichem Know-how und mit 70 % der erhöhte Kontrollaufwand, den ein Outsourcing mit sich bringt, angesehen. Kosten- und qualitätsbezogene Nachteile sehen die Befragten mit 43,3 % in einem Qualitätsverlust bei der Leistungserbringung und mit 40 % in einem

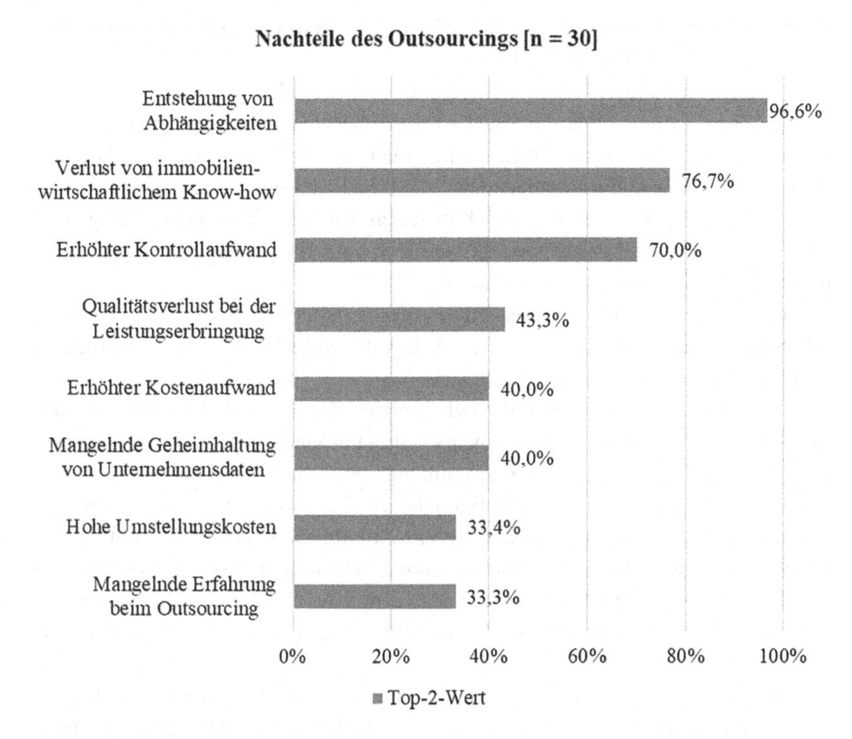


**Abbildung 5.17** Nachteile des Outsourcings

erhöhten Kostenaufwand. Dies bestätigt die gemachten Angaben zu den Vorteilen des Outsourcings. Mit ebenfalls 40 % wird die mangelnde Geheimhaltung von Unternehmensdaten als Nachteil bewertet. Als weniger nachteilig werden hohe Umstellungskosten und mangelnde Erfahrung beim Outsourcing mit jeweils knapp über 30 % betrachtet.

### 5.3.6.3 FM-Dienstleistungsbedarf

Um festzustellen, welche Art der Leistungserbringung für die benötigten Facility Services bei den Unternehmen Anwendung findet, wurden für ausgewählte Facility Services[49] die Antwortkategorien „wird intern erbracht“, „wird fremd erbracht“, „wird sowohl intern als auch fremd erbracht“ zur Auswahl gestellt.

[49] Die Auswahl der Facility Services orientiert sich an der GEFMA 520:2014–07 „Standardleistungsverzeichnis Facility Services 3.0“.

Abgefragt wurden die Services des infrastrukturellen, des technischen und des kaufmännischen Gebäudemanagements.

Das infrastrukturelle Gebäudemanagement wurde dabei unterteilt in die Kategorien „Reinigung“, „Wäschereiservice“, „Außenanlagenpflege“, „Garten- und Pflanzenpflege“, „Hausmeister, Empfang, Telefon- und Postdienste“, „Fuhrpark“, „Catering / Veranstaltungsmanagement“, „Sicherheit“ und „Abfallmanagement“. Die jeweiligen Einzelservices der Kategorien wurden nicht separat ausgewertet, die Auswertung bezieht sich auf die jeweilige Hauptkategorie, wobei nicht benötigte Services ausgenommen wurden.[50]

Die Abbildung 5.18 gibt das Auswertungsergebnis wieder, wobei die Facility Services nach dem prozentualen Anteil des vollständigen Fremdbezugs in absteigender Reihenfolge dargestellt sind.

Die Auswertung verdeutlicht noch einmal, dass die Dienstleistungen des infrastrukturellen Gebäudemanagements insgesamt einen hohen Outsourcinggrad aufweisen. Vor allem der Bereich „Reinigung“ wird mit 95,9 % beinahe komplett fremd erbracht. Danach folgen die Bereiche „Außenanlagenpflege“, „Garten- und Pflanzenpflege“, „Wäschereiservice“ und „Abfallmanagement“, die mit Anteilen von 70 % bis fast 90 % durch externe Dienstleister erbracht werden. Bei den Bereichen „Fuhrpark“, „Hausmeister, Empfang, Telefon- und Postdienste“, „Sicherheit“ sowie „Catering und Veranstaltungsmanagement“ liegt der Outsourcinggrad mit etwa 50 % bis 60 % etwas niedriger. Dies lässt sich damit erklären, dass für diese Bereiche bei vielen Unternehmen eigenes Personal zur Verfügung steht. Insbesondere für den Sicherheitsbereich verfügen die Unternehmen oftmals über einen eigenen Werkschutz, der die jeweiligen Aufgaben wahrnimmt. Darüber hinaus wird bei vielen Unternehmen der Bereich „Catering“ mit eigenen Kantinenbetrieben abgedeckt.

[50] Die den jeweiligen Kategorien zugeordneten Einzelservices sind dem Interviewleitfaden (Anlage 1.4) zu entnehmen.

| Infrastrukturelles Gebäudemanagement | | | |
|---|---|---|---|
| **Facility Services** | **wird intern erbracht** | **wird fremd erbracht** | **wird sowohl intern als auch fremd erbracht** |
| Reinigung [n = 30] | 0,8 % | **95,9 %** | 3,3 % |
| Außenanlagenpflege [n = 29] | 1,1 % | **88,5 %** | 10,4 % |
| Garten- und Pflanzenpflege [n = 30] | 1,7 % | **87,2 %** | 11,1 % |
| Wäschereiservice [n = 22] | 4,5 % | **86,4 %** | 9,1 % |
| Abfallmanagement [n = 30] | 0 % | **70,0 %** | 30,0 % |
| Fuhrpark [n = 28] | 22,3 % | **60,4 %** | 17,3 % |
| Hausmeister, Empfang, Telefon- und Postdienste [n = 30] | 21,9 % | **55,9 %** | 22,2 % |
| Sicherheit [n = 30] | 28,6 % | **54,9 %** | 16,5 % |
| Catering / Veranstaltungs-management [n = 30] | 26,0 % | **49,3 %** | 24,7 % |

**Abbildung 5.18** Leistungserbringung „Infrastrukturelles Gebäudemanagement"

Neben dem infrastrukturellen Gebäudemanagement weist das technische Gebäudemanagement einen relativ hohen Outsourcinggrad auf. Dies verdeutlicht das Auswertungsergebnis in Abbildung 5.19. Analog der Darstellung beim infrastrukturellen Gebäudemanagement werden die Facility Services ebenfalls nach dem prozentualen Anteil des vollständigen Fremdbezugs in absteigender Reihenfolge dargestellt.

Die Auswertung zeigt, dass der prozentuale Anteil des vollständigen Fremdbezugs fast aller technischen Facility Services bei über 50 %, der höchste Anteil aber nur bei 71,7 %, jeweils in den Bereichen „Anlagen und Einbauten im Außenbereich" und „Feuerlöschanlagen", liegt. Hier wird deutlich, dass insgesamt im technischen Bereich noch erhebliches Potenzial zum Outsourcing vorhanden ist. Dies wurde auch von den befragten Experten bestätigt. Ausnahmen bei den technischen Services bilden das Energiemanagement und die Produktionsanlagen, bei denen der prozentuale Anteil des vollständigen Fremdbezugs weit unter 50 % liegt. Der niedrige Outsourcinggrad und der relativ hohe Eigenleistungsanteil beim Energiemanagement lässt sich damit erklären, dass es sich hierbei um einen wichtigen Bereich für das Unternehmen handelt, der unter Berücksichtigung der Ressourcenschonung und des Klimaschutzes den Energiebedarf der Nutzer sicherstellen muss. Produktionsanlagen sind in der Regel Teil des Kerngeschäfts und fallen deshalb nicht generell in den Zuständigkeitsbereich des Corporate Real Estate Managements. Da für einen reibungslosen Produktionsablauf die technische Funktionalität der Produktionsanlagen jederzeit sichergestellt sein muss, verfügen die meisten Unternehmen über eine eigene Werktechnik, die für die Überwachung, Wartung und Instandsetzung der Anlagen verantwortlich ist. Dies erklärt den geringen Anteil des vollständigen Fremdbezugs von nur 16 %. Allerdings werden auch im Bereich „Produktionsanlagen" Teile der Aufgaben durch externe Dienstleister erbracht. Dies bestätigt der Anteil von 68 % bei der Antwortkategorie „wird sowohl intern als auch fremd erbracht".

| Technisches Gebäudemanagement | | | |
|---|---|---|---|
| **Facility Services** | **wird intern erbracht** | **wird fremd erbracht** | **wird sowohl intern als auch fremd erbracht** |
| Anlagen und Einbauten im Außenbereich [n = 30] | 1,6 % | **71,7 %** | 26,7 % |
| Feuerlöschanlagen [n = 30] | 1,6 % | **71,7 %** | 26,7 % |
| Aufzugstechnik [n = 30] | 8,3 % | **68,4 %** | 23,3 % |
| Wasser und Abwasser [n = 30] | 5,0 % | **68,3 %** | 26,7 % |
| Wärmeversorgung [n = 30] | 5,0 % | **65,0 %** | 30,0 % |
| Fernmeldetechnik [n = 30] | 8,3 % | **65,0 %** | 26,7 % |
| Bautechnik (Dach und Fach) [n = 30] | 1,7 % | **61,7 %** | 36,6 % |
| Kälte-, Klima-, Lüftungstechnik [n = 30] | 5,0 % | **61,7 %** | 33,3 % |
| Elektrotechnik [n = 30] | 8,3 % | **61,7 %** | 30,0 % |
| Gebäudeautomation [n = 30] | 5,0 % | **55,0 %** | 40,0 % |
| nutzerspezifische Anlagen (Labore, Küchen) [n = 29] | 1,7 % | **46,6 %** | 51,7 % |
| Energiemanagement [n = 30] | 35,0 % | **28,3 %** | 36,7 % |
| Produktionsanlagen [n = 25] | 16,0 % | **16,0 %** | 68,0 % |

**Abbildung 5.19** Leistungserbringung „Technisches Gebäudemanagement"

Anders als beim infrastrukturellen und technischen Gebäudemanagement werden die Facility Services des kaufmännischen Gebäudemanagements überwiegend intern erbracht, weshalb die Abbildung 5.20 das Auswertungsergebnis dergestalt wiedergibt, dass die Facility Services nach dem prozentualen Anteil der internen Leistungserbringung in absteigender Reihenfolge dargestellt sind.

| Kaufmännisches Gebäudemanagement | | | |
|---|---|---|---|
| **Facility Services** | **wird intern erbracht** | **wird fremd erbracht** | **wird sowohl intern als auch fremd erbracht** |
| Mietermanagement [n = 29] | **89,7 %** | 3,4 % | 6,9 % |
| Leerstandsmanagement [n = 29] | **86,3 %** | 3,4 % | 10,3 % |
| Objektmanagement [n = 29] | **86,3 %** | 3,4 % | 10,3 % |
| Flächenmanagement [n = 30] | **76,7 %** | 3,3 % | 20,0 % |

**Abbildung 5.20** Leistungserbringung „Kaufmännisches Gebäudemanagement"

Die Auswertung zeigt deutlich, dass die verschiedenen Aufgaben des kaufmännischen Gebäudemanagements mit Anteilen von über 70 % bis 90 % überwiegend intern erbracht werden. Nach Aussage der Befragten liegen die Gründe hierfür zum einen in den teilweise sensiblen Daten, die ein Outsourcing an externe Dienstleister erschweren, und zum anderen an den überwiegend vorhandenen eigenen kaufmännischen Abteilungen der jeweiligen Unternehmen.

### 5.3.6.4 Interne Leistungserbringung von Facility Services

Um herauszufinden warum bei den Unternehmen noch viele Facility Services intern erbracht werden, wurden die Teilnehmer nach den Gründen für die interne Leistungserbringung befragt. Hierzu wurden verschiedene Antwortmöglichkeiten vorgegeben, wobei Mehrfachnennungen möglich waren und durch weitere Gründe ergänzt werden konnten.

Die Ergebnisse sind in Abbildung 5.21 dargestellt.

Als häufigsten Grund nannten die Befragten mit 76,7 % das Vorhandensein von eigenem Personal, das aufgrund langjähriger Zugehörigkeit zum Unternehmen über die nötige Erfahrung und das Know-how zur Bewältigung der jeweiligen Aufgaben verfügt. Als weiterer Grund wurde mit 63,3 % der direkte Kontakt mit den Nutzern genannt. Nach Meinung der Befragten führt dies zu einer wesentlichen Verkürzung der Reaktionszeiten und trägt letztendlich auch zu einer höheren Nutzerzufriedenheit bei. 60 % der Befragten sehen in einer besseren Steuerung und Kontrolle einen Grund für eine interne Leistungserbringung. Weniger häufig mit 30 % wurden Vorgaben des Unternehmens als Grund angegeben. Etwa 17 % der befragten Teilnehmer nannte darüber hinaus weitere Gründe, die für eine interne Leistungserbringung sprechen. Angegeben wurden hier zum einen historisch gewachsene Strukturen im Unternehmen, die eine Fremdvergabe erschweren, aber auch ein hoher Qualitätsanspruch, der nach Meinung der Befragten mit eigenem Personal besser zu erfüllen ist. Dies bestätigen auch Teilnehmer, denen kein eigenes Personal zur Verfügung steht und die der Meinung sind, dass es in Bezug auf die Qualität oftmals besser wäre, bestimmte Leistungen intern zu erbringen. Einen weiteren Grund für eine interne Leistungserbringung sehen die Befragten darin, dass bestimmte Leistungen aufgrund ihrer Nähe zum Kerngeschäft intern kostengünstiger und qualitativ hochwertiger erbracht werden können.

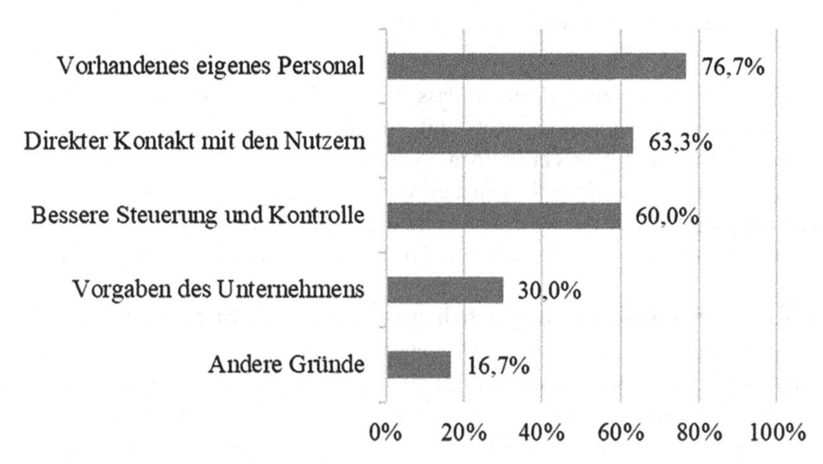


**Abbildung 5.21** Gründe für die interne Leistungserbringung

Die angegebenen Gründe einer internen Leistungserbringung werden bestätigt durch die nachfolgende Zufriedenheitsanalyse. Hierfür wurden die Teilnehmer nach ihrer Zufriedenheit mit der internen Leistungserbringung in Bezug auf die klassischen Zielfaktoren Kosten, Zeit und Qualität befragt. Dabei wurde ihnen eine vordefinierte Anzahl möglicher Antwortkategorien zur Auswahl gestellt, wobei für die Antworten eine Ordinalskala mit Merkmalausprägungen von 1 (sehr zufrieden) bis 5 (nicht zufrieden) benutzt wurde. Für die Analyse der Daten wurden die Ausprägungen 1 und 2 zum sogenannten Top-2-Wert, die Ausprägungen 4 und 5 zum Bottom-2-Wert zusammengefasst.

Von den befragten 30 befragten Unternehmen konnten 3 Unternehmen zu dieser Frage keine ausreichenden Angaben machen, da bei ihnen entweder keine, oder nur geringfügig Leistungen intern erbracht werden.

Die Ergebnisse sind in Abbildung 5.22 dargestellt.

Die Analyse zeigt, dass bei einer internen Leistungserbringung die höchste Zufriedenheit bei den qualitäts- und zeitorientierten Faktoren erreicht wird.

Bei den qualitätsorientierten Faktoren weisen vor allem die Nutzerzufriedenheit mit 66,7 %, die Qualität der Arbeitsergebnisse mit 62,9 % und die Servicequalität mit 55.5 % einen hohen Zufriedenheitsgrad auf. Bei den zeitorientierten Faktoren geben 70,3 % der Befragten an, vor allem mit der Flexibilität, die bei einer internen Leistungserbringung erreicht wird, zufrieden bis sehr zufrieden zu sein. Ebenfalls mit einem hohen Zufriedenheitsgrad wurden die Beschleunigung der Arbeitsabläufe und die Termintreue mit jeweils 55,5 % bewertet. Am wenigsten zufrieden bei einer internen Leistungserbringung sind die Befragten mit der Reaktion auf Volumenveränderungen und der Höhe der Personalkosten mit jeweils 44,4 %.

#### 5.3.6.5 Anwendung von Betreibermodellen

Um herauszufinden welche Formen des Outsourcings in der unternehmerischen Praxis Anwendung finden, wurden den Teilnehmern verschiedene Outsourcing-Formen vorgestellt. Betrachtet werden hierbei das Einzelvergabe-Modell (Modell 1), das Paketvergabe-Modell (Modell 2), das Dienstleistungsmodell (Modell 3), das Management-Modell (Modell 4) sowie das Total-Facility-Management-Modell (Modell 5).[51] Die Teilnehmer wurden anschließend zur jeweiligen spezifischen Anwendung in ihren Unternehmen befragt. Im Zusammenhang mit dem Ausschreibungs- und Vergabeprozess sollten die Teilnehmer zuerst Angaben über die grundsätzliche Anwendung und die maximale geographische Vergabe der jeweils angewandten Betreibermodelle machen.

Die Ergebnisse in Abbildung 5.23 zeigen, dass 80 % der befragten Unternehmen das Einzelvergabe-Modell (Modell 1) nutzen, wobei die Anwendung überwiegend regional oder standortübergreifend (56,7 %) erfolgt. Das Paketvergabe-Modell (Modell 2) ist mit etwa 77 % ebenfalls ein sehr häufig angewandtes

---

[51] Eine detaillierte Beschreibung der einzelnen Modelle ist Punkt 4.4.1 Klassifizierung von Sourcing-Formen im Facility Management zu entnehmen.

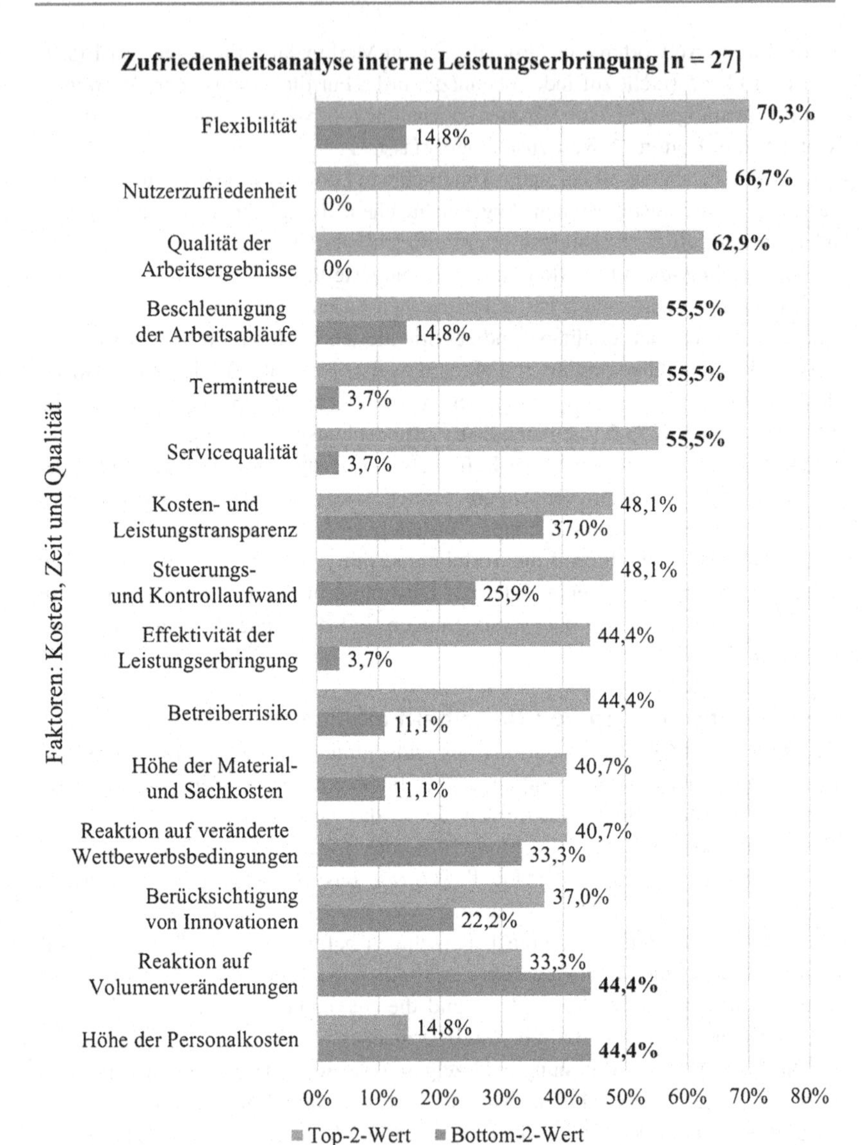


**Abbildung 5.22** Zufriedenheitsanalyse interne Leistungserbringung

Modell, bei dem die Vergabe größtenteils auf nationaler Ebene (40 %) und auf regionaler / standortübergreifender Ebene (26,7 %) erfolgt. Etwa 50 % der Teilnehmer nutzen das Dienstleistungsmodell (Modell 3) mit einer gleichmäßig verteilten maximalen geographischen Vergabe von jeweils 16,7 % auf regionaler / standortübergreifender, nationaler oder kontinentaler Ebene. Weniger häufig genutzt wird das Management-Modell (Modell 4) mit etwa 27 %. Anwendung findet das Modell entweder auf nationaler oder kontinentaler Ebene. Mit nur etwa 13 % und einer maximalen geographischen Vergabe auf nationaler oder kontinentaler Ebene wird das Total-Facility-Management-Modell (Modell 5) am wenigsten angewandt. Bei keinem der befragten Unternehmen erfolgt eine globale Vergabe bei den jeweils genutzten Modellen.

| | | Grundsätzliche Anwendung der Modelle bezogen auf die maximale geographische Vergabe [n = 30] | | | | |
|---|---|---|---|---|---|---|
| | | Einzelvergabe-Modell (Modell 1) | Paketvergabe-Modell (Modell 2) | Dienstleistungsmodell (Modell 3) | Management-Modell (Modell 4) | Total-Facility-Management-Modell (Modell 5) |
| maximale geographische Vergabe | regional / standortübergreifend | 56,7 % | 26,7 % | 16,7 % | 0 % | 0 % |
| | national | 20,0 % | 40,0 % | 16,7 % | 16,7 % | 6,7 % |
| | kontinental | 3,3 % | 10,0 % | 16,7 % | 10,0 % | 6,7 % |
| | global | 0 % | 0 % | 0 % | 0 % | 0 % |
| | **Summe** | **80,0 %** | **76,7 %** | **50,1 %** | **26,7 %** | **13,4 %** |
| | keine Anwendung | 20,0 % | 23,3 % | 49,9 % | 73,3 % | 86,6 % |
| | Gesamt | 100,0 % | 100,0 % | 100,0 % | 100,0 % | 100,0 % |

**Abbildung 5.23** Anwendung von Betreibermodellen

Insgesamt zeigt die Auswertung, dass neben der Einzelvergabe überwiegend eine gebündelte Vergabe genutzt wird, entweder als Paketvergabe oder durch die Anwendung des Dienstleistungsmodells, während sich das Management-Modell und das Total-Facility-Management-Modell bisher nicht etabliert haben.

Da in der unternehmerischen Praxis in der Regel keines der vorgestellten Modelle in Reinform Anwendung findet, wurden die Teilnehmer befragt, welche Modellkombinationen in ihren jeweiligen Unternehmen für die externe Leistungserbringung der Facility Services derzeit genutzt werden und welche Vergabeform in der Zukunft angestrebt wird.

Die Auswertungsergebnisse hinsichtlich der derzeitigen und in der Zukunft angestrebten Vergabeform / Modellkombinationen werden in der Abbildung 5.24 dargestellt.

Den Angaben der befragten Teilnehmer zufolge lässt sich hinsichtlich der Vergabepraxis grundsätzlich feststellen, dass Unternehmen, die in der Vergangenheit vorwiegend die Einzelvergabe genutzt haben, in einem ersten Schritt dazu übergegangen sind, verschiedene Services zu größeren Paketen zu bündeln, um damit die Anzahl der Dienstleister zu reduzieren und gleichzeitig Skaleneffekte zu erzielen. Nach der Anwendung der Paketvergabe wurde dann mitunter eine noch stärkere Bündelung vorgenommen. Dies führte zu einer weiteren Reduzierung der Dienstleister und zur Anwendung des Dienstleistungsmodells.

Eine reine Einzelvergabe (Modell 1) wird derzeit von 10 % der befragten Unternehmen angewandt. Als Grund für die Anwendung dieses Modells wurde zum einen ein geringes Auftragsvolumen an benötigten Facility Services und eine geographisch sehr weite Streuung genannt. Dies macht eine Einzelvergabe an überwiegend lokale Dienstleister erforderlich. Zum anderen wird eine reine Einzelvergabe damit begründet, dass für die einzelnen benötigten Services Fachunternehmen / Experten auf ihrem jeweiligen Gebiet beauftragt werden können. Nach Meinung der Anwender führt dies zu einer höheren Qualität bei der Leistungserbringung. Allerdings sind sich die Anwender dieses Modells darin einig, dass die Vielzahl der beauftragten Dienstleister einen hohen Steuerungs- und Kontrollaufwand zur Folge hat. Dies wiederum erfordert ausreichend eigenes Personal, das diese Steuerungs- und Kontrollaufgaben übernimmt. Darin liegt auch der Grund, warum einige Anwender zukünftig zu einer gebündelten Vergabe übergehen.

Die derzeit vorherrschende Vergabeform mit über 50 % ist eine gebündelte Vergabe mit einer Kombination der Modelle 2 (Paketvergabe-Modell) und 3 (Dienstleistungsmodell), bei Bedarf erweitert um Modell 1 (Einzelvergabe-Modell) für spezielle Einzelservices. Diese Form der Vergabe hat sich in den letzten Jahren etabliert und wird in Zukunft eine breite Anwendung finden. 60 % der Befragten gaben an, zukünftig diese Kombinationsform nutzen zu wollen.

Das Management-Modell (Modell 4) oder eine Kombination dieses Modells mit dem Einzelvergabe-Modell (Modell 1), dem Paketvergabe-Modell (Modell 2) oder dem Dienstleistungsmodell (Modell 3) findet derzeit bei etwa 23 % der befragten Unternehmen Anwendung, wobei die Anwender das Modell 4 vor allem für ihre Standorte auf dem amerikanischen oder asiatischen Kontinent nutzen, da dort, anders als im europäischen Raum, diese Vergabeform eher verbreitet ist. Einige Anwender zeigten sich jedoch speziell mit dem Management-Modell eher unzufrieden und beabsichtigen daher, zukünftig wieder verstärkt auf das

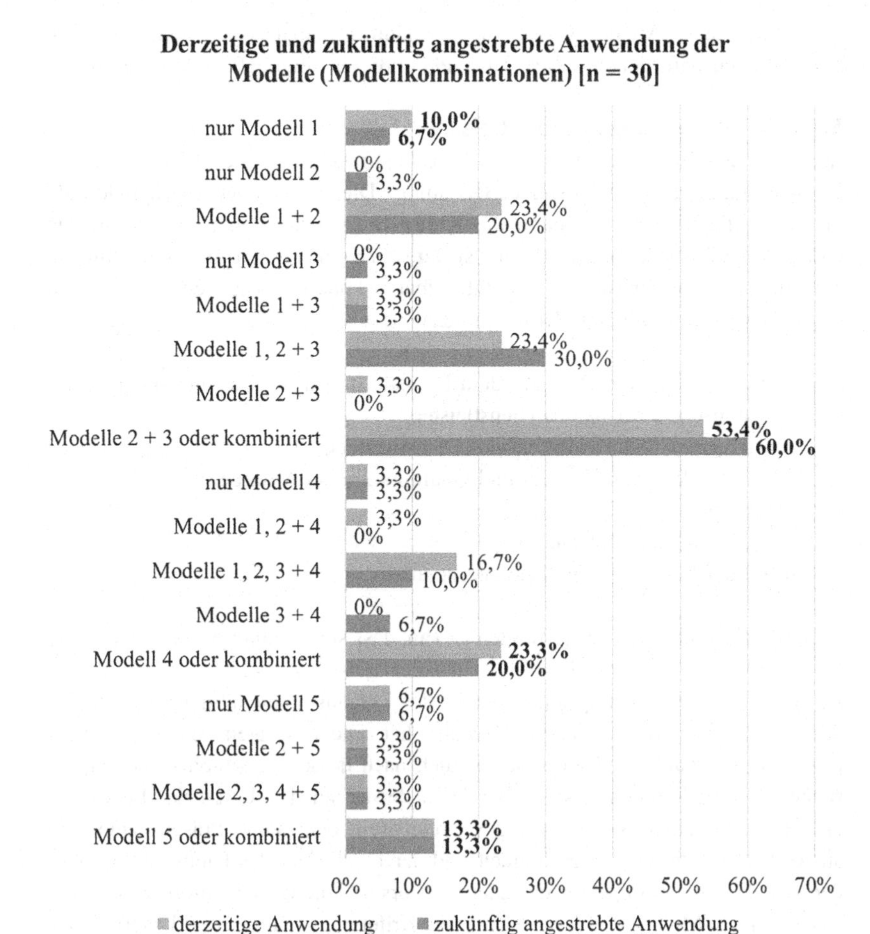


**Abbildung 5.24** Anwendung der Modellkombinationen

Paketvergabe-Modell oder das Dienstleistungsmodell zurückzugreifen. Dies zeigt auch die Auswertung, wonach zukünftig nur noch 20 % der Befragten das Management-Modell oder eine Kombination mit demselben nutzen wollen.

Das Total-Facility-Management-Modell (Modell 5) konnte sich bisher nicht durchsetzen. Lediglich etwa 13 % der befragten Unternehmen nutzen derzeit Modell 5 oder eine Kombination dieses Modells mit den Modellen 2 bis 4 und wollen diese Art der Vergabe auch zukünftig beibehalten. Bei den übrigen Unternehmen wird derzeit keine Anwendung dieser Vergabeform angestrebt.

#### 5.3.6.6 Auswahl der Dienstleister

Im Zuge des Ausschreibungs- und Vergabeprozesses ist die Wahl geeigneter Dienstleister von entscheidender Bedeutung. Die Teilnehmer wurden deshalb in einer offenen Frage gebeten, die Kriterien zu nennen, nach denen sie die Dienstleister auswählen, die für eine spätere Zusammenarbeit in Frage kommen. Alle Interviewpartner (n = 30) konnten hierzu konkrete Angaben machen. Am häufigsten wurden folgende Kriterien genannt:

- Bewährte Zusammenarbeit mit dem Dienstleister in der Vergangenheit,
- Geographische Präsenz des Dienstleisters,
- Lieferfähigkeit und Flexibilität des Dienstleisters,
- Kompetenz des Dienstleisters und Qualifikation der Mitarbeiter,
- Leistungsqualität,
- Eigenleistungstiefe des Dienstleisters,
- Anzahl der beschäftigten Nachunternehmer.

Die überwiegende Zahl der Befragten gab an, dass sie bei einer Neuausschreibung in der Regel zuerst einmal auf Bestandsdienstleister zurückgreifen, die bereits für das Unternehmen tätig sind oder in der Vergangenheit tätig waren und bei denen sich eine Zusammenarbeit bewährt hat. Die Befragten gaben weiter an, dass sich die Wahl des Dienstleisters auch nach dessen geographischer Präsenz richtet. Nach Möglichkeit sollte der Dienstleister an den Orten der Leistungserstellung mit einer Niederlassung vertreten sein oder seine Präsenz zukünftig ausweiten. Neben der Lieferfähigkeit und der Flexibilität des Dienstleisters wurden vor allem die Kompetenz des Dienstleisters und die Qualifikation der von ihm beschäftigten Mitarbeiter als wesentliche Kriterien genannt. Die Unternehmen legen größten Wert darauf, dass der Dienstleister über Fachwissen und Know-how verfügt sowie ausreichend qualifiziertes Personal beschäftigt, das in der Lage ist, die Leistungen nach den vorgegebenen Qualitätsstandards auszuführen. In diesem Zusammenhang spielt auch die Eigenleistungstiefe des Dienstleisters und die Anzahl der beschäftigten Nachunternehmer für die Unternehmen eine entscheidende Rolle. Um eine Überzahl an Nachunternehmern zu vermeiden, gaben mehr als 70 % der Befragten an, dass sie eine Beschränkung der Nachunternehmer festlegen und dies auch im späteren Outsourcing-Vertrag mit dem Dienstleister verankern. Darüber hinaus wird der Dienstleister verpflichtet, alle für ihn tätigen Nachunternehmer im Vorfeld zu benennen.

Die weiteren Fragen widmen sich der Ausgestaltung der Outsourcing-Verträge, der Wahl und Anwendung von Vergütungs- und Preismodellen sowie der Gestaltung der Interaktion zwischen Auftraggeber und Dienstleister während der Dauer der Zusammenarbeit.

#### 5.3.6.7 Vertragslaufzeiten der Modellvarianten

Die Teilnehmer wurden befragt nach der Dauer der Vertragslaufzeiten ihrer Outsourcing-Verträge bezogen auf die jeweils angewandten Modelle.

Die Auswertung in Abbildung 5.25 zeigt deutlich, dass sich mit zunehmender Bündelung der Services auch die Laufzeit der Verträge erhöht. Bei der Einzelvergabe sind bei 59 % der Anwender die Verträge eher kurzfristig auf 1 bis 2 Jahre angelegt. 33 % der Anwender nutzen bei der Einzelvergabe bereits längere Vertragslaufzeiten von 3 bis 5 Jahren. Eine Vertragslaufzeit über 5 Jahre hinaus ist bei der Einzelvergabe eher unüblich. Bei der Paketvergabe liegt die Vertragslaufzeit mit 83 % überwiegend bei 3 bis 5 Jahren, 13 % der befragten Unternehmen bevorzugen auch bei diesem Modell eine eher kurzfristige Vertragslaufzeit von 1 bis 2 Jahren. Sowohl beim Dienstleistungsmodell als auch beim Management-Modell sind die Verträge bei etwa 2/3 der Anwender auf 3 bis 5 Jahre angelegt, 1/3 der Anwender schließt hier längerfristige Verträge von über 5 Jahren ab. Kurzfristige Verträge werden bei diesen Modellvarianten in der Regel nicht abgeschlossen. Alle Anwender des Total-Facility-Management-Modells bevorzugen eine Vertragslaufzeit von 3 bis 5 Jahren.

| | Vertragslaufzeiten der Modellvarianten | | |
|---|---|---|---|
| | 1 - 2 Jahre | 3 - 5 Jahre | > 5 Jahre |
| Einzelvergabe-Modell (Modell 1) [n = 24] | 59 % | 33 % | 8 % |
| Paketvergabe-Modell (Modell 2) [n = 23] | 13 % | 83 % | 4 % |
| Dienstleistungsmodell (Modell 3) [n = 15] | 0 % | 73 % | 27 % |
| Management-Modell (Modell 4) [n = 8] | 0 % | 75 % | 25 % |
| Total-Facility-Management-Modell (Modell 5) [n = 4] | 0 % | 100 % | 0 % |
| **Ø Vertragslaufzeit der Outsourcingverträge** | **14 %** | **73 %** | **13 %** |

**Abbildung 5.25** Vertragslaufzeiten der Modellvarianten

Grundsätzlich kann festgestellt werden, dass mit 73 % der größte Teil der Outsourcing-Verträge, über alle Modellvarianten hinweg, mit einer Laufzeit von 3 bis 5 Jahren abgeschlossen wird. Lediglich 14 % der Outsourcing-Verträge sind kurzfristig mit einer Dauer von 1 bis 2 Jahren angelegt, wobei es sich hier überwiegend um Einzelvergaben handelt. Obwohl von den befragten Teilnehmern vielfach angemerkt wurde, dass für den Aufbau einer partnerschaftlichen Zusammenarbeit zwischen Auftraggeber und Dienstleister der Abschluss langfristiger Verträge sinnvoll wäre, sind insgesamt nur 13 % der Outsourcing-Verträge mit einer Laufzeit von mehr als 5 Jahren angelegt.

#### 5.3.6.8 Anwendung von Vergütungs- und Preismodellen

Ein wesentlicher Vertragsbestandteil ist die Vereinbarung der Vergütung für die zu erbringenden Leistungen. Die Teilnehmer wurden deshalb befragt, welche Vergütungs- und Preismodelle sie bei der Vergabe ihrer FM-Services anwenden.

Der Auswertung in Abbildung 5.26 ist deutlich zu entnehmen, dass die vorherrschenden Vergütungsformen entweder der Einheitspreis oder der Pauschalpreis sind. 90 % der Befragten nutzen derzeit für ihre Outsourcing-Verträge eine Vergütung nach Einheitspreisen, alternativ kommt bei 73 % der Befragten auch die Vereinbarung eines Pauschalpreises in Betracht. Die Befragten gaben hierzu an, dass sie diese Formen der Vergütung vorrangig bei einer Einzel- oder Paketvergabe oder beim Dienstleistungsmodell nutzen. Die Cost-Plus-Fee-Vergütung mit 30 % und der Garantierte Maximalpreis mit 20 % finden bisher eher weniger Anwendung. Diese Formen der Vergütung, meistens in Kombination mit einer Open Book-Policy werden derzeit hauptsächlich von den Anwendern des Management-Modells oder des Total-Facility-Management-Modells genutzt. Die Aussagen der Befragten und die ermittelten Werte decken sich mit den Auswertungsergebnissen zur Frage nach der Anwendung der Modelle / Modellkombinationen.[52] Gleichzeitig ist ein leichter Trend zu einer vermehrten Anwendung der Cost-Plus-Fee-Vergütung oder des Garantierten Maximalpreises zu erkennen. Zukünftig wollen 37 % der Befragten die Cost-Plus-Fee-Vergütung und 27 % den Garantierten Maximalpreis nutzen. Insbesondere bei der Anwendung des Dienstleistungsmodells wird die Cost-Plus-Fee-Vergütung von den befragten Unternehmen in Betracht gezogen. Darüber hinaus werden zunehmend die Vorteile eines Open Book erkannt. Die Auswertung zeigt, dass zukünftig fast die Hälfte der Befragten diesen Ansatz in ihre Vertragsgestaltung mit aufnehmen wollen.

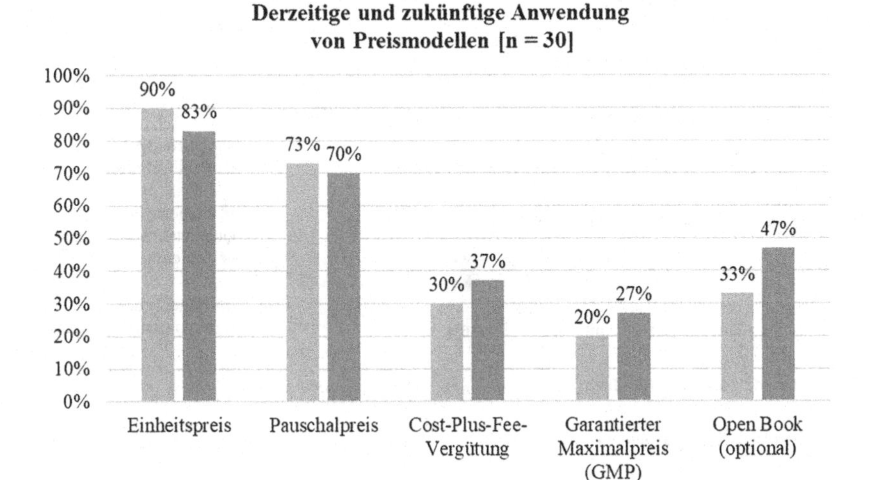


**Abbildung 5.26** Anwendung von Preismodellen

[52] Vgl. Punkt 5.3.6.5 Anwendung von Betreibermodellen.

#### 5.3.6.9 Anwendung von Steuerungs- und Kontrollinstrumenten

Für eine erfolgreiche Zusammenarbeit zwischen Auftraggeber und Dienstleister ist die Gestaltung der Interaktion zwischen den Vertragspartnern von entscheidender Bedeutung. Ein bilaterales Steuerungs- und Kontrollsystem kann hier einen wesentlichen Beitrag leisten, um einerseits einen vertragsgemäßen Leistungsaustausch sicherzustellen und andererseits eine vertrauensvolle Zusammenarbeit der Beteiligten zu fördern. Die Teilnehmer wurden deshalb dazu befragt, welche Steuerungs- und Kontrollinstrumente sie im Rahmen ihrer Zusammenarbeit mit den beauftragten Dienstleistern anwenden.

Die Ergebnisse sind in Abbildung 5.27 dargestellt.

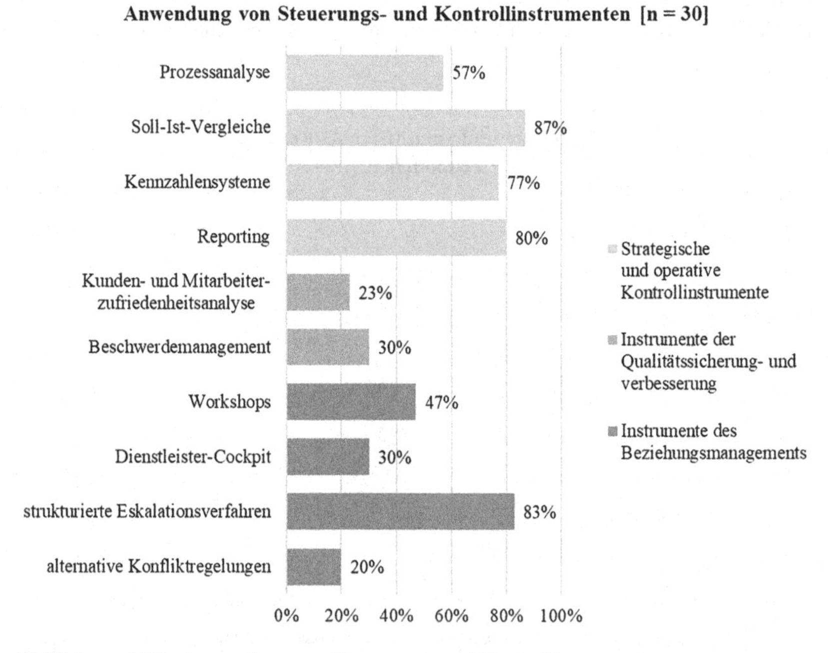


**Abbildung 5.27** Anwendung von Steuerungs- und Kontrollinstrumenten

Strategische und operative Kontrollinstrumente dienen der Überwachung und Bewertung der Outsourcing-Maßnahmen und zur Kontrolle der Leistungserstellung. Zur Überprüfung ob die erzielten Resultate mit den vertraglich vereinbarten

Vorgaben übereinstimmen, führen 87 % der Befragten regelmäßige Soll-Ist-Vergleiche durch. Darüber hinaus erfolgt bei 77 % der Unternehmen die Messung der Ergebniserreichung durch festgelegte Key Performance Indicators. 57 % nutzen das Instrument der Prozessanalyse. Zur Sicherstellung einer regelmäßigen Informationsübermittlung haben 80 % der befragten Unternehmen ein Reporting- und Kommunikationssystem eingerichtet.

Zur Messung der Dienstleistungsqualität und um eine kontinuierliche Qualitätsverbesserung zu erreichen, werden bei 23 % der befragten Unternehmen regelmäßige Kunden- oder Mitarbeiterzufriedenheitsanalysen durchgeführt. Zur Erfassung von Kunden- oder Mitarbeiterbeschwerden haben darüber hinaus 30 % ein Beschwerdemanagement eingerichtet.

Zur Pflege der Beziehung und einer besseren Kommunikation veranstalten 47 % der Unternehmen regelmäßige Workshops, bei denen gemeinsam mit Vertretern des Dienstleisters anstehende Fragen zum Projektstand und der Performance geklärt werden können. 30 % nutzen als Plattform ein sogenanntes Dienstleister-Cockpit, auf dem alle notwendigen Informationen zum aktuellen Stand der Performance bereitgestellt sind. Die überwiegende Mehrheit der befragten Unternehmen, nämlich 83 %, bedienen sich strukturierter Eskalationsverfahren, mit Hilfe derer, sowohl sie als auch der Dienstleister jederzeit über den Projektstand und eventuell anstehenden Handlungsbedarf informiert sind. Zur Lösung auftretender Konflikte oder im Streitfall bedienen sich 20 % der Befragten alternativer Konfliktregelungen.

#### 5.3.6.10 Priorisierung der Kriterien bei Outsourcing-Entscheidungen

Outsourcing-Entscheidungen und die spezifische Wahl eines Betreibermodells sind abhängig von den individuell verfolgten Zielen und speziellen Rahmenbedingungen des jeweiligen Unternehmens. Ausgehend vom unternehmerischen Zielsystem müssen im Rahmen des Entscheidungsprozesses Kriterien definiert werden, anhand derer die verschiedenen Alternativen beurteilt werden können und die letztendlich ausschlaggebend sind für die Wahl eines Betreibermodells.

Um einen Einblick in den praktizierten Entscheidungsprozess der befragten Unternehmen zu erhalten, wurden die Teilnehmer befragt, welche Kriterien die Outsourcing-Entscheidung in ihren Unternehmen beeinflussen. Hierzu wurden aus dem in Abschnitt 6.2 definierten Zielsystem und den Zieldimensionen 10 Entscheidungskriterien abgeleitet, die einen entscheidenden Einfluss auf die Outsourcing-Entscheidung haben und die eine Beurteilung der verschiedenen

Betreibermodelle hinsichtlich ihrer Erfolgswirkungen ermöglichen.[53] Zunächst wurde die Priorisierung der Entscheidungskriterien mit Hilfe einer fünfstufigen Ordinalskala abgefragt, wobei der Wert 1 für eine niedrige Gewichtung und der Wert 5 für eine hohe Gewichtung steht. Aus den abgegebenen Kriteriengewichtungen wurde anschließend der Mittelwert[54] der Gewichtung für jedes einzelne Kriterium berechnet und in einen Prozentwert überführt.

Die Abbildung 5.28 zeigt die Mittelwerte (MW) der Gewichtungen der jeweiligen Entscheidungskriterien und den sich daraus ergebenden Prozentwert unter Berücksichtigung von 30 Angaben (n = 30).

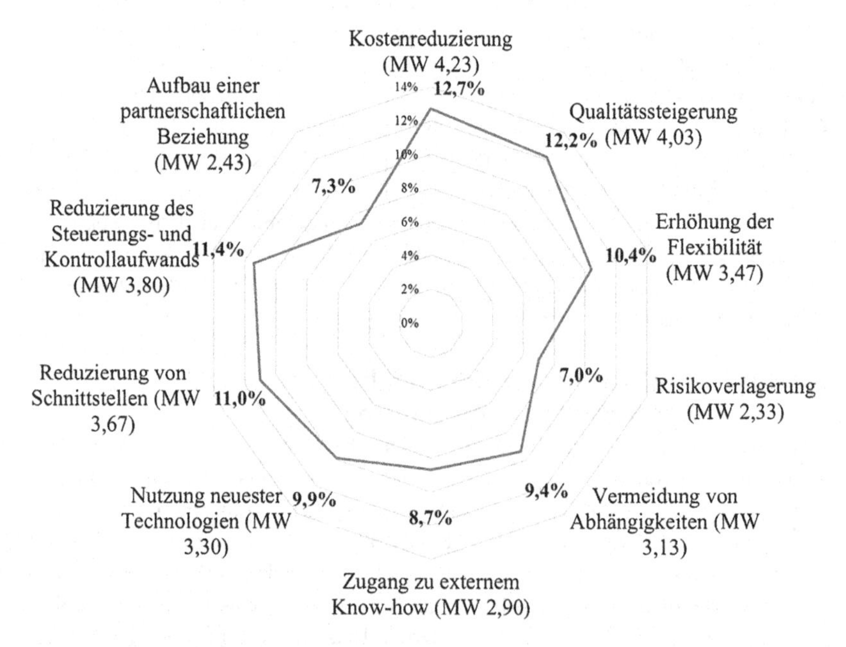


**Abbildung 5.28** Priorisierung der Entscheidungskriterien

[53] Vgl. Abschnitt 6.2 Zielsystem bei Outsourcing-Entscheidungen.

[54] Für die Berechnung des Mittelwertes wurden die abgegebenen Gewichtungen je Kriterium addiert und die Summe durch die Anzahl der Befragten (n = 30) dividiert.

Die Auswertung zeigt, dass die Betrachtung der Kriterien Kostenreduzierung, Qualitätssteigerung und Erhöhung der Flexibilität eine sehr hohe Relevanz aufweisen. Die höchste Gewichtung hat die Kostenreduzierung mit 12,7 %, danach folgt die Qualitätssteigerung mit 12,2 %. Die Gewichtung des Kriteriums Erhöhung der Flexibilität beträgt durchschnittlich 10,4 %. Die Kriterien Reduzierung des Steuerungs- und Kontrollaufwands und die Reduzierung von Schnittstellen weisen mit Gewichtungen von 11,4 % und 11 % einen ebenfalls hohen Priorisierungsgrad auf. Die Kriterien Nutzung neuester Technologien, Zugang zu externem Know-how und Vermeidung von Abhängigkeiten werden mit Durchschnittswerten von 8 % bis 10 % etwas niedriger gewichtet. Die geringste Relevanz weisen die Kriterien Aufbau einer partnerschaftlichen Beziehung mit 7,3 % und Risikoverlagerung mit 7 % auf.

#### 5.3.6.11 Bewertung der Betreibermodelle hinsichtlich ihrer Erfolgswirkungen

Welche Outsourcing-Form oder welches Betreibermodell gewählt wird, hängt neben der Priorisierung der Entscheidungskriterien auch davon ab, wie die verschiedenen Alternativen hinsichtlich ihrer Erfolgswirkungen von den Entscheidungsträgern beurteilt werden. Die Teilnehmer wurden deshalb gebeten, die fünf vorgestellten Modelle „Einzelvergabe-Modell", „Paketvergabe-Modell", „Dienstleistungsmodell", „Management-Modell" und „Total-Facility-Management-Modell" hinsichtlich ihrer Eignung in Bezug auf die Erfüllung der 10 Entscheidungskriterien zu bewerten. Hierzu wurde ebenfalls eine fünfstufige Ordinalskala vorgegeben, wobei der Wert 1 für „nicht geeignet" und der Wert 5 für „sehr gut geeignet" steht. Für die Analyse der Daten wurden, ebenfalls unter Berücksichtigung von 30 Angaben (n = 30), die jeweiligen Mittelwerte der abgegebenen Bewertungen errechnet und zur besseren Visualisierung in den Abbildungen 5.29 bis 5.33 graphisch dargestellt.

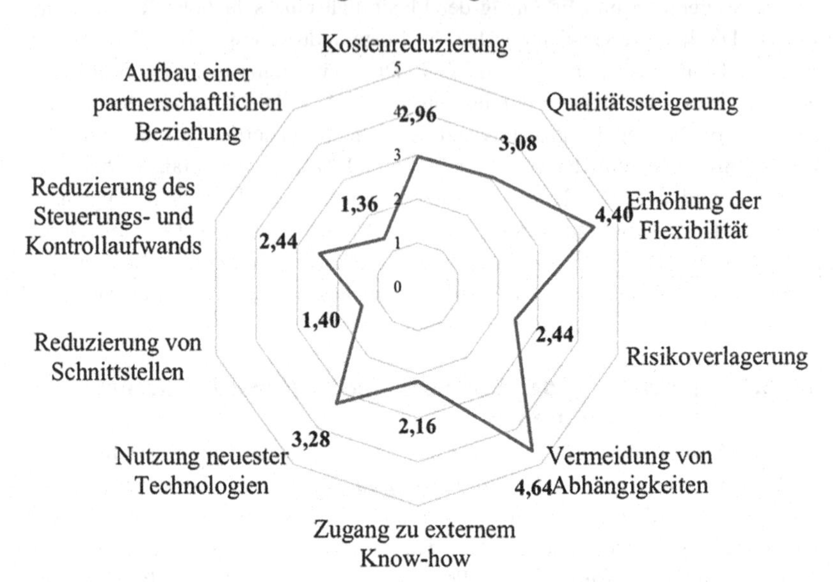


**Abbildung 5.29** Bewertung Einzelvergabe-Modell

Bei der Betrachtung der Einzelvergabe in Abbildung 5.29 zeigt sich, dass die durchschnittliche Bewertung bei der Vermeidung von Abhängigkeiten mit 4,64 und bei der Erhöhung der Flexibilität mit 4,40 sehr hoch ausfällt. Weniger gut bewertet wird die Einzelvergabe hinsichtlich der Qualitätssteigerung (3,08), der Kostenreduzierung (2,96), der Risikoverlagerung (2,44), der Reduzierung des Steuerungs- und Kontrollaufwands (2,44) sowie hinsichtlich des Zugangs zu externem Know-how (2,16). Die schlechteste Bewertung erhält die Einzelvergabe hinsichtlich der Reduzierung von Schnittstellen (1,40) und vor allem hinsichtlich dem Aufbau einer partnerschaftlichen Beziehung (1,36).

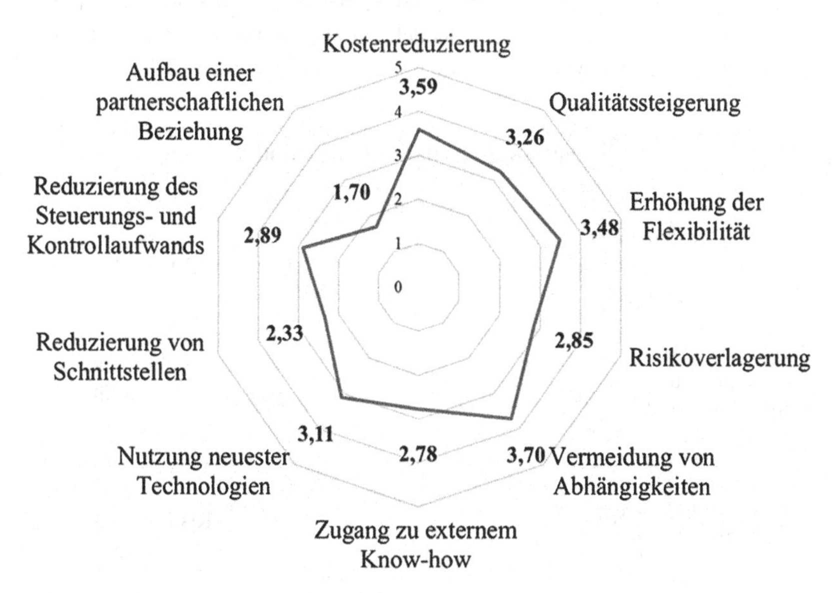


**Abbildung 5.30** Bewertung Paketvergabe-Modell

Die Betrachtung der Paketvergabe in Abbildung 5.30 zeigt insgesamt ähnliche Beurteilungswerte wie die Einzelvergabe. Der höchste Wert mit 3,70 liegt auch hier bei der Vermeidung von Abhängigkeiten. Mit einem Wert von 3,48 wird die Erhöhung der Flexibilität bei der Paketvergabe etwas schlechter bewertet als bei der Einzelvergabe. Etwas besser bewertet wird dieses Modell hinsichtlich der Kostenreduzierung (3,59) und der Qualitätssteigerung (3,26). Die Beurteilung hinsichtlich der Kriterien Risikoverlagerung (2,85), Reduzierung des Steuerungs- und Kontrollaufwands (2,89) und Zugang zu externem Know-how (2,78) liegt nur unwesentlich höher als beim Einzelvergabe-Modell. Die schlechteste Bewertung erhält auch dieses Modell in Bezug auf die Reduzierung von Schnittstellen (2,33) und den Aufbau einer partnerschaftlichen Beziehung (1,70).

Die Betrachtung des Dienstleistungsmodells in der Abbildung 5.31 zeigt, dass die Teilnehmer diese Sourcing-Form hinsichtlich der Erfüllung der Kriterien mit durchschnittlichen Werten von 2,70 bis 3,60 überwiegend als geeignet beurteilen. Im Vergleich zur Einzel- und Paketvergabe wird dieses Modell insbesondere hinsichtlich der Risikoverlagerung (3,30), dem Zugang zu externem

Know-how (3,30), der Reduzierung von Schnittstellen (3,70) und dem Aufbau einer partnerschaftlichen Beziehung (3,60) wesentlich besser bewertet. Schlechter bewertet wird das Dienstleistungsmodell lediglich in Bezug auf die Erhöhung der Flexibilität (2,85) und die Vermeidung von Abhängigkeiten (2,70).

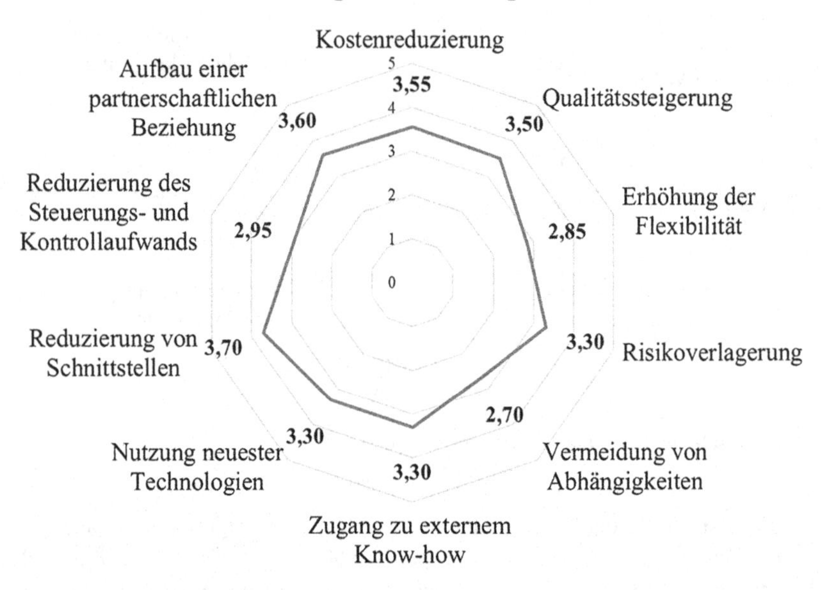


**Abbildung 5.31** Bewertung Dienstleistungsmodell

Die Betrachtung des Management-Modells in Abbildung 5.32 zeigt, dass dieses Modell hinsichtlich der Eignung in Bezug auf die Erfüllung der Kriterien von den Teilnehmern zwar insgesamt etwas schlechter als das Dienstleistungsmodell aber trotzdem überwiegend als geeignet beurteilt wird.

Die überwiegende Anzahl der Kriterien wird ähnlich dem Dienstleistungsmodell mit durchschnittlichen Werten von 3,00 bis 3,93 beurteilt. Etwas besser bewertet wird das Management-Modell lediglich hinsichtlich der Risikoverlagerung (3,79) und der Reduzierung von Schnittstellen (3,93). Die schlechteste Bewertung erhält das Management-Modell in Bezug auf die Vermeidung von Abhängigkeiten (1,93) und die Erhöhung der Flexibilität (1,71).

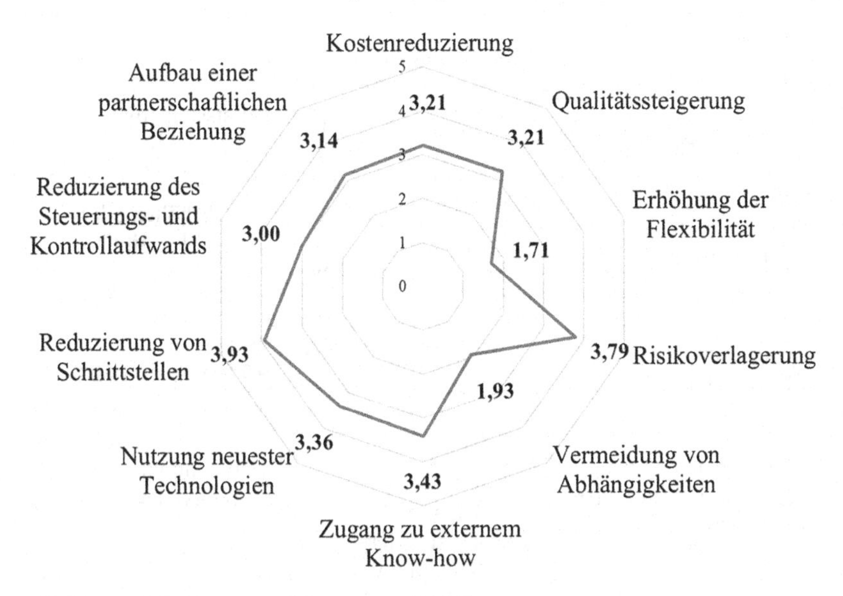


**Abbildung 5.32** Bewertung Management-Modell

Die Betrachtung des Total-Facility-Management-Modells in Abbildung 5.33 zeigt, dass diese Sourcing-Form im Vergleich mit den anderen Modellen von den Teilnehmern am besten bewertet wird. Schlecht bewertet wird dieses Modell lediglich in Bezug auf die Erhöhung der Flexibilität (1,36) und die Vermeidung von Abhängigkeiten (1,27). Hinsichtlich der anderen Kriterien liegen die Beurteilungen im Durchschnitt bei Werten von 3,55 bis 4,72. Zusammenfassend lässt sich festhalten, dass aus Sicht der befragten Teilnehmer das Total-Facility-Management-Modell vor allem zur Risikoverlagerung (4,27), zur Reduzierung von Schnittstellen (4,45), zur Kostenreduzierung (4,55) und insbesondere zum Aufbau einer partnerschaftlichen Beziehung (4,72) geeignet ist.

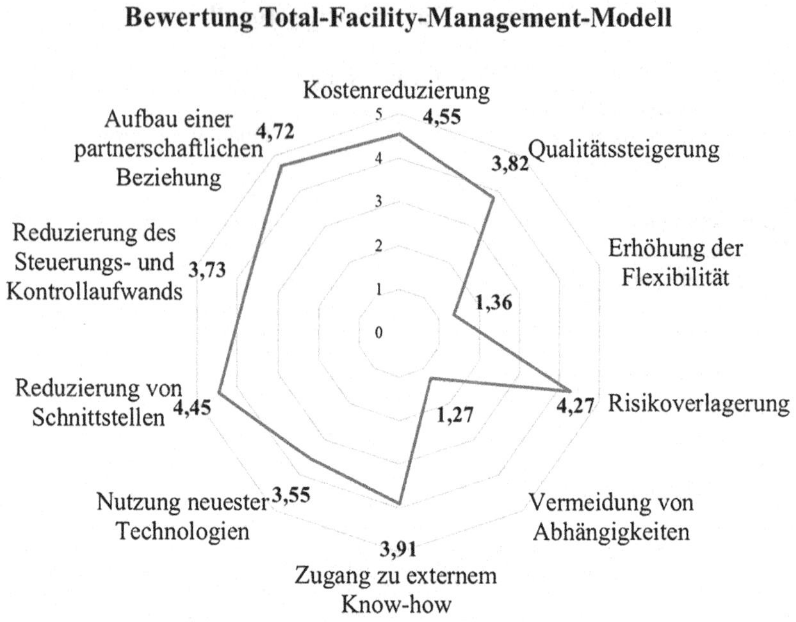

**Abbildung 5.33** Bewertung Total-Facility-Management-Modell

Die von den Interviewteilnehmern abgegebenen Bewertungen der verschiedenen Modellvarianten decken sich größtenteils mit den Beschreibungen und den daraus gezogenen Schlussfolgerungen in der wissenschaftlichen Literatur.[55]

Es wird deutlich, dass mit zunehmender Bündelung der Facility Services, d. h. mit zunehmendem Outsourcinggrad der Modelle, eine Verbesserung bei der überwiegenden Anzahl der Kriterien erreicht werden kann. Ein höherer Outsourcinggrad kann wesentlich zur Kostenreduzierung und zur Steigerung der Qualität beitragen. Darüber hinaus wird ein besserer Zugang zu externem Know-how und zu neuesten Technologien ermöglicht. Weitere Verbesserungen ergeben sich durch die Reduzierung der Schnittstellen und des Steuerungs- und Kontrollaufwands sowie durch die Verteilung des Risikos. Schlussendlich wird mit steigendem Integrationsgrad des Dienstleisters der Aufbau einer partnerschaftlichen Beziehung gefördert. Als Nachteil erweisen sich die beschränkte Flexibilität sowie die hohe gegenseitige Abhängigkeit.

[55] Vgl. Punkt 4.4.1 Klassifizierung von Sourcing-Formen im Facility Management.

### 5.3.7 Ergebnisse Teil F „Zukunftstendenzen"

Der letzte Themenkomplex dient dem Ausklang der Befragung. Die Fragen beziehen sich insbesondere auf die zukünftige Ausrichtung des Unternehmens im Hinblick auf den fortschreitenden Strukturwandel und die sich daraus ergebenden Veränderungen für das Corporate Real Estate Management und die Bewirtschaftung des Immobilienportfolios. Schlussendlich wird den Interviewpartnern die Möglichkeit gegeben, aus ihrer Sicht relevante Fakten und Informationen hinzuzufügen und ein persönliches Statement abzugeben.

#### 5.3.7.1 Reaktionen der Unternehmen auf den Strukturwandel

Der fortschreitende Strukturwandel, ausgelöst durch die Megatrends Globalisierung, Digitalisierung, sozio-demografischer Wandel und Nachhaltigkeit stellt Unternehmen aller Branchen vor große Herausforderungen und erfordert strategische Reaktionen und Anpassungen in allen Bereichen der Unternehmen. In einer offenen Frage wurden die Teilnehmer deshalb gebeten, die Maßnahmen zu nennen, mit denen ihre jeweiligen Unternehmen zukünftig diesen steigenden Anforderungen begegnen werden.

Die Abbildung 5.34 zeigt die von den Befragten genannten zukünftigen Maßnahmen ihrer jeweiligen Unternehmen.

Den Schwerpunkt zukünftiger Maßnahmen sehen etwa 3/4 der Befragten (73,3 %) im Ausbau der Digitalisierung. Hohe Relevanz bei den Unternehmen haben darüber hinaus der Einsatz technischer Innovationen (40 %), die Entwicklung neuer Arbeitsplatzkonzepte (26,7 %) und zukunftsfähiger Arbeitnehmermodelle (16,7 %). Weiter genannte Maßnahmen sind die globale Erweiterung der Standorte (23,3 %), die Umstrukturierung des Unternehmens und der Aufbau neuer Geschäftszweige (jeweils 13,3 %), der Zukauf weiterer Unternehmen oder eine Fusionierung (10 %) sowie die Entwicklung einer Nachhaltigkeitsstrategie (10 %).

Die von den Befragten genannten Maßnahmen machen deutlich, dass die Reaktionen der Unternehmen auf den Strukturwandel einen unmittelbaren Einfluss auf das Immobilienportfolio eines Unternehmens und damit auch auf das Corporate Real Estate Management haben. Es ist deshalb davon auszugehen, dass die zukünftigen Anforderungen an die Immobilien langfristig nicht nur zu Strukturveränderungen im Corporate Real Estate Management führen werden, sondern auch die Immobilienbewirtschaftung entscheidend beeinflussen.

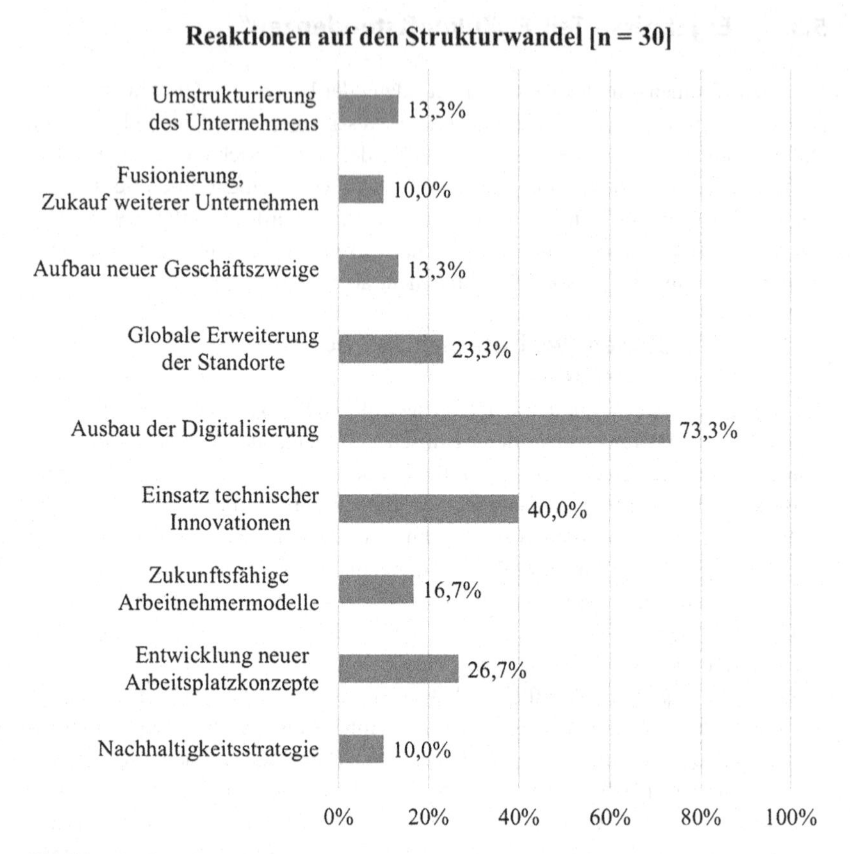


**Abbildung 5.34** Reaktionen auf den Strukturwandel

#### 5.3.7.2 Neue Herausforderungen für das Corporate Real Estate Management

Die Teilnehmer wurden dazu befragt, welche Veränderungen sich aus ihrer Sicht durch den Strukturwandel für das Corporate Real Estate Management ihres Unternehmens ergeben und mit welchen neuen Aufgaben sie sich zukünftig konfrontiert sehen.

In Bezug auf die Organisation ihres Corporate Real Estate Managements und die Aufgabenverteilung innerhalb der einzelnen Funktionen erwarten 80 % der Befragten derzeit keine Veränderungen. 20 % der Befragten sehen sich jedoch mit einer Neuausrichtung ihres Immobilienmanagements konfrontiert. Erwartet wird hier eine Verschlankung der CREM-Organisation und eine weitestgehende Zentralisierung mit dem Fokus auf den Aufgaben des Portfolio-, Asset- und Property Managements sowie den strategischen Aufgaben des Facility Managements. Alle operativen und auch taktischen Aufgaben des Facility Managements sollen zunehmend an externe Dienstleister vergeben werden.

In Bezug auf ihre zukünftigen Aufgaben zeigt die Abbildung 5.35, dass die Mehrzahl der Befragten einen Schwerpunkt im Ausbau der Digitalisierung im CREM, in der Entwicklung von modernen und agilen Arbeitswelten und in der Optimierung des Gebäudebetriebs durch den Einsatz technischer Innovationen sieht.

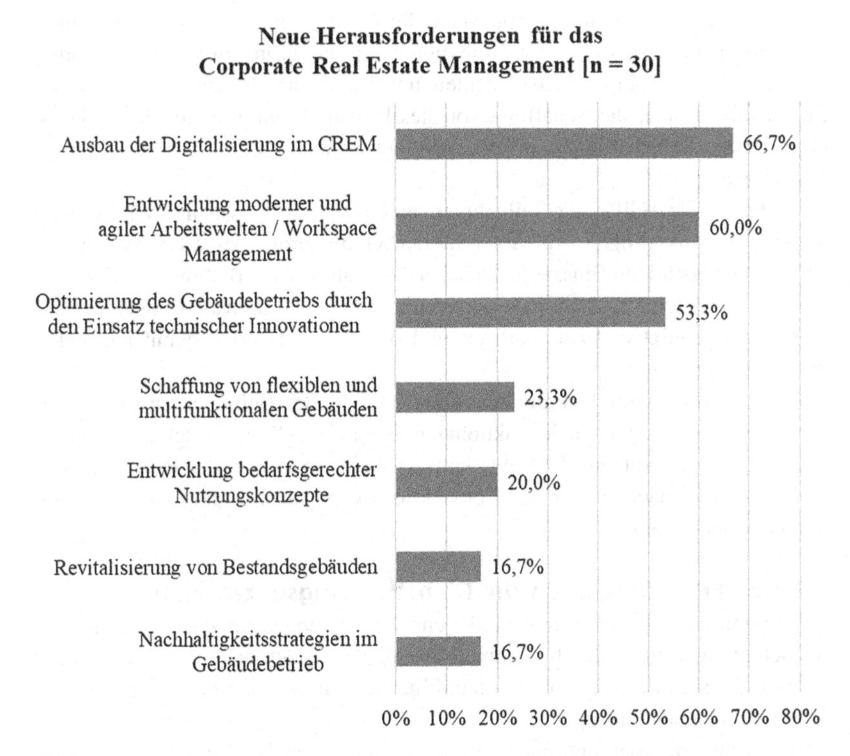


**Abbildung 5.35** Herausforderungen für das Corporate Real Estate Management

Etwa 67 % der Teilnehmer gaben an, die Digitalisierung im CREM vorantreiben zu wollen. Mit dem Ausbau der Digitalisierung sollen zum einen die einzelnen Standorte besser vernetzt werden und ein einheitlicher Daten- und Informationsaustausch sichergestellt werden. Zum anderen sollen mit dem Aufbau einer zentralen IT-Infrastruktur die organisatorischen und technischen Voraussetzungen geschaffen werden für flexible Arbeitsmodelle, die zukünftig immer stärker in den Fokus rücken. Darüber hinaus soll die Anwendung digitaler Lösungen, z. B. durch die Implementierung eines Building Information Modeling-Systems (BIM), die Kommunikation und den Austausch mit den beauftragten Dienstleistern verbessern und gleichzeitig zu einer Steigerung der Prozesstransparenz und -effizienz beitragen.

60 % der Befragten sehen einen weiteren Schwerpunkt ihrer Aufgaben im Workspace Management. Die Veränderungen der Arbeitswelt, insbesondere das steigende Angebot flexibler Arbeitsmodelle (z. B. Home-Office, Co-Working), erfordern eine Anpassung der Immobilien an die geänderten Nutzeranforderungen. Zu den Hauptaufgaben zählen unter anderem die Entwicklung neuer Büroraumkonzepte, die Schaffung von flexiblen und multifunktionalen Arbeitsplätzen oder die Schaffung von Kollaborationsflächen, z. B. durch einen externen offenen Campus.

Mehr als die Hälfte der Teilnehmer, nämlich 53,3 %, sehen einen Schwerpunkt ihrer zukünftigen Aufgaben in der Optimierung des Gebäudebetriebs. Durch den verstärkten Einsatz technischer Innovationen (z. B. Sensorik, Robotik) können aufwändige und oftmals personalintensive FM-Dienstleistungen vereinfacht, beschleunigt und automatisiert und der Gebäudebetrieb damit nachhaltig verbessert werden.

Weitere Aufgabenschwerpunkte sehen 23,3 % der Befragten in der Schaffung von flexiblen und multifunktionalen Gebäuden, 20 % in der Entwicklung bedarfsgerechter Nutzungskonzepte sowie jeweils 16,7 % in der Revitalisierung von Bestandsgebäuden und der Entwicklung von Nachhaltigkeitsstrategien für den Gebäudebetrieb.

#### 5.3.7.3 Erwartungen an die Dienstleistungsunternehmen

Im Zusammenhang mit den veränderten Anforderungen an die Immobilienbewirtschaftung wurden die Teilnehmer abschließend noch nach den Erwartungen befragt, die sie in Bezug auf die zukünftige Zusammenarbeit mit den Dienstleistungsunternehmen haben.

Die Antworten der Befragten (n = 30) sind nachstehend in der Reihenfolge ihrer Häufigkeit zusammengefasst:

- Hohe Leistungsqualität (27),
- Fachkompetenz / Know-how (27),

- Flexibilität (25),
- Hohe Eigenleistungstiefe (23),
- Digitale Vernetzung (20),
- Einsatz technischer Innovationen (20),
- Nationale und internationale Präsenz (18),
- Angebot umfassender Leistungspakete (15),
- Umweltfreundliche FM-Service-Konzepte (15)
- Engagement / Motivation (13),
- Kooperative Zusammenarbeit (10),
- Fairer Umgang / Partnerschaft auf Augenhöhe (10).

## 5.4 Empirische Erhebung „Dienstleister"

Im Rahmen der Erhebung wurden führende Dienstleister im Facility Management hinsichtlich ihres Angebots an FM-Dienstleistungen und Betreibermodellen befragt. Die Befragung soll Aufschluss über die Entwicklungsreife und Leistungsfähigkeit der Dienstleister auf dem internationalen Markt geben.

### 5.4.1 Aufbau des Interviewleitfadens

Für die Befragungen wurde ein semi-strukturierter Interviewleitfaden entwickelt, dessen Aufbau sich an den verschiedenen Phasen eines Interviews orientiert.[56] Der vollständige Interviewleitfaden ist der Anlage 2.4 zu entnehmen.

In Abbildung 5.36 wird der Aufbau des Interviewleitfadens dargestellt.

[56] Vgl. Punkt 5.2.3 Entwicklung eines semi-strukturierten Interviewleitfadens.

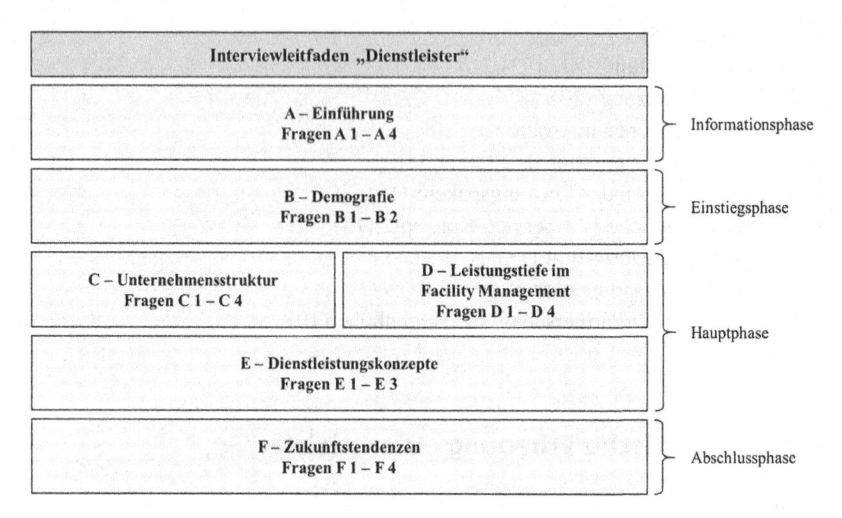


**Abbildung 5.36** Struktur des semi-strukturierten Interviewleitfadens „Dienstleister“

Der Interviewleitfaden ist in die Teile A bis F gegliedert.

Teil A – „Einführung“ dient der Information des Interviewpartners. Hierbei wird er in die Thematik des Forschungsvorhabens eingeführt sowie über die Ziele der Untersuchung, den Untersuchungsumfang und die vertrauliche Behandlung seiner Daten in Kenntnis gesetzt.

Teil B – „Demografie“ dient als Einstiegsphase. Hierbei werden Daten zum Unternehmen und Informationen zum Interviewpartner selbst erfasst.

Teil C „Unternehmensstruktur“ betrifft die Organisation und die Geschäftsfelder des Unternehmens. Insbesondere werden Daten zum Umsatzvolumen und der Anzahl der Beschäftigten sowie der Verteilung des Umsatzes und der Mitarbeiter auf den Bereich FM-Dienstleistungen erhoben.

In Teil D – „Leistungstiefe im Facility Management“ werden Daten zur geographischen Präsenz des Unternehmens, zur Eigenleistungstiefe, zu Partner- und Nachunternehmern sowie zum Leistungsumfang und dem angebotenen Produktportfolio erhoben.

Teil E – „Dienstleistungskonzepte“ konzentriert sich auf die Leistungserbringung und die Gestaltung der Zusammenarbeit mit den jeweiligen Auftraggebern. Insbesondere werden Daten zum Angebot verschiedener Dienstleistungskonzepte und Betreibermodelle, zum Bieter- und Angebotsprozess, zur Vertragsgestaltung, sowie zur Anwendung verschiedener Steuerungs- und Kontrollinstrumente erhoben.

Teil F – „Zukunftstendenzen" dient dem Ausklang der Befragung. Die Fragen beziehen sich insbesondere auf Veränderungen im Nachfrageverhalten der Kunden und die sich daraus ergebenden Entwicklungschancen und Potenziale zur Ausweitung des Dienstleistungsangebots. Darüber hinaus werden die Interviewpartner um eine persönliche Einschätzung zur weiteren Entwicklung des FM-Marktes und zur Gestaltung einer optimalen Wertschöpfungspartnerschaft zwischen Auftraggeber und Dienstleister gebeten.

### 5.4.2 Auswahl der Unternehmen und Stichprobe

Die Auswahl der für die Untersuchung in Frage kommenden Unternehmen und die Identifikation der geeigneten Experten erfolgte mit Hilfe eines zuvor aufgestellten Stichprobenplans[57], dem die Lünendonk-Liste 2017 der führenden Facility-Service-Unternehmen in Deutschland zugrunde gelegt wurde.[58]

Darüber hinaus erfolgte die spezifische Auswahl auf Grundlage folgender Kriterien:

- national und international tätige Dienstleister,
- vergleichbare Umsatzzahlen,
- vergleichbare Mitarbeiterzahl,
- heterogenes Produkt- und Serviceportfolio.

Die realisierte Stichprobe umfasst insgesamt 20 Unternehmen, bei denen eine Befragung durchgeführt wurde. Es wird darauf hingewiesen, dass bei fünf Unternehmen jeweils zwei Experten anwesend waren. Demnach wurden insgesamt 25 Experten befragt. Um eine Verzerrung der Ergebnisse zu vermeiden, wurden die Daten unternehmensbezogen ausgewertet. Lediglich die Informationen aus Teil B (Angaben zum Interviewpartner) beziehen sich auf die Personenzahl der an der Befragung teilnehmenden Experten.

[57] Vgl. Punkt 5.2.2 Auswahl der Befragungsteilnehmer.

[58] Vgl. Lünendonk-Liste 2017 „Führende Facility-Service-Unternehmen in Deutschland"; die Lünendonk-Listen mit einem Anbieterranking der größten Service-Unternehmen erscheinen jährlich und gelten als Marktbarometer der wichtigsten Akteure der B2B-Dienstleistungsmärkte.

In Abbildung 5.37 ist die Anzahl der befragten Dienstleistungsunternehmen (n = 20) dargestellt,[59] unterschieden nach den Kernkompetenzen, aus denen sich ihr heutiges Dienstleistungsspektrum entwickelt hat, wobei die Kernkompetenzen bei 9 der 20 befragten Unternehmen im Bereich des infrastrukturellen Gebäudemanagements und bei 11 Unternehmen im Bereich des technischen Gebäudemanagements liegen.

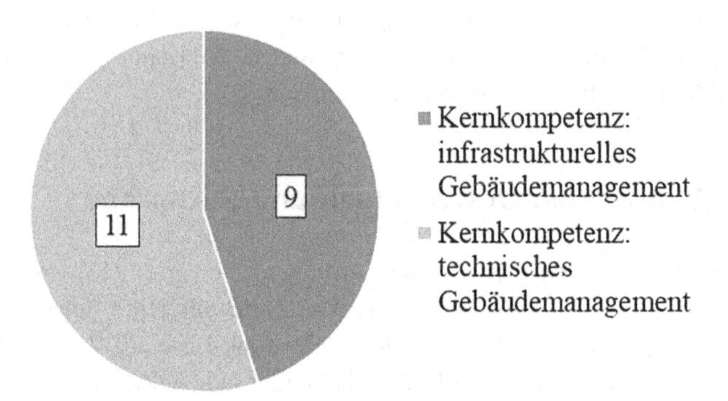


**Abbildung 5.37** Verteilung der befragten Dienstleistungsunternehmen nach Kernkompetenzen

Die Abbildung 5.38 zeigt die Unternehmensstandorte, an denen die Befragungen durchgeführt wurden.

[59] Eine Auflistung der befragten Dienstleistungsunternehmen ist der Anlage 2.1 zu entnehmen.

Berlin
Dietmannsried im Allgäu
Düsseldorf
Endsee
Essen
Frankfurt am Main 6x
Heusenstamm
Köln
Mannheim 2x
München 2x
Osnabrück
Rüsselsheim am Main
Saarbrücken

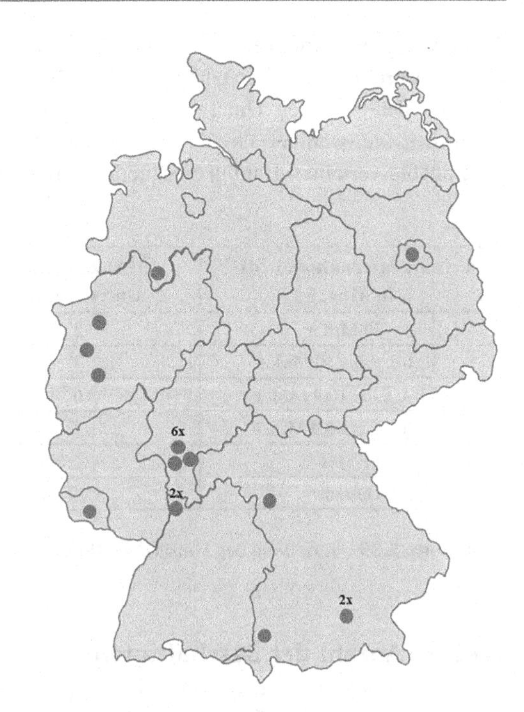


**Abbildung 5.38** Unternehmensstandorte der durchgeführten Befragungen

In den nachfolgenden Abschnitten werden die Ergebnisse der Befragungen vorgestellt.

### 5.4.3 Ergebnisse Teil B „Demografie“

Die befragten 20 Dienstleistungsunternehmen lassen sich zunächst anhand der erhobenen Klassifikationskriterien „Umsatzhöhe“ und „Mitarbeiterzahl“ beschreiben. Die Daten beziehen sich auf das vor Beginn der Befragung liegende Geschäftsjahr 2017. Der Jahresumsatz international reicht von weniger als 100 Mio. Euro bis zu einem Jahresumsatz von mehr als 30 Milliarden Euro. Die Zahl der Beschäftigten international reicht von weniger als 10.000 Mitarbeitern bis hin zu mehr als 250.000 Mitarbeitern. Eine Auswertung der Umsatzhöhe und Mitarbeiterzahl bezogen nur auf Deutschland konnte nicht erfolgen, da hierzu die Daten bei den Unternehmen teilweise nur unvollständig vorlagen.

#### 5.4.3.1 Umsatzhöhe

Die Auswertung der Umsatzhöhe (siehe Abbildung 5.39) zeigt ein heterogenes Bild der befragten Unternehmen. Mit Ausnahme der Größenklassen über 30 Mrd. € und weniger als 100 Mio. € sind die übrigen Umsatzkategorien mit gleichmäßig verteilten Häufigkeitsanteilen vertreten.

| Umsatz international 2017 in Mrd. € | Anzahl der Unternehmen | Anteil in % |
|---|---|---|
| > 30 Mrd. € | 2 | 10 % |
| 11 Mrd. € bis 30 Mrd. € | 3 | 15 % |
| 1 Mrd. € bis 10,9 Mrd. € | 6 | 30 % |
| 0,1 Mrd. € bis 0,9 Mrd. € | 7 | 35 % |
| < 0,1 Mrd. € | 2 | 10 % |
| Gesamt | 20 | 100 % |

**Abbildung 5.39** Verteilung des Umsatzes 2017

#### 5.4.3.2 Anzahl der Beschäftigten

Die Auswertung der Mitarbeiterzahl (siehe Abbildung 5.40) zeigt ein ähnlich heterogenes Bild der befragten Unternehmen wie die Auswertung der Umsatzverteilung. Mit Ausnahme der Größenklassen über 250.000 Mitarbeiter und von 100.000 Mitarbeitern bis 249.000 Mitarbeitern sind die übrigen Kategorien mit gleichmäßigen Häufigkeitsanteilen vertreten.

| Beschäftigte international 2017 | Anzahl der Unternehmen | Anteil in % |
|---|---|---|
| > 250.000 | 1 | 5 % |
| 100.000 bis 250.000 | 2 | 10 % |
| 50.000 bis 99.999 | 5 | 25 % |
| 10.000 bis 49.999 | 6 | 30 % |
| < 10.000 | 6 | 30 % |
| Gesamt | 20 | 100 % |

**Abbildung 5.40** Verteilung der Beschäftigten 2017

#### 5.4.3.3 Tätigkeitsfeld und Funktion der befragten Experten

Voraussetzung für die Wahl der Befragungsteilnehmer in den jeweiligen Unternehmen war eine umfassende Kenntnis der Materie und eine langjährige Berufserfahrung. Es wurden deshalb Experten ausgewählt, die in Facility Service-Unternehmen tätig sind und dort mit strategischen und / oder operativen Aufgaben betraut sind.[60] Die Wahl der Experten erfolgte anhand ihrer Position und Funktionsbeschreibung, wobei vorrangig die Geschäftsführungsebene, mindestens aber die Abteilungsleiterebene angestrebt wurde. Mögliche Positionen hierfür sind: Vorstand, Geschäftsführer, Director, Head of Sales, Prokurist oder Abteilungsleiter. Darüber hinaus war die Auswahl der Befragungsteilnehmer abhängig von der Erreichbarkeit und Verfügbarkeit der jeweiligen Personen.

Alle an der Befragung teilnehmenden 25 Experten verfügen über mehrjährige Berufserfahrung in ihren jeweiligen Tätigkeitsfeldern und können ein hohes Maß an Wissen und Sachverstand, auch aus der Zeit vor ihrer Tätigkeit beim derzeitigen Unternehmen, vorweisen. Die befragten Experten bekleiden mindestens eine der vorgestellten Positionen, die sich wie folgt verteilen:

- Vorstand (2 Experten),
- Geschäftsführer (8 Experten),
- Director (5 Experten),
- Head of Sales (6 Experten),
- Prokurist (1 Experte),
- Abteilungsleiter (3 Experten).

### 5.4.4 Ergebnisse Teil C „Unternehmensstruktur"

Um einen Einblick in die Unternehmensstrukturen der Dienstleistungsunternehmen zu erhalten, wurden die Teilnehmer gebeten, die Aufbauorganisation ihres jeweiligen Unternehmens zu erläutern und die einzelnen Geschäftsfelder, in denen das Unternehmen tätig ist, zu benennen. Da die befragten Unternehmen teilweise, neben ihrem Angebot an FM-Dienstleistungen, in den unterschiedlichsten Geschäftsfeldern tätig sind, war hier von besonderem Interesse, welcher Anteil am Gesamtumsatz auf die Erbringung von FM-Dienstleistungen entfällt und wie viele Mitarbeiter, bezogen auf die Gesamtzahl der Beschäftigten, in diesem Bereich tätig sind. Eine Auswertung der Umsatzhöhe und Mitarbeiterzahl

---

[60] Vgl. Punkt 5.2.1 Erhebungsmethodik und Definition des Begriffs „Experten".

bezogen nur auf Deutschland konnte nicht erfolgen, da hierzu die Daten bei den Unternehmen teilweise nur unvollständig vorlagen.

#### 5.4.4.1 Umsatz- und Mitarbeiteranalyse

Die Umsatz- und Mitarbeiteranalyse ist in Abbildung 5.41 dargestellt.

| Umsatz- und Mitarbeiteranalyse [n = 20] | | |
|---|---|---|
| Umsatz aller Geschäftsfelder international 2017 in Mrd. € | Umsatzanteil Facility Services international 2017 in Mrd. € | Umsatzanteil Facility Services international 2017 in % |
| 172,4 Mrd. € | 64,3 Mrd. € | 37,3 % |
| Mitarbeiter aller Geschäftsfelder international 2017 | Mitarbeiter Facility Services international 2017 | Mitarbeiteranteil Facility Services international 2017 in % |
| 1.243.775 | 885.238 | 71,2 % |

**Abbildung 5.41** Umsatz- und Mitarbeiteranalyse 2017

Die 20 befragten Unternehmen erwirtschafteten in 2017 einen Gesamtumsatz in Höhe von 172,4 Mrd. €. Davon entfielen 64,3 Mrd. € auf die Erbringung von FM-Dienstleistungen. Dies entspricht einem Anteil von 37,3 %. Die Unternehmen beschäftigten in 2017 insgesamt 1.243.775 Mitarbeiter, davon waren 885.238 im Bereich Facility Services tätig. Dies entspricht einem prozentualen Anteil von 71,2 %.

#### 5.4.4.2 Umsatzverteilung nach Facility Services

Die Umsatzverteilung nach Facility Services ist in Abbildung 5.42 dargestellt.

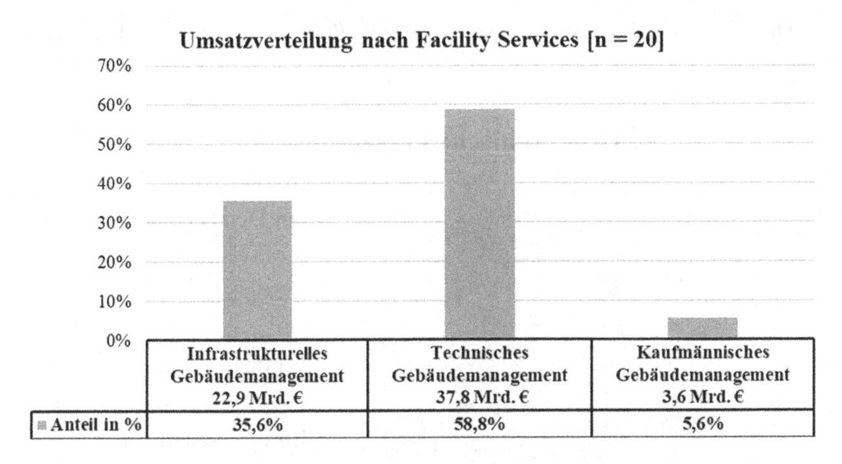


**Abbildung 5.42** Umsatzverteilung nach Facility Services 2017

Das gesamte Umsatzvolumen 2017 im Bereich FM-Dienstleistungen der 20 gewerteten Teilnehmer beträgt 64,3 Mrd. € und verteilt sich mit 22,9 Mrd. € (35,6 %) auf das infrastrukturelle Gebäudemanagement, mit 37,8 Mrd. € (58,8 %) auf das technische Gebäudemanagement und mit 3,6 Mrd. € (5,6 %) auf das kaufmännische Gebäudemanagement. Damit entfällt der größte Teil des erwirtschafteten Umsatzes auf die Facility Services des technischen Gebäudemanagements.

### 5.4.5 Ergebnisse Teil D „Leistungstiefe im Facility Management"

In diesem Fragenkomplex werden Daten zur geographischen Präsenz des Unternehmens, zur Eigenleistungstiefe, zu Partner- und Nachunternehmen sowie zum Leistungsumfang und dem angebotenen Produktportfolio erhoben. Alle 20 befragten Unternehmen konnten hierzu detaillierte Angaben machen, die in die Auswertung einflossen.

#### 5.4.5.1 Geographische Präsenz

Die Teilnehmer sollten zunächst Angaben dazu machen, in welchen Ländern ihr Unternehmen mit einem eigenen Standort oder einer Niederlassung als Anbieter von FM-Dienstleistungen präsent ist.

Die Abbildung 5.43 zeigt die geographische Präsenz der befragten Unternehmen.

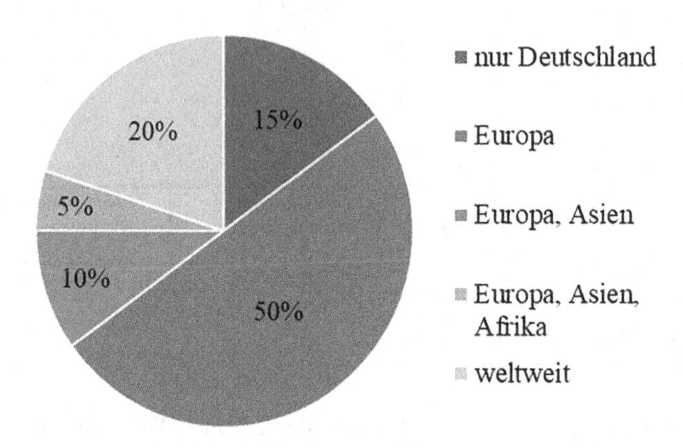


**Abbildung 5.43** Geographische Präsenz der Unternehmen

Den größten Anteil nimmt der europäische Kontinent ein. 50 % der befragten Unternehmen sind dort mit eigenen Standorten / Niederlassungen vertreten. 10 % der Unternehmen decken neben Europa auch Teile von Asien ab. Weitere 5 % sind neben Europa und Teilen von Asien auch in einzelnen Ländern des afrikanischen Kontinents präsent. 20 % der Unternehmen haben ihre Standorte weltweit verteilt. Neben Europa, Asien und Afrika sind diese Unternehmen auch in großen Teilen Nord- und Südamerikas sowie in Australien vertreten. 15 % der Unternehmen unterhalten lediglich Standorte oder Niederlassungen innerhalb von Deutschland.

In diesem Zusammenhang wurden die Teilnehmer darüber befragt, ob und inwieweit sie in absehbarer Zeit beabsichtigen, ihre geographische Präsenz auszuweiten. Dabei gaben mehr als die Hälfte der Befragten an, dass sie grundsätzlich eine Ausweitung ihrer Präsenz anstreben, wobei insbesondere bereits bestehende Märkte weiterentwickelt werden sollen. 30 % der Teilnehmer beabsichtigen durch die Errichtung neuer Standorte in weiteren Ländern Europas ihre Präsenz auf dem europäischen Kontinent zu erhöhen. Neben einer Ausweitung in Europa streben 15 % auch eine Ausweitung im asiatischen Raum an. 10 % der Befragten gaben an, insbesondere neue Märkte in Übersee erschließen zu wollen. Weitere

10 % wollen ihre Präsenz vor allem in Deutschland ausbauen. Bei 35 % der Unternehmen ist derzeit keine Errichtung neuer Standorte geplant.

Darüber hinaus gaben 70 % der Teilnehmer an, dass sich eine geographische Ausweitung vor allem auch nach dem Kundenbedarf richtet. Unter dem Aspekt „Follow our Customer" muss jeweils individuell entschieden werden, ob die Errichtung neuer Standorte rentabel ist oder ob der Kundenbedarf eventuell über Kooperationspartner abgedeckt werden kann.

#### 5.4.5.2 Partnerschaften und Kooperationen

Im Zusammenhang mit ihrer geographischen Präsenz wurden die Teilnehmer darüber befragt, ob und in welchen Bereichen Partnerschaften und Kooperationen mit anderen Dienstleistungsunternehmen bestehen. 75 % der Befragten gab an, dass sie dauerhaft mit verschiedenen Kooperationspartnern zusammenarbeiten, speziell in den Bereichen, die nicht überwiegend zu ihren Kernkompetenzen gehören oder die sie geographisch nicht selbst abdecken können. 25 % der Unternehmen haben keine festen Kooperationspartner, je nach Objekt und geographischer Anforderung werden hier gezielt Nachunternehmer für die jeweiligen Gewerke beauftragt. Darüber hinaus gaben alle Teilnehmer an, dass für fachspezifische Gewerke, insbesondere im technischen Bereich (z. B. Aufzugstechnik, Brandmeldeanlagen, Feuerlöschanlagen), Rahmenverträge mit den Herstellerfirmen oder speziellen Fachunternehmen bestehen. 35 % der befragten Unternehmen arbeiten selbst als Nachunternehmer für andere Dienstleister.

#### 5.4.5.3 Leistungsumfang

Die nächsten Fragen sollen Aufschluss über den Leistungsumfang der Dienstleistungsunternehmen geben. Von Interesse ist hierbei insbesondere für welche Branchensegmente die Leistungen erbracht werden, auf welche Nutzungsarten sich die Leistungserbringung erstreckt und wie sich die Leistungserbringung auf die einzelnen Facility Services verteilt.

Zur Frage der Verteilung des Auftragsvolumens nach Branchen oder Auftraggebern konnten alle 20 Teilnehmer Angaben machen, die in der Summe der Angaben zu der in Abbildung 5.44 dargestellten Verteilung führen:

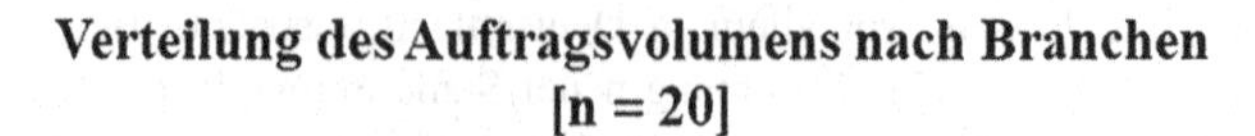


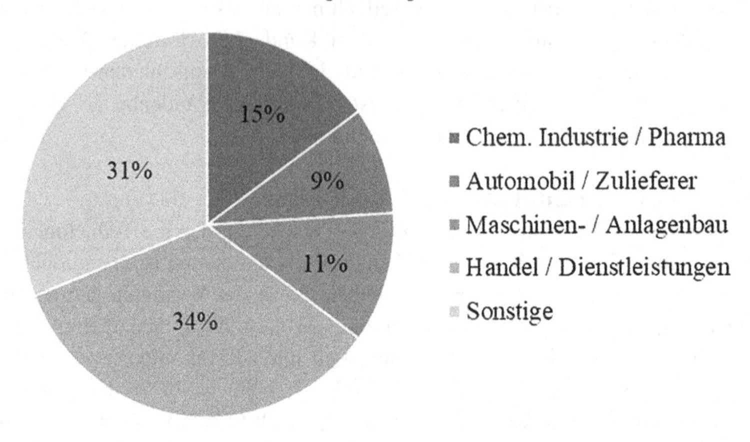


**Abbildung 5.44** Verteilung des Auftragsvolumens nach Branchen

Der größte Anteil am Auftragsvolumen der 20 befragten Unternehmen entfällt mit 34 % auf Handels- und Dienstleistungsunternehmen. Zusammengefasst wurden Unternehmen der Konsumgüterindustrie, der IT, des Finanzsektors, der Wohnungswirtschaft, Handelsketten und Einkaufszentren sowie der Einzelhandel.

Danach folgen mit 31 % die unter dem Begriff „Sonstige" zusammengefassten Unternehmen der öffentlichen Verwaltung sowie der technischen und sozialen Infrastruktur. Darunter fallen insbesondere Behörden, Unternehmen der Energieversorgung, der Telekommunikation und des Luftverkehrs, Bildungseinrichtungen wie Schulen und Universitäten, Einrichtungen des Gesundheitswesens wie Krankenhäuser und Therapiezentren, kulturelle Einrichtungen wie Theater und Museen sowie Freizeiteinrichtungen wie Fitness- und Sportzentren.

15 % des Auftragsvolumens entfallen auf Unternehmen der chemisch / pharmazeutischen Industrie, 11 % auf Unternehmen des Maschinen- und Anlagenbaus sowie 9 % auf die Automobilindustrie.

Die Verteilung des Auftragsvolumens nach den verschiedenen Nutzungsarten unter Berücksichtigung von 20 Angaben ist in Abbildung 5.45 dargestellt.

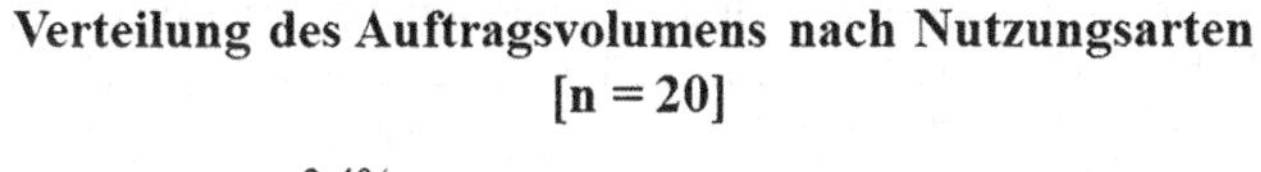


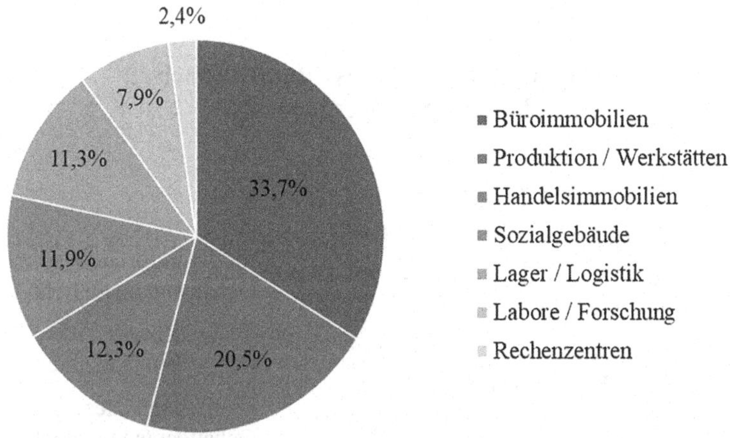


**Abbildung 5.45** Verteilung des Auftragsvolumens nach Nutzungsarten

Die größten Anteile des Auftragsvolumens der 20 befragten Unternehmen entfallen mit 33,7 % auf Büroimmobilien und mit 20,5 % auf Produktionsimmobilien. Diese beiden Nutzungsarten decken damit mehr als die Hälfte des Auftragsvolumens ab. Die weiteren Anteile verteilen sich auf die Bereiche Handelsimmobilien mit 12,3 %, Sozialgebäude mit 11,9 %, Lager / Logistik mit 11,3 %, Labore und Forschung mit 7,9 % sowie mit einem geringen Anteil von 2,4 % auf Rechenzentren.

Die Verteilung des Auftragsvolumens nach Facility Services ist in Abbildung 5.46 dargestellt.

42,1 % des Auftragsvolumens der 20 befragten Unternehmen entfallen auf die Facility Services des infrastrukturellen Gebäudemanagements, 53,4 % auf das technische Gebäudemanagement, ein geringer Anteil von 4,1 % entfällt auf die Leistungen des kaufmännischen Gebäudemanagements.

Damit entfällt der größte Anteil des Auftragsvolumens auf die Leistungen des technischen Gebäudemanagements. Dies deckt sich auch mit den

Auswertungsergebnissen zur Frage nach der Umsatzverteilung auf die verschiedenen Leistungsbereiche, wonach der größte Teil des erwirtschafteten Umsatzes ebenfalls auf die Leistungen des technischen Gebäudemanagements entfällt.[61]

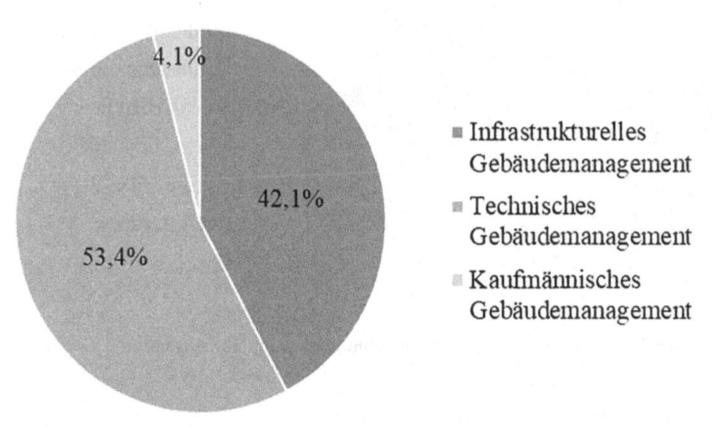


**Abbildung 5.46** Verteilung des Auftragsvolumens nach Facility Services

#### 5.4.5.4 FM-Produktportfolio

Um festzustellen, welche Facility Services von den Dienstleistungsunternehmen grundsätzlich angeboten werden und in welcher Form die Leistungen erbracht werden sowie zur Messung der Eigenleistungstiefe wurden für ausgewählte Facility Services[62] die Antwortkategorien „wird mit eigenem Personal erbracht", „wird durch Nachunternehmer erbracht", „wird sowohl mit eigenem Personal als auch durch Nachunternehmer erbracht" zur Auswahl gestellt. Abgefragt wurden die Services des infrastrukturellen, des technischen und des kaufmännischen Gebäudemanagements.

Das infrastrukturelle Gebäudemanagement wurde dabei unterteilt in die Kategorien „Reinigung", „Wäschereiservice", „Außenanlagenpflege", „Garten- und

---

[61] Vgl. Punkt 5.4.4.2 Umsatzverteilung nach Facility Services.

[62] Die Auswahl der Facility Services orientiert sich an der GEFMA 520:2014–07 „Standardleistungsverzeichnis Facility Services 3.0".

Pflanzenpflege“, „Hausmeister, Empfang, Telefon- und Postdienste“, „Fuhrpark“, „Catering / Veranstaltungsmanagement“, „Sicherheit“ und „Abfallmanagement“.

Die jeweiligen Einzelservices der Kategorien wurden nicht separat ausgewertet, die Auswertung bezieht sich auf die jeweilige Hauptkategorie, wobei nicht angebotene Services ausgenommen wurden.[63]

Die Abbildung 5.47 gibt das Auswertungsergebnis wieder, wobei die Facility Services nach dem prozentualen Anteil der vollständigen Leistungserbringung mit eigenem Personal in absteigender Reihenfolge dargestellt sind.

| Infrastrukturelles Gebäudemanagement | | | |
|---|---|---|---|
| **Facility Services** | **mit eigenem Personal** | **durch Nachunternehmer** | **teils-teils** |
| Abfallmanagement [n = 19] | **50,8 %** | 28,1 % | 21,1 % |
| Reinigung [n = 19] | **43,9 %** | 37,3 % | 18,8 % |
| Hausmeister, Empfang, Telefon- und Postdienste [n = 19] | **43,4 %** | 30,5 % | 26,1 % |
| Catering / Veranstaltungsmanagement [n = 18] | **40,0 %** | 25,3 % | 34,7 % |
| Sicherheit [n = 18] | **35,2 %** | 37,5 % | 27,3 % |
| Außenanlagenpflege [n = 19] | **26,3 %** | 34,2 % | 39,5 % |
| Garten- und Pflanzenpflege [n = 19] | **21,1 %** | 40,3 % | 38,6 % |
| Fuhrpark [n = 16] | **16,1 %** | 56,8 % | 27,1 % |
| Wäschereiservice [n = 14] | **7,1 %** | 64,3 % | 28,6 % |

**Abbildung 5.47** Leistungserbringung „Infrastrukturelles Gebäudemanagement“

Die Auswertung zeigt eine insgesamt niedrige Eigenleistungsquote bei den Services des infrastrukturellen Gebäudemanagements. Die höchsten Eigenleistungsanteile weisen die Bereiche „Abfallmanagement“ mit 50,8 %, „Reinigung“ mit 43,9 %, „Hausmeister, Empfang, Telefon- und Postdienste“ mit 43,4 % und „Catering / Veranstaltungsmanagement“ mit 40 % auf. Mit einem Eigenleistungsanteil zwischen 20 % und 40 % werden die Services „Sicherheit“,

[63] Die den jeweiligen Kategorien zugeordneten Einzelservices sind dem Interviewleitfaden (Anlage 2.4) zu entnehmen.

„Außenanlagenpflege“ sowie „Garten- und Pflanzenpflege“ erbracht. Die niedrigsten Eigenleistungsquoten weisen die Bereiche „Fuhrpark“ mit 16,1 % und „Wäschereiservice“ mit lediglich 7,1 % auf. Dies lässt sich damit begründen, dass es sich hierbei um spezielle und individuelle Services handelt, die nach Angaben der Befragten kundenseitig eher weniger nachgefragt werden und deshalb im Bedarfsfalle überwiegend durch Nachunternehmer erbracht werden.

Berücksichtigt man zusätzlich noch die Eigenleistungsanteile der Antwortkategorie „wird sowohl mit eigenem Personal als auch durch Nachunternehmer erbracht“ ergeben sich insgesamt nur leichte Erhöhungen von maximal 10 % bis 15 % bei den Eigenleistungsquoten der einzelnen Services.

Bei einer Gesamtbetrachtung der Services des infrastrukturellen Gebäudemanagements kann festgehalten werden, dass etwa die Hälfte der Leistungserbringung durch die Beauftragung von Nachunternehmern erfolgt.

Analog der Darstellung beim infrastrukturellen Gebäudemanagement werden die Facility Services des technischen Gebäudemanagements in der Abbildung 5.48 nach dem prozentualen Anteil der Eigenleistung in absteigender Reihenfolge dargestellt.

Die Auswertung zeigt einen insgesamt höheren Eigenleistungsanteil bei den Services des technischen Gebäudemanagements als bei den Services des infrastrukturellen Gebäudemanagements, wobei der höchste prozentuale Anteil der Leistungserbringung durch eigenes Personal mit fast 80 % auf das „Energiemanagement“ entfällt. Ähnlich hohe Eigenleistungsanteile weisen die Bereiche „Kälte-, Klima-, Lüftungstechnik“ mit 65 % sowie „Wärmeversorgung“ und „Elektrotechnik“ mit jeweils 60 % auf. Mit einem Eigenleistungsanteil zwischen 20 % und 50 % werden die Services „nutzerspezifische Anlagen“, „Fernmeldetechnik“, „Anlagen und Einbauten im Außenbereich“, „Gebäudeautomation“ sowie „Wasser und Abwasser“ erbracht. Die niedrigsten Eigenleistungsquoten weisen die Bereiche „Feuerlöschanlagen“ mit 20 %, „Bautechnik“ mit 15 % und „Aufzugstechnik“ mit nur 10 % auf. Dies wird von den Befragten damit begründet, dass es sich hierbei um fachspezifische Gewerke handelt, bei denen die Leistungserbringung überwiegend durch spezielle Fachunternehmen oder wie bei den Services „Aufzugstechnik“ und „Feuerlöschanlagen“ durch die Hersteller erfolgt. Im Bereich der Produktionsanlagen erfolgt bei den befragten Unternehmen in der Regel keine ausschließliche Leistungserbringung mit eigenem Personal. Da es sich bei den Produktionsanlagen um spezielle und hochsensible Bereiche handelt, werden vor allem für Wartungs- und Instandsetzungsaufträge qualifizierte Nachunternehmer oder spezielle Fachunternehmen beauftragt.

Berücksichtigt man zusätzlich noch die Eigenleistungsanteile der Antwortkategorie „wird sowohl mit eigenem Personal als auch durch Nachunternehmer

| Technisches Gebäudemanagement | | | |
|---|---|---|---|
| **Facility Services** | **mit eigenem Personal** | **durch Nachunternehmer** | **teils-teils** |
| Energiemanagement [n = 19] | **78,9 %** | 5,3 % | 15,8 % |
| Kälte-, Klima-, Lüftungs-technik [n = 20] | **65,0 %** | 5,0 % | 30,0 % |
| Wärmeversorgung [n = 20] | **60,0 %** | 0 % | 40,0 % |
| Elektrotechnik [n = 20] | **60,0 %** | 5,0 % | 35,0 % |
| Wasser und Abwasser [n = 20] | **45,0 %** | 5,0 % | 50,0 % |
| Gebäudeautomation [n = 20] | **35,0 %** | 10,0 % | 55,0 % |
| Anlagen und Einbauten im Außenbereich [n = 20] | **25,0 %** | 10,0 % | 65,0 % |
| Fernmeldetechnik [n = 20] | **25,0 %** | 25,0 % | 50,0 % |
| nutzerspezifische Anlagen (Labore, Küchen) [n = 19] | **21,1 %** | 21,1 % | 57,8 % |
| Feuerlöschanlagen [n = 20] | **20,0 %** | 50,0 % | 30,0 % |
| Bautechnik (Dach und Fach) [n = 20] | **15,0 %** | 10,0 % | 75,0 % |
| Aufzugstechnik [n = 20] | **10,0 %** | 60,0 % | 30,0 % |
| Produktionsanlagen [n = 17] | **0 %** | 11,8 % | 88,2 % |

**Abbildung 5.48** Leistungserbringung „Technisches Gebäudemanagement"

erbracht" erhöhen sich die Eigenleistungsquoten der einzelnen Services um bis zu 20 %. Ausgenommen der Bereiche „Feuerlöschanlagen", „Bautechnik", „Aufzugstechnik" und „Produktionsanlagen" ergeben sich dadurch bei 2/3 der Services Eigenleistungsanteile von 60 % bis 80 %.

Anders als beim infrastrukturellen und technischen Gebäudemanagement weisen die Services des kaufmännischen Gebäudemanagements, wie in Abbildung 5.49 dargestellt, eine gleichmäßig hohe Eigenleistungstiefe auf.

| Kaufmännisches Gebäudemanagement | | | |
|---|---|---|---|
| Facility Services | mit eigenem Personal | durch Nachunternehmer | teils-teils |
| Leerstandsmanagement [n = 18] | **72,2 %** | 5,6 % | 22,2 % |
| Objektmanagement [n = 19] | **68,4 %** | 5,3 % | 26,3 % |
| Flächenmanagement [n = 18] | **61,1 %** | 5,6 % | 33,3 % |
| Mietermanagement [n = 18] | **61,1 %** | 11,1 % | 27,8 % |

**Abbildung 5.49** Leistungserbringung „Kaufmännisches Gebäudemanagement“

Die Auswertung zeigt deutlich, dass die verschiedenen Aufgaben des kaufmännischen Gebäudemanagements mit Anteilen von 60 % bis über 70 % bei den Dienstleistungsunternehmen überwiegend mit eigenem Personal erbracht werden. Die Befragten begründen dies damit, dass von ihren Auftraggebern gerade in diesem Bereich eine hohe Eigenleistungstiefe erwartet wird und ihnen deshalb ausreichend qualifiziertes eigenes Personal für die jeweilige Leistungserbringung zur Verfügung steht.

### 5.4.6 Ergebnisse Teil E „Dienstleistungskonzepte"

Dieser Fragenkomplex konzentriert sich auf die Leistungserbringung und die Gestaltung der Zusammenarbeit mit den Auftraggebern. Insbesondere werden Daten zum Angebot verschiedener Dienstleistungskonzepte und Betreibermodelle, zum Bieter- und Angebotsprozess, zur Vertragsgestaltung sowie zur Anwendung verschiedener Steuerungs- und Kontrollinstrumente erhoben. Auch hierzu konnten alle 20 Befragten konkrete Angaben machen, die in die Auswertung einflossen.

#### 5.4.6.1 Angebot an Betreibermodellen

Um herauszufinden welche Dienstleistungskonzepte angeboten werden und in der Praxis der Dienstleistungsunternehmen Anwendung finden, wurden den Teilnehmern verschiedene Vergabe- und Betreibermodelle vorgestellt. Betrachtet werden hierbei das Einzelvergabe-Modell (Modell 1), das Paketvergabe-Modell (Modell

2), das Dienstleistungsmodell (Modell 3), das Management-Modell (Modell 4) sowie das Total-Facility-Management-Modell (Modell 5).[64]

Im Zusammenhang mit dem Bieter- und Angebotsprozess sollten die Teilnehmer zuerst Angaben über ihr grundsätzliches Angebot der Modellvarianten und deren überwiegende geographische Anwendung machen.

Die Ergebnisse sind in Abbildung 5.50 dargestellt.

| | | Angebot und geographische Anwendung der Modelle [n = 20] | | | | |
|---|---|---|---|---|---|---|
| | | Einzelvergabe-Modell (Modell 1) | Paketvergabe-Modell (Modell 2) | Dienstleistungs-modell (Modell 3) | Management-Modell (Modell 4) | Total-Facility-Management-Modell (Modell 5) |
| geographische Anwendung | regional / standortübergreifend | 60 % | 15 % | 0 % | 0 % | 0 % |
| | national | 35 % | 75 % | 50 % | 25 % | 15 % |
| | kontinental | 5 % | 10 % | 45 % | 45 % | 45 % |
| | global | 0 % | 0 % | 0 % | 10 % | 15 % |
| | **Summe** | **100 %** | **100 %** | **95 %** | **80 %** | **75 %** |
| | keine Anwendung | 0 % | 0 % | 5 % | 20 % | 25 % |
| | Gesamt | 100 % | 100 % | 100 % | 100 % | 100 % |

**Abbildung 5.50** Angebot an Betreibermodellen

Die Auswertung zeigt, dass sowohl die Einzelvergabe (Modell 1) als auch die Paketvergabe (Modell 2) von allen 20 befragten Unternehmen angeboten werden, wobei die Einzelvergabe aufgrund der Nachfrage durch die Auftraggeber mit 60 % überwiegend regional oder standortübergreifend Anwendung findet, während die Paketvergabe mit 75 % überwiegend auf nationaler Ebene angewandt wird. 95 % der befragten Unternehmen bieten das Dienstleistungsmodell (Modell 3) an, wobei die Anwendung etwa zu gleichen Teilen auf nationaler und kontinentaler Ebene erfolgt. Das Management-Modell (Modell 4) wird von 80 % der Unternehmen angeboten, 75 % bieten darüber hinaus auch das Total-Facility-Management-Modell (Modell 5) an. Bei beiden Modellen erfolgt die überwiegende Anwendung auf kontinentaler Ebene.

[64] Eine detaillierte Beschreibung der einzelnen Modelle ist Punkt 4.4.1 Klassifizierung von Sourcing-Formen im Facility Management zu entnehmen.

#### 5.4.6.2 Anwendung der Modellvarianten

Für eine genauere Analyse der Anwendungspraxis der vorgestellten Modelle wurden die Teilnehmer befragt, mit welchen Modellvarianten, gemessen am gesamten Auftragsvolumen, die Leistungserbringung der Facility Services derzeit erfolgt.

Unter Berücksichtigung des gesamten Auftragsvolumens der 20 gewerteten Teilnehmer ergibt sich die in Abbildung 5.51 dargestellte Verteilung.

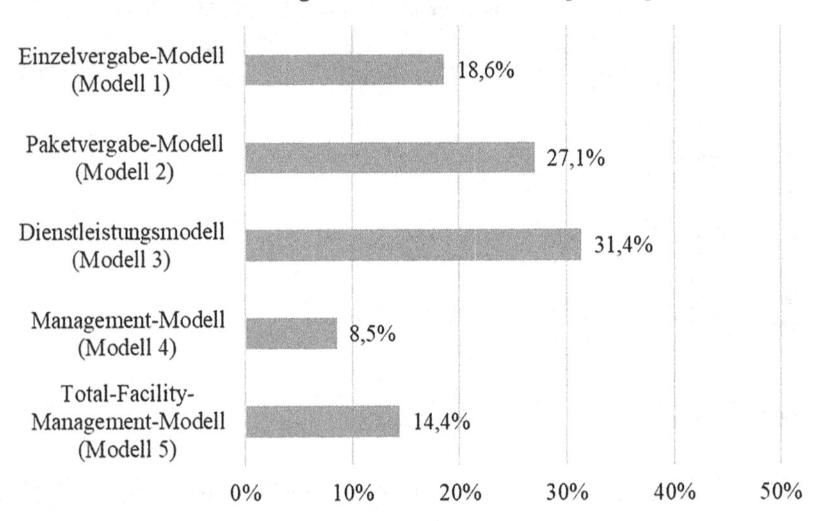


**Abbildung 5.51** Anwendung der Modellvarianten

18,6 % des Auftragsvolumens werden als Einzelleistung mit Modell 1 erbracht. Mit einem Gesamtanteil von mehr als 50 % des Auftragsvolumens finden die Modelle 2 und 3 überwiegend Anwendung, wobei 27,1 % der Leistungserbringung auf die Paketvergabe (Modell 2) entfallen, 31,4 % der Leistungen werden mit dem Dienstleistungsmodell (Modell 3) erbracht. Aus Sicht der Befragten hat sich vor allem das Dienstleistungsmodell in den letzten Jahren etabliert und wird durch eine zunehmend stärkere Bündelung der Facility Services auch zukünftig mehr genutzt werden.

Deutlich weniger Anwendung finden das Management-Modell (Modell 4), auf das derzeit lediglich 8,5 % des Auftragsvolumens entfallen, sowie das Total-Facility-Management-Modell (Modell 5) mit einem Anteil von 14,4 %. Allerdings sehen die Befragten hier einen leichten Trend zu einer zukünftig stärkeren Anwendung dieser Modellvarianten.

Die ermittelten Werte spiegeln größtenteils die Ergebnisse der Erhebung auf Seiten der Auftraggeber wieder.[65] Die vorherrschende Anwendung bei über 50 % der dort Befragten ist ebenfalls eine gebündelte Vergabe mit einer Kombination der Modelle 2 (Paketvergabe-Modell) und 3 (Dienstleistungsmodell). Die Modelle 4 (Management-Modell) und 5 (Total-Facility-Management-Modell) finden dort ebenfalls nur durchschnittlich bei etwa 10 % der Befragten Anwendung.

Die weiteren Fragen widmen sich der Ausgestaltung der Dienstleistungsverträge, der Anwendung von Vergütungs- und Preismodellen sowie der Gestaltung der Interaktion zwischen Dienstleister und Auftraggeber während der Dauer der Zusammenarbeit.

#### 5.4.6.3 Vertragslaufzeiten der Modellvarianten

Die Teilnehmer wurden nach der Dauer der Vertragslaufzeiten ihrer Dienstleistungsverträge bezogen auf die jeweils angewandten Betreibermodelle befragt.

| | Vertragslaufzeiten der Modellvarianten | | |
|---|---|---|---|
| | **1 - 2 Jahre** | **3 - 5 Jahre** | **> 5 Jahre** |
| Einzelvergabe-Modell (Modell 1) [n = 20] | 60 % | 25 % | 15 % |
| Paketvergabe-Modell (Modell 2) [n = 20] | 35 % | 55 % | 10 % |
| Dienstleistungsmodell (Modell 3) [n = 19] | 0 % | 89 % | 11 % |
| Management-Modell (Modell 4) [n = 16] | 0 % | 81 % | 19 % |
| Total-Facility-Management-Modell (Modell 5) [n = 15] | 0 % | 47 % | 53 % |
| **Ø Vertragslaufzeit der Dienstleistungsverträge** | **19 %** | **59 %** | **22 %** |

**Abbildung 5.52** Vertragslaufzeiten der Modellvarianten

Die Auswertung in Abbildung 5.52 zeigt deutlich, dass sich mit zunehmender Bündelung der Services die Laufzeit der Verträge erhöht. Bei der Einzelvergabe

[65] Vgl. Punkt 5.3.6.5 Anwendung von Betreibermodellen (Erhebung Unternehmen).

(Modell 1) werden bei 60 % der Befragten die Dienstleistungsverträge sehr kurzfristig auf 1 bis 2 Jahre angelegt. 25 % der Anwender nutzen hier etwas längere Vertragslaufzeiten von 3 bis 5 Jahren. Eine Vertragslaufzeit über 5 Jahre ist bei der Einzelvergabe eher unüblich. Bei der Paketvergabe (Modell 2) werden von mehr als der Hälfte der Anwender die Verträge auf 3 bis 5 Jahre abgeschlossen, etwa 1/3 der Dienstleistungsunternehmen bevorzugen auch bei diesem Modell eine eher kurzfristige Vertragslaufzeit von 1 bis 2 Jahren. Sowohl beim Dienstleistungsmodell (Modell 3) als auch beim Management-Modell (Modell 4) sind die Verträge bei über 80 % der Befragten auf 3 bis 5 Jahre angelegt. Längerfristige Verträge von über 5 Jahren werden bei diesen Modellen eher selten, kurzfristige Verträge in der Regel nicht abgeschlossen. Beim Total-Facility-Management-Modell (Modell 5) werden von jeweils etwa der Hälfte der Anwender die Verträge entweder mit einer Laufzeit von 3 bis 5 Jahren oder langfristig über 5 Jahre abgeschlossen.

Grundsätzlich kann festgestellt werden, dass mit 59 % der überwiegende Teil der Dienstleistungsverträge, über alle Modellvarianten hinweg, mit einer Laufzeit von 3 bis 5 Jahren abgeschlossen wird. Lediglich 19 % der Dienstleistungsverträge sind kurzfristig mit einer Dauer von 1 bis 2 Jahren angelegt, wobei es sich hierbei überwiegend um die Erbringung von Einzelleistungen handelt. Bei 22 % der Verträge liegt die Laufzeit über 5 Jahren.

Auch hier geben die ermittelten Werte ein ähnliches Bild ab, wie die Ergebnisse der Erhebung auf Seiten der Auftraggeber.[66] Die durchschnittliche Laufzeit der abgeschlossenen Outsourcingverträge liegt auch dort mit 73 % überwiegend zwischen 3 und 5 Jahren.

#### 5.4.6.4 Anwendung von Vergütungs- und Preismodellen

Ein wesentlicher Vertragsbestandteil ist die Vereinbarung der Vergütung für die zu erbringenden Dienstleistungen. Die Teilnehmer sollten deshalb Angaben dazu machen, welche Form der Vergütung in den Dienstleistungsverträgen zwischen ihnen und ihren Auftraggebern in der Regel vereinbart wird. Die Werte beziehen sich auf die jeweils angewandten Betreibermodelle.

Nach den in Abbildung 5.53 dargestellten Ergebnissen ist die am häufigsten vorkommende Vergütungsform für die Erbringung von Einzelleistungen der Einheitspreis. Bei fast 2/3 der Einzelvergabe-Verträge erfolgt die Vergütung nach Einheitspreisen, bei etwa 1/3 wird ein Pauschalpreis vereinbart. Bei der Paketvergabe wird etwa jeweils die Hälfte der Verträge mit Einheitspreisen oder mit Pauschalpreisen abgeschlossen. Die am häufigsten vereinbarte Vergütungsform

---

[66] Vgl. Punkt 5.3.6.7 Vertragslaufzeiten der Modellvarianten (Erhebung Unternehmen).

beim Dienstleistungsmodell ist mit 62 % der Pauschalpreis, bei 23 % der Verträge erfolgt die Vergütung nach Einheitspreisen. Eher selten angewandt werden bei diesem Modell die Cost-Plus-Fee-Vergütung mit 10 % oder die Vereinbarung eines GMP mit 5 %. Allerdings sind hier 48 % der Verträge mit einem Open Book unterlegt. Die beim Management-Modell überwiegend vereinbarten Vergütungsformen sind mit 42 % eine Cost-Plus-Fee-Vergütung oder mit 43 % die Vereinbarung eines GMP. Bei 15 % der Verträge wird ein Pauschalpreis vereinbart. Zusätzlich werden hier mit 78 % die Mehrzahl der Verträge durch eine Open-Book Policy ergänzt. Beim Total-Facility-Management-Modell werden 58 % der Verträge mit einem Garantierten Maximalpreis und 37 % mit einer Cost-Plus-Fee-Vergütung abgeschlossen. Bei einem geringen Anteil von 5 % der Verträge wird ein Pauschalpreis vereinbart. Darüber hinaus ist bei 85 % der Verträge ein Open Book vereinbart.

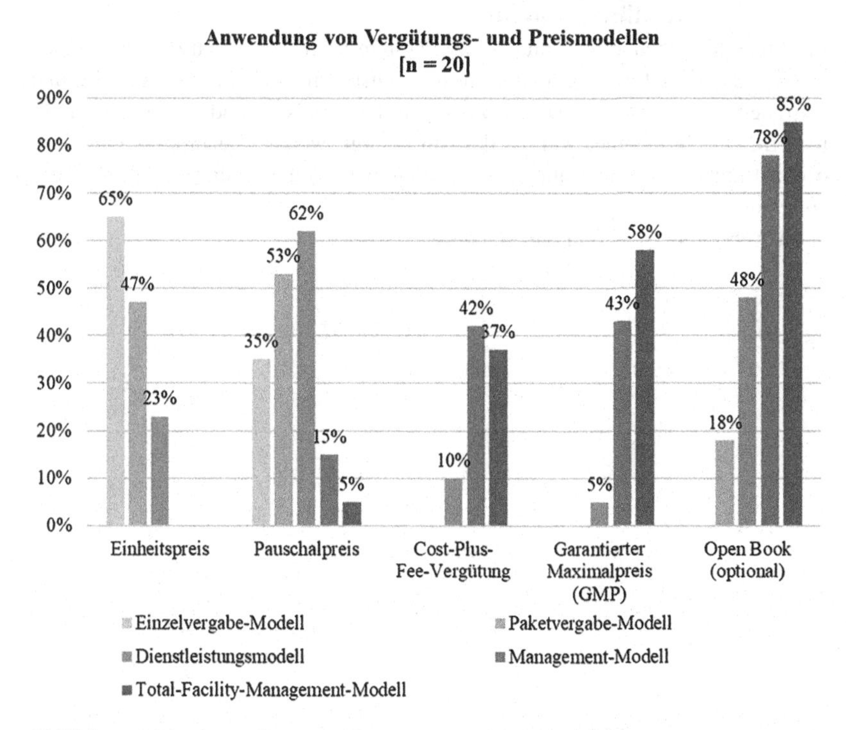


**Abbildung 5.53** Anwendung von Vergütungs- und Preismodellen

Zusammenfassend kann festgestellt werden, dass sowohl bei der Einzelvergabe, bei der Paketvergabe als auch beim Dienstleistungsmodell überwiegend die Vergütung nach Einheits- oder Pauschalpreisen erfolgt, während beim Management-Modell und beim Total-Facility-Management-Modell größtenteils entweder eine Cost-Plus-Fee-Vergütung oder ein GMP vereinbart werden. Die Vereinbarung eines Open Book ist überwiegend in Kombination mit einer Cost-Plus-Fee-Vergütung oder einem garantierten Maximalpreis vorzufinden.

Diese Ergebnisse decken sich mit den Erhebungswerten auf Seiten der Auftraggeber.[67] Die Auswertung dort zeigt ebenfalls eine überwiegende Anwendung des Einheits- oder Pauschalpreises bei den Modellen 1 bis 3, während bei den Modellen 4 und 5 eher eine Cost-Plus-Fee-Vergütung oder ein GMP vereinbart werden.

#### 5.4.6.5 Anwendung von Steuerungs- und Kontrollinstrumenten

Ein bilaterales Steuerungs- und Kontrollsystem trägt wesentlich dazu bei, einen vertragsgemäßen Leistungsaustausch sicherzustellen und eine erfolgreiche und vertrauensvolle Zusammenarbeit zwischen Dienstleister und Auftraggeber zu fördern. Die Teilnehmer wurden deshalb befragt, welche Steuerungs- und Kontrollinstrumente sie im Rahmen der Zusammenarbeit mit ihren Auftraggebern einsetzen.

In Abbildung 5.54 sind die Ergebnisse dargestellt.

[67] Vgl. Punkt 5.3.6.8 Anwendung von Vergütungs- und Preismodellen (Erhebung Unternehmen).

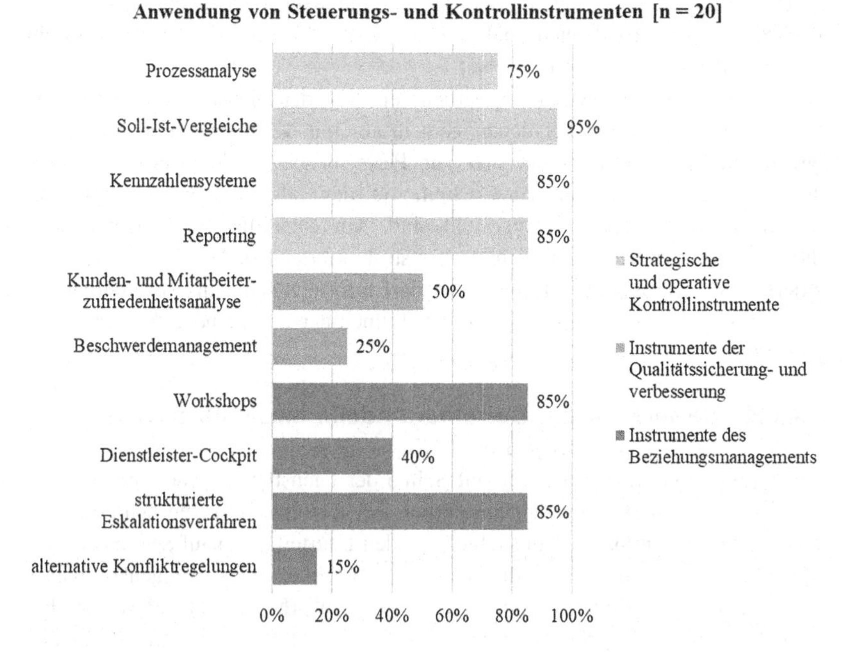


**Abbildung 5.54** Anwendung von Steuerungs- und Kontrollinstrumenten

Die ermittelten Werte zeigen ein ähnliches Bild wie die Befragungsergebnisse auf Seiten der Auftraggeber.[68] Sie verdeutlichen, dass Steuerungs- und Kontrollinstrumente auch bei den Dienstleistungsunternehmen von hoher Relevanz sind.

Mit 95 % führen fast alle der befragten Dienstleistungsunternehmen zur strategischen und operativen Kontrolle regelmäßige Soll-Ist-Vergleiche durch, um feststellen zu können ob die erzielten Resultate mit den vertraglich vereinbarten Vorgaben übereinstimmen. Bei 85 % der Befragten werden Kennzahlensysteme zur Messung der Ergebniserreichung angewandt, ebenfalls 85 % verfügen über ein Reporting- und Kommunikationssystem zur regelmäßigen Informationsübermittlung. Darüber hinaus nutzen 75 % der Befragten das Instrument der Prozessanalyse.

[68] Vgl. Punkt 5.3.6.9 Anwendung von Steuerungs- und Kontrollinstrumenten (Erhebung Unternehmen).

Die Hälfte der befragten Dienstleister führt zur Qualitätsmessung regelmäßige Kundenzufriedenheitsanalysen durch. 25 % haben darüber hinaus ein Beschwerdemanagement eingerichtet.

Zur besseren Kommunikation werden bei 85 % der Dienstleister regelmäßige Workshops veranstaltet, bei denen gemeinsam mit Vertretern ihrer Auftraggeber Fragen zum Projektstand und zur Performance geklärt werden können. 40 % nutzen ein Dienstleister-Cockpit, auf dem alle notwendigen Informationen zur Performance bereitgestellt sind. Mit ebenfalls 85 % bedient sich die Mehrzahl der befragten Dienstleister strukturierter Eskalationsverfahren, um jederzeit über anstehenden Handlungsbedarf informiert zu sein. Mit alternativen Konfliktregelungen versuchen 15 % der Teilnehmer auftretenden Konflikten zu begegnen.

#### 5.4.6.6 Bewertung der Betreibermodelle hinsichtlich ihrer Erfolgswirkungen

Um festzustellen zu können, wie auf Seiten der Dienstleistungsunternehmen die vorgestellten Betreibermodelle hinsichtlich ihre Erfolgswirkungen beurteilt werden und ob es signifikante Unterschiede zu den Beurteilungen auf Seiten der Auftraggeber gibt, wurden die Teilnehmer zum Abschluss dieses Fragenkomplexes gebeten, die fünf Modelle „Einzelvergabe-Modell“ (Modell 1), „Paketvergabe-Modell“ (Modell 2), „Dienstleistungsmodell“ (Modell 3), „Management-Modell“ (Modell 4) und „Total-Facility-Management-Modell“ (Modell 5) hinsichtlich ihrer Eignung in Bezug auf die Erfüllung der 10 Entscheidungskriterien zu bewerten. Um einen Vergleich zu ermöglichen, wurde die gleiche fünfstufige Ordinalskala vorgegeben wie bei der Befragung der Auftraggeber, wobei der Wert 1 für „nicht geeignet“ und der Wert 5 für „sehr gut geeignet“ steht. Für die Analyse der Daten wurden unter Berücksichtigung von 20 Angaben (n = 20) die jeweiligen Mittelwerte der abgegebenen Bewertungen errechnet und zur besseren Visualisierung in den Abbildungen 5.55 bis 5.59 graphisch dargestellt.

Bei der Einzelvergabe (siehe Abbildung 5.55) sehen die Teilnehmer die größten Vorteile in der Vermeidung von Abhängigkeiten mit einer durchschnittlichen Bewertung von 4,65 und in der Erhöhung der Flexibilität mit einem Wert von 4,35. Sehr schlecht beurteilt wird dieses Modell insbesondere hinsichtlich der Risikoverlagerung mit einer durchschnittlichen Bewertung von 1,15, der Reduzierung von Schnittstellen und dem Aufbau einer partnerschaftlichen Beziehung mit Werten von jeweils 1,20 sowie dem Zugang zu externem Know-how mit einem Wert von 1,40. Die niedrigen Bewertungen der übrigen Kriterien (Werte von 2,10 bis 2,85) zeigen, dass die Einzelvergabe hinsichtlich der Erfüllung der Kriterien insgesamt von den Teilnehmern als nicht geeignet angesehen wird.

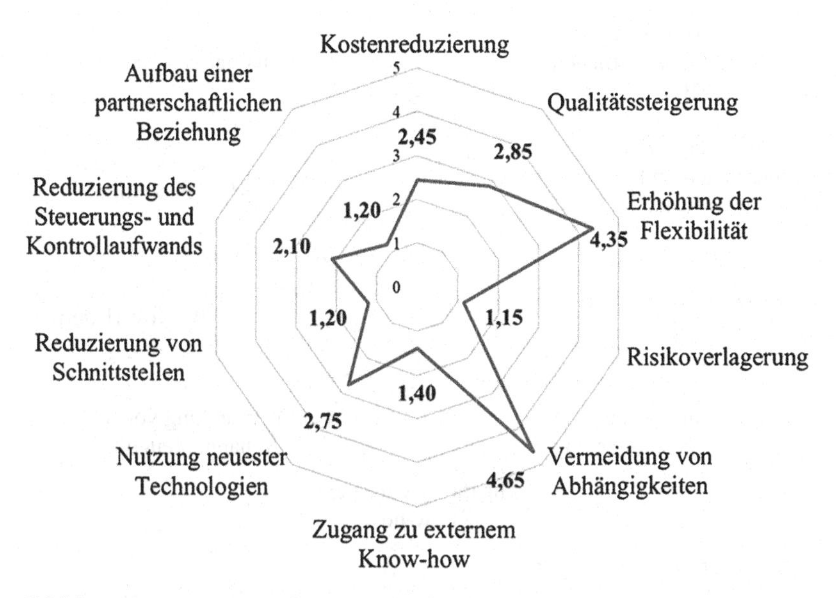


**Abbildung 5.55** Bewertung Einzelvergabe-Modell

Die Auswertung zur Paketvergabe in Abbildung 5.56 zeigt insgesamt ähnliche Beurteilungswerte wie bei der Einzelvergabe.

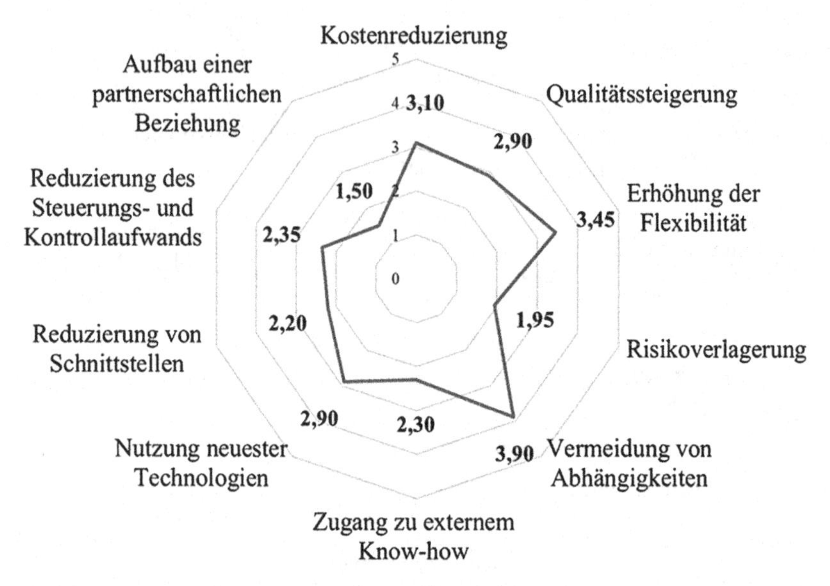


**Abbildung 5.56** Bewertung Paketvergabe-Modell

Die beste Beurteilung erhält die Paketvergabe hinsichtlich der Vermeidung von Abhängigkeiten (3,90) und der Erhöhung der Flexibilität (3,45). Etwas besser im Vergleich zur Einzelvergabe, aber immer noch sehr schlecht bewertet, werden der Aufbau einer partnerschaftlichen Beziehung (1,50), die Risikoverlagerung (1,95), die Reduzierung von Schnittstellen (2,20) und der Zugang zu externem Know-how (2,30). Hinsichtlich der Erfüllung der übrigen Kriterien mit Durchschnittswerten von 2,35 bis 3,10 wird auch die Paketvergabe insgesamt als eher nicht geeignet beurteilt.

Die Auswertung zum Dienstleistungsmodells ist in Abbildung 5.57 dargestellt und zeigt, dass die Teilnehmer diese Sourcing-Form hinsichtlich der Erfüllung der Kriterien mit durchschnittlichen Werten von 2,60 bis 3,70 überwiegend gut bewerten. Im Vergleich zur Einzel- und Paketvergabe wird dieses Modell insbesondere hinsichtlich der Risikoverlagerung (3,35), der Reduzierung von Schnittstellen (3,35), dem Zugang zu externem Know-how (3,40), und dem Aufbau einer partnerschaftlichen Beziehung (3,70) wesentlich besser bewertet.

Schlechter bewertet wird das Dienstleistungsmodell lediglich in Bezug auf die Erhöhung der Flexibilität (2,60) und die Vermeidung von Abhängigkeiten (2,65).

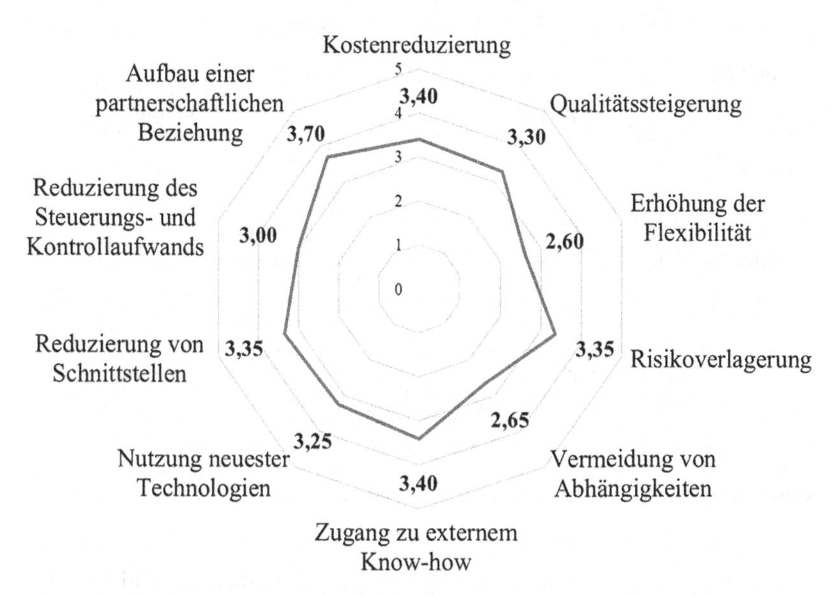


**Abbildung 5.57** Bewertung Dienstleistungsmodell

Die Abbildung 5.58 zeigt, dass das Management-Modell hinsichtlich der Eignung in Bezug auf die Erfüllung der Kriterien von den Teilnehmern zwar insgesamt etwas schlechter als das Dienstleistungsmodell aber trotzdem überwiegend als geeignet beurteilt wird.

Die überwiegende Anzahl der Kriterien wird ähnlich dem Dienstleistungsmodell mit durchschnittlichen Werten von 3,21 bis 3,90 beurteilt. Eine Verbesserung im Vergleich zum Dienstleistungsmodell sehen die Teilnehmer beim Management-Modell insbesondere in Bezug auf die Risikoverlagerung (3,63) und die Reduzierung von Schnittstellen (3,95). Die schlechteste Bewertung erhält das Management-Modell ebenfalls hinsichtlich der Erhöhung der Flexibilität (1,34) und bei der Vermeidung von Abhängigkeiten (1,95).

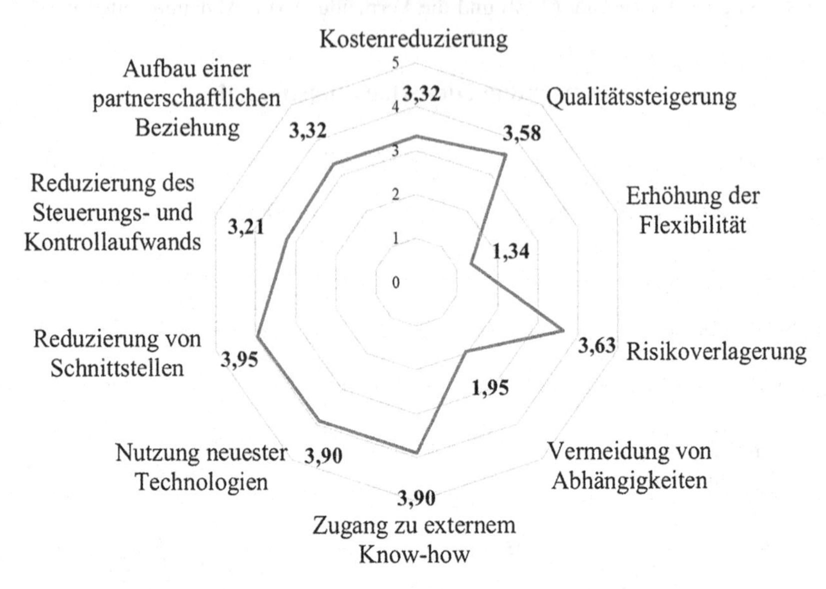


**Abbildung 5.58** Bewertung Management-Modell

Die Auswertung zum Total-Facility-Management-Modell in Abbildung 5.59 zeigt, dass diese Sourcing-Form im Vergleich mit den anderen Modellen von den Teilnehmern am besten bewertet wird.

Schlecht bewertet wird dieses Modell lediglich in Bezug auf die Erhöhung der Flexibilität (1,21) und bei der Vermeidung von Abhängigkeiten (1,26). Hinsichtlich der anderen Kriterien liegen die Beurteilungen im Durchschnitt bei Werten von 3,74 bis 4,63. Zusammenfassend lässt sich festhalten, dass aus Sicht der befragten Teilnehmer das Total-Facility-Management-Modell vor allem in Bezug auf die Risikoverlagerung (4,47), die Reduzierung von Schnittstellen (4,74) und den Aufbau einer partnerschaftlichen Beziehung (4,63) als geeignet angesehen wird.

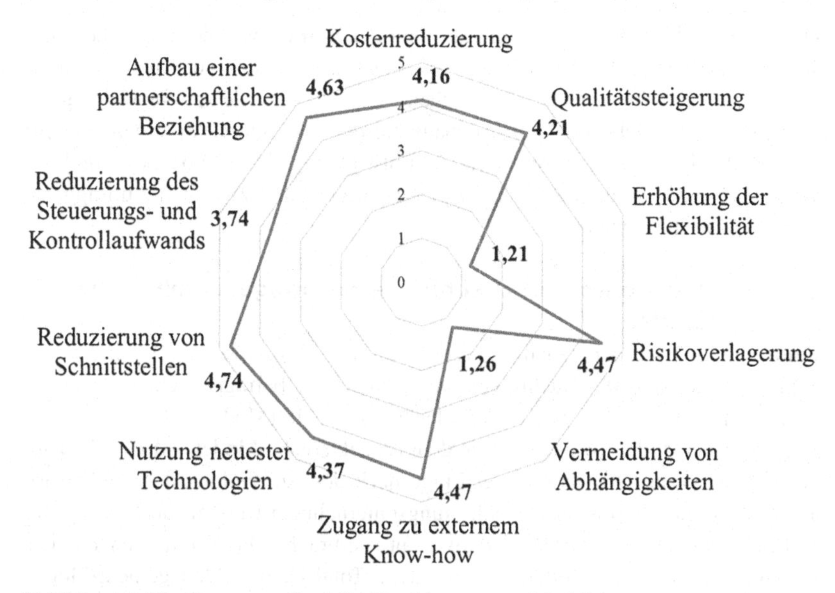


**Abbildung 5.59** Bewertung Total-Facility-Management-Modell

Bei Betrachtung der abgegebenen Beurteilungen der Modellvarianten zeigt sich, dass die Bewertungen der Dienstleistungsunternehmen im Vergleich zu den Bewertungen der Auftraggeber[69] bei einzelnen Kriterien zwar etwas variieren, in der Gesamtbetrachtung die Teilnehmer auf Dienstleisterseite jedoch zu der gleichen Einschätzung gelangen wie die Teilnehmer auf Unternehmensseite. So sehen die befragten Dienstleister mit zunehmender Bündelung der Facility Services, d. h. mit zunehmendem Outsourcinggrad der Modelle, Verbesserungen vor allem in Bezug auf die Reduzierung der Kosten, die Qualitätssteigerung, den Zugang zu externem Know-how und neuesten Technologien, die Reduzierung von Schnittstellen und den Steuerungs- und Kontrollaufwand, die Verteilung des Risikos und insbesondere beim Aufbau einer partnerschaftlichen Beziehung. Als nachteilig werden die beschränkte Flexibilität und die hohe gegenseitige Abhängigkeit angesehen.

[69] Vgl. Punkt 5.3.6.11 Bewertung der Betreibermodelle hinsichtlich ihrer Erfolgswirkungen (Erhebung Unternehmen).

### 5.4.7 Ergebnisse Teil F „Zukunftstendenzen"

Dieser Fragenkomplex dient dem Ausklang der Befragung. Die Fragen beziehen sich insbesondere auf Veränderungen im Nachfrageverhalten der Kunden und die sich daraus ergebenden Entwicklungschancen und Potenziale zur Ausweitung des Dienstleistungsangebots. Darüber hinaus werden die Interviewpartner um eine persönliche Einschätzung zur weiteren Entwicklung des FM-Marktes und zur Gestaltung einer optimalen Wertschöpfungspartnerschaft zwischen Auftraggeber und Dienstleister gebeten.

#### 5.4.7.1 Derzeitiges und zukünftiges Nachfrageverhalten der Kunden

Bei der Frage nach dem Nachfrageverhalten gibt die Auswertung ein eindeutiges Bild ab. Die stärkste Nachfrage verzeichnen die befragten Dienstleistungsunternehmen (n = 20) beim Dienstleistungsmodell (Modell 3), gefolgt vom Paketvergabe-Modell (Modell 2) und dem Einzelvergabe-Modell (Modell 1). Dies bestätigt auch die Auswertung der Frage nach der Anwendung der Modellvarianten.[70] Bei den befragten Dienstleistungsunternehmen werden rund 77 % ihres Auftragsvolumens mit diesen Modellvarianten erbracht. Die Nachfrage nach dem Management-Modell (Modell 4) und dem Total-Facility-Management-Modell (Modell 5) ist vergleichsweise eher gering. So entfallen lediglich 14,4 % des Auftragsvolumens auf das Total-Facility-Management-Modell und noch deutlich weniger mit 8,5 % auf das Management-Modell.

Allerdings sehen die befragten Teilnehmer einen eindeutigen Trend zu einer stärkeren Bündelung der Facility Services. Dies wird aus Sicht der Befragten vor allem eine noch stärkere Nachfrage nach dem Dienstleistungsmodell zur Folge haben. Hinsichtlich der Nachfrage nach dem Management-Modell und dem Total-Facility-Management-Modell wird zwar eine leichte Zunahme prognostiziert, nach Einschätzung der Befragten werden diese beiden Modelle allerdings auch in Zukunft bei den wenigsten ihrer Kunden in Reinform Anwendung finden.

Unabhängig von der Art der Vergabe sehen die Befragten eine Veränderung des Nachfrageverhaltens ihrer Kunden in Bezug auf die einzelnen Serviceleistungen. Neben einer zunehmenden Nachfrage bei den Leistungen des infrastrukturellen und technischen Gebäudemanagements verzeichnen die Teilnehmer eine verstärkte Nachfrage ihrer Kunden nach technischen Innovationen für die Gebäudebewirtschaftung. Darüber hinaus wird aus Sicht der Befragten das Thema

[70] Vgl. Punkt 5.4.6.2 Anwendung der Modellvarianten.

Digitalisierung zunehmend wichtiger und hat entscheidenden Einfluss auf die Vergabeentscheidung und die Auswahl eines Dienstleisters.

### 5.4.7.2 Zukunftsstrategien und Potenziale

Die Teilnehmer wurden abschließend noch dazu befragt, welche Zukunftsstrategien sie im Zusammenhang mit dem veränderten Nachfrageverhalten ihrer Kunden verfolgen, in welchen Bereichen sie noch Potenziale zur Ausweitung ihres Dienstleistungsangebots sehen und welche Maßnahmen sie ergreifen, um die Erwartungen ihrer Kunden zukünftig zu erfüllen.

In Abbildung 5.60 sind die von den befragten Teilnehmern genannten Strategien und Potenziale dargestellt.

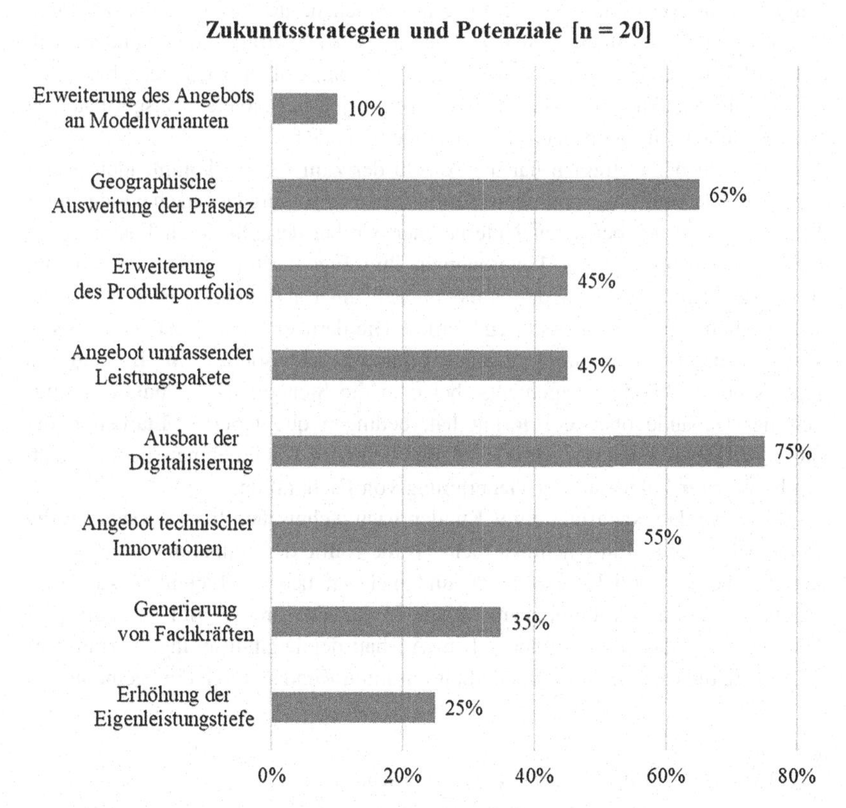


**Abbildung 5.60** Zukunftsstrategien und Potenziale

Das Ergebnis zeigt, dass sich in Bezug auf das Angebot der Modellvarianten zukünftig keine signifikanten Veränderungen ergeben. Bereits jetzt bieten drei Viertel der befragten Unternehmen alle Modellvarianten an und wollen dies auch zukünftig so beibehalten.[71] Lediglich 10 % der Teilnehmer, die bisher nur das Modell 1 (Einzelvergabe-Modell), das Modell 2 (Paketvergabe-Modell) und das Modell 3 (Dienstleistungsmodell) anbieten, wollen ihr Angebot zukünftig noch um das Modell 4 (Management-Modell) und das Modell 5 (Total-Facility-Management-Modell) erweitern.

Um der steigenden Nachfrage ihrer Kunden, vor allem nach länderübergreifenden Dienstleistungsangeboten, zu begegnen, wollen 65 % der befragten Unternehmen ihre geographische Präsenz ausweiten.[72] 45 % der Teilnehmer beabsichtigen durch neue Kooperationen oder Partnerschaften[73] ihr Produktportfolio zu erweitern, speziell in den Bereichen, die bisher nicht zu ihren Kernkompetenzen zählen. Um der zunehmenden Nachfrage ihrer Kunden nach „Dienstleistungen aus einer Hand" zu begegnen, wollen 45 % der befragten Unternehmen zukünftig umfassende Leistungspakete anbieten, ausgerichtet an den speziellen Anforderungen des jeweiligen Kunden.

Aus Sicht der Befragten hat die Anzahl der zum Einsatz kommenden Nachunternehmer einen wesentlichen Einfluss auf die Vergabeentscheidung ihrer Kunden. 25 % der befragten Unternehmen wollen deshalb durch Fusionierung oder den Zukauf weiterer Unternehmen ihre Eigenleistungstiefe erhöhen, um damit den Anforderungen der Kunden nach einer möglichst geringen Anzahl von Nachunternehmern gerecht zu werden. Die darüber hinaus gestiegenen Qualitätsanforderungen an die Leistungserbringung, insbesondere im Bereich des technischen Gebäudemanagements, bei dem die Sicherung der Funktionsfähigkeit der Gebäude oberste Priorität hat, bedingen qualifizierte Mitarbeiter, die diese Aufgaben erledigen. Bei 35 % der befragten Unternehmen liegt deshalb ein besonderer Fokus auf der Generierung von Fachkräften.

Die verstärkte Nachfrage ihrer Kunden nach technischen Innovationen für die Gebäudebewirtschaftung nehmen mehr als die Hälfte der Teilnehmer (55 %) zum Anlass, diesen Bereich auszubauen und mehr in neueste Techniken zu investieren. In diesem Zusammenhang sehen 75 %, also drei Viertel der befragten Unternehmen, das größte Potenzial im Ausbau der Digitalisierung. Vorrangiges Ziel ist es, die digitale Zusammenarbeit mit ihren Kunden durch eine gemeinsame

[71] Vgl. Punkt 5.4.6.1 Angebot an Betreibermodellen.

[72] Vgl. Punkt 5.4.5.1 Geographische Präsenz.

[73] Vgl. Punkt 5.4.5.2 Partnerschaften und Kooperationen.

Datenplattform auszubauen. Diese Plattform erleichtert zum einen die Kommunikation und den Austausch zwischen den Partnern und verbessert zum anderen die Transparenz des gesamten FM-Prozesses. Vor allem bietet eine Vernetzung im „Internet of Things", bei der die Kommunikation und Datenübermittlung digital erfolgt, die Basis für weitere Optimierungspotenziale. Hierbei werden vor allem digitale Infrastrukturen in den Gebäuden, wie beispielsweise die Anwendung von Sensortechnik, aus Sicht der Befragten zukünftig eine verstärkte Rolle spielen. Der Einsatz von Sensoren ermöglicht den Dienstleistern zum einen eine automatisierte Überwachung und Steuerung ihrer Facility Services, zum anderen kann durch die Echtzeitvernetzung eine zustandsorientierte Leistungserbringung erfolgen. Darüber hinaus sehen die Befragten im Ausbau der Digitalisierung und der Automatisierung von Tätigkeiten eine Möglichkeit, den seit längerem in der Dienstleistungsbranche vorherrschenden Personal- und Fachkräftemangel zu kompensieren. In diesem Zusammenhang wurde von den Teilnehmern insbesondere die Servicerobotik genannt, die dazu konzipiert ist, vor allem regelmäßig wiederkehrende Servicetätigkeiten, für die nicht zwangsläufig Empathie erforderlich ist, selbstständig auszuführen. Aus Sicht der Befragten wird der Einsatz von Servicerobotern in den nächsten Jahren eine zunehmende Rolle bei der Erbringung facilitärer Dienstleistungen spielen.

## 5.5 Limitation der empirischen Erhebungen

Obwohl das Ziel der empirischen Erhebungen durch die umfassende Untersuchung des Corporate Real Estate Managements bei international tätigen Großunternehmen und den strategischen Gestaltungsmöglichkeiten für immobilienwirtschaftliche Akteure bei der Anwendung von Betreibermodellen erreicht werden konnte, unterliegen die Erhebungen einer gewissen Limitation. Es muss berücksichtigt werden, dass strategisch wirkende Veränderungen und Entwicklungstendenzen dynamisch verlaufen und auch im Unternehmensumfeld kurzfristig auftretende Veränderungen die immobilienwirtschaftlichen Entscheidungen der Akteure beeinflussen können.

Die wesentliche Limitation der Erhebungen liegt im bereits etwas länger zurückliegenden Zeitpunkt der Befragungen, die in der Zeit von März 2018 bis Juli 2019 durchgeführt wurden. Dies hat zur Folge, dass im Laufe der Zeit eventuell aufgetretene Veränderungen bei den befragten Unternehmen in den vorangegangenen Auswertungen nicht berücksichtigt sind.

Es war deshalb erforderlich, die Interviewleitfäden und die von den befragten Experten gegebenen Antworten noch einmal zum Zeitpunkt der Fertigstellung der

Dissertation im Jahr 2023 zu betrachten. Von besonderer Relevanz sind vor allem die Themenschwerpunkte, die einen unmittelbaren Einfluss auf die Ergebnisse der in Kapitel 6 durchgeführten Analyse von Sourcing-Entscheidungen bei der Wahl eines Betreibermodells haben. Dies betrifft insbesondere die nachfolgenden Fragen:

Interviewleitfaden „Unternehmen"[74]

- Frage E 1.1: derzeitiger und zukünftiger Grad des Outsourcings
- Frage E 4.1: derzeitige und zukünftige Modellanwendung
- Frage E 4.3: Entscheidungskriterien bei der Wahl eines Betreibermodells
- Fragen F 1–F 4: Zukunftstendenzen

Interviewleitfaden „Dienstleister"[75]

- Frage E 1.1: Angebot der Modellvarianten
- Frage E 1.2: Leistungsumfang bezogen auf die jeweiligen Modelle
- Fragen F 1–F 4: Zukunftstendenzen

Um im Zeitverlauf bei den Befragungsteilnehmern womöglich aufgetretene Veränderungen zu identifizieren wurde die Befragung im Januar 2023 bei einer Stichprobe von 20 % der ursprünglich befragten Teilnehmer, sowohl auf Unternehmens- wie auch auf Dienstleisterseite, wiederholt. Die Auswahl der nochmals zu befragenden Unternehmen erfolgte nach dem Zufallsprinzip und wurde über die Zufallsfunktion des Computerprogramms Microsoft Excel Version 2016 ermittelt.

Die ermittelten Teilnehmer wurden schriftlich kontaktiert. Die hierfür verwendeten Anschreiben sind den Anlagen 1.5 und 2.5 zu entnehmen. Zusammen mit dem Anschreiben wurde den Teilnehmern der Interviewleitfaden mit ihren jeweils bei der ersten Befragung getroffenen Aussagen übersandt.

Die Teilnehmer wurden gebeten, ihre ursprünglich getroffenen Aussagen zu überprüfen und mitzuteilen, ob diese noch zutreffend sind oder ob und in welchem Bereich sich in der Zwischenzeit Veränderungen ergeben haben. Dabei sollte ein besonderes Augenmerk auf die jeweiligen Schwerpunktfragen gelegt werden.

[74] Vgl. Anlage 1.4 Interviewleitfaden „Unternehmen".

[75] Vgl. Anlage 2.4 Interviewleitfaden „Dienstleister".

Die Rücklaufquote beträgt 100 %. Alle angeschriebenen Teilnehmer haben ihre ursprünglichen Aussagen noch einmal überprüft und ausführlich Stellung genommen. Die Auswertungsergebnisse stellen sich wie folgt dar:

**Erhebung „Unternehmen“**

Bei der Gestaltung des Corporate Real Estate Managements ergaben sich im Zeitverlauf keine Veränderungen. Dies betrifft die Fragenkomplexe C „Immobilienportfolio“ und D „Immobilienmanagement im Unternehmen“. Hier wurden die ursprünglich getroffenen Aussagen bestätigt.[76]

Auch beim Fragenkomplex E „Immobilienstrategie“ wurden die ursprünglichen Aussagen im Wesentlichen bestätigt.[77] Hier sollten insbesondere die Fragen zum Outsourcinggrad, zur Modellanwendung und zur Kriteriengewichtung bei der Wahl eines Betreibermodells noch einmal kritisch betrachtet werden. Beim Outsourcinggrad sind lediglich im Bereich des operativen Facility Managements leichte Verschiebungen innerhalb der Facility Services zu verzeichnen, die sich jedoch im einstelligen Prozentbereich bewegen und deshalb die Auswertungsergebnisse nicht beeinflussen.[78] Bestätigt wurde die Anwendung der Modelle und Modellkombinationen. Die vorherrschende Vergabeform ist zum gegenwärtigen Zeitpunkt immer noch eine gebündelte Vergabe mit einer Kombination der Modelle 2 (Paketvergabe-Modell) und 3 (Dienstleistungsmodell), bei Bedarf erweitert um Modell 1 (Einzelvergabe-Modell).[79] Bei den Kriterien, die Outsourcing-Entscheidungen und die Wahl eines Betreibermodells beeinflussen, haben sich die prozentualen Anteile und damit die Reihenfolge der Kriterienpriorisierung nicht verändert. Dominierend ist weiterhin das Kriterium Kostenreduzierung, gefolgt von den Kriterien Qualitätssteigerung, Reduzierung des Steuerungs- und Kontrollaufwands sowie Reduzierung von Schnittstellen.[80] In diesem Zusammenhang wurden auch die Bewertungen der Betreibermodelle hinsichtlich ihrer Eignung in Bezug auf die Erfüllung der Entscheidungskriterien von den Teilnehmern bestätigt.[81]

Ausführlich kommentiert wurde von den Teilnehmern noch einmal der Themenkomplex F „Zukunftstendenzen“. Dabei haben die Teilnehmer ihre ursprünglichen

[76] Vgl. Auswertungsergebnisse Punkt 5.3.4 Immobilienportfolio und Punkt 5.3.5 Immobilienmanagement im Unternehmen.

[77] Vgl. Auswertungsergebnisse Punkt 5.3.6 Immobilienstrategie.

[78] Vgl. Auswertungsergebnisse Punkt 5.3.6.1 Outsourcinggrad.

[79] Vgl. Auswertungsergebnisse Punkt 5.3.6.5 Anwendung von Betreibermodellen.

[80] Vgl. Auswertungsergebnisse Punkt 5.3.6.10 Priorisierung der Kriterien bei Outsourcing-Entscheidungen.

[81] Vgl. Auswertungsergebnisse Punkt 5.3.6.11 Bewertung der Betreibermodelle hinsichtlich ihrer Erfolgswirkungen.

Aussagen zu den Themen „Reaktionen auf den Strukturwandel" und „Neue Herausforderungen für das Corporate Real Estate Management" bestätigt.[82] Alle befragten Teilnehmer sind sich darin einig, dass die Herausforderungen für die Unternehmen und insbesondere für die immobilienwirtschaftlichen Akteure seit der ursprünglichen Befragung deutlich gewachsen sind. Verantwortlich hierfür sind die in den letzten drei Jahren eingetretenen globalen Veränderungen und Krisen. Die Folgen der lang andauernden Covid-19-Pandemie, vor allem aber der Krieg in der Ukraine verbunden mit den verhängten Wirtschaftssanktionen gegen Russland und die daraus resultierenden Folgen wie Energieknappheit, steigende Inflation und stagnierende Konjunkturentwicklung bringen erhebliche Belastungen für die Wirtschaft mit sich. Dies hat unmittelbare Auswirkungen auf die strategische Ausrichtung der Unternehmen. Höchste Priorität bei den Unternehmen haben die Liquiditätssicherung und die Stabilität ihres Kerngeschäfts. Die damit verbundenen zwingend notwendigen Kosteneinsparungen werden auch das Corporate Real Estate Management und die Immobilienbewirtschaftung erheblich beeinflussen.

Nach Ansicht der Befragten wird sich dadurch der Trend zum Outsourcing immobilienwirtschaftlicher Leistungen und zur Anwendung eines an der Immobilienstrategie des Unternehmens ausgerichteten Betreibermodells weiter beschleunigen.

Durch die gestiegenen Anforderungen an die Immobilien und deren Bewirtschaftung sehen sich die Befragten mit immer neuen Herausforderungen konfrontiert. Vor allem werden aber Themen wie Flexibilität des Gebäudebestandes, bedarfsgerechte Nutzungskonzepte, moderne und agile Arbeitswelten, der Einsatz technischer Innovationen, Ausbau der Digitalisierung und das Thema Nachhaltigkeit mit den Dimensionen Umwelt, soziale Aspekte, Unternehmensführung – zusammengefasst unter dem Begriff ESG (Environmental, Social, Governance) – zukünftig noch stärker in den Fokus der immobilienwirtschaftlichen Akteure rücken und damit langfristig zu einem Umdenken bei der Immobilienbewirtschaftung führen.

**Erhebung „Dienstleister"**

Auf Dienstleisterseite ergaben sich im Zeitverlauf keine grundlegenden Änderungen bei den Fragenkomplexen C „Unternehmensstruktur" und D „Leistungstiefe im Facility Management". Die ursprünglich getroffenen Aussagen wurden von den Teilnehmern bestätigt.[83]

---

[82] Vgl. Auswertungsergebnisse Punkt 5.3.7.1 Reaktionen der Unternehmen auf den Strukturwandel und Punkt 5.3.7.2 Neue Herausforderungen für das Corporate Real Estate Management.

[83] Vgl. Auswertungsergebnisse Punkt 5.4.4 Unternehmensstruktur und Punkt 5.4.5 Leistungstiefe im Facility Management.

Auch beim Fragenkomplex E „Dienstleistungskonzepte“, der sich auf die Leistungserbringung und die Gestaltung der Zusammenarbeit mit den Auftraggebern konzentriert, wurden die Aussagen weitestgehend bestätigt.[84] In diesem Bereich sollten vor allem die Aussagen zum Modellangebot und zum jeweiligen Leistungsumfang auf aktuelle Gültigkeit überprüft werden. Beim Modellangebot gibt es keine Veränderungen, alle ursprünglichen Angaben, auch hinsichtlich der geographischen Anwendung der Modelle wurden bestätigt.[85] Die ursprünglichen Aussagen zum modellbezogenen Leistungsumfang wurden leicht korrigiert. Dadurch hat sich der prozentuale Anteil des Leistungsumfangs bei den einzelnen Modellen, gemessen am gesamten Auftragsvolumen, geringfügig verschoben. Dies hat jedoch keine Auswirkungen auf die Auswertungsergebnisse. Überwiegende Anwendung finden nach wie vor die Modelle 2 (Paketvergabe-Modell) und 3 (Dienstleistungsmodell) mit einem Gesamtanteil von mehr als 50 % des Auftragsvolumens.[86]

Wie die Teilnehmer auf Unternehmensseite haben auch die Teilnehmer auf Dienstleisterseite zum Themenkomplex F „Zukunftstendenzen“ noch einmal ausführlich Stellung bezogen. Grundsätzlich wurden die ursprünglichen Aussagen zu den Themen „Nachfrageverhalten der Kunden“ und „Zukunftsstrategien und Potenziale“ bestätigt.[87] Die stärkste Nachfrage verzeichnen die befragten Dienstleistungsunternehmen aktuell immer noch beim Dienstleistungsmodell (Modell 3), gefolgt vom Paketvergabe-Modell (Modell 2) und dem Einzelvergabe-Modell (Modell 1). Aus Sicht der Befragten hat sich allerdings der Trend zum Outsourcing immobilienwirtschaftlicher Leistungen und einer stärkeren Bündelung der Facility Services seit der ursprünglichen Befragung bereits beschleunigt. Als Ursache sehen die Teilnehmer die in der jüngsten Vergangenheit eingetretenen globalen Veränderungen und Krisen und die damit einhergehenden Auswirkungen auf die Immobilienbewirtschaftung.

Durch die gestiegenen Anforderungen an die Immobilien und deren Bewirtschaftung und dem damit verbundenen veränderten Nachfrageverhalten ihrer Kunden sehen die befragten Teilnehmer noch erhebliches Potenzial zum Ausbau ihres Dienstleistungsangebots. Die Dienstleistungsunternehmen setzen dabei insbesondere auf die Erweiterung ihres Produktportfolios, um umfassende Leistungspakete anbieten zu können und auf den Ausbau der Digitalisierung, um eine bessere Vernetzung mit ihren Kunden sicherzustellen. Besonderes Augenmerk wird auf

[84] Vgl. Auswertungsergebnisse Punkt 5.4.6 Dienstleistungskonzepte.

[85] Vgl. Auswertungsergebnisse Punkt 5.4.6.1 Angebot an Betreibermodellen.

[86] Vgl. Auswertungsergebnisse Punkt 5.4.6.2 Anwendung der Modellvarianten.

[87] Vgl. Auswertungsergebnisse Punkt 5.4.7.1 Derzeitiges und zukünftiges Nachfrageverhalten der Kunden und Punkt 5.4.7.2 Zukunftsstrategien und Potenziale.

Investitionen in technische Innovationen gelegt, die zukünftig eine immer wichtigere Rolle bei der Immobilienbewirtschaftung und der Erbringung facilitärer Dienstleistungen spielen werden.

**Fazit der nochmaligen Befragung**
Zusammenfassend kann festgehalten werden, dass sich, sowohl auf Unternehmens- wie auch auf Dienstleisterseite, keine gravierenden Veränderungen im Zeitverlauf ergeben haben. Die Übereinstimmung mit den ursprünglich getroffenen Aussagen liegt bei ca. 95 %. Damit kann eine Belastbarkeit der Auswertungsergebnisse nachgewiesen werden.

# 6 Analyse von Sourcing-Entscheidungen bei der Wahl eines Betreibermodells

## 6.1 Überblick

Outsourcing-Entscheidungen und die spezifische Wahl eines Betreibermodells sind abhängig von den individuell verfolgten Zielen und speziellen Rahmenbedingungen des jeweiligen Unternehmens. Eine rationale Entscheidung kann nur dann getroffen werden, wenn Zielvorstellungen existieren, mit deren Hilfe die verschiedenen Alternativen beurteilt und bewertet werden können. Im Rahmen des Entscheidungsprozesses muss deshalb das Zielsystem genau definiert werden. Die Präzisierung des Zielsystems durch die Formulierung von Entscheidungskriterien liefert den Beurteilungsmaßstab für die letztendliche Auswahl einer Alternative.[1] Da Outsourcing-Entscheidungen ein komplexes Entscheidungsproblem darstellen und auf einer Vielzahl von Entscheidungskriterien beruhen, werden Methoden aufgezeigt, die zur Entscheidungsunterstützung bei der Wahl eines Betreibermodells eingesetzt werden können und die unter Berücksichtigung mehrerer Kriterien und den individuellen Präferenzen der Entscheidungsträger die Identifizierung eines geeigneten Betreibermodells ermöglichen. Mit Hilfe eines standardisierten Bewertungsverfahrens, bei dem die Erfolgswirkungen der verschiedenen Modelle analysiert werden, sollen die Grundlagen für die begründete Bevorzugung der ein oder anderen Entscheidungsalternative gelegt werden. Abschließend erfolgt eine Einordnung der Ergebnisse der Nutzwertanalyse in das praktizierte Entscheidungsverhalten bei der Wahl eines Betreibermodells.

[1] Vgl. Laux, H./Gillenkirch, R./Schenk-Mathes, H. Y. (2018), S. 13 f.



N. C. Rummel, *Betreibermodelle für die Immobilienbewirtschaftung international tätiger Großunternehmen*, Baubetriebswesen und Bauverfahrenstechnik,
https://doi.org/10.1007/978-3-658-44946-9_6

## 6.2 Zielsystem bei Outsourcing-Entscheidungen

### 6.2.1 Struktur und Inhalt des Zielsystems

Nach der betriebswirtschaftlichen Definition wird ein Ziel als ein in der Zukunft liegender erstrebenswerter Zustand verstanden, dessen Eintritt von Handlungen oder Unterlassungen abhängig ist.[2] Ziele haben die Funktion, Handlungen und deren Konsequenzen zu beurteilen und stellen Entscheidungskriterien für die Wahl oder den Verzicht bestimmter Handlungsalternativen dar.[3] Da bei komplexen Entscheidungssituationen eine Vielzahl von Zielen existieren, bezeichnet man das Zielsystem als geordnete Gesamtheit von einzelnen Zielelementen zwischen denen Beziehungen bestehen oder hergestellt werden können.[4]

Ausgehend von den anhand der wissenschaftlichen Literatur identifizierten und bereits in Kapitel 3 definierten allgemeinen Zielen des Immobilienmanagements,[5] sowie unter Berücksichtigung der grundsätzlichen Motive bei Outsourcing-Entscheidungen,[6] wird nachfolgend ein Zielsystem für Outsourcing-Entscheidungen entwickelt. In dem entwickelten Zielsystem werden die Zielgrößen abgebildet, die im Rahmen von Outsourcing-Entscheidungen relevant sind (siehe Abbildung 6.1). Für die spätere Methodenanwendung bedeutet dies jedoch nicht, dass alle Zielgrößen berücksichtigt werden müssen. Vielmehr steht es dem Anwender frei, seine individuellen Ziele auszuwählen oder das entwickelte Zielsystem um weitere Zielgrößen zu erweitern.

[2] Vgl. Jung, H. (2016), S. 31.

[3] Vgl. Duhnkrack, T. (1984), S. 21 ff.

[4] Vgl. Heinrich, L./Riedl, R/Stelzer, D. (2014), S. 137; Jung, H. (2016), S. 35.

[5] Vgl. Punkt 3.4.2 Immobilienwirtschaftliche Zielstellung.

[6] Vgl. Punkt 3.8.4 Outsourcing als strategische Managemententscheidung.

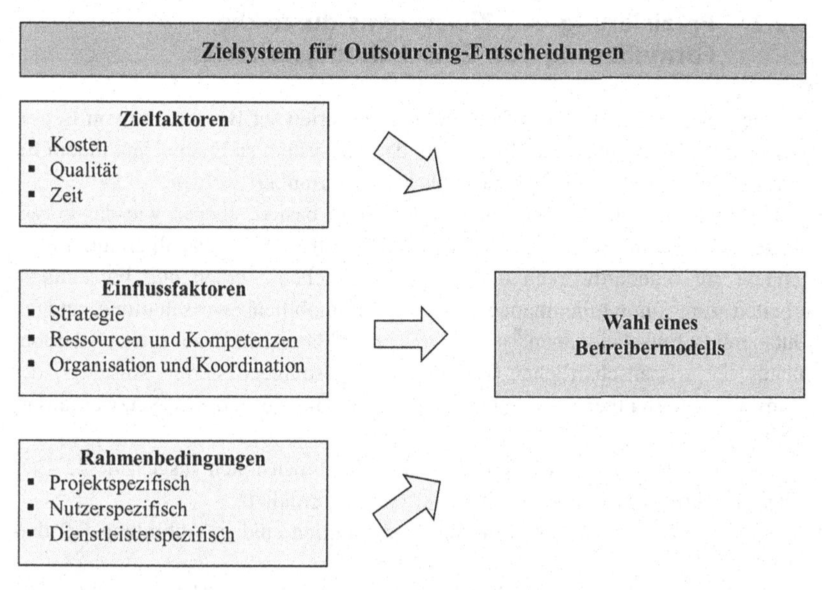


**Abbildung 6.1** Zielsystem für Outsourcing-Entscheidungen[7]

Das entwickelte Zielsystem besteht aus den klassischen Zielfaktoren Kosten, Qualität und Zeit. Es wird erweitert um die Einflussfaktoren und die Rahmenbedingungen. Unter den Einflussfaktoren werden die strategischen Zielsetzungen, die Ressourcen und Kompetenzen sowie die Organisation und Koordination zusammengefasst. Die Rahmenbedingungen beziehen sich auf projektspezifische, nutzerspezifische und dienstleisterspezifische Rahmenbedingungen.

Zielfaktoren, Einflussfaktoren und Rahmenbedingungen bestimmen maßgeblich die Outsourcing-Entscheidung und haben entscheidenden Einfluss auf die Wahl eines Betreibermodells. Sie bestimmen letztendlich das Ergebnis und den Erfolg eines Outsourcing-Projektes.

[7] Eigene Darstellung, in Anlehnung an Dörr, A. S. (2020), S. 96.

### 6.2.2 Präzisierung des Zielsystems durch die Formulierung von Entscheidungskriterien

Für die spätere Ableitung von Entscheidungskriterien zur Beurteilung von Betreibermodellen ist es zunächst erforderlich, das Zielsystem zu präzisieren, indem für jede Zieldimension Kriterien und Subkriterien formuliert werden.

Die Formulierung der Entscheidungskriterien basiert, ebenso wie das entwickelte Zielsystem, auf der nationalen und internationalen Fachliteratur, insbesondere auf Standardwerken und wissenschaftlichen Studien und Forschungsarbeiten zum Immobilienmanagement, zur Immobilienbewirtschaftung und zu Outsourcing-Entscheidungen.[8] Als weitere Erklärungsansätze dienen darüber hinaus die wissenschaftlichen Theorien des ressourcenbasierten Ansatzes, der Transaktionskostentheorie, der Prinzipal-Agent-Theorie und des Netzwerkansatzes.[9]

Als Ergebnis werden zu den einzelnen Zieldimensionen insgesamt 22 Entscheidungskriterien, teilweise mit Subkriterien, formuliert.

Die Zieldimensionen und Entscheidungskriterien sind in Abbildung 6.2 dargestellt.

Zu den wichtigsten Kriterien bei Outsourcing-Entscheidungen zählen die kosten-, qualitäts- und zeitbezogenen Faktoren.

Vorrangiges Ziel einer Outsourcing-Maßnahme ist es in der Regel, eine Kostenreduzierung und damit gleichzeitig eine Verbesserung der Wirtschaftlichkeit herbeizuführen. Das größte Kosteneinsparungspotenzial liegt in der Senkung der Personalkosten, wobei sich hier weitere Einsparungseffekte durch die Umwandlung fixer Kosten in variable Kosten ergeben. Durch die Nutzung von Skaleneffekten kann eine Senkung der Leistungserstellungskosten erreicht werden. Kosteneinsparungen können darüber hinaus durch eine Verringerung der Transaktionskosten erzielt werden. Weitere Kriterien in Bezug auf die Kosten sind die Erhöhung der Kostentransparenz und die Minderung des Kostenrisikos.

Bei den qualitätsbezogenen Faktoren liegt der Fokus vor allem auf der Qualitätssteigerung bei der Leistungserbringung. Dies bezieht sich sowohl auf die Qualität der Arbeitsergebnisse als auch auf die Servicequalität. Eine verbesserte Qualität führt letztendlich zu einer höheren Nutzerzufriedenheit.

[8] Vgl. hierzu die Literaturangaben in Abschnitt 1.2 Stand der Forschung, unter Punkt 3.4.2 Immobilienwirtschaftliche Zielstellung sowie unter Punkt 3.8.4 Outsourcing als strategische Managemententscheidung.

[9] Vgl. Abschnitt 3.9 Wissenschaftliche Theorien als Erklärungsansätze für Outsourcing-Entscheidungen und ihre Anwendbarkeit auf den Phasenprozess des Outsourcings.

| | Zieldimensionen | | |
|---|---|---|---|
| Entscheidungskriterien | **Kosten** | **Qualität** | **Zeit** |
| | ▪ Kostenreduzierung<br>– Senkung der Personalkosten<br>– Senkung der Leistungserstellungskosten<br>– Verringerung der Transaktionskosten<br>– Umwandlung fixer Kosten in variable Kosten<br>– Nutzung von Skaleneffekten<br>▪ Erhöhung der Kostentransparenz<br>▪ Minderung des Kostenrisikos | ▪ Qualitätssteigerung<br>– Qualität der Arbeitsergebnisse<br>– Servicequalität<br>▪ Erhöhung der Leistungstransparenz<br>▪ Erhöhung der Nutzerzufriedenheit | ▪ Beschleunigung der Arbeitsabläufe<br>▪ Termintreue<br>▪ Flexibilität<br>– Reaktion auf Volumenänderungen<br>– Reaktion auf veränderte Wettbewerbsbedingungen |
| | **Strategie** | **Ressourcen und Kompetenzen** | **Organisation und Koordination** |
| | ▪ Konzentration auf die Kernkompetenzen<br>▪ Erhöhung der organisatorischen Flexibilität<br>▪ Reduzierung des Risikos<br>▪ Vermeidung von Abhängigkeiten | ▪ Verfügbarkeit von internen und externen Ressourcen<br>▪ Zugang zu externem Know-how<br>▪ Nutzung neuester Technologien | ▪ Straffung der Organisationsstruktur<br>▪ Reduzierung von Schnittstellen<br>▪ Reduzierung des Steuerungs- und Kontrollaufwands |
| | **Rahmenbedingungen** | | |
| | ▪ Projektumfang<br>▪ Nutzeranforderungen<br>▪ Dienstleisterbeziehung | | |

**Abbildung 6.2** Entscheidungskriterien für Outsourcing-Entscheidungen[10]

Relevante Kriterien in Bezug auf die zeitlichen Faktoren sind die Beschleunigung der Arbeitsabläufe, die Einhaltung von vorgegebenen Terminzielen, aber vor allem die Flexibilität des Dienstleisters in Bezug auf nachträgliche Volumenänderungen oder veränderte Wettbewerbsbedingungen.

Mit Outsourcing-Maßnahmen lassen sich insbesondere Ressourcen für die Kernaufgaben eines Unternehmens freisetzen, weshalb die Konzentration auf die Kernkompetenzen und damit auch die Erhöhung der organisatorischen Flexibilität wesentliche Kriterien der strategischen Zielsetzung darstellen. Ein weiteres wichtiges Kriterium ist die Reduzierung des unternehmerischen Risikos. Bei Outsourcing-Maßnahmen können Teile des Risikos auf den externen Dienstleister übertragen werden. Dies betrifft insbesondere Terminüberschreitungen, Kostensteigerungen oder Qualitätsprobleme bei der Leistungserstellung.

[10] Eigene Darstellung.

Eine weitere Reduzierung des Risikos ergibt sich aus der teilweisen Verlagerung der Betreiberverantwortung auf den Dienstleister. Ein erhöhtes Risiko bei Outsourcing-Maßnahmen stellt allerdings die Entstehung von Abhängigkeiten dar, die sich aus der oftmals exklusiven Stellung des Dienstleisters ergeben. Ein wesentliches Kriterium der strategischen Zielsetzung ist deshalb die Vermeidung oder Reduzierung von Abhängigkeiten.

Hinsichtlich der Zieldimension „Ressourcen und Kompetenzen" liegt das Hauptaugenmerk auf der Verfügbarkeit benötigter Ressourcen. Durch eine Outsourcing-Maßnahme ergibt sich ein besserer Zugriff auf notwendige Ressourcen, vor allem dann, wenn diese intern nicht zur Verfügung stehen. Dazu gehören vor allem eine ausreichende Personalkapazität beim Dienstleister, der Zugang zu externem Know-how sowie die Nutzung neuester Technologien.

In Bezug auf die Organisation und Koordination lässt sich durch ein Outsourcing vor allem eine Straffung der Organisationsstruktur erreichen, weshalb dies ein wichtiges Entscheidungskriterium darstellt. Darüber hinaus stellen Outsourcing-Maßnahmen hohe Anforderungen an das Schnittstellenmanagement, weshalb eine Betrachtung der entstehenden Schnittstellen von besonderer Relevanz ist. Weitere Kriterien sind der Steuerungs- und Kontrollaufwand, der sich im Rahmen der Outsourcing-Maßnahme für das auslagernde Unternehmen ergibt.

Wesentliche Entscheidungskriterien in Bezug auf die Rahmenbedingungen sind der Projektumfang, die spezifischen Nutzeranforderungen sowie die Dienstleisterbeziehungen. Je nach Umfang des Projektes ist zu entscheiden, ob die eigenen internen Ressourcen für die Maßnahmen ausreichen, oder ob ein Outsourcing auf einen externen Dienstleister erforderlich ist. Gleichzeitig muss gewährleistet sein, dass alle Nutzeranforderungen in Bezug auf die Leistungserstellung der benötigten Dienstleistungen erfüllt werden. Die Beziehung zu den jeweiligen Dienstleistern bestimmt maßgeblich den Erfolg einer Outsourcing-Maßnahme. Eine wichtige Rolle bei Outsourcing-Entscheidungen spielen deshalb das Vertrauen in den jeweiligen Partner und der Aufbau einer partnerschaftlichen Beziehungskultur. Diese Kriterien sind entscheidend für eine langfristig erfolgreiche Outsourcing-Partnerschaft.

### 6.2.3 Ableitung von Bewertungskriterien für die Wahl eines Betreibermodells

Die für die spezifische Wahl eines Betreibermodells relevanten Bewertungskriterien lassen sich aus dem zuvor entwickelten Zielsystem ableiten. Dabei müssen

Kriterien identifiziert werden, die einen Vergleich der verschiedenen Sourcing-Formen ermöglichen und darüber hinaus für die Bewertung der zur Auswahl stehenden Alternativen hinsichtlich ihrer Erfolgswirkungen herangezogen werden können.

Als Grundlage für die Festlegung der Kriterien dienen insbesondere die Merkmale hinsichtlich derer sich die Modellalternativen „Einzelvergabe-Modell", „Paketvergabe-Modell", „Dienstleistungsmodell", „Management-Modell" und „Total-Facility-Management-Modell" unterscheiden. Eine Analyse der wesentlichen Unterscheidungsmerkmale erfolgte bereits in Abschnitt 4.4 mit der Beschreibung und vergleichenden Darstellung der verschiedenen Sourcing-Formen.[11]

Anhand der identifizierten Unterscheidungsmerkmale werden aus dem Zielsystem insgesamt 10 Kriterien abgeleitet, die eine spätere Bewertung der Alternativen ermöglichen.

Die Kriterien zur Beurteilung der Modellalternativen sind in Abbildung 6.3 dargestellt.

| Zieldimension | Unterscheidungsmerkmale der Sourcing-Formen | abgeleitete Bewertungskriterien |
|---|---|---|
| Kosten | Höhe der Gesamtkosten | ▪ **Kostenreduzierung** |
| Qualität | Erfüllung der Qualitätsanforderungen | ▪ **Qualitätssteigerung** |
| Zeit | Reaktion auf Volumenänderungen | ▪ **Erhöhung der Flexibilität** |
| Strategie | Risikobetrachtungen | ▪ **Verlagerung des Risikos**<br>▪ **Vermeidung von Abhängigkeiten** |
| Ressourcen und Kompetenzen | Zugriff auf benötigte Ressourcen | ▪ **Zugang zu externem Know-how**<br>▪ **Nutzung neuester Technologien** |
| Organisation und Koordination | Managementanforderungen | ▪ **Reduzierung von Schnittstellen**<br>▪ **Reduzierung des Steuerungs- und Kontrollaufwands** |
| Rahmenbedingungen | Dienstleisterbeziehung | ▪ **Aufbau einer partnerschaftlichen Beziehung** |

**Abbildung 6.3** Kriterien zur Bewertung der Alternativen[12]

[11] Vgl. Punkt 4.4.1 Klassifizierung von Sourcing-Formen im Facility Management und Punkt 4.4.2 Vergleichende Darstellung der Sourcing-Formen und Abgrenzung anhand ihrer Unterscheidungsmerkmale.

[12] Eigene Darstellung.

In Bezug auf die Zieldimensionen Kosten, Qualität und Zeit unterscheiden sich die vorgestellten Sourcing-Formen vor allem in der Höhe der Gesamtkosten, der Erfüllung der Qualitätsanforderungen und in der Reaktion auf Volumenänderungen. Als Bewertungskriterien wurden die **„Kostenreduzierung“**, die **„Qualitätssteigerung“** und die **„Erhöhung der Flexibilität“** festgelegt.

Hinsichtlich der strategischen Zielsetzung liegt das wesentliche Unterscheidungsmerkmal in der Risikobetrachtung. Als relevante Bewertungskriterien dienen die **„Verlagerung des Risikos“** und die **„Vermeidung von Abhängigkeiten“**.

In Bezug auf die Zieldimension „Ressourcen und Kompetenzen“ lassen sich die Sourcing-Formen vor allem hinsichtlich des Zugriffs auf benötigte Ressourcen unterscheiden. Eine Bewertung der Sourcing-Formen kann deshalb anhand der Kriterien **„Zugang zu externem Know-how“** und **„Nutzung neuester Technologien“** erfolgen.

Im Bereich der Organisation und Koordination liegt der Unterschied zwischen den Alternativen insbesondere in den Managementanforderungen. Relevante Kriterien sind hier die **„Reduzierung von Schnittstellen“** sowie die **„Reduzierung des Steuerungs- und Kontrollaufwands“**.

Bei Betrachtung der Rahmenbedingungen wurden vor allem Unterschiede bei der Gestaltung der Dienstleisterbeziehung identifiziert. Da die Beziehungen zu den jeweiligen Partnern den Erfolg einer Outsourcing-Maßnahme mitbestimmen, wird für die Bewertung der Sourcing-Formen das Kriterium **„Aufbau einer partnerschaftlichen Beziehung“** herangezogen.

## 6.3 Entscheidungshilfen für die Wahl eines Betreibermodells

Die bisherigen Ausführungen haben gezeigt, dass Outsourcing-Entscheidungen und die Wahl eines Betreibermodells ein komplexes Entscheidungsproblem darstellen. Der Umgang mit komplexen Entscheidungsproblemen erweist sich aufgrund der gleichzeitigen Betrachtung verschiedener Alternativen für die Entscheidungsträger oftmals als schwierig. Eine Entscheidungsfindung erfordert deshalb einen strukturierten und transparenten Prozess mit klaren und verständlichen Unterstützungsmethoden.[13]

[13] Vgl. Geldermann, J./Lerche, N. (2014), S. 4.

### 6.3.1 Entscheidungsprozess bei Outsourcing-Entscheidungen

Der Entscheidungsprozess bei Outsourcing-Entscheidungen umfasst insgesamt sieben Prozessschritte:[14]

- Bestimmung der Alternativen,
- Definition des Zielsystems,
- Formulierung von Entscheidungskriterien,
- Ableitung von Bewertungskriterien,
- Priorisierung der Kriterien,
- Beurteilung der Alternativen hinsichtlich der Erfüllung der Kriterien,
- Anwendung eines Bewertungsverfahrens zur Bestimmung der optimalen Alternative.

Die Alternativen stellen die Wahlmöglichkeiten für die Lösung des Entscheidungsproblems dar. Im Rahmen dieser Arbeit handelt es sich bei den zur Wahl stehenden Alternativen um die definierten Betreibermodelle „Einzelvergabe-Modell", „Paketvergabe-Modell", „Dienstleistungsmodell", „Management-Modell" und „Total-Facility-Management-Modell".

Wichtigste Voraussetzung der Entscheidungsfindung ist die Festlegung der verfolgten Ziele. In einem strukturierten Zielsystem werden zunächst übergeordnete Zielfaktoren definiert, die anschließend in logisch zusammenhängende Unterziele unterteilt werden.[15]

Auf Grundlage der definierten Ziele erfolgt anschließend die Formulierung von Entscheidungskriterien. Anhand der Kriterien kann überprüft werden, inwieweit und bis zu welchem Grad das jeweilige Ziel erreicht wird.[16]

Aus den formulierten Entscheidungskriterien werden in einem nächsten Schritt relevante Bewertungskriterien abgeleitet, die einen Vergleich der verschiedenen Alternativen ermöglichen und die zur Bewertung der Alternativen in Bezug auf ihre Erfolgswirkungen herangezogen werden können.[17]

[14] Vgl. Geldermann, J./Lerche, N. (2014), S. 5 ff.; Heinrich, L./Riedl, R./Stelzer, D. (2014), S. 406 ff.

[15] Vgl. Punkt 6.2.1 Struktur und Inhalt des Zielsystems.

[16] Vgl. Punkt 6.2.2 Präzisierung des Zielsystems durch die Formulierung von Entscheidungskriterien.

[17] Vgl. Punkt 6.2.3 Ableitung von Bewertungskriterien für die Wahl eines Betreibermodells.

Mit der Priorisierung der Kriterien wird dem Entscheidungsträger die Möglichkeit gegeben, seine Einschätzung hinsichtlich der Wichtigkeit der einzelnen Kriterien in Bezug auf die Erreichung der definierten Ziele abzugeben. Diese Einschätzung wird über die sogenannte Gewichtung der Kriterien ausgedrückt, d. h. es wird eine Präferenzordnung der Kriterien hergestellt. Diese Präferenzordnung bewirkt, dass die Kriterien bei der Bewertung der Alternativen mit unterschiedlichem Gewicht berücksichtigt werden. Zur Herstellung der Präferenzordnung können verschiedene Methoden angewandt werden, die im weiteren Verlauf der Arbeit näher erläutert werden.

Im nächsten Schritt werden die möglichen Alternativen hinsichtlich der Erfüllung der Entscheidungskriterien beurteilt. Diese Beurteilung im Zusammenhang mit der Gewichtung der Kriterien bildet die Grundlage für die Anwendung eines Bewertungsverfahrens, mit dessen Hilfe die Erfolgswirkungen der verschiedenen Alternativen analysiert werden können und damit die optimale Alternative bestimmt werden kann.

### 6.3.2 Methoden der multikriteriellen Entscheidungsunterstützung

Da Outsourcing-Entscheidungen nicht nur auf einem Auswahlkriterium beruhen, können zur Entscheidungsfindung Methoden der multikriteriellen Entscheidungsunterstützung, sogenannte Multi-Criteria Decision Analysis-Methoden (MCDA-Methoden), eingesetzt werden. Ziel dieser Methoden ist es, unter Berücksichtigung von mehreren Kriterien und den individuellen Präferenzen der Entscheidungsträger eine Entscheidungshilfe bereitzustellen. Die Anwendung von MCDA-Methoden ermöglicht es, dass nicht nur monetäre Kriterien, sondern auch quantitative und / oder qualitative Aspekte mit einbezogen werden können. MCDA-Methoden lassen sich in die Bereiche Multi-Objective Decision Making (MODM) und Multi-Attribute Decision Making (MADM) unterscheiden.[18]

Bei den MODM-Methoden ist die Anzahl der Alternativen nicht konkret vorbestimmt, die optimale Lösung wird hier aus einer stetigen Menge an Alternativen unter Berücksichtigung mehrerer Zielfunktionen mittels mathematischer Verfahren ermittelt. Da die gleichzeitig zu optimierenden Zielfunktionen in Form von Vektoren dargestellt werden, spricht man bei MODM-Methoden auch von

[18] Vgl. Geldermann, J./Lerche, N. (2014), S. 10.

Vektoroptimierungsmodellen.[19] Dabei wird für jede mögliche Alternative der Grad berechnet, inwieweit die gestellten Anforderungen erfüllt werden. Die Alternative mit dem höchsten Erfüllungsgrad gilt als die zu bevorzugende Handlungsalternative. Da im Rahmen dieser Arbeit die Anzahl der Alternativen für Outsourcing-Entscheidungen mit den fünf definierten Betreibermodellen konkret festgelegt wurde, wird im Weiteren auf eine ausführliche Beschreibung der MODM-Methoden verzichtet.

Im Gegensatz zu den MODM-Methoden können mit Hilfe von MADM-Methoden eine klar voneinander abgrenzbare Menge bereits bekannter Alternativen hinsichtlich der verschiedenen Kriterien verglichen werden. Hierzu gibt es eine Vielzahl von Verfahren, die sich grundsätzlich zur Entscheidungsunterstützung eignen, sich jedoch in ihrer Anwendung, insbesondere hinsichtlich ihres Aufwands bei der Nutzung durch den Anwender, teilweise stark unterscheiden. Im Folgenden wird eine Auswahl der gängigsten und in der Praxis häufig angewandten MADM-Methoden vorgestellt und näher erläutert (siehe Abbildung 6.4).

| **MADM**<br>**Multi-Attribute Decision Making** | |
|---|---|
| **Klassische Methoden** | **Outranking-Methoden** |
| ▪ Simple Additive Weighting-Verfahren (SAW) | ▪ ELECTRE |
| ▪ Multiplicative Exponential Weighting-Verfahren (MEW) | ▪ PROMETHEE |
| ▪ Analytic Hierarchy Process (AHP) | ▪ SMART |

**Abbildung 6.4** MADM-Methoden[20]

Zu den klassischen Methoden zählen insbesondere das „Simple Additive Weighting"-Verfahren (SAW), das „Multiplicative Exponential Weighting"-Verfahren (MEW) und der „Analytic Hierarchy Process" (AHP). Diese Methoden beruhen auf der Annahme, dass sich die Präferenzen des Entscheidungsträgers über eine Nutzenfunktion darstellen lassen. Anhand dieser Nutzenfunktion wird jeder Ausprägung, die die Alternativen hinsichtlich jedes Kriteriums aufweisen,

[19] Vgl. Geldermann, J./Lerche, N. (2014), S. 10; zu Vektoroptimierungsmodellen vgl. ausführlich Jahn, J. (2011).

[20] Eigene Darstellung, in Anlehnung an Geldermann, J./Lerche, N. (2014), S. 11.

ein Nutzwert zugeordnet. Voraussetzung ist jedoch, dass der Entscheidungsträger eine genaue Vorstellung über den Nutzen der Kriterienausprägungen und -gewichtungen hat, die es im Rahmen der Entscheidungsunterstützung offenzulegen und zu interpretieren gilt.[21]

- **Simple Additive Weighting-Verfahren (SAW):**[22] Dieses Verfahren, auch bekannt als Weighted Sum Method wird im deutschen Sprachgebrauch als Nutzwertanalyse (NWA)[23] bezeichnet. Bei dieser Methode erfolgt die Gewichtung der Kriterien mit Hilfe von Prozentzahlen. Dabei werden wichtigere Kriterien mit einer höheren Gewichtung versehen als weniger wichtige Kriterien. Die Gesamtsumme der Gewichtungen muss dabei 100 % ergeben. Die Bewertung der Alternativen hinsichtlich der Erfüllung der Kriterien erfolgt anschließend mit Hilfe einer individuell vorgegebenen Punkteskala. Die Vergleichswerte der Alternativen errechnen sich aus der Summe der gewichteten Bewertungen je Alternative und Kriterium.
- **Multiplicative Exponential Weighting-Verfahren (MEW):**[24] Bei dieser Methode fließt die Gewichtung als Exponent in die Bewertung der Alternativen mit ein. Die Exponenten geben an, ob das Kriterium eine überdurchschnittliche Bedeutung (> 1) oder eine unterdurchschnittliche Bedeutung (< 1) hat. Die Vergleichswerte der Alternativen errechnen sich aus dem Produkt der gewichteten Bewertungen je Alternative und Kriterium.
- **Analytic Hierarchy Process (AHP):**[25] Diese Methode basiert auf einem paarweisen Vergleich der Kriterien. Dabei wird mit Hilfe einer Skala von 1 bis 9 für jedes Kriterium dessen Wichtigkeit im Vergleich mit den jeweils anderen Kriterien ermittelt. Daraus ergibt sich dann die Gewichtung der einzelnen Kriterien. Die Bewertung der Alternativen hinsichtlich der Erfüllung der Kriterien erfolgt anschließend wie beim Simple Additive Weighting-Verfahren mit Hilfe einer vorgegebenen Punkteskala. Die Vergleichswerte errechnen sich aus der Summe der gewichteten Bewertungen je Alternative und Kriterium.

Zu den Outranking-Methoden zählen insbesondere die Verfahren „ELECTRE“, „PROMETHEE“ und „SMART“. Im Unterschied zu den klassischen Methoden

[21] Vgl. Geldermann, J./Lerche, N. (2014), S. 11 f.

[22] Vgl. Kaliszewski, I./Podkopaev, D. (2016), S. 155 ff.

[23] Vgl. Punkt 6.3.3 Nutzwertanalyse als Instrument zur Bewertung von Handlungsalternativen.

[24] Vgl. Zanakis, S. et al. (1998), S. 507 ff.

[25] Vgl. Saaty, T. L. (1990), S. 9 ff.

basieren diese Methoden auf der Annahme, dass der Entscheidungsträger seine Präferenzen nicht eindeutig kennt und diese daher nicht genau abbilden kann. Das Ziel der Outranking-Verfahren liegt deshalb in der Generierung von Informationen und der Strukturierung des Entscheidungsprozesses, um diesen transparenter zu gestalten.[26] Die Outranking-Methoden beruhen auf paarweisen Vergleichen, die es ermöglichen, die individuellen Präferenzen des Entscheidungsträgers zu ermitteln. Die Anwendung dieser Methoden ist insbesondere dann geeignet, wenn eine große Anzahl an Kriterien vorliegt und es eher unwahrscheinlich ist, dass die Entscheidungsträger eine strikte Präferenz angeben können.[27]

- **ELECTRE:**[28] Diese Methode kann angewandt werden, wenn eine Alternative hinsichtlich aller Kriterien besser bewertet werden kann als die anderen Alternativen. Mit Hilfe des paarweisen Vergleichs der verschiedenen Alternativen kann festgestellt werden, ob eine Alternative eine andere dominiert. Dabei werden die einzelnen Alternativen jeweils mit zwei Werten belegt, einem Wert für die Übereinstimmung (Konkordanz) und einem Wert für die Gegenseitigkeit (Diskordanz). Mit Hilfe der Konkordanzanalyse kann im Optimalfall die beste Alternative ermittelt werden. Da jedoch in den seltensten Fällen alle Alternativen in allen Kriterien vergleichbar sind, ist es eher unwahrscheinlich, dass mit dieser Methode die optimale Alternative gefunden werden kann.
- **PROMETHEE:**[29] Auch bei dieser Methode beruht die Bewertung der Alternativen auf Paarvergleichen. Dabei werden die Alternativen unter Verwendung von Präferenzfunktionen über die Unterschiede verglichen, die sie hinsichtlich der einzelnen Kriterien aufweisen. Im Rahmen der Präferenzfunktion wird zum Ausdruck gebracht, inwieweit eine Differenz innerhalb der Ausprägungen eines Kriteriums zu einer Präferenz führt. Die Gewichtung der Kriterien drückt die relative Bedeutung eines Kriteriums im Vergleich zu allen anderen Kriterien aus. Anhand der festgelegten Präferenzfunktionen und der Kriteriengewichtung wird mit Hilfe mathematischer Verfahren für jeden Paarvergleich eine Outranking-Relation ermittelt. Die Outranking-Relation gibt das Maß an für die Präferenz einer Alternative gegenüber einer anderen Alternative.[30]

[26] Vgl. Geldermann, J./Lerche, N. (2014), S. 12.

[27] Vgl. Geldermann, J./Lerche, N. (2014), S. 13.

[28] Vgl. Figueira, J. et al. (2016), S. 155 ff.; ELECTRE leitet sich aus dem Französischen „**El**imination **E**t **C**hoix **T**raduisant la **Re**alité“ ab.

[29] Vgl. Brans, J.-P. et al. (1986), S. 228 ff.; PROMETHEE leitet sich aus dem Englischen „**P**reference **R**anking **O**rganization **Meth**od for **E**nrichment of **E**valuations“ ab.

[30] Eine ausführliche Beschreibung der PROMETHEE-Methode findet sich in Geldermann, J./Lerche, N. (2014), S. 53 ff.

- **SMART:**[31] Diese Methode ist in ihrer Anwendbarkeit einfach und leicht verständlich. Hierbei werden dem aus Sicht des Entscheidungsträgers wichtigsten Kriterium 100 Punkte zugewiesen. Dieser Wert gilt als Maßstab für die Punktezuweisung der weniger wichtigen Kriterien. Je nach Wichtigkeit im Verhältnis zum wichtigsten Kriterium werden den anderen Kriterien weniger Punkte zugewiesen. Das Gewicht der einzelnen Kriterien errechnet sich aus dem Anteil der zugewiesenen Punkte an der Summe der insgesamt vergebenen Punkte.

Unter Anwendung der vorgestellten MADM-Methoden lassen sich für jede Alternative Nutzwerte berechnen, die ein Ranking der subjektiven Güte der Alternativen ermöglichen.

### 6.3.3 Nutzwertanalyse als Instrument zur Bewertung von Handlungsalternativen

Die Nutzwertanalyse (NWA) ist ein in der Praxis sehr häufig angewandtes Verfahren zur Beurteilung von Handlungsalternativen. Die Nutzwertanalyse ist dann angebracht, wenn aus einer Menge möglicher Handlungsalternativen unter Berücksichtigung multidimensionaler Zielsetzungen und den individuellen Präferenzen des Entscheidungsträgers die optimale, d. h. die nutzenmaximale Alternative bestimmt werden soll. Sie dient dazu, eine relative Aussage über die Vorteilhaftigkeit verschiedener Alternativen treffen zu können und diese in einer Rangfolge einzuordnen. Als Kriterium für diese Einordnung dient der Nutzwert, der für jede Alternative ermittelt wird und als Indikator für den Nutzen der jeweiligen Alternative gilt.[32] Nach *Zangemeister* wird die Nutzwertanalyse wie folgt definiert:

> *„Die Nutzwertanalyse ist die Analyse einer Menge komplexer Handlungsalternativen, mit dem Zweck, die Elemente dieser Menge nach den Präferenzen des Entscheidungsträgers bezüglich eines multidimensionalen Zielsystems zu ordnen. Die Abbildung dieser Ordnung erfolgt durch die Angabe der Nutzwerte der Alternativen.“*[33]

---

[31] Vgl. Edwards, W./Barron, F. H. (1994), S. 306 ff.; Geldermann, J./Lerche, N. (2014), S. 34; SMART leitet sich aus dem Englischen „**S**imple **M**ulti-**A**ttribute **R**ating **T**echnique“ ab.

[32] Vgl. Heinrich, L./Riedl, R./Stelzer, D. (2014), S. 416; Kühnapfel, J. B. (2021), S. 6 ff.

[33] Zangemeister, C. (2014), S. 45.

Der Vorteil der Nutzwertanalyse besteht darin, dass sowohl monetäre als auch nicht-monetäre quantitative und qualitative Kriterien berücksichtigt werden können. Die Nutzwertanalyse unterscheidet sich damit von Verfahren der reinen Wirtschaftlichkeitsbewertung, beispielsweise der Kostenvergleichsrechnung, der Gewinnvergleichsrechnung und der Rentabilitäts- oder Amortisationsrechnung, bei denen auf Grundlage von Kosten und Leistungen nur monetäre Größen erfasst werden.[34]

Da bei den meisten unternehmerischen Entscheidungen sowohl monetäre als auch nicht-monetäre Kriterien berücksichtigt werden müssen, kann die Nutzwertanalyse in allen Funktionsbereichen eines Unternehmens als Entscheidungsgrundlage bei der Wahl von Handlungsalternativen herangezogen werden.

Als nachteilig bei der Anwendung einer Nutzwertanalyse ist die Tatsache anzusehen, dass die Zielbestimmung, die Kriterienableitung, die Gewichtung der Kriterien und die Bewertung der Alternativen durch individuelle Annahmen und subjektive Beurteilungen der Entscheidungsträger erfolgen und damit auch das Ergebnis der Nutzwertanalyse, d. h. die Aussage über die Vorteilhaftigkeit der Alternativen nur als subjektiv eingeschätzt werden kann. Um eine valide Aussage über die Belastbarkeit der errechneten Nutzwerte treffen zu können, sollten deshalb die Ergebnisse der Nutzwertanalyse mit Hilfe einer Sensitivitätsanalyse überprüft werden. Dabei wird untersucht, welche Auswirkungen eine Veränderung der Eingangsparameter, beispielsweise der Kriteriengewichtung, auf das Ergebnis, d. h. auf den Nutzwert und die Rangfolge der Alternativen hat.[35]

Die Berechnung bei einer Variation der Kriteriengewichtung kann mit verschiedenen Methoden erfolgen:[36]

**Gleichsetzung der Kriteriengewichte:** Bei dieser Methode wird die Gewichtung der Kriterien gleichgesetzt, d. h. alle Kriterien sind gleich wichtig. Dabei erhalten die Kriterien jeweils den gleichen Prozentwert, wobei die Summe der Prozentwerte 100 % ergibt.

**Glättung von Gewichtungsspitzen:** Bei dieser Methode wird jeweils ein Durchschnittswert der zwei wichtigsten und der zwei unwichtigsten Kriterien gebildet, den diese Kriterien dann jeweils erhalten. Das verbleibende Gewicht wird auf die übrigen Kriterien gleichmäßig verteilt.

**Spreizung der Gewichte:** Bei dieser Methode wird in der Regel so vorgegangen, dass die Gewichtung von etwa 1/5 der wichtigsten Kriterien um 25 % erhöht

[34] Vgl. Glatte, T. (2014), S. 190 ff.

[35] Vgl. Glatte, T. (2014), S. 162.

[36] Vgl. Kühnapfel, J. B. (2021), S. 83 ff.

wird. Die Gewichtung aller anderen Kriterien wird proportional entsprechend ihres Ausgangsgewichts reduziert.

Die Anwendung einer Sensitivitätsanalyse ist in jedem Fall immer dann sinnvoll, wenn etwa Unsicherheit über die Richtigkeit und Genauigkeit der Annahmen besteht, wenn bei den Entscheidungsträgern erhebliche Meinungsunterschiede hinsichtlich des Zielsystems und der Gewichtungskriterien bestehen oder wenn die ermittelten Nutzwerte der Alternativen sehr eng beieinander liegen.[37]

## 6.4 Bewertung der Betreibermodelle unter Anwendung der Nutzwertanalyse

Im Folgenden wird unter Anwendung des Simple Additive Weighting-Verfahrens (SAW)[38] eine Nutzwertanalyse der vorgestellten Betreibermodelle durchgeführt. Die anhand der Nutzwertanalyse ermittelten Nutzwerte der einzelnen Modelle werden anschließend mit Hilfe einer Sensitivitätsanalyse auf ihre Belastbarkeit hin überprüft. Durch die letztendliche Bestimmung einer nutzenmaximalen Alternative sollen die Grundlagen für die begründete Bevorzugung der ein oder anderen Entscheidungsalternative gelegt werden.

Der Nutzwertanalyse liegen die Daten der auf Unternehmensseite durchgeführten empirischen Erhebung zugrunde. Die Berechnung der Nutzwerte erfolgt dabei anhand der Kriteriengewichtung[39] und der Bewertung der Modellvarianten[40] durch die 30 befragten Teilnehmer.

Die Durchführung der Nutzwertanalyse erfolgt anhand der nachfolgenden Methodik in sieben Schritten.

### 6.4.1 Bestimmung der Handlungsalternativen

Bei den zur Bewertung bestimmten Handlungsalternativen handelt es sich um die im Rahmen dieser Arbeit definierten Betreibermodelle:[41]

- Einzelvergabe-Modell,

---

[37] Vgl. Heinrich, L./Riedl, R./Stelzer, D. (2014), S. 423.

[38] Vgl. Punkt 6.3.2 Methoden der multikriteriellen Entscheidungsunterstützung.

[39] Vgl. Punkt 5.3.6.10 Priorisierung der Kriterien bei Outsourcing-Entscheidungen.

[40] Vgl. Punkt 5.3.6.11 Bewertung der Betreibermodelle hinsichtlich ihrer Erfolgswirkungen.

[41] Vgl. Punkt 4.4.1 Klassifizierung von Sourcing-Formen im Facility Management.

- Paketvergabe-Modell,
- Dienstleistungsmodell,
- Management-Modell,
- Total-Facility-Management-Modell.

### 6.4.2 Bestimmung der Bewertungskriterien

Abgeleitet aus dem entwickelten Zielsystem wurden 10 Bewertungskriterien bestimmt, die für die Bewertung der Handlungsalternativen herangezogen werden können:[42]

- Kostenreduzierung,
- Qualitätssteigerung,
- Erhöhung der Flexibilität,
- Risikoverlagerung,
- Vermeidung von Abhängigkeiten,
- Zugang zu externem Know-how,
- Nutzung neuester Technologien,
- Reduzierung von Schnittstellen,
- Reduzierung des Steuerungs- und Kontrollaufwand,
- Aufbau einer partnerschaftlichen Beziehung.

### 6.4.3 Gewichtung der Kriterien

Mit der Gewichtung der Kriterien wird die Bedeutung der einzelnen Kriterien im Verhältnis zueinander festgelegt. Für die Ermittlung der Kriteriengewichte wurde eine fünfstufige Ordinalskala verwendet, wobei der Wert 1 für eine niedrige Gewichtung und der Wert 5 für eine hohe Gewichtung steht.

Aus den von den 30 Teilnehmern abgegebenen Kriteriengewichtungen wurde anschließend der Mittelwert der Gewichtung für jedes einzelne Kriterium berechnet und in einen Prozentwert überführt.

Die Kriteriengewichtungen und eine Erläuterung der Ergebnisse sind dem Punkt 5.3.6.10 Priorisierung der Kriterien bei Outsourcing-Entscheidungen (Erhebung Unternehmen) zu entnehmen.

---

[42] Vgl. Punkt 6.2.3 Ableitung von Bewertungskriterien für die Wahl eines Betreibermodells.

In der Abbildung 6.5 sind die Kriteriengewichtungen zusammenfassend dargestellt.

| Priorisierung der Entscheidungskriterien | | |
|---|---|---|
| **Kriterium** | **Priorisierung (Mittelwert)** | **Gewichtung in %** |
| Kostenreduzierung | 4,23 | **12,7 %** |
| Qualitätssteigerung | 4,03 | **12,2 %** |
| Erhöhung der Flexibilität | 3,47 | **10,4 %** |
| Risikoverlagerung | 2,33 | **7,0 %** |
| Vermeidung von Abhängigkeiten | 3,13 | **9,4 %** |
| Zugang zu externem Know-how | 2,90 | **8,7 %** |
| Nutzung neuester Technologien | 3,30 | **9,9 %** |
| Reduzierung von Schnittstellen | 3,67 | **11,0 %** |
| Reduzierung des Steuerungs- und Kontrollaufwands | 3,80 | **11,4 %** |
| Aufbau einer partner-schaftlichen Beziehung | 2,43 | **7,3 %** |
| | 33,29 | **100 %** |

**Abbildung 6.5** Kriteriengewichtung in tabellarischer Form

### 6.4.4 Bewertung der Modellvarianten

Für die Bewertung der Modellvarianten hinsichtlich ihrer Eignung in Bezug auf die Erfüllung der 10 Entscheidungskriterien wurde eine fünfstufige Ordinalskala verwendet, wobei der Wert 1 für „nicht geeignet" und der Wert 5 für „sehr gut geeignet" steht. Aus den von den 30 Teilnehmern abgegebenen Bewertungen zu den einzelnen Varianten wurden anschließend die Mittelwerte für jedes einzelne Kriterium errechnet.

Die abgegebenen Bewertungen für die fünf Modellvarianten hinsichtlich der Erfüllung der Entscheidungskriterien und eine Erläuterung der Ergebnisse sind dem Punkt 5.3.6.11 (Bitte verlinken) (Erhebung Unternehmen) zu entnehmen.

In der Abbildung 6.6 sind die errechneten Mittelwerte je Kriterium und Modellvariante zusammenfassend dargestellt.[43]

| Bewertung der Modellvarianten | | | | | |
|---|---|---|---|---|---|
| Kriterium | Einzelvergabe-Modell | Paketvergabe-Modell | Dienstleistungs-modell | Management-Modell | Total-Facility-Management-Modell |
| | Bewertung (Mittelwert) | Bewertung (Mittelwert) | Bewertung (Mittelwert) | Bewertung (Mittelwert) | Bewertung (Mittelwert) |
| Kostenreduzierung | 2,96 | 3,59 | 3,55 | 3,21 | 4,55 |
| Qualitätssteigerung | 3,08 | 3,26 | 3,50 | 3,21 | 3,82 |
| Erhöhung der Flexibilität | 4,40 | 3,48 | 2,85 | 1,71 | 1,36 |
| Risikoverlagerung | 2,44 | 2,85 | 3,30 | 3,79 | 4,27 |
| Vermeidung von Abhängigkeiten | 4,64 | 3,70 | 2,70 | 1,93 | 1,27 |
| Zugang zu externem Know-how | 2,16 | 2,78 | 3,30 | 3,43 | 3,91 |
| Nutzung neuester Technologien | 3,28 | 3,11 | 3,30 | 3,36 | 3,55 |
| Reduzierung von Schnittstellen | 1,40 | 2,33 | 3,70 | 3,93 | 4,45 |
| Reduzierung des Steuerungs- und Kontrollaufwands | 2,44 | 2,89 | 2,95 | 3,00 | 3,73 |
| Aufbau einer partnerschaftlichen Beziehung | 1,36 | 1,70 | 3,60 | 3,14 | 4,72 |

**Abbildung 6.6** Darstellung der errechneten Mittelwerte je Kriterium und Modellvariante

[43] Vgl. Abbildungen 5.29 bis 5.33 Bewertung der Modellvarianten (Erhebung Unternehmen).

### 6.4.5 Berechnung der Nutzwerte

Grundlage der Nutzwertanalyse sind die Kriteriengewichtung und die Bewertung der Modellvarianten, d. h. die Erfüllungsgrade der einzelnen Kriterien.

Die Berechnung der Nutzwerte erfolgt in drei Schritten:

**Ermittlung der Teilnutzwerte:** Für jede Modellvariante wird der Teilnutzwert des betreffenden Kriteriums durch Multiplikation der Kriteriengewichte mit den Erfüllungsgraden berechnet.

**Ermittlung der Gesamtnutzwerte:** Der Gesamtnutzwert der jeweiligen Modellvariante ergibt sich aus der Summe der je Kriterium berechneten Teilnutzwerte.

**Bestimmung der Rangordnung der Modellvarianten:** Nach der Ermittlung der Gesamtnutzwerte der Modellvarianten werden diese miteinander verglichen und in eine Rangordnung gebracht.

Das Ergebnis der Nutzwertanalyse ist die Rangordnung der Anzahl von Handlungsalternativen nach ihrem Gesamtnutzen. Die optimale Handlungsalternative stellt die Modellvariante dar, deren Nutzwert maximal ist.

Die Abbildung 6.7 zeigt die Berechnung der Nutzwerte für jede Modellvariante und die ermittelte Rangordnung der Alternativen.

Anhand der durchgeführten Nutzwertanalyse wurde für das Total-Facility-Management- Modell mit **3,554** der höchste Nutzwert ermittelt (Rang 1), gefolgt vom Dienstleistungsmodell mit einem Nutzwert von **3,279** (Rang 2) und dem Management-Modell mit einem Nutzwert von **3,058** (Rang 3). Dahinter folgt das Paketvergabe-Modell mit einem Nutzwert von **3,023** (Rang 4) und das Einzelvergabe-Modell, für das mit **2,871** (Rang 5) der niedrigste Nutzwert ermittelt wurde.

| Nutzwertanalyse | | | | | | | | | | | |
|---|---|---|---|---|---|---|---|---|---|---|---|
| Kriterium | Gewichtung in % | Einzelvergabe-Modell | | Paketvergabe-Modell | | Dienstleistungs-modell | | Management-Modell | | Total-Facility-Management-Modell | |
| | | Bewertung (Mittelwert) | Nutz-wert | Bewertung (Mittelwert) | Nutz-wert | Bewertung (Mittelwert) | Nutz-wert | Bewertung (Mittelwert) | Nutz-wert | Bewertung (Mittelwert) | Nutz-wert |
| Kosten-reduzierung | 12,7 % | 2,96 | **0,376** | 3,59 | **0,456** | 3,55 | **0,451** | 3,21 | **0,408** | 4,55 | **0,578** |
| Qualitäts-steigerung | 12,2 % | 3,08 | **0,376** | 3,26 | **0,398** | 3,50 | **0,427** | 3,21 | **0,392** | 3,82 | **0,466** |
| Erhöhung der Flexibilität | 10,4 % | 4,40 | **0,458** | 3,48 | **0,362** | 2,85 | **0,296** | 1,71 | **0,178** | 1,36 | **0,141** |
| Risiko-verlagerung | 7,0 % | 2,44 | **0,171** | 2,85 | **0,200** | 3,30 | **0,231** | 3,79 | **0,265** | 4,27 | **0,299** |
| Vermeidung von Abhängigkeiten | 9,4 % | 4,64 | **0,436** | 3,70 | **0,348** | 2,70 | **0,254** | 1,93 | **0,181** | 1,27 | **0,119** |
| Zugang zu externem Know-how | 8,7 % | 2,16 | **0,188** | 2,78 | **0,242** | 3,30 | **0,287** | 3,43 | **0,298** | 3,91 | **0,340** |
| Nutzung neuester Technologien | 9,9 % | 3,28 | **0,325** | 3,11 | **0,308** | 3,30 | **0,327** | 3,36 | **0,333** | 3,55 | **0,351** |
| Reduzierung von Schnittstellen | 11,0 % | 1,40 | **0,154** | 2,33 | **0,256** | 3,70 | **0,407** | 3,93 | **0,432** | 4,45 | **0,490** |
| Reduzierung des Steuerungs- und Kontrollaufwands | 11,4 % | 2,44 | **0,278** | 2,89 | **0,329** | 2,95 | **0,336** | 3,00 | **0,342** | 3,73 | **0,425** |
| Aufbau einer partnerschaft-lichen Beziehung | 7,3 % | 1,36 | **0,109** | 1,70 | **0,124** | 3,60 | **0,263** | 3,14 | **0,229** | 4,72 | **0,345** |
| **Nutzwert** | | | **2,871** | | **3,023** | | **3,279** | | **3,058** | | **3,554** |
| **Rangfolge** | | | **5** | | **4** | | **2** | | **3** | | **1** |

**Abbildung 6.7** Nutzwertanalyse

Vergleicht man die Abstände der Nutzwerte zwischen der Variante mit dem höchsten Nutzwert und den anderen Modellvarianten wird der Unterschied zwischen den einzelnen Modellen noch deutlicher. Die vergleichende Berechnung ergibt, dass der Nutzwert des Total-Facility-Management-Modells um 23,8 %[44] höher liegt als beim Einzelvergabe-Modell, um 17,6 % höher als beim Paketvergabe-Modell, um 16,2 % höher als beim Management-Modell und um 8,4 % höher als beim Dienstleistungsmodell.

[44] Nutzwertabstand in % $= \frac{Nutzwert_{TFM-Modell} - Nutzwert_{Einzelvergabe}}{Nutzwert_{Einzelvergabe}} = \frac{3{,}554 - 2{,}871}{2{,}871} = 23{,}8\ \%$; die Nutzwertabstände zu den anderen Modellen wurden analog berechnet.

Die Betrachtung der Teilnutzwerte der einzelnen Kriterien bei den jeweiligen Modellen macht deutlich, dass mit zunehmender Bündelung der Facility Services, d. h. mit zunehmendem Outsourcinggrad der Modelle eine Verbesserung bei der überwiegenden Anzahl der Kriterien erreicht werden kann. So zeigt sich, dass ein höherer Outsourcinggrad wesentlich zur Kostenreduzierung und zur Steigerung der Qualität beitragen kann. Darüber hinaus wird ein besserer Zugang zu externem Know-how und zu neuesten Technologien ermöglicht. Weitere Verbesserungen ergeben sich durch die Reduzierung der Schnittstellen und des Steuerungs- und Kontrollaufwands sowie durch die Verteilung des Risikos. Schlussendlich wird mit steigendem Integrationsgrad des Dienstleisters der Aufbau einer partnerschaftlichen Beziehung gefördert. Als Nachteil eines höheren Outsourcinggrades erweisen sich lediglich die beschränkte Flexibilität sowie die hohe gegenseitige Abhängigkeit.

### 6.4.6 Durchführung einer Sensitivitätsanalyse

Um die Belastbarkeit der ermittelten Ergebnisse der Nutzwertanalyse zu untersuchen wird in einem letzten Schritt eine Sensitivitätsanalyse unter Anwendung von drei Methoden durchgeführt. Dies erscheint sinnvoll, da insbesondere die Gewichtung der Kriterien und die Bewertung der Modellvarianten auf den individuellen Annahmen und der Interpretation der befragten Teilnehmer beruhen. Mit Hilfe der Sensitivitätsanalyse können Änderungen oder Abweichungen von den getroffenen Annahmen berücksichtigt werden. Durch eine Variation der Kriteriengewichte soll aufgezeigt werden, welche Einschätzungen einen starken Einfluss auf das Ergebnis hatten und inwieweit sich dadurch der Gesamtnutzen der jeweiligen Modellvarianten und die Rangfolge verändern.

#### 6.4.6.1 Sensitivitätsanalyse I / Gleichsetzung der Gewichte

Für die Durchführung der Sensitivitätsanalyse I werden die Gewichtungen der Kriterien gleichgesetzt, d. h. jedes der 10 Kriterien erhält ein relatives Gewicht von 10 %.

| Sensitivitätsanalyse I / Gleichsetzung der Gewichte | | | | | | | | | | | |
|---|---|---|---|---|---|---|---|---|---|---|---|
| **Kriterium** | **Gewichtung in %** | **Einzelvergabe-Modell** | | **Paketvergabe-Modell** | | **Dienstleistungs-modell** | | **Management-Modell** | | **Total-Facility-Management-Modell** | |
| | | **Bewertung (Mittelwert)** | **Nutz-wert** | **Bewertung (Mittelwert)** | **Nutz-wert** | **Bewertung (Mittelwert)** | **Nutz-wert** | **Bewertung (Mittelwert)** | **Nutz-wert** | **Bewertung (Mittelwert)** | **Nutz-wert** |
| Kosten-reduzierung | 10 % | 2,96 | **0,296** | 3,59 | **0,359** | 3,55 | **0,355** | 3,21 | **0,321** | 4,55 | **0,455** |
| Qualitäts-steigerung | 10 % | 3,08 | **0,308** | 3,26 | **0,326** | 3,50 | **0,350** | 3,21 | **0,321** | 3,82 | **0,382** |
| Erhöhung der Flexibilität | 10 % | 4,40 | **0,440** | 3,48 | **0,348** | 2,85 | **0,285** | 1,71 | **0,171** | 1,36 | **0,136** |
| Risiko-verlagerung | 10 % | 2,44 | **0,244** | 2,85 | **0,285** | 3,30 | **0,330** | 3,79 | **0,379** | 4,27 | **0,427** |
| Vermeidung von Abhängigkeiten | 10 % | 4,64 | **0,464** | 3,70 | **0,370** | 2,70 | **0,270** | 1,93 | **0,193** | 1,27 | **0,127** |
| Zugang zu externem Know-how | 10 % | 2,16 | **0,216** | 2,78 | **0,278** | 3,30 | **0,330** | 3,43 | **0,343** | 3,91 | **0,391** |
| Nutzung neuester Technologien | 10 % | 3,28 | **0,328** | 3,11 | **0,311** | 3,30 | **0,330** | 3,36 | **0,336** | 3,55 | **0,355** |
| Reduzierung von Schnittstellen | 10 % | 1,40 | **0,140** | 2,33 | **0,233** | 3,70 | **0,370** | 3,93 | **0,393** | 4,45 | **0,445** |
| Reduzierung des Steuerungs- und Kontrollaufwands | 10 % | 2,44 | **0,244** | 2,89 | **0,289** | 2,95 | **0,295** | 3,00 | **0,300** | 3,73 | **0,373** |
| Aufbau einer partnerschaft-lichen Beziehung | 10 % | 1,36 | **0,136** | 1,70 | **0,170** | 3,60 | **0,360** | 3,14 | **0,314** | 4,72 | **0,472** |
| **Nutzwert** | | | **2,816** | | **2,969** | | **3,275** | | **3,071** | | **3,563** |
| **Rangfolge** | | | **5** | | **4** | | **2** | | **3** | | **1** |

**Abbildung 6.8** Sensitivitätsanalyse I / Gleichsetzung der Gewichte

Die Berechnung in Abbildung 6.8 zeigt, dass sich bei einer Gleichsetzung der Gewichte die ermittelten Nutzwerte nur unwesentlich verändert haben. Eine Veränderung der Rangfolge findet nicht statt. So wurde auch hier für das Total-Facility-Management-Modell mit **3,563** der höchste Nutzwert ermittelt (Rang 1), gefolgt vom Dienstleistungsmodell mit einem Nutzwert von **3,275** (Rang 2) und dem Management-Modell mit einem Nutzwert von **3,071** (Rang 3). Dahinter folgt das Paketvergabe-Modell mit einem Nutzwert von **2,969** (Rang 4) und das Einzelvergabe-Modell mit einem Nutzwert von **2.816** (Rang 5).

Lediglich die Abstände der Nutzwerte[45] zwischen dem Total-Facility-Management-Modell und den anderen Modellen haben sich leicht erhöht. Nach dieser Berechnung liegt der Nutzwert des Total-Facility-Management-Modells um 26,5 % höher als beim Einzelvergabe-Modell, um 21,1 % höher als beim Paketvergabe-Modell, um 16,0 % höher als beim Management-Modell und um 10,2 % höher als beim Dienstleistungsmodell.

#### 6.4.6.2 Sensitivitätsanalyse II / Glättung der Gewichtungsspitzen

Bei dieser Anwendung wird ein Durchschnittswert der zwei wichtigsten und der zwei unwichtigsten Kriterien gebildet. Die zwei wichtigsten Kriterien sind nach Ansicht der Befragten die Kostenreduzierung mit 12,7 % und die Qualitätssteigerung mit 12,2 %. Aus diesen beiden Werten wurde der Durchschnittswert gebildet, so dass für jedes der beiden Kriterien eine relative Gewichtung von 12,5 % angesetzt wird. Analog wird mit den zwei unwichtigsten Kriterien verfahren. Diese sind die Risikoverlagerung mit einer Gewichtung von 7,0 % und der Aufbau einer partnerschaftlichen Beziehung mit 7,3 %. Auch hier wird der Durchschnittswert gebildet, so dass beide Kriterien eine Gewichtung von 7,2 % erhalten. Das verbleibende Gewicht von 60,6 % wird auf die restlichen sechs Kriterien gleichmäßig verteilt, so dass diese jeweils eine relative Gewichtung von 10,1 % erhalten.

Die Berechnung in Abbildung 6.9 zeigt, dass sich auch durch eine Glättung der Gewichtungsspitzen die ermittelten Nutzwerte nur leicht verändert haben. Eine Veränderung der Rangfolge ergibt sich nicht. Auch bei dieser Berechnung belegt das Total-Facility-Management-Modell Rang 1 mit einem Nutzwert von **3,539**, gefolgt vom Dienstleistungsmodell mit einem Nutzwert von **3,278** (Rang 2), dem Management-Modell mit einem Nutzwert von **3,054** (Rang 3), dem Paketvergabe-Modell mit einem Nutzwert von **3,031** (Rang 4) und dem Einzelvergabe-Modell mit einem Nutzwert von **2,878** (Rang 5).

Die Abstände der Nutzwerte[46] zwischen dem Total-Facility-Management-Modell und den anderen Modellen haben sich leicht verringert. Dadurch liegt der Nutzwert des Total-Facility-Management-Modells um 23,0 % höher als beim Einzelvergabe-Modell, um 16,8 % höher als beim Paketvergabe-Modell, um 15,9 % höher als beim Management-Modell und um 8,0 % höher als beim Dienstleistungsmodell.

---

[45] Vgl. Berechnung des Nutzwertabstands unter Punkt 6.4.5.

[46] Vgl. Berechnung des Nutzwertabstands unter Punkt 6.4.5.

| Sensitivitätsanalyse II / Glättung der Gewichtungsspitzen | | | | | | | | | | | |
|---|---|---|---|---|---|---|---|---|---|---|---|
| Kriterium | Gewichtung in % | Einzelvergabe-Modell | | Paketvergabe-Modell | | Dienstleistungs-modell | | Management-Modell | | Total-Facility-Management-Modell | |
| | | Bewertung (Mittelwert) | Nutz-wert | Bewertung (Mittelwert) | Nutz-wert | Bewertung (Mittelwert) | Nutz-wert | Bewertung (Mittelwert) | Nutz-wert | Bewertung (Mittelwert) | Nutz-wert |
| Kosten-reduzierung | 12,5 % | 2,96 | **0,370** | 3,59 | **0,449** | 3,55 | **0,444** | 3,21 | **0,401** | 4,55 | **0,569** |
| Qualitäts-steigerung | 12,5 % | 3,08 | **0,385** | 3,26 | **0,408** | 3,50 | **0,438** | 3,21 | **0,401** | 3,82 | **0,478** |
| Erhöhung der Flexibilität | 10,1 % | 4,40 | **0,444** | 3,48 | **0,351** | 2,85 | **0,288** | 1,71 | **0,173** | 1,36 | **0,137** |
| Risiko-verlagerung | 7,2 % | 2,44 | **0,176** | 2,85 | **0,205** | 3,30 | **0,238** | 3,79 | **0,273** | 4,27 | **0,307** |
| Vermeidung von Abhängigkeiten | 10,1 % | 4,64 | **0,469** | 3,70 | **0,374** | 2,70 | **0,273** | 1,93 | **0,195** | 1,27 | **0,128** |
| Zugang zu externem Know-how | 10,1 % | 2,16 | **0,218** | 2,78 | **0,281** | 3,30 | **0,333** | 3,43 | **0,346** | 3,91 | **0,395** |
| Nutzung neuester Technologien | 10,1 % | 3,28 | **0,331** | 3,11 | **0,314** | 3,30 | **0,333** | 3,36 | **0,339** | 3,55 | **0,359** |
| Reduzierung von Schnittstellen | 10,1 % | 1,40 | **0,141** | 2,33 | **0,235** | 3,70 | **0,374** | 3,93 | **0,397** | 4,45 | **0,449** |
| Reduzierung des Steuerungs- und Kontrollaufwands | 10,1 % | 2,44 | **0,246** | 2,89 | **0,292** | 2,95 | **0,298** | 3,00 | **0,303** | 3,73 | **0,377** |
| Aufbau einer partnerschaft-lichen Beziehung | 7,2 % | 1,36 | **0,098** | 1,70 | **0,122** | 3,60 | **0,259** | 3,14 | **0,226** | 4,72 | **0,340** |
| **Nutzwert** | | | **2,878** | | **3,031** | | **3,278** | | **3,054** | | **3,539** |
| **Rangfolge** | | | **5** | | **4** | | **2** | | **3** | | **1** |

**Abbildung 6.9** Sensitivitätsanalyse II / Glättung der Gewichtungsspitzen

### 6.4.6.3 Sensitivitätsanalyse III / Spreizung der Gewichte

Bei einer Spreizung der Gewichte geht es darum, wichtige Kriterien zu stärken und unwichtigere Kriterien abzuwerten. Hierzu wurde die Gewichtung der zwei wichtigsten Kriterien Kostenreduzierung und Qualitätssteigerung um jeweils 25,0 % erhöht. Damit erhält das Kriterium Kostenreduzierung eine Gewichtung von 15,9 % anstatt wie ursprünglich 12,7 %. Das Kriterium Qualitätssteigerung wird mit 15,3 % gewichtet anstatt wie ursprünglich mit 12,2 %. Die Gewichtung der übrigen Kriterien wurde entsprechend ihres Ausgangsgewichts reduziert.[47]

| Sensitivitätsanalyse III / Spreizung der Gewichte | | | | | | | | | | | |
|---|---|---|---|---|---|---|---|---|---|---|---|
| **Kriterium** | **Gewichtung in %** | **Einzelvergabe-Modell** | | **Paketvergabe-Modell** | | **Dienstleistungsmodell** | | **Management-Modell** | | **Total-Facility-Management-Modell** | |
| | | **Bewertung (Mittelwert)** | **Nutzwert** | **Bewertung (Mittelwert)** | **Nutzwert** | **Bewertung (Mittelwert)** | **Nutzwert** | **Bewertung (Mittelwert)** | **Nutzwert** | **Bewertung (Mittelwert)** | **Nutzwert** |
| Kostenreduzierung | 15,9 % | 2,96 | **0,470** | 3,59 | **0,571** | 3,55 | **0,564** | 3,21 | **0,510** | 4,55 | **0,723** |
| Qualitätssteigerung | 15,3 % | 3,08 | **0,471** | 3,26 | **0,499** | 3,50 | **0,536** | 3,21 | **0,491** | 3,82 | **0,584** |
| Erhöhung der Flexibilität | 9,5 % | 4,40 | **0,418** | 3,48 | **0,331** | 2,85 | **0,270** | 1,71 | **0,162** | 1,36 | **0,129** |
| Risikoverlagerung | 6,4 % | 2,44 | **0,156** | 2,85 | **0,182** | 3,30 | **0,211** | 3,79 | **0,243** | 4,27 | **0,273** |
| Vermeidung von Abhängigkeiten | 8,6 % | 4,64 | **0,399** | 3,70 | **0,318** | 2,70 | **0,232** | 1,93 | **0,166** | 1,27 | **0,109** |
| Zugang zu externem Know-how | 8,0 % | 2,16 | **0,173** | 2,78 | **0,222** | 3,30 | **0,264** | 3,43 | **0,274** | 3,91 | **0,313** |
| Nutzung neuester Technologien | 9,1 % | 3,28 | **0,298** | 3,11 | **0,283** | 3,30 | **0,300** | 3,36 | **0,306** | 3,55 | **0,323** |
| Reduzierung von Schnittstellen | 10,1 % | 1,40 | **0,141** | 2,33 | **0,235** | 3,70 | **0,374** | 3,93 | **0,397** | 4,45 | **0,449** |
| Reduzierung des Steuerungs- und Kontrollaufwands | 10,4 % | 2,44 | **0,254** | 2,89 | **0,301** | 2,95 | **0,307** | 3,00 | **0,312** | 3,73 | **0,388** |
| Aufbau einer partnerschaftlichen Beziehung | 6,7 % | 1,36 | **0,091** | 1,70 | **0,114** | 3,60 | **0,241** | 3,14 | **0,210** | 4,72 | **0,316** |
| **Nutzwert** | | | **2,871** | | **3,056** | | **3,299** | | **3,071** | | **3,607** |
| **Rangfolge** | | | **5** | | **4** | | **2** | | **3** | | **1** |

**Abbildung 6.10** Sensitivitätsanalyse III / Spreizung der Gewichte

Die Berechnung in Abbildung 6.10 zeigt, dass auch eine Spreizung der Gewichte keine wesentliche Veränderung der ermittelten Nutzwerte bewirkt. Es

[47] Berechnung der Restgewichte am Beispiel des Kriteriums Erhöhung der Flexibilität: $Gewicht_{neu} = \left(\frac{Gewicht_{alt}}{100-(2)Gewicht_{max,alt}}\right)$ $(100 - (2)Gewicht_{max,neu})$ $Gewicht_{Erhöhung\ der\ Flexibilität\ neu} = \left(\frac{10{,}4}{100-(2)12{,}7}\right)$ (100 – (2) 15,9) = 9,5; die Restgewichte der weiteren Kriterien wurden analog berechnet.

hat sich keine Änderung der Rangfolge ergeben. Das Total-Facility-Management-Modell weist nach dieser Berechnung mit **3,607** den höchsten Nutzwert auf (Rang 1), gefolgt vom Dienstleistungsmodell mit einem Nutzwert von **3,299** (Rang 2), dem Management-Modell mit einem Nutzwert von **3,071** (Rang 3). Dahinter liegt das Paketvergabe-Modell mit einem Nutzwert von **3,056** (Rang 4) und das Einzelvergabe-Modell mit einem Nutzwert von **2,871** (Rang 5).

Die Abstände der Nutzwerte[48] zwischen dem Total-Facility-Management-Modell und den anderen Modellen haben sich nicht wesentlich verändert. Nach dieser Berechnung liegt der Nutzwert des Total-Facility-Management-Modells um 25,6 % höher als beim Einzelvergabe-Modell, um 15,3 % höher als beim Paketvergabe-Modell, um 17,5 % höher als beim Management-Modell und um 9,3 % höher als beim Dienstleistungsmodell.

### 6.4.7 Beurteilung der Analysen

Die durchgeführten Sensitivitätsanalysen zeigen, dass das Ergebnis der Nutzwertanalyse als belastbar eingeschätzt werden kann. Bei allen Variationen der Kriteriengewichte ergibt sich für das Total-Facility-Management-Modell der höchste Nutzwert, gefolgt vom Dienstleistungsmodell und dem Management-Modell. Die niedrigsten Nutzwerte wurden für das Paketvergabe-Modell und das Einzelvergabe-Modell ermittelt. Eine Veränderung der Rangfolge hat nicht stattgefunden.

Auf Basis dieser Berechnungen wäre das Total-Facility-Management-Modell allen anderen Modellvarianten vorzuziehen, da es den höchsten Nutzwert generiert.

Trotz der durchgeführten Sensitivitätsanalysen, die die Belastbarkeit der Ergebnisse verifizieren, sollte das Ergebnis der Nutzwertanalyse kritisch betrachtet werden. Dies erweist sich insbesondere deshalb als sinnvoll, weil sich die Nutzwertberechnung lediglich auf die getrennte Anwendung der Modellvarianten bezieht, eine kombinierte Anwendung der Modelle wurde nicht betrachtet. Dies ist deshalb von Bedeutung, da in der unternehmerischen Praxis in der Regel keines der vorgestellten Betreibermodelle in Reinform Anwendung findet.

Darüber hinaus handelt es sich um eine theoretische Untersuchung, die auf dem entwickelten Zielsystem und den daraus abgeleiteten Entscheidungskriterien basiert und der die Kriterienpriorisierung und die Bewertung der Modellvarianten der 30 befragten Teilnehmer zugrunde gelegt wurde. Die Bestimmung anderer

[48] Vgl. Berechnung des Nutzwertabstands unter Punkt 6.4.5.

Zielgrößen und Entscheidungskriterien sowie deren Gewichtung und die sich daraus ergebende Bewertung der Handlungsalternativen könnte sich entscheidend auf das Ergebnis der Nutzwertanalyse auswirken.

## 6.5 Einordnung der Ergebnisse der Nutzwertanalyse in das praktizierte Entscheidungsverhalten bei der Wahl eines Betreibermodells

Die Abbildung 6.11 fasst die Ergebnisse der durchgeführten Nutzwertanalyse und der Sensitivitätsanalysen noch einmal zusammen.

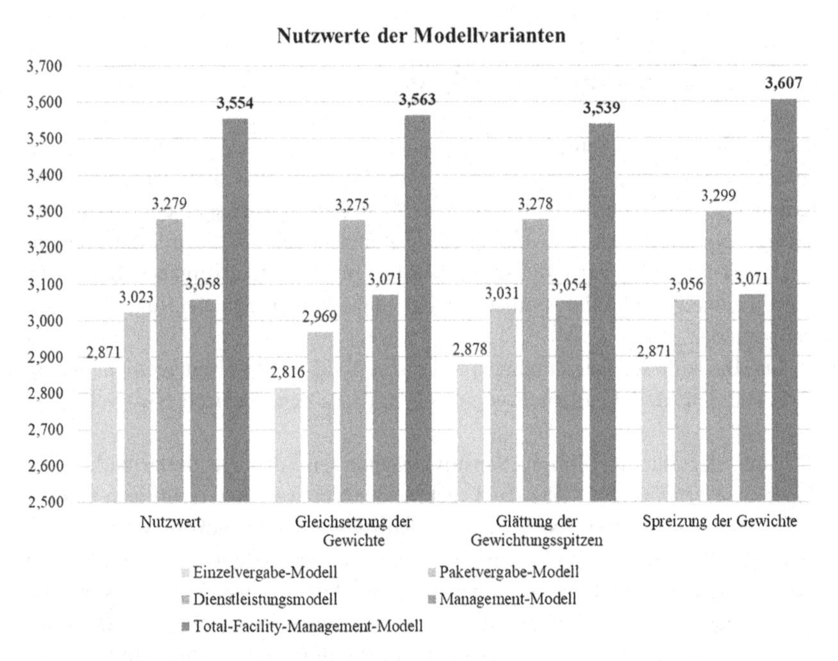


**Abbildung 6.11** Vergleichende Darstellung der Nutzwerte der Modellvarianten

Die Nutzwertanalyse, nach der das Total-Facility-Management-Modell den höchsten Nutzwert ausweist, macht deutlich, dass das tatsächliche Entscheidungsverhalten der befragten Unternehmen bei der Wahl eines Betreibermodells dem Ergebnis der Nutzwertanalyse weitgehend nicht entspricht. Auf Grundlage der

Kriteriengewichtung und der Bewertung der Modellvarianten müsste das Total-Facility-Management-Modell wesentlich häufiger Anwendung finden als dies derzeitig der Fall ist.

Die Befragung der Teilnehmer hinsichtlich ihrer Anwendung von Betreibermodellen[49] hat ergeben, dass derzeit lediglich etwa 7 % der befragten Unternehmen das Total-Facility-Management-Modell als einzige Vergabeform und weitere 6 % in Kombination mit den anderen Modellvarianten nutzen und dies auch zukünftig beibehalten wollen. Alle anderen Unternehmen streben keine Anwendung dieser Vergabeform an. Hieran lässt sich erkennen, dass sich das Total-Facility-Management-Modell bisher nicht durchsetzen konnte.

Trotz der großen Vorteile, die dieses Modell aufweist, insbesondere hinsichtlich größtmöglicher Kosteneinsparungen, einer maximalen Schnittstellenreduzierung, einer effizienten Verteilung des Risikos und der Möglichkeit eine partnerschaftliche Beziehung aufzubauen, die eine langfristige Zusammenarbeit fördert, steht die Mehrzahl der befragten Unternehmen dieser Vergabeform eher zurückhaltend gegenüber. Die befragten Unternehmen begründen diese Zurückhaltung zum einen mit der hohen Abhängigkeit vom Dienstleister. Aufgrund der bei dieser Vergabeform in der Regel langfristig ausgelegten Verträge sehen die Befragten ihre Flexibilität in Bezug auf eine kurzfristige Substitution des Dienstleisters oder im Falle von Kapazitätsschwankungen in hohem Maße eingeschränkt. Durch die Vergabe aller benötigten Facility Services an einen Gesamtdienstleister wird zudem befürchtet, dass die Anzahl der durch den Dienstleister beauftragten Nachunternehmer erheblich ansteigt. Diese Befürchtung ist nicht unbegründet, da es derzeit keinen Dienstleister gibt, der eine 100-prozentige Eigenleistungstiefe über alle Gewerke hinweg anbieten kann. Dies hat auch die Erhebung bei den Dienstleistungsunternehmen bestätigt.[50] Weiter wird angeführt, dass die Übertragung aller operativen und vor allem auch aller taktischen Aufgaben an den Dienstleister zum einen mit dem Verlust des eigenen Know-hows und zum anderen mit einem erheblichen Kontrollverlust einhergeht. Dies bestätigt sich auch in den Befragungsergebnissen zur Outsourcingbereitschaft[51], wonach derzeit lediglich knapp 19 % der befragten Unternehmen ihr taktisches Facility Management outsourcen.

Trotz des vergleichsweise ebenfalls hohen Nutzwertes (Rang 3) wird das Management-Modell von den Befragten mit den gleichen Kritikpunkten belegt wie das Total-Facility-Management-Modell. Das Management-Modell bietet zwar

[49] Vgl. Punkt 5.3.6.5 Anwendung von Betreibermodellen (Erhebung Unternehmen).

[50] Vgl. Punkt 5.4.5.4 FM-Produktportfolio (Erhebung Dienstleister).

[51] Vgl. Punkt 5.3.6.1 Outsourcingbereitschaft (Erhebung Unternehmen).

aus Sicht der befragten Teilnehmer zum einen den Vorteil einer Reduzierung des Steuerungs- und Kontrollaufwands für das Unternehmen, da der beauftragte Management-Dienstleister neben organisatorischen und koordinativen Aufgaben auch alle taktischen Aufgaben, vor allem die Steuerung und Überwachung des von ihm beauftragten operativen Dienstleisters übernimmt. Vorteilhaft erweist sich, dass durch den Einsatz eines Management-Dienstleisters externes Management-Know-how genutzt werden kann. Allerdings wird hier der größte Nachteil darin gesehen, dass die vollständige Übertragung aller taktischen Aufgaben an den Management-Dienstleister zu einem erheblichen Kontrollverlust führt. Die insgesamt kritische Einschätzung des Management-Modells zeigt sich wie beim Total-Facility-Management-Modell in der eher geringen Anwendung. So kommt das Management-Modell derzeit nur bei etwa 23 % der befragten Unternehmen zur Anwendung, allerdings überwiegend nur in Kombination mit dem Einzelvergabe-Modell, dem Paketvergabe-Modell oder dem Dienstleistungsmodell. Die Anwender nutzen das Management-Modell vor allem für ihre amerikanischen oder asiatischen Standorte, da dieses Modell dort eher verbreitet ist als im europäischen Raum. Die Befragungsergebnisse machen deutlich, dass sich das Management-Modell bisher ebenfalls nicht durchsetzen konnte und zukünftige Anwendungen eher weniger in Betracht gezogen werden.

Die nach der Nutzwertanalyse mit den niedrigsten Nutzwerten belegten Modelle Paketvergabe (Rang 4) und Einzelvergabe (Rang 5) kommen bei den befragten Unternehmen überwiegend nur in Kombination mit den anderen Modellvarianten zur Anwendung. Eine reine Einzelvergabe wird lediglich von 10 % der befragten Unternehmen angewandt. Trotz des insgesamt niedrigen Nutzwertes, den dieses Modell aufweist, begründen diese Unternehmen ihre Entscheidung für eine reine Einzelvergabe vor allem mit der geringen Abhängigkeit gegenüber den beauftragten Dienstleistern und mit der hohen Flexibilität dieses Modells, die es ihnen ermöglicht, kurzfristige Kapazitätsschwankungen auszugleichen. Durch die Beauftragung von Fachunternehmen für die jeweiligen Einzelleistungen kann nach Ansicht der Anwender eine bessere Qualität bei der Leistungserbringung erzielt werden kann. Als weiterer Grund für die Anwendung der Einzelvergabe werden die verfügbaren internen Ressourcen genannt. Für einen Großteil der benötigten Facility Services steht den Unternehmen ausreichend eigenes Personal zur Leistungserstellung zur Verfügung. Das daraus resultierende eher geringe Auftragsvolumen und eine geographisch weite Streuung ihrer Standorte erschwert eine stärkere Bündelung der Facility Services und macht eine Einzelvergabe an vorwiegend lokale Dienstleister erforderlich. Die Anwender des Einzelvergabe-Modells sind sich darin einig, dass die Vielzahl der beauftragten Dienstleister mit einem hohen internen Steuerungs- und Kontrollaufwand verbunden ist. Dies hat zur Folge, dass ausreichend eigenes Personal zur Verfügung stehen muss, das diese Steuerungs- und Kontrollaufgaben übernimmt. Hierin liegt vor allem der Grund, warum einige Anwender des Einzelvergabe-Modells zukünftig eine stärkere Bündelung der Facility Services anstreben und die Anwendung des Paketvergabe-Modells oder des Dienstleistungsmodells in Betracht ziehen.

Das Modell, das den zweithöchsten Nutzwert nach dem Total-Facility-Management-Modell aufweist, ist das Dienstleistungsmodell. Das praktizierte Entscheidungsverhalten, wonach bei mehr als der Hälfte der befragten Unternehmen das Dienstleistungsmodell, überwiegend in Kombination mit dem Paketvergabe-Modell, bereits Anwendung findet, macht deutlich, dass die Unternehmen mit Blick auf eine ganzheitliche Optimierung von Kosten und Leistungen die Vorteile einer stärkeren Bündelung ihrer Facility Services erkannt haben und dies bei der Wahl ihres Betreibermodells auch Berücksichtigung findet. Ein direkter Vergleich des Dienstleistungsmodells und des Total-Facility-Management-Modells zeigt, dass der Nutzwert des Total-Facility-Management-Modells um maximal 10 % höher liegt als beim Dienstleistungsmodell,[52] d. h. die beiden Modelle können in Bezug auf ihren Gesamtnutzen als fast gleichwertig eingestuft werden. Der wesentliche Unterschied zwischen diesen beiden Modellen liegt darin, dass beim Dienstleistungsmodell, anders als beim Total-Facility-Management-Modell, nur die operativen Aufgaben an den Dienstleister übertragen werden, alle taktischen Aufgaben aber beim Auftraggeber verbleiben und damit das Risiko eines Kontrollverlustes erheblich minimiert wird. Da derzeit nur 19 % der befragten Unternehmen bereit sind, ihr taktisches Facility Management an den Dienstleister zu übertragen, ist hierin auch der Hauptgrund für die Bevorzugung des Dienstleistungsmodells gegenüber dem Total-Facility-Management-Modell zu sehen.

Obwohl im Rahmen der Nutzwertanalyse unter Berücksichtigung der Kriterienpriorisierung und der Bewertung der Modellvarianten das Total-Facility-Management-Modell als optimales Betreibermodell identifiziert wurde und aus wissenschaftlicher Perspektive für die Anwendung empfohlen werden kann, zeigt das praktizierte Entscheidungsverhalten, dass die Mehrheit der befragten Unternehmen eine Kombination der Modellvarianten Dienstleistungsmodell, Paketvergabe-Modell und Einzelvergabe-Modell für das Outsourcing ihrer Facility Services favorisiert und in dieser Modellkombination derzeit das ideale Betreibermodell für die Bewirtschaftung ihres Immobilienbestandes sieht.

---

[52] Vgl. Berechnung des Nutzwertabstands unter Punkt 6.4.5 und unter Punkt 6.4.6.

Die Analysen haben gezeigt, dass es nicht das optimale Betreibermodell gibt, dessen Anwendung generell auf jedes Unternehmen übertragen werden kann. Die Entscheidungsträger müssen bei der Festlegung ihrer Sourcing-Strategie, das für ihr Unternehmen optimale Betreibermodell identifizieren, das, ausgerichtet an den Unternehmensstrukturen, den verfolgten Zielen und den jeweiligen Rahmenbedingungen, den nachhaltigen Erfolg der Immobilienbewirtschaftung sicherstellt.

## 6.6 Handlungsempfehlungen für Outsourcing-Entscheidungen und die Wahl eines Betreibermodells

Für eine erfolgreiche Umsetzung von Outsourcing-Projekten ist es Aufgabe des Corporate Real Estate Managements eine an der Unternehmensstrategie ausgerichtete Sourcing-Strategie zu definieren. Die vorangegangenen Untersuchungen haben deutlich gemacht, dass es sich bei Outsourcing-Entscheidungen und bei der spezifischen Wahl eines Betreibermodells um einen komplexen Entscheidungsprozess handelt, der auf der strategischen Zielsetzung des jeweiligen Unternehmens und der Ausprägung unternehmensspezifischer Kriterien beruht. Dies macht es zunächst erforderlich, das Zielsystem und die Entscheidungskriterien klar zu definieren. Zur Unterstützung im Entscheidungsprozess wird die Anwendung von MCDA-Methoden empfohlen, die es ermöglichen, unter Berücksichtigung der identifizierten Kriterien und den individuellen Präferenzen der Entscheidungsträger, ein optimales Betreibermodell zu bestimmen.[53]

Im Rahmen von Outsourcing-Entscheidungen ist neben der Bestimmung der optimalen Sourcing-Form die Wahl eines geeigneten Dienstleisters von besonderer Bedeutung. Um die Fähigkeiten und Potenziale der Anbieter einschätzen und beurteilen zu können, sollte eine auskunftsfähige Dienstleisteranalyse durchgeführt werden.

Ein weiteres zentrales Thema bei der Umsetzung von Outsourcing-Projekten ist die Gestaltung der Zusammenarbeit zwischen Auftraggeber und Dienstleister. Besonders wichtig ist die Ausarbeitung des Outsourcing-Vertrages, der den strukturellen Handlungsrahmen für die Zusammenarbeit vorgibt und die Bedingungen für die Bereitstellung der Facility Services sowie die Rechte und Pflichten der Vertragspartner definiert. Wesentlicher Bestandteil des Outsourcing-Vertrages ist

[53] Vgl. Punkt 6.3.2 Methoden der multikriteriellen Entscheidungsunterstützung.

die Vereinbarung der Vergütung für die zu erbringenden Leistungen. Dabei sollten die Vergütungsform und das gewählte Preismodell auf das jeweils angewandte Betreibermodell abgestimmt sein.

Entscheidend für den Aufbau und die Sicherstellung einer erfolgreichen Zusammenarbeit ist die Interaktion zwischen Auftraggeber und Dienstleister. Die Vertragspartner sollten deshalb während ihrer Zusammenarbeit kontinuierlich mit gezielten Maßnahmen ihre Erwartungen und Zielsetzungen in Einklang bringen. Hierzu wird der Aufbau eines bilateralen Steuerungs- und Kontrollsystems empfohlen, das zum einen den vertragsgemäßen Leistungsaustausch sicherstellt und gleichzeitig die Basis schafft für eine kooperative und vertrauensvolle Zusammenarbeit.

Mit dem im Rahmen dieser Arbeit entwickelten Konzeptes[54] wurden Umsetzungs- und Gestaltungmöglichkeiten bei der Implementierung eines Betreibermodells aufgezeigt, die es dem Corporate Real Estate Management ermöglichen sollen, jeweils an die unternehmensspezifischen Anforderungen angepasste Lösungsansätze für Outsourcing-Projekte abzuleiten. Darüber hinaus sollen die praktisch anwendbaren Empfehlungen zur Verbesserung im Entscheidungsprozess und zu einer für beide Seiten wertschöpfenden Gestaltung der Auftraggeber-Dienstleister-Beziehung beitragen.

[54] Vgl. Abschnitt 4.4 Konzeptentwicklung für das Outsourcing von FM-Dienstleistungen und die Ausgestaltung von Auftraggeber-Dienstleister-Beziehungen.

# 7 Schlussbetrachtung

Durch die internationale Ausweitung ihrer Geschäftsfelder besitzen viele Großunternehmen Immobilien weltweit. Dieser Immobilienbestand stellt, neben den Produktionsanlagen, bei den meisten Non-Property-Unternehmen den größten Teil ihres Vermögens dar, gleichzeitig ist der Aufwand für diese Immobilien einer der größten Kostenfaktoren neben den Personalkosten. Damit wird deutlich, dass der Immobilienbestand die Wirtschaftlichkeit eines Unternehmens maßgeblich beeinflusst und den Unternehmenserfolg entscheidend mitbestimmt. Vor diesem Hintergrund bestehen die Grundannahmen dieser Arbeit darin, dass durch ein professionelles Corporate Real Estate Managements eine Optimierung des Immobilienbestandes erreicht wird und dass durch die Anwendung eines an der Unternehmensstrategie ausgerichteten Betreibermodells zur Bewirtschaftung des Immobilienbestandes ein produktivitätssteigerndes Arbeitsumfeld sichergestellt und die Wirtschaftlichkeit eines Unternehmens nachhaltig positiv beeinflusst wird.

Ziel der vorliegenden Dissertation war es, das Corporate Real Estate Management internationaler Großunternehmen und den Prozess der Sourcing-Entscheidung bei der Wahl eines Betreibermodells für die Immobilienbewirtschaftung theoretisch und empirisch zu untersuchen. Aus dieser Zielsetzung ergaben sich vier thematische Schwerpunkte:

1. Definitorische und konzeptionelle Präzisierung des Corporate Real Estate Managements mit dem Fokus auf die Bewirtschaftungsstrategien im Facility



N. C. Rummel, *Betreibermodelle für die Immobilienbewirtschaftung international tätiger Großunternehmen*, Baubetriebswesen und Bauverfahrenstechnik,
https://doi.org/10.1007/978-3-658-44946-9_7

Management und den Prozessablauf bei der Realisierung von Outsourcing-Projekten. Theoretische und konzeptionelle Einordnung des Outsourcing-Prozesses in die allgemeine Managementlehre und Ableitung wissenschaftlicher Theorien als Erklärungsansätze für Outsourcing-Entscheidungen.
2. Entwicklung eines Konzeptes, das die Umsetzungs- und Gestaltungsmöglichkeiten von Betreibermodellen für die Immobilienbewirtschaftung darlegt und praktisch anwendbare Lösungen zur Verbesserung des Entscheidungsprozesses und den Aufbau einer wertschöpfenden Beziehung zwischen Auftraggeber und Dienstleister bietet.
3. Durchführung von zwei empirischen Studien, zum einen bei international tätigen Großunternehmen zur Gestaltung ihres Corporate Real Estate Managements und zur praktischen Anwendung von Betreibermodellen und zum anderen bei führenden Dienstleistern im Facility Management zu ihrem Angebot von FM-Dienstleistungen und Betreibermodellen.
4. Analyse von Sourcing-Entscheidungen bei der Wahl eines Betreibermodells unter Anwendung einer Methodik der multikriteriellen Entscheidungsunterstützung und eines standardisierten Bewertungsverfahrens zur Messung der Erfolgswirkungen der untersuchten Betreibermodelle.

Die vorliegende Dissertation soll neben der Erweiterung des wissenschaftlichen Kenntnisstandes Ansätze für die praktische Anwendung liefern. Sie richtet sich zum einen an das Corporate Real Estate Management international ausgerichteter Großunternehmen, die mit der Implementierung eines Betreibermodells die optimale Bewirtschaftung ihres weltweiten Immobilienbestandes anstreben. Zum anderen soll sie FM-Dienstleistern als Hilfestellung dienen für ihre zukünftige Ausrichtung und Positionierung am Markt.

## 7.1 Zusammenfassung der Arbeit

Ausgehend von der Zielsetzung der vorliegenden Dissertation ist die Arbeit in insgesamt sieben Kapitel gegliedert.

In Kapitel 1 erfolgte eine Einführung in das Forschungsfeld. Nach der Erörterung der Ausgangssituation und Motivation wurde der Forschungsstand dargestellt. Dabei wurden für die Arbeit relevante Forschungsprojekte und wissenschaftliche Arbeiten zum Corporate Real Estate Management, zum Facility Management und zum Outsourcing vorgestellt, die Arbeit in den Forschungskontext eingeordnet und der Forschungsbedarf aufgezeigt. Anschließend wurden die

Zielsetzung, der theoretische Bezugsrahmen und die Forschungsmethodik sowie der Aufbau der Arbeit dargestellt.

In Kapitel 2 wurden die für das Verständnis der Arbeit notwendigen definitorischen und theoretischen Grundlagen des Immobilienmanagements vorgestellt. Es erfolgte zunächst eine begriffliche Abgrenzung des Terminus Immobilien, eine Definition des Begriffs Immobilienmanagement sowie die Abgrenzung der Begriffe Property Company und Non-Property Company. Anschließend wurden die unterschiedlichen Perspektiven des Immobilienmanagements erläutert. Mit der Differenzierung der verschiedenen Konzepte des Immobilienmanagements erfolgte gleichzeitig eine Eingrenzung des Untersuchungsgegenstands dieser Arbeit.

In Kapitel 3 wurde die Gestaltung des betrieblichen Immobilienmanagements ausführlich untersucht. Ausgehend von der internationalen und nationalen Fachliteratur erfolgte die definitorische und konzeptionelle Präzisierung des Corporate Real Estate Management. Hierbei wurden sowohl strategische wie auch organisatorische Aspekte erörtert sowie die immobilienwirtschaftlichen Aufgaben innerhalb des CREM näher untersucht. Ein besonderes Augenmerk lag hier auf den Aufgaben des Facility Managements und der Abgrenzung zu den Teilbereichen des Gebäudemanagements. Im Weiteren wurden verschiedene Bewirtschaftungsstrategien im Facility Management diskutiert. Nach der Definition des Outsourcing-Begriffs und der Betrachtung möglicher Erscheinungsbilder des Outsourcings erfolgte eine Analyse der Motive, Chancen und Risiken, die mit dem Outsourcing einhergehen. Das anschließend entwickelte Prozessmodell für das Outsourcing im Facility Management soll den komplexen Prozessablauf von der Planung bis zur Realisierung eines Outsourcing-Projektes abbilden. Für die theoretische Fundierung des Outsourcing-Prozesses und als Erklärungsansätze für Outsourcing-Entscheidungen wurden abschließend verschiedene wissenschaftliche Theorien vorgestellt und diskutiert. Diese bilden gleichzeitig den theoretischen Bezugsrahmen für die anschließenden weiteren Untersuchungen.

In Kapitel 4 erfolgte die theoretische Untersuchung von Betreibermodellen für das Outsourcing von FM-Dienstleistungen und der Ausgestaltung von Auftraggeber-Dienstleister-Beziehungen. Hierzu wurden zunächst die verschiedenen Ausprägungsformen von Betreibermodellen definitorisch eingeordnet und die Relevanz von Betreibermodellen im Facility Management aufgezeigt. Für eine erfolgreiche Umsetzung von Outsourcing-Projekten wurde ein Konzept entwickelt, das es dem Corporate Real Estate Management ermöglichen soll, jeweils an die unternehmensspezifischen Anforderungen angepasste Lösungsansätze für Outsourcing-Projekte abzuleiten. Das Konzept beruht auf der Struktur des in Kapitel 3 definierten Phasenprozesses für das Outsourcing im Facility Management und wurde unter Berücksichtigung der wissenschaftlichen Theorien des ressourcenbasierten Ansatzes, der Transaktionskostentheorie, der Prinzipal-Agent-Theorie und des Netzwerkansatzes und unter Einbeziehung der aus den empirischen Erhebungen gewonnenen Erkenntnissen entwickelt. Das Konzept zeigt die Umsetzungs- und Gestaltungsmöglichkeiten bei der Implementierung eines Betreibermodells auf und gibt Anwendungsempfehlungen für die Wahl einer geeigneten Sourcing-Form, die Beurteilung und Auswahl möglicher Dienstleister, die Gestaltung des Outsourcing-Vertrages, die Anwendung verschiedener Preis- und Vergütungsmodelle sowie die Anwendung von Steuerungs- und Kontrollinstrumenten. Das Konzept und die praktisch anwendbaren Empfehlungen sollen zu Verbesserungen im Entscheidungsprozess, zu einer für beide Seiten wertschöpfenden Gestaltung der Auftraggeber-Dienstleister-Beziehung und damit letztendlich zu einer erfolgreichen Umsetzung von Outsourcing-Projekten beitragen.

In Kapitel 5 wurde die praktische Anwendung von Betreibermodellen im Facility Management anhand von zwei durchgeführten empirischen Studien untersucht. In der ersten Studie wurden international tätige Großunternehmen zur Gestaltung ihres Immobilienmanagements und der Bewirtschaftung ihres Immobilienbestandes befragt, insbesondere hinsichtlich ihrer Sourcing-Strategie und der Anwendung verschiedener Outsourcing-Alternativen. In der zweiten Studie wurden führende Dienstleister im Facility Management zu ihrem Angebot an FM-Dienstleistungen und Betreibermodellen und ihrer Leistungsfähigkeit auf dem internationalen Markt befragt. Nach einer einleitenden Erläuterung des angewandten Designs der Datenerhebung und -auswertung wurden die Ergebnisse der Studien umfassend dargestellt und interpretiert.

In Kapitel 6 erfolgte eine Analyse von Sourcing-Entscheidungen bei der Wahl eines Betreibermodells. Da Outsourcing-Entscheidungen und die spezifische Wahl eines Betreibermodells abhängig von den individuell verfolgten Zielen und speziellen Rahmenbedingungen des jeweiligen Unternehmens sind, wurde zunächst ein Zielsystem entwickelt, das die Zielgrößen und Entscheidungskriterien abbildet, die im Rahmen von Outsourcing-Entscheidungen relevant sind. Aus dem entwickelten Zielsystem und den formulierten Entscheidungskriterien wurden anschließend Kriterien abgeleitet, die einen Vergleich der verschiedenen Sourcing-Formen ermöglichen und die für die Bewertung der zur Auswahl stehenden Alternativen hinsichtlich ihrer Erfolgswirkungen herangezogen werden können. Anschließend wurden Methoden aufgezeigt, die zur Entscheidungsunterstützung bei der Wahl eines Betreibermodells eingesetzt werden können und die, unter Berücksichtigung mehrerer Kriterien und den individuellen Präferenzen der Entscheidungsträger, die Identifizierung eines geeigneten Betreibermodells ermöglichen. Auf Grundlage der in der ersten Studie erhobenen Daten bei international tätigen Großunternehmen wurden mit Hilfe einer Nutzwertanalyse die Erfolgswirkungen der verschiedenen Betreibermodelle analysiert. Mit der Analyse sollten die Grundlagen für die begründete Bevorzugung der einen oder anderen Entscheidungsalternative gelegt werden. Abschließend erfolgte eine Einordnung der Ergebnisse der Nutzwertanalyse in das praktizierte Entscheidungsverhalten bei der Wahl eines Betreibermodells.

Das vorliegende 7. Kapitel fasst die Ergebnisse der Arbeit noch einmal zusammen und gibt einen Ausblick auf zukünftige Entwicklungen.

## 7.2 Kritische Würdigung und Ausblick

Die vorliegende Dissertation besitzt den Anspruch der Anwendungsorientierung und soll deshalb neben der Erweiterung des wissenschaftlichen Kenntnisstandes Ansätze für die praktische Anwendung liefern. Zur Erfüllung dieses Anspruchs wurde mit der empirisch-qualitativen Explorationsstrategie eine Forschungsmethodik gewählt, die die Integration von theoretischen und empirischen Erkenntnissen ermöglichte. Durch die Betrachtungsweise von Theorie und Praxis konnte der Anwendungsbezug für die Unternehmenspraxis sichergestellt werden.

Eine systematische Literaturanalyse erlaubte in Kapitel 3 die theoriebasierte Erarbeitung der Gestaltungselemente des betrieblichen Immobilienmanagements. Dadurch konnten wertvolle Implikationen für die praktische Ausgestaltung des Corporate Real Estate Managements international tätiger Großunternehmen und deren Immobilienbewirtschaftung gewonnen werden.

Das in Kapitel 4 entwickelte Gesamtkonzept für das Outsourcing von FM-Dienstleistungen und zur Gestaltung von Auftraggeber-Dienstleister-Beziehungen stellt ein theoretisch abgeleitetes und empirisch auf Plausibilität geprüftes Konzept dar. Durch die Identifikation relevanter Gestaltungsparameter und deren Ausprägungen wird ein Defizit beseitigt, indem die Gestaltung von Betreibermodellen für die Immobilienbewirtschaftung zu einem eigenständigen Konzept verdichtet wird. Dieses Konzept ermöglicht den immobilienwirtschaftlichen Akteuren zum einen die Identifikation eines an ihrer Immobilienstrategie ausgerichteten Betreibermodells und darüber hinaus den Aufbau einer wertschöpfenden Auftraggeber-Dienstleister-Beziehung.

Mit der in Kapitel 6 auf Grundlage der empirisch erhobenen Daten durchgeführten Analyse von Sourcing-Entscheidungen bei der Wahl eines Betreibermodells konnte der Nachweis erbracht werden, dass ein ganzheitliches Betreibermodell, wie es das Total-Facility-Management-Modell darstellt, bei dem neben den operativen Aufgaben auch alle taktischen Aufgaben an den Dienstleister übertragen werden, die nutzenmaximale Alternative für die Bewirtschaftung des Immobilienbestandes darstellt und daher aus wissenschaftlicher Perspektive für die Anwendung zu empfehlen ist.

Gleichzeitig zeigt das praktizierte Entscheidungsverhalten, dass die Anwendung dieses Modells bisher von den wenigsten Unternehmen in Betracht gezogen wird. In der zunehmenden Anwendung des Dienstleistungsmodells zeigt sich allerdings auch, dass die Unternehmen die Vorzüge einer stärkeren Bündelung ihrer Facility Services und einer langfristigen partnerschaftlichen Zusammenarbeit mit den Dienstleistern durchaus erkannt haben. Dass hier bereits ein Umdenken stattgefunden hat, liegt zum einen an den fortschreitenden strukturellen Veränderungen in Technologie, Wirtschaft und Gesellschaft, zum anderen an den in jüngster Zeit eingetretenen globalen Veränderungen und Krisen. Die lang andauernde Covid-19-Pandemie, der Krieg in der Ukraine und die in diesem Zusammenhang verhängten Wirtschaftssanktionen gegen Russland und die daraus resultierenden Folgen wie Energieknappheit, steigende Inflation und stagnierende Konjunkturentwicklung werden nicht nur zu strategischen Unternehmensanpassungen führen, sondern auch das immobilienwirtschaftliche Wertschöpfungssystem verändern. Dies wird langfristig nicht nur zu Strukturveränderungen im Corporate Real Estate Management führen, sondern die Immobilienbewirtschaftung entscheidend beeinflussen. Es ist davon auszugehen, dass vor diesem Hintergrund ganzheitliche, nutzwertorientierte Lösungsansätze immer mehr in den Fokus immobilienwirtschaftlicher Akteure rücken.

Die größte Herausforderung des Immobilienmanagements international tätiger Großunternehmen wird es zukünftig sein, die Sourcing-Strategie an die geänderten Bedingungen anzupassen und das für ihr Unternehmen optimale Betreibermodell zu identifizieren, das langfristig den Erfolg der Immobilienbewirtschaftung sicherstellt und damit auch die Wirtschaftlichkeit des Unternehmens nachhaltig positiv beeinflusst.

# Anlagenverzeichnis





N. C. Rummel, *Betreibermodelle für die Immobilienbewirtschaftung international tätiger Großunternehmen*, Baubetriebswesen und Bauverfahrenstechnik,
https://doi.org/10.1007/978-3-658-44946-9

# Empirische Erhebung „Unternehmen"

## Anlage 1.1: Verzeichnis der befragten Unternehmen

### Branche: Automobil / Zulieferer

|   |   |
|---|---|
| **Unternehmen:** | **BMW AG (BMW Group)** |
| Teilnehmer: | Herr Erik Wellner |
| | Abteilungsleiter Real Estate Management & Corporate Security |
| Datum: | 18.06.2018 |
| Uhrzeit: | 14.00 Uhr – 16.00 Uhr |
| Ort: | Moosacher Straße 51 |
| | 80788 München |

|   |   |
|---|---|
| **Unternehmen:** | **Continental Automotive GmbH / Continental AG** |
| Teilnehmer: | Herr Gerald Schreiber |
| | Leitung Facility Management & |
| | Gebäudeinfrastruktur |
| Datum: | 13.06.2019 |
| Uhrzeit: | 13.00 Uhr – 15.00 Uhr |
| Ort: | Siemensstraße 12 |
| | 93055 Regensburg |

|   |   |
|---|---|
| **Unternehmen:** | **Daimler AG** |
| Teilnehmer: | Herr Stefan Heymoß |
| | Leiter Facility Management Strategy |
| Datum: | 17.05.2019 |
| Uhrzeit: | 08.00 Uhr – 10.00 Uhr |
| Ort: | Hedelfingerstraße 4–11 |
| | 73734 Esslingen am Neckar |
| | (Das Interview wurde in den Räumen der BASF SE, |
| | Ludwigshafen durchgeführt) |

| | |
|---|---|
| **Unternehmen:** | **Lisa Dräxlmaier GmbH /** |
| | **Fritz Dräxlmaier GmbH & Co. KG** |
| Teilnehmer: | Herr Bernhard Obermaier |
| | Head of Facility- / Site Management |
| Datum: | 26.10.2018 |
| Uhrzeit: | 14.00 Uhr – 16.00 Uhr |
| Ort: | Landshuter Straße 100 |
| | 84137 Vilsbiburg |

| | |
|---|---|
| **Unternehmen:** | **Schaeffler Technologies AG & Co. KG** |
| Teilnehmer: | Herr Stefan Münch |
| | Senior Vice President – |
| | Global Head of Corporate Real Estate Management |
| Datum: | 04.06.2019 |
| Uhrzeit: | 14.00 Uhr – 16.00 Uhr |
| Ort: | Industriestraße 1–3 |
| | 91074 Herzogenaurach |

| | |
|---|---|
| **Unternehmen:** | **ZF Friedrichshafen AG** |
| Teilnehmer: | Herr Manfred Fink |
| | Senior Manager – Portfolio Management Real Estate |
| | Herr Christoph Platzer |
| | Program Management Office / Governance & |
| | Processes |
| Datum: | 22.05.2019 |
| Uhrzeit: | 13.00 Uhr – 15.00 Uhr |
| Ort: | Löwentaler Straße 20 |
| | 88046 Friedrichshafen am Bodensee |

## Branche: Mischkonzern

| | |
|---|---|
| **Unternehmen:** | **Robert Bosch GmbH** |
| Teilnehmer: | Herr Alexander Lenk |
| | Senior Vice President – Head of Real Estate |
| | Herr Rainer Weller |
| | Projektleiter Real Estate |
| | Herr Thomas Birkle |
| | Leiter Zentralstelle Real Estate Facility Management |
| Datum: | 26.03.2019 |
| Uhrzeit: | 16.00 Uhr – 18.00 Uhr |
| Ort: | Robert-Bosch-Platz 1 |
| | 70839 Gerlingen-Schillerhöhe |

| | |
|---|---|
| **Unternehmen:** | **Freudenberg Real Estate GmbH /** |
| | **Freudenberg SE** |
| Teilnehmer: | Herr Ulrich Kerber |
| | CEO – Freudenberg Real Estate GmbH |
| | Head of Corporate Function Real Estate |
| | Herr Sven Rode |
| | Facility Manager International – |
| | Facility Management |
| Datum: | 23.05.2018 |
| Uhrzeit: | 09.00 Uhr – 11.00 Uhr |
| Ort: | Hoehnerweg 2–4 |
| | 69469 Weinheim |

| | |
|---|---|
| **Unternehmen:** | **Royal Philips N.V.** |
| Teilnehmer: | Herr Gregor Sieben |
| | Global Head of Real Estate |
| Datum: | 19.12.2018 |
| Uhrzeit: | 15.00 Uhr – 17.00 Uhr |
| Ort: | Amstelplein 2 |
| | 1096 BC Amsterdam, Niederlande |

| | |
|---|---|
| **Unternehmen:** | **Siemens AG** |
| Teilnehmer: | Herr Heiko Hornberger<br>Head of Asset- & Property-Management<br>Herr Markus Bayerl<br>Head of Building Operations |
| Datum: | 20.06.2018 |
| Uhrzeit: | 14.00 Uhr – 16.00 Uhr |
| Ort: | Otto-Hahn-Ring 6<br>81739 München |

| | |
|---|---|
| **Unternehmen:** | **thyssenkrupp Business Services GmbH /<br>thyssenkrupp AG** |
| Teilnehmer: | Herr Stefan Wolter<br>Geschäftsführer Real Estate<br>Head of Service Line Real Estate |
| Datum: | 10.07.2018 |
| Uhrzeit: | 14.00 Uhr – 16.00 Uhr |
| Ort: | thyssenkrupp Allee 1<br>45143 Essen |

## Branche: Chem. Industrie / Pharma

| | |
|---|---|
| **Unternehmen:** | **Bayer Real Estate GmbH /<br>Bayer AG** |
| Teilnehmer: | Herr Frederic Krabbe<br>Project Manager – Strategic Facility Management |
| Datum: | 19.07.2018 |
| Uhrzeit: | 13.00 Uhr – 15.00 Uhr |
| Ort: | Hauptstraße 119<br>51373 Leverkusen |

| | |
|---|---|
| **Unternehmen:** | **Boehringer Ingelheim Pharma GmbH & Co. KG** |
| Teilnehmer: | Herr Dr. Dietmar Kohn |
| | Director Site Utilities |
| | Herr Hansjörg Messing |
| | Leiter Objektmanagement Biberach |
| Datum: | 15.02.2019 |
| Uhrzeit: | 10.00 Uhr – 12.00 Uhr |
| Ort: | Birkendorfer Straße 65 |
| | 88397 Biberach an der Riß |

| | |
|---|---|
| **Unternehmen:** | **Evonik Technology & Infrastructure GmbH /** |
| | **Evonik Industries AG** |
| Teilnehmer: | Herr Boris Heidicker |
| | Leiter Business Center Industrial Real Estate |
| | Management |
| Datum: | 07.06.2019 |
| Uhrzeit: | 13.00 Uhr – 15.00 Uhr |
| Ort: | Goldschmidtstraße 100 |
| | 45127 Essen |

| | |
|---|---|
| **Unternehmen:** | **Merck KGaA** |
| Teilnehmer: | Herr Mark Schmoll |
| | Director – Global Head of Real Estate |
| Datum: | 24.10.2018 |
| Uhrzeit: | 10.00 Uhr – 12.00 Uhr |
| Ort: | Waldstraße 3 |
| | 64331 Weiterstadt |

## Branche: Konsumgüter

| | |
|---|---|
| **Unternehmen:** | **Beiersdorf AG** |
| Teilnehmer: | Herr Wolfgang Lübbe<br>Head of Real Estate Germany |
| Datum: | 23.05.2019 |
| Uhrzeit: | 13.00 Uhr – 15.00 Uhr |
| Ort: | Unnastraße 48<br>20245 Hamburg |

| | |
|---|---|
| **Unternehmen:** | **Henkel AG & Co. KGaA** |
| Teilnehmer: | Herr Roman Quarten<br>Leiter Building Management |
| Datum: | 21.06.2019 |
| Uhrzeit: | 13.00 Uhr – 15.00 Uhr |
| Ort: | Henkelstraße 67<br>40589 Düsseldorf |

| | |
|---|---|
| **Unternehmen:** | **Nestlé Deutschland AG /<br>Nestlé S.A** |
| Teilnehmer: | Herr Christoph Forschner<br>Regional Workplace Solutions Lead EMENA |
| Datum: | 09.05.2019 |
| Uhrzeit: | 15.00 Uhr – 17.00 Uhr |
| Ort: | Lyoner Straße 23<br>60528 Frankfurt am Main |

| | |
|---|---|
| **Unternehmen:** | **tesa SE** |
| Teilnehmer: | Herr Michael Reuland<br>Leiter Real Estate Management |
| Datum: | 28.05.2019 |
| Uhrzeit: | 14.00 Uhr – 16.00 Uhr |
| Ort: | Hugo-Kirchberg-Straße 1<br>22848 Norderstedt |

## Branche: IT / Telekommunikation

| | |
|---|---|
| **Unternehmen:** | **Dassault Systèmes Deutschland GmbH /** |
| | **Dassault Systèmes SE** |
| Teilnehmer: | Herr Steffen Briese |
| | Senior Manager – Corporate Real Estate |
| | EuroCentral |
| Datum: | 31.01.2019 |
| Uhrzeit: | 14.00 Uhr – 16.00 Uhr |
| Ort: | Meitnerstraße 8 |
| | 70563 Stuttgart |

| | |
|---|---|
| **Unternehmen:** | **NetApp Deutschland GmbH /** |
| | **NetApp Inc** |
| Teilnehmer: | Frau Anke Gerlach |
| | Senior Manager – Central EMEA Workplace |
| | Resources |
| Datum: | 25.07.2018 |
| Uhrzeit: | 13.00 Uhr – 15.00 Uhr |
| Ort: | Sonnenallee 1 |
| | 85551 Kirchheim bei München |

| | |
|---|---|
| **Unternehmen:** | **SAP SE** |
| Teilnehmer: | Herr Matthias Grimm |
| | Vice President – Head Global Real Estate & |
| | Facilities |
| Datum: | 21.02.2019 |
| Uhrzeit: | 14.00 Uhr – 16.00 Uhr |
| Ort: | Dietmar-Hopp-Allee 16 |
| | 69190 Walldorf |

| | |
|---|---|
| **Unternehmen:** | **Swisscom Immobilien AG /** |
| | **Swisscom AG** |
| Teilnehmer: | Herr Jöri Engel |
| | CEO – Swisscom Immobilien AG |
| | Head of Corporate Real Estate Management |
| | Herr Marcel Bauer |
| | Head of Strategic Unit Product- & Provider |
| | Management |
| Datum: | 14.03.2019 |
| Uhrzeit: | 11.30 Uhr – 13.30 Uhr |
| Ort: | Alte Tiefenaustraße 6 |
| | 3048 Worblaufen, Schweiz |

## Branche: Dienstleistungen

| | |
|---|---|
| Unternehmen: | eBay Group Services GmbH / |
| | eBay Inc |
| Teilnehmer: | Herr Jens Schlüter |
| | Head of Facility Operations International |
| | (EMEA & APAC) |
| Datum: | 12.12.2018 |
| Uhrzeit: | 13.00 Uhr – 15.00 Uhr |
| Ort: | Albert-Einstein-Ring 2–6 |
| | 14532 Kleinmachnow |
| **Unternehmen:** | **ECE Projektmanagement GmbH & Co. KG** |
| Teilnehmer: | Herr Christian Schlicht |
| | Director – Facility Management & Center |
| | Management |
| Datum: | 14.05.2019 |
| Uhrzeit: | 14.00 Uhr – 16.00 Uhr |
| Ort: | Heegbarg 30 |
| | 22391 Hamburg |

| | |
|---|---|
| **Unternehmen:** | **Fraport AG** |
| | **Frankfurt Airport Services Worldwide** |
| Teilnehmer: | Herr Dr. Udo Peter Banck |
| | Bereichsleiter – |
| | Zentrales Infrastrukturmanagement |
| | Herr Mathias Müller |
| | Bereichsleiter – |
| | Integriertes Facility Management / Technik |
| Datum: | 14.12.2018 |
| Uhrzeit: | 13.00 Uhr – 15.00 Uhr |
| Ort: | Flughafen Frankfurt |
| | 60547 Frankfurt am Main |

## Branche: Maschinen- / Anlagenbau

| | |
|---|---|
| **Unternehmen:** | **ABB Immobilien und Projekte GmbH /** |
| | **ABB Ltd** |
| Teilnehmer: | Herr Dr. Stefan Beretitsch |
| | Geschäftsführer Corporate Real Estate Deutschland |
| | Global Head of Green CREM & Facility |
| | Management |
| Datum: | 18.05.2018 |
| Uhrzeit: | 10.00 Uhr – 12.00 Uhr |
| Ort: | Wallstadter Straße 59 |
| | 68526 Ladenburg |

| | |
|---|---|
| **Unternehmen:** | **TRUMPF Immobilien GmbH & Co. KG /** |

| | **TRUMPF GmbH & Co. KG** |
|---|---|
| Teilnehmer: | Herr Michael Kuhn |
| | Leiter Gebäudebetrieb |
| | Herr Jürgen Reiber |
| | Strategisches Immobilienmanagement |
| Datum: | 26.04.2019 |
| Uhrzeit: | 10.30 Uhr – 12.30 Uhr |
| Ort: | Johann-Maus-Straße 2 |
| | 71254 Ditzingen |

## Branche: Energieversorgung

| **Unternehmen:** | **EnBW Energie Baden-Württemberg AG** |
|---|---|
| Teilnehmer: | Herr Tobias Entreß |
| | Teamleiter Immobilienmanagement Biberach / Esslingen |
| Datum: | 03.06.2019 |
| Uhrzeit: | 13.00 Uhr – 15.00 Uhr |
| Ort: | Kurt-Schumacher-Straße 39 |
| | 73728 Esslingen am Neckar |

| **Unternehmen:** | **Linde AG (Linde Group)** |
|---|---|
| Teilnehmer: | Herr Johannes Geis |
| | Head of Real Estate |
| Datum: | 18.01.2019 |
| Uhrzeit: | 14.00 Uhr – 16.00 Uhr |
| Ort: | Klosterhofstraße 1 |
| | 80331 München |

Anmerkung: Die Auflistung der befragten Unternehmen erfolgte innerhalb der Branchen in alphabetischer Reihenfolge.

# Anlage 1.2: Anschreiben Experteninterview

**BASF**
We create chemistry

BASF SE, 67056 Ludwigshafen, Deutschland

[Unternehmen]
[Anrede, Name]
[Position]
[Straße]
[PLZ, Ort]

[Datum]
ESM/RG – C006
Thomas Glatte
Tel.: +49 621 60-42275
E-Mail: thomas.glatte@basf.com

**Marktnachfrageanalyse im Facility Management**

Sehr geehrte(r) [Anrede, Name],

im Rahmen seines Promotionsvorhabens führt Herr Nicolas C. Rummel, M.Eng., Doktorand am Institut für Baubetriebswesen der Technischen Universität Dresden eine empirische Erhebung durch zum Thema

**„Analyse des FM-Dienstleistungsbedarfs und der Anwendung von Betreibermodellen für die Immobilienbewirtschaftung bei international tätigen Großunternehmen"**

Ich würde mich freuen, wenn Sie für dieses Forschungsprojekt im Rahmen eines ca. zweistündigen persönlichen Interviews mit Herrn Rummel in Ihrem Hause zur Verfügung stehen könnten. Wegen einer Terminvereinbarung würde Sie Herr Rummel in den nächsten Tagen per E-Mail kontaktieren.

Ich würde mich außerordentlich über Ihre Teilnahme freuen und bedanke mich hierfür bereits im Voraus.

Mit freundlichen Grüßen

Dr. Thomas Glatte
Director
Group Real Estate & Facility Management

**BASF SE**
67056 Ludwigshafen, Deutschland

Telefon: +49 621 60-0
Telefax: +49 621 60-42525
E-Mail: global.info@basf.com
Internet: www.basf.com

**Sitz der Gesellschaft:**
67056 Ludwigshafen

**Registergericht:**
Amtsgericht Ludwigshafen
Eintragungsnummer: HRB 6000

**Aufsichtsratsvorsitzender:**
Jürgen Hambrecht

**Vorstand:**
Kurt Bock, Vorsitzender;
Martin Brudermüller, stellv. Vorsitzender;
Saori Dubourg, Hans-Ulrich Engel, Sanjeev Gandhi, Michael Heinz, Markus Kamieth, Wayne T. Smith

## Anlage 1.3: Formular zur Interviewfreigabe

BASF
We create chemistry

**Fakultät Bauingenieurwesen** Institut für Baubetriebswesen

### Experteninterview:

### Marktnachfrageanalyse Facility Management
### Analyse des FM-Dienstleistungsbedarfs und der Anwendung von Betreibermodellen für die Immobilienbewirtschaftung bei international tätigen Großunternehmen

**Unternehmen:**

**Teilnehmer:** [Anrede, Name, Position]

**Datum:** [Tag, Monat, Jahr]

**Uhrzeit:** [xx.xx Uhr – xx.xx Uhr]

**Ort:** [Unternehmen, Anschrift]

Das Interview wurde anhand des Interviewleitfadens „Marktnachfrageanalyse Facility Management – Analyse des FM-Dienstleistungsbedarfs und der Anwendung von Betreibermodellen für die Immobilienbewirtschaftung bei international tätigen Großunternehmen" durchgeführt.

### Interviewfreigabe:

Hiermit stimme ich den Inhalten des Interviews vom [Tag, Monat, Jahr] zu und erkläre mich einverstanden, dass meine Ausführungen im Rahmen der Veröffentlichung der Dissertation von Herrn Nicolas C. Rummel in anonymisierter Form verwendet werden. Ich bin damit einverstanden, dass meine Angaben zu Name, Position und Unternehmen in das Teilnehmerverzeichnis aufgenommen und veröffentlicht werden.

________________________________________

[Ort, Datum, Unterschrift]

## Anlage 1.4: Interviewleitfaden „Unternehmen“

BASF
We create chemistry

Fakultät Bauingenieurwesen Institut für Baubetriebswesen

### Interviewleitfaden:

**Marktnachfrageanalyse Facility Management**
**Analyse des FM-Dienstleistungsbedarfs und der Anwendung von Betreibermodellen für die Immobilienbewirtschaftung bei international tätigen Großunternehmen**

| | |
|---|---|
| Datum: | ________________ |
| Uhrzeit: | ________________ |
| Ort: | ________________ |
| Art des Interviews: | Face-to-Face-Interview |
| Dauer des Interviews: | ca. 120 Minuten |
| Interviewer: | Nicolas C. Rummel, M.Eng. |

# A Einführung

## A 1 Erläuterung der Thematik

Durch die internationale Ausweitung ihrer Geschäftsfelder besitzen viele Großunternehmen Immobilien weltweit. Dieser Immobilienbestand stellt, neben den Produktionsanlagen, bei den meisten Non-Property-Unternehmen den größten Teil ihres Vermögens dar, gleichzeitig ist der Aufwand für diese Immobilien einer der größten Kostenfaktoren neben den Personalkosten. Dies hat viele Großunternehmen in den letzten Jahren dazu veranlasst, ein professionelles Corporate Real Estate Management zur Optimierung ihres Immobilienbestandes einzuführen. Da insbesondere der Betrieb und die Instandhaltung des Gebäudebestandes einen wesentlichen Kostenfaktor darstellen, sollte im Rahmen einer professionellen Immobilienstrategie ein besonderes Augenmerk auf das Facility Management gelegt werden.

Die German Facility Management Association (GEFMA) bezeichnet das Facility Management (FM) als einen Sekundärprozess, der durch die Integration von Planung, Steuerung und Bewirtschaftung von Gebäuden, Anlagen und Einrichtungen eine verbesserte Nutzungsflexibilität, Arbeitsproduktivität und Kapitalrentabilität anstrebt mit dem gleichzeitigen Ziel, das Kerngeschäft optimal zu unterstützen und zu verbessern.

Nach dem Verständnis der Literatur umfasst das Facility Management alle immobilienbezogenen Managementleistungen auf strategischer, taktischer und operativer Ebene sowie die operative Leistungserbringung der Facility Services.

Im Zusammenhang mit dem Outsourcing von FM-Dienstleistungen an externe Anbieter gewinnt die Anwendung von Betreibermodellen zur Bewirtschaftung und zum Betrieb eines definierten Gebäudebestandes zunehmend an Bedeutung. Welche Sourcing-Strategie oder welches Betreibermodell für die Immobilienbewirtschaftung im Einzelfall geeignet ist, hängt stark von den verfolgten Zielen und den speziellen Rahmenbedingungen des jeweiligen Unternehmens ab. Darüber hinaus wird die Sourcing-Entscheidung beeinflusst von den Anforderungen, die Unternehmen an FM-Dienstleistungen stellen und von der Verfügbarkeit kompetenter Dienstleister, die diese Anforderungen erfüllen. Da das angewandte Betreibermodell weitreichende Auswirkungen auf die Organisation aller Lebenszyklusaktivitäten im Immobilienmanagement hat, beeinflusst die Sourcing-Entscheidung maßgeblich den Erfolg der Immobilienbewirtschaftung.

Ziel dieses Forschungsvorhabens ist es deshalb, das Corporate Real Estate Management internationaler Großunternehmen und den Prozess der Sourcing-Entscheidung bei der Wahl eines Betreibermodells für die Immobilienbewirtschaftung theoretisch und empirisch zu untersuchen. Dabei sollen insbesondere die Hintergründe und Einflussfaktoren analysiert werden, die zur Entscheidung für die eine oder andere Sourcing-Form führen.

Schwerpunkte des Forschungsvorhabens:

1. Erarbeitung der Grundlagen zur Gestaltung des Corporate Real Estate Managements sowie von Bewirtschaftungsstrategien im Facility Management
2. Untersuchung von Betreibermodellen für die Immobilienbewirtschaftung und Entwicklung eines Konzeptes für das Outsourcing von FM-Dienstleistungen und der Ausgestaltung von Auftraggeber-Dienstleister-Beziehungen
3. Analyse von Sourcing-Entscheidungen bei der Wahl eines Betreibermodells

## A 2 Ziel der Untersuchung

Ziel dieser Untersuchung im Rahmen des Forschungsvorhabens ist die Analyse des FM-Dienstleistungsbedarfs und der Anwendung von Betreibermodellen für die Immobilienbewirtschaftung bei international tätigen Großunternehmen.

Bei der Untersuchung handelt es sich um einen essentiellen Bestandteil des Promotionsvorhabens von Herrn Nicolas C. Rummel, M.Eng., Doktorand von Herrn Univ.-Prof. em. Dr.-Ing. Rainer Schach am Institut für Baubetriebswesen der Technischen Universität Dresden. Unterstützt wird das Promotionsvorhaben durch Herrn Dr.-Ing. Thomas Glatte, Leiter „Group Real Estate & Facility Management" der BASF SE, Ludwigshafen.

## A 3 Untersuchungsumfang

Befragt werden nach bestimmten Kriterien ausgewählte international tätige Großunternehmen verschiedener Branchen. Es sind dies neben der chemisch / pharmazeutischen Industrie, die Automobil- und Maschinenbauindustrie, Mischkonzerne, Unternehmen der Konsumgüterindustrie, der IT und Telekommunikationsbranche, Energieversorgungsunternehmen sowie Unternehmen der Dienstleistungsbranche.

Die Befragung erfolgt anhand eines strukturierten Interviewleitfadens zu verschiedenen Themenkomplexen, insbesondere Immobilienportfolio, Immobilienmanagement im Unternehmen und Immobilienstrategie.
Die Datenerhebung wird in Form von persönlichen Interviews durchgeführt.
Dauer der Erhebung: ca. 120 Minuten

## A 4 Vertraulichkeit

Es wird versichert, dass alle Bedingungen zum Datenschutz strengstens eingehalten werden. Die während der Befragung aufgezeichneten Daten werden nur im Rahmen der Auswertung verwendet und nicht an Dritte weitergegeben. Die anonymisierten Untersuchungsergebnisse werden im Rahmen der Dissertation veröffentlicht und dienen ausschließlich wissenschaftlichen Zwecken.

# B Demografie

## B 1 Angaben zum Unternehmen

B 1.1 Name des Unternehmens:

B 1.2 Standort der Unternehmenszentrale:

B 1.3 Anzahl der Mitarbeiter Deutschland 2017:

B 1.4 Anzahl der Mitarbeiter International 2017:

B 1.5 Umsatz Deutschland 2017 (Mio. Euro):

B 1.6 Umsatz International 2017 (Mio. Euro):

## B 2 Angaben zum Interviewpartner

B 2.1 Name:

B 2.2 Abteilung:

B 2.3 Funktion im Unternehmen:

B 2.4 Telefon, E-Mail:

## C Immobilienportfolio

C 1 Wie hoch ist der Bilanzwert des Immobilienportfolios Ihres Unternehmens? (Bilanzwert 2017 in Mrd. Euro)

______________________________________________________

C 2 Wie groß ist die Bruttogrundfläche (BGF) Ihres gesamten Gebäudebestandes?

______________________$m^2$ (ungefährer Schätzwert)

C 3 Wie verteilt sich die Bruttogrundfläche Ihres Gebäudebestandes auf die einzelnen Nutzungsarten? (Angabe in % der Bruttogrundfläche)

| | |
|---|---|
| Büroimmobilien | |
| Produktionsimmobilien und Werkstätten | |
| Lager / Logistikimmobilien | |
| Labore / Forschung und Entwicklung | |
| Sozialgebäude (Kantine, Kindergärten und Horte, Gesundheitszentren, Ambulanzen) | |
| Rechenzentren | |
| Gesamt | 100 % |

C 4 Wie verteilt sich die Bruttogrundfläche Ihres Gebäudebestandes auf die einzelnen Länder? (Angabe in % der Bruttogrundfläche)

| | |
|---|---|
| Deutschland | |
| Europa (ohne Deutschland) | |
| Nordamerika | |
| Südamerika | |
| Asien | |
| Afrika | |
| Australien | |
| Gesamt | 100 % |

C 5 Wie viele Immobilien Ihres Gebäudebestandes befinden sich im Eigentum des Unternehmens und wie viele sind angemietet? (Angabe in % der Bruttogrundfläche)

| | |
|---|---|
| Eigentum | |
| angemietet | |
| Gesamt | 100 % |

Nicolas C. Rummel, M.Eng. 5

## D Immobilienmanagement im Unternehmen

D 1 Wie ist Ihr Immobilienbereich (CREM-Bereich) rechtlich strukturiert?

| | |
|---|---|
| Teil der operativen Gesellschaft | ☐ |
| Personalführendes eigenständiges Immobilienunternehmen | ☐ |
| Nicht personalführendes eigenständiges Immobilienunternehmen | ☐ |

D 2 Wie ist Ihr Immobilienbereich (CREM-Bereich) organisatorisch strukturiert?

| | |
|---|---|
| Zentralfunktion innerhalb des Unternehmens (Cost-Center) | ☐ |
| Eigener Bereich / Business-Unit (Profit-Center) | ☐ |
| Shared-Service-Center | ☐ |

D 3 Welchen Umfang hat Ihre Immobilienverantwortung?

| | |
|---|---|
| Globale Ebene | ☐ |
| Kontinentale Ebene | ☐ |
| Nationale Ebene | ☐ |
| Regionale Ebene | ☐ |
| Bestimmte Nutzungsarten | ☐ |

D 4 Auf welche Nutzungsarten erstreckt sich Ihre Immobilienverantwortung?

| | |
|---|---|
| Büroimmobilien | ☐ |
| Produktionsimmobilien und Werkstätten | ☐ |
| Lager / Logistikimmobilien | ☐ |
| Labore / Forschung und Entwicklung | ☐ |
| Sozialgebäude (Kantine, Kindergärten und Horte, Gesundheitszentren, Ambulanzen) | ☐ |
| Rechenzentren | ☐ |

D 5 Welchen Einfluss hat Ihr CREM-Bereich auf die strategische Ausrichtung Ihres Unternehmens?

| | |
|---|---|
| Entscheidenden Einfluss auf die strategische Ausrichtung | ☐ |
| Nur bedingten Einfluss auf die strategische Ausrichtung | ☐ |
| Keinen direkten aktiven Einfluss auf die strategische Ausrichtung | ☐ |

D 6 Welche zentralen Managementaufgaben hat Ihr Immobilienbereich?
(Aufgabenkatalog in Anlehnung an gif, Gesellschaft für immobilienwirtschaftliche Forschung, DIN EN 15221-1:2007-01 und DIN EN ISO 41001:2017-06)

**Real Estate Portfolio Management:** ☐ ja ☐ nein

Wenn ja, welche Hauptaufgaben beinhaltet das Portfolio Management in Ihrem Unternehmen?

| | |
|---|---|
| Festlegen der Portfoliostrategie | ☐ |
| Entscheidungen über Transaktionen:<br>- An- und Verkäufe von Immobilien<br>- Projektentwicklungen<br>- Bauliche Maßnahmen | <br>☐<br>☐<br>☐ |
| Wertorientierte Planung, Steuerung und Kontrolle des Immobilienportfolios | ☐ |
| Rendite- und Risikobetrachtung | ☐ |
| Betreiben der Immobiliendatenbank | ☐ |
| Reporting an die Unternehmensleitung | ☐ |
| Andere Aufgaben: | |

**Real Estate Asset Management:** ☐ ja ☐ nein

Wenn ja, welche Hauptaufgaben beinhaltet das Asset Management in Ihrem Unternehmen?

| | |
|---|---|
| Eigentümervertretung | ☐ |
| Markt- und Standortanalyse | ☐ |
| Umsetzung von Transaktionen in Zusammenarbeit mit dem Portfolio Management:<br>- An- und Verkäufe von Immobilien<br>- Projektentwicklungen<br>- Bauliche Maßnahmen | <br>☐<br>☐<br>☐ |
| Wertorientierte Planung, Steuerung und Kontrolle auf Objektebene | ☐ |
| Auswahl, Steuerung und Kontrolle des Property Managements | ☐ |
| Reporting an das Portfolio Management | ☐ |
| Andere Aufgaben: | |

**Property Management:** ☐ ja ☐ nein

Wenn ja, welche Hauptaufgaben beinhaltet das Property Management in Ihrem Unternehmen?

| | |
|---|---|
| Eigentümervertretung in Zusammenarbeit mit dem Asset Management | ☐ |
| Unterstützung bei der Umsetzung von Transaktionen | ☐ |
| Umsetzung der Maßnahmen der wertorientierten Planung, Steuerung und Kontrolle auf Objektebene | ☐ |
| Steuerung der operativ ausgerichteten Immobilienbewirtschaftung | ☐ |
| Auswahl, Steuerung und Kontrolle des Gebäude- / Objektmanagers | ☐ |
| Reporting an das Asset Management | ☐ |
| Andere Aufgaben: | |

**Facility Management:** ☐ ja ☐ nein

Wenn ja, welche Hauptaufgaben beinhaltet das Facility Management in Ihrem Unternehmen?

| | |
|---|---|
| **Strategisches Facility Management:** | |
| Vorbereitung des Outsourcings erforderlicher FM-Dienstleistungen | ☐ |
| Ausschreibung und Vergabe von FM-Dienstleistungen | ☐ |
| Festlegung und Überwachung von SLAs und KPIs | ☐ |
| Monitoring und Sicherstellung der Budgeteinhaltung | ☐ |
| Monitoring und Analyse der Nutzerbedürfnisse | ☐ |
| Reporting an das Asset Management und Property Management | ☐ |
| **Taktisches Facility Management:** | |
| Steuerung und Kontrolle von internen und externen operativen Dienstleistern | ☐ |
| **Operatives Facility Management:** | |
| Leistungserbringung erforderlicher Facility Services (infrastrukturelles, technisches, kaufmännisches Gebäudemanagement) | ☐ |
| Andere Aufgaben: | |

D 7 Wo sehen Sie die **Schwerpunkte** Ihres Immobilienmanagements?
Bitte bewerten Sie die folgenden Kriterien auf einer Skala von 1 – 5.

| **1 = hoch, 5 = niedrig** | 1 | 2 | 3 | 4 | 5 |
|---|---|---|---|---|---|
| Minimierung der Immobilienkosten | ☐ | ☐ | ☐ | ☐ | ☐ |
| Optimierung der Immobilienerträge | ☐ | ☐ | ☐ | ☐ | ☐ |
| Minimierung des immobilienwirtschaftlichen Risikos | ☐ | ☐ | ☐ | ☐ | ☐ |
| Werterhaltung des Immobilienbestandes | ☐ | ☐ | ☐ | ☐ | ☐ |
| Wertsteigerung des Immobilienbestandes | ☐ | ☐ | ☐ | ☐ | ☐ |
| Flexibilität des Immobilienbestandes | ☐ | ☐ | ☐ | ☐ | ☐ |
| Standortsicherung | ☐ | ☐ | ☐ | ☐ | ☐ |
| Verwertung oder Umnutzung nicht benötigter Immobilien | ☐ | ☐ | ☐ | ☐ | ☐ |
| Erfüllung der Dienstleistungsfunktion gegenüber den Nutzern | ☐ | ☐ | ☐ | ☐ | ☐ |

# E Immobilienstrategie

## E 1 Outsourcingbereitschaft

E 1.1 Wie hoch ist der derzeitige Grad des Outsourcings?
Wo sehen Sie den zukünftigen Grad des Outsourcings?
(Angabe in %)

| | Derzeitiger Grad des Outsourcings | Zukünftiger Grad des Outsourcings |
|---|---|---|
| **Real Estate Portfolio Management** | % | % |
| **Real Estate Asset Management** | % | % |
| **Property Management** | % | % |
| **Facility Management:** | | |
| - strategisches Facility Management | % | % |
| - taktisches Facility Management | % | % |
| - operatives Facility Management (Facility Services) | | |
| • infrastrukturelles Gebäudemanagement | % | % |
| • technisches Gebäudemanagement | % | % |
| • kaufmännisches Gebäudemanagement | % | % |

E 1.2 Wie schätzen Sie die **Vorteile** für Ihr Unternehmen bei einem **Outsourcing immobilienwirtschaftlicher Aufgaben** ein?
Bitte bewerten Sie die folgenden Kriterien auf einer Skala von 1 – 5.

| **1 = hoch, 5 = niedrig** | 1 | 2 | 3 | 4 | 5 |
|---|---|---|---|---|---|
| Konzentration auf das Kerngeschäft | ☐ | ☐ | ☐ | ☐ | ☐ |
| Erhöhung der Flexibilität für das Unternehmen | ☐ | ☐ | ☐ | ☐ | ☐ |
| Straffung der Organisationsstruktur | ☐ | ☐ | ☐ | ☐ | ☐ |
| Reduzierung der Kosten | ☐ | ☐ | ☐ | ☐ | ☐ |
| Verbesserung der Kostentransparenz | ☐ | ☐ | ☐ | ☐ | ☐ |
| Risikoverlagerung (Betreiberverantwortung) | ☐ | ☐ | ☐ | ☐ | ☐ |
| Qualitätssteigerung bei der Leistungserbringung | ☐ | ☐ | ☐ | ☐ | ☐ |
| Zugang zu immobilienwirtschaftlichem Know-how | ☐ | ☐ | ☐ | ☐ | ☐ |
| Nutzung neuester Technologien | ☐ | ☐ | ☐ | ☐ | ☐ |
| Personalsteuerung | ☐ | ☐ | ☐ | ☐ | ☐ |
| Verbesserung der Nutzerzufriedenheit | ☐ | ☐ | ☐ | ☐ | ☐ |

E 1.3 Wie schätzen Sie die **Nachteile** für Ihr Unternehmen bei einem **Outsourcing immobilienwirtschaftlicher Aufgaben** ein?
Bitte bewerten Sie die folgenden Kriterien auf einer Skala von 1 – 5.

| **1 = hoch, 5 = niedrig** | 1 | 2 | 3 | 4 | 5 |
|---|---|---|---|---|---|
| Mangelnde Erfahrung im Outsourcing | ☐ | ☐ | ☐ | ☐ | ☐ |
| Hohe Umstellungskosten | ☐ | ☐ | ☐ | ☐ | ☐ |
| Erhöhter Kostenaufwand | ☐ | ☐ | ☐ | ☐ | ☐ |
| Erhöhter Kontrollaufwand | ☐ | ☐ | ☐ | ☐ | ☐ |
| Verlust von immobilienwirtschaftlichem Know-how | ☐ | ☐ | ☐ | ☐ | ☐ |
| Qualitätsverlust bei der Leistungserbringung | ☐ | ☐ | ☐ | ☐ | ☐ |
| Entstehung von Abhängigkeiten | ☐ | ☐ | ☐ | ☐ | ☐ |
| Mangelnde Geheimhaltung von Unternehmensdaten | ☐ | ☐ | ☐ | ☐ | ☐ |

## E 2 FM-Dienstleistungsbedarf (Facility Services)

Welche Facility Services benötigen Sie in Ihrem Unternehmen und wie werden die Leistungen erbracht?
(Produktkatalog in Anlehnung an GEFMA 520:2014-07 Standardleistungsverzeichnis Facility Services 3.0)

| Produkt-nummer | **Infrastrukturelles Gebäudemanagement (IGM)** | wird intern erbracht | wird fremd erbracht | teils-teils | wird nicht benötigt | kann ich nicht be-urteilen |
|---|---|---|---|---|---|---|
| | **Reinigung:** | | | | | |
| 1 | Unterhaltsreinigung | ☐ | ☐ | ☐ | ☐ | ☐ |
| 2 | Glas- und Fassadenreini-gung | ☐ | ☐ | ☐ | ☐ | ☐ |
| 3 | Industriereinigung | ☐ | ☐ | ☐ | ☐ | ☐ |
| 4 | Sonderreinigung | ☐ | ☐ | ☐ | ☐ | ☐ |
| | **Wäschereiservice:** | | | | | |
| 5 | Arbeitskleidung | ☐ | ☐ | ☐ | ☐ | ☐ |
| 6 | Flachwäsche | ☐ | ☐ | ☐ | ☐ | ☐ |
| | **Außenanlagenpflege:** | | | | | |
| 7 | Reinigung von Freiflächen | ☐ | ☐ | ☐ | ☐ | ☐ |
| 8 | Winterdienst | ☐ | ☐ | ☐ | ☐ | ☐ |
| | **Garten- und Pflanzenpflege:** | | | | | |
| 9 | Grünpflege (außen) | ☐ | ☐ | ☐ | ☐ | ☐ |
| 10 | Grünpflege (innen) | ☐ | ☐ | ☐ | ☐ | ☐ |
| 11 | Schädlingsbekämpfung | ☐ | ☐ | ☐ | ☐ | ☐ |
| | **Hausmeister, Empfang, Telefon- und Postdienste:** | | | | | |
| 12 | Hausmeisterdienste | ☐ | ☐ | ☐ | ☐ | ☐ |
| 13 | Umzugsdienste | ☐ | ☐ | ☐ | ☐ | ☐ |
| 14 | Rezeption | ☐ | ☐ | ☐ | ☐ | ☐ |
| 15 | Pförtner | ☐ | ☐ | ☐ | ☐ | ☐ |
| 16 | Telefonzentrale | ☐ | ☐ | ☐ | ☐ | ☐ |
| 17 | Interne Postdienste | ☐ | ☐ | ☐ | ☐ | ☐ |

| Produkt-nummer | **Infrastrukturelles Gebäudemanagement (IGM)** | wird intern erbracht | wird fremd erbracht | teils-teils | wird nicht benötigt | kann ich nicht be-urteilen |
|---|---|---|---|---|---|---|
| 18 | Kurierdienste | ☐ | ☐ | ☐ | ☐ | ☐ |
| 19 | Kopier- und Druckdienste | ☐ | ☐ | ☐ | ☐ | ☐ |
| 20 | Archivierung | ☐ | ☐ | ☐ | ☐ | ☐ |
| 21 | Reisemanagement | ☐ | ☐ | ☐ | ☐ | ☐ |

| | **Fuhrpark:** | | | | | |
|---|---|---|---|---|---|---|
| 22 | Fahrdienste | ☐ | ☐ | ☐ | ☐ | ☐ |
| 23 | Mietwagenmanagement | ☐ | ☐ | ☐ | ☐ | ☐ |
| 24 | Fahrzeugpflege | ☐ | ☐ | ☐ | ☐ | ☐ |
| 25 | Werksbusse | ☐ | ☐ | ☐ | ☐ | ☐ |

| | **Catering / Veranstaltungsmanagement:** | | | | | |
|---|---|---|---|---|---|---|
| 26 | Kantinenbetriebe | ☐ | ☐ | ☐ | ☐ | ☐ |
| 27 | Automatencatering | ☐ | ☐ | ☐ | ☐ | ☐ |
| 28 | Bewirtung Konferenzräume | ☐ | ☐ | ☐ | ☐ | ☐ |
| 29 | Veranstaltungsservice | ☐ | ☐ | ☐ | ☐ | ☐ |
| 30 | Konferenzraumverwaltung | ☐ | ☐ | ☐ | ☐ | ☐ |

| | **Sicherheit:** | | | | | |
|---|---|---|---|---|---|---|
| 31 | Gebäude- und Werkschutz | ☐ | ☐ | ☐ | ☐ | ☐ |
| 32 | Schließdienste | ☐ | ☐ | ☐ | ☐ | ☐ |
| 33 | Notrufzentrale | ☐ | ☐ | ☐ | ☐ | ☐ |
| 34 | Feuerwehr | ☐ | ☐ | ☐ | ☐ | ☐ |

| | **Abfallmanagement:** | | | | | |
|---|---|---|---|---|---|---|
| 35 | Entsorgung von Papier und Kartonagen | ☐ | ☐ | ☐ | ☐ | ☐ |
| 36 | Entsorgung von Restmüll | ☐ | ☐ | ☐ | ☐ | ☐ |
| 37 | Entsorgung von Sperrmüll | ☐ | ☐ | ☐ | ☐ | ☐ |

| Produkt-nummer | **Kaufmännisches Gebäudemanagement (KGM)** | wird intern erbracht | wird fremd erbracht | teils-teils | wird nicht benötigt | kann ich nicht beurteilen |
|---|---|---|---|---|---|---|
| 38 | Objektmanagement | ☐ | ☐ | ☐ | ☐ | ☐ |
| 39 | Mietermanagement | ☐ | ☐ | ☐ | ☐ | ☐ |
| 40 | Flächenmanagement | ☐ | ☐ | ☐ | ☐ | ☐ |
| 41 | Leerstandsmanagement | ☐ | ☐ | ☐ | ☐ | ☐ |

| Produkt-nummer | **Technisches Gebäudemanagement (TGM)** | wird intern erbracht | wird fremd erbracht | teils-teils | wird nicht benötigt | kann ich nicht beurteilen |
|---|---|---|---|---|---|---|
| | **Überwachung, Wartung und Instandsetzung der technischen Anlagen:** | | | | | |
| 42 | Wasser und Abwasser | ☐ | ☐ | ☐ | ☐ | ☐ |
| 43 | Wärmeversorgung | ☐ | ☐ | ☐ | ☐ | ☐ |
| 44 | Kälte-, Klima-, Lüftungs-technik | ☐ | ☐ | ☐ | ☐ | ☐ |
| 45 | Elektrotechnik | ☐ | ☐ | ☐ | ☐ | ☐ |
| 46 | Fernmeldetechnik | ☐ | ☐ | ☐ | ☐ | ☐ |
| 47 | Aufzugstechnik | ☐ | ☐ | ☐ | ☐ | ☐ |
| 48 | Feuerlöschanlagen | ☐ | ☐ | ☐ | ☐ | ☐ |
| 49 | Anlagen und Einbauten im Außenbereich | ☐ | ☐ | ☐ | ☐ | ☐ |
| 50 | nutzerspezifische Anlagen (Labore, Küchen) | ☐ | ☐ | ☐ | ☐ | ☐ |
| 51 | Bautechnik (Dach und Fach) | ☐ | ☐ | ☐ | ☐ | ☐ |
| 52 | Energiemanagement | ☐ | ☐ | ☐ | ☐ | ☐ |
| 53 | Gebäudeautomation | ☐ | ☐ | ☐ | ☐ | ☐ |
| 54 | Produktionsanlagen | ☐ | ☐ | ☐ | ☐ | ☐ |

## E 3 Interne Leistungserbringung von Facility Services

E 3.1 Sollten in Ihrem Unternehmen einzelne Facility Services **intern** durch eigenes Personal erbracht werden, benennen Sie bitte die Gründe für die interne Leistungserbringung.

| | |
|---|---|
| Vorhandenes eigenes Personal | ☐ |
| Bessere Steuerung und Kontrolle | ☐ |
| Vorgaben des Unternehmens | ☐ |
| Direkter Kontakt mit den Nutzern | ☐ |
| Andere Gründe: | |

E 3.2 Wie zufrieden sind Sie mit der **internen** Leistungserbringung der Facility Services? Bitte bewerten Sie die folgenden Faktoren auf einer Skala von 1 – 5.

| **1 = sehr zufrieden, 5 = nicht zufrieden** | 1 | 2 | 3 | 4 | 5 |
|---|---|---|---|---|---|
| **Kostenorientierte Faktoren:** | | | | | |
| Höhe der Personalkosten | ☐ | ☐ | ☐ | ☐ | ☐ |
| Höhe der Material- und Sachkosten | ☐ | ☐ | ☐ | ☐ | ☐ |
| Kosten- und Leistungstransparenz | ☐ | ☐ | ☐ | ☐ | ☐ |
| Effektivität der Leistungserbringung | ☐ | ☐ | ☐ | ☐ | ☐ |
| Steuerungs- und Kontrollaufwand | ☐ | ☐ | ☐ | ☐ | ☐ |
| Betreiberrisiko | ☐ | ☐ | ☐ | ☐ | ☐ |
| **Zeitorientierte Faktoren:** | | | | | |
| Beschleunigung der Arbeitsabläufe | ☐ | ☐ | ☐ | ☐ | ☐ |
| Termintreue | ☐ | ☐ | ☐ | ☐ | ☐ |
| Flexibilität | ☐ | ☐ | ☐ | ☐ | ☐ |
| Berücksichtigung von Innovationen | ☐ | ☐ | ☐ | ☐ | ☐ |
| Reaktion auf Volumenveränderungen | ☐ | ☐ | ☐ | ☐ | ☐ |
| Reaktion auf veränderte Wettbewerbsbedingungen | ☐ | ☐ | ☐ | ☐ | ☐ |
| **Qualitätsorientierte Faktoren:** | | | | | |
| Qualität der Arbeitsergebnisse | ☐ | ☐ | ☐ | ☐ | ☐ |
| Servicequalität | ☐ | ☐ | ☐ | ☐ | ☐ |
| Nutzerzufriedenheit | ☐ | ☐ | ☐ | ☐ | ☐ |

## E 4 Outsourcing von Facility Services

Für die Fremdvergabe von Facility Services stehen verschiedene Outsourcing-Modelle zur Verfügung. Die Modelle wurden in Anlehnung an DIN EN 15221:2007-01 und DIN EN ISO 41001:2017-06 entwickelt.

### Modell 1: Einzelvergabe-Modell

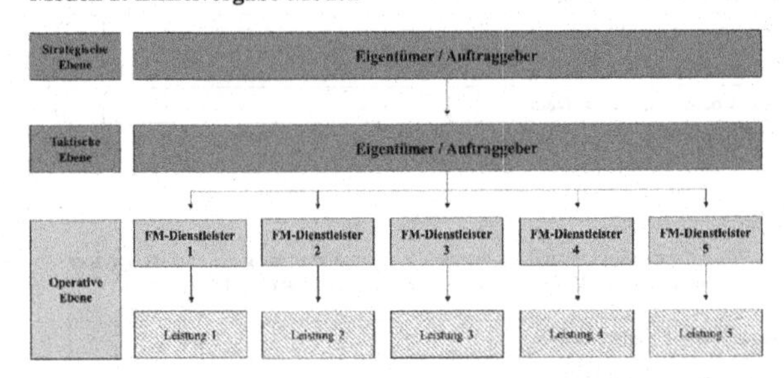


- Die Facility Services werden **einzeln an verschiedene Dienstleister** vergeben.
- Strategisches und taktisches FM verbleiben beim Auftraggeber.
- Auf taktischer Ebene werden die Dienstleister koordiniert und die anforderungsgerechte Leistungserbringung überwacht.

### Modell 2: Paketvergabe-Modell

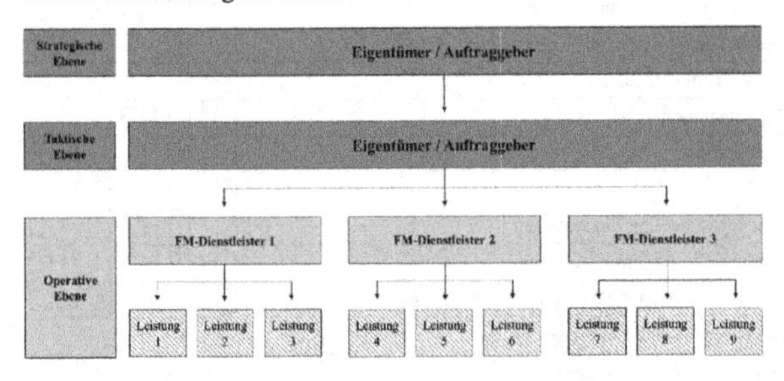


- Die Facility Services werden fachspezifisch zu Leistungspaketen gebündelt und **paketweise an verschiedene Dienstleister** vergeben.
- Strategisches und taktisches FM verbleiben beim Auftraggeber.
- Auf taktischer Ebene werden die Dienstleister koordiniert und die anforderungsgerechte Leistungserbringung überwacht.

Nicolas C. Rummel, M.Eng. 15

**Modell 3: Dienstleistungsmodell**

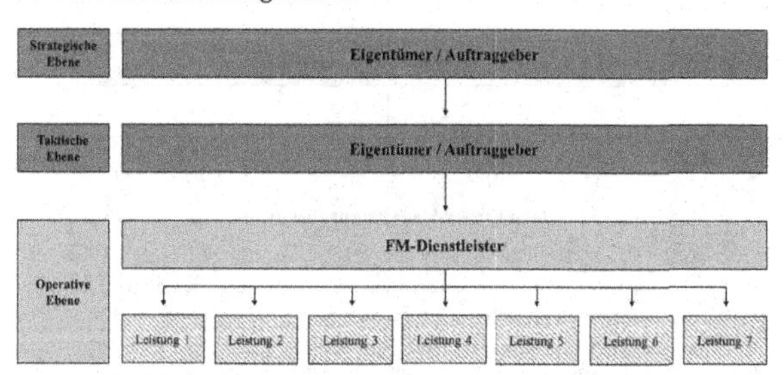


- Die Facility Services werden **im Gesamten an einen Dienstleister** vergeben.
- Strategisches und taktisches FM verbleiben beim Auftraggeber.
- Auf taktischer Ebene wird die anforderungsgerechte Leistungserbringung überwacht.

**Modell 4: Management-Modell**

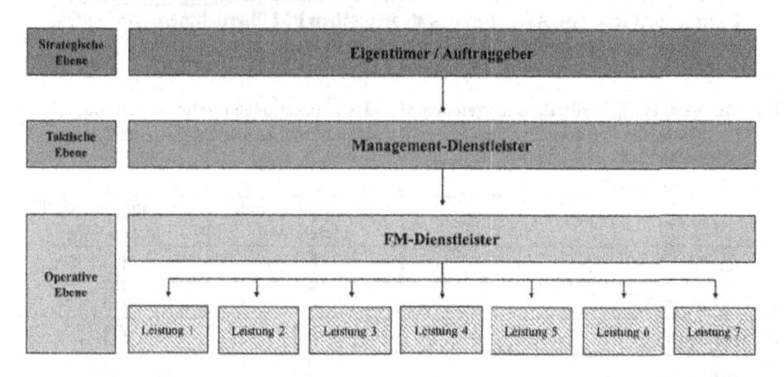


- Die Facility Services und das taktische FM werden **im Gesamten an einen Management-Dienstleister** vergeben.
- Der Management-Dienstleister führt in der Regel keine operativen Tätigkeiten aus und beauftragt seinerseits einen FM-Dienstleister für die operative Leistungserbringung.
- Gegenüber dem Auftraggeber ist der Management-Dienstleister verantwortlich für die anforderungsgerechte Leistungserbringung.
- Das strategische FM verbleibt beim Auftraggeber.

Nicolas C. Rummel, M.Eng. 16

### Modell 5: Total-Facility-Management-Modell (TFM)

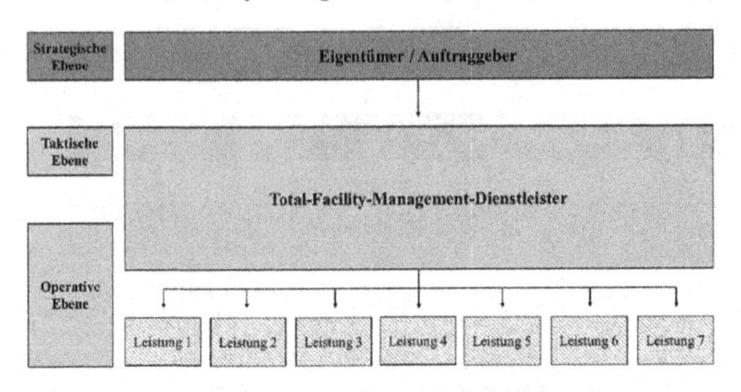


- Die Facility Services werden **im Gesamten an einen Dienstleister** vergeben.
- Zu den operativen Aufgaben **übernimmt der Dienstleister zusätzlich das taktische FM** und ist damit verantwortlich für den gesamten Gebäudebetrieb.
- Das strategische FM verbleibt überwiegend beim Auftraggeber. **Der Dienstleister kann jedoch teilweise Aufgaben des strategischen FM übernehmen**. Der Umfang der zu erbringenden Leistungen wird je nach Auftrag individuell gestaltet.

E 4.1 Mit welchem Modell oder mit welchen Modellkombinationen erfolgt derzeit die Fremdvergabe Ihrer Facility Services und welche Modellanwendung streben Sie zukünftig an?

| | Derzeitige Modell-anwendung | Zukünftige Modell-anwendung |
|---|---|---|
| Einzelvergabe-Modell | ☐ | ☐ |
| Paketvergabe-Modell | ☐ | ☐ |
| Dienstleistungsmodell | ☐ | ☐ |
| Management-Modell | ☐ | ☐ |
| Total-Facility-Management-Modell (TFM) | ☐ | ☐ |

E 4.2 Nach welchen Kriterien wählen Sie die Dienstleister aus, die für eine spätere Zusammenarbeit in Frage kommen?

E 4.3 Welche Kriterien beeinflussen die Outsourcing-Entscheidung und die Wahl eines Betreibermodells in Ihren jeweiligen Unternehmen?
Bitte gewichten Sie die Entscheidungskriterien auf einer Skala von 1 – 5.

| **Kriterien:** | **Gewichtung** | | | | |
|---|---|---|---|---|---|
| **1 = niedrige Gewichtung, 5 = hohe Gewichtung** | 1 | 2 | 3 | 4 | 5 |
| Kostenreduzierung | ☐ | ☐ | ☐ | ☐ | ☐ |
| Qualitätssteigerung | ☐ | ☐ | ☐ | ☐ | ☐ |
| Erhöhung der Flexibilität | ☐ | ☐ | ☐ | ☐ | ☐ |
| Risikoverlagerung | ☐ | ☐ | ☐ | ☐ | ☐ |
| Vermeidung von Abhängigkeiten | ☐ | ☐ | ☐ | ☐ | ☐ |
| Zugang zu externem Know-how | ☐ | ☐ | ☐ | ☐ | ☐ |
| Nutzung neuester Technologien | ☐ | ☐ | ☐ | ☐ | ☐ |
| Reduzierung von Schnittstellen | ☐ | ☐ | ☐ | ☐ | ☐ |
| Reduzierung Steuerungs- und Kontrollaufwand | ☐ | ☐ | ☐ | ☐ | ☐ |
| Aufbau einer partnerschaftlichen Beziehung | ☐ | ☐ | ☐ | ☐ | ☐ |

E 4.4 Wie beurteilen Sie die Erfolgswirkungen der Modellvarianten? Bitte bewerten Sie die Modelle hinsichtlich ihrer Eignung in Bezug auf die Erfüllung der Entscheidungskriterien auf einer Skala von 1 – 5.

| **Kriterien:** | **Einzelvergabe-Modell** | | | | | **Paketvergabe-Modell** | | | | | **Dienstleistungs-modell** | | | | | **Management-Modell** | | | | | **Total-Facility-Management-Modell (TFM)** | | | | |
|---|---|---|---|---|---|---|---|---|---|---|---|---|---|---|---|---|---|---|---|---|---|---|---|---|---|
| **1 = nicht geeignet 5 = sehr gut geeignet** | 1 | 2 | 3 | 4 | 5 | 1 | 2 | 3 | 4 | 5 | 1 | 2 | 3 | 4 | 5 | 1 | 2 | 3 | 4 | 5 | 1 | 2 | 3 | 4 | 5 |
| Kosten-reduzierung | ☐ | ☐ | ☐ | ☐ | ☐ | ☐ | ☐ | ☐ | ☐ | ☐ | ☐ | ☐ | ☐ | ☐ | ☐ | ☐ | ☐ | ☐ | ☐ | ☐ | ☐ | ☐ | ☐ | ☐ | ☐ |
| Qualitäts-steigerung | ☐ | ☐ | ☐ | ☐ | ☐ | ☐ | ☐ | ☐ | ☐ | ☐ | ☐ | ☐ | ☐ | ☐ | ☐ | ☐ | ☐ | ☐ | ☐ | ☐ | ☐ | ☐ | ☐ | ☐ | ☐ |
| Erhöhung der Flexibilität | ☐ | ☐ | ☐ | ☐ | ☐ | ☐ | ☐ | ☐ | ☐ | ☐ | ☐ | ☐ | ☐ | ☐ | ☐ | ☐ | ☐ | ☐ | ☐ | ☐ | ☐ | ☐ | ☐ | ☐ | ☐ |
| Risiko-verlagerung | ☐ | ☐ | ☐ | ☐ | ☐ | ☐ | ☐ | ☐ | ☐ | ☐ | ☐ | ☐ | ☐ | ☐ | ☐ | ☐ | ☐ | ☐ | ☐ | ☐ | ☐ | ☐ | ☐ | ☐ | ☐ |
| Vermeidung von Abhängigkeiten | ☐ | ☐ | ☐ | ☐ | ☐ | ☐ | ☐ | ☐ | ☐ | ☐ | ☐ | ☐ | ☐ | ☐ | ☐ | ☐ | ☐ | ☐ | ☐ | ☐ | ☐ | ☐ | ☐ | ☐ | ☐ |
| Zugang zu exter-nem Know-how | ☐ | ☐ | ☐ | ☐ | ☐ | ☐ | ☐ | ☐ | ☐ | ☐ | ☐ | ☐ | ☐ | ☐ | ☐ | ☐ | ☐ | ☐ | ☐ | ☐ | ☐ | ☐ | ☐ | ☐ | ☐ |
| Nutzung neues-ter Technologien | ☐ | ☐ | ☐ | ☐ | ☐ | ☐ | ☐ | ☐ | ☐ | ☐ | ☐ | ☐ | ☐ | ☐ | ☐ | ☐ | ☐ | ☐ | ☐ | ☐ | ☐ | ☐ | ☐ | ☐ | ☐ |
| Reduzierung von Schnittstellen | ☐ | ☐ | ☐ | ☐ | ☐ | ☐ | ☐ | ☐ | ☐ | ☐ | ☐ | ☐ | ☐ | ☐ | ☐ | ☐ | ☐ | ☐ | ☐ | ☐ | ☐ | ☐ | ☐ | ☐ | ☐ |
| Reduzierung Steuerungs- und Kontrollaufwand | ☐ | ☐ | ☐ | ☐ | ☐ | ☐ | ☐ | ☐ | ☐ | ☐ | ☐ | ☐ | ☐ | ☐ | ☐ | ☐ | ☐ | ☐ | ☐ | ☐ | ☐ | ☐ | ☐ | ☐ | ☐ |
| Aufbau einer partnerschaftli-chen Beziehung | ☐ | ☐ | ☐ | ☐ | ☐ | ☐ | ☐ | ☐ | ☐ | ☐ | ☐ | ☐ | ☐ | ☐ | ☐ | ☐ | ☐ | ☐ | ☐ | ☐ | ☐ | ☐ | ☐ | ☐ | ☐ |

Nicolas C. Rummel, M.Eng. 19

## E 5 Ausschreibungs- und Vergabeprozess

E 5.1 Wie erfolgt die Ausschreibung und Vergabe bei den von Ihnen derzeit angewandten Outsourcing-Modellen?

| | | Ausschreibung | Vergabe |
|---|---|---|---|
| Modell 1: Einzelvergabe-Modell | regional | ☐ | ☐ |
| | national | ☐ | ☐ |
| | kontinental | ☐ | ☐ |
| | global | ☐ | ☐ |
| | | | |
| Modell 2: Paketvergabe-Modell | regional | ☐ | ☐ |
| | national | ☐ | ☐ |
| | kontinental | ☐ | ☐ |
| | global | ☐ | ☐ |
| | | | |
| Modell 3: Dienstleistungsmodell | regional | ☐ | ☐ |
| | national | ☐ | ☐ |
| | kontinental | ☐ | ☐ |
| | global | ☐ | ☐ |
| | | | |
| Modell 4: Management-Modell | regional | ☐ | ☐ |
| | national | ☐ | ☐ |
| | kontinental | ☐ | ☐ |
| | global | ☐ | ☐ |
| | | | |
| Modell 5: Total-Facility-Management-Modell (TFM) | regional | ☐ | ☐ |
| | national | ☐ | ☐ |
| | kontinental | ☐ | ☐ |
| | global | ☐ | ☐ |

E 5.2 Wie lange ist die durchschnittliche Vertragslaufzeit zwischen Ihrem Unternehmen und den von Ihnen beauftragten Dienstleistern?

| | | | |
|---|---|---|---|
| Modell 1: Einzelvergabe-Modell | 1-2 Jahre ☐ | 3-5 Jahre ☐ | > 5 Jahre ☐ |
| Modell 2: Paketvergabe-Modell | 1-2 Jahre ☐ | 3-5 Jahre ☐ | > 5 Jahre ☐ |
| Modell 3: Dienstleistungsmodell | 1-2 Jahre ☐ | 3-5 Jahre ☐ | > 5 Jahre ☐ |
| Modell 4: Management-Modell | 1-2 Jahre ☐ | 3-5 Jahre ☐ | > 5 Jahre ☐ |
| Modell 5: Total-Facility-Management-Modell (TFM) | 1-2 Jahre ☐ | 3-5 Jahre ☐ | > 5 Jahre ☐ |

## E 6 Vertrags-, Steuerungs- und Kontrollinstrumente

E 6.1 Welche Vergütungs- / Preismodelle, bezogen auf die jeweiligen Modellvarianten, wenden Sie bei der Vergabe ihrer FM-Services derzeitig und zukünftig an?

| | Derzeitige Anwendung | Zukünftige Anwendung |
|---|---|---|
| Einheitspreis | ☐ | ☐ |
| Pauschalpreis | ☐ | ☐ |
| Cost-Plus-Fee-Vergütung | ☐ | ☐ |
| Garantierter Maximalpreis (GMP) | ☐ | ☐ |
| Open Book | ☐ | ☐ |
| Andere Vergütungsformen: | | |

E 6.2 Welche Instrumente zur Steuerung und Kontrolle der Performance setzen Sie ein?

| **Instrumente des strategischen und operativen Controllings:** | |
|---|---|
| Prozessanalyse | ☐ |
| Soll-Ist-Abgleiche | ☐ |
| Kennzahlensysteme (KPI) | ☐ |
| Reporting | ☐ |
| **Instrumente zur Qualitätssicherung und -verbesserung:** | |
| Kunden- und Mitarbeiterzufriedenheitsanalyse | ☐ |
| Beschwerdemanagement | ☐ |
| **Instrumente des Beziehungsmanagements:** | |
| Workshops | ☐ |
| Dienstleister-Cockpit | ☐ |
| Strukturierte Eskalationsverfahren | ☐ |
| Alternative Konfliktregelungen | ☐ |
| Weitere Steuerungs- und Kontrollinstrumente: | |

## F Zukunftstendenzen

Großunternehmen, insbesondere Unternehmen der produzierenden Industrie sind derzeit einem tief greifenden strukturellen Wandel ausgesetzt. Treiber dieses Strukturwandels sind in erster Linie die Globalisierung, steigender Wettbewerbsdruck, die Digitalisierung, neue technische Innovationen und der demografische Wandel.

F 1 Welche Zukunftsstrategien verfolgt Ihr Unternehmen im Hinblick auf den fortschreitenden Strukturwandel?

________________________________________

________________________________________

________________________________________

F 2 Welche Veränderungen ergeben sich dadurch für das Corporate Real Estate Management in Ihrem Unternehmen und inwieweit haben diese Veränderungen Einfluss auf das Outsourcing der Facility Services und die Wahl eines Betreibermodells?

________________________________________

________________________________________

________________________________________

F 3 Welche Erwartungen haben Sie an die zukünftige Zusammenarbeit mit den Dienstleistungsunternehmen, die sich aus den veränderten Anforderungen an die Immobilienbewirtschaftung ergeben?

________________________________________

________________________________________

________________________________________

F 4 Wie sieht für Sie persönlich ein optimales Betreibermodell aus, das alle Anforderungen Ihres Unternehmens erfüllt?

________________________________________

________________________________________

________________________________________

Vielen Dank, dass Sie sich Zeit für dieses Forschungsprojekt genommen und mit Ihrem Wissen unterstützt haben!

Nicolas C. Rummel, M.Eng. 22

# Anlage 1.5: Anschreiben Wiederholung der Befragung

BASF SE, 67056 Ludwigshafen, Deutschland

[Unternehmen]
[Anrede, Name]
[Position]
[Straße]
[PLZ, Ort]

[Datum]
GBH/SY – C100
Nicolas Christoph Rummel
Mob.: 0162/5459247
E-Mail:
nicolas.rummel@partners.basf.com

**Marktnachfrageanalyse im Facility Management**

Sehr geehrte(r) [Anrede, Name],

im Rahmen meines Promotionsverfahrens habe ich in der Zeit von März 2018 bis Juli 2019 eine empirische Erhebung zum Thema

**„Analyse des FM-Dienstleistungsbedarfs und der Anwendung von Betreibermodellen für die Immobilienbewirtschaftung bei international tätigen Großunternehmen"**

durchgeführt und dabei auch mit Ihnen ein persönliches Interview geführt.

Die Dissertation ist zwischenzeitlich fertiggestellt und soll in Kürze eingereicht werden. Die Arbeit bietet wertvolle Beiträge für die Forschung und die Unternehmenspraxis, wird aber limitiert durch die jeweils zeitpunktbezogenen Datenerhebungen. Es muss berücksichtigt werden, dass strategisch wirkende Veränderungen und Entwicklungstendenzen dynamisch verlaufen und auch kurzfristig auftretende Veränderungen in der Unternehmensumwelt die immobilienwirtschaftlichen Entscheidungen der Akteure beeinflussen können.

Zur Verifizierung der Ergebnisse ist es erforderlich, den Interviewleitfaden und die von den Experten gegebenen Antworten noch einmal kritisch zu betrachten und im Zeitverlauf eventuell aufgetretene Veränderungen zu berücksichtigen.

**BASF SE**
67056 Ludwigshafen, Deutschland

Telefon: +49 621 60-0
Telefax: +49 621 60-42525
E-Mail: global.info@basf.com
Internet: www.basf.com

**Sitz der Gesellschaft:**
67056 Ludwigshafen

**Registergericht:**
Amtsgericht Ludwigshafen
Eintragungsnummer: HRB 6000

**Aufsichtsratsvorsitzender:**
Kurt Bock

**Vorstand:**
Martin Brudermüller, Vorsitzender;
Hans-Ulrich Engel, stellv. Vorsitzender;
Saori Dubourg, Michael Heinz, Markus Kamieth,
Melanie Maas-Brunner

[Datum]

Seite 2 von 2

Ich habe den Interviewleitfaden mit den damals von Ihnen gegebenen Antworten beigefügt und möchte Sie bitten, die Antworten zu überprüfen und mir mitzuteilen, ob die getroffenen Aussagen noch zutreffend sind oder ob und in welchem Bereich sich in der Zwischenzeit Veränderungen ergeben haben.

Ein besonderes Augenmerk bitte ich dabei auf folgende Schwerpunktfragen zu legen:

- Frage E 1.1: derzeitiger und zukünftiger Outsourcinggrad
- Frage E 4.1: derzeitige und zukünftige Modellanwendung
- Frage E 4.3: Entscheidungskriterien bei der Wahl eines Betreibermodells
- Fragen F 1 – F 4: Zukunftstendenzen

Ich bedanke mich im Voraus für Ihre Mühe und würde mich freuen, wenn Sie mir Ihre Antwort innerhalb der nächsten 14 Tage zukommen lassen könnten.

Für Rückfragen stehe ich Ihnen gerne auch telefonisch zur Verfügung.

Mit freundlichen Grüßen

Nicolas C. Rummel
Global Real Estate

# Empirische Erhebung „Dienstleister"

## Anlage 2.1: Verzeichnis der befragten Unternehmen

### Kernkompetenz: Infrastrukturelles Gebäudemanagement

**Unternehmen:** **Dussmann Stiftung & Co. KGaA**
Teilnehmer: Herr Philipp Conrads
Head of International Business Development
Datum: 03.05.2018
Uhrzeit: 10.00 Uhr – 12.00 Uhr
Ort: Friedrichstraße 90
10117 Berlin

**Unternehmen:** **ECS – European Customer Synergy S.A**
Teilnehmer: Herr Steffen Jakobi
Account Director
Datum: 07.03.2018
Uhrzeit: 16.00 Uhr – 18.00 Uhr
Ort: Herriotstraße 3
60528 Frankfurt am Main

**Unternehmen:** **Gegenbauer Services GmbH /**
**Gegenbauer Holding SE & Co. KG**
Teilnehmer: Herr Dr. Nils Jaenke
Geschäftsführer
Datum: 11.10.2018
Uhrzeit: 09.00 Uhr – 11.00 Uhr
Ort: Königsberger Straße 29
60487 Frankfurt am Main

| | |
|---|---|
| **Unternehmen:** | **Klüh Cleaning GmbH /** |
| | **Klüh Service Management GmbH** |
| Teilnehmer: | Herr Peter Meiwes |
| | Geschäftsführer |
| Datum: | 17.07.2018 |
| Uhrzeit: | 11.00 Uhr – 13.00 Uhr |
| Ort: | Am Wehrhahn 70 |
| | 40211 Düsseldorf |

| | |
|---|---|
| **Unternehmen:** | **Lattemann & Geiger Dienstleistungsgruppe** |
| | **Holding GmbH & Co. KG** |
| Teilnehmer: | Herr Thomas Braun |
| | Geschäftsführer |
| | Herr Michael Stadelmann |
| | Leitung Vertrieb & Innovationen |
| Datum: | 24.01.2019 |
| Uhrzeit: | 14.00 Uhr – 16.00 Uhr |
| Ort: | Steinbühl 1 |
| | 87463 Dietmannsried im Allgäu |

| | |
|---|---|
| **Unternehmen:** | **Piepenbrock Facility Management GmbH &** |
| | **Co. KG /** |
| | **Piepenbrock Unternehmensgruppe GmbH &** |
| | **Co. KG** |
| Teilnehmer: | Herr Mahmut Tümkaya |
| | Geschäftsleitung Facility Management |
| | Herr Rene Adämmer |
| | Leiter Nationales Consulting Facility Management |
| Datum: | 17.08.2018 |
| Uhrzeit: | 12.00 Uhr – 14.00 Uhr |
| Ort: | Hannoversche Straße 91–95 |
| | 49084 Osnabrück |

| | |
|---|---|
| **Unternehmen:** | **Dr. Sasse AG** |
| Teilnehmer: | Frau Dr. Christine Sasse |
| | Vorstand |
| | Herr Ralph Englert |
| | Director of Sales |
| Datum: | 22.03.2018 |
| Uhrzeit: | 11.00 Uhr – 13.00 Uhr |
| Ort: | Am Westpark 1 |
| | 81373 München |

| | |
|---|---|
| **Unternehmen:** | **Sodexo Services GmbH /** |
| | **Sodexo S.A** |
| Teilnehmer: | Herr Georg Albrecht |
| | Director Business Development (D-A-CH) |
| | Corporate Services |
| Datum: | 26.04.2018 |
| Uhrzeit: | 10.00 Uhr – 12.00 Uhr |
| Ort: | Eisenstraße 9a |
| | 65428 Rüsselsheim am Main |

| | |
|---|---|
| **Unternehmen:** | **WISAG Industrie Service GmbH & Co. KG /** |
| | **WISAG Dienstleistungsholding GmbH** |
| Teilnehmer: | Herr Timo Messerschmidt |
| | Leiter Competence Center Industrie Service |
| | Head of Sales |
| Datum: | 08.03.2018 |
| Uhrzeit: | 10.00 Uhr – 12.00 Uhr |
| Ort: | Herriotstraße 3 |
| | 60528 Frankfurt am Main |
| | (Das Interview wurde in den Räumen der BASF SE, |
| | Ludwigshafen durchgeführt) |

## Kernkompetenz: Technisches Gebäudemanagement

| | |
|---|---|
| **Unternehmen:** | **Apleona HSG International GmbH /** |
| | **Apleona GmbH** |
| Teilnehmer: | Herr Klaus Göthling |
| | Key Account Director |
| Datum: | 30.11.2018 |
| Uhrzeit: | 14.00 Uhr – 16.00 Uhr |
| Ort: | Besselstraße 21 |
| | 68219 Mannheim |

| | |
|---|---|
| **Unternehmen:** | **bk services GmbH /** |
| | **bk Group** |
| Teilnehmer: | Herr Marc Arnold |
| | Managing Director |
| Datum: | 04.07.2019 |
| Uhrzeit: | 09.00 Uhr – 11.00 Uhr |
| Ort: | Baukreativ-Straße 1 |
| | 91628 Endsee |

| | |
|---|---|
| **Unternehmen:** | **Caverion Deutschland GmbH /** |
| | **Caverion Group** |
| Teilnehmer: | Herr Jaafar Sadighi |
| | Director Sales Business Unit Service Germany |
| Datum: | 23.01.2019 |
| Uhrzeit: | 15.00 Uhr – 17.00 Uhr |
| Ort: | Riesstraße 8 |
| | 80992 München |

| | |
|---|---|
| **Unternehmen:** | **CBRE GWS IFM Industrie GmbH /<br>CBRE Group Inc** |
| Teilnehmer: | Herr Glenn-Michael Müller<br>Senior Director Business Development<br>(Central and East Europe) |
| Datum: | 13.03.2018 |
| Uhrzeit: | 15.00 Uhr – 17.00 Uhr |
| Ort: | Bamlerstraße 5c<br>45141 Essen<br>(Das Interview wurde in den Räumen der WISAG Dienstleistungsholding GmbH, Frankfurt durchgeführt) |

| | |
|---|---|
| **Unternehmen:** | **ENGIE Deutschland GmbH /<br>ENGIE S.A** |
| Teilnehmer: | Herr Stefan Schwan<br>Geschäftsbereichsleiter Facility Services<br>Mitglied der Geschäftsleitung |
| Datum: | 12.10.2018 |
| Uhrzeit: | 14.00 Uhr – 16.00 Uhr |
| Ort: | Aachener Straße 1044<br>50858 Köln |

| | |
|---|---|
| **Unternehmen:** | **Infraserv GmbH & Co. Höchst KG** |
| Teilnehmer: | Herr Cédric Moschberger<br>Leiter Strategisches Facility Management<br>Corporate Real Estate Management<br>Herr Frank Pauli<br>Leitung Objektbetrieb, Facilities Services |
| Datum: | 23.08.2018 |
| Uhrzeit: | 14.00 Uhr – 16.00 Uhr |
| Ort: | Industriepark Höchst<br>65926 Frankfurt am Main |

| | |
|---|---|
| **Unternehmen:** | **RGM Facility Management GmbH /** |
| | **RGM Holding GmbH** |
| Teilnehmer: | Herr Rainer Vollmer |
| | Geschäftsführer |
| Datum: | 29.05.2018 |
| Uhrzeit: | 12.30 Uhr – 14.30 Uhr |
| Ort: | Heinrich-Barth-Straße 1-1a |
| | 66115 Saarbrücken |

| | |
|---|---|
| **Unternehmen:** | **SAUTER FM GmbH /** |
| | **Fr. Sauter AG** |
| Teilnehmer: | Herr Michael H. Reisert |
| | Key Account Vertrieb |
| Datum: | 21.09.2018 |
| Uhrzeit: | 10.00 Uhr – 12.00 Uhr |
| Ort: | Borsigstraße 6 |
| | 63150 Heusenstamm |

| | |
|---|---|
| **Unternehmen:** | **SPIE Deutschland & Zentraleuropa GmbH /** |
| | **SPIE S.A** |
| Teilnehmer: | Herr Steffen Grafried |
| | Vertriebsleiter Region Süd |
| Datum: | 09.04.2018 |
| Uhrzeit: | 10.30 Uhr – 12.30 Uhr |
| Ort: | Rhonestraße 7 |
| | 60528 Frankfurt am Main |

| | |
|---|---|
| **Unternehmen:** | **STRABAG Property and Facility Services** |
| | **GmbH /** |
| | **STRABAG SE** |
| Teilnehmer: | Herr Martin Schenk |
| | Vorsitzender der Geschäftsführung |
| Datum: | 12.04.2018 |

| | |
|---|---|
| Uhrzeit: | 14.00 Uhr – 16.00 Uhr |
| Ort: | Europa-Allee 50 |
| | 60327 Frankfurt am Main |

| | |
|---|---|
| **Unternehmen:** | **VINCI Facilities Deutschland GmbH /** |
| | **VINCI S.A** |
| Teilnehmer: | Herr Bernard Jean |
| | Geschäftsführer |
| | Herr Alexander Oehlschläger |
| | Leiter Finanzierung / Prokurist |
| Datum: | 20.02.2019 |
| Uhrzeit: | 14.00 Uhr – 16.00 Uhr |
| Ort: | August-Borsig-Straße 6 |
| | 68199 Mannheim |

Anmerkung: Die Auflistung der befragten Dienstleistungsunternehmen erfolgte innerhalb der Kategorien in alphabetischer Reihenfolge.

## Anlage 2.2: Anschreiben Experteninterview

We create chemistry

BASF SE, 67056 Ludwigshafen, Deutschland

[Unternehmen]
[Anrede, Name]
[Position]
[Straße]
[PLZ, Ort]

[Datum]
ESM/RG – C006
Thomas Glatte
Tel.: +49 621 60-42275
E-Mail: thomas.glatte@basf.com

**Marktangebotsanalyse im Facility Management**

Sehr geehrte(r) [Anrede, Name],

im Rahmen seines Promotionsvorhabens führt Herr Nicolas C. Rummel, M.Eng., Doktorand am Institut für Baubetriebswesen der Technischen Universität Dresden eine empirische Erhebung durch zum Thema

**„Analyse des Angebots von FM-Dienstleistungen und Betreibermodellen führender Dienstleister im Facility Management, ihrer Entwicklungsreife und Leistungsfähigkeit auf dem internationalen Markt"**

Ich würde mich freuen, wenn Sie für dieses Forschungsprojekt im Rahmen eines ca. zweistündigen persönlichen Interviews mit Herrn Rummel in Ihrem Hause zur Verfügung stehen könnten. Wegen einer Terminvereinbarung würde Sie Herr Rummel in den nächsten Tagen per E-Mail kontaktieren.

Ich würde mich außerordentlich über Ihre Teilnahme freuen und bedanke mich hierfür bereits im Voraus.

Mit freundlichen Grüßen

Dr. Thomas Glatte
Director
Group Real Estate & Facility Management

**BASF SE**
67056 Ludwigshafen, Deutschland

Telefon: +49 621 60-0
Telefax: +49 621 60-42525
E-Mail: global.info@basf.com
Internet: www.basf.com

**Sitz der Gesellschaft:**
67056 Ludwigshafen

**Registergericht:**
Amtsgericht Ludwigshafen
Eintragungsnummer: HRB 6000

**Aufsichtsratsvorsitzender:**
Jürgen Hambrecht

**Vorstand:**
Kurt Bock, Vorsitzender;
Martin Brudermüller, stellv. Vorsitzender;
Saori Dubourg, Hans-Ulrich Engel, Sanjeev Gandhi,
Michael Heinz, Markus Kamieth, Wayne T. Smith

## Anlage 2.3: Formular zur Interviewfreigabe

Fakultät Bauingenieurwesen Institut für Baubetriebswesen

### Experteninterview:

### Marktangebotsanalyse Facility Management Analyse des Angebots von FM-Dienstleistungen und Betreibermodellen führender Dienstleister im Facility Management, ihrer Entwicklungsreife und Leistungsfähigkeit auf dem internationalen Markt

**Unternehmen:**

**Teilnehmer:** [Anrede, Name, Position]

**Datum:** [Tag, Monat, Jahr]

**Uhrzeit:** [xx.xx Uhr – xx.xx Uhr]

**Ort:** [Unternehmen, Anschrift]

Das Interview wurde anhand des Interviewleitfadens „Marktangebotsanalyse Facility Management – Analyse des Angebots von FM-Dienstleistungen und Betreibermodellen führender Dienstleister im Facility Management, ihrer Entwicklungsreife und Leistungsfähigkeit auf dem internationalen Markt" durchgeführt.

### Interviewfreigabe:

Hiermit stimme ich den Inhalten des Interviews vom [Tag, Monat, Jahr] zu und erkläre mich einverstanden, dass meine Ausführungen im Rahmen der Veröffentlichung der Dissertation von Herrn Nicolas C. Rummel in anonymisierter Form verwendet werden. Ich bin damit einverstanden, dass meine Angaben zu Name, Position und Unternehmen in das Teilnehmerverzeichnis aufgenommen und veröffentlicht werden.

[Ort, Datum, Unterschrift]

## Anlage 2.4: Interviewleitfaden „Dienstleister"

Fakultät Bauingenieurwesen Institut für Baubetriebswesen

# Interviewleitfaden:

**Marktangebotsanalyse Facility Management**
**Analyse des Angebots von FM-Dienstleistungen und Betreibermodellen führender Dienstleister im Facility Management, ihrer Entwicklungsreife und Leistungsfähigkeit auf dem internationalen Markt**

| | |
|---|---|
| Datum: | ______________________ |
| Uhrzeit: | ______________________ |
| Ort: | ______________________ |
| Art des Interviews: | Face-to-Face-Interview |
| Dauer des Interviews: | ca. 120 Minuten |
| Interviewer: | Nicolas C. Rummel, M.Eng. |

# A Einführung

## A 1 Erläuterung der Thematik

Durch die internationale Ausweitung ihrer Geschäftsfelder besitzen viele Großunternehmen Immobilien weltweit. Dieser Immobilienbestand stellt, neben den Produktionsanlagen, bei den meisten Non-Property-Unternehmen den größten Teil ihres Vermögens dar, gleichzeitig ist der Aufwand für diese Immobilien einer der größten Kostenfaktoren neben den Personalkosten. Dies hat viele Großunternehmen in den letzten Jahren dazu veranlasst, ein professionelles Corporate Real Estate Management zur Optimierung ihres Immobilienbestandes einzuführen. Da insbesondere der Betrieb und die Instandhaltung des Gebäudebestandes einen wesentlichen Kostenfaktor darstellen, sollte im Rahmen einer professionellen Immobilienstrategie ein besonderes Augenmerk auf das Facility Management gelegt werden.

Die German Facility Management Association (GEFMA) bezeichnet das Facility Management (FM) als einen Sekundärprozess, der durch die Integration von Planung, Steuerung und Bewirtschaftung von Gebäuden, Anlagen und Einrichtungen eine verbesserte Nutzungsflexibilität, Arbeitsproduktivität und Kapitalrentabilität anstrebt mit dem gleichzeitigen Ziel, das Kerngeschäft optimal zu unterstützen und zu verbessern.

Nach dem Verständnis der Literatur umfasst das Facility Management alle immobilienbezogenen Managementleistungen auf strategischer, taktischer und operativer Ebene sowie die operative Leistungserbringung der Facility Services.

Im Zusammenhang mit dem Outsourcing von FM-Dienstleistungen an externe Anbieter gewinnt die Anwendung von Betreibermodellen zur Bewirtschaftung und zum Betrieb eines definierten Gebäudebestandes zunehmend an Bedeutung. Welche Sourcing-Strategie oder welches Betreibermodell für die Immobilienbewirtschaftung im Einzelfall geeignet ist, hängt stark von den verfolgten Zielen und den speziellen Rahmenbedingungen des jeweiligen Unternehmens ab. Darüber hinaus wird die Sourcing-Entscheidung beeinflusst von den Anforderungen, die Unternehmen an FM-Dienstleistungen stellen und von der Verfügbarkeit kompetenter Dienstleister, die diese Anforderungen erfüllen. Da das angewandte Betreibermodell weitreichende Auswirkungen auf die Organisation aller Lebenszyklusaktivitäten im Immobilienmanagement hat, beeinflusst die Sourcing-Entscheidung maßgeblich den Erfolg der Immobilienbewirtschaftung.

Ziel dieses Forschungsvorhabens ist es deshalb, das Corporate Real Estate Management internationaler Großunternehmen und den Prozess der Sourcing-Entscheidung bei der Wahl eines Betreibermodells für die Immobilienbewirtschaftung theoretisch und empirisch zu untersuchen. Dabei sollen insbesondere die Hintergründe und Einflussfaktoren analysiert werden, die zur Entscheidung für die ein oder andere Sourcing-Form führen.

Schwerpunkte des Forschungsvorhabens:

1. Erarbeitung der Grundlagen zur Gestaltung des Corporate Real Estate Managements sowie von Bewirtschaftungsstrategien im Facility Management
2. Untersuchung von Betreibermodellen für die Immobilienbewirtschaftung und Entwicklung eines Konzeptes für das Outsourcing von FM-Dienstleistungen und der Ausgestaltung von Auftraggeber-Dienstleister-Beziehungen
3. Analyse von Sourcing-Entscheidungen bei der Wahl eines Betreibermodells

## A 2 Ziel der Untersuchung

Ziel dieser Untersuchung im Rahmen des Forschungsvorhabens ist die Analyse des Angebots von FM-Dienstleistungen und Betreibermodellen führender Anbieter im Facility Management, insbesondere ihrer Entwicklungsreife und Leistungsfähigkeit auf dem internationalen Markt.

Bei der Untersuchung handelt es sich um einen essentiellen Bestandteil des Promotionsvorhabens von Herrn Nicolas C. Rummel, M.Eng., Doktorand von Herrn Univ.-Prof. em. Dr.-Ing. Rainer Schach am Institut für Baubetriebswesen der Technischen Universität Dresden. Unterstützt wird das Promotionsvorhaben durch Herrn Dr.-Ing. Thomas Glatte, Leiter „Group Real Estate & Facility Management" der BASF SE, Ludwigshafen.

## A 3 Untersuchungsumfang

Befragt werden nach bestimmten Kriterien ausgewählte führende Anbieter von FM-Dienstleistungen. Es sind dies sowohl Einzel- und Paketanbieter wie auch ganzheitliche Systemanbieter.

Die Befragung erfolgt anhand eines strukturierten Interviewleitfadens zu verschiedenen Themenkomplexen, insbesondere Unternehmensstruktur, Leistungstiefe im Facility Management und Dienstleistungskonzepte.
Die Datenerhebung wird in Form von persönlichen Interviews durchgeführt.
Dauer der Erhebung: ca. 120 Minuten

## A 4 Vertraulichkeit

Es wird versichert, dass alle Bedingungen zum Datenschutz strengstens eingehalten werden. Die während der Befragung aufgezeichneten Daten werden nur im Rahmen der Auswertung verwendet und nicht an Dritte weitergegeben. Die anonymisierten Untersuchungsergebnisse werden im Rahmen der Dissertation veröffentlicht und dienen ausschließlich wissenschaftlichen Zwecken.

# B Demografie

## B 1 Angaben zum Unternehmen

B 1.1 Name des Unternehmens:

______________________________

B 1.2 Standort der Unternehmenszentrale:

______________________________

B 1.3 Anzahl der Mitarbeiter aller Geschäftsfelder Deutschland 2017:

______________________________

B 1.4 Anzahl der Mitarbeiter aller Geschäftsfelder International 2017:

______________________________

B 1.5 Umsatz aller Geschäftsfelder Deutschland 2017 (Mio. Euro):

______________________________

B 1.6 Umsatz aller Geschäftsfelder International 2017 (Mio. Euro):

______________________________

## B 2 Angaben zum Interviewpartner

B 2.1 Name:

______________________________

B 2.2 Abteilung:

______________________________

B 2.3 Funktion im Unternehmen:

______________________________

B 2.4 Telefon, E-Mail:

______________________________

## C Unternehmensstruktur

C 1 Bitte erläutern sie die Aufbauorganisation Ihres Unternehmens.

________________________________________

________________________________________

________________________________________

________________________________________

________________________________________

C 2 In welchen Geschäftsfeldern ist Ihr Unternehmen tätig?

1.________________________________________

2.________________________________________

3.________________________________________

C 3 Anzahl der Mitarbeiter in den jeweiligen Geschäftsfeldern 2017:

| Geschäftsfelder: | Deutschland | International |
|---|---|---|
| 1. | | |
| 2. | | |
| 3. | | |

C 4 Umsatz der jeweiligen Geschäftsfelder 2017 (Mio. Euro):

| Geschäftsfelder: | Deutschland | International |
|---|---|---|
| 1. | | |
| 2. | | |
| 3. | | |

# D Leistungstiefe im Facility Management

## D 1 Geographische Präsenz Ihres Unternehmens

D 1.1 In welchen Ländern ist Ihr Unternehmen mit eigenem Standort / Niederlassung als Anbieter von FM-Dienstleistungen präsent? Bitte benennen Sie die einzelnen Länder je Kontinent.

| | | |
|---|---|---|
| Deutschland | ☐ | |
| Europa (ohne Deutschland) | ☐ | |
| Nordamerika | ☐ | |
| Südamerika | ☐ | |
| Asien | ☐ | |
| Afrika | ☐ | |
| Australien | ☐ | |

D 1.2 Beabsichtigen Sie in absehbarer Zeit weitere eigene Standorte zu errichten? Wenn ja, in welchen Ländern?

______________________________

______________________________

______________________________

______________________________

## D 2 Partnerunternehmen

Mit welchen Unternehmen besteht eine Partnerschaft / Kooperation bei der Erbringung von FM-Dienstleistungen? Bitte nennen Sie den Namen des Unternehmens und das jeweilige Land.

| Name des Unternehmens | Land |
| --- | --- |
| 1. | |
| 2. | |
| 3. | |
| 4. | |
| 5. | |
| 6. | |
| 7. | |
| 8. | |
| 9. | |
| 10. | |
| 11. | |
| 12. | |

## D 3 Leistungsumfang

D 3.1 Für welche Branchensegmente erbringt Ihr Unternehmen FM-Dienstleistungen? (Angabe in % der Leistungserbringung)

| | |
|---|---|
| Chemie / Pharma | |
| Automobil / Zulieferer | |
| Maschinen- / Anlagenbau | |
| Handel / Dienstleistungen | |
| Sonstige | |
| Gesamt | 100 % |

D 3.2 Für welche Nutzungsarten von Immobilien erbringt Ihr Unternehmen FM-Dienstleistungen? (Angabe in % der Leistungserbringung)

| | |
|---|---|
| Büroimmobilien | |
| Produktionsimmobilien und Werkstätten | |
| Handelsimmobilien | |
| Lager- / Logistikimmobilien | |
| Labore / Forschung und Entwicklung | |
| Sozialgebäude (Kantine, Kindergärten und Horte, Gesundheitszentren, Ambulanzen) | |
| Rechenzentren | |
| Gesamt | 100 % |

D 3.3 Wie verteilen sich die von Ihrem Unternehmen erbrachten FM-Dienstleistungen auf die einzelnen operativen Leistungsbereiche im Facility Management? (Angabe in % der Leistungserbringung)

| | |
|---|---|
| Infrastrukturelles Gebäudemanagement | |
| Technisches Gebäudemanagement | |
| Kaufmännisches Gebäudemanagement | |
| Gesamt | 100 % |

## D 4 FM-Produktportfolio (Facility Services)

Welche Facility Services werden von Ihrem Unternehmen angeboten und wie werden die Leistungen erbracht?
(Produktkatalog in Anlehnung an GEFMA 520:2014-07 Standardleistungsverzeichnis Facility Services 3.0)

| Produkt-nummer | Infrastrukturelles Gebäudemanagement (IGM) | mit eigenem Personal | durch Nach-unter-nehmer | teils-teils | wird nicht angeboten | kann ich nicht beurteilen |
|---|---|---|---|---|---|---|
| | **Reinigung:** | | | | | |
| 1 | Unterhaltsreinigung | ☐ | ☐ | ☐ | ☐ | ☐ |
| 2 | Glas- und Fassadenreinigung | ☐ | ☐ | ☐ | ☐ | ☐ |
| 3 | Industriereinigung | ☐ | ☐ | ☐ | ☐ | ☐ |
| 4 | Sonderreinigung | ☐ | ☐ | ☐ | ☐ | ☐ |
| | **Wäschereiservice:** | | | | | |
| 5 | Arbeitskleidung | ☐ | ☐ | ☐ | ☐ | ☐ |
| 6 | Flachwäsche | ☐ | ☐ | ☐ | ☐ | ☐ |
| | **Außenanlagenpflege:** | | | | | |
| 7 | Reinigung von Freiflächen | ☐ | ☐ | ☐ | ☐ | ☐ |
| 8 | Winterdienst | ☐ | ☐ | ☐ | ☐ | ☐ |
| | **Garten- und Pflanzenpflege:** | | | | | |
| 9 | Grünpflege (außen) | ☐ | ☐ | ☐ | ☐ | ☐ |
| 10 | Grünpflege (innen) | ☐ | ☐ | ☐ | ☐ | ☐ |
| 11 | Schädlingsbekämpfung | ☐ | ☐ | ☐ | ☐ | ☐ |
| | **Hausmeister, Empfang, Telefon- und Postdienste:** | | | | | |
| 12 | Hausmeisterdienste | ☐ | ☐ | ☐ | ☐ | ☐ |
| 13 | Umzugsdienste | ☐ | ☐ | ☐ | ☐ | ☐ |
| 14 | Rezeption | ☐ | ☐ | ☐ | ☐ | ☐ |
| 15 | Pförtner | ☐ | ☐ | ☐ | ☐ | ☐ |
| 16 | Telefonzentrale | ☐ | ☐ | ☐ | ☐ | ☐ |
| 17 | Interne Postdienste | ☐ | ☐ | ☐ | ☐ | ☐ |

| Produkt-nummer | **Infrastrukturelles Gebäudemanagement (IGM)** | mit eigenem Personal | durch Nach-unter-nehmer | teils-teils | wird nicht angeboten | kann ich nicht beurteilen |
|---|---|---|---|---|---|---|
| 18 | Kurierdienste | ☐ | ☐ | ☐ | ☐ | ☐ |
| 19 | Kopier- und Druckdienste | ☐ | ☐ | ☐ | ☐ | ☐ |
| 20 | Archivierung | ☐ | ☐ | ☐ | ☐ | ☐ |
| 21 | Reisemanagement | ☐ | ☐ | ☐ | ☐ | ☐ |

| | **Fuhrpark:** | | | | | |
|---|---|---|---|---|---|---|
| 22 | Fahrdienste | ☐ | ☐ | ☐ | ☐ | ☐ |
| 23 | Mietwagenmanagement | ☐ | ☐ | ☐ | ☐ | ☐ |
| 24 | Fahrzeugpflege | ☐ | ☐ | ☐ | ☐ | ☐ |
| 25 | Werksbusse | ☐ | ☐ | ☐ | ☐ | ☐ |

| | **Catering / Veranstaltungsmanagement:** | | | | | |
|---|---|---|---|---|---|---|
| 26 | Kantinenbetriebe | ☐ | ☐ | ☐ | ☐ | ☐ |
| 27 | Automatencatering | ☐ | ☐ | ☐ | ☐ | ☐ |
| 28 | Bewirtung Konferenzräume | ☐ | ☐ | ☐ | ☐ | ☐ |
| 29 | Veranstaltungsservice | ☐ | ☐ | ☐ | ☐ | ☐ |
| 30 | Konferenzraumverwaltung | ☐ | ☐ | ☐ | ☐ | ☐ |

| | **Sicherheit:** | | | | | |
|---|---|---|---|---|---|---|
| 31 | Gebäude- und Werkschutz | ☐ | ☐ | ☐ | ☐ | ☐ |
| 32 | Schließdienste | ☐ | ☐ | ☐ | ☐ | ☐ |
| 33 | Notrufzentrale | ☐ | ☐ | ☐ | ☐ | ☐ |
| 34 | Feuerwehr | ☐ | ☐ | ☐ | ☐ | ☐ |

| | **Abfallmanagement:** | | | | | |
|---|---|---|---|---|---|---|
| 35 | Entsorgung von Papier und Kartonagen | ☐ | ☐ | ☐ | ☐ | ☐ |
| 36 | Entsorgung von Restmüll | ☐ | ☐ | ☐ | ☐ | ☐ |
| 37 | Entsorgung von Sperrmüll | ☐ | ☐ | ☐ | ☐ | ☐ |

| Produkt-nummer | **Kaufmännisches Gebäudemanagement (KGM)** | mit eigenem Personal | durch Nach-unter-nehmer | teils-teils | wird nicht angeboten | kann ich nicht beurteilen |
|---|---|---|---|---|---|---|
| 38 | Objektmanagement | ☐ | ☐ | ☐ | ☐ | ☐ |
| 39 | Mietermanagement | ☐ | ☐ | ☐ | ☐ | ☐ |
| 40 | Flächenmanagement | ☐ | ☐ | ☐ | ☐ | ☐ |
| 41 | Leerstandsmanagement | ☐ | ☐ | ☐ | ☐ | ☐ |

| Produkt-nummer | **Technisches Gebäudemanagement (TGM)** | mit eigenem Personal | durch Nach-unter-nehmer | teils-teils | wird nicht angeboten | kann ich nicht beurteilen |
|---|---|---|---|---|---|---|
| | **Überwachung, Wartung und Instandsetzung der technischen Anlagen:** | | | | | |
| 42 | Wasser und Abwasser | ☐ | ☐ | ☐ | ☐ | ☐ |
| 43 | Wärmeversorgung | ☐ | ☐ | ☐ | ☐ | ☐ |
| 44 | Kälte-, Klima-, Lüftungs-technik | ☐ | ☐ | ☐ | ☐ | ☐ |
| 45 | Elektrotechnik | ☐ | ☐ | ☐ | ☐ | ☐ |
| 46 | Fernmeldetechnik | ☐ | ☐ | ☐ | ☐ | ☐ |
| 47 | Aufzugstechnik | ☐ | ☐ | ☐ | ☐ | ☐ |
| 48 | Feuerlöschanlagen | ☐ | ☐ | ☐ | ☐ | ☐ |
| 49 | Anlagen und Einbauten im Außenbereich | ☐ | ☐ | ☐ | ☐ | ☐ |
| 50 | nutzerspezifische Anlagen (Labore, Küchen) | ☐ | ☐ | ☐ | ☐ | ☐ |
| 51 | Bautechnik (Dach und Fach) | ☐ | ☐ | ☐ | ☐ | ☐ |
| 52 | Energiemanagement | ☐ | ☐ | ☐ | ☐ | ☐ |
| 53 | Gebäudeautomation | ☐ | ☐ | ☐ | ☐ | ☐ |
| 54 | Produktionsanlagen | ☐ | ☐ | ☐ | ☐ | ☐ |

# E Dienstleistungskonzepte

## E 1 Leistungserbringung der Facility Services

Für die Leistungserbringung der Facility Services stehen verschiedene Dienstleistungsmodelle zur Verfügung. Die Modelle wurden in Anlehnung an DIN EN 15221:2007-01 und DIN EN ISO 41001:2017-06 entwickelt.

### Modell 1: Einzelvergabe-Modell

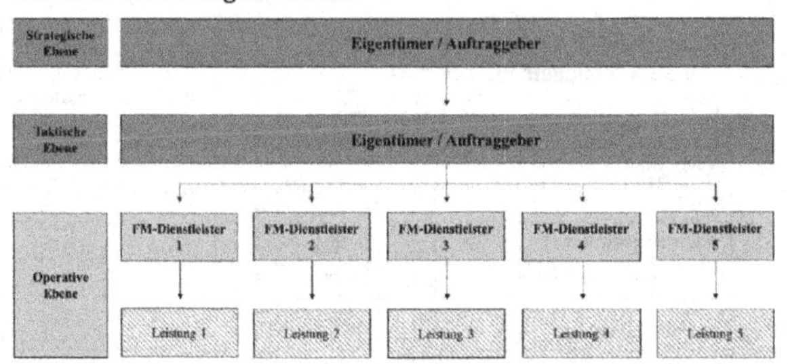


- Die Facility Services werden vom Dienstleister als Einzelleistung angeboten.
- Auf der operativen Ebene erbringt der Dienstleister die jeweilige **Einzelleistung**.
- Die Aufgaben auf strategischer und taktischer Ebene verbleiben beim Auftraggeber.

### Modell 2: Paketvergabe-Modell

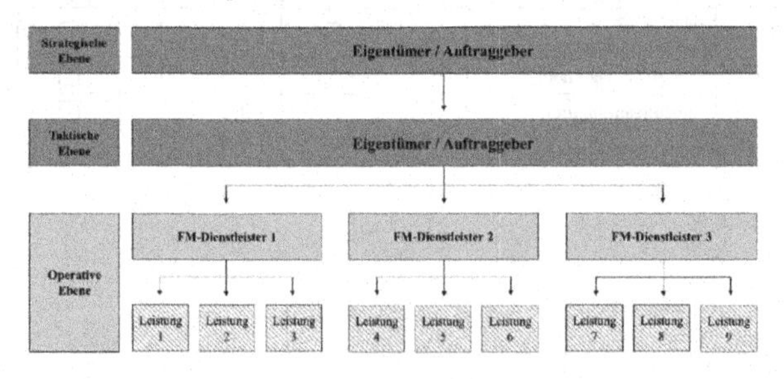


- Die Facility Services werden vom Dienstleister als Leistungspaket angeboten.
- Auf der operativen Ebene erbringt der Dienstleister **einzelne Leistungspakete**.
- Die Aufgaben auf strategischer und taktischer Ebene verbleiben beim Auftraggeber.

**Modell 3: Dienstleistungsmodell**

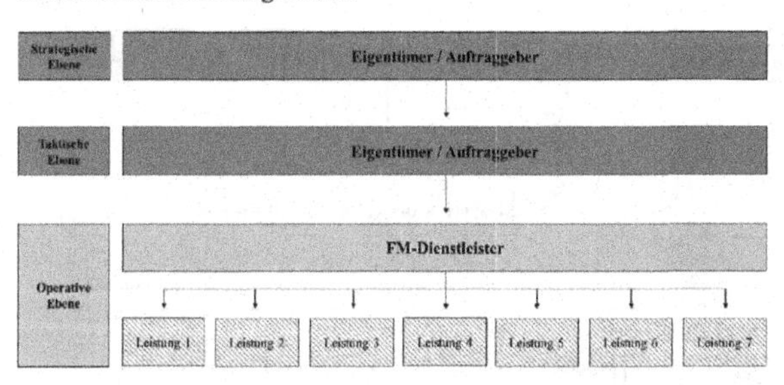


- Die Facility Services werden vom Dienstleister als Gesamtleistung angeboten.
- Auf der operativen Ebene erbringt der Dienstleister **alle Services im Gesamten**.
- Die Aufgaben auf strategischer und taktischer Ebene verbleiben beim Auftraggeber.

**Modell 4: Management-Modell**

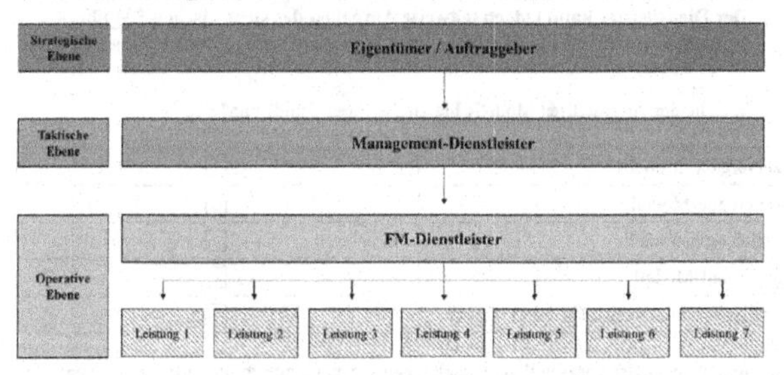


- Die Facility Services und die Aufgaben des taktischen Facility Managements werden von einem **Management-Dienstleister als Gesamtleistung** angeboten.
- Führt der Management-Dienstleister die operativen Tätigkeiten nicht selbst aus, beauftragt er hierfür einen FM-Dienstleister für die operative Leistungserbringung.
- Gegenüber dem Auftraggeber ist der Management-Dienstleister verantwortlich für die anforderungsgerechte Leistungserbringung des FM-Dienstleisters.
- Die Aufgaben auf strategischer Ebene verbleiben beim Auftraggeber.

## Modell 5: Total-Facility-Management-Modell (TFM)

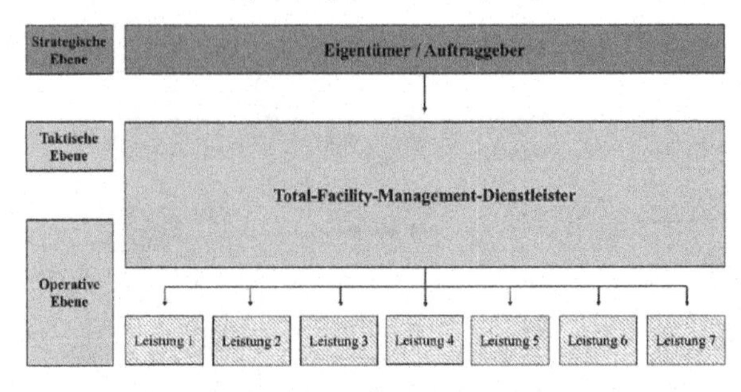


- Die Facility Services werden vom Dienstleister als Gesamtleistung angeboten.
- Auf der operativen Ebene erbringt der Dienstleister **alle Services im Gesamten**.
- Zu den operativen Aufgaben **übernimmt der Dienstleister zusätzlich das taktische FM** und ist damit verantwortlich für den gesamten Gebäudebetrieb.
- Die Aufgaben auf strategischer Ebene verbleiben überwiegend beim Auftraggeber. **Der Dienstleister kann jedoch teilweise Aufgaben des strategischen FM übernehmen**. Der Umfang der zu erbringenden Leistungen wird je nach Auftrag individuell gestaltet.

E 1.1 Welche der vorgestellten Modelle bieten Sie Ihren Kunden an?

| | |
|---|---|
| Einzelvergabe-Modell | ☐ |
| Paketvergabe-Modell | ☐ |
| Dienstleistungsmodell | ☐ |
| Management-Modell | ☐ |
| Total-Facility-Management-Modell (TFM) | ☐ |

E 1.2 Mit welchen der vorgestellten Modelle, gemessen am gesamten Leistungsumfang, erbringt Ihr Unternehmen die Facility Services? (Angabe in % der Leistungserbringung)

| | |
|---|---|
| Einzelvergabe-Modell | |
| Paketvergabe-Modell | |
| Dienstleistungsmodell | |
| Management-Modell | |
| Total-Facility-Management-Modell (TFM) | |
| Gesamt | 100 % |

Nicolas C. Rummel, M.Eng. 14

E 1.3 Wie beurteilen Sie die Erfolgswirkungen der Modellvarianten? Bitte bewerten Sie die Modelle hinsichtlich ihrer Eignung in Bezug auf die Erfüllung der genannten Kriterien auf einer Skala von 1 – 5.

| **Kriterien:** | **Einzelvergabe-Modell** | | | | | **Paketvergabe-Modell** | | | | | **Dienstleistungs-modell** | | | | | **Management-Modell** | | | | | **Total-Facility-Management-Modell (TFM)** | | | | |
|---|---|---|---|---|---|---|---|---|---|---|---|---|---|---|---|---|---|---|---|---|---|---|---|---|---|
| **1 =nicht geeignet, 5 = sehr gut geeignet** | 1 | 2 | 3 | 4 | 5 | 1 | 2 | 3 | 4 | 5 | 1 | 2 | 3 | 4 | 5 | 1 | 2 | 3 | 4 | 5 | 1 | 2 | 3 | 4 | 5 |
| Kosten-reduzierung | ☐ | ☐ | ☐ | ☐ | ☐ | ☐ | ☐ | ☐ | ☐ | ☐ | ☐ | ☐ | ☐ | ☐ | ☐ | ☐ | ☐ | ☐ | ☐ | ☐ | ☐ | ☐ | ☐ | ☐ | ☐ |
| Qualitäts-steigerung | ☐ | ☐ | ☐ | ☐ | ☐ | ☐ | ☐ | ☐ | ☐ | ☐ | ☐ | ☐ | ☐ | ☐ | ☐ | ☐ | ☐ | ☐ | ☐ | ☐ | ☐ | ☐ | ☐ | ☐ | ☐ |
| Erhöhung der Flexibilität | ☐ | ☐ | ☐ | ☐ | ☐ | ☐ | ☐ | ☐ | ☐ | ☐ | ☐ | ☐ | ☐ | ☐ | ☐ | ☐ | ☐ | ☐ | ☐ | ☐ | ☐ | ☐ | ☐ | ☐ | ☐ |
| Risiko-verlagerung | ☐ | ☐ | ☐ | ☐ | ☐ | ☐ | ☐ | ☐ | ☐ | ☐ | ☐ | ☐ | ☐ | ☐ | ☐ | ☐ | ☐ | ☐ | ☐ | ☐ | ☐ | ☐ | ☐ | ☐ | ☐ |
| Vermeidung von Abhängigkeiten | ☐ | ☐ | ☐ | ☐ | ☐ | ☐ | ☐ | ☐ | ☐ | ☐ | ☐ | ☐ | ☐ | ☐ | ☐ | ☐ | ☐ | ☐ | ☐ | ☐ | ☐ | ☐ | ☐ | ☐ | ☐ |
| Zugang zu exter-nem Know-how | ☐ | ☐ | ☐ | ☐ | ☐ | ☐ | ☐ | ☐ | ☐ | ☐ | ☐ | ☐ | ☐ | ☐ | ☐ | ☐ | ☐ | ☐ | ☐ | ☐ | ☐ | ☐ | ☐ | ☐ | ☐ |
| Nutzung neues-ter Technologien | ☐ | ☐ | ☐ | ☐ | ☐ | ☐ | ☐ | ☐ | ☐ | ☐ | ☐ | ☐ | ☐ | ☐ | ☐ | ☐ | ☐ | ☐ | ☐ | ☐ | ☐ | ☐ | ☐ | ☐ | ☐ |
| Reduzierung von Schnittstellen | ☐ | ☐ | ☐ | ☐ | ☐ | ☐ | ☐ | ☐ | ☐ | ☐ | ☐ | ☐ | ☐ | ☐ | ☐ | ☐ | ☐ | ☐ | ☐ | ☐ | ☐ | ☐ | ☐ | ☐ | ☐ |
| Reduzierung Steuerungs- und Kontrollaufwand | ☐ | ☐ | ☐ | ☐ | ☐ | ☐ | ☐ | ☐ | ☐ | ☐ | ☐ | ☐ | ☐ | ☐ | ☐ | ☐ | ☐ | ☐ | ☐ | ☐ | ☐ | ☐ | ☐ | ☐ | ☐ |
| Aufbau einer partnerschaftli-chen Beziehung | ☐ | ☐ | ☐ | ☐ | ☐ | ☐ | ☐ | ☐ | ☐ | ☐ | ☐ | ☐ | ☐ | ☐ | ☐ | ☐ | ☐ | ☐ | ☐ | ☐ | ☐ | ☐ | ☐ | ☐ | ☐ |

Nicolas C. Rummel, M.Eng. 15

## E 2 Ausschreibungs- und Vergabeprozess

E 2.1 Wie erfolgt in der Regel die Ausschreibung und Vergabe der FM-Dienstleistungen durch Ihre Auftraggeber bei den einzelnen Modellen?

| | | Ausschreibung | Vergabe |
|---|---|---|---|
| Modell 1: Einzelvergabe-Modell | regional | ☐ | ☐ |
| | national | ☐ | ☐ |
| | kontinental | ☐ | ☐ |
| | global | ☐ | ☐ |
| | | | |
| Modell 2: Paketvergabe-Modell | regional | ☐ | ☐ |
| | national | ☐ | ☐ |
| | kontinental | ☐ | ☐ |
| | global | ☐ | ☐ |
| | | | |
| Modell 3: Dienstleistungsmodell | regional | ☐ | ☐ |
| | national | ☐ | ☐ |
| | kontinental | ☐ | ☐ |
| | global | ☐ | ☐ |
| | | | |
| Modell 4: Management-Modell | regional | ☐ | ☐ |
| | national | ☐ | ☐ |
| | kontinental | ☐ | ☐ |
| | global | ☐ | ☐ |
| | | | |
| Modell 5: Total-Facility-Management-Modell | regional | ☐ | ☐ |
| | national | ☐ | ☐ |
| | kontinental | ☐ | ☐ |
| | global | ☐ | ☐ |

E 2.2 Wie lange ist die durchschnittliche Vertragslaufzeit der zwischen Ihnen und Ihren Auftraggebern bestehenden Dienstleistungsverträge?

| | | | |
|---|---|---|---|
| Modell 1: Einzelvergabe-Modell | 1-2 Jahre ☐ | 3-5 Jahre ☐ | >5 Jahre ☐ |
| Modell 2: Paketvergabe-Modell | 1-2 Jahre ☐ | 3-5 Jahre ☐ | >5 Jahre ☐ |
| Modell 3: Dienstleistungsmodell | 1-2 Jahre ☐ | 3-5 Jahre ☐ | >5 Jahre ☐ |
| Modell 4: Management-Modell | 1-2 Jahre ☐ | 3-5 Jahre ☐ | >5 Jahre ☐ |
| Modell 5: Total-Facility-Management-Modell | 1-2 Jahre ☐ | 3-5 Jahre ☐ | >5 Jahre ☐ |

## E 3 Vertrags-, Steuerungs- und Kontrollinstrumente

E 3.1 Welche Form der Vergütung, bezogen auf die jeweiligen Modellvarianten, wird zwischen Ihnen und Ihren Auftraggebern in der Regel vereinbart?

| | |
|---|---|
| Einheitspreis | ☐ |
| Pauschalpreis | ☐ |
| Cost-Plus-Fee-Vergütung | ☐ |
| Garantierter Maximalpreis (GMP) | ☐ |
| Open Book | ☐ |
| Andere Vergütungsformen: | |

E 3.2 Welche Instrumente zur Steuerung und Kontrolle der Performance wenden Sie an?

| | |
|---|---|
| **Instrumente des strategischen und operativen Controllings:** | |
| Prozessanalyse | ☐ |
| Soll-Ist-Abgleiche | ☐ |
| Kennzahlensysteme (KPI) | ☐ |
| Reporting | ☐ |
| **Instrumente zur Qualitätssicherung und -verbesserung:** | |
| Kunden- und Mitarbeiterzufriedenheitsanalyse | ☐ |
| Beschwerdemanagement | ☐ |
| **Instrumente des Beziehungsmanagements:** | |
| Workshops | ☐ |
| Dienstleister-Cockpit | ☐ |
| Strukturierte Eskalationsverfahren | ☐ |
| Alternative Konfliktregelungen | ☐ |
| Weitere Steuerungs- und Kontrollinstrumente: | |

## F Zukunftstendenzen

Der derzeitige tiefgreifende strukturelle Wandel, hervorgerufen durch die Globalisierung, steigenden Wettbewerbsdruck, die Digitalisierung, neue technische Innovationen und den demografischen Wandel hat erheblichen Einfluss auf das Immobilienmanagement von Großunternehmen. Dies führt zu einer wachsenden Outsourcing-Bereitschaft von immobilienbezogenen Dienstleistungen und einer deutlich steigenden Nachfrage nach einer einheitlichen Bewirtschaftung des gesamten Immobilienbestandes durch ausgewählte FM-Dienstleister.

F 1 Welche der vorgestellten Dienstleistungsmodelle werden derzeit von Ihren Kunden überwiegend nachgefragt? Lässt sich aus Ihrer Sicht ein Trend hinsichtlich des Nachfrageverhaltens Ihrer Kunden erkennen?

________________________________________

________________________________________

________________________________________

F 2 Welche Zukunftsstrategien verfolgt Ihr Unternehmen im Hinblick auf das sich verändernde Nachfrageverhalten Ihrer Kunden?

________________________________________

________________________________________

________________________________________

F 3 In welchen Bereichen sehen Sie Entwicklungschancen und weitere Potentiale für eine Ausweitung Ihres Dienstleistungsangebots?

________________________________________

________________________________________

________________________________________

F 4 Wie sehen Sie persönlich die weitere Entwicklung des FM-Marktes und wie sieht aus Ihrer Sicht eine optimale Wertschöpfungspartnerschaft zwischen Nachfragern und Anbietern von immobilienbezogenen Dienstleistungen aus?

________________________________________

________________________________________

________________________________________

Vielen Dank, dass Sie sich Zeit für dieses Forschungsprojekt genommen und mit Ihrem Wissen unterstützt haben!

Nicolas C. Rummel, M.Eng. 18

# Anlage 2.5: Anschreiben Wiederholung der Befragung

We create chemistry

BASF SE, 67056 Ludwigshafen, Deutschland

[Unternehmen]
[Anrede, Name]
[Position]
[Straße]
[PLZ, Ort]

[Datum]
GBH/SY – C100
Nicolas Christoph Rummel
Mob.: 0162/5459247
E-Mail:
nicolas.rummel@partners.basf.com

**Marktangebotsanalyse im Facility Management**

Sehr geehrte(r) [Anrede, Name],

im Rahmen meines Promotionsverfahrens habe ich in der Zeit von März 2018 bis Juli 2019 eine empirische Erhebung zum Thema

**„Analyse des Angebots von FM-Dienstleistungen und Betreibermodellen führender Dienstleister im Facility Management, ihrer Entwicklungsreife und Leistungsfähigkeit auf dem internationalen Markt“**

durchgeführt und dabei auch mit Ihnen ein persönliches Interview geführt.

Die Dissertation ist zwischenzeitlich fertiggestellt und soll in Kürze eingereicht werden. Die Arbeit bietet wertvolle Beiträge für die Forschung und die Unternehmenspraxis, wird aber limitiert durch die jeweils zeitpunktbezogenen Datenerhebungen. Es muss berücksichtigt werden, dass strategisch wirkende Veränderungen und Entwicklungstendenzen dynamisch verlaufen und auch kurzfristig auftretende Veränderungen in der Unternehmensumwelt die immobilienwirtschaftlichen Entscheidungen der Akteure beeinflussen können.

Zur Verifizierung der Ergebnisse ist es erforderlich, den Interviewleitfaden und die von den Experten gegebenen Antworten noch einmal kritisch zu betrachten und im Zeitverlauf eventuell aufgetretene Veränderungen zu berücksichtigen.

**BASF SE**
67056 Ludwigshafen, Deutschland

Telefon: +49 621 60-0
Telefax: +49 621 60-42525
E-Mail: global.info@basf.com
Internet: www.basf.com

**Sitz der Gesellschaft:**
67056 Ludwigshafen

**Registergericht:**
Amtsgericht Ludwigshafen
Eintragungsnummer: HRB 6000

**Aufsichtsratsvorsitzender:**
Kurt Bock

**Vorstand:**
Martin Brudermüller, Vorsitzender;
Hans-Ulrich Engel, stellv. Vorsitzender;
Saori Dubourg, Michael Heinz, Markus Kamieth,
Melanie Maas-Brunner

**BASF**
We create chemistry

[Datum]

Seite 2 von 2

Ich habe den Interviewleitfaden mit den damals von Ihnen gegebenen Antworten beigefügt und möchte Sie bitten, die Antworten zu überprüfen und mir mitzuteilen, ob die getroffenen Aussagen noch zutreffend sind oder ob und in welchem Bereich sich in der Zwischenzeit Veränderungen ergeben haben.

Ein besonderes Augenmerk bitte ich dabei auf folgende Schwerpunktfragen zu legen:

- Frage E 1.1: Angebot der Modellvarianten
- Frage E 1.2: Leistungsumfang bezogen auf die jeweiligen Modelle
- Fragen F 1 – F 4: Zukunftstendenzen

Ich bedanke mich Voraus für Ihre Mühe und würde mich freuen, wenn Sie mir Ihre Antwort innerhalb der nächsten 14 Tage zukommen lassen könnten.

Für Rückfragen stehe ich Ihnen gerne auch telefonisch zur Verfügung.

Mit freundlichen Grüßen

Nicolas C. Rummel
Global Real Estate

# Literaturverzeichnis

## Monographien, Sammelwerke und Fachbeiträge


**Acoba, Francisco; Foster, Scott (2003):** Aligning Corporate Real Estate with Envolving Corporate Missions: Process-based Management Models; in: Journal of Real Estate, Vol. 5, No. 2, 2003, S. 143–164.

**Alfen, Hans Wilhelm; Daube, Dirk; Miksch, Jan (2007):** Public Private Partnership im Hochbau – Anleitung zur Prüfung der Wirtschaftlichkeitsuntersuchung von PPP-Projekten im öffentlichen Hochbau; Leitfaden im Auftrag der PPP-Task Force des Landes Nordrhein-Westfalen, 2007.

**Altmeier, Caroline (2017):** Steigerung des HR-Wertbeitrags durch Einführung von Shared-Service-Centern; in: Eichenberg, Timm; Bursy, Roland (Hrsg.): Management von internationalen HR Shared-Service-Centern – Implementierungsempfehlungen und Best Practice, Springer Fachmedien, Wiesbaden, 2017.

**Arnold, Dieter et al. (2004):** Handbuch Logistik, Springer-Verlag, Berlin/Heidelberg, 2004.

**Arnold, Ulli (1997):** Beschaffungsmanagement, Schäffer-Poeschel Verlag, Stuttgart, 2., überarbeitete Auflage, 1997.

**Arrow, Kenneth J. (1985):** The economics of agency; in: Pratt, John W.; Zeckhauser, Richard J. (Hrsg.): Principals and Agents: The Structure of Business, 1985, S. 37–51.

**Asson, Tim (2002):** Real Estate Partnerships – A New Approach to Corporate Real Estate Outsourcing; in: Journal of Corporate Real Estate, Vol. 4, No. 4, 2002, S. 327–333.

**Baader, Andreas; Montanus, Sven; Sfat, Raul (2006):** After Sales Services – mit produktbegleitenden Dienstleistungen profitabel wachsen; in: Barkawi, Karim et al. (Hrsg.): Erfolgreich mit After Sales Services – Geschäftsstrategien für Servicemanagement und Ersatzteillogistik, Springer-Verlag Berlin/Heidelberg, 2006, S. 3–14.

**Barney, Jay (1991):** Firm Resources and Sustained Competitive Advantage; in: Journal of Management, Vol. 17, No. 1, 1991, S. 99–120.

**Barrett, Peter (1995):** Facilities management quality systems: An important improvement area; in: Building Research and Information, Vol. 23, No. 3, 1995, S. 167–174.






N. C. Rummel, *Betreibermodelle für die Immobilienbewirtschaftung international tätiger Großunternehmen*, Baubetriebswesen und Bauverfahrenstechnik,
https://doi.org/10.1007/978-3-658-44946-9

**Bartenschlager, Jan (2008):** (Dissertation) Erfolgswirkung des Business Process Outsourcing – Effekte von BPO auf die strategischen Erfolgsfaktoren und den Erfolg von Großunternehmen in Deutschland, Steinbeis-Edition, Stuttgart/Berlin, 2008.

**Barth, Tilmann (2003):** (Dissertation) Outsourcing unternehmensnaher Dienstleistungen – Ein konfigurierbares Modell für die optimierte Gestaltung der Wertschöpfungstiefe; in: Bea Franz Xaver et al. (Hrsg.): Schriften zur Unternehmensplanung, Bd. 65, Peter Lang, Europäischer Verlag der Wissenschaften, Frankfurt, 2003.

**Baun, Hans-Joachim; Grüter, Axel (1998):** Globalität und Partnerschaft als Erfolgsfaktor im Outsourcing; in: Köhler-Frost, Wilfried (Hrsg.): Outsourcing – Eine strategische Allianz besonderen Typs, Erich Schmidt Verlag, Berlin, 3., völlig neu bearbeitete und wesentlich erweiterte Auflage, 1998.

**Becker, Franklin (1990):** The Total Workplace: Facilities Management and Elastic Organizations, Präger Press, New York, 1990.

**Becker, Jörn; Zwissler, Thomas (2005):** Vertragsgestaltung und Recht; in: Müller-Dauppert, Bernd (Hrsg.): Logistik-Outsourcing – Ausschreibung, Vergabe, Controlling, Verlag Heinrich Vogel, München, 2005.

**Becker, Wolfgang et al. (2008):** Gestaltung von Shared-Service-Centern in internationalen Konzernen, Bamberger betriebswirtschaftliche Beiträge, Bd. 158, Otto-Friedrich-Universität Bamberg, 2008.

**Beckers, Thorsten; Gehrt, Jirka; Klatt, Jan Peter (2009):** Leistungs-, Vergütungs- und Finanzierungsanpassungen bei PPP-Projekten im Hochbau; Studie des Bundesministeriums für Verkehr, Bau und Stadtentwicklung im Rahmen der Forschungsinitiative „Zukunft Bau", Fraunhofer IRB Verlag, Stuttgart, 2009.

**Beer, Martin (1997):** (Dissertation) Outsourcing unternehmensinterner Dienstleistungen – Optimierung des Outsourcing-Entscheidungsprozesses; DUV, Deutscher Universitäts-Verlag, Wiesbaden, 1997.

**Berner, Fritz; Kochendörfer, Bernd; Schach, Rainer (2020):** Grundlagen der Baubetriebslehre 1 – Baubetriebswirtschaft, Springer Fachmedien, Wiesbaden, 3., aktualisierte Auflage, 2020.

**Bernhold, Torben (2016):** Studie zum Beschaffungsmanagement im FM, Fachhochschule Münster, 2016.

**Bernhold, Torben (2017):** Beschaffungsmanagement im FM, Vorlesungsskript für den Masterstudiengang Immobilien- und Facility Management, Fachhochschule Münster, 2017.

**Bischoff, Thorsten (2009):** (Dissertation) Public Private Partnership im öffentlichen Hochbau: Entwicklung eines ganzheitlichen, anreizorientierten Vergütungssystems; in: Schulte, Karl-Werner; Bone-Winkel, Stephan (Hrsg.): Schriften zur Immobilienökonomie, Bd. 51, Immobilien Manager Verlag Rudolf Müller, Köln, 2009.

**Bischoff, Thorsten; Fischer, Carsten (2016):** Bau-Projektmanagement; in: Schulte, Karl-Werner; Bone-Winkel, Stephan, Schäfers, Wolfgang (Hrsg.): Immobilienökonomie I – Betriebswirtschaftliche Grundlagen, De Gruyter Oldenbourg Verlag, Berlin/Boston, 5., grundlegend überarbeitete Auflage, 2016, S. 249–286.

**Blödorn, Niels (1998):** Die Organisation der multinationalen Unternehmung; in: Schoppe, Siegfried (Hrsg.): Kompendium der internationalen Betriebswirtschaftslehre, R. Oldenbourg Verlag, München/Wien, 4., völlig überarbeitete Auflage, 1998.

**Blohmeyer, Wolfgang (1997):** Betriebsübergang, Vertragswechsel, Funktionsnachfolge; in: Entscheidungen zum Wirtschaftsrecht, Nr. 4, 1997, S. 315–316.

**Blumenthal, Ira (2004):** (Dissertation) Anforderungen an ein Marketingkonzept für Facilities-Management-Dienstleistungsunternehmen – Ein Vergleich zwischen Theorie und Empirie; in: Schulte, Karl-Werner (Hrsg.): Schriften zur Immobilienökonomie, Bd. 28, Immobilien-Informationsverlag Rudolf Müller, Köln, 2004.

**Bogenstätter, Ulrich (2018):** Alles Immobilien-(Real Estate-)Management?!; in: Bogenstätter, Ulrich (Hrsg.): Immobilienmanagement erfolgreicher Bestandshalter, De Gruyter Oldenbourg Verlag, Berlin/Boston, 2018, S. 6–13.

**Bogner, Alexander; Littig, Beate; Menz, Wolfgang (2014):** Interviews mit Experten – eine praxisorientierte Einführung, Springer Fachmedien, Wiesbaden, 2014.

**Bohr, Kurt (1996):** Economies of Scale and Economies of Scope; in: Kern, Werner et al. (Hrsg.): Handwörterbuch der Produktionswirtschaft, Schäffer-Poeschel Verlag, Stuttgart, 2. Auflage, 1996, S. 375–386.

**Boll, Philip (2007):** (Dissertation) Investitionen in Public Private Partnership-Projekte; in: Schulte, Karl-Werner (Hrsg.): Schriften zur Immobilienökonomie, Bd. 43, Immobilien-Informationsverlag Rudolf Müller, Köln, 2007.

**Bomba, Tom (2000):** The Alliance Program: Establishing a new knowledge base on the Corporate Real Estate Portfolio Management competency; in: Journal of Corporate Real Estate, Vol. 2, No. 2, 2000, S. 103–112.

**Bon, Ranko (1994):** Corporate Real Estate Management in Europe and the US; in: Facilities, Vol. 12, No. 3, 1994, S. 17–20.

**Bone-Winkel, Stephan (2000):** Immobilienportfolio-Management; in: Schulte, Karl-Werner (Hrsg.): Immobilienökonomie Bd. 1 – Betriebswirtschaftliche Grundlagen, Oldenbourg Wissenschaftsverlag, München, 2. Auflage, 2000, S. 767–769.

**Bone-Winkel, Stephan et al. (2008):** Immobilien-Portfoliomanagement; in: Schulte, Karl-Werner (Hrsg.): Immobilienökonomie Bd. 1 – Betriebswirtschaftliche Grundlagen, Oldenbourg Wissenschaftsverlag, München, 4. Auflage, 2008, S. 779–843.

**Bone-Winkel, Stephan; Müller, Tobias; Pfrang, Dominique C. (2008):** Bedeutung der Immobilienwirtschaft; in: Schulte, Karl-Werner (Hrsg.): Immobilienökonomie Bd. 1 – Betriebswirtschaftliche Grundlagen, Oldenbourg Wissenschaftsverlag, München, 4. Auflage, 2008, S. 27–46.

**Bone-Winkel, Stephan; Schulte, Karl-Werner; Focke, Christian (2008):** Begriff und Besonderheiten der Immobilie als Wirtschaftsgut; in: Schulte, Karl-Werner (Hrsg.): Immobilienökonomie Bd. I – Betriebswirtschaftliche Grundlagen, Oldenbourg Wissenschaftsverlag, München, 4. Auflage, 2008, S. 3–26.

**Bortz, Jürgen; Döring, Nicola (2006):** Forschungsmethoden und Evaluation: für Human- und Sozialwissenschaftler, Springer-Medizin-Verlag, Heidelberg, 4., überarbeitete Auflage, 2006.

**Boßlau, Mario et al. (2017):** Geschäftsmodelle für industrielle Produkt-Service Systeme; in: Meier, Horst; Uhlmann, Eckhart (Hrsg.): Industrielle Produkt-Service Systeme – Entwicklung, Betrieb und Management, Springer-Verlag, Berlin, 2017, S. 299–324.

**Brans, Jean-Pierre et al. (1986):** How to select and how to rank projects: The PROMETHEE method; in: Journal of Operational Research, Vol. 14, 1986, S. 228–238.

**Braun, Hans-Peter (2013):** Aufgaben im Lebenszyklus eines Gebäudes; in: Braun, Hans-Peter (Hrsg.): Facility Management – Erfolg in der Immobilienbewirtschaftung, Springer-Verlag, Berlin/Heidelberg, 6. Auflage, 2013.

**Brockhoff, Petra; Zimmermann, Matthias (2008):** Public Real Estate Management; in: Schulte, Karl-Werner (Hrsg.): Immobilienökonomie Bd. I – Betriebswirtschaftliche Grundlagen, Oldenbourg Wissenschaftsverlag, München, 4. Auflage, 2008, S. 901–920.

**Brodnik, Branimir; Bube, Lars (2009):** Erfolgsfaktoren von Outsourcing-Projekten; in: Information Week, Juli 2009.

**Brosius, Hans-Bernd; Haas, Alexander; Koschel, Friederike (2016):** Methoden der empirischen Kommunikationsforschung, Springer Fachmedien, Wiesbaden, 7., überarbeitete und aktualisierte Auflage, 2016.

**Brown, Douglas; Wilson, Scott (2005):** The Black Book of Outsourcing: How to Manage the Chances, Challenges and Opportunities, Verlag John Wiley & Sons Inc., Hoboken/New Jersey, 2005.

**Brown, Robert; Lapides, Paul; Rondeau, Edmond (1993):** Managing Corporate Real Estate, Verlag John Wiley & Sons Inc., Hoboken/New Jersey, 1993.

**Bruch, Heike (1998):** Outsourcing – Konzepte und Strategien, Chancen und Risiken, Betriebswirtschaftlicher Verlag Dr. Theodor Gabler, Wiesbaden, 1998.

**Bruhn, Manfred (2013):** Qualitätsmanagement für Dienstleistungen – Handbuch für ein erfolgreiches Qualitätsmanagement. Grundlagen – Konzepte – Methoden, Springer Gabler, Berlin/Heidelberg, 9., überarbeitete und erweiterte Auflage, 2013.

**Budäus, Dietrich (2004):** Public Private Partnership – Ansätze, Funktionen, Gestaltungsbedarfe; in: Gesellschaft für öffentliche Wirtschaft (Hrsg.): Public Private Partnership – Formen – Risiken – Chancen, Gallus Druckerei, Berlin, 2004, S. 9–22.

**Bücker, Marc (2005):** (Dissertation) Construction Management; in: Osebold, Rainard (Hrsg.): Schriftenreihe des Lehrstuhls für Baubetrieb und Projektmanagement, ibb – Institut für Baumaschinen und Baubetrieb, Shaker Verlag, Aachen, 2005.

**Bühner, Rolf (2009):** Betriebswirtschaftliche Organisationslehre, Oldenbourg Wissenschaftsverlag, München, 10., bearbeitete Auflage, 2009.

**Büsch, Mario (2013):** Praxishandbuch Strategischer Einkauf, Springer Fachmedien, Wiesbaden, 3., korrigierte Auflage, 2013.

**Burr, Wolfgang (2014):** Markt- und Unternehmensstrukturen bei technischen Dienstleistungen – Wettbewerbs- und Kundenvorteile durch Service Engineering, Springer Fachmedien, Wiesbaden, 2. Auflage, 2014.

**Calisan, Baris (2009):** (Dissertation) Anbieterorientiertes Outsourcing – Ein marktorientiertes Management-Konzept für strategische Unternehmenspartnerschaften, dargestellt am Beispiel der deutschen und türkischen Textil- und Bekleidungsindustrie; in: Szyperski et al. (Hrsg.): Reihe: Planung, Organisation und Unternehmensführung, Bd. 123, Josef Eul Verlag, Lohmar/Köln, 2009.

**Coase, Ronald H. (1937):** The Nature of the Firm; in: Economica, New Series, Vol. 4, No. 16, 1937, S. 386–405.

**Commons, John R. (1931):** Institutional Economic; in: American Economic Review, Vol. 21, No. 4. 1931, S. 648–657.

**Cova, Bernard; Salle, Robert (2008):** Marketing solutions in accordance with the S-D logic: Co-creating value with customer network actors; in: Industrial Marketing Management, Vol. 37, 2008, S. 270–277.

**Daube, Dirk (2010):** (Dissertation) Public Private Partnership (PPP) für Immobilien öffentlicher Krankenhäuser – Entwicklung eines PPP-Eignungstests als Entscheidungshilfe für kommunale Krankenhäuser und Universitätsklinika; in: Alfen Hans Wilhelm (Hrsg.):

Schriftenreihe der Professur Betriebswirtschaftslehre im Bauwesen, Bauhaus-Universität Weimar, 2010.

**David, Ute (2017):** (Dissertation) Gestaltung der Anpassungsfähigkeit von Verträgen im Einkauf von Dienstleistungen – Eine empirische Untersuchung anhand des Einkaufs von Kontraktlogistikleistungen; in: Seiter, Mischa; Klier, Mathias (Hrsg.): Controlling & Business Analytics, Nomos Verlagsgesellschaft, Baden-Baden, 2017.

**Davies, Paul; Eustice, Kathryn (2005):** Delivering the PPP promise – A review of PPP issues and activity, Whitepaper PriceWaterhouseCoopers (Hrsg.), London, 2005.

**Deeble, Kevin (2000):** Financing Corporate Real Estate: A raw materials procurement approach; in: Journal of Corporate Real Estate, Vol. 2, No. 2, 2000, S. 144–153.

**De Marco, Alberto; Karzouna Ahmad (2018):** Assessing the Benefits of the Integrated Project Delivery Method: A Survey of Expert Opinions; in: Procedia Computer Science 138, 2018, S. 823–828.

**De Vries, Jackie; De Jong, Hans; Van der Voort, Theo (2008):** Impact of Real Estate Interventions on Organisational Performance; in: Journal of Corporate Real Estate, Vol. 10, No. 3, 2008, S. 208–223.

**Dibbern, Jens; Güttler, Wolfgang; Heinzl, Armin (1999):** Die Theorie der Unternehmung als Erklärungsansatz für das Outsourcing der Informationsverarbeitung, Arbeitspapier 5/1999, Lehrstuhl für Wirtschaftsinformatik, Universität Bayreuth.

**Dibbern, Jens et al. (2004):** Information Systems Outsourcing: A Survey and Analysis of the Literature; in: The DATA BASE for Advances in Information Systems, Vol. 35, No. 4, 2004.

**Dicke, Klaus (1994):** (Habilitationsschrift) Effizienz und Effektivität internationaler Organisationen; Veröffentlichungen des Instituts für Internationales Recht an der Universität Kiel, Bd. 116, Duncker & Humblot, Berlin, 1994.

**Diederichs, Claus Jürgen (2006):** Immobilienmanagement im Lebenszyklus – Projektentwicklung, Projektmanagement, Facility Management, Immobilienbewertung, Springer-Verlag, Berlin/Heidelberg, 2., aktualisierte und erweiterte Auflage, 2006.

**Dippel-Hens, Gerhard (1998):** FM – Wie definieren Sie Ihren Zielmarkt? – Marktpotentiale; in: Henzelmann, Torsten (Hrsg.): Facility Management – ein neues Geschäftsfeld für die Versorgungswirtschaft, Expert Verlag, Renningen, 1998, S. 18–29.

**Döring, Nicola; Bortz, Jürgen (2016):** Forschungsmethoden und Evaluation in den Sozial- und Humanwissenschaften, Springer-Verlag, Berlin/Heidelberg, 5., vollständig überarbeitete, aktualisierte und erweiterte Auflage, 2016.

**Dörr, Anne Sophia (2020):** (Dissertation) Sourcingentscheidungen bei Immobilienprojektentwicklungen – Optimierungspotenziale bei der Abwicklung von Neubauprojekten unter Berücksichtigung von lebenszyklusübergreifenden Wertschöpfungspartnerschaften, Online-Veröffentlichung der Technischen Universität Darmstadt, Fachbereich Rechts- und Wirtschaftswissenschaften, 2020, abrufbar unter: https://tuprints.ulb.tu-darmstadt.de/11889, Stand: 15.06.2022.

**Drees & Sommer (2016):** Marktstudie – Europaweite Facility-Management-Trends, Stuttgart, 2016.

**Duhnkrack, Thomas (1984):** Zielbildung und strategisches Zielsystem der internationalen Unternehmung, Verlag Vandenhoeck und Ruprecht, Göttingen, 1984.

**Ebers, Mark; Gotsch, Wilfried (1993):** Institutionenökonomische Theorien der Organisation; in: Kieser, Alfred (Hrsg.): Organisationstheorien, Kohlhammer Verlag, Stuttgart, 1993, S. 193–242.

**Ecke, Christian (2003):** (Dissertation) Strategisches Immobilienmanagement der öffentlichen Hand – Empirische Untersuchungen und Handlungsempfehlungen; in: Schulte, Karl-Werner (Hrsg.): Schriften zur Immobilienökonomie, Bd. 27, Immobilien-Informationsverlag Rudolf Müller, Köln, 2003.

**Edwards, Ward; Barron, F. Hutton (1994):** SMARTS and SMARTER: Improved Simple Methods for Multiattribute Utility Measurement; in: Organizational Behavior and Human Decision Processes, Vol. 60, No. 3, 1994, S. 306–325.

**Eichler, Bernd (2003):** Beschaffungsmarketing und -logistik – Strategische Tendenzen der Beschaffung, Prozessphasen und Methoden, Organisation und Controlling, Verlag Neue Wirtschaftsbriefe, Herne, 2003.

**Eisenhardt, Kathleen M. (1989):** Agency Theory: An Assessment and Review; in: Academy of Management Review, Vol. 14, No. 1, 1989, S. 57–74.

**Elschen, Rainer (1991):** Gegenstand und Anwendungsmöglichkeiten der Agency-Theorie; in: Zeitschrift für betriebswirtschaftliche Forschung, 43. Jahrgang, Heft 11, 1991, S. 1002–1012.

**Erlei, Mathias et al. (2007):** Neue Institutionenökonomik, Schäffer-Poeschel Verlag, Stuttgart, 2., überarbeitete und erweiterte Auflage, 2007.

**Eversmann, Moritz (1995):** Die Betriebsimmobilie als Produktionsfaktor: Verborgene Potentiale; in: Gablers Magazin, Heft 6/7, 1995, S. 50–53.

**Falzmann, Juliane (2007):** (Dissertation) Mehrdimensionale Lieferantenbewertung, Online-Veröffentlichung der Justus-Liebig-Universität Giessen, 2007, abrufbar unter: https://d-nb.info/1058561723/34, Stand 15.06.2022.

**Fama, Eugene F. (1980):** Agency Problems and the Theory of the firm; in: Journal of Political Economy, 88. Jahrgang, Heft 2, 1980, S. 288–307.

**Fiedler, Rudolf (2014):** Organisation kompakt, Oldenbourg Wissenschaftsverlag, München, 3., aktualisierte und überarbeitete Auflage, 2014.

**Figueira, José et al. (2016):** ELECTRE Methods; in: Multiple Criteria Decision Analysis – State of the Art Surveys, Springer-Verlag, New York, 2016, S. 155–185.

**Fischer, Carsten; Bischoff, Thorsten (2008):** Bau-Projektmanagement; in: Schulte, Karl-Werner (Hrsg.): Immobilienökonomie Bd. 1 – Betriebswirtschaftliche Grundlagen, Oldenbourg Wissenschaftsverlag, München, 4. Auflage, 2008, S. 301–342.

**Fischer, Katrin (2008):** (Dissertation) Lebenszyklusorientierte Projektentwicklung öffentlicher Immobilien als PPP: Ein Value-Management-Ansatz, Schriftenreihe der Professur Betriebswirtschaftslehre im Bauwesen, No. 1, Verlag der Bauhaus Universität Weimar, 2008.

**Fleischmann, Gregor Franz (2007):** (Dissertation) Referenzprozesse im Bereich Facility Management, Online-Veröffentlichung der Technischen Universität Wien, Fakultät für Bauingenieurwesen, 2007, abrufbar unter: http://repositum.tuwien.at/retrieve/20.500, Stand: 15.06.2022.

**Franke, Horst; Viering, Markus G. (2007):** Konfliktmanagement; in: Viering, Markus G.; Liebchen, Jens H.; Kochendörfer, Bernd (Hrsg.): Managementleistungen im Lebenszyklus von Immobilien, Teubner Verlag, Wiesbaden, 2007, S. 393–428.

**Freiling, Jörg (2003):** Pro und Kontra für die Einführung innovativer Betreibermodelle – Bestandsaufnahme und Handlungskonsequenzen aus Anbietersicht; in: Industrie Management, 19, 4/2003, S. 32–35.

**Freiling, Jörg (2008):** RBV and the Road to the Control of External Organizations; in: Management Review, Vol. 19, No. 1+2, 2008, S. 33–52.

**Frese, Erich; Lehmann, Patrick (2000):** Outsourcing und Insourcing – Organisationsmanagement zwischen Markt und Hierarchie; in: Frese, Erich (Hrsg.): Organisationsmanagement, Schäffer-Poeschel Verlag, Stuttgart, 2000.

**Frese, Erich et al. (2019):** Grundlagen der Organisation – Entscheidungsorientiertes Konzept der Organisationsgestaltung, Springer Fachmedien, Wiesbaden, 11., überarbeitete und aktualisierte Auflage, 2019.

**Freybote, Julia; Gibler, Karen (2011):** Trust in Corporate Real Estate Management Outsourcing Relationships; in: Journal of Property Research, Vol. 28, No. 4, 2011, S. 341–360.

**Gabler Wirtschaftslexikon (2019):** Gabler Wirtschaftslexikon, Springer Fachmedien, Wiesbaden, 19. Auflage, 2019.

**Geldermann, Jutta (2014):** Anlagen- und Energiewirtschaft – Kosten- und Investitionsschätzung sowie Technikbewertung von Industrieanlagen, Verlag Franz Vahlen, München, 2014.

**Geldermann, Jutta; Lerche, Nils (2014):** Leitfaden zur Anwendung von Methoden der multikriteriellen Entscheidungsunterstützung, Georg-August-Universität Göttingen, Lehrstuhl für Produktion und Logistik, Göttingen, 2014.

**Georgius, Alexander; Heinzl, Armin (2004):** Strategien und Erfolgsfaktoren von Anbietern im IT und Business Process Outsourcing in Deutschland; Working Papers in Information Systems, University of Mannheim, Working Paper 5/2004.

**Gibler, Karen; Lindholm, Anna-Liisa (2012):** A Test of Corporate Real Estate Strategies and Operating Decisions in Support of Core Business Strategies; in: Journal of Corporate Real Estate, Vol. 29, No. 1, 2012, S. 25–48.

**Giebelhausen, John-Albert (2019):** (Dissertation) Konzeption eines Organisations- und Kooperations-Leitsystems mit anreizbasierten Vergütungselementen zur Verbesserung der Kooperation, der Kommunikation und der Termineinhaltung in Bauprojekten; in: Kochendörfer, Bernd (Hrsg.): Schriftenreihe Bauwirtschaft und Baubetrieb, Bd. 50, Universitätsverlag der TU Berlin, 2019.

**Gier, Sonja (2006):** (Dissertation) Bereitstellung und Desinvestition von Unternehmensimmobilien; in: Schulte, Karl-Werner (Hrsg.): Schriften zur Immobilienökonomie, Bd. 35, Immobilien-Informationsverlag Rudolf Müller, Köln, 2006.

**Giesa, Ingo (2010):** (Dissertation) Prozessmodell für die frühen Bauprojektphasen; in: Motzko, Christoph (Hrsg.): Schriftenreihe des Instituts für Baubetrieb der Technischen Universität Darmstadt, D 54, Online-Veröffentlichung, 2010, abrufbar unter: https://tuprints.ulb.tu-darmstadt.de/id/eprint/5499, Stand: 15.06.2022.

**Girmscheid, Gerhard (2014a):** Bauunternehmensmanagement – prozessorientiert, Band 1 – Strategische Managementprozesse, Springer-Verlag, Berlin/Heidelberg, 3. Auflage, 2014.

**Girmscheid, Gerhard (2014b):** Bauunternehmensmanagement – prozessorientiert, Band 2 – Operative Leistungserstellungs- und Supportprozesse, Springer-Verlag, Berlin/Heidelberg, 3. Auflage, 2014.

**Girmscheid, Gerhard (2016):** Projektabwicklung in der Bauwirtschaft – prozessorientiert – Wege zur Win-Win-Situation für Auftraggeber und Auftragnehmer, Springer-Verlag, Berlin/Heidelberg, 5. Auflage, 2016.

**Gladen, Werner (2014):** Performance Measurement – Controlling mit Kennzahlen, Springer Fachmedien, Wiesbaden, 6., überarbeitete Auflage, 2014.

**Glatte, Thomas (2014):** Entwicklung betrieblicher Immobilien – Beschaffung und Verwertung von Immobilien im Corporate Real Estate Management, Springer Fachmedien, Wiesbaden, 2014.

**GlobalFM™ (2016):** Global Facilities Management Market Sizing Study, Melbourne/Australien, 2016.

**Göbel, Elisabeth (2002):** Neue Institutionenökonomik – Konzeption und betriebswirtschaftliche Anwendungen, Lucius & Lucius Verlag, Stuttgart, 2002.

**Gondring, Hanspeter; Wagner, Thomas (2018):** Facility Management – Handbuch für Studium und Praxis, Verlag Franz Vahlen, München, 3., vollständig überarbeitete Auflage, 2018.

**Gralla, Mike (2001):** Garantierter Maximalpreis: GMP-Partnering-Modelle – Ein neuer und innovativer Ansatz für die Baupraxis, Teubner Verlag, Stuttgart, 2001.

**Gralla, Mike (2008):** Der Partnering-Ansatz in den Wettbewerbsmodellen; in: Eschenbruch, Klaus; Racky, Peter (Hrsg.): Partnering in der Bau- und Immobilienwirtschaft – Projektmanagement- und Vertragsstandards in Deutschland, Verlag W. Kohlhammer, Stuttgart, 2008.

**Grant, Robert M. (1991):** The Resourced-Based Theory of Competitive Advantage: Implications for Strategy Formulation; in: California Management Review, Vol. 33, No. 3, 1991, S. 114–135.

**Greaver, Maurice (1999):** Strategic Outsourcing – A Structured Approach to Outsourcing Decisions and Initiatives, Verlag AMACOM, New York, 1999.

**Gretzinger, Susanne (2008):** (Dissertation) Strategische Gestaltung des Outsourcings im deutschen Maschinenbau – Eine empirische Studie auf Basis des Resource-Dependence-Ansatzes; in: Weber, Wolfgang et al. (Hrsg.): Schriftenreihe Empirische Personal- und Organisationsforschung, Bd. 33, Rainer Hampp Verlag, München/Mering, 2008.

**Grochla, Erwin (1978):** Einführung in die Organisationstheorie, Poeschel-Verlag, Stuttgart, 1978.

**Häder, Michael (2010):** Empirische Sozialforschung, VS Verlag für Sozialwissenschaften, Wiesbaden, 2., überarbeitete Auflage, 2010.

**Häusser, Thomas (2017):** Industrial Real Estate Management, Vorlesungsskript für den Masterstudiengang Industriebau und Corporate Real Estate Management (CREM), Universität Stuttgart, Institut für Bauökonomie, 2017.

**Haghsheno, Shervin (2004):** (Dissertation) Analyse der Chancen und Risiken des GMP-Vertrags bei der Abwicklung von Bauprojekten, Mensch & Buch Verlag, Berlin, 2004.

**Håkansson, Håkan (1989):** Corporate Technological Behaviour: Co-operations and Networks, Routledge Revivals, London, 1989.

**Halin, Andreas (1995):** Vertikale Innovationskooperation: Eine transaktionskostentechnische Analyse, Internationaler Verlag der Wissenschaften Peter Lang, Frankfurt, 1995.

**Hammer, Michael; Champy, James (1994):** Business Process Reengineering, Campus-Verlag, Frankfurt/New York, 1994.

**Hanke, Markus (2007):** (Dissertation) Controlling von Outsourcing-Projekten – Eine lebenszyklusorientierte Konzeption; in: Schriften zum betrieblichen Rechnungswesen und Controlling, Bd. 52, Verlag Dr. Kovac, Hamburg, 2007.

**Harland, Christine et al. (2005):** Outsourcing: assessing the risks and benefits for organizations, sectors and nations; in: International Journal of Operations & Production Management, Vol. 25, No. 9, 2005, S. 831–850.

**Hartmann, Martin; Offe Claus (2001):** Vertrauen – Die Grundlage des sozialen Zusammenhalts, Campus-Verlag, Frankfurt/New York, 2001.

**Hauk, Susanne (2007):** (Dissertation) Wirtschaftlichkeit von Facility Management, Online-Veröffentlichung der Technischen Universität Wien, Fakultät für Bauingenieurwesen, 2007, abrufbar unter: https://repositum.tuwien.at/retrieve/24910, Stand: 15.06.2022.

**Heilfort, Thomas; Strich, Anke (2004):** Praxis alternativer Geschäftsmodelle – Mehr Erfolg für Bauherren und Bauunternehmen; in: Schach, Rainer, Institut für Baubetriebswesen der TU Dresden (Hrsg.), Eigenverlag der TU Dresden, 2004.

**Heinrich, Lutz; Riedl, René; Stelzer, Dirk (2014):** Informationsmanagement, Grundlagen, Aufgaben, Methoden, Oldenbourg Wissenschaftsverlag, München, 11., vollständig überarbeitete Auflage, 2014.

**Hellerforth, Michaela (2004):** Outsourcing in der Immobilienwirtschaft, Springer-Verlag, Berlin/Heidelberg, 2004.

**Hellerforth, Michaela (2006):** Handbuch Facility Management für Immobilienunternehmen, Springer-Verlag, Berlin/Heidelberg, 2006.

**Hellerforth, Michaela (2012):** BWL für die Immobilienwirtschaft, Oldenbourg Wissenschaftsverlag, München, 2., vollständig überarbeitete Auflage, 2012.

**Helmold, Marc (2021):** Innovatives Lieferantenmanagement – Wertschöpfung in globalen Lieferketten, Springer Fachmedien, Wiesbaden, 2021.

**Helmold, Marc; Terry, Brian (2016):** Lieferantenmanagement 2030 – Wertschöpfung und Sicherung der Wettbewerbsfähigkeit in digitalen und globalen Märkten, Springer Fachmedien, Wiesbaden, 2016.

**Hens, Markus (1999):** (Dissertation) Marktwertorientiertes Management von Unternehmensimmobilien; in: Schulte, Karl-Werner (Hrsg.): Schriften zur Immobilienökonomie, Bd. 13, Immobilien-Informationsverlag Rudolf Müller, Köln, 1999.

**Hermes, Heinz-Josef; Schwarz, Gerd (2005):** Outsourcing – Chancen und Risiken, Erfolgsfaktoren, rechtssichere Umsetzung, Rudolf Haufe Verlag, München, 2005.

**Heyden, Fabian (2005):** (Dissertation) Immobilien-Prozessmanagement – Gestaltung und Optimierung von immobilienwirtschaftlichen Prozessen im Rahmen eines ganzheitlichen Prozessmanagements unter Berücksichtigung einer empirischen Untersuchung; in: Pfnür, Andreas (Hrsg.): Immobilienwirtschaftliche Forschung in Theorie und Praxis, Bd. 1, Peter Lang Europäischer Verlag der Wissenschaften, Frankfurt, 2005.

**Hirschner, Joachim; Hahr, Henric; Kleinschrot, Katharina (2018):** Facility Management im Hochbau – Grundlagen für Studium und Praxis, Springer Vieweg, Wiesbaden, 2. Auflage, 2018.

**Hochhold, Stefanie; Rudolph, Bernd (2011):** Principal-Agent-Theorie; in: Schwaiger, Manfred; Meyer, Anton (Hrsg.): Theorien und Methoden der Betriebswirtschaft, Verlag Franz Vahlen, München, 2011, S. 131–145.

**Hodel, Marcus; Berger, Alexander; Risi, Peter (2006):** Outsourcing realisieren – Vorgehen für IT und Geschäftsprozesse zur nachhaltigen Steigerung des Unternehmenserfolgs, Vieweg-Verlag, Wiesbaden, 2., erweiterte Auflage, 2006.

**Höftmann, Björn (2001):** (Dissertation) Public Private Partnership als Instrument der kooperativen und sektorübergreifenden Leistungsbereitstellung – dargestellt an der neu strukturierten kommunalen Abfallwirtschaft, Paul Albrechts Verlag, Lütjensee, 2001.

**Hoerr, Pamela (2017):** Real Estate Asset Management; in: Rottke, Nico; Thomas, Matthias (Hrsg.): Immobilienwirtschaftslehre Management, Springer Fachmedien, Wiesbaden, Nachdruck 2017, S. 635–668.

**Hofbauer, Günter; Hellwig, Claudia (2012):** Professionelles Vertriebsmanagement – Der prozessorientierte Ansatz aus Anbieter- und Beschaffersicht, Publicis Publishing, Erlangen, 3., aktualisierte Auflage, 2012.

**Hofbauer, Günter; Mashhour, Tarek; Fischer, Michael (2016):** Lieferantenmanagement – Die wertorientierte Gestaltung der Lieferbeziehung, Walter de Gruyter, Berlin/Boston, 3., vollständig aktualisierte Auflage, 2016.

**Hofmann, Erik; Hänsel, Martin; Vollrath, Carsten (2018):** Dienstleistungseinkauf – Die Beschaffung und Bewertung komplexer Service-Bündel; in: Hofmann, Erik; Stölzle, Wolfgang (Hrsg.): Advanced Purchasing & SCM, Band 6, Springer-Verlag, Berlin, 2018.

**Hofmann, Philip (2007):** (Dissertation) Immobilienprojektentwicklung als Dienstleistung für institutionelle Auftraggeber; in: Schulte, Karl-Werner; Bone-Winkel, Stephan (Hrsg.): Schriften zur Immobilienökonomie, Bd. 44, Immobilien-Informationsverlag Rudolf Müller, Köln, 2007.

**Holcomb, Tim; Hitt, Michael (2007):** Toward a Model of Strategic Outsourcing; in: Journal of Operations Management, Vol. 25, 2007, S. 464–481.

**Hollekamp, Marco (2005):** (Dissertation) Strategisches Outsourcing von Geschäftsprozessen – Eine empirische Analyse der Wirkungszusammenhänge und Erfolgswirkungen von Outsourcingprojekten am Beispiel von Großunternehmen in Deutschland; in: Zerres, Michael (Hrsg.): Hamburger Schriften zur Marketingforschung, Bd. 29, Rainer Hampp Verlag, München/Mering, 2005.

**Homann, Klaus; Schäfers, Wolfgang (1998):** Immobiliencontrolling; in: Schulte, Karl-Werner; Schäfers, Wolfgang (Hrsg.): Handbuch Corporate Real Estate Management, Verlagsgesellschaft Rudolf Müller, Köln, 1998, S. 187–2011.

**Homann, Klaus (2000):** Immobiliencontrolling; in: Schulte, Karl-Werner (Hrsg.): Immobilienökonomie, Bd. 1, Betriebswirtschaftliche Grundlagen, Oldenbourg Wissenschaftsverlag, München, 2000, S. 707–738.

**Horchler, Hartmut (1996):** (Dissertation) Outsourcing – Eine Analyse der Nutzung und ein Handbuch der Umsetzung, Datakontext-Fachverlag, Köln, 1996.

**Horváth, Péter (2011):** Controlling, Verlag Franz Vahlen, München, 12., vollständig überarbeitete Auflage, 2011.

**Hossenfelder, Jörg (2009):** Wachstumsbranche Facility Management – Neue Services und steigende Kundenanforderungen; in: Lünendonk, Thomas; Hossenfelder, Jörg (Hrsg.): Dienstleistungen: Vision 2020, Frankfurter Allgemeine Buch, Frankfurt am Main, 2009, S. 220–237.

**Huber, Stefan (2003):** Maincontracting – Neutrale und zuverlässige Servicebroker; in: Immobilienzeitung, Ausgabe Nr. 10, 5/2003, S. 10.

**Hungenberg, Harald; Wulf, Torsten (2015):** Grundlagen der Unternehmensführung – Einführung für Bachelorstudierende, Springer-Verlag. Berlin/Heidelberg, 5., aktualisierte Auflage, 2015.

**Iblher, Felix et al. (2008):** Immobilienfinanzierung; in: Schulte, Karl-Werner (Hrsg.): Immobilienökonomie Bd. I – Betriebswirtschaftliche Grundlagen, Oldenbourg Wissenschaftsverlag, München, 4. Auflage, 2008, S. 529–625.

**IG Lebenszyklus Bau (2017):** Der Weg zum lebenszyklusorientierten Hochbau – Die 3 Säulen erfolgreicher Bauprojekte in einer digitalen Wirtschaft, Donau Forum Druck, Wien, 2. Auflage, 2017.

**Ilten, Paul (2014):** (Dissertation) Ansätze für ein profitables Wachstum von BPO-Dienstleistern; Marktbearbeitungsmöglichkeiten auf Basis theoretisch-konzeptioneller Ansatzpunkte zur Bedarfsermittlung, Südwestdeutscher Verlag, Saarbrücken, 2014.

**Initiative Unternehmensimmobilien (2014):** Marktbericht Bd. 1, Eigenverlag Initiative Unternehmensimmobilien, Berlin, 2014.

**Insinga, Richard C.; Werle, Michael J. (2000):** Linking Outsourcing to Business Strategy; in: Academy of Management Executive, Vol. 14, No. 4, 2000, S. 58–70.

**Jacob, Rüdiger; Heinz, Andreas; Décieux, Jean Philippe (2019):** Umfrage – Einführung in die Methoden der Umfrageforschung, De Gruyter Verlag, Berlin/Boston, 4., überarbeitete und ergänzte Auflage, 2019.

**Jahn, Johannes (2011):** Vector Optimization – Theory, Applications and Extensions, Springer-Verlag, Berlin/Heidelberg, 2. Auflage, 2011.

**Jennings, David (2002):** Strategic sourcing: benefits, problems and a contextual model; in: Management Decisions, Vol. 40, No. 1, 2002, S. 26–34.

**Jensen, Michael C.; Meckling, William H. (1976):** Theory of the Firm – Managerial Behavior, Agency Costs and Ownership Structure; in: Journal of Financial Economics, Vol. 3, No. 4, 1976, S. 305–360.

**Jensen, Per Anker et al. (2013):** How can Facilities Management add value to organizations as well as to society?; in: Proceedings of the 19th CIB World Building Congress, 2013.

**Johanson, Jan; Mattsson, Lars-Gunnar (1991):** Interorganizational Relations in Industrial Systems: A Network Approach Compared with the Transaction-Cost-Approach; in: Thompson, Grahame; Frances, Jennifer et al. (Hrsg.): Markets, Hierarchies and Networks, SAGE Publications Ltd., 1991, S. 256–264.

**Joroff, Michael; Louargand, Marc; Lambert, Sandra; Becker, Franklin (1993a):** Strategic Management of the Fifth Ressource: Corporate Real Estate; in: IDRF, Vol. 162, No. 5, 1993, S. 14–19.

**Joroff, Michael; Louargand, Marc; Lambert, Sandra; Becker, Franklin (1993b):** Managing Property Assets in a Competitive Environment; in: Site Selection Europe, Vol. 38, No. 12, 1993, S. 53–61.

**Jost, Peter-J. (2001):** Die Principal-Agenten-Theorie in der Betriebswirtschaftslehre, Schäffer-Poeschel Verlag, Stuttgart, 2001.

**Jouanne-Diedrich, Holger (2004):** 15 Jahre Outsourcing-Forschung; in: Zarnekow, Rüdiger; Brenner, Walter (Hrsg.): Informationsmanagement – Konzepte und Strategien für die Praxis, dpunkt Verlag, Heidelberg, 2004.

**Jung, Hans (2014):** Controlling, Oldenbourg Wissenschaftsverlag, München, 4., aktualisierte Auflage, 2014.

**Jung, Hans (2016):** Allgemeine Betriebswirtschaftslehre, De Gruyter Verlag, Berlin/Boston, 13., aktualisierte Auflage, 2016.

**Kämpf-Dern, Annette (2009):** Immobilienwirtschaftliche Managementebenen und -aufgaben – Definitions- und Leistungskatalog des Immobilienmanagements; in: Pfnür, Andreas (Hrsg.): Arbeitspapiere zur immobilienwirtschaftlichen Forschung und Praxis, Bd. 15, 2009.

**Kämpf-Dern, Annette; Pfnür, Andreas (2009):** Grundkonzept des Immobilienmanagements – Ein Vorschlag zur Strukturierung immobilienwirtschaftlicher Managementaufgaben; in: Pfnür, Andreas (Hrsg.): Arbeitspapiere zur immobilienwirtschaftlichen Forschung und Praxis, Bd. 14, 2009.

**Kagelmann, Uwe (2006):** (Dissertation) Shared Services als alternative Organisationsform – Am Beispiel der Finanzfunktion im multinationalen Konzern, Deutscher Universitäts-Verlag, Wiesbaden, 2. Nachdruck, 2006.

**Kahlen, Hans (1999):** Integrales Facility Management – Management des ganzheitlichen Bauens, Verlag Werner, Düsseldorf, 1999.

**Kaiser, Robert (2014):** Qualitative Experteninterviews – Konzeptionelle Grundlagen und praktische Durchführung, Springer Fachmedien, Wiesbaden, 2014.

**Kaliszewski, Ignacy; Podkopaev, Dmitry (2016):** Simple additive weighting – A metamodel for multiple criteria decision analysis methods; in: Expert Systems with Applications, Vol. 54, 2016, S. 155–161.

**Kaplan, Robert S.; Norton, David P. (1997):** Balanced Scorecard – Strategien erfolgreich umsetzen; aus dem Amerikanischen von Horváth, Peter; Kuhn-Würfel, Beatrix; Vogelhuber, Claudia, Schäffer-Poeschel Verlag, Stuttgart, 1997.

**Kaufmann, Christian Andreas (2003):** (Dissertation) Entwicklung und Umsetzung von Strategien für das Management betrieblich genutzter Immobilien, Online-Veröffentlichung der Eidgenössischen Technischen Hochschule, Zürich, 2003, abrufbar unter: https://www.research-collection.ethz.ch/bitstream/handle/20.500.11850/147284/eth, Stand: 15.06.2022.

**Kippes, Stephan (2005):** Immobilienmanagement: Handbuch für professionelle Immobilienbetreuung und Vermögensverwaltung, Richard Boorberg Verlag, Stuttgart, 2005.

**Kirsch, Werner (1979):** Die verhaltenswissenschaftliche Fundierung der Betriebswirtschaftslehre; in: Raffée, Hans; Abel, Bodo (Hrsg.): Wissenschaftstheoretische Grundfragen der Wirtschaftswissenschaften, Verlag Franz Vahlen, München, 1979, S. 105–120.

**Klandt, Heinz; Heidenreich, Sven (2017):** Empirische Forschungsmethoden in der Betriebswirtschaftslehre – Von der Forschungsfrage zum Untersuchungsdesign, De Gruyter Verlag, Berlin/Boston, 2017.

**Kleikamp, Christian (2002):** (Dissertation) Performance Contracting auf Industriegütermärkten; in: Gierl, Heribert; Helm, Roland (Hrsg.): Reihe: Marketing, Bd. 23, Josef Eul Verlag, Lohmar/Köln, 2002.

**Knack, Robert (2006):** Wettbewerb und Kooperation – Wettbewerberorientierung in Projekten radikaler Innovation, Springer Fachmedien, Wiesbaden, 2006.

**Koch, Jörg; Gebhardt, Peter; Riedmüller, Florian (2016):** Marktforschung – Grundlagen und praktische Anwendungen, De Gruyter Verlag, Berlin/Boston, 7., überarbeitete und aktualisierte Auflage, 2016.

**Koch, Stefan; Strahinger, Susanne (2008):** Customer & Supplier Relationship Management, dpunkt Verlag, Heidelberg, 2008.

**Kochendörfer, Bernd; Liebchen, Jens H.; Viering, Markus G. (2018):** Bau-Projekt-Management – Grundlagen und Vorgehensweisen, Springer Fachmedien, Wiesbaden, 5., überarbeitete Auflage, 2018.

**Kostka, Claudia; Kostka, Sebastian (2017):** Der kontinuierliche Verbesserungsprozess – Prinzipien und Methoden, Carl Hanser Verlag, München, 7. Auflage, 2017.

**Kotler, Philip; Bliemel, Friedhelm (2001):** Marketing Management, Schäffer-Poeschel Verlag, Stuttgart, 10. Auflage, 2001.

**Krampf, Peter (2014):** Beschaffungsmanagement – Eine praxisorientierte Einführung in Einkauf und Materialwirtschaft, Verlag Franz Vahlen, München, 2., überarbeitete Auflage, 2014.

**Kremic, Tibor et al. (2006):** Outsourcing decision support: a survey of benefits, risks and decision factors; in: Supply Chain Management: An International Journal, Vol. 11, No. 6, 2006, S. 467–482.

**Krimmling, Jörn (2008):** Facility Management – Strukturen und methodische Instrumente, Fraunhofer IRB Verlag, Stuttgart, 2., aktualisierte Auflage, 2008.

**Krüger, Wilfried; Von Werder, Axel; Grundei, Jens (2007):** Center-Konzepte: Strategie-orientierte Organisation von Unternehmensfunktionen; in: zfo 01/2007, 76. Jg., S. 4–11.

**Krumm, Peter (1999):** (Dissertation) Corporate Real Estate Management in Multinational Corporations – A Comparative Analysis of Dutch Corporations, ARKO Publishers, Nieuwegein, 1999.

**Kühlmann, Sebastian (2006):** Systematik und Abgrenzung von PPP-Modellen und Begriffen; in: Pfnür, Andreas (Hrsg.): Arbeitspapiere zur immobilienwirtschaftlichen Forschung und Praxis, Bd. 5, 2006.

**Kühnapfel, Jörg B. (2017):** Vertriebscontrolling – Methoden im praktischen Einsatz, Springer Fachmedien, Wiesbaden, 2. Auflage, 2017.

**Kühnapfel, Jörg, B. (2021):** Scoring und Nutzwertanalysen – Ein Leitfaden für die Praxis, Springer Fachmedien, Wiesbaden, 2021.

**Kurzrock, Björn-Martin (2013):** Geschäfts- und Rollenmodelle; in: Zeitner, Regina; Peyinghaus, Marion (Hrsg.): Prozessmanagement Real Estate, Springer-Verlag, Berlin/Heidelberg, 2013, S. 41–55.

**Kurzrock, Björn-Martin (2017):** Lebenszyklus von Immobilien; in: Rottke, Nico; Thomas, Matthias (Hrsg.): Immobilienwirtschaftslehre-Management, Springer Fachmedien, Wiesbaden, Nachdruck 2017, S. 421–446.

**Kuß, Alfred; Wildner, Raimund; Kreis, Henning (2014):** Marktforschung – Grundlagen der Datenerhebung und Datenanalyse, Springer Fachmedien, Wiesbaden, 5., vollständig überarbeitete und erweiterte Auflage, 2014.

**Laibach, Bertram (2017):** Construction Management at risk in der deutschen Bau- und Immobilienwirtschaft; in: Zeitschrift für Immobilienökonomie, 3/2017, S. 107–129.

**Lamnek, Siegfried (2005):** Qualitative Sozialforschung, Beltz Verlag, Weinheim/Basel, 4., vollständig überarbeitete Auflage, 2005.

**Lamnek, Siegfried; Krell, Claudia (2016):** Qualitative Sozialforschung, Beltz Verlag, Weinheim/Basel, 6., überarbeitete Auflage, 2016.

**Lang, Sabine (2017):** Empirische Forschungsmethoden – Skript zur Lehrveranstaltung, Universität Trier, Fakultät für Erziehungswissenschaften, 2017.

**Lange, Bettina (2013):** Immobilienbestandsmanagement; in: Brauer, Kerry-U. (Hrsg.): Grundlagen der Immobilienwirtschaft, Springer Fachmedien, Wiesbaden, 8. Auflage, 2013, S. 541–605.

**Lange, Fritz-Klaus; Hofmann, Sascha (2017):** In or Out? Kritische Entscheidungs- und Erfolgsfaktoren beim Outsourcing im Facility Management; in: Lünendonk Handbuch Facility Management 2017, S. 158–167.

**Laux, Helmut; Gillenkirch, Robert M.; Schenk-Mathes, Heike Y. (2018):** Entscheidungstheorie, Springer-Verlag, Berlin, 10., aktualisierte und erweiterte Auflage, 2018.

**Lay, Gunter et al. (2007):** Betreibermodelle für Investitionsgüter; in: Fraunhofer-Institut für System- und Innovationsforschung ISI; Lay, Gunter (Hrsg.): ISI-Schriftenreihe „Innovationspotenziale", Fraunhofer IRB Verlag, Stuttgart, 2007.

**Lennerts, Kunibert (2007):** Facility Management; in: Köhler, Richard (Hrsg.): Handwörterbuch der Betriebswirtschaft, Schäffer-Poeschel Verlag, Stuttgart, 2007, Sp. 431–442.

**Lethonen, Tero (2004):** Attributes and success factors of partnering relations – a theoretical framework for facility services; in: Nordic Journal of Surveying and Real Estate Research – Special Series, Vol. 2, 2004, S. 31–46.

**Lindholm, Anna-Liisa; Gibler, Karen; Leväinen, Kari (2006):** Modeling the Value-Adding Attributes of Real Estate to the Wealth Maximization of the Firm; in: Journal of Real Estate Research, Vol. 28, 2006, S. 445–475.

**Lünendonk & Hossenfelder GmbH (2016):** Lünendonk-Studie 2016: Fremdvergabequoten im Facility Management, Mindelheim, 2016.

**Lünendonk & Hossenfelder GmbH (2017):** Lünendonk-Liste 2017: Führende Facility-Service-Unternehmen in Deutschland, Mindelheim, 2017.

**Lünendonk & Hossenfelder GmbH (2018):** Lünendonk-Anbieter-Studie 2018: Facility-Service-Unternehmen in Deutschland – Eine Analyse des Facility-Management-Marktes für infrastrukturelles und technisches Gebäudemanagement, Mindelheim, 2018.

**Lünendonk & Hossenfelder GmbH (2018):** Lünendonk-Auftraggeber-Studie 2018: Facility Management in Deutschland – Eine Analyse des Facility-Management-Marktes aus Nutzersicht, Mindelheim, 2018.

**Lüttringhaus, Sigrun (2014):** (Dissertation) Outsourcing des Property Management als Professional Service – eine Analyse der Partnerwahlfaktoren, Online-Veröffentlichung der Technischen Universität Darmstadt, 2014, abrufbar unter: https://tuprints.ulb.tu-darmstadt.de/4420/1/Dissertation, Stand: 15.06.2022.

**Luhmann, Niklas (2000):** Vertrauen: Ein Mechanismus der Reduktion sozialer Komplexität, Lucius & Lucius, Stuttgart, 4. Auflage, 2000.

**Männel, Wolfgang (1988):** Integrierte Anlagenwirtschaft, Verlag TÜV Rheinland, Köln, 1988.

**Manning, Christopher; Rodriguez, Mauricio; Roulac, Stephen (1997):** Which Corporate Real Estate Management Functions Should be Outsourced?; in: Journal of Real Estate, Vol. 14, No. 3, 1997, S. 259–274.

**Marchionini, Michael; Hohmann, Joachim; May, Michael (2018):** Zum Verhältnis von Facility Management und CAFM; in: May, Michael (Hrsg.): CAFM-Handbuch – Digitalisierung im FM erfolgreich einsetzen, Springer Fachmedien, Wiesbaden, 4. Auflage, 2018, S. 5–14.

**Mayer, Horst Otto (2013):** Interview und schriftliche Befragung – Grundlagen und Methoden empirischer Sozialforschung, Oldenbourg Wissenschaftsverlag, München, 6., überarbeitete Auflage, 2013.

**Mayring, Philipp (2002):** Einführung in die qualitative Sozialforschung – Eine Anleitung zu qualitativem Denken, Beltz Verlag, Weinheim/Basel, 5., überarbeitete und neu ausgestattete Auflage, 2002.

**McIvor, Ronan (2000):** A practical framework for understanding the outsourcing process; in: Supply Chain Management: An International Journal, Vol. 5, No. 1, 2000, S. 22–36.

**McLennan, Peter; Nutt, Bev (1992):** Facilities Management Research Initiatives; in: Facilities, Vol. 10, No. 7, 1992, S. 13–17.

**Meffert, Heribert; Bruhn, Manfred; Hadwich, Karsten (2019):** Dienstleistungsmarketing: Grundlagen – Konzepte – Methoden, Springer Fachmedien, Wiesbaden, 8., vollständig überarbeitete und erweiterte Auflage, 2019.

**Meier, Horst (2004):** Service im globalen Umfeld – Innovative Ansätze einer zukunftsorientierten Dienstleistungsgestaltung; in: Meier, Horst (Hrsg.): Dienstleistungsorientierte Geschäftsmodelle im Maschinen- und Anlagenbau – Vom Basisangebot bis zum Betreibermodell, Springer-Verlag, Berlin/Heidelberg, 2004, S. 3–13.

**Messerschmidt, Burkhard; Voit, Wolfgang (2022):** Privates Baurecht, Verlag C. H. Beck, München, 3. Auflage, 2022.

**METIS Management Consulting (2008):** Corporate Real Estate Management – Von der Liegenschaftsverwaltung zur strategischen Unternehmenseinheit, METIS Management Consulting GmbH, München, 2008.

**Meyer, Kevin; Pfnür, Andreas (2015):** Wertschöpfungspartnerschaften in der Immobilienprojektentwicklung – Empirische Analyse der Erfolgswirkungen; in: Zeitschrift für Immobilienökonomie, 1/2015, S. 59–80.

**Meyer, Kevin (2016):** (Dissertation) Immobilienbeschaffung durch lebenszyklusübergreifende Wertschöpfungspartnerschaften: Empirische Analyse der Chancen und Risiken betrieblicher Immobiliennutzer, Online-Veröffentlichung der Technischen Universität Darmstadt, 2016, abrufbar unter: https://tuprints.ulb.tu-darmstadt.de/5499/7/Dissertation, Stand: 15.06.2022.

**Mikus, Barbara (1998):** Make-or-Buy-Entscheidungen in der Produktion: Führungsprozesse – Risikomanagement – Modellanalysen, Deutscher Universitätsverlag, Wiesbaden, 1998.

**Misoch, Sabina (2019):** Qualitative Interviews, De Gruyter Verlag, Berlin/Boston, 2., erweiterte und aktualisierte Auflage, 2019.

**Mitchell, James Clyde (1969):** The Concept and Use of Social Networks; in: Mitchell, James C. (Hrsg.): Social Networks in Urban Situations, Manchester University Press, Manchester, 1969, S. 1–32.

**Morath, Frank A. (1996):** Interorganisationale Netzwerke: Dimensions – Determinants – Dynamics, Diskussionspapier Nr. 15 des Lehrstuhls für Management der Universität Konstanz, 1996.

**Morgan, Neil A.; Rego, Lopo Leotte (2006):** The Value of Different Customer Satisfaction and Loyalty Metrics in Predicting Business; in: Marketing Science, Vol. 25, No. 5, 2006, S. 426–439.

**Morris, Michael; Schindehutte, Minet; Allen, Jeffrey (2005):** The entrepreneur's business model: toward a unified perspective; in: Journal of Business Research, Vol. 58, 2005, S. 726–735.

**Nävy, Jens (2018):** Facility Management – Grundlagen, Informationstechnologie, Systemimplementierung, Anwendungsbeispiele, Springer-Verlag, Berlin, 5. Auflage, 2018.

**Nävy, Jens; Schröter, Matthias (2013):** Facility Services – Die operative Ebene des Facility Managements, Springer-Verlag, Berlin/Heidelberg, 2013.

**Nagel, Ulrich (2007):** Facility Management: Ein Praxishandbuch für Architekten und Bauingenieure, Birkhäuser Verlag, Basel, 2007.

**Nagengast, Johann (1997):** (Dissertation) Outsourcing von Dienstleistungen industrieller Unternehmen – Eine theoretische und empirische Analyse, Schriftenreihe Betriebswirtschaftliche Forschungsergebnisse, Bd. 67, Verlag Dr. Kovac, Hamburg, 1997.

**Najork, Eike N. (2009):** Rechtshandbuch Facility Management, Springer-Verlag, Berlin/Heidelberg, 2009.

**Natrop, Johannes (2015):** Angewandte deskriptive Statistik – Praxisbezogenes Lehrbuch mit Fallbeispielen, De Gruyter Verlag, Berlin/München/Boston, 2015.

**Nebl, Theodor; Prüß, Henning (2006):** Anlagenwirtschaft, Oldenbourg Wissenschaftsverlag, München, 2006.

**Noé, Manfred (2013):** Mit Controlling zum Projekterfolg – Partnerschaftliche Strategien für Controller und Manager, Springer Fachmedien, Wiesbaden, 2013.

**Nourse, Hugh; Roulac, Stephen (1993):** Linking Real Estate Decisions to Corporate Strategy; in: Journal of Real Estate Research, Vol. 8, No. 4, 1993, S. 475–494.

**Offe, Claus (2001):** Wie können wir unseren Mitbürgern vertrauen? in: Hartmann, Martin; Offe, Claus (Hrsg.): Vertrauen – Die Grundlage des sozialen Zusammenhalts, Campus Verlag, Frankfurt/New York, 2001, S. 241–294.

**Ogg, Gavin (2018):** FM Procurement – Contract Pricing Strategies, Gardiner & Theobald LLP, Online-Veröffentlichung, 2018, abrufbar unter: https://www.gardiner.com/publication-uploads/GT-Knowledge-Paper-FM-Procurement-Contract-Pricing-Strategies.pdf, Stand: 15.06.2022.

**Otto, Jens (2006):** (Dissertation) Wissensintensives Facility Management – Grundlagen und Anwendungen; in: Schach, Rainer (Hrsg.): Schriftenreihe des Instituts für Baubetriebswesen der TU Dresden, Bd. 7, Expert Verlag, Renningen, 2006.

**Paar, Lena (2018):** (Dissertation) Handlungsempfehlungen für ein alternatives Abwicklungsmodell für Infrastruktur-Bauprojekte in Österreich, Online-Veröffentlichung der Technischen Universität Graz, Institut für Baubetrieb und Bauwirtschaft, 2018, abrufbar unter: https://diglib.tugraz.at/download.php?id=5c80e8dd9e95e&location=browse, Stand: 15.06.2022.

**Pande, Peter; Neuman, Robert; Cavanagh, Roland (2000):** The Six Sigma Way, MacGraw-Hill Companies Inc., New York, 2000.

**Pathirage, Chaminda et al (2008):** Knowledge management practices in facilities organizations: a case study; in: Journal of Facilities Management, Vol. 6, No. 1, 2008, S. 5–22.

**Pelzeter, Andrea; Trübestein, Michael (2016):** Real Estate Asset Management, Property Management und Facility Management; in: Schulte, Karl-Werner et al. (Hrsg.): Immobilienökonomie Bd. I – Betriebswirtschaftliche Grundlagen, De Gruyter Oldenbourg Verlag, Berlin/Boston, 5., grundlegend überarbeitete Auflage, 2016, S. 287–360.

**Penrose, Edith Tilton (1959):** The theory of the growth of the firm, Oxford University Press, Oxford, 1959.

**Pfnür, Andreas (2002):** Modernes Immobilienmanagement – Facility Management und Corporate Real Estate Management, Springer-Verlag, Berlin/Heidelberg, 2002.

**Pfnür, Andreas (2011):** Modernes Immobilienmanagement, Springer-Verlag, Heidelberg/ Dordrecht/London/New York, 3. Auflage, 2011.

**Pfnür, Andreas (2014):** Die volkswirtschaftliche Bedeutung von Corporate Real Estate in Deutschland; Studie eines Auftraggeberkonsortiums bestehend aus BASF SE, CoreNet Global Inc., Eurocres Consulting GmbH, Siemens AG und Zentraler Immobilienausschuss e. V. (Hrsg.), Darmstadt, 2014.

**Pfnür, Andreas (2019):** Herausforderungen des Corporate Real Estate Managements im Strukturwandel; Gutachten im Auftrag von Zentraler Immobilien Ausschuss ZIA e. V. (Hrsg.), Darmstadt, 2019.

**Pfnür, Andreas; Glock, Christian (2007):** Optimierung von Wirtschaftlichkeitsuntersuchungen in immobilienwirtschaftlichen PPPs – Ein Thesenpapier; in: Pfnür, Andreas (Hrsg.): Arbeitspapiere zur immobilienwirtschaftlichen Forschung und Praxis, Bd. 9, Darmstadt, 2007.

**Pfnür, Andreas; Kämpf-Dern, Annette (2016):** Der deutsche Beitrag zur immobilienwirtschaftlichen Forschung; in: Zeitschrift für Immobilienökonomie, 2/2016, S. 1–28.

**Pfnür, Andreas; Weiland, Sonja (2010):** CREM 2010: Welche Rolle spielt der Nutzer?; in: Pfnür, Andreas (Hrsg.): Arbeitspapiere zur immobilienwirtschaftlichen Forschung und Praxis, Bd. 21, Darmstadt, 2010.

**Picot, Arnold (1982):** Transaktionskostenansatz in der Organisation – Stand der Diskussion und Aussagewert; in: Die Betriebswirtschaft, 42. Jahrgang, Nr. 2, 1982, S. 167–284.

**Picot, Arnold (1991):** Ein neuer Ansatz zur Gestaltung der Leistungstiefe; in: Zeitschrift für betriebswirtschaftliche Forschung, 43. Jahrgang, Nr. 12, 1991, S. 336–357.

**Picot, Arnold (2005):** Organisation; in: Bitz, Michael et al. (Hrsg.): Vahlens Kompendium der Betriebswirtschaftslehre, Bd. 2, Verlag Franz Vahlen, München, 5., völlig überarbeitete Auflage, 2005.

**Picot, Arnold; Dietl, Helmut (1990):** Transaktionskostentheorie; in: Wirtschaftswissenschaftliches Studium, 19. Jahrgang, Heft 4, 1990, S. 178–184.

**Picot, Arnold; Dietl, Helmut; Franck, Egon (2012):** Organisation – Theorie und Praxis aus ökonomischer Sicht, Schäffer-Poeschel Verlag, Stuttgart, 6., völlig überarbeitete Auflage, 2012.

**Picot, Arnold; Maier, Matthias (1992):** Analyse- und Gestaltungskonzepte für das Outsourcing; in: IM Informationsmanagement, 4/1992, S. 14–27.

**Pierschke, Barbara (1998):** Facilities Management; in: Schulte, Karl-Werner; Schäfers, Wolfgang (Hrsg.): Handbuch Corporate Real Estate Management, Verlagsgesellschaft Rudolf Müller, Köln, 1998, S. 271–308.

**Pierschke, Barbara (2001):** (Dissertation) Die organisatorische Gestaltung des betrieblichen Immobilienmanagements; in: Schulte, Karl-Werner (Hrsg.): Schriften zur Immobilienökonomie, Bd. 14, Immobilien-Informationsverlag Rudolf Müller, Köln, 2001.

**Pinto, Jeffrey K.; Mantel, Samuel J. (1990):** The causes of project failure; in: IEEE Transactions on Engineering Management, Vol. 37, No. 3, 1990, S. 269–276.

**Piontek, Jochem (2005):** Controlling, Oldenbourg Wissenschaftsverlag, München, 3., erweiterte Auflage, 2005.

**Piontek, Jochem (2016):** Beschaffungscontrolling, De Gruyter Verlag, Berlin/Boston, 5., völlig neu bearbeitete Auflage, 2016.

**Pittman, Robert; Parker, Joel (1989):** A Survey of Corporate Real Estate Executives on Factors Influencing Corporate Real Estate Performance; in: Journal of Real Estate Research, Vol. 4, 1989, S. 107–119.

**Plinke, Wulff (1998):** Effizienz und Effektivität im Management von Geschäftsbeziehungen auf industriellen Märkten; in: Büschken, Joachim et al. (Hrsg.): Entwicklungen des Investitionsgütermarketings, Springer Fachmedien, Wiesbaden, 1998.

**Ponschab, Reiner (2007):** Außergerichtliche Konfliktbeilegung – Institutionen und Verfahren im In- und Ausland; in: Heussen, Benno (Hrsg.): Handbuch Vertragsverhandlung und Vertragsmanagement, Verlag Dr. Otto Schmidt, Köln, 3. Auflage, 2007, S. 865–892.

**Präuer, Arndt (2017):** Strategisches Beschaffungsmanagement – Moderne Wertschöpfungsstrukturen in global agierenden Industrieunternehmen, Verlag Franz Vahlen, München, 2017.

**Prahalad, C. K.; Hamel, Gary (1990):** The Core Competence of the Corporation; in: Harvard Business Review, May-June 1990.

**Prahalad, C. K.; Ramaswamy, Venkat (2004):** Co-Creating unique value with customers; in: Strategy & Leadership, Vol. 32, No. 3, 2004, S. 4–9.

**Preisendörfer, Peter (1995):** Vertrauen als soziologische Kategorie – Möglichkeiten und Grenzen einer entscheidungstheoretischen Fundierung des Vertrauenskonzepts; in: Zeitschrift für Soziologie, Nr. 24 (4), 1995, S. 263–272.

**Preuß, Norbert; Schöne, Lars Bernhard (2016):** Real Estate und Facility Management, Springer-Verlag, Berlin/Heidelberg, 4. Auflage, 2016.

**Przyborski, Aglaja; Wohlrab-Sahr, Monika (2014):** Qualitative Sozialforschung – Ein Arbeitsbuch, Oldenbourg Wissenschaftsverlag, München, 4., erweiterte Auflage, 2014.

**Racky, Peter (2008a):** Partnering als Managementansatz – Definition und begriffliche Einordnung; in: Eschenbruch, Klaus; Racky, Peter (Hrsg.): Partnering in der Bau- und Immobilienwirtschaft – Projektmanagement und Vertragsstandards in Deutschland, W. Kohlhammer Verlag, Stuttgart, 2008, S. 1–3.

**Racky, Peter (2008b):** Partnering-relevante Ingenieur- und Management-Methoden; in: Eschenbruch, Klaus; Racky, Peter (Hrsg.): Partnering in der Bau- und Immobilienwirtschaft – Projektmanagement und Vertragsstandards in Deutschland, W. Kohlhammer Verlag, Stuttgart, 2008, S. 40–50.

**Redlein, Alexander (2004):** (Habilitationsschrift) Facility Management – Business Process Integration, Diplomica Verlag, Hamburg, 2004.

**Reisbeck, Tilman; Schöne, Lars Bernhard (2006):** Immobilien-Benchmarking – Ziele, Nutzen, Methoden und Praxis, Springer-Verlag, Berlin/Heidelberg, 2006.

**Reuter, Ute (2011):** Der ressourcenbasierte Ansatz als theoretischer Bezugsrahmen – Grundlagen, Theoriebausteine und Prozessorientierung; in: Burr, Wolfgang (Hrsg.): Diskussionspapierreihe Innovation, Servicedienstleistungen und Technologie, Betriebswirtschaftliches Institut der Universität Stuttgart, 2011.

**Ripperger, Tanja (1998):** Ökonomik des Vertrauens – Analyse eines Organisationsprinzips, Mohr/Siebeck, Tübingen, 1998.

**Roehrich, Jens K.; Lewis, Michael A.; George, Gerard (2014):** Are Public Private Partnerships a healthy option? – A systematic literature review; in: Social Science & Medicine, Vol. 113, 2014, S. 110–119.

**Ropeter, Sven-Eric; Vaaßen, Nicole (1998):** Wirtschaftlichkeitsanalyse von Immobilienbereitstellungsalternativen; in: Schulte, Karl-Werner; Schäfers, Wolfgang (Hrsg.): Handbuch Corporate Real Estate Management, Verlagsgesellschaft Rudolf Müller, Köln, 1998, S. 155–186.

**Roulac, Stephen (1996):** The Strategic Real Estate Framework: Processes, Linkages, Decisions; in: Journal of Real Estate Research, Vol. 12, 1996, S. 323–346.

**Roulac, Stephen (2001):** Corporate Property Strategy is integral to Corporate Business Strategy; in: Journal of Real Estate Research, Vol. 22, 2001, S. 129–152.

**Ruffer, Stefan (2018):** (Dissertation) Vertriebsseitige Herausforderungen bei industriellen Betreibermodellen – Eine integrierte Betrachtung der Anbieter- und Nachfragerperspektive, Online-Veröffentlichung der Technischen Universität Dortmund, Fakultät für Wirtschaftswissenschaften, 2018, abrufbar unter: https://hdl.handle.net/2003/37199, Stand: 15.06.2022.

**Ruoff, Michèlle Jeannette (2001):** (Dissertation) Strategic Outsourcing – Steigerung der Unternehmenseffizienz durch Outsourcing, Wirtschaftswissenschaftliche Fakultät der Universität Zürich, 2001.

**Saaty, Thomas L. (1990):** How to make a decision: The analytic hierarchy process; in: European Journal of Operational Research, Vol. 48, No. 1, 1990, S. 9–26.

**Schach, Rainer; Sperling, Wolfgang (2001):** Baukosten – Kostensteuerung in Planung und Ausführung, Springer-Verlag, Berlin/Heidelberg, 2001.

**Schäfers, Wolfgang (1997):** (Dissertation) Strategisches Management von Unternehmensimmobilien – Bausteine einer theoretischen Konzeption und Ergebnisse einer empirischen Untersuchung; in: Schulte, Karl-Werner (Hrsg.): Schriften zur Immobilienökonomie, Bd. 3, Immobilien-Informationsverlag Rudolf Müller, Köln, 1997.

**Schäfers, Wolfgang (1998a):** Strategische Ausrichtung im Immobilienmanagement; in: Schulte, Karl-Werner; Schäfers, Wolfgang (Hrsg.): Handbuch Corporate Real Estate Management, Verlagsgesellschaft Rudolf Müller, Köln, 1998, S. 215–249.

**Schäfers, Wolfgang (1998b):** Organisatorische Ausrichtung im Immobilienmanagement; in: Schulte, Karl-Werner; Schäfers, Wolfgang (Hrsg.): Handbuch Corporate Real Estate Management, Verlagsgesellschaft Rudolf Müller, Köln, 1998, S. 251–268.

**Schäfers, Wolfgang; Gier, Sonja (2008):** Corporate Real Estate Management; in: Schulte, Karl-Werner (Hrsg.): Immobilienökonomie Bd. I – Betriebswirtschaftliche Grundlagen, Oldenbourg Wissenschaftsverlag, München, 4. Auflage, 2008, S. 845–898.

**Schäfers, Wolfgang; Haub, Christoph; Stock, Alexandra (2002):** Going Public von Immobiliengesellschaften – Voraussetzungen-Erfolgschancen; in: Schulte, Karl-Werner et al. (Hrsg.): Handbuch Immobilien-Banking – Von der traditionellen Immobilien-Finanzierung zum Immobilien-Investmentbanking, Immobilien-Informationsverlag Rudolf Müller, Köln, 2002.

**Schätzer, Silke (1999):** (Dissertation) Unternehmerische Outsourcing-Entscheidungen – Eine transaktionskostentheoretische Analyse, DUV Deutscher Universitäts-Verlag, Wiesbaden, 1999.

**Schede, Christian; Pohlmann, Markus (2005):** Vertragsrechtliche Grundlagen; in: Weber, Martin et al. (Hrsg.): Praxishandbuch Public Private Partnership, Verlag C. H. Beck, München, 2005, S. 102–156.

**Schenk, Michael; Wirth, Siegfried; Müller, Egon (2014):** Fabrikplanung und Fabrikbetrieb, Springer-Verlag, Berlin/Heidelberg, 2., überarbeitete und erweiterte Auflage, 2014.

**Scherm, Ewald; Pietsch, Gotthard (2007):** Organisation – Theorie, Gestaltung, Wandel, Oldenbourg Wissenschaftsverlag, München, 2007.

**Schlabach, Carina (2013):** (Dissertation) Untersuchungen zum Transfer der australischen Projektabwicklungsform Project Alliancing auf den deutschen Hochbaumarkt; in: Racky, Peter (Hrsg.): Schriftenreihe Bauwirtschaft der Universität Kassel, Forschung 25, Kassel University Press, 2013.

**Schlabach, Carina; Fiedler, Martin (2018):** Projektallianz als kooperationsorientiertes Partnerschaftsmodell und ihr Partnerauswahlprozess; in: Fiedler, Martin (Hrsg.): Lean Construction – Das Managementhandbuch, Springer-Verlag, Berlin/Heidelberg, 2018.

**Schmidt, Burkhard; Damm, Carsten von (2008):** Partnering-Modelle der Bauunternehmen im Hochbau; in: Eschenbruch, Klaus; Racky, Peter (Hrsg.): Partnering in der Bau- und Immobilienwirtschaft – Projektmanagement und Vertragsstandards in Deutschland, W. Kohlhammer Verlag, Stuttgart, 2008, S. 130–145,

**Schneider, Christin Marie (2016):** (Dissertation) Effizienzsteigerungen im Lebenszyklus durch den Einsatz von Facility Information Management (FIM); in: Malkwitz, Alexander (Hrsg.): Schriftenreihe des Instituts für Baubetrieb und Baumanagement der Universität Duisburg-Essen, Shaker Verlag, Aachen, 2016.

**Schneider, Hermann (1998):** Outsourcing von Beschaffungsprozessen – Beschaffungsdienstleister und ihre Konzepte; in: Bundesverband Materialwirtschaft, Einkauf und Logistik e. V. (Hrsg.): BME-Expertenreihe, Bd. 2, Deutscher Betriebswirte-Verlag, Gernsbach, 1998.

**Schneider, Hermann (2004):** Facility Management: planen – einführen – nutzen, Schäffer-Poeschel Verlag, Stuttgart, 2., überarbeitete und erweiterte Auflage, 2004.

**Schöne, Lars Bernhard (2017):** Facility Management; in: Rottke, Nico; Thomas, Matthias (Hrsg.): Immobilienwirtschaftslehre-Management, Springer Fachmedien, Wiesbaden, Nachdruck 2017, S. 553–572.

**Schoofs, Oliver (2015):** Das Recht des Corporate Real Estate Managements – Vertragsgestaltung in Asset, Property und Facility Management, Springer Fachmedien, Wiesbaden, 2015.

**Schott, Eberhard (1997):** (Dissertation) Markt- und Geschäftsbeziehung beim Outsourcing – Eine marketingorientierte Analyse für die Informationsverarbeitung, Gabler Verlag, Deutscher Universitätsverlag, Wiesbaden, 1997.

**Schotter, Andrew (1986):** The Evolution of Rules; in: Langlois, Richard (Hrsg.): Economics as a Process: Essays in the New Institutional Economics, Cambridge University Press, Cambridge, 1986, S. 117–133.

**Schuh, Günther et al. (2014):** Lieferantenauswahl; in: Schuh, Günther (Hrsg.): Einkaufsmanagement – Handbuch Produktion und Management 7, Springer-Verlag, Berlin/Heidelberg, 2., vollständig neu bearbeitete und erweiterte Auflage, 2014, S. 183 – 253.

**Schulte, Karl-Werner; Schäfers, Wolfgang (1998):** Einführung in das Corporate Real Estate Management; in: Schulte, Karl-Werner; Schäfers, Wolfgang (Hrsg.): Handbuch Corporate Real Estate Management, Verlagsgesellschaft Rudolf Müller, Köln, 1998, S. 25–52.

**Schulte, Karl-Werner; Schäfers, Wolfgang (2008):** Immobilienökonomie als wissenschaftliche Disziplin; in: Schulte, Karl-Werner (Hrsg.): Immobilienökonomie Bd. I – Betriebswirtschaftliche Grundlagen, Oldenbourg Wissenschaftsverlag, München, 4. Auflage, 2008, S. 47–69.

**Schulte-Zurhausen, Manfred (2014):** Organisation, Verlag Franz Vahlen, München, 6., überarbeitete und aktualisierte Auflage, 2014.

**Schwarz, Gerhard (2014):** Konfliktmanagement – Konflikte erkennen, analysieren, lösen, Springer Fachmedien, Wiesbaden, 9. Auflage, 2014.

**Schweiger, Michael (2007):** (Dissertation) Immobilienmanagement Best Practice – Steuerung von Konzernimmobiliengesellschaften mit wertorientierten Balanced Scorecards; in: Lück, Wolfgang (Hrsg.): Schriftenreihe Managementorientierte Betriebswirtschaft, Bd. 8, Verlag Wissenschaft und Praxis, Sternenfels, 2007.

**Schweitzer, Marcell (1996):** Produktionswirtschaftliche Forschung; in: Kern, Werner (Hrsg.): Handwörterbuch der Produktionswirtschaft, Schäffer-Poeschel Verlag, Stuttgart, 2., völlig neu gestaltete Auflage, 1996.

**Sibbel, Rainer; Hartmann, Felix; Siekaup, Thomas (2006):** Operatives Lieferantenmanagement; in: Berthold, Norbert; Lingenfelder, Michael (Hrsg.): WiSt – Wirtschaftswissenschaftliches Studium, Zeitschrift für Studium und Forschung, Heft 11, Verlage C. H. Beck und Vahlen, München/Frankfurt, 2006.

**Siebert, Holger (2003):** Ökonomische Analyse von Unternehmensnetzwerken; in: Sydow, Jörg (Hrsg.): Management von Netzwerkorganisationen, Betriebswirtschaftlicher Verlag Dr. Theodor Gabler, Wiesbaden, 2003, S. 7–27.

**Siemer, Florian (2004):** (Dissertation) Gestaltung von Betreibermodellen für anlagentechnische Unternehmensinfrastrukturen – Eine theoretische Untersuchung und Fallstudienanalyse; in: Wildemann, Horst (Hrsg.): Schriftenreihe TCW Wissenschaft und Praxis, Bd. 29, TCW-Transfer-Centrum für Produktionslogistik und Technologie-Management, München, 2004.

**Simon, Herbert A. (1981):** Entscheidungsverhalten in Organisationen: Eine Untersuchung von Entscheidungsprozessen in Management und Verwaltung, Verlag Moderne Industrie, Landsberg am Lech, 1981.

**Simon, Walter (2009):** Managementkonzepte von A – Z: Strategiemodelle, Führungsinstrumente, Managementtools, GABAL-Verlag, Offenbach, 2009.

**Soboll, Martin (2004):** (Dissertation) Beschaffungsmarketing für Facility Management-Dienstleistungen; in: Treis, Bartho (Hrsg.): Göttinger Handelswissenschaftliche Schriften, Bd. 70, Göttingen, 2004.

**Sommerlad, Klaus (1998):** Vertrag und rechtliche Rahmenbedingungen beim Outsourcing in der Informationsverarbeitung; in: Köhler-Frost, Wilfried (Hrsg.): Outsourcing – Eine strategische Allianz besonderen Typs, Erich Schmidt Verlag, Berlin, 3., neu bearbeitete Auflage, 1998, S. 249–268.

**Spremann, Klaus (1990):** Asymmetrische Information; in: Zeitschrift für Betriebswirtschaft, 60. Jahrgang, Heft 5/6, 1990, S. 561–586.

**Spremann, Klaus (1989):** Agent und Principal; in: Bamberg, Günter; Spremann, Klaus (Hrsg.): Agency Theory, Information and Incentives, Springer-Verlag, Berlin, 1989, S. 3–37.

**Staats, Susann (2009):** (Dissertation) Metriken zur Messung von Effizienz und Effektivität von Konfigurationsmanagement- und Qualitätsmanagementverfahren; in: Kramer et al. (Hrsg.): Wismarer Schriften zu Management und Recht, Bd. 32, Europäischer Hochschulverlag, Bremen, 2009.

**Steinmann, Horst; Schreyögg, Georg (2005):** Management – Grundlagen der Unternehmensführung, Gabler Verlag, Springer Fachmedien, Wiesbaden, 6., vollständig überarbeitete Auflage, 2005.

**Straßheimer, Petra (1999):** (Dissertation) Internationales Corporate Real Estate Management – Implikationen der Internationalisierung von Unternehmen auf das betriebliche Immobilienmanagement; in: Schulte, Karl-Werner (Hrsg.): Schriften zur Immobilienökonomie, Bd. 12, Immobilien-Informationsverlag Rudolf Müller, Köln, 1999.

**Streicher, Heinz (2019):** Der Markt für Facility Services in Deutschland; in: Hossenfelder, Jörg (Hrsg.): Lünendonk Handbuch Facility Management, Haufe Gruppe, Freiburg, 2019.

**Swoboda, Bernhard; Weiber, Rolf (2013):** Grundzüge betrieblicher Leistungsprozesse – Marketing, Innovation, Produktion, Logistik und Beschaffung, Verlag Franz Vahlen, München, 2013.

**Sydow, Jörg (1992):** Strategische Netzwerke: Evolution und Organisation, Betriebswirtschaftlicher Verlag Dr. Theodor Gabler, Wiesbaden, 1992.

**Sydow, Jörg (1995):** Konstitutionsbedingungen von Vertrauen in Unternehmensnetzwerken – Theoretische und empirische Einsichten; in: Bühner, Rolf et al. (Hrsg.): Die Dimensionierung des Unternehmens, Schäffer-Poeschel Verlag, Stuttgart, 1995, S. 177–200.

**Tate, Derrick (2018):** Procurement of Facility Management – RICS professional statement, 1st edition; RICS/IFMA (Hrsg.), RICS Facility Management professional group board, London, 2018.

**Teece, David J. (1984):** Economic Analysis and Strategic Management; in: California Management Review, Vol. 26, No. 3, 1984, S. 87–110.

**Teichmann, Sven A. (2007):** Bestimmung und Abgrenzung von Managementdisziplinen im Kontext des Immobilien- und Facilities Management; in: gif, Gesellschaft für immobilienwirtschaftliche Forschung e. V., Wiesbaden (Hrsg.): Zeitschrift für Immobilienökonomie, 2/2007, S. 5–37.

**Teichmann, Sven A. (2009):** (Dissertation) Integriertes Facilities Management in Europa – Theoretische Konzeption, empirische Untersuchung und Marktanalyse zur Gestaltung und Steuerung von Wertschöpfungspartnerschaften im internationalen Kontext; in: Schulte, Karl-Werner (Hrsg.): Schriften zur Immobilienökonomie, Bd. 55, Immobilien Manager Verlag Rudolf Müller, Köln, 2009.

**Thiell, Marcus (2006):** (Dissertation) Strategische Beschaffung von Dienstleistungen – Eine Grundlegung und Untersuchung der Implikationen dienstleistungsspezifischer Objektmerkmale auf Basis institutionenökonomischer Ansätze, Online-Veröffentlichung der Friedrich-Alexander-Universität Erlangen-Nürnberg, 2006, abrufbar unter: https://opus7.kobv.de, Stand: 15.06.2022.

**Thom, Norbert; Wenger, Andreas (2010):** Die optimale Organisationsform – Grundlagen und Handlungsanleitung, Gabler Verlag, Springer Fachmedien, Wiesbaden, 2010.

**Thomzik, Markus (2018):** Die volkswirtschaftliche Bedeutung der Facility-Management-Branche; in: gefma e. V. (Hrsg.): FM-Branchenreport 2018, Bonn, 2018.

**Tilmes, Rolf; Jakob, Ralph; Pitschke, Christoph (2016):** Privates Immobilienmanagement; in: Schulte, Karl-Werner (Hrsg.): Immobilienökonomie Bd. I – Betriebswirtschaftliche Grundlagen, Walter de Gruyter, Berlin/Boston, 5., grundlegend überarbeitete Auflage, 2016.

**Tröndle, Rüdiger (2013):** Strategische Zielsysteme und Entwicklung von prozessorientierten Balanced Scorecards; in: Zeitner, Regina; Peyinghaus, Marion (Hrsg.): Prozessmanagement Real Estate, Springer-Verlag, Berlin/Heidelberg, 2013.

**Trübestein, Michael (2010):** (Dissertation) Real Estate Asset Management für institutionelle Investoren – Eine theoretische Konzeption und empirische Untersuchung aus Sicht institutioneller Investoren in Deutschland; in: Schulte, Karl-Werner et al. (Hrsg.): Schriften zur Immobilienökonomie, Bd. 59, Immobilien Manager Verlag Rudolf Müller, Köln, 2010.

**Ulbricht, Thomas (2005):** Facility Management und Bewirtschaftungsstrategien von Immobilien; in: BDO Deutsche Warentreuhand AG (Hrsg.): Praxishandbuch Real Estate Management – Kompendium der Immobilienwirtschaft, Schäffer-Poeschel Verlag, Stuttgart, 1. Auflage, 2005.

**Urschel, Oliver (2009):** (Dissertation) Risikomanagement in der Immobilienwirtschaft – Ein Beitrag zur Verbesserung der Risikoanalyse und -bewertung; in: Karlsruher Institut für Technologie (Hrsg.): Karlsruher Schriften zur Bau-, Wohnungs- und Immobilienwirtschaft, Bd. 4, 2009.

**Van Weele, Arjan J.; Eßig, Michael (2017):** Strategische Beschaffung – Grundlagen, Planung und Umsetzung eines integrierten Supply Management, Springer Fachmedien, Wiesbaden, 2017.

**Vargo, Stephen; Maglio, Paul; Akaba, Melissa (2008):** On value and value co-creation: A service systems and service logic perspective; in: European Management Journal, Vol. 26, 2008, S. 145–152.

**Von Garrel, Jörg; Dengler, Thomas; Seeger, Jürgen (2009):** Industrielle Betreibermodelle; in: Schenk, Michael; Schlick, Christopher M. (Hrsg.): Industrielle Dienstleistungen und Internationalisierung – One-Stop Services als erfolgreiches Konzept, Gabler Verlag, Wiesbaden, 2009, S. 267–330.

**Von Werder, Axel (2015):** Führungsorganisation – Grundlagen der Corporate Governance, Spitzen- und Leitungsorganisation, Springer Fachmedien, Wiesbaden, 3., aktualisierte und erweiterte Auflage, 2015.

**Vornholz, Günter (2013):** Volkswirtschaftslehre für die Immobilienwirtschaft – Studientexte Real Estate Management, Bd. 1, Oldenbourg Wissenschaftsverlag, München, 2013.

**Walter, Achim (1999):** Der Beziehungspromoter: Gestalter erfolgreicher Geschäftsbeziehungen; in: Marketing, ZFP – Journal of Research and Management, Verlag C. H. Beck/Vahlen, Heft 4, München, 1999, S. 267–283.

**Weber, Barbara; Alfen, Hans Wilhelm; Maser, Stefan (2006):** Projektfinanzierung und PPP: Praktische Anleitung für PPP und andere Projektfinanzierungen, Bank-Verlag Medien, Köln, 2006.

**Weber, Barbara; Alfen, Hans Wilhelm (2009):** Infrastrukturinvestitionen – Projektfinanzierung und PPP: Praktische Anleitung für PPP und andere Projektfinanzierungen, Bank-Verlag Medien, Köln, 2., aktualisierte Auflage, 2009.

**Weh, Saskia-Maria; Enaux, Claudius (2008):** Konfliktmanagement – Konflikte kompetent erkennen und lösen, Haufe Lexware Verlag, Freiburg, 2008.

**Weinberger, Franz (2010):** (Dissertation) Alliancing Contracts im deutschen Rechtssystem; in: Wirth, Axel (Hrsg.): Schriften zum deutschen und internationalen Baurecht, Bd. 10, Verlag Peter Lang, Frankfurt, 2010.

**Wellner, Kristin (2005):** Immobilien-Portfoliomanagement – Portfoliomessung, -diversifizierung und -streuung; in: BDO Deutsche Warentreuhand AG (Hrsg.): Praxishandbuch Real Estate Management – Kompendium der Immobilienwirtschaft, Schäffer-Poeschel Verlag, Stuttgart, 1. Auflage, 2005.

**Werding, Arndt (2005):** (Dissertation) Bewertung von Betreibermodellen in Produktionsbetrieben – Entwicklung einer Methodik zur Auswahl der optimalen Bezugsart; in: Meier, Horst; Kuhlenkötter, Bernd (Hrsg.): Schriftenreihe des Lehrstuhls für Produktionssysteme, Bd. 1/2005, Ruhr-Universität Bochum, 2005.

**Werner, Michael Jürgen; Fiedler, Andre (2006):** Betrieb, Betriebserträge und Beendigung des Projekts; in: Nicklisch, Fritz (Hrsg.): Betreibermodelle – BOT/PPP-Vorhaben im In- und Ausland, Heidelberger Kolloquium Technologie und Recht, Verlag C. H. Beck, München, 2006, S. 91–106.

**Wernerfelt, Birger (1984):** A Resource-based View of the Firm; in: Strategic Management Journal, Vol. 5, No. 2, 1984, S. 171–180.

**Wiendahl, Hans-Peter; Harms, Thomas (2001):** Betreibermodelle – Ein Ansatz zur Verfügbarkeitssteigerung komplexer Produktionsanlagen; in: ZWF Zeitschrift für wirtschaftlichen Fabrikbetrieb, Bd. 96, Ausgabe 6, 2001, S. 324–327.

**Wildemann, Horst (2007):** Entscheidungsprozesse beim Outsourcing komplexer logistischer Aufgaben; in: Stölzle, Wolfgang et al. (Hrsg.): Handbuch Kontraktlogistik, Wiley-VCH Verlag, Weinheim, 2007, S. 133–149.

**Williamson, Oliver E. (1985):** The Economic Institutions of Capitalism: Firms, Markets, Relational Contracting, The Free Press, New York, 1985.

**Williamson, Oliver E. (1989):** Transaction Costs Economics; in: Schmalensee, Richard; Willig, Robert D. (Hrsg.): Handbook of Industrial Organization, North-Holland Verlag, Amsterdam, 1989, S. 136–189.

**Wirth, Siegfried; Müller, Egon (2014):** Objektmanagement und Fabrikplanung; in: Lutz, Ulrich; Galenza, Kerstin (Hrsg.): Industrielles Facility Management, Springer-Verlag, Berlin/Heidelberg, 2014, S. 113–128.

**Wöhe, Günter; Döring, Ulrich (2008):** Einführung in die allgemeine Betriebswirtschaftslehre, Verlag Franz Vahlen, München, 23. Auflage, 2008.

**Wolf, Joachim (2011):** Organisation, Management, Unternehmensführung – Theorien, Praxisbeispiele und Kritik, Springer Fachmedien, Wiesbaden, 4., vollständig überarbeitete und erweiterte Auflage, 2011.

**Wolf, Susanne et al. (2013):** Nachhaltiges Wirtschaften im FM; in: Kummert, Kai et al. (Hrsg.): Nachhaltiges Facility Management, Springer-Verlag, Berlin/Heidelberg, 2013, S. 55–166.

**Wolter, Maria (2004):** BOT im Bauwesen – Grundlagen, Risikomanagement, Praxisbeispiele, Springer-Verlag, Berlin/Heidelberg, 2004.

**Wullenkord Axel; Kiefer, Andreas; Sure, Matthias (2005):** Business Process Outsourcing – Ein Leitfaden zur Kostensenkung und Effizienzsteigerung im Rechnungs- und Personalwesen, Verlag Franz Vahlen, München, 2005.

**Yee, Lim Shin et al. (2017):** An Empirical Review of Integrated Project Delivery (IPD) System; in: International Journal of Innovation, Management and Technology, Vol. 8, No. 1, 2017, S. 1–8.

**Zahn, Erich; Ströder, Kai; Unsöld, Christian (2007):** Leitfaden zum Outsourcing von Dienstleistungen, Universität Stuttgart im Auftrag der Industrie- und Handelskammern Baden-Württemberg (Hrsg.), 2., überarbeitete Auflage, 2007.

**Zanakis, Stelios et al. (1998):** Multi-attribute decision making: A simulation comparison of select methods; in: European Journal of Operational Research, Vol. 107, No. 3, 1998, S. 507–529.

**Zangemeister, Christof (2014):** Nutzwertanalyse in der Systemtechnik, Verlag: Zangemeister & Partner, BoD – Books on Demand, Norderstedt, 5., erweiterte Auflage, 2014.

**Zentes, Joachim; Swoboda, Bernhard; Morschett, Dirk (2003):** Markt, Kooperation, Integration: Asymmetrische Entwicklungen in der Gestaltung der Wertschöpfungsprozesse am Beispiel der Konsumgüterindustrie; in: Zentes/Swoboda/Morschett (Hrsg.): Kooperationen, Allianzen und Netzwerke, Springer Fachmedien, Wiesbaden, 2003, S. 822–848.

**Zentes, Joachim; Swoboda, Bernhard; Morschett, Dirk (2004):** Internationales Wertschöpfungsmanagement, Verlag Franz Vahlen, München, 2004.

**Zhang, Xueqing (2006):** Public Clients' Best Value Perspectives of Public Private Partnership in Infrastructure Development; in: Journal of Construction Engineering and Management, Vol. 132, No. 2, 2006, S. 107–114.

**Ziola, Janett (2010):** Entwicklung eines Ebenen-Modells und Leistungskatalogs für das Immobilien-Investment-Management anhand einer empirischen Studie; in: Zeitner, Regina; Peyinghaus, Marion (Hrsg.): Discussion Paper des Fachbereichs Ingenieurswissenschaften im Studiengang Facility Management, Nr. 2/2010, Competence Center Process Management Real Estate, Berlin, 2010.

**Zirkler, Bernd et al. (2019):** Projektcontrolling – Leitfaden für die betriebliche Praxis, Springer Fachmedien, Wiesbaden, 2019.

## Gesetze, Normen und Richtlinien

**AHO-Schrift Nr. 9:** Projektmanagement in der Bau- und Immobilienwirtschaft – Standards für Leistungen und Vergütung, AHO-Fachkommission „Projektsteuerung / Projektmanagement“ (Hrsg.), Reguvis Fachmedien, Köln, 2020.

**AktG, Aktiengesetz,** Beck-Texte, Deutscher Taschenbuch Verlag, München, 43. überarbeitete Auflage, Stand: Dezember 2010.

**BGB, Bürgerliches Gesetzbuch,** Beck-Texte, Deutscher Taschenbuch Verlag, München, 63. überarbeitete Auflage, Stand: Februar 2009.

**DIN 276-1:2008-12:** Kosten im Bauwesen – Teil 1: Hochbau, Deutsches Institut für Normung e. V. (Hrsg.), Beuth Verlag, Berlin, 2008.

**DIN 277-1:2005-02:** Grundflächen und Rauminhalte von Bauwerken im Hochbau – Teil 1: Begriffe, Ermittlungsgrundlagen, Deutsches Institut für Normung e. V. (Hrsg.), Beuth Verlag, Berlin, 2005.

**DIN 31051:2003-06:** Grundlagen der Instandhaltung, Deutsches Institut für Normung e. V. (Hrsg.), Beuth Verlag, Berlin, 2003.

**DIN 32541:1977-05:** Betreiben von Maschinen und vergleichbaren technischen Arbeitsmitteln, Deutsches Institut für Normung e. V. (Hrsg.), Beuth Verlag, Berlin, 1977.

**DIN 32736:2000–08:** Gebäudemanagement – Begriffe und Leistungen, Deutsches Institut für Normung e. V. (Hrsg.), Beuth Verlag, Berlin, 2000.

**DIN EN 15221-1:2007–01:** Facility Management – Teil 1: Begriffe, Deutsches Institut für Normung e. V. (Hrsg.), Beuth Verlag, Berlin, 2007 (ersetzt durch DIN EN ISO 41011:2017–04).

**DIN EN 15221-2:2007–01:** Facility Management – Teil 2: Leitfaden zur Ausarbeitung von Facility Management-Vereinbarungen, Deutsches Institut für Normung e. V. (Hrsg.), Beuth Verlag, Berlin, 2007 (ersetzt durch DIN EN ISO 41012:2017–04).

**DIN EN 15221-5:2011–12:** Facility Management – Teil 5: Leitfaden für Facility Management Prozesse, Deutsches Institut für Normung e. V. (Hrsg.), Beuth Verlag, Berlin, 2011.

**DIN EN ISO 41001:2017–06:** Facility Management – Managementsysteme – Anforderungen mit Anleitung für die Anwendung, Deutsches Institut für Normung e. V. (Hrsg.), Beuth Verlag, Berlin, 2017.

**DIN EN ISO 41011:2017–04:** Facility Management – Vokabular, Deutsches Institut für Normung e. V. (Hrsg.), Beuth Verlag, Berlin, 2017.

**DIN EN ISO 41012:2017–04:** Facility Management – Leitfaden zur strategischen Beschaffung und der Entwicklung von Vereinbarungen, Deutsches Institut für Normung e. V. (Hrsg.), Beuth Verlag, Berlin, 2017.

**DIN EN ISO 9000:2015–11:** Qualitätsmanagementsysteme – Grundlagen und Begriffe, Deutsches Institut für Normung e. V. (Hrsg.), Beuth Verlag, Berlin, 2015.

**DIN EN ISO 9001:2015–11:** Qualitätsmanagementsysteme – Anforderungen, Deutsches Institut für Normung e. V. (Hrsg.), Beuth Verlag, Berlin, 2015.

**DIN ISO 55000:2017–05:** Asset Management – Übersicht, Leitlinien und Begriffe, Deutsches Institut für Normung e. V. (Hrsg.), Beuth Verlag, Berlin, 2017.

**GEFMA 100–1:2004–07:** Facility Management – Grundlagen, German Facility Management Association e. V. (Hrsg.), Beuth Verlag, Berlin, 2004.

**GEFMA 100–2:2004–07:** Facility Management – Leistungsspektrum, German Facility Management Association e. V. (Hrsg.), Beuth Verlag, Berlin, 2004.

**GEFMA 130–1:2016–07:** Flächenmanagement – Grundlagen, German Facility Management Association e. V. (Hrsg.), Beuth Verlag, Berlin, 2016.

**GEFMA 190:2004–01:** Betreiberverantwortung im Facility Management, German Facility Management Association e. V. (Hrsg.), Beuth Verlag, Berlin, 2004.

**GEFMA 510:2014–07:** Mustervertrag Facility Services inkl. Leitfaden 3.0, German Facility Management Association e. V. / RealFM Association for Real Estate and Facility Managers (Hrsg.), Beuth Verlag, Berlin, 2014.

**GEFMA 520:2014–07:** Standardleistungsverzeichnis Facility Services 3.0, German Facility Management Association e. V. / RealFM Association for Real Estate and Facility Managers e. V. (Hrsg.), Beuth Verlag, Berlin, 2014.

**GEFMA 530:2014–07:** Standardleistungsbuch bestehend aus Mustervertrag und Leistungsverzeichnis Facility Services 3.0, German Facility Management Association e. V. / RealFM Association for Real Estate and Facility Managers e. V. (Hrsg.), Beuth Verlag, Berlin, 2014.

**GEFMA 700:2006–12:** FM-Excellence – Grundlagen für ein branchenspezifisches Qualitätsprogramm, German Facility Management Association e. V. (Hrsg.), Beuth Verlag, Berlin, 2006.

**GEFMA 720:2016–09:** Facility Managementsysteme – Grundlagen und Anforderungen, German Facility Management Association e. V. (Hrsg.), Beuth Verlag, Berlin, 2016.

**GEFMA 730:2016–09:** Systemdienstleistungen im FM – ipv® – Spitze der FM-Excellence, German Facility Management Association e. V. (Hrsg.), Beuth Verlag, Berlin, 2016.

**GEFMA 964:2018–09:** Leitfaden für die Ausschreibung von Facility-Management-Dienstleistungen in internationalen Großunternehmen, German Facility Management Association e. V. (Hrsg.), Online-Veröffentlichung 2018, abrufbar unter: https://www.gefma.de/, Stand: 15.06.2022

**GEFMA 965:2020–04:** White Paper „International Service Agreement", gefma-Arbeitskreis International, German Facility Management Association e. V. (Hrsg.), Online-Veröffentlichung, 2020, abrufbar unter: https://www.gefma.de/, Stand: 15.06.2022.

**GEFMA 966:2020–04:** White Paper „Facility Management Business Models", gefma-Arbeitskreis International, German Facility Management Association e. V. (Hrsg.), Online-Veröffentlichung, 2020, abrufbar unter: https://www.gefma.de/, Stand: 15.06.2022.

**GEFMA 966–1:2022–02** White Paper „Die zentrale Bedeutung von Integrated Facility Management und internationalen Vergabemodellen für den deutschen Markt 2022+", gefma-Arbeitskreis International, German Facility Management Association e. V. (Hrsg). Online-Veröffentlichung, 2022, abrufbar unter: https://www.gefma.de/, Stand: 15.06.22.

**GEFMA 967:2022–10** White Paper „Performance Measurement", gefma-Arbeitskreis International, German Facility Management Association e. V. (Hrsg.), Online-Veröffentlichung, 2022, abrufbar unter: https://www.gefma.de/, Stand: 10.11.2022.

**GEFMA 968:2022–10:** White Paper „Specifications", gefma-Arbeitskreis International, German Facility Management Association e. V. (Hrsg.), Online-Veröffentlichung, 2022, abrufbar unter: https://www.gefma.de/, Stand: 10.11.2022.

**gif, Gesellschaft für immobilienwirtschaftliche Forschung e. V.:** Richtlinie Definition und Leistungskatalog Real Estate Investment Management, Wiesbaden, 2004.

**HGB, Handelsgesetzbuch,** Beck-Texte, Deutscher Taschenbuch Verlag, München, 50. überarbeitete Auflage, Stand: Januar 2010.

**HOAI, Honorarordnung für Architekten und Ingenieure,** Verlagsgesellschaft Rudolf Müller, Köln, 6., aktualisierte Auflage, 2021.

**HwO, Gesetz zur Ordnung des Handwerks (Handwerksordnung),** Verlagsanstalt Handwerk, Düsseldorf, 55. Auflage, 2021.

**VDI 3810:2014–09:** Betreiben und Instandhalten von gebäudetechnischen Anlagen, Verein Deutscher Ingenieure e. V. (Hrsg.), Beuth Verlag, Berlin, 2014.

**VDI 6009–1:2002–10:** Facility Management – Anwendungsbeispiele aus dem Gebäudemanagement, Verein Deutscher Ingenieure e. V. (Hrsg.), Beuth Verlag, Berlin, 2002.

**VDI / gif 6209:2019–10:** Redevelopment – Entwicklung von Bestandsimmobilien, Verein Deutscher Ingenieure e. V. / Gesellschaft für immobilienwirtschaftliche Forschung (Hrsg.), Beuth Verlag, Berlin, 2019.

**VDMA-Einheitsblatt 24196:1996–08:** Gebäudemanagement – Begriffe und Leistungen, Verband Deutscher Maschinen- und Anlagenbauer e. V. (Hrsg.), Beuth Verlag, Berlin, 1996.

**VOB, Vergabe- und Vertragsordnung für Bauleistungen,** Beuth Verlag, Berlin, 2019.

## Internetquellen

**European Facility Management Network (EuroFM):** abrufbar unter: https://eurofm.org/, Stand: 15.06.2022.

**German Facility Management Association (gefma):** abrufbar unter: https://www.gefma.de/, Stand: 15.06.2022.

**International Facility Management Association (IFMA):** abrufbar unter: https://www.ifma.org/, Stand: 15.06.2022.

**Verein Deutscher Ingenieure (VDI):**abrufbar unter: https://www.vdi.de/, Stand: 15.06.2022.

**Verband Deutscher Maschinen- und Anlagenbau (VDMA):** abrufbar unter: https://www.vdma.org/, Stand: 15.06.2022.

Printed in the United States
by Baker & Taylor Publisher Services

Printed in the United States
by Baker & Taylor Publisher Services